FENZI SHENGWUXUE LILUN
JI YINGYONG YANJIU

分子生物学理论
及应用研究

主　编　海　洪　张新永　严　峰
副主编　郝金凤　郭　鹏　曹慕岚　王永刚

中国水利水电出版社
www.waterpub.com.cn

内 容 提 要

本书重点对分子生物学理论及应用进行研究,主要内容包括绪论,核酸的结构与性质分析,基因、基因组与基因组学,DNA 的复制,DNA 的损伤、修复与突变,DNA 的重组与转座,转录及转录后加工,遗传密码与翻译,原核生物基因表达的调控,真核生物基因表达的调控,分子生物学研究方法,分子生物学的应用研究等。

图书在版编目(CIP)数据

分子生物学理论及应用研究/海洪,张新永,严峰
主编.--北京:中国水利水电出版社,2014.10 (2024.8重印)
ISBN 978-7-5170-2533-7

Ⅰ.①分…　Ⅱ.①海… ②张… ③严…　Ⅲ.①分子生
物学－研究　Ⅳ.①Q7

中国版本图书馆 CIP 数据核字(2014)第 218863 号

策划编辑:杨庆川　责任编辑:杨元泓　封面设计:崔　蕾

书　名	分子生物学理论及应用研究
作　者	主　编　海　洪　张新永　严　峰
	副主编　郝金凤　郭　鹏　曹慕岚　王永刚
出版发行	中国水利水电出版社
	(北京市海淀区玉渊潭南路 1 号 D 座 100038)
	网址:www.waterpub.com.cn
	E-mail:mchannel@263.net(万水)
	sales@waterpub.com.cn
	电话:(010)68367658(发行部)、82562819(万水)
经　售	北京科水图书销售中心(零售)
	电话:(010)88383994、63202643、68545874
	全国各地新华书店和相关出版物销售网点
排　版	北京鑫海胜蓝数码科技有限公司
印　刷	三河市天润建兴印务有限公司
规　格	184mm×260mm　16 开本　24.5 印张　627 千字
版　次	2015 年 4 月第 1 版　2024 年 8 月第 3 次印刷
印　数	0001—3000 册
定　价	85.00 元

前　言

　　分子生物学是在分子水平上研究生命现象的一门学科,主要是对遗传信息存储与传递的分子细节进行研究。它自诞生以来取得了一系列巨大的成就,为生命科学的研究提供了更多、更新的思维方式和研究手段,同时它已经渗透到细胞生物学、发育生物学、生理学等众多的学科领域,极大地推进了其他学科的发展。分子生物学随着生命科学的发展不断取得突破,如今已经发展成为生物学领域的一门带头学科。

　　从表现形式而言,生命体的结构和生活方式千变万化、多种多样,然而从分子水平上观察却都凸显出生命过程内在的统一。正是这种统一使分子生物学发展成为一门独立的学科。分子生物学的起源可以追溯到19世纪中叶孟德尔以豌豆为材料进行的杂交实验。后来DNA双螺旋模型的提出则将分子生物学推向高速发展的时期。20世纪70年代发展起来的基因工程对分子生物学的发展产生了深远的影响,基因在动植物细胞中的表达和调控机制也逐渐为人们所理解。基因工程还为人们提供了具有重要经济价值和医学价值的工具。20世纪90年代以来,重组DNA技术逐渐被用于基因组研究,尤其是受人类基因组计划的影响,分子生物学的研究对象从传统的单个基因转向生物整个基因组。分子生物学的发展速度日新月异,许多的新知识、新技术不断出现。

　　无论技术如何发展,理论知识永远是掌握一门学问的根本。《分子生物学理论及应用研究》正是在分子生物学内容不断增多、信息量不断增大、知识不断更新这一发展趋势下编写而成的。本书的特点在于既涵盖了分子生物学基本理论、核心内容和主要技术,又能反映本学科最新发展。全书内容涉及广泛、知识架构清晰、叙述深入浅出、图文并茂、条理清楚,可为广大的生物爱好者提供理论指导,也可作为相关领域科研人员的参考用书。

　　全书共12章。第1章对分子生物学的概念、发展、研究范畴和主要内容进行了简单介绍;第2章分析了核酸的结构与性质;第3章为基因、基因组与基因组学相关内容的讨论;第4~6章重点阐述了DNA的复制、损伤、修复与突变、重组与转座;第7章讨论了转录及转录后加工;第8章研究了遗传密码与翻译;第9章和第10章分别对原核生物和真核生物基因表达的调控进行分析阐述;第11章探讨了分子生物学研究方法,包括核酸的分离提取和电泳检测、聚合酶链式反应、核酸的体外标记与分子杂交技术、生物芯片技术等;第12章研究了分子生物学在基因治疗、转基因动物与植物、DNA指纹图谱、生物技术制药等方面的应用。

　　本书的编写借鉴了众多分子生物学领域最新的研究进展,并参考了大量的资料、学术书籍。但分子生物学发展迅速,面对浩如烟海的成果和不断更新的知识,编者自知水平有限,故缺点和错误在所难免,欢迎广大学者、同仁批评指正。

编者

2014年7月

目　　录

第1章 绪 论

1.1 分子生物学的概念

分子生物学(molecular biology)是指对生物大分子结构与功能的研究,是从分子水平研究生命本质的科学。所谓"从分子水平研究生命的本质"就是说对遗传、生殖、生长和发育等生命基本特征的分子机理的说明。

20世纪初期,现代科学技术发展极其迅猛。当时的研究者们已经在细胞学、遗传学、生物化学和物理学等领域取得了大量的研究成果。到了20世纪中期,科学家们不但研究豌豆、果蝇、玉米等材料,也对一些简单的生物,如:细菌、噬菌体等做了深入的研究。当然,这里所谓的简单只是相对而言的。科学家发现:在大多数生物中,DNA是主要的遗传信息载体;DNA的结构使它的复制与修复近乎完美;DNA的线状结构编码了蛋白质的三维结构。所有的研究成果都说明了一个结论:那些控制简单生物的基本生物学原则对那些复杂的生物同样适用。分子生物学自此开始真正发展起来。

分子生物学是一门新兴的边缘学科,也是当今生命科学中极其有活力的一门学科。从广义的角度讲,蛋白质及核酸等生物大分子的结构与功能的研究都属于分子生物学的范畴,也就是从分子水平阐明生命现象和生物学规律,如蛋白质的结构、功能和运动;酶的作用机理和动力学;膜蛋白的结构、功能和跨膜运输等,都属于分子生物学的内容。

通常而言,代谢中的某些反应如果是由反应物和产物的浓度来调节的则认为是典型的生物化学反应;此外,细胞结构与各种细胞成分的组织则属于细胞生物学。上述两者一般不属于分子生物学内容。

从狭义的角度讲,分子生物学偏重于生物大分子——核酸(或基因),主要研究基因或DNA的复制、转录、表达及调节控制等过程,其中也涉及与这些过程有关的蛋白质和酶的结构与功能的研究,尤其是核糖核酸方面。

1.2 分子生物学的发展

分子生物学是生命科学范围内近半个世纪以来发展最为迅速的一个前沿领域,一方面它自身不断地迅速发展着,另一方面,它还推动着整个生命科学领域的向前迈进。

分子生物学的发展经历了一系列重大的事件,并由它们构成分子生物学发展的三个阶段。

1.2.1 分子生物学发展的三个阶段

1. 分子生物学准备和酝酿阶段

19世纪后期至20世纪50年代初是分子生物学诞生前的准备和酝酿阶段,这一阶段在认识生命本质方面取得了两项重大突破。

（1）确定了蛋白质是生命的主要基础物质

19世纪末，Buchner首次提出酶（enzyme）是生物催化剂的论断。自此以后，J. B. Sumner、J. H. Northrop和W. M. Stanley在蛋白酶结晶和制备方面的研究取得了重要成果，证明了酶的本质是蛋白质，并获得了1946年的诺贝尔化学奖。随后人们陆续发现物质代谢、能量代谢、消化、呼吸、运动等许多生命现象都与酶和蛋白质有关。

E. Fisher证明蛋白质结构是多肽，并荣获1902年诺贝尔化学奖；A. Harden和H. von Euler-Chelpim因为研究酶在糖和嘌呤衍生物合成中的作用获得1929年诺贝尔化学奖；20世纪40年代末，F. Sanger创立了用于分析肽链N端氨基酸的二硝基氟苯（DNFB）法、P. Edman发展异硫氰酸苯酯法分析肽链N端氨基酸；由于结晶X射线衍射分析技术的发展，1950年，L. C. Pauling和R. B. Corey提出了α-角蛋白的α螺旋结构模型。1953年，F. Sanger和K. Thompson完成了胰岛素A链和B链的氨基酸全序列分析，并获得1958年诺贝尔化学奖。可见，在此期间人们对蛋白质一级结构和空间的认识取得明显进步。

（2）确定了生物遗传的物质基础是DNA

J. F. Miescher早在1868年就发现核素（nuclein），但是在当时并没有引起很大反响，直到20世纪二三十年代才确认了自然界有DNA和RNA两类核酸。但是由于不能够精确地对进行对核苷酸和碱基进行定量分析，所以长期错误地认为DNA结构只是"四核苷酸"单位的重复，不具有多样性，不能携带更多的信息。当时对携带遗传信息的候选分子更多的是考虑蛋白质。A. Kossel关于细胞化学尤其是蛋白质和核酸方面的研究取得重要成果，T. H. Morgan发现染色体在遗传中的作用，他们分别获得1910年和1933年诺贝尔生理学或医学奖。

1944年，O. T. Avery等证明了肺炎球菌转化因子是DNA；1952年，S. Furbery等的X射线衍射分析阐明了核苷酸并非平面的空间构象，提出了DNA是螺旋结构；1948—1953年，E. Chargaff等用新的层析和电泳技术分析组成DNA的碱基和核苷酸量，提出了DNA碱基组成A＝T、G＝C的Chargaff规则，为研究DNA结构打下了基础。这一项项实验，使得人们对核酸的功能和结构有了正确的认识。

2. 现代分子生物学的建立和发展阶段

20世纪50年代初至70年代初是现代分子生物学的建立和发展阶段。这一阶段的重要标志是：1953年，Watson和Crick共同提出了DNA双螺旋结构模型（DNA double helix model）。DNA双螺旋结构发现的深刻意义在于：①确立了核酸作为信息分子的结构基础；②提出了碱基配对是核酸复制、遗传信息传递的基本方式；③确定了核酸是遗传的物质基础，为认识核酸与蛋白质的关系及其生命中的作用打下了最重要的基础。这个模型的建立是分子生物学学科形成的奠基石。这一重大发现使Watson和Crick与英国科学家M. H. F. Wilkins共同分享了1962年的诺贝尔生理学或医学奖。

（1）DNA复制机理的认识逐步得以完善

Watson和Crick在发现DNA双螺旋结构的同时，就对DNA的复制过程进行了预测。W. Gilbert第一次制备出混合DNA，P. Berg和F. Sanger建立了DNA结构的化学和生物分析法，他们三人出色的研究工作获得了1980年诺贝尔化学奖；1956年，A. Kornbery发现了DNA聚合酶；1958年，M. Meselson通过著名的"密度转移"实验证实DNA半保留复制（DNA semi-conservative replication)模型,建立密度梯度离心技术;1959 年,S. Ochoa 和 A. Kornberg 发现了 RNA 和 DNA 的生物合成机制;1968 年,R. Okazaki(冈崎)提出了 DNA 不连续复制(DNA semi-discontinuous replication)模型;1972 年,T. Okazaki 和 R. Okazaki 证实了 DNA 复制开始需要 RNA 作为引物;20 世纪 70 年代初,J. C. Wang 等获得 DNA 拓扑异构酶,并对真核 DNA 聚合酶特性做了分析研究。人们对于 DNA 复制机理的认识随着这些发现和一些模型的建立而逐渐加深,并得以完善。

(2)RNA 在遗传信息传递中发挥的重要作用开始被认识

研究者认为 DNA 复制将遗传信息传给子代,并认为在这其中,RNA 在遗传信息传到蛋白质过程中起着中介作用。1958 年,Weiss 及 Hurwitz 等发现了依赖于 DNA 的 RNA 聚合酶;1961 年,B. D. Hall 和 S. Spiegelman 用 RNA-DNA 杂交证明了 mRNA 与 DNA 序列互补,RNA 的合成机制逐步得到验证;这些研究逐步阐明了 RNA 转录合成的机理,并认识到蛋白质是接受 RNA 的遗传信息而合成的。

20 世纪 50 年代初,P. Zamecnik 等在形态学和分离的亚细胞组分实验中发现微粒体(microsome)是细胞内蛋白质合成的部位;1955 年,A. H. T. Theorell 认识到了氧化酶的性质及其作用机制;1957 年,Hoagland、Zamecnik 及 Stephenson 等分离出 tRNA,并对它们在合成蛋白质中转运氨基酸的功能提出了假设;1961 年,Brenner 及 Gross 等观察了在蛋白质合成过程中 mRNA 与核糖体的结合;1965 年,R. W. Holley 首次测出了酵母丙氨酸 tRNA 的一级结构,并提出 tRNA 的"三叶草"结构模型;1965 年,诺贝尔生理学或医学奖获得者 F. Jacob、A. Lwoff 和 J. Monod 发现酶和病毒合成的基因调节;1968 年,诺贝尔生理学或医学奖获得者 R. W. Holley、H. G. Khorana 和 M. W. Nirenberg 等几组科学家破解了遗传密码,从而揭示了蛋白质合成的基本过程,这一项研究是突破性的;1969 年,诺贝尔生理学或医学奖获得者 M. Delbrtick、A. D. Hershey 和 S. E. Luria 发现病毒的复制机制和遗传结构,从而认识了蛋白质翻译合成的基本过程。上述一系列的重要发现共同建立了以中心法则为基础的分子生物学基本理论体系。

1970 年,H. M. Temin 和 D. Baltimore 又同时从鸡肉瘤病毒颗粒中发现以 RNA 为模板合成 DNA 的逆转录酶(DNA reverse transcriptase),病毒 RNA 分子通过其编码的逆转录酶可以转换成为与其互补的单链 DNA。这一发现使单向不可逆方式传递的中心法则受到挑战。随后,Crick 对中心法则作出补充。在以后的时间里,中心法则不断受到挑战,并不断得以补充与完善。围绕该法则进行的研究不断深入,分子生物学在生命科学中的地位与价值更显重要了。

3. 初步认识生命本质并开始改造生命的深入发展阶段

20 世纪 70 年代后,基因工程技术出现,它是分子生物学发展的一座新的里程碑,标志着人类认识生命本质并能主动改造生命的新时期开始;人类基因组计划的实现和后基因组计划的实施使人类研究生物整个基因组的结构与功能成为可能;端粒酶(telomerase)、RNA 编辑、核酶(ribozyme)、siRNA 和 microRNA 等新型基因表达调控方式的发现,使人类对控制肿瘤、糖尿病等疾病的发生和发展有了新的途径。

(1)基因工程技术快速发展

分子生物学技术的发展使得基因工程技术的建立成为一种必然。在 D. Baltimore、R. Dulbecco 和 H. M. Temin 发现肿瘤病毒与细胞遗传物质之间的相互作用,以及 W. Arber、D. Nathans、H. O. Smith 发现限制性内切核酸酶并荣获 1978 年诺贝尔生理学或医学奖之后,基因工程技术得到迅速发展。

1972 年，P. Berg 等三人建立 DNA 重组技术，将 SV40 病毒 DNA 与噬菌体 P22DNA 在体外重组成功，还建立了含有哺乳动物激素基因的工程菌株，打破了种属界限，促进了 DNA 克隆技术的发展和应用；1977 年，H. W. Boyer 等成功地在大肠杆菌中表达促生长素抑制素；1997 年，S. lan Wilmut 成功获得克隆羊 Dolly；1998 年，J. P. Renard 利用体细胞克隆牛获得成功。

许多分子生物学新技术的不断涌现也为基因工程的快速发展起到了积极的推动作用。1975～1977 年，F. Sanger、A. M. Maxam 和 W. Gilbert 先后发明了两种 DNA 序列的快速测定法；20 世纪 90 年代，全自动核酸序列测定仪问世；1985 年，Cetus 公司的 Mullis 等发明了聚合酶链反应（PCR）的特定核酸序列扩增技术，更以其高灵敏度和特异性被广泛应用、对分子生物学的发展起到重大的推动作用；M. Smith 则发明了 DNA 的"寡聚核苷酸定点突变"法，即基因的"定向诱变"。M. Smith 和 K. B. Mullis 因为提供了基因工程研究的两项重要技术而获得了 1993 年诺贝尔化学奖；M. R. Capecchi、O. Smithies 和 M. J. Evans 在胚胎干细胞和哺乳动物 DNA 重组方面获得了一系列突破性发现，在小鼠胚胎肝细胞"基因打靶"（genetargeting）技术方便作出了卓越的贡献，获得 2007 年的诺贝尔生理学或医学奖。

（2）生物整个基因组结构与功能的研究成为可能

随着分子生物学的发展，生命科学已经从研究单个基因发展到研究生物整个基因组的结构与功能。20 世纪 60 年代后期，许多科学家共同努力测出了大肠杆菌基因组 DNA 的全序列长为 4×10^6 bp；1977 年，F. Sanger 测定了 ΦX174 噬菌体的基因组序列；1978 年，W. Fiers 等测出 SV40 DNA 全部 5224 对碱基序列；20 世纪 80 年，代入噬菌体 DNA 全部 48502 碱基对的序列全部测出；一些小的病毒包括乙型肝炎病毒、艾滋病毒等基因组的全序列也陆续被测定。这些基因组核酸序列的测定对于了解一个生物的遗传信息及功能的重要性不言而喻。

1994 年，日本科学家发表了水稻基因组遗传图，F. A. Wilson 完成了线虫 3 号染色体连续 2.2Mb 的测定。2000 年 6 月 26 日，中国、美国、日本、德国、法国、英国 6 国，宣布人类基因组草图发表。2000 年 12 月 14 日，英国、美国等国科学家宣布绘出拟南芥基因组的完整图谱。2001 年 1 月 12 日，中国、美国、日本、德国、法国、英国等国科学家和美国塞莱拉公司各自公布人类基因组图谱和初步分析结果，约 3 万基因。2002 年 4 月 5 日，以杨焕明为首的中国科学家在 *Science* 发表了水稻全基因组框架序列图；2002 年 12 月 12 日，以韩斌为首的中国科学家在 *Nature* 发表了水稻第 4 号染色体测序图；2003 年 4 月 14 日，六国科学家完成了人类基因组序列图的绘制，实现了人类基因组计划的所有目标。随后，基因组研究进入后基因组时代。

（3）蛋白质结构分析和功能方面的研究取得突破

分子生物学在蛋白质结构分析和功能研究方面获得了一系列重大成果。R. B. Merrifield 因在多肽合成方面的卓越成就获得了 1984 年诺贝尔化学奖；G. Edelman 和 R. R. Porter 发现抗体的化学结构并获得 1972 年诺贝尔生理学或医学奖；J. Fenn、K. Tanaka 和 K. WⅡthrich 发明了对生物大分子进行确认和结构分析的质谱分析法和核磁共振技术，并荣获 2002 年诺贝尔化学奖；A. Ciechanover、A. Hershko 和 I. Rose 发现了泛素调节的蛋白质降解，从而揭示了一种蛋白质"死亡"的重要机理，荣获 2004 年诺贝尔化学奖；美国 Woods Hole 海洋生物学实验室的 F 村修（O. Shimomura）、哥伦比亚大学的 M. Chalfie 和加州大学圣地亚哥分校的钱永健（R. Y. Tsien）发现了绿色荧光蛋白（green fluorescent protein，GFP），使其在基因工程、基因表达调控和蛋白质化学结构分析等领域获得了广泛应用，从而分享了 2008 年诺贝尔化学奖。

（4）人类对基因表达调控机理的认识更深入

伴随着 G. W. Beadle 和 E. L. Taturn 发现基因受到特定化学过程的调控，J. Lederberg 发现细菌遗传物质及基因重组现象，以及分子遗传学基本理论建立者 Jacob 和 Monod 提出了操纵元（operon）学说，人类对基因表达调控的机理的认识一步步加深。

20 世纪 60 年代以前，人们主要认识原核生物基因表达调控的一些规律，70 年代以后才逐渐认识了真核基因组结构和调控的复杂性。1977 年，猿猴病毒和腺病毒编码序列的不连续性被人们所发现，这揭开了认识真核基因组结构和调控的序幕。1981 年，T. Cech 等发现四膜虫 rRNA 的自我剪接，从而发现核酶（ribozyme）。1980～1990 年，真核生物基因的调控序列和调节蛋白得到研究，人们开始逐步认识到核酸与蛋白质间的分子识别与相互作用是基因表达调控根本所在。1983 年，B. McClintock 发现可移动的基因，获诺贝尔生理学或医学奖；1989 年，S. Altman 和 T. R. Cech 因发现 RNA 的生物催化作用而获得诺贝尔化学奖；J. M. Bishop 和 H. E. Varmus 发现逆转录病毒原癌基因（oncogene）在细胞中的产生机制，并获得 1989 年诺贝尔生理学或医学奖。

许多研究者在基因表达调控方面作出了重大贡献，并以其研究成果获得诺贝尔生理学或医学奖，如 1992 年，E. H. Fischer 和 E. G. Krebs 阐述的蛋白质可逆磷酸化（reversible protein phosphorylation）这一生物调节机制；1994 年，A. G. Gilman 和 M. Rodbell 发现 G 蛋白（一种运送 GTP 的蛋白质）在细胞信号转导（cell signal transduction）中的作用；1995 年，E. B. Lewis、C. Nüsslein-Volhard 和 E. F. Wieschaus 发现早期胚胎发育中的遗传调控机理；1997 年，S. B. Prusiner 发现新的蛋白致病因子朊蛋白；1999 年，G. Blobel 发现蛋白质具有内在信号物质控制其运送到细胞内的特定位置；2001 年，L. H. Hartwell、R. T. Hunt 和 P. M. Nurse 发现细胞周期（celleycle）中的关键调节因子；2002 年，S. Brenner、H. R. Horvitz 和 J. E. Sulston 发现器官发育和程序性细胞死亡的遗传调控机理；2006 年，A. Z. Fire 和 C. C. Mello 发现了 RNA 干扰机制；2009 年，E. H. Blackburn、C. W. Greider 和 J. W. Szostak 发现端粒和端粒酶保护染色体的机理。

综上所述，不难看出，分子生物学是生命科学范围发展最为迅速的一个前沿领域，推动着整个生命科学的发展。

1.2.2 分子生物学的发展趋势

分子生物学的发展速度是惊人的，这期间伴随着许多新成果、新技术的不断涌现。虽然分子生物学已建立的基本规律给人们认识生命的本质找出了光明的前景，但是不难发现，分子生物学的历史还短，尚处于初级发展的阶段，并没有积累起强大、丰富的研究资料以供参考，更多的关于核酸、蛋白质组成生命的许多基本规律还在探索当中。

分子生物学的发展还要经历漫长的道理，其发展趋势表现为两个方面，一是纵深求索，二是横向交叉。以"大学科"态势协同攻关探索生命的深层次奥秘，在整体水平上系统协调揭示生命的复杂规律。

1. 纵深求索

纵深求索就是不断将本学科的理论与技术引向深入。分子生物学在一个相当长的时期内将会集中于基因组研究、基因表达调控研究、结构分子生物学研究、生物信号传导、生物分子免疫等几个前沿领域开展深入持久的工作，并由此开拓新的前沿领域和新的生长点。

（1）基因组的深入研究

主要是结构基因的功能与定位。尤其是与人类健康密切相关的遗传性疾病、多基因疾病、多发性疾病与疑难性疾病的基因诊断与临床治疗的分子基础研究。

（2）基因表达调控的深入研究

主要是反式调控因子的相关基因定位与功能。尤其是各种顺式调控序列的定位与空间结构，远距离顺式调控序列的调控机制；siRNA 与 miRNA 的分子结构与调控机制等。

（3）结构分子生物学的深入研究

主要是朝着立体性与动态性方向发展。综合应用计算机技术、X 衍射晶体分析技术、核磁共振技术等获得高清晰度的三维结构图像。有效实现微观形态与解剖形态，大分子与细胞、亚细胞等相互之间的相互联系动态地研究和观察生物大分子在作用过程中的空间结构的连续变化状况，能够在毫秒数量级水平测定分子间作用时的构象变化，测定蛋白质变性和新生肽折叠时以及分子伴侣识别多肽和帮助折叠时的构象变化。生物大分子的瞬时空间结构与动态变化最能客观有效地阐明大分子物质贮存信息、传导信息、表达信息、产生功能的机制。

（4）生物信号传导的深入研究

主要是生物信息自身的相互交流与网络式作用。机体的发生、发展与生存都依赖于细胞信号传导和调控，这一领域的研究已是一个备受关注的国际热点。

过去的研究多是注重于信号传导物质（细胞因子、激素、递质、受体等）与"信号传导通路"的研究。而在以后，研究细胞外各种生物活性物质如细胞因子、激素、递质之间，细胞与细胞之间，受体与受体之间，细胞内信使之间，胞浆内信息与核内信息之间以及核内各因子之间进行"对话"与"联络"以及调控生物的生长、繁殖、分化、凋亡、修复与免疫的方式将成为一种发展的趋势。

（5）生物分子免疫的深入研究

主要是神经内分泌—免疫调节网络的建立。这是生物体对疾病的预防、治疗密切相关的重要研究领域。在神经内分泌—免疫调节网络建立方面，在免疫方法及单克隆抗体广泛应用方面，在新基因发现、信号传导、免疫诊断、免疫治疗等方面的分子基础研究受到特别关注。当前，特别重视开展对重要传染病、寄生虫病、地方性慢性病、职业病及生活方式相关疾病防治的分子生物学与分子免疫基础研究，以及环境、遗传与社会心理因素对重要疾病发生的综合作用及其分子机制研究。人口与健康是分子生物学研究的永恒主题。

2. 横向交叉

横向交叉就是不断地与生命科学的其他学科及其非生命科学的自然学科、文史学科相互融合，综合应用化学、数学、物理学、计算机等学科的理论与技术，形成相关学科群，并以"大学科"的模式研究生命的实质问题。使各种复杂的生命现象与生命本质之间的联系在分子、细胞、整体水平和谐统一，使表现型和基因型的相关性得到客观准确的解释。

在研究中，一方面注重通过单个基因或蛋白质去了解某一生理现象或过程中的作用与功能，另一方面还强调从系统生物学的角度去构建细胞的分子网络。生物膜和生物力学研究是其中的一个重要组成部分。生物膜是由蛋白质、脂质和糖等生物分子组成的一种复合结构，是内外物质交换、能量交换及信息传导的中介体，也是细胞与细胞、细胞内各亚细胞之间沟通的桥梁。膜受体生物信息传导、膜蛋白的结构及其功能研究、膜脂的结构及其功能研究、生物膜糖分子生物学研究等都属于生物膜这一领域的前沿研究热点。糖类是生物体内除蛋白质与核酸外的又一类生物大分子,具有免疫、信息等多方面的生物功能。

生命过程是一个多层次、多方位、连续的整合过程,通过进行遗传基因和分子水平的研究能够更加深入认识生命过程。这一层次的研究必须与细胞分化、细胞凋亡、生长发育、神经活动、机体衰老、病理生理等生命活动结合起来。因此,会形成分子细胞生物学、发育分子生物学、分子神经科学等新的生长点与新的边缘学科。

(1)分子细胞生物学

主要是从细胞的角度进行研究,重点包括基因与基因产物如何控制细胞的分化、生长、凋亡与衰老,基因产物与其他生物分子如何构建与装配成细胞的高度组织化的结构并进行有序的细胞生命活动等内容。

(2)分子神经生物学

主要是在分子生物学的基础上,统一神经网络水平、整体水平与行为水平,重点阐明以下问题:

①阐明神经细胞分化和神经系统发育的分子机制。

②阐明神经活动基本过程如神经冲动、信息处理、神经递质与神经回路等的离子通道、突触通讯、受体与信号传导的变化及其相关基因表达的变化。

③阐明参与学习、记忆、行为过程的基因及其产物。

④阐明神经精神疾病的发病与防治的分子基础。

(3)发育分子生物学

主要是解决发育相关基因如何按一定的时空关系选择性地表达来控制细胞的分化和个体发育。发育程序是如何通过相关的多基因系统逐次展开调控作用。形态发生是如何由细胞间连接、识别、运动、生长的彼此配合控制的。重点研究干细胞增殖、分化和调控,生殖细胞发生、成熟与受精,胚胎发育的调控机制,体细胞去分化和克隆机制,人体生殖功能的衰退性病变的机制,辅助生殖与干细胞技术的安全和伦理等。

在科学技术高速发展的今天,分子生物学理论与技术的更新速度更快,生物学新概念、新成果的产生频率也在急剧增加。从科学发展的规律看,要想科学探索取得更加深入的发展,科学家就必须具备理性的思维、明确的探索目标和良好的实践手段以验证其理论的正确性,还应该不断深入理性认识以促使更新颖技术的建立,并形成反复的良性循环。

作为21世纪的热门研究领域之一,生命科学在很长一段时期内引导着人们对生命奥秘的不懈探索,终将将生命之谜一一揭开。

1.3　分子生物学的研究范畴和主要内容

1.3.1　分子生物学的研究范畴

分子生物学具有极为广泛的研究范围和众多的分支学科,几乎涉及生命科学的各个层面以及与生命科学相关的各个领域。就生物体自身而言,生命过程是一个多层次、连续的整合过程,只有深入到基因水平研究结构基因的功能与调控基因的功能,才有可能阐明生命的整合过程;就生物体与周围环境的关系而言,深入分子水平研究生物与环境的相互作用及其机制和规律,才有可能阐明生命进化及其生物多样性的实质。

随着生物的进化,物种的演变以及对生命现象研究的不断深化,基于分子水平的研究范围越来越大。分子生物学与其他学科,尤其是分子遗传学、分子细胞学、分子生态学之间的关系更加密切,甚至很难划分出明确的界线。

1. 分子遗传学

分子遗传学是分子生物学的重点研究范围。分子遗传学是在分子水平上研究生物遗传和变异机制的遗传学分支学科,科学史上最近代、最重要的理论与概念上的突破都发生在遗传学研究领域。

经典遗传学研究的重点在于亲代和子代之间的传递,著名的三大遗传定律也在其研究范围之内①。而分子遗传学研究的重点在于基因的本质、基因的功能及基因的变化。

DNA 双螺旋模型的建立为分子遗传学的研究开创了新纪元。遗传物质的分子结构因为 DNA 和 RNA 操作与测序技术的发展而变得清晰可辨。从此,人们可以在分子水平上研究脱氧核糖核酸或基因的复制、转录、翻译和基因表达调控的过程。有目的地改变 DNA 的个别碱基并观察其表现型改变,可以合成编码任何感兴趣的氨基酸序列的基因,获得所设计的蛋白质分子。可以给被表达的基因装备相关的顺式调控元件与反式调控元件,进行基因表达的调节研究。人们还可以通过研究正常基因的功能,寻找出产生疾病的突变基因并用正确的基因取代之,进行特效药物的设计用于临床治疗。

分子遗传学研究内容占据了分子生物学的中心位置,这两个学科的知识体系大面积交叉与融合。二者相互依存,共同发展。

2. 分子细胞学

分子细胞学是分子生物学研究的一个扩大的整体范围。在生命结构层次中,细胞是由生物大分子和其他必要的分子和元素构成的具有严整结构的生命单位。任何生物,无论低等还是高等,都是以细胞为基本单位构成的。无论多么复杂的生物,一切活动都首先在细胞中发生。

关于细胞生物学的研究也同步进入了分子细胞生物学研究领域。细胞生物学从显微、亚显微和分子水平三个层次对细胞的结构、功能和各种生命规律进行研究。细胞与亚细胞的结构、细胞的增殖与生长、细胞分化、细胞衰老、细胞死亡(包括凋亡)、细胞迁移、细胞外基质与胞间通讯、细胞信号转导、细胞与组织工程、细胞间相互作用、物质运输以及分子细胞学的新技术与新方法都是研究范围。

分子水平的细胞学研究是分子生物学的一个重要的研究领域,应用分子生物学的理论与技术将更清楚地揭示细胞作为生物基本单位的重要功能和不可替代位置。

3. 分子生态学

分子生态学则是分子生物学研究的一个更大的空间范围。1992 年,Molecular Ecology 在美国创刊,标志着分子生态学已经成为分子生物学的一个更新、更广的重要研究领域。分子生态学这一新兴学科的产生同样是分子生物学、生态学与种群生物学交叉、渗透的结果。利用分子生物学的手段与方法,在分子水平上研究生物系统结构与功能,研究生态系统与环境的相互作用及其

---

① 1865 年,孟德尔通过豌豆杂交实验建立的遗传学两大定律——分离定律和自由组合定律,以及 1910 年,摩尔根通过果蝇遗传实验,建立的遗传学连锁交换定律。

机制和规律,使分子生物学的研究范围更为扩大。

分子生态学所采用的研究技术包括探针、序列分析、DNA 分子标记等分子生物学技术。其最终达到的目的是从分子水平揭示生物与环境的相互作用及其机制和规律。用于识别物种、分析群体进化、地理起源等方面问题。通过分析种群的遗传变异,确定种内或种间的系统发生和进化;确定生物多样性保护和管理上的价值和规模,鉴别迁移物种中个体的起源,研究种群迁移与有效种群大小的关系等,具有十分重要的科学价值。

综上所述,分子生物学的研究范围包括了自然界的整个空间和生物圈中的一切生物,以及各种生物的所有生命现象。

另外,诸如植物学、动物学、微生物学、免疫学、医学、药学、农学、林学等其他的生命学科,都渗透了分子水平的研究成果,并将分子生物学的研究范围扩大了。

1.3.2　分子生物学研究的主要内容

1. 分子生物学研究的内容

一切生物体都是分子生物学研究的对象,一切生物学现象与生命活动的基础都是分子生物学研究的主要内容。

分子生物学研究具有微观性、定量性的特点。通过进行微观、定量研究能够最终在整体上阐明生命现象与生命活动的本质,实现"表型—基因—表型"生物学研究模式的良性循环。从这一方面讲,分子基础的研究离不开细胞水平的研究,更离不开整体水平的研究。科学家预言,分子生物学的概念将会随着时间的推移慢慢淡化,而"生物学"则包括了各个层次的研究内容。

在分子生物学研究的初期,只是在寻找与确定控制生物遗传的物质基础,所涉及的研究内容只是局限于对核酸、蛋白质等生物大分子的化学和物理结构的研究,并未将其复杂的空间结构与功能联系起来,更没有将其生物信息的产生、传递与调控作用联系起来。生物化学家已经发现并证实了细胞内各种重要组成物质的代谢反应,以及参与这些基本化学反应与特殊化学反应的多种催化蛋白酶。同时,也已经基本清楚了某些化学反应的紊乱所导致的生命机能的缺陷。但是,对于一系列基于分子水平的问题尚且存在诸多疑惑,例如,上述化学反应的机制是什么? 反应过程的内在调控规律如何? 为什么会产生诸多的遗传性疾病? 等等。

后来,科学家对细菌和噬菌体等简单生物系统的遗传背景进行了详细深入的分析探究,并且在生物大分子核酸的研究方面取得了最富有成果的进展之后,分子生物学的研究内容才得以丰富,并引起分子生物学研究的又一个时期的热潮。

概括来讲,分子生物学的主要研究内容包括以下几个方面:生物遗传信息携带者——核酸的化学、生物信息传递相关生物大分子——蛋白质的化学、生物遗传信息的传递规律(传递的中心法则、复制、转录、翻译等)、生物基因的突变与修复、生物基因的重组与转移、生物遗传信息表达与调控的功能单位与调控规律、生物性状遗传过程与生物进化原动力的分子基础等。

2. 分子生物学研究的常用生物系统

通常,分子生物学研究将病毒、细菌、酵母菌作为常用的生物系统,此外,真核生物中的果蝇、四膜虫、线虫、拟南芥、转基因动物、转基因植物等都是可作为研究的理想的模式生物,并且也取得了重大的突破性进展。以遗传背景清楚的模式生物为对象,进行生长、发育、行为、疾病等多方面多层次的分子遗传背景研究,对探索与诠释高等生命的本质已经发挥了重大的引导、推论与验证的作用。显然,这一模式的研究开辟了一条更为有效、更为便捷的途径。

(1)病毒

阐明基因调控原理是分子生物学的一个重要命题,而病毒对于研究基因表达调控而言显然是一种最为简便理想的模式生物。

通过对病毒基因结构和表达的研究,能够获得有关真核基因组结构与调控原理;RNA肿瘤病毒逆转录酶的发现,使得生物遗传中心法则得以重新修改;基因重叠、内含子的发现、转录后剪修、重复序列和增强子的存在等,使得分子生物学的内容得到了极大的丰富;多种病毒载体的出现,还为研究真核细胞基因表达提供了一个重要手段。

(2)细菌

细菌是一种个体小、生长快、易培养、易操作的自由生活的单细胞生物,具有单个染色体,无核,其物理结构简单,基因组受到完善、高效的调节。它是研究基本生物学过程的合适的模式生物。

E.coli 是分子生物学领域中最常用的一种细菌。在最适条件下,E.coli 每20分钟分裂一次,实验周期短,易于取得数据,所得数据的统计学可靠性较大。细菌具有如下许多特性,这使得它可用于分子生物学的研究。

①细菌能够在流体培养基或固体培养基上生长,对培养基的成分要求简单,代谢作用旺盛,在短时间内可积累大量代谢产物。

②细胞很容易获得营养缺陷型细菌,作为研究基因精细结构、基因作用及基因突变等的复杂体系的简单模型材料。

③细菌具有不同类型的质粒,在基因工程中被广泛用作遗传工程菌。

④细菌具有转座子,对研究重组和基因表达提供了简单方便的模型。

⑤细菌易受噬菌体的侵袭。

⑥用细菌作材料能提供细菌中大分子和调节过程的重要信息。

(3)酵母菌

酵母是一种低等真核生物,具有许多特殊的性质。无论是在理论研究还是在实际应用方面它都有着广泛的应用前景。在分子生物学领域中,对酵母研究的深度、广度与系统性仅次于原核生物中的大肠杆菌。酵母还与细菌有许多相似之处。

酵母菌具有如下特点:

①酵母的遗传基因结构比较清楚,相关信息库十分丰富。

②酵母菌具有自身的转座子与游离的质粒,具有翻译后糖基化等加工系统,是基因工程的理想受体细胞。

③酵母菌具有真核生物中最明显的有性现象——减数分裂,可通过四分子分析考察一次减数分裂的四个产物的情况,通过四分子的不同类型的相对频率计算研究一系列遗传学规律。

④许多高等真核DNA片段在酵母中可以自由复制。

⑤含着丝粒、端粒、复制起点三要素的酵母人工染色体(YAC)已构建成功,为研究高等生物的染色体结构打下了基础。法国遗传研究中心构建的"兆YAC",可存储上万个碱基,大大加快了人类基因组的研究速度。

⑥酵母中有多个分泌系统,其中α基因在改造后接上外源片段就可使产物分泌到细胞外。

⑦许多高等动植物的分泌信号可在酵母中发挥作用。

⑧酵母中某些基因含有类似致癌基因的结构,是研究癌基因的简单模型。

⑨酵母与高等真核生物有许多共同的分子和生命过程,如泛素、包涵体、肌动蛋白和微管蛋白、核内小分子 RNA 及内吞等,都是现代分子生物学的重要研究课题,用酵母可以进行富有成果的研究。

(4)果蝇

对于遗传学、生物化学和分子遗传学而言,果蝇是一种极为理想的研究材料。自 1910 年起被摩尔根等人引进实验室,就为分子生物学的发展起了不可估量的作用。它具有如下特点:

①体小易培养,繁殖力强、世代周期短,仅 10～12 天。

②仅 4 对染色体,也正是由于染色体数目少,因此,适于研究染色体结构细节。

③幼虫唾腺中有巨大的唾腺染色体或常染色体,其上的横纹和间带区分得十分清楚,便于观察与分析。

④易于获得突变型,且发生的突变基因可完好地长期保存。

⑤果蝇发育过程中的组织分化及特异组织中的基因表达特别适合于进行发育生物学的研究。

⑥果蝇具有复杂的行为,神经元的活动和突触的机制在本质上同高等动物一致,是研究高等动物与人类高级神经活动的最好的遗传模型。

(5)四膜虫

四膜虫是单细胞原生动物,它具有如下方面的特点:

①口位于细胞的前端,内有三个小膜,口的边缘有一个波动膜,有许多独特的生物学特性。

②四膜虫可进行无菌培养,每 3h 分裂一次,迅速繁殖到 5×10^5 个细胞/ml。

③其细胞核具有两态性,在大核发育过程中,种质(germinalline)基因组发生广泛的断裂、缺失、拼接、多倍化和 rRNA 基因的扩增等,为分子生物学的研究提供了一个很好的模型。

关于四膜虫 rDNA 研究,取得了三项最有代表性的重大发现。

一是 RNA 催化功能的发现。1981 年,Cech 等发现四膜虫 rRNA 可以精确地将一段内含子切除,将两侧 RNA 拼接起来。进一步证明这段内含子序列具有催化加工特定序列的功能,被称为核酶(ribozyme)。这一重大发现突破了生物酶都是蛋白质物质的固有概念,为此获得 1989 年诺贝尔化学奖。随后的研究发现多数的真菌线粒体、绒泡菌 RNA 和一些噬菌体 RNA 都有核酶存在。

二是染色体端粒结构的发现。1978 年,Blackburn 发现四膜虫 rRNA 的末端为(CAA2)72,这一段特殊序列的结构,对于染色体的保护起着十分重要的作用。研究端粒的结构和功能对于解释真核生物线性 DNA 的完整复制有重要意义。

三是染色体端粒复制机制的阐明。研究发现一种具有端粒特异性的端粒酶(telemerase),含有逆转录酶和一段 RNA 序列,其中包含 CAACCCCAA 序列。端粒延伸反应很可能是以 RNA 为模板合成 DNA 的一种逆转录反应。

(6)线虫

线虫是分子生物学研究的另一模式生物,如以细菌为食的秀丽隐杆线虫就是常用的一种。线虫具有如下特点:

①线虫生活周期为 3 天,具有性别的分化,雄线虫与两性体具有稳定的结构与遗传特性,受环境因素的影响小。

②突变体性状特征明显,在显微镜下从形态上就可以判断突变体性状的改变。

③线虫的成虫个体的细胞数量严格一定,通常,雄虫有1031个细胞,两性体有959个细胞。

④胚胎透明,与生殖系统、肌肉系统、神经系统等的发育和分化过程有关的许多基因已被定位,为生物的遗传和发育研究开辟了广阔的前景,对于揭示发育过程的有序性和严格的规定性有着重要的推动作用。

(7)拟南芥

拟南芥是一种十分古老的植物,俗称鼠耳水焊菜,从自然群体能够收集到不同的生态型,也是进行遗传和分子研究的理想模式生物。它具有如下特点:

①拟南芥的植株小,一般15cm高,可大批量地在温室中培养。

②拟南芥生长期很短,种子浸入水中后几天就萌发生长,几周内就形成莲座、抽薹和开花。

③拟南芥是自交繁殖植物,开花后一般自体受精,人工诱变后可以在子二代中直接筛选变异的纯合子。

④该种植物可以在实验室条件下进行异花授粉,完成人工杂交。果实含30~60粒种子,为子代名性状分析提供了足够的群体,十分利于扩增变异株的种子库。

(8)转基因动物

转基因动物是指那些在基因组内稳定地整合了外源基因,并能遗传给后代的一类动物。它始于1979年Mintz等将SV40病毒DNA导入小鼠早期胚胎的囊胚腔,获得第一个承载有人工导入的外源基因的嵌合体小鼠。如今,转基因研究早已渗透到生物学、医学、畜牧学等学科的广泛领域,建立了大量的转基因动物模型。

转基因动物为基因的发育阶段性表达和组织特异性表达提供了极好的分子生物学实验体系,为动物品种的改良及某些重要蛋白质的获得提供了新的途径。

将不同的功能性重排的小鼠Ig基因注射入小鼠受精卵,得到了稳定和正常表达的转基因小鼠。重排的Ig基因包含了所有的组织特异性表达所需要的信息,证明在遗传工程动物中产生种间单克隆抗体是可能的。这为人类疾病的预防提供了美好的前景。应用转癌基因小鼠可以分析某一组织的前癌情形,分析肿瘤是否可能发生及进程,从而为抗癌治疗建立更多可靠的动物模型提供了可能。利用转基因动物建立人类疾病的模型,对人类疾病有关的各种生化或生理因子的了解成为可能,为设计和采用新的治疗方法奠定了基础。

利用转基因动物改良动物品种,可以提高繁育速度、培育抗病害动物品系,转基因动物可作为生物反应器,如动物乳腺生物反应器、动物血液生物反应器和动物分泌腺体反应器等。

(9)转基因植物

转基因植物为植物分子生物学的深化研究提供了良好的实验材料。此外,对转基因植物进行研究能够取得以下方面的成果,例如,能够导入优良品质基因的植物,培育出优良的植物新品种,可抗病虫害、抗不良环境因素,提高农作物产量;能够培育抗除草剂作物,转化植株可获得抗除草剂的能力;能够培育抗真菌、病毒、重金属等作物,改良水稻、小麦、大豆等作物的蛋白质质量;还能够培育转基因药用植物,为临床提供更为丰富的药物资源。

理论和实践的相互作用推动着科学的不断向前发展。分子生物学的发展不仅依靠生物遗传定律的建立,更实在上述各项研究内容的完成与获得的成就的基础上取得的成果。科学研究的进展不是来自单纯的资料和信息的收集,而是依赖于在理论指导下的不懈探索与发现。现代分子生物学研究系统包括了生物学技术。分子生物学研究内容的不断充实与实验技术手段的不断进步,将使分子生物学的研究进展加速,逐步接近了解生命、保护生命、珍爱生命的目的。

第 2 章 核酸的结构与性质分析

2.1 DNA 的结构

2.1.1 DNA 的化学组成

DNA 的组成单位是脱氧核苷酸(deoxynueleotide)。脱氧核苷酸有三个组成成分:一个磷酸基团(phosphate)、一个 $2'$-脱氧核糖($2'$-deoxyribose)和一个碱基(base)。

由于戊糖的第二位碳原子没有羟基,而是两个氢,为了区别于碱基上原子的位置,核糖上原子的位置在右上角都标以"$'$"。这是 $2'$-脱氧核糖名字的来源。

1. 碱基

构成 DNA 的碱基可以分为两类:嘌呤(purine)和嘧啶(pyrimidine)。嘌呤为双环结构,包括腺嘌呤(adenine,A)和鸟嘌呤(guanine,G),这两种嘌呤有着相同的基本结构,只是附着的基团不同。而嘧啶为单环结构,包括胞嘧啶(cytosine,C)和胸腺嘧啶(thymine,T),它们同样有着相同的基本结构。可以用数字表示嘌呤和嘧啶环上的原子位置。如图 2-1 所示。

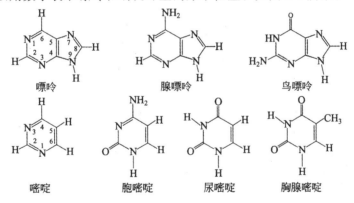

图 2-1 嘌呤和嘧啶的分子结构示意图

另外,在核酸分子中还发现许多种修饰碱基,它们是在上述碱基环上的某一位置被一些化学基团(如甲基、甲硫基等)修饰后的衍生物,其含量稀少,在各类核酸中分布不等,但是对于核酸的功能也可能起到重要的调节作用。

2. 脱氧核苷

脱氧核苷(deoxynueleoside)是嘌呤的 N9 和嘧啶的 N1 通过糖苷键与脱氧核糖结合形成的。它有如下 4 种:$2'$-脱氧腺苷、$2'$-脱氧胸苷、$2'$-脱氧鸟苷和 $2'$-脱氧胞苷。

3. 脱氧核苷酸

脱氧核苷酸由脱氧核苷和磷酸组成(图 2-2)。磷酸与脱氧核苷 5′-碳原子上的羟基缩水生成 5′-脱氧核苷酸。脱氧核苷单磷酸依次以磷酸二酯键相连形成多核苷酸链(polynucleotide),即一个核苷酸的 3′-羟基与另一核苷酸上的 5′-磷酸基形成磷酸二酯键(phosphodiester group)。也就是一个核苷的 3′-羟基和另一核苷的 5′-羟基与同一个磷酸分子形成两个酯键。多核苷酸链以磷酸二酯键为基础构成了规则的不断重复的糖—磷酸骨架,这是 DNA 结构的一个特点。核苷酸的一个末端有一个游离的 5′-基团,另一端的核苷酸有一游离的 3′-基团。所以,多核苷酸链是有极性的,其 5′-末端被看成是链的起点。这是因为遗传信息是从核苷酸链的 5′-末端开始阅读的。

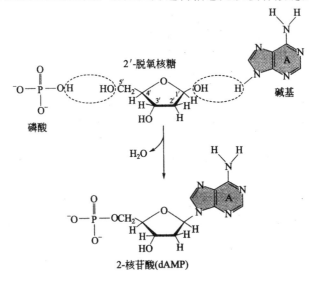

图 2-2　脱氧核苷酸的分子模型

2.1.2　DNA 双螺旋

1949 年,生物化学家 Erwin Chargaff 用纸色谱技术分析了 DNA 的核苷酸组成,发现在所有不同来源的 DNA 样品中,A 残基的数目与 T 残基的数目相等,而 G 残基的数目与 C 残基的数目相等。20 世纪 50 年代初,Rosalind Franklin 和 Maurice Wilkins 利用 X 射线衍射技术(X-ray diffraction)证实了 DNA 具有双螺旋结构形式。1953 年,Watson 和 Crick 根据 DNA 分子的理化分析,以立体化学上的最适构象建立了一个与 DNA 的 X 射线衍射数据相符的 DNA 分子双螺旋结构(图 2-3)。

DNA 分子双螺旋模型的结构特点:双螺旋的两条反向平行的多核苷酸链绕同一中心轴相缠绕,形成右手螺旋,即从一端看去是以顺时针方向旋转的;磷酸与脱氧核糖构成的骨架位于双螺旋外侧,嘌呤与嘧啶碱伸向双螺旋的内侧;碱基平与纵轴垂直,糖环平面与纵轴平行。

模型中的碱基配对是极为重要的:两条核苷酸链之间依靠碱基间的氢键结合在一起,形成碱基对(base pair,bp)。位于两条 DNA 单链之间的碱基配对是高度特异的,腺嘌呤只与胸腺嘧啶配对,而鸟嘌呤总是与胞嘧啶配对(图 2-4),结果是双螺旋的两条链的碱基序列形成互补关系(complementary),其中任何一条链的序列都严格决定了其对应链的序列。例如,如果一条链上的序列是 5′-ATGTC-3′,那么另一条链必然是互补序列 3′-TACAG-5′。碱基间的配对除了要求

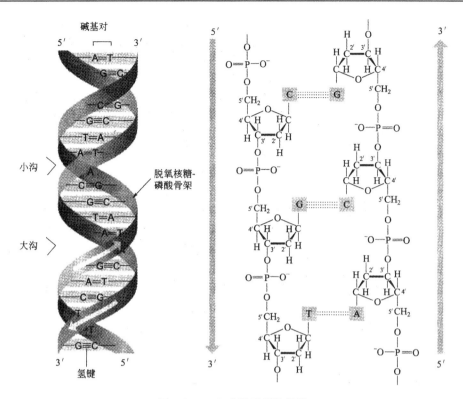

图 2-3　DNA 分子双螺旋模型

碱基之间形状的互补外,还要求碱基对之间氢供体和氢受体具有互补性。DNA 双链之间 G-C 和 A-T 配对可以保证碱基对之间氢供体和氢受体的互补性。在图 2-4 中,腺嘌呤 C6 上的氨基基团与胸腺嘧啶 C4 上的羰基基团可以形成一个氢键;腺嘌呤 N1 和胸腺嘧啶的 N3 上的 H 也形成一个氢键。鸟嘌呤与胞嘧啶之间可以形成 3 个氢键(图 2-4)。若使腺嘌呤和胞嘧啶配对,这样一个氢键受体(腺嘌呤的 N1)对着另一氢键受体(胞嘧啶的 N3)。同样,两个氢键供体,腺嘌呤的 C6 和胞嘧啶的 C4 上的氨基基团,也彼此相对。可以得出这样的结论:A 与 C 碱基配对是不稳定的,它们之间无法形成氢键。如图 2-5 所示。

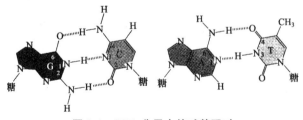

图 2-4　DNA 分子中的碱基配对

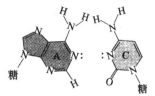

图 2-5　A 和 C 之间不能形成正确的氢键

氢键并非稳定双螺旋的唯一因素,碱基间的堆积力是维持双螺旋结构稳定性的另一关键因素。碱基是扁平、相对难溶于水的分子，它们以大致垂直于双螺旋轴的方向上下堆积，DNA链中相邻碱基之间电子云的相互作用对双螺旋的稳定性有着重要影响。G—C对间的堆积力大于A—T对，这是G—C含量高的DNA比A—T含量高的DNA在热力学上更稳定的主要因素。另外，DNA双链上的磷酸基团带负电荷，双链之间这种静电排斥力具有将双链推开的趋势。在生理状态下，介质中的阳离子或阳离子化合物可以中和磷酸基团的负电荷，从而能够对双螺旋的形成和稳定发挥有力影响。

每圈螺旋含10个碱基对，碱基堆积距离为0.34nm，双螺旋直径为2nm。DNA的两条单链彼此缠绕时，沿着双螺旋的走向形成两个交替分布的凹槽，分别为大沟（major groove）和小沟（minor groove），如图2-3所示。每个碱基对的边缘都暴露于大沟、小沟中。

①大沟较宽、较深。在大沟中，每一碱基对边缘的化学基团都有其自身独特的分布模式。因此，蛋白质可以根据大沟中的化学基团的排列方式准确区分A:T碱基对、T:A碱基对、G:C碱基对与C:G碱基对。这种区分使得蛋白质无需解开双螺旋就可以识别DNA序列，具有重要意义。

②小沟较窄、较浅。小沟的化学信息较少，对区分碱基对的作用不大。在小沟中，A:T碱基对与T:A碱基对，G:C碱基对与C:G碱基对看上去极其相似。另外，由于体积较小，氨基酸的侧链一般不能进入小沟之中。

2.1.3 DNA 结构的多态性

由于碱基序列不同，导致分子的局部构象产生较大的差异。因此在双螺旋的总体特征之下，能产生各种二级结构的变化，即为DNA结构的多态性。DNA双螺旋结构在一定环境条件下，或在不同功能状态下可以发生扭曲、旋转、伸展等结构变化，这导致DNA存在有多种不同的双螺旋结构类型。

Watson和Crick提出的DNA双螺旋结构属于B型双螺旋，它是以从生理盐溶液中抽出的DNA纤维在92%相对湿度下的X射线衍射图谱为依据推测出来的，这是DNA分子在水性环境和生理条件下最稳定的结构。然而，以后的研究表明DNA的结构是动态的。除了经典的B型构象，还有A型、C型、D型构象的右手双螺旋和Z型的左手双螺旋。如图2-6所示。它们中的一些结构与经典的DNA双螺旋结构只有一些细微的差别，但有少数结构在DNA的重要属性（如手性、碱基配对原则、或者链的数目）上存在根本变化。这些不同结构对DNA发挥不同的生物功能是至关重要的。

1. B型DNA

B型DNA是用生理盐浓度的DNA溶液抽成纤维，然后在92%的相对湿度下进行X光衍射测定出来的。大量的工作证明在溶液中的DNA确实采取B型结构，这也是DNA在细胞内的主要结构形式。

B型DNA的主要特征如下：右手双股螺旋；每圈螺旋10个碱基对，螺旋扭角为36°，螺距34Å，每个碱基对的螺旋上升值为3.4Å；碱基倾角—2°，碱基平面基本上与螺旋轴垂直，螺旋轴穿过碱基对，大沟宽而略深，小沟窄而略浅。

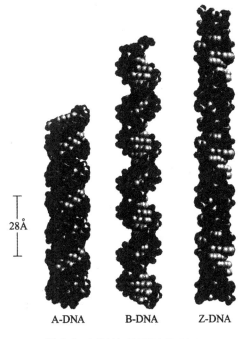

28Å

A-DNA   B-DNA   Z-DNA

图 2-6   A-DNA、B-DNA Z-DNA

1A＝0.1nm

2. A 型 DNA

在高盐溶液或脱水情况下,DNA 倾向于形成 A-DNA(图 2-6)。A-DNA 碱基倾角为 13°,碱基平面不与螺旋轴垂直,螺旋轴不穿过碱基对,而是位于大沟中,碱基对在小沟一侧围绕着旋轴,因而形成中空的结构。双链 RNA 和 DNA-RNA 杂合体会形成 A-型双螺旋。

A 型 DNA 的特点如下:

①A-DNA 的直径是 2.6nm,每一螺旋含 11 个碱基对,每个碱基对上升 0.23nm。与 B-DNA 相比,其直径变粗,长度变短。

②A-DNA 的大沟变窄、变深,小沟变宽、变浅。由于大沟、小沟是 DNA 行使功能时蛋白质的识别位点,所以由 B-DNA 变为 A- DNA 后,蛋白质对 DNA 分子的识别也发生了相应变化。

3. C 型和 D 型 DNA

如果以锂作反离子,相对湿度进一步降为 66%,测得的小牛胸腺 DNA 采取 C 型结构,每圈螺旋 9.3 个碱基对。

而 poly[d(A－T)]. poly[d(T－A)]以及 poly[d(A－A－T)]. polyrd(T－T－A)]在以钠盐作反离子的条件下采取 D 型结构,每圈螺旋 8 个碱基对。

4. Z 型 DNA

Z 型 DNA 是 A. Rich 在研究人工合成含鸟嘌呤的寡核苷酸 d(CGCGCG)的结构时发现的。虽然 CGCGCG 在晶体中也呈双螺旋结构,但它不是右手螺旋,而是左手螺旋(left handed),所以称作左旋 DNA(图 2-6)。

Z 型 DNA 的结构特点：螺距延长(4.5 nm 左右)，直径变窄(1.8 nm)，每个螺旋含 12 个碱基对，每个碱基对上升 0.38 nm；大沟已不复存在，小沟窄且深；在 CGCGCG 晶体中，磷酸基团在多核苷酸骨架上的分布呈 Z 字形，所以也称作 Z 型 DNA。还有，这一构象中的重复单位是二核苷酸而不是单核苷酸。

目前而言，关于 Z-DNA 所具有的生物学功能人们还没有清晰的认识。Z-DNA 可能提供了某些调节蛋白的识别位点。现通过两例进行分析说明。

在 SV40 的增强子中有 3 段 8 bp 的 Z-DNA 存在，若将其中 2 个 Z-DNA 片段除去，再接到 β-珠蛋白基因上，则增强子失去活性。若将野生型 SV40 的 Z-DNA 中"T"和"C"转换成"C"、"T"，不会影响突变体的活性，而当嘧啶转换成嘌呤时，嘌呤-嘧啶的相间排列遭到破坏，导致 Z-DNA 难以形成，从而 SV40 也失活(图 2-7)。

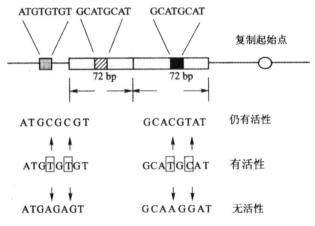

图 2-7　SV40 增强子中的 Z-DNA 及其突变后的影响

另一个例子是原生动物纤毛虫。它有具有相同 DNA 序列的大、小两个核，大核有转录活性，而小核则与繁殖有关。以荧光标记的 B-DNA 抗体和大、小两核都能结合，而以荧光标记的 Z-DNA 抗体显示仅和大核 DNA 结合，这说明大核 DNA 有 Z-DNA 的存在，可能和转录有关。

2.2　DNA 的超螺旋结构与多链结构

2.2.1　DNA 的超螺旋结构与拓扑异构现象

DNA 的双螺旋具有很高的柔韧性。而在体内并非以简单的双螺旋线性分子村子，而是采取更加紧密的结构形式。在细菌、病毒和真核细胞的线粒体和叶绿体中，DNA 呈双链的环状分子，没有游离末端的封闭结构。这些 DNA 在细胞内采取一种更为复杂的三级结构，超螺旋(super-coil, super-helix)结构是其中较为常见的一种。并且该结构也是离体条件下一种普遍的现象。

1. DNA 的超螺旋结构

E. coli 的 DNA 存在着超螺旋，尽管 DNA 总长度是其细胞长度的 100 倍，也可以包装成类核(nucleoid)。1963 年，Jevome Vinogred 在离心分离多瘤病毒(polyoma virus)的环状 DNA 时，原以为在离心管中只会出现一条带，结果出现了两条带，他推测一条可能是松弛型 DNA，另

一条可能是超螺旋 DNA,DNA 的超螺旋结构就是在这个时候被发现的。

　　在介绍 DNA 的双螺旋模型时,常常将 DNA 视为线性分子。体内的 DNA 常常是缺少自由末端的闭合结构。绝大多数原核生物的 DNA 都是共价闭合环(covalently closed circle,CCC)分子,而真核生物的染色体虽然为线性分子,但其 DNA 与 DNA 相互结合,两个结合位点之间的 DNA 形成一个噜噗结构(loop),类似于共价闭合环状分子。这种闭合环的存在使双螺旋上出现更多的结构限制。在 DNA 双螺旋中,大约每 10 个核苷酸长度旋转一圈,这时双螺旋处于能量最低的状态。如果这种正常的双螺旋 DNA 额外地多转几圈或少转几圈,就会使双螺旋中存在额外的张力。如果双螺旋 DNA 的末端是开放的,这种张力可以通过链的转动而释放出来,使 DNA 恢复正常的双螺旋状态。但在共价闭合环状 DNA 或与蛋白质结合的 DNA 中,DNA 分子两条链不能自由转动,这些额外的张力不能释放到分子之外,导致 DNA 分子扭曲以缓解这种张力。DNA 分子的这种扭曲就称为超螺旋(supercoil)(图 2-8)。一个闭合分子必须在 DNA 的每条链上都没有断裂,即使在一条链上出现的断裂都有可能导致超螺旋的消失。一个分子只要缺少超螺旋结构,不管其是何种机构,都被称为松弛型结构(relaxed form)。超螺旋 DNA 是一种常见的 DNA 三级结构类型,生物体中绝大多数 DNA 是以超螺旋的形式存在的。

图 2-8　DNA 分子的超螺旋

　　超螺旋是有方向的,可分为正超螺旋和负超螺旋两种。

　　超螺旋方向与双螺旋方向相反,为负超螺旋,即左超螺旋。这是生物体内常见的 DNA 超级结构形式。负超螺旋使 DNA 绕其轴以与右手双螺旋的顺时针方向相反的方向缠绕,通过减少每个碱基对的旋转来松弛双链 DNA 的相互缠绕,使 DNA 分子减轻了因自身双螺旋而产生的扭曲张力。因此,负超螺旋的作用是解旋。但如果过度扭转,将会导致部分碱基对的破坏。

　　超螺旋方向与双螺旋方向相同,为正超螺旋,即右超螺旋。目前仅在一种嗜热菌内发现活体正超螺旋。正超螺旋使 DNA 按照其内部双螺旋缠绕方向相同的方向缠绕,导致绕双螺旋的张力更大,使结构更加紧张。因此,正超螺旋是过度缠绕的超螺旋。体外实验可以产生这种正超螺旋。

　　负超螺旋把扭曲张力传递到 DNA 上,使 DNA 解旋,而正超螺旋使双螺旋缠绕得更紧。超螺旋使环状双链更紧密,因而在离心时沉降更快。

　　2. 超螺旋影响双螺旋结构

　　在体内,只有 DNA 处于特定的环境而受到多种条件的约束时才会发生结构变化,该变化不是平白无故发生的。在一些结构变化中,负超螺旋起到了推动的作用。

　　超螺旋的引入需要能量,可以把超螺旋看成能量的储存形式,它的存在能够使分子具有更多的能量。负超螺旋能控制 DNA 结构变化的平衡,这使超螺旋 DNA 能实现松弛的 DNA 不能完成的结构转化。通常基因组表现为一定程度的负超螺旋,在体内一般为每 200 个碱基对一个负超螺旋,即超螺旋的密度为 -0.05,这相当于分子具有 37674.9 J/mol 的能量。在体内保持一定的负超螺旋水平是必要的,不过,并非整个基因组中的超螺旋密度都相同,它是呈波动状态的,也就是说,可能 DNA 的转化只需要在特殊区域具有增加的超螺旋。

链分离是其转化形式中的一种,它是由负超螺旋推动的。在溶液中和细胞内负超螺旋会部分地转变为单链泡状结构(图 2-9)。这种单链泡状结构也是解除松缠作用造成的胁变的一种途径。要解除松缠作用造成的胁变,改变每圈初级螺旋的碱基对的数目从热力学上来说是不可能的,造成一个或几个大的单链区域从热力学上来说也是不利的。最可能的是以负超螺旋为主要形式,一小部分为单链泡状结构,二者处于平衡状态。富含 AT 的节段或温度升高,都有利于单链泡状结构的形成。由于双链 DNA 的“呼吸作用”,其负超螺旋的连接数也会有所波动。这样,在任何时刻负超螺旋 DNA 中单链部分的比重比其他任何双链形式 DNA 都要大。在有蛋白质分子与单链 DNA 结合时,单链泡状结构较为稳定。这种由负超螺旋所形成的单链泡状结构,对于 DNA 复制、基因转录及 DNA 重组等过程的起始起重要作用。生物体内的 DNA 为何总是采取负超螺旋形式或许能够从这里找到答案。

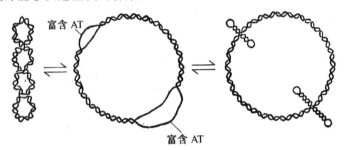

富含 AT

富含 AT

图 2-9 负超螺旋和单链泡状结构的转变

3. 超螺旋的拓扑异构现象

超螺旋本身具有方向性,它因为旋转方向的不同而具有不同的拓扑结构。这里从拓扑学的角度来说明超螺旋的结构。

(1)拓扑异构体的拓扑学特性

DNA 的不同构象又称为拓扑异构体,其拓扑学特性可用连环数、缠绕数、超螺旋周数这 3 个参数来描述。

①连接数(1inking number)是指双螺旋 DNA 中两条链互相交叉的次数,以字母 L 表示,是一个整数。习惯上,将右手双螺旋 DNA 的连接数定义为正值。对于一个闭合环状 DNA 分子,若主链的共价键不发生断裂,L 值是不会改变的。而且 L 相同的 DNA 之间可以不经过链的断裂而相互转变。

②缠绕数(twisting number)是指 DNA 分子一条链绕着另一条链所形成的初级螺旋的圈数,即 DNA 分子中双螺旋的数目。缠绕数由碱基对的数目决定,是双螺旋自身的性质,以 T 表示。

③超螺旋周数(writhing number)为螺旋轴的一种性质,代表了双螺旋分子在空间上相对于双螺旋轴心的扭曲,在直观上等于超螺旋数目,以 W 表示。

超螺旋是可以定量描述的。J. H. White 通过微分几何的研究建立了 White 方程来说明 L、T、W 三者的关系:

$$L = T + W$$

式中,L 必须是整数,T 与 W 可以是小数。负超螺旋的 W 为负值,正超螺旋的 W 为正值。

对于松弛的 DNA 分子，W＝0，L＝T。当拓扑异构体之间的 L 相差为 1 时，就可以通过琼脂糖凝胶电泳将它们分开。

比连接差(specific linking difference)指 DNA 超螺旋的程度，以 λ 表示：

$$\lambda = (L - L_0)/L_0$$

式中，L_0 指松弛环形 DNA 的 L。如果 L 的变化都是由 W 的变化引起的，即 $\triangle T = 0$，也可以将 λ 值视为超螺旋密度(superhelix density)。大多数生物的超螺旋密度为－0.05 左右。

（2）拓扑异构酶

拓扑异构酶(topoisomerase)能够帮助实现 DNA 拓扑异构体之间的转变。这种酶可以改变 DNA 拓扑异构体的 L。DNA 拓扑异构酶是催化 DNA 拓扑异构体之间转化的酶，可催化一个 DNA 单链或双螺旋链穿过另一个单(双)链。

DNA 拓扑异构酶可以分为以下两类：

① Ⅰ型拓扑异构酶。作用：催化 DNA 链断裂和重新连接，每次只作用于一条链，即催化瞬时的单链断裂与连接，不需要能量辅因子 ATP 或 NAD。肠杆菌 DNA 拓扑异构酶和鼠 DNA 拓扑异构酶为该种类型酶的典型代表。

② Ⅱ型拓扑异构酶。作用：能同时断裂双股 DNA 链，通常需要能量辅因子 ATP，这一类酶在原核生物和真核生物中都有发现。该种类型酶又可以分为两个亚类：一是 DNA 旋转酶(DNA gyrase)，其主要功能是引入负超螺旋，在 DNA 复制中起十分重要的作用，至今只有在原核生物中才发现；二是转变超螺旋 DNA(包括正超螺旋和负超螺旋)成为没有超螺旋的松弛形式，该反应在热力学上是有利的方向，但与 DNA 旋转酶一样需要 ATP，这可能与恢复酶的构象有关。

DNA 拓扑异构酶能够催化多种反应。DNA 拓扑异构酶对单链 DNA 的亲和力要比双链高得多，而负超螺旋 DNA 常常会有一定程度的单链区，因此 DNA 拓扑异构酶对它能够很好的识别。负超螺旋越高，DNA 拓扑异构酶作用越快。研究表明，生物体内负超螺旋稳定在 5％左右。生物体通过拓扑异构酶相互作用而使负超螺旋达到一个稳定状态。现已发现，编码 E.coli 拓扑异构酶的基因 topA 发生突变，会引起旋转酶基因的代偿性突变；否则，负超螺旋增高，将会导致细胞生活能力降低。拓扑异构酶作用的碱基序列特异性不高，但切点一定在 C 的下游方向 4 个碱基(包括 C 本身)的位置。在将 DNA 单链切断后，Ⅰ型拓扑异构酶连接于切口的 5′端，并储藏了水解磷酸二酯键的能量用以连接切口，因而Ⅰ型拓扑异构酶的作用不需要能量供应。此外，拓扑异构酶还能促进两个单环的复性，其作用是解除复性过程所产生的连接数的负值压力，以使复性过程进行到底(图 2-10a)。如果在同一个单链环上一个部位切断，而使另一部分绕过切口，则可产生三叶结构分子(trefoil knot)(图 2-10b)。如果有两个双链环，其中一个有一个切刻，拓扑异构酶则可以将切刻对面的一条链切断，使完整的双链环套进去，再连接起来而成为环连体分子(catenane)(图 2-10c)。

DNA 拓扑异构酶催化反应的本质：先切断 DNA 的磷酸二酯键，改变 DNA 的链环数，再连接之。可见，其兼具 DNA 内切酶和 DNA 连接酶的功能。然而其断裂反应和连接反应是相互偶联的，它们并不能连接事先已经存在的断裂 DNA。Ⅰ型拓扑异构酶和Ⅱ型拓扑异构酶的作用机制都可以用符号转化模型进行解释，如图 2-11 所示。

实际上，不只是 DNA 拓扑异构酶可以产生异构变化，其他能改变 DNA 拓扑状态的还包括许多能够嵌入相邻碱基之间影响碱基堆集作用的试剂，特别是片状的染料分子。以 SV40 的共价闭合环状分子与溴化乙锭(ethidium bromide)的结合实验为例，当没有染料时，该 DNA 为负

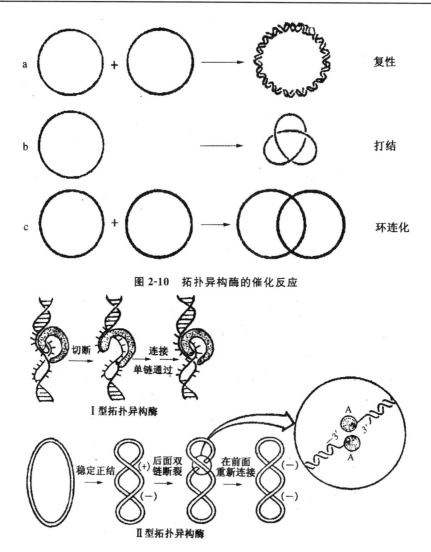

图 2-10 拓扑异构酶的催化反应

图 2-11 拓扑异构酶作用机制的符号转化模型

超螺旋,具有较高的沉降常数(21S);当加入染料分子与核苷酸之比为 0.05 时,沉降数降至 16 S,此时 DNA 为没有超螺旋的松弛形式;当染料分子和核苷酸的比值增加到 0.09 时,沉降常数又上升到大约 21S,此时 DNA 分子为正超螺旋。如图 2-12 所示。溴化乙锭并没有改变 L 值,但溴化乙锭分子的嵌入增加了局部 DNA 二级结构的紧缠状态。可见,随着嵌入染料分子数增多,先是表观为负超螺旋的减少与消失,随后便是正超螺旋的增加。这种情况与单链 DNA 结合蛋白促进负超螺旋转变为泡状结构是极其相似的。

拓扑异构酶具有重要的生物学功能,主要可表现为以下几个方面:

①恢复由一些细胞过程产生的 DNA 超螺旋。在 DNA 活动的许多过程中都能产生正、负超螺旋,如复制过程中 DNA 双螺旋的解开使复制叉的前面产生正超螺旋,在一些条件下转录能导致聚合酶前产生正超螺旋,在酶后产生负超螺旋。

②防止细胞的 DNA 过度超螺旋,使细胞内 DNA 的超螺旋程度保持在一个稳定的状态。拓扑异构酶防止 DNA 过度超螺旋不表明细胞中不需要超螺旋的存在,如在 DNA 复制起始时需要

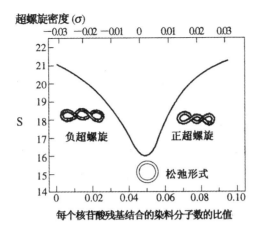

图 2-12 SV40 DNA 的拓扑结构随着核苷酸与溴化乙锭的比值而改变

DNA 处于负超螺旋状态。生物体通过多种拓扑异构酶的作用使负超螺旋达到一定的平衡(5%左右)。保持适当的 DNA 超螺旋对 DNA 结构和它与其他分子的相互作用有重要影响,包括影响原核生物基因的转录起始、保持基因组稳定性、促进重组、抑制有丝分裂。

③其他功能。如大肠杆菌中旋转酶有主要的去连环活性,真核拓扑异构酶参与染色体凝缩过程;拓扑异构酶还能解开缠绕的 DNA 双螺旋。

2.2.2 DNA 的多链结构

DNA 不仅存在多种不同的双螺旋构象,还存在一些不符合碱基配对原则的构象。除了单链和双链结构外,还存在特殊的三链和四链结构。

1. DNA 的三链结构

三链 DNA(triple-stranded DNA)也称为 DNA 三链体(triplex DNA),它是 DNA 的一种特殊结构,由第三条寡核苷酸链通过 Hoogsteen 碱基配对和双螺旋中的一条链以特殊的氢键相连,形成三螺旋结构。

早在 1957 年,Felsenfeld 等人就发现当双链核酸的一条链都为嘌呤核苷酸(全嘌呤链)而另一条链都为嘧啶核苷酸(全嘧啶链)时,如 polyA/polyU、polydA/polydT、polydAG/polydCT,就会发生转化形成核酸三链结构(triplex)。这个结构由一条嘌呤链和两条嘧啶链构成。不过当时的人们并没有对此类现象引起足够的重视。

20 世纪 80 年代中后期,研究者发现在超螺旋质粒中的一段全嘌呤/全嘧啶序列表现出一种特殊的 DNA 结构——H-DNA。H-DNA 是一种三股螺旋,能够形成三股螺旋的 DNA 序列呈镜像对称,并且一条链为多聚嘌呤链,另一条链为多聚嘧啶链,例如(CT/AG)$_n$。另外还发现,双螺旋 DNA E 的全嘌呤/全嘧啶序列可与第三条链(一条全嘧啶链或一条富含嘌呤的寡核苷酸)形成序列专一性的稳定复合物。这些复合物并不是由于单链 DNA 简单置换双螺旋结构中的一条链而形成的 D-loop 结构,表现出三螺旋 DNA 的特征。这些发现对于三螺旋 DNA 的研究起到了推动作用。

三螺旋 DNA 的基本结构单元是碱基三联体(triad),是由许多碱基三联体沿螺旋轴方向堆积而成的。三个碱基分别来自三股链的相应部位,从而也可以看出其三股链上的碱基都参与氢键的形成。有多种配对形式:在由两条嘧啶链与一条嘌呤链组成的三螺旋(YR * Y 型)中,有 CG * C、TA * T 两种三联体;在由两条嘌呤链与一条嘧啶链组成的三螺旋(YR * R)中,有 CG * G、TA * A、TA * G、CG * A 4 种碱基三联体。如图 2-13 所示。其中,"*"号左边的两个碱基形成正常的 Watson-Crick 碱基配对,"*"号两侧的碱基则形成异常的碱基配对(Hoogsten 氢键),将三个碱基通过氢键连成三联体结构。可见,中间的嘌呤碱基同时参与了双螺旋和第三链的结合,它对于三联体结构的形成具有重要意义。

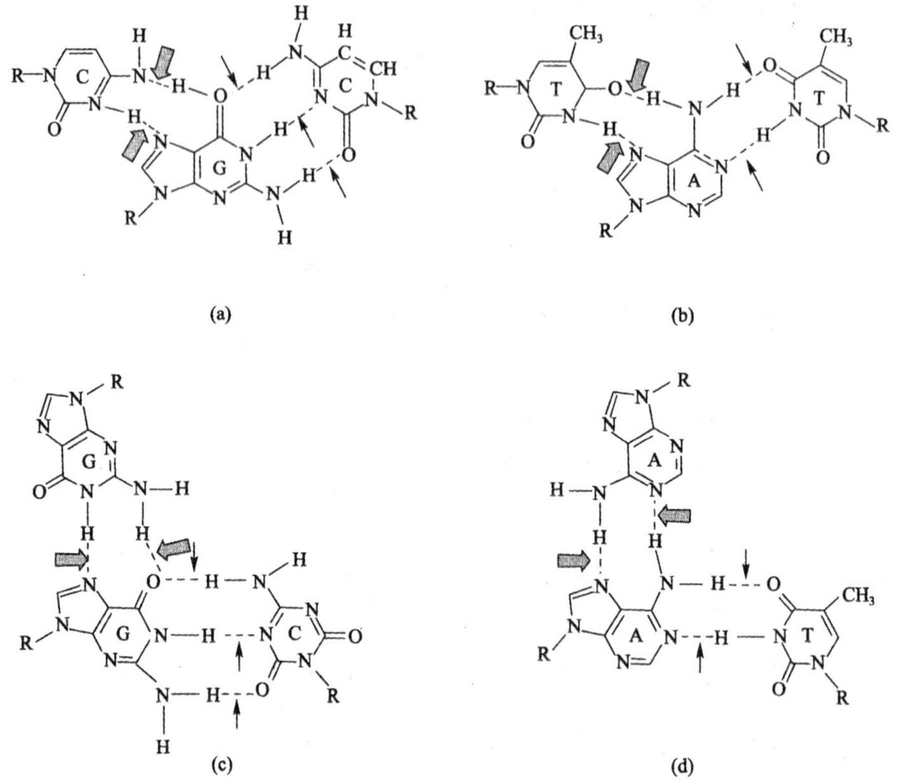

图 2-13 三链 DNA 中的碱基配对

(a)CG * C;(b)TA * T;(c)CG * G;(d)TA * AT,→表示 Watson-Crick 氢键,

⇨表示 Hoogsteen 氢键(引自 M. M. Seidman 等,2003)

上述结构形式具有如下基本特征:在三链形成过程中,双螺旋中的全嘌呤链与第三条链形成 Hoogsten 氢键配对第三条链位于双螺旋结构的大沟中;三链中化学性质相同的两条链采用反平行方式排列;三螺旋中的双螺旋构型与 B-DNA 类似。YR * Y 型与 YR * R 型三螺旋还有一些不同:YR * Y 型在酸性 pH 下稳定,而 YR * R 型的稳定性依赖于二价阳离子的存在;YR * Y 型的三联体沿轴向上升 0.34 nm,螺旋扭角 31°,YR * R 型沿轴向上升 0.36nm,螺旋扭角 30°。

人们在对海胆组蛋白基因间的间隔序列进行研究时,发现其中的 d(GA)$_{16}$ 序列对 S1 核酸酶敏感,暗示可能存在一种反常的 DNA 结构。此结构是依赖 pH 的,在酸性条件下稳定,而在中性 pH 下则不能被观察到。由于 H$^+$ 能稳定这个结构,所以该结构被称为 H-DNA。如图 2-14 所示。

H-DNA 是分子内三螺旋 DNA,由一条嘧啶链和半条嘌呤链组成的 YR * Y 型结构,剩下的半条嘌呤链以单链形式存在,这对于为何 H-DNA 对 S1 核酸酶敏感作出一个很好的解释。三螺

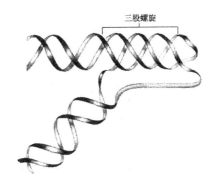

图 2-14　H-DNA 的结构

旋的基本单位是 TA＊T、CG＊C⁺三联体。其中,C 的质子化对形成 CG＊C⁺三联体是必不可少的,这就对于 H-DNA 的 pH 依赖作出一个很好的说明。同时,H-DNA 的结构模型也要求每条链上的核酸序列必须是镜像重复序列。

分子内的 YR＊R 型三螺旋则叫作＊H-DNA。由于采取了多种三联体配对形式,三链结构的形成不需要 DNA 序列严格镜像复制。＊H-DNA 的稳定性依赖于二价阳离子存在。

原核生物基因组中有大量可形成 H-DNA 的序列。但如上所述,YR＊Y 三螺旋的形成需要在酸性 pH 条件下,而 YR＊R 三螺旋需要毫摩尔级的二价阳离子的存在。细胞中并不存在这样的条件。实际上,在生物体内也具有促进三螺旋结构形成的因素。多胺类(如精胺、亚精胺)在生理 pH 下有利于 YR＊Y 结构的稳定。这时由于结合多胺后,克服了三螺旋中相对高的负电荷,降低了磷酸骨架间的斥力。而在真核生物的细胞核中有毫摩尔级的多胺,为三链结构在体内存在提供了可能性。增加 DNA 的负超螺旋密度可促使三螺旋的形成,因为 H-DNA、＊H-DNA 的形成降低了 DNA 超螺旋的扭曲张力。细胞核中的拓扑异构酶、旋转酶都会促使负超螺旋的增加。在转录过程中 RNA 聚合酶催化的聚合反应也会产生超螺旋微区。DNA 合成时,需要中性 pH 及较高的 Mg^{2+} 浓度,有利于 YR＊R 三螺旋的产生。

利用抗三螺旋 DNA 的抗体与真核染色体相互作用,证明了在真核细胞中确实存在三螺旋 DNA 结构。

需说明的是,尽管三股螺旋的形成受到的限制比双螺旋多,然而计算机搜索发现,在天然的 DNA 分子中能够形成 H-DNA 的潜在序列比预期的要多,并且不是随机分布。例如,(CT/AG)ₙ 出现在许多基因的启动子、重组热点和复制起点中。如果删除启动子中的(CT/AG)ₙ,或者使其发生突变都会降低基因的表达,说明 H-DNA 具有某种生物学功能。

由于有实验观察到三螺旋结构可阻止 DNA 的体外合成,因此,有人提出了 H-DNA 参与了 DNA 复制过程的假说。它是这样认为的:当 DNA 聚合酶到达核酸序列镜像重复的中央时,模板会回折,并与新合成的 DNA 链形成稳定的三螺旋,使 DNA 聚合酶无法延伸,从而终止复制过程。至于该假说是否成立,是否能够代表细胞内部的真实情况,还需要科学工作者进一步的研究证实。

2.DNA 的四链结构

四链结构(tetrasomy structure)是一种特殊的 DNA 结构形式,其基本结构单元是鸟嘌呤四联体(G-quartet)。已发现的结构类型有两种:一类是重复的鸟嘌呤序列所形成的结构;一类是由四条独立的平行链相系而成。

关于各种鸟苷酸在一定条件下形成凝胶的现象人们在很早就已经见识到,其原因就是鸟嘌呤之间的特异相互作用导致G-四联体的形成。在G-四联体结构中,4个G有序地排列在一个正方形片层中,相邻碱基之间以非正常的G-G氢键相连,形成首尾相接的环形结构,片层中间是由电负性的羰基氧形成的口袋,可以容纳一价阳离子,并与之相互作用。

研究人员利用X线纤维衍射技术表明多聚鸟苷酸采取的是四螺旋DNA结构,整个四链结构可看成由多个G-四联体片层以螺旋方式堆积而成。如图2-15所示。其中,每一片层包含4个鸟嘌呤碱基,分别来自4条聚鸟苷酸链。在该结构中螺旋扭角为30°,每个片层沿螺旋上升0.34nm。G的糖苷链为反式构象。磷酸骨架均采取平行的$5'\to3'$排列方式。

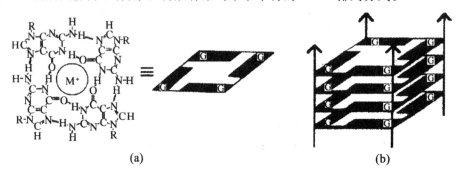

(a)   (b)

图 2-15　鸟嘌呤四联体结构及其构成的 DNA 四螺旋结构

(a)鸟嘌呤四联体的结构,4个鸟嘌呤碱基呈环状排列,每个碱基都是氢键的供体和受体,

在鸟嘌呤四联体的中心是一价阳离子;(b)鸟嘌呤四联体的堆积形成了 DNA 四螺旋结构

从 poly-G 结构可以看出,串联重复的鸟苷酸是形成四链 DNA 所必不可少的。真核生物染色体的端粒 DNA 中有许多富含鸟嘌呤的串联重复(tandem repeat)序列,如尖毛虫的端粒序列为 d(TTTTGGGG)$_n$,四膜虫为 d(TTGGGG)$_n$,人类为 d(TTAGGG)$_n$ 行。这些重复序列可以写成通式 d[T$_{1\sim3}$ − (T/A) − G$_{3\sim4}$]$_n$,这些富含 G 的序列总是位于端粒的 $3'$ 末端,相应地互补 $5'$ 末端则富含 C。因此,端粒在一定条件下有可能采取与 poly-G 类似的、以 G-四联体为基本单位的四链 DNA 结构。实验表明,G-四联体的多种特征在端粒 DNA 结构中也可以观察到:在非变性电泳中,端粒 DNA 序列表现出很高的泳动性,暗示其含有紧密压缩的结构;端粒 DNA 特殊结构的形成需要一价阳离子的存在;在一定条件下,端粒 DNA 表现对单链核酸酶水解的抗性;核磁共振(NMR)及 X 线衍射技术表明其结构中存在 G-G 氢键交联。因此,端粒 DNA 可以形成以 G-四联体为基本单位的四链核酸结构。

端粒 DNA 还具有与 poly-G 相比不同的一些新的特征。在端粒 DNA 形成四链结构的过程中,由于串联重复的 G 相互配对形成 G-四联体导致 DNA 链回折,含 A/T 序列的部位产生环状结构,分布在 G-四联体堆积的上下两端。由于回折,4 条链的磷酸骨架会出现反平行的 $5'\to3'$ 方向排列,从而产生反常的顺式鸟嘌呤糖苷键。这种构型也存在于 Z-DNA 中。不同的磷酸骨架方向、顺-反糖苷键在 G-四联体中的分布以及环的连接方式,将导致多种结构异构体的产生,如图 2-16 所示。

除端粒 DNA 以外,其他富含 G 的 DNA 序列也可能产生以 G-四联体为基础的结构,包括免疫球蛋白铰链区基因中富含 G 的部位、成视网膜细胞瘤敏感性基因、tRNA 和 SupF 基因上的一些特殊序列等。任何序列只要有成串的串联重复的 G 都可能形成这种特殊的结构。尽管这些序列在功能上与端粒 DNA 序列无关,但是它们具有大致相同的基本结构。

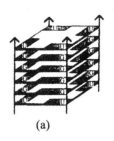  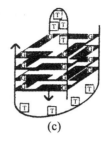 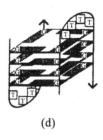

(a) (b) (c) (d)

图 2-16　鸟嘌呤四联体结构的不同形式

(a)d(UGGGGU)形成的结构,由 4 条链构成;(b)d(GGTTGGTGTGGTTGG)结合
凝血酶时形成的结构,由单链构成;(c)d(GGGGTTTTGGGG)在 Na 溶液中的
结构,由两条链构成;(d)d(GGGGTTTTGam)在 K 溶液中的作用

至今,以 G-四联体为基础的核酸结构的生物学功能还没有被科学证实,但一些间接的实验表明这种结构存在于生物体内。在酵母中观察到了由于端粒与端粒的相互作用,导致线性质粒以环形形式存在。尖毛虫端粒结合蛋白的 B 亚基可以催化 G-四联体的形成,而当 B 亚基出现点突变时,催化效率大大降低。生物体内这种催化功能的存在表明以 G 四联体为基础的结构存在于生物体中。在酵母抽提液中发现了以 G-四联体结构为底物的核酸酶。这种酶表现出结构专一性,这暗示着 G-四联体结构在体内的存在。

2.3　RNA 的结构

RNA 与 DNA 的化学组成、分子结构、理化性质、生物学作用等具有很多相似之处,并且还具有自身的一些特点。

2.3.1　RNA 的组成

核糖核苷酸是组成 RNA 的结构单元。与组成 DNA 分子的 $2'$-脱氧核糖不同的是,组成 RNA 的核糖 $2'$ 位碳原子上含有羟基。RNA 含有的碱基包括 A、U、G、C 四种(图 2-17)。绝大多数的 RNA 为线性单链结构,这一点与 DNA 是不同的。

除一些病毒 RNA 外,RNA 一般是由核糖核苷酸组成的多核苷酸单链,核糖—磷酸是 RNA 分子的骨架部分。组成 RNA 分子时,一个核糖核苷酸核糖上的 $3'$-OH 基团与第二个核糖核苷酸核糖上的 $5'$-磷酸基团发生反应,释放出焦磷酸,形成磷酸二酯键。与 DNA 合成反应类似。在 RNA 分子的高级结构中,因单链内为大量的碱基配对而出现局部的双链螺旋,产生发夹结构(hairpin),也叫做茎-环结构(stem-loop)。其中,局部碱基配对的区域称为茎,不配对的单链区称为环(图 2-18)。

以 DNA 为模板链合成 RNA 时,DNA 上的 C、T、G、A 分别与 RNA 分子中的 G、A、C、U 配对。对于特定基因来讲,DNA 分子虽然是双链,但其中只有一条链做模板,由 RNA 聚合酶按 $3'$→$5'$方向进行转录,因此新产生的 RNA 链按 $5'$→$3'$方向延伸,与模板 DNA 链呈反平行。

2.3.2　RNA 的种类及结构

在生物体,尤其是高等真核生物体内,RNA 的种类成千上万,甚至超过蛋白质。依据 RNA 功能的不同,将细胞中存在的 RNA 分子主要分为 3 类:信使 RNA(messenger RNA,简称 mR-

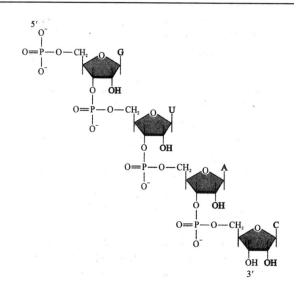

图 2-17 RNA 的结构

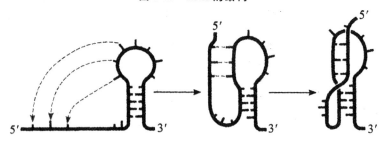

图 2-18 RNA 的结构
由于局部碱基配对,使 RNA 中形成 N—N 的二级结构,
茎一环的二级结构进一步折叠盘绕形成三链结构。

NA)、核糖体 RNA(ribosomal RNA,简称 rRNA)和转移 RNA(transfer RNA,简称 tRNA),另外还包括一些其他的小分子 RNA。它们分布在细胞的不同部分,并且各种 RNA 的结构和功能各不相同。

1. mRNA 的功能结构

mRNA 具有如下功能:将 DNA 模板链的碱基序列,转录为 RNA 分子上的碱基序列(mR-NA),再从 mRNA 上的碱基序列通过合成蛋白质的机构,获得具特定氨基酸序列的肽链。

mRNA 在细胞 RNA 中的总量不到 5%。成熟的 mRNA 在细胞质内能够自由的存在。几乎所有的 mRNA 都可以被分为 3 部分:

①编码区。编码区是指从起始密码子 AUG 开始到终止密码子为止的一段编码氨基酸的序列。

②5′端非翻译区。5′端非翻译区是指位于 AUG 之前的一段非编码区序列。

③3′端非翻译区。3′端非翻译区是指位于终止密码子之后的一段非翻译区。

细胞中 mRNA 分子的大小因其编码的多肽链不同有很大差异。目前研究者可以用多种方法从所有生物体内分离纯化编码任何蛋白的 mRNA。细胞的有些 mRNA 可以同时编码不同的多肽链。我们把只编码一条多肽链的 mRNA 称为单顺反子 mRNA(monocistron mRNA)。编码几条不同的多肽链的 mRNA 称为多顺反子 mRNA(polycistron mRNA)。多顺反子 mRNA 分子还含有顺反子间序列,称间隔序列(spacer),长达几百个碱基。多顺反子 mRNA 目前只发现于原核生物。多顺反子 mRNA 往往对应于一个代谢途径中的的各种蛋白质。例如,在大肠杆菌中半乳糖代谢需要 3 种蛋白质,它们是从一条 mRNA 分子上合成的。细胞利用多顺反子比较经济,因各种蛋白质的合成便于统一调控。

真核生物的 mRNA 一般为单顺反子 mRNA,即每种 mRNA 只可以编码一条多肽链。真核生物细胞质(不包括叶绿体和线粒体)mRNA 的 5′端非翻译区含长度不一的碱基序列,且 5′端都是经过修饰的。通常通过 5′,5′磷酸二酯键在原初的 mRNA 的 5′端(主要是 A,也可能是 G)倒扣一个 G,而且 G 的第 7 位常被甲基化成为 m^7G,称为零类帽子(Cap 0)(单细胞真核生物类)。也可以在第二个核苷酸(原 mRNA5′第一位)的 2′位加上另一个甲基,具有这两个甲基的结构称为 1 类帽子(Cap 1)(除单细胞类外的真核生物中)。在某些细胞中,mRNA 的第三个核苷酸的 2′-OH 也可以被甲基化,称为 2 类帽子。表示为 $5'm^7$ GpppNmNm(图 2-19)。

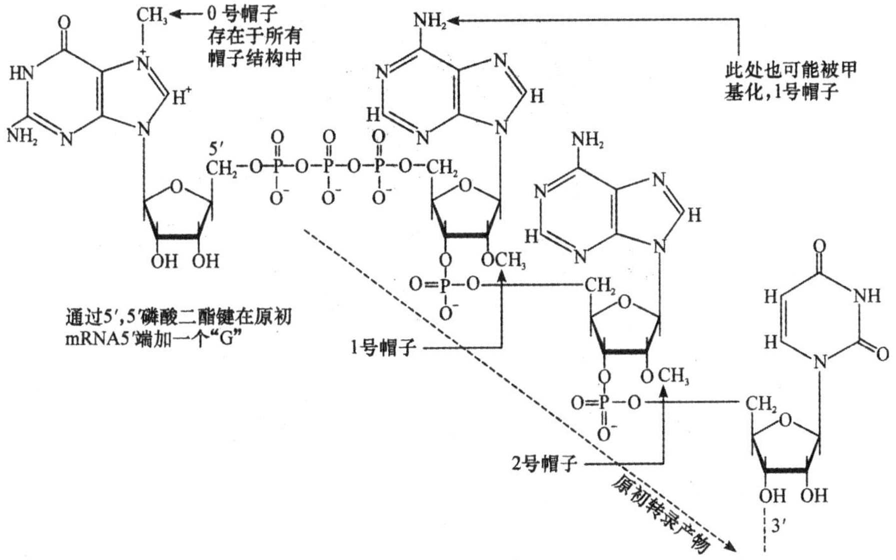

图 2-19　mRNA 5′端的帽子结构

除组蛋白外的真核生物 mRNA 的 3′端都有 Poly(A)序列,其长度 40~200 碱基不等。目前已知 Poly(A)序列是转录后加上去的。

真核 mRNA 还可以与少量蛋白质结合,成为 mRNA 核蛋白(mRNP)形式。在蛋白质生物合成中,5′帽子结构是某种蛋白质因子的结合位置,并能促进与核糖体结合。mRNA 一般不稳定,代谢活跃,半衰期短,更新迅速。原核 mRNA 的半衰期只有一分钟至数分钟;而真核 mRNA 可达数小时,甚至 24 小时;有些寿命较长,如人红细胞内的珠蛋白 mRNA 可达数周。目前认为 5′端的帽子结构和 3′-poly(A)与 mRNA 的稳定性直接有关。真核 mRNA 分子的 5′端和 3′端都有相当长的序列,属于不翻译区(untranslated region);中间则为蛋白质编码的翻译区(translated region)。翻译区的核苷酸数目变化极大,较少形成二级结构。非翻译区能形成很多的二级结构,即由丰富的茎环结构组合而成。这些茎环结构长短不同、立体结构各异,在整体上缺乏共同规律,估计它们是某些蛋白质分子的识别、结合位点。

2.rRNA 的功能结构

在真核和原核细胞中,rRNA 是所有 RNA 中含量最高的一类,达到细胞中总 RNA 的 80% 以上。它们在细胞内以与多种小型蛋白质分子结合成的核糖体(ribosome)颗粒的形式存在,在细胞蛋白质生物合成中发挥重要的功能。

核糖体是合成蛋白质的场所,由大量的蛋白质和核糖体 RNA(rRNA)组成,二者的比例在原核细胞中为 2:1,真核细胞中为 1:1。

由于 rRNA 分子较大,rRNA 的大小常用沉降系数 S 来表示。原核生物核糖体的沉降系数为 70S,分子量 2750kD,由 5S rRNA、16S rRNA 和 23S rRNA 所组成,细菌中分别含有 120、1542 及 2904 个碱基。真核生物核糖体的沉降系数为 80S,分子量约 4500kD,由 5S rRNA、5.8S rRNA、18S rRNA 和 28S rRNA 组成,哺乳动物中分别含有 120、160、1874 及 4718 个碱基。

rRNA 中有许多修饰核苷,如假尿苷、胸腺嘧啶核苷及多种碱基的甲基化修饰核苷。另外,在 rRNA 分子的高级结构中,因单链内为大量的碱基配对而出现局部的双链螺旋、三链螺旋结构。

图 2-20 是原核生物大肠杆菌的 16S rRNA 二级结构。利用结构解析和点突变后功能分析的方法发现,rRNA 的结构中包含多个与核糖体的组装、蛋白质合成相关的功能位点。

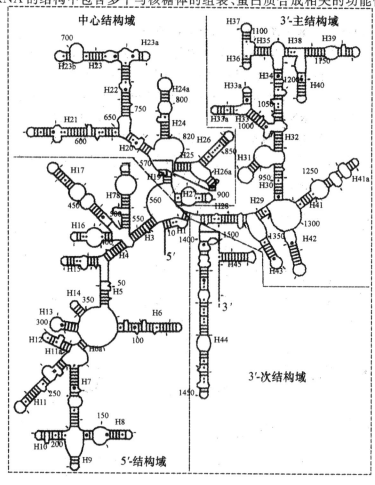

图 2-20 大肠杆菌 16srRNA 的二级结构不葸图

3.tRNA 的功能结构

tRNA 的主要功能：在蛋白质合成过程中特异性地转运氨基酸。除此之外，近年还发现 tRNA 有其他的生物学作用，如在逆转录作用中作为合成互补 DNA 链的引物；它还与叶绿素合成、细菌细胞壁合成、脂多糖和氨基酰磷脂酰甘油的合成有关。

tRNA 约占真核细胞总 RNA 的 15%，含量相对较多，以自由状态或与氨基酸结合成氨基酰 tRNA（aminoacyl-tRNA，aa-tRNA）的负荷状态存在。一种细胞内 tRNA 的种类约为 60～80 种，从不同来源的细胞中还可以分离出更多种类，可见 tRNA 种类的多样性。其分子较小，一般有 73～93 个核苷酸组成，沉降系数为 4S。其很重要一个特点是富含稀有碱基，这些稀有碱基都是在 tRNA 被转录后，在原来正常碱基的基础上加工修饰形成的。细胞中每一种氨基酸对应一种或几种 tRNA，大量 tRNA 的核苷酸序列已经测定。

成熟 tRNA 的二级结构通常是三叶草型（图 2-21）。在此结构中部分碱基会形成碱基对，构成双螺旋区，称为臂；而不配对的碱基形成环状，称为环。

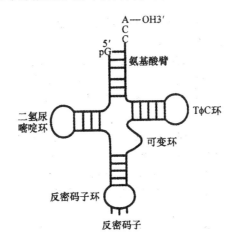

图 2-21　tRNA 的三叶草结构

三叶草型二级结构包括四环四臂：

①氨基酸臂：三叶草结构的叶柄部分，包括 3′端接受氨基酸的不配对碱基-CpCpAOH，5′端的第一个碱基多为 pG，也有 pC。

②二氢尿嘧啶环及二氢尿嘧啶臂：环上含有一个修饰碱基-二氢尿嘧啶，连接二氢尿嘧啶环。

③反密码子环及反密码子臂：反密码子环含有组成反密码子的三个核苷酸，在蛋白质翻译时识别 mRNA 上的密码子。反密码子臂连接反密码子环。

④TφC 环：该环含有一个 TφC 序列。TφC 臂连接环 TφC。

⑤可变环（或称额外环）：位于 T 中 C 环和反密码子环之间的一个环，其上的核苷酸数目变化较大。

tRNA 的三级结构是倒 L 型，3′端接受氨基酸的 CCA 位于 L 的一端，反密码子环位于另一端。在形成三级结构时，在二级结构的基础上又形成了新的碱基配对，分子进一步扭曲。

2.4 核酸的变性、复性与分子杂交

2.4.1 核酸的变性

所谓核酸的变性,是指核酸在化学和/或物理因素的影响下,维系核酸双螺旋结构的氢键和碱基堆集力受到破坏,分子由稳定的双螺旋结构松解为无规则线性结构甚至解旋成单链的现象。

核酸的变性可以是部分的,也可能发生在整个核酸分子上,但是不涉及其一级结构即磷酸二酯键的断裂。

1. 核酸因变性引起的理化性质的改变

变性之后,原来隐藏在双螺旋内部的发色基团成为单链而暴露出来,进而使得 DNA 的物理和化学性质发生一系列的变化。例如:

①DNA 溶液的粘度降低。DNA 双螺旋是紧密的"刚性"结构,变性后代之以"柔软"而松散的无规则单股线性结构,DNA 粘度因此而明显下降。

②DNA 溶液的旋光性发生变化。变性后整个 DNA 分子的对称性及分子局部的构象改变,DNA 溶液的旋光性因此而发生变化。

③DNA 溶液的增色效应(hyperchromic effect)。DNA 分子具有吸收 250nm～280nm 波长的紫外光的特性,尤其在 260nm 有强烈的吸收峰,表示为 A_{260}。DNA 分子中碱基间电子的相互作用是紫外吸收的结构基础,但双螺旋结构有序堆积的碱基又"束缚"了这种作用。变性时 DNA 的双链解开,有序的碱基排列被打乱,增加了对光的吸收,因此变性后 DNA 溶液的紫外吸收作用增强,称为增色效应。浓度为 50 $\mu g/ml$ 的双螺旋 DNA 的 $A_{260}=1.00$,完全变性的 DNA 即单链 DNA 的 $A_{260}=1.37$,而单核苷酸的等比例混合物的 $A_{260}=1.60$。

2. 影响核酸变性的因素

引起核酸分子变性的因素包括:凡能破坏有利于 DNA 双螺旋构象维持的因素(如氢键和碱基堆集力),以及增强不利于 DNA 双螺旋构象维持的因素(如磷酸基的静电斥力和碱基分子内能的各种物理、化学条件)都可以成为变性的原因,如加热、极端的 pH、低离子强度、有机试剂甲醇、乙醇、尿素及甲酰胺等均可破坏双螺旋结构。如要维持单链状态,可保持 pH 大于 11.3,以破坏氢键;或者盐浓度低于 0.01mol/L,此时由于磷酸基的静电斥力,使配对的碱基无法相互靠近,碱基堆集作用也保持在最低水平。

常用的 DNA 变性方法主要有两种:

①热变性方法。热变性使用得十分广泛,热量使核酸分子热运动加快,增加了碱基的分子内能,破坏了氢键和碱基堆集力,最终破坏核酸分子的双螺旋结构,引起核酸分子变性,A_{260} 的吸收值增大。因此,增色效应与温度具有十分密切的关系,热变性常用于变性动力学的研究。

②碱变性方法。热变性方法的高温可能引起磷酸二酯键的断裂,得到长短不一的单链 DNA。碱变性方法则没有这个缺点,在 pH 为 11.3 时,全部氢键都被破坏,DNA 完全变成单链的变性 DNA。碱变性法适用于制备单链 DNA 的情况。

3. 核酸的熔解温度

热变性使 DNA 分子双链解开一半所需的温度称为熔解温度（melting temperature，Tm）。DNA 分子的热变性具有在很狭窄的温度范围内突发跃变的过程，很像结晶达到熔点时的熔化现象，故称熔解温度。

对于 DNA 的变性作用，以紫外吸收值 A_{260} 与温度的变化作图，跟踪它们的变化，即可绘制成 DNA 的变性曲线。典型 DNA 变性曲线呈 S 型。如图 2-22 所示。S 型曲线下方平坦，表示 DNA 的氢键未被破坏；待加热到某一温度时，次级键突然断开，DNA 迅速解链，同时伴随增光率急剧上升；此后因"无链可解"而出现温度效应丧失的上方平坦段。当被测 DNA 的 50% 发生变性，即增色效应达到一半时的温度即为 T_m。它在 S 型曲线上相当于吸光率增加的中点处所对应的横坐标。

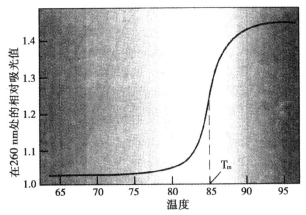

图 2-22　DNA 的熔解曲线图

影响 DNA 的 Tm 的因素有许多种，来自于 DNA 自身性质的因素主要包括：

（1）DNA 的均一性

DNA 均一性越大，Tm 值范围较窄，反之亦然。这里包括 DNA 分子中碱基组成的均一性以及 DNA 种类的均一性。

（2）DNA 的 GC 含量

T_m 值会随着 GC 含量的增加而上升。因为 GC 碱基对具有 3 个氢键，而 AT 碱基对只有 2 个氢键，DNA 中 GC 含量高显然更能增强结构的稳定性。T_m 与 GC 含量的关系可用以下经验公式表示（DNA 溶于 0.2mol/L NaCl 中）：

$$T_m = 69.3 + 0.41 \times (G+C)\%。$$

2.4.2　核酸的复性

所谓复性，是指已经变性的 DNA 在适当条件下，两条互补链全部或部分恢复到天然双螺旋结构的现象。热变性的 DNA 一般经缓慢冷却后即可复性，这个过程也称"退火"（annealing）。

复性并不是两条单链重新缠绕的简单过程，它必须要满足两个要求：

第一，从单链分子之间随机的无规则碰撞运动开始，当碰撞的两条单链大部分碱基都不能互补时，所形成的氢键都是短命的，很快会被分子的热运动所瓦解。只有当可以互补配对的一部分碱基相互靠近时，一般认为需要 10 个～20 个碱基对，特别是富含 G－C 的节段首先形成氢键，产生一个或几个双螺旋核心。这一步称为成核作用(nucleation)。随后,两条单链的其余部分就会像拉链那样迅速形成双螺旋结构。因此,复性过程的限制因素是分子碰撞过程。

第二,DNA 的复性要有足够高的温度,从而能够破坏随机形成的无规则氢键,而又能保持稳定的双链。

不同温度下复性的 DNA 稳定性也各不相同。原核 DNA 因很少有重复序列,因此其复性产物比真核 DNA 更加稳定。核酸的复性不但受温度影响,还受 DNA 自身特性等其他因素的影响。

(1)温度和时间

一般认为比 Tm 低 25℃左右的温度是复性的最佳条件,越远离此温度,复性速度就越慢。在很低的温度(如 4℃以下)下,分子的热运动显著减弱,互补链碰撞结合的机会自然大大减少。复性时温度下降必须是一缓慢过程,若在超过 Tm 的温度下迅速冷却至低温(如 4℃以下),复性几乎是不可能的,因此实验中经常以此方式保持 DNA 的变性状态。

(2)DNA 浓度

复性的第一步是两个单链分子间的相互作用"成核"。这一过程进行的速度与 DNA 浓度的平方成正比。即溶液中 DNA 分子越多,相互碰撞结合"成核"的机会越大,复性速度也就越快。

(3)DNA 顺序的复杂性

DNA 顺序的复杂性越低,互补碱基的配对越容易实现;而 DNA 顺序的复杂性越高,实现互补越困难。可见,复性速度与 DNA 分子的复杂性有关。

核酸的复杂性程度可以用 Cot 值表示,即复性时 DNA 的初始浓度 Co(核苷酸的摩尔数)与复性所需时间 t(秒)的乘积。如果保持实验温度、溶剂离子强度、核酸片段大小等其他因素相同,以复性 DNA 的百分比对 Cot 作图,可以得到 Cot 曲线(图 2-23)。在标准条件下(一般为 0.18ml/L 阳离子浓度,400nt 的核苷酸片段)测得的复性率达 0.5 时的 Cot 值称 $Cot_{1/2}$,与核苷酸对的复杂性成正比。

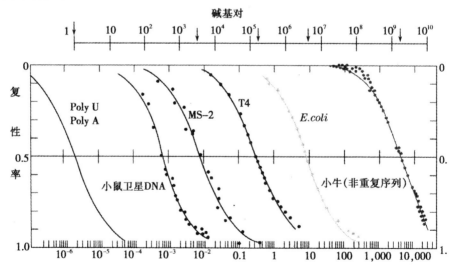

图 2-23 不同物种 DNA 复杂性的 Cot 曲线

核酸分子的复杂性可用非重复碱基对数表示,如 poly(A)的复杂性为 1,重复的(ATGC)$_n$ 组成的 poly 体的复杂性为 4,分子长度是 10^5 碱基对的非重复 DNA 的复杂性为 10^5。同时,在

DNA 总浓度(以核苷酸为单位)相同的情况下,片段越短,片段浓度就越高,复性所需的时间也越短。对于来自原核生物的 DNA 分子,Cot 值的大小可代表基因组的大小及基因组中核苷酸对的复杂程度。而真核基因组中因含有许多不同程度的重复序列(repetitive sequence),所得到的 Cot 曲线中的 S 曲线更加复杂,按 Cot 值由低到高,分别对应回文序列、高度重复序列、中度霞复序列和非重复序列。

2.4.3　核酸的分子杂交

分子杂交(hybridization)是指不同来源的核酸分子按照碱基配对原则形成稳定的杂交双链分子(heteroduplex),是核酸研究中的一项基本实验技术。

杂交可以发生在 DNA 与 DNA 链之间,也可以在 RNA 与 DNA 链之间形成。不同核酸分子的杂交实现可以通过以下途径:首先在一定条件下使核酸变性(通常是升高温度),然后再在适当条件下使核酸复性(通常是缓慢降低温度)。

杂交的本质是在一定条件下使两条具有互补序列的核酸链实现复性,因此可以利用杂交技术检测特定的核酸序列的存在。首先制备针对某个特定序列的标记探针,然后将探针和样本进行杂交,通过检测标记信号即可研究样本中是否存在某个基因——Southern 印迹(Southern blotting)或基因在染色体上存在的位置——原位杂交(in situ hybridization),以及检测样本中某个基因是否表达和表达的强弱——Northern 印迹(Northern blotting)。

如今,核酸分子杂交技术已被广泛应用于核酸结构与功能研究的各个方面。

第3章 基因、基因组与基因组学

3.1 基 因

从 1865 年 Mendel 遗传因子概念的提出,到 1953 年 Watson 和 Crick 发现 DNA 的双螺旋结构模型,基因由当初的抽象符号逐渐被赋予了具体的物质内容。断裂基因、重叠基因、重复基因、假基因、移动基因等有关基因的概念不断丰富着人们对基因本质的认识。真核生物和原核生物的基因结构有很大差异。

3.1.1 基因的概念及演变

人类对基因的认识经历了一个漫长的发展过程,基因的概念是随着生命科学的发展而不断被完善的。

在 20 世纪 50 年代之前,基本局限在逻辑概念阶段,对基因的化学本质一无所知。

1865 年,孟德尔(Gregor Mendel)以豌豆为材料进行了大量杂交实验,并在其《植物杂交实验》的论文中提出了"遗传因子"学说,指出遗传因子是一种物质,它控制着生物的性状。由于他当时所指的"遗传因子"只是代表决定某个遗传性状的抽象符号,因此,这一伟大发现在当时并未受到其他科学家的理解和重视。

1900 年,Vries、Tschermak 和 Corrensen 三位植物学家各自独立的研究均得出与孟德尔相似的结论,直到这时候孟德尔的研究成果才开始得到人们的关注。

1903 年,Sutton 和 Boveri 提出遗传因子在染色体上,第一次把遗传物质和染色体联系起来,这个观点就是遗传的染色体理论。

1909 年,丹麦生物学家 Johansen 创造了"基因(gene)"一词,从而取代了"遗传因子",并创立了基因型(genotype)和表现型(phenotype)的概念。不过,他所指的"基因"并不代表物质实体,更没有涉及具体的物质概念,只是一种与细胞的任何可见形态结构毫无关系的抽象单位。

1926 年,Morgan 对果蝇进行研究并出版《基因论》,认为基因是组成染色体的遗传单位,并且证明基因在染色体上占有一定位置,而且呈线性排列,由此提出"功能、交换、突变"三位一体的基因概念。他的出色工作使得遗传的染色体理论得到了相关学界普遍的认同,但当时的人们对于基因的理解仍然缺乏准确的物质内容,并在早期研究当中认为遗传物质是蛋白质。

1928 年,Fred Griffith 进行了肺炎双球菌转化实验,如图 3-1 所示,这奠定了 DNA 是遗传物质的基础,在 1944 年 Avery 等采用与 Griffith 相似的转化实验也证明控制遗传性状的物质并非蛋白质,而是 DNA 分子,即基因的化学本质是 DNA。然而,源自早期化学分析的错误概念认为 DNA 是一个四核苷酸的单一重复序列,使许多遗传学家认为 DNA 不可能是遗传物质。1952 年,A. D. Hershey 和 Martha Chase 通过 T2 噬菌体感染大肠杆菌的实验进一步证实 DNA 是遗传物质,如图 3-2 所示。

T2 噬菌体仅由 DNA 和蛋白质组成,它能够在细胞中复制,说明它的基因肯定是由这两种

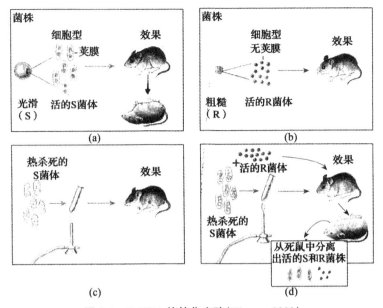

图 3-1 Griffith 的转化实验(Weaver,2009)

(a)有毒性的肺炎双球菌株 S 杀死了宿主;(b)无毒性的菌株 R 不能成功感染宿主,
小鼠存活;(c)加热杀死的 S 菌株不能感染宿主;(d)R 菌株和加热杀死的 S 菌株的混
合物杀死了小鼠,说明死的毒性菌株 S 将无毒菌 R 转化成有毒的。

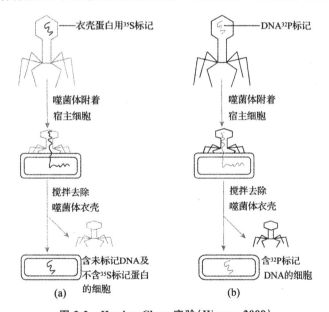

图 3-2 Hershey-Chase 实验(Weaver,2009)

物质中的一种构成的。实验分两部分,在(a)图中,用 ^{35}S 标记噬菌体的蛋白质。在(b)图中,用 ^{32}P 标记噬菌体 DNA。大部分标记的蛋白质留在外面,通过搅拌使标记的蛋白质脱离细胞(A),而大部分标记的 DNA,进入感染的细胞(B)。结论是该噬菌体的基因由 DNA 构成。

1953 年,Watson 和 Crick 提出 DNA 双螺旋模型,从根本上推翻了"DNA 是一个四核苷酸的单一重复序列"的错误观点,阐明了 DNA 自我复制的机制,并推测 DNA 分子中碱基序列贮存了遗传信息。Wilkins 进行了 DNA 分子的 X 射线衍射研究,如图 3-3 所示,证实了 DNA 的反向平行双螺旋模型。他们共享了诺贝尔生理学或医学奖。

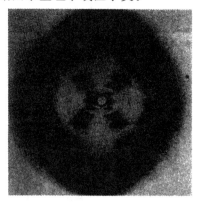

图 3-3　DNA 分子的 X 射线衍射图(向义和,2005)

1955 年,Benzer 进行了噬菌体重组试验,并提出顺反子的概念。编码一个蛋白质的全部组成所需信息的最短片段,即一个基因。一般而言,一个顺反子就相当于一个基因,基因仅是一个功能单位,基因内部的碱基对才是重组单位和突变单位。在分子水平上,基因就是一段有特定功能的 DNA 序列。

1958 年,Crick 进一步又提出中心法则,认为大多数生物的遗传物质为 DNA,病毒为 RNA,如图 3-4 所示,从而将 DNA 双螺旋结构与其功能联系起来。

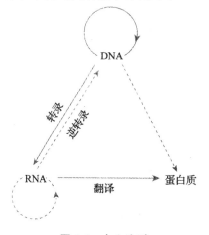

图 3-4　中心法则

1961 年,Jacob 和 Monod 等人相继发表了他们对调控基因的研究,从而证实了 mRNA 携带着从 DNA 到蛋白质合成所需要的信息。

1969 年,R. Beckwith 等人应用核酸杂交技术,分离到了大肠杆菌乳糖操纵子 β-半乳糖苷酶基因。这一技术的运用进一步启发人们从不同角度、用不同方法分离基因的积极性,基因研究工作进展的速度进一步加快。

20 世纪 70 年代后,多学科之间相互渗透,实验手段日新月异,基因概念的发展也是突飞猛进,凭借先进的技术,人们先后发发现了重叠基因、假基因、断裂基因。总之,基因的概念随着遗传学、分子生物学、生物化学等领域的发展而不断完善。

3.1.2　基因的种类

基因(gene)是遗传物质核酸的一些特定碱基序列构成的表达遗传信息的功能单位。其功能为:通过其表达产物 RNA 和蛋白质来执行各种生命活动,从而控制生物个体的性状。

从不同的角度,可以对基因的概念有不同的看法。从遗传学的角度看,基因是生物的遗传物质,是遗传的基本单位——突变单位、重组单位和功能单位;从分子生物学的角度看,基因是负载特定遗传信息的 DNA 分子或 RNA 片段,在一定条件下能够表达这种遗传信息,调控特定的生理功能。我们通常所说的基因也包括基因两侧的调控区域,因为它是基因起始和终止(某些情况)表达所必不可少的。

1. 结构基因、调节基因与操纵基因

结构基因(structure gene)是指编码蛋白质或 RNA 的基因,它的突变可导致蛋白质或 RNA 一级结构发生改变。结构基因的 5′-非编码区(5′-untranslated region,5′-UTR)包括启动子(promoter)及原核生物 mRNA 起始密码子上游的核糖体结合位点(ribosome-binding site,RBS),或 SD 序列(以发现者的名字命名)。结构基因的 3′-非编码区(3′-UTR)包括促使转录终止的终止子(terminator)序列和真核生物的加尾信号等。

调节基因(regulator gene)的功能是产生调控蛋白,调控结构基因的表达。调节基因编码阻碍物,调节基因的活动。另外,在介绍基因表达调控时,习惯上也把基因的转录区称为结构基因。

结构基因、调节基因二者的表达产物都可以是 RNA 和蛋白质,但具有不同的功能:结构基因(structural gene)的表达产物是酶、结构蛋白、tRNA、rRNA 等,这些产物的功能是参与代谢活动或维持组织结构。调节基因(regulatory gene)的表达产物是 RNA(例如微 RNA)和调节蛋白(例如转录因子),这些产物的功能是调控其他基因的表达。

操纵基因(operator gene)的功能是与调控蛋白质结合,控制结构基因的表达。调节基因和操纵基因的突变会影响一个或多个基因的表达活性。

2. 断裂基因

在 20 世纪 70 年代之前,人们一直以为基因的遗传密码是连续不断地排列在一起,形成一条没有间隔的完整的基因实体。1977 年,Roberts 和 Sharp(1993 年诺贝尔生理学或医学奖获得者)发现真核生物基因的编码序列是不连续的,即一个基因被不编码蛋白质的 DNA 分割成几个不连续的部分,因此称为断裂基因(split gene)。断裂基因由外显子和内含子交替构成。

断裂基因最早发现于腺病毒(adenovirus)。事实上,除了少数的真核生物基因(如组蛋白和干扰素的基因等没有内含子),绝大多数真核生物的基因是以断裂基因的形式存在的。Chambon 及其同事最早证明真核生物鸡的卵清蛋白基因是断裂基因。此外,一些比较简单的生物如海胆、果蝇甚至大肠杆菌 T4 噬菌体基因中也都存在内含子序列。内含子序列在不同生物中表现出不同的长度和数目。

断裂基因在表达时首先转录成初级转录产物(primary mRNA),即前体 mRNA;然后经过后加工,除去无关的 DNA 内含子序列的转录物,成为成熟的 mRNA 分子,这种删除内含子、连接外显子的过程,称为 RNA 拼接或剪接(RNA splicing)(图 3-5)。

断裂基因的发现不仅表明蛋白质的遗传密码可以是不连续的,而且还是对中心法则中 DNA

→RNA→蛋白质中线性关系的概念又一次的修正和更新。这一发现在分子生物学的基础研究和肿瘤等疾病的医学研究中具有重要意义。

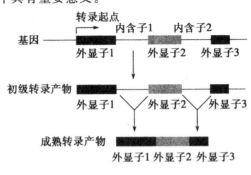

图 3-5 　RNA 拼接示意图

3. 重叠基因

基因不仅仅是断裂的,而且在基因之间还存在重叠性。如果两个或两个以上的基因共用一段 DNA 序列,它们就是重叠基因(overlapping gene)。重叠基因不仅存在于细菌、病毒、原核生物中,而且在一些真核生物及线粒体 DNA 中也存在。

重叠基因之间有多种重叠方式:①大基因包含小基因;②两个基因首尾重叠,有的甚至只重叠一个碱基;③多个基因形成多重重叠;④反向重叠;⑤重叠操纵子。重叠序列中不仅有编码序列也有调控序列,说明基因重叠不仅是为了充分利用碱基序列,还可能参与基因表达调控(图 3-6)。

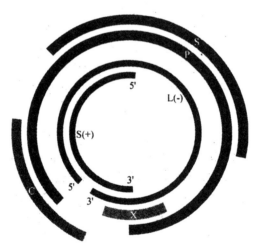

图 3-6 　乙型肝炎病毒的基因重叠

重叠基因虽然共用一段碱基序列,但是转录产物 mRNA 的阅读框不同,因而翻译合成的蛋白质分子不同。

可以说,重叠基因是近年来在基因结构与功能研究上的一个非常有意义的发现。它修正了关于各个基因的多核苷酸序列彼此分立、互不重叠的传统观念。而有关它的研究还在不断的进行当中,例如它是否具有普遍意义,特别是在真核生物中是否广泛存在等都需要科学家不断的探索。

4. 可移动基因

移动基因(movable genes)又称转座因子(transposable elements)。可移动基因可以在染色体上移动位置,由于它甚至能够在不同染色体之间跃迁,又称为跳跃基因(jumping genes),包括转座子、逆转录转座子、逆转录子。

要注意区分转座(transposition)和易位(translocation)这两个不同的概念。

易位是指染色体发生断裂后,通过同另一条染色体断端连接转移到另一条染色体上。此时,染色体断片上的基因也随着染色体的重接而移动到新的位置。

转座则是在转座酶(transposase)的作用下,转座因子或是直接从原来位置上切离下来,然后插入染色体新的位置;或是染色体上的 DNA 序列转录成 RNA,随后反转录为 cDNA,再插入染色体上新的位置。这样,在原来位置上仍然保留转座因子,而其拷贝则插入新的位置,也就是使转座因子在基因组中的拷贝数又增加一份。

转座因子本身既包含了基因,如编码转座酶的基因,同时又包含了不编码蛋白质的 DNA 序列。

5. 基因家族

基因家族(gene family,也称为多基因家族,multigene family)是指基因组中来源相同、通过某一个祖先基因的复制和变异传递下来的具有相似结构、相关功能的一组基因。同一基因家族的成员具有同源性,表现在碱基序列、编码产物的氨基酸序列、空间结构和功能的相似性,其中完全相同的称为多拷贝基因。例如,编码以下 RNA 和蛋白质的基因组成各自的基因家族:rRNA、组蛋白、珠蛋白、人生长激素、肌动蛋白、丝氨酸蛋白酶、主要组织相容性抗原。

(1)基因超家族

基因超家族(gene superfamily)也称为超基因家族(supergene family),指的是祖先基因经过分阶段的连续倍增产生的一组相关基因。各成员在进化上有亲缘关系,但关系较远,所以同源性较低,功能也不一定相同,不过其编码产物含相同的基序或结构域。例如,编码以下蛋白质的基因组成各自的基因超家族:免疫球蛋白、细胞因子、细胞因子受体、G 蛋白、G 蛋白偶联受体。

(2)假基因

同一基因家族的成员,不是所有的都会表达,而那些不表达的则为假基因。假基因(pseudogene)与基因家族其他成员同源,其祖先基因本来是有功能的,但由于发生突变导致序列异常,不能转录,或者转录产物不能翻译,所以假基因功能缺失。假基因普遍存在于哺乳动物基因组中,可以视为进化的遗迹。

许多假基因与具有功能的"亲本基因"(parental gene)连锁,而且其编码区及侧翼序列具有很高的同源性。这类基因被认为是由含有"亲本基因"的若干复制片段串连重复而成的,称为重复的假基因。例如,珠蛋白基因家族中的假基因。

(3)基因簇

有些基因家族成员结构相同或相似,功能相同或相关,而且丛集在同一染色体上,彼此紧密连锁,它们称为基因簇(gene cluster)。基因簇可以应用于研究物种的进化关系,甚至鉴定人类血统。

基因家族可以按照不同的复杂程度分为如下几种类型:简单的多基因家族;复杂的多基因家

族;不同场合表达的复杂的多基因家族。如图 3-7 所示为基因家族的不同类型。

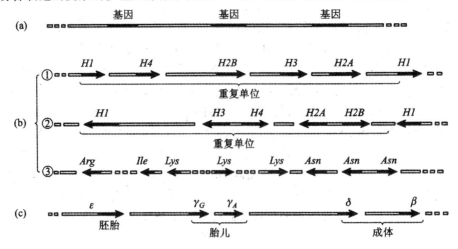

图 3-7　基因家族的几种类型

(a)简单的多基因家族;(b)复杂的多基因家族①海胆的组蛋白基因,②果蝇的组蛋白基因,③果蝇的 tRNA 基因;(c)不同场合表达的复杂的多基因家族,人的珠蛋白基因黑色线表示基因,中空线表示间隔序列,箭头表示转录方向

3.1.3　基因的基本结构

基因含有编码序列和调控序列这两种序列。真核生物断裂基因的编码序列是不连续的,被内含子分割成外显子。

如图 3-8 所示为构成基因的一组序列,包括它们在 DNA 序列中的位置关系。

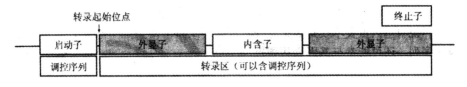

图 3-8　基因结构

1. 编码序列和非编码序列

真核生物的基因中一些区段为编码的,一些区段为非编码的。不连续基因具有外显子和内含子交替排列的结构。

编码序列是转录区内编码成熟 RNA 碱基序列的 DNA 碱基序列,包括外显子。

非编码序列是基因组 DNA 中除了编码序列之外的所有序列,包括内含子。

2. 启动子

启动子是一段 DNA 序列,通常位于基因(或操纵子)转录区的上游,是 DNA 在指导合成 RNA 时被 RNA 聚合酶识别、结合并启动转录的碱基序列,具有方向性,属于调控序列。

3. 转录起始位点

转录起始位点是转录区在指导合成 RNA 时被转录的第一个碱基。

4. 转录区

转录区是编码初级转录产物碱基序列的 DNA 序列,即 RNA 聚合酶转录的全部 DNA 序列,与调控序列组成转录单位(transcription unit)

5. 外显子

外显子是真核生物基因转录区的初级转录产物经过转录后加工之后保留于成熟 RNA 中的序列和转录区内的对应序列,属于编码序列。

外显子序列在进化中一直保持相对保守。

人类基因的外显子序列占转录区长度的 10%,占基因组序列的 1.5%。

6. 内含子

内含子是真核生物基因转录区内位于相邻外显子之间的序列及初级转录产物中的对应序列。在初始转录产物 hnRNA 加工生成熟的 mRNA 时,被切除的非编码序列即为内含子。内含子又分为Ⅰ、Ⅱ、Ⅲ类三种不同的类型,Ⅰ类内含子存在于细菌、低等真核生物 rRNA 基因中,在真菌线粒体内也广泛存在;Ⅱ类内含子不如Ⅰ类内含子普遍;Ⅲ类内含子存在于广大的真核生物蛋白质基因中。

内含子序列在进化中变化迅速,差异性很大。内含子具有多重功能,如含有可阅读框架、含有各种剪接信号码、对基因表达有影响等。

人类基因的内含子序列占转录区长度的 90%,占基因组序列的 28.5%。研究发现假基因往往缺少正常的内含子,提示内含子可能参与基因表达调控。

7. 终止子

终止子是位于转录区下游的一段 DNA 序列,是转录的终止信号。

3.1.4　基因的大小与数目

1. 基因的大小

在真核生物中由于存在内含子序列,使得基因比实际编码蛋白质的序列要大得多。基因的大小很大程度上是取决于内含子的含量的,这里的含量又与长度和数目有关。

首先,基因的大小取决于它所包含的内含子的长度。一些基因的内含子特别长,例如哺乳动物的二氢叶酸还原酶基因含有 6 个外显子,其 mRNA 的长度为 2kb,但基因的总长度达 25kb～31kb,含有长达几十 kb 的内含子。内含子之间也有很大的差别,大小从几百个 bp 到几万个 bp 不等。与整个基因相比,编码蛋白质的外显子要小得多,大多数外显子编码的氨基酸数小于100,内含子通常比外显子大得多。这也就说为什么外显子的大小与基因的大小没有必然的联系。

其次,基因的大小还与所包含的内含子的数目有关。在不同的基因中,内含子的数目变化很大,有些断裂基因含有一个或少数几个内含子,如珠蛋白基因;某些基因含有较多的内含子,如鸡卵清蛋白基因有 7 个内含子,伴清蛋白基因含有 16 个内含子。内含子在大小上也存在很大的差别,少则几百个碱基对,多则几千上万个碱基对。

进化过程中,断裂基因首先出现在低等的真核生物中。在酿酒酵母中,大多数基因是非断裂的,断裂基因所含外显子的数目也非常少,一般不超过 4 个,长度都很短。其他真菌基因的外显子也较少,不超过 6 个,长度不到 5kb。在更高等的真核生物,如昆虫和哺乳动物中,大多数基因是断裂基因。昆虫的外显子一般不超过 10 个,哺乳动物则比较多,有些基因甚至有几十个外显子。

酵母和高等真核生物的基因大小存在着很大的差异。通常而言,大多数酵母基因小于 2kb,很少有超过 5kb 的;而高等真核生物的大多数基因长度在 5kb~100kb 之间。表 3-1 总结了一系列生物体的平均基因大小。

表 3-1 不同生物的平均基因大小

种类	平均外显子数目	平均基因长度(kb)	平均 mRNA 长度(kb)
酵母	1	1.6	1.6
真菌	3	1.5	1.5
藻虫	4	4.0	3.0
果蝇	4	11.3	2.7
鸡	9	13.9	2.4
哺乳动物	7	16.6	2.2

从表中不难看出,从低等真核生物到高等真核生物,其 mRNA 和基因的平均大小略有增加,平均外显子数目的明显增加是真核生物的一种标志。在哺乳动物、昆虫、鸟类中,基因的平均长度达到其 mRNA 长度的大约 5 倍。

2. 基因的数目

基因的数目可以通过基因组的大小粗略地算出。一些基因通过选择性表达产生一个以上的产物的现象很少见,因此它对基因数目的计算影响不大。

由于 DNA 中存在非编码序列,使计算产生误差,所以需要确定基因密度,否则就难以计算得出基因数目。生物体的复杂性与基因的密度之间大致存在一种负相关关系,即生物体复杂性越低,其基因组中的基因密度越高。

为准确地确定基因数目,需要知道整个基因组的 DNA 序列。目前已知酵母基因组的全序列,其基因密度较高,平均每个开放阅读框(open reading frame,ORF)为 1.4kb,基因间的平均分隔为 600bp,即大约 70% 的序列为开放阅读框。其中约一半基因是已知的基因或与已知基因有关的基因,其余是新基因。因此可推测未发现基因的数目。

表 3-2 不同生物的基因数目

种类	基因组大小(bp)	基因数目
人	3.3×10^9	30000~35000
果蝇	1.4×10^8	8750
酵母	1.3×10^7	6100

续表

种类	基因组大小(bp)	基因数目
大肠杆菌	4.2×10^6	4288
支原体	1.0×10^6	750
噬菌体 T_4	1.6×10^5	200

可以通过不同的方法测定基因数目的值。

①基因分离鉴定的方法。通过这一方法可以知道一些物种的基因数目,但这只是一个最小值,真正的基因数目往往大得多。

②测序鉴定开放阅读框的方法。通过这一方法也可以推测基因数目,但只能得到基因数目的最大值。这主要是因为有的开放阅读框可能不是基因,有些基因的外显子在分离时可能会断裂,这都导致过高估计基因数目。

③计算表达基因的数目的方法。在脊椎动物细胞中平均表达 1 万~2 万个基因。但由于在细胞中表达的基因只占机体所有基因的一小部分,所以这个方法也不能准确估计基因数目。一般真核生物的基因是独立转录的,每个基因都产生一个单顺反子的 mRNA。但是线虫(C. elegans)的基因组是个例外,其中 25% 的基因能产生多顺反子的 mRNA,表达多种蛋白质,这种情况会影响对基因数目的测定。

④突变分析的方法。通过这一方法可以确定必需基因的数量。如果在染色体一段区域充满致死突变,通过确定致死位点的数量就可得知这段染色体上必需基因的数量。然后外推至整个基因组,可以计算出必需基因的总数。利用这个方法,计算出果蝇的致死基因数为 5000。如果果蝇和人的基因组情况相同,可预测人有 10 万个以上致死基因。但测定的致死位点,即必需基因的数目必然小于基因总数。目前还无法知道非必需基因的数量,通常基因组的基因总数可能与必需基因的数量处于相同的数量级。通过确定酵母的必需基因比例发现:当在基因组中随机引入插入突变时,只有 12% 是致死的,另外的 14% 阻碍生长,大多数插入没有作用。

3.2　基因组

原核生物基因组就是其细胞内构成染色体的 DNA 分子,真核生物的核基因组是指单倍体细胞核内整套染色体所含有的 DNA 分子。除了核基因组,真核生物还有细胞器基因组,即线粒体基因组和叶绿体基因组。

3.2.1　基因组的概念

20 世纪 70 年代,DNA 测序技术的出现为大规模的测序计划的顺利实现提供了可能。分子生物学家能够获得整个基因组(genome)的碱基序列。基因组是指一种生物染色体内所携带的全部遗传物质的总和,包括所有的基因和基因之间的间隔序列。不同生物基因组的大小、复杂性都是不同的。

第一个完成基因组测序的是 ΦX174 噬菌体,它是一个极为简单的基因组,包含 5386bp,编码 11 个基因,如图 3-9 所示。随后,流感嗜血杆菌、酿酒酵母、拟南芥、稻瘟病菌等的基因组先后测序成功,尤其人类基因组计划更是受到全世界的瞩目。

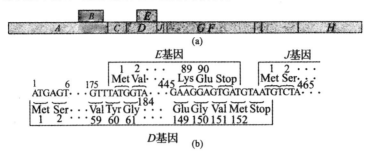

图 3-9　ΦX174 噬菌体的遗传图谱(Weaver,2009)

(a)每个字母代表一个噬菌体基因。(b)①ΦX174 的重叠可读框。基因 D 从图中所标的 1 号碱基开始一直到 459 号碱基结束,对应于氨基酸 1～152 位,外加一个终止密码子 TAA。图中的点表示未标出的碱基或氨基酸,而且该图只显示了非模板链。基因 E 从 179 位碱基开始到 454 位结束,对应于氨基酸 1～90 位,外加一个终止密码子 TGA。基因 E 的可读框比基因 D 向后移动了一个碱基。基因 J 从 459 号碱基开始,其可读框只在左边与基因 D 有一个碱基的重叠。

尽管不同物种基因组之间大小存在着很大的差别,但真核生物的单倍体基因组的 DNA 总量是相对恒定的,称为 C 值。不同生物的 C 值变化很大,图 3-10 展示了不同门类生物的 C 值变化范围。

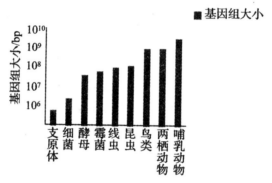

图 3-10　不同物种中基因组的最小值

(卢因,2007)

从图中可以看出,随着生物的进化,生物体的结构和功能越来越复杂,C 值也越来越大,如最小的支原体是 10^6 bp,而两栖动物可达 10^9 bp。从原核生物到哺乳动物,每一生物门类中的基因组最小值依次增加。但是,有时基因组大小并非随着遗传复杂程度的增加而上升。例如,爪蟾的基因组大小与人类的相似,但是人类在遗传发育上要比爪蟾复杂得多,甚至百合花一个细胞所含的 DNA 量比人类细胞的多 100 倍!

上述真核生物的 C 值与生物体复杂性之间对应关系的反常现象称 C 值矛盾,又称 C 值悖论。C 值的生物体具有大量多余的、非编码的 DNA,或许就目前而言这是对于 C 值矛盾最为合理也最为可信的解释。

3.2.2　病毒基因组

1. 病毒基因组的结构与功能

病毒是一种极其简单的生物,是由蛋白质外壳包裹着遗传物质核酸而组成的,它的基因组也与其他生物不同,只能是 DNA 或 RNA。

(1)重叠基因

重叠基因(overlapping gene),是指共有同一段 DNA 序列的两个或多个基因。

1977 年 Sanger 在测定噬菌体 ΦX174 的 DNA 全序列时,意外地发现了基因重叠现象。随后在病毒、细菌和果蝇中也发现了重叠基因现象。这种现象的发现,修正了各个基因的核苷酸链彼此分离的传统观念。

重叠基因具有如下作用:能经济、有效地利用 DNA 遗传信息量,"节约"碱基;可能对基因表达起调控作用起到一定作用。

(2)黏性末端

黏性末端(sticky end,cohesive end,cohesive terminus)简称"黏端"。

Ⅱ型限制酶在限制性片段上留下的单链末端,可与对应的单链末端互补结合。λ 噬菌体基因组 DNA 是具有黏性末端的线状双链 DNA 分子,其黏性末端在 5′端单链部分长度为 12 个核苷酸,在感染细胞中,λ 噬菌体的线状双链 DNA 分子通过其两端的黏性末端互补,在连接酶的作用下,能够闭合成环状分子,这样或者整合进宿主细胞 DNA,或者进入繁殖循环。

(3)末端丰余

末端丰余(terminal redundancy)就是指 DNA 分子末端多次出现相同序列,又称为"末端冗余"或"末端同向重复序列"。

虹彩病毒、疱疹病毒、T4 和 T7 噬菌体基因组的 dsDNA 分子末端都有末端丰余序列。T 偶数噬菌体的末端同向重复序列约占整个分子的 5%,虹彩病毒双链 DNA 的末端丰余序列约占整个基因组的 12%。如果用外切核酸酶处理病毒基因组线状双链 DNA 分子的末端丰余序列,可产生黏性末端,然后在退火条件下孵育,可形成双链环状 DNA 分子。

(4)循环排列

循环排列(circular permutation)是指一些病毒基因组的线状双链 DNA 具有相同的基因顺序,但若以不同的核苷酸为起点进行排列,可以产生末端序列互不相同的线状分子。

对 T 偶数噬菌体的遗传研究表明,由于它们的基因呈循环排列,各个颗粒随机包装的 DNA 分子有相同的基因顺序,但末端的序列可能不同,因此,这些病毒的基因组 DNA 是线状的,但其遗传图为环状。将这些带有循环排列的 DNA 先变性,然后退火,不同的单链分子通过碱基互补可以结合在一起,形成具有黏性末端的双链线状分子,再由两个黏性末端相互连接,产生环状分子。

(5)回文序列

回文序列(palindrome,palindromic sequence)是指单条核酸序列内以对称点为中心,两侧碱基互补的核心序列区域,又称"回文对称"。

含有该区域的双链 DNA 从不同方向阅读不同单链时其序列一致,常见于限制酶的作用位点;或是具有对称结构 DNA 片段,即双链 DNA 中似发夹的结构,每条链从 3′或 5′端方向阅读时其核苷酸序列均相同。

回文序列在单链 DNA 或 RNA 中能形成发夹结构(hairpin structure),在线状双链 DNA 中还能形成十字结构。在 DNA 病毒中,有的回文序列比较短,是限制性内切酶的识别位点;有的回文序列比较长,易于变为发夹结构,其功能可能与病毒基因转录的终止作用有关;有的回文序列是病毒基因组的复制起始所必需,有的是激素作用的靶序列等等。可见,不同形式的回文序列在病毒基因组中具有不同的作用。

(6)末端反向重复序列

末端反向重复序列(terminal inverted repeat sequence,TIRS)是指存在于病毒基因组两端的反向互补重复序列。

当含有末端反向重复序列的双链 DNA 分子变性后,再经过退火,每条单链两端的碱基可以配对互补形成"锅柄"状结构。在腺病毒中,这种结构在基因组 DNA 复制中是重要的,一种相对分子质量 55×10^3 的末端蛋白与每条链的 5′端共价结合,作为引物起始合成新的 DNA 链。末端反向重复序列在病毒基因组的转座中也有重要的作用。

(7)分段基因组

病毒的基因组依据构成基因组的 RNA 分子数目可以分为单组分基因组(monopartite genome)和分段基因组(segmental genome)。

分段基因组由数个不同的核酸分子构成,这些彼此分离的核酸分子通常称作核酸片段或节段。分段基因组中的各个核酸片段具有不同的遗传功能,能够表达产生不同的功能蛋白。它们的 mRNA 或为单顺反子,或为多顺反子,在不同病毒的分段基因组中,情况各有不同。但不论是在哪种情况下,只有在基因组的所有片段同时存在,并且都有功能活性时,病毒才能成功复制,产生有感染性的子代病毒。

(8)帽子和 poly(A)结构

真核病毒中的正链 RNA 基因组、双链 RNA 基因组的正链 RNA 以及病毒的 mRNA 通常有类似于真核生物 mRNA 5′端和 3′端的特殊结构,即 5′端有帽子结构,3′端有 poly(A)尾。

原核生物 mRNA 和相应的噬菌体基因组,RNA 均缺少这样的结构。

病毒基因组 RNA 5′端的帽子结构有着真核生物 mRNA 5′端的相似功能,它对病毒基因组正链 RNA 具有保护作用,可使病毒正链 RNA 或 mRNA 免受宿主中的外切核酸酶的降解,同时还与其感染性有关,例如缺少帽结构的 TMV RNA 几乎完全丧失了感染性。病毒基因组 RNA 3′端 poly(A)也有多方面的功能,如保持和提高病毒基因组 RNA 在宿主细胞中的稳定性,也与病毒的侵染性有关,例如小 RNA 病毒的正链 RNA,如果在 3′端去除 poly(A)尾,其感染性则完全丧失。

除以上这些特点外,某些真核病毒如腺病毒、多瘤病毒、SV40、反转录病毒,以及细小病毒的基因组也含有内含子,因此这些病毒的基因转录生成成熟的 mRNA 亦需要有类似于真核生物 mRNA 的剪接过柱。

2. 病毒基因组的类型

目前已知病毒基因组的结构类型多种多样,可能是 DNA 或 RNA,也可能是单链的或是多链的,可能是闭环分子或线性分子。这里基本上可以将其分成如下 6 种类型。

（1）双链 DNA 病毒基因组

人和动物 DNA 病毒的基因组多数是双链 DNA(dsDNA)。多数情况下,双链 DNA 病毒在细胞核内合成 DNA,在细胞质中合成病毒蛋白。只有痘病毒例外,DNA 和蛋白质的合成都在细胞质中进行。

一种为双链线状 DNA。例如,疱疹病毒科(Herpesviridae)、痘病毒科(Poxviridae)、虹彩病毒科(Iridoviridae)和腺病毒科(Adenoviridae)等的病毒基因组。在这些双链线状 DNA 中一般都有特殊的结构序列,如虹彩病毒、疱疹病毒的基因组 DNA 有末端冗余序列,其 5′ 端用外切酶部分消化,可产生黏性末端,再经过变性退火,能够形成环状双链 DNA 分子;线病毒的基因组 DNA 有末端反向重复序列,直接经过变性和退火,每条 DNA 链可各自形成柄环状分子。

另一种为双链环状 DNA。例如,乳头瘤病毒科(Papillomaviridae)、多瘤病毒科(Polyomaviridae)、嗜肝 DNA 病毒科(Hepadnaviridae)、杆状病毒科(Baculo,iridae)和多 DNA 病毒科(Polydnaviridae)等的病毒基因组。其中乳头瘤病毒、多瘤病毒、多 DNA 病毒和杆状病毒基因组的环状双链 DNA 还可以超螺旋的形式存在。植物病毒仅发现花椰菜花叶病毒科(Caulimoviridae)的基因组是环状双链 DNA,但其单链上有缺刻,为不完全双链环状 DNA 分子。

双链 DNA 病毒的复制表达的基本过程:首先,利用宿主核内的依赖 DNA 的 RNA 聚合酶从病毒基因组 DNA 转录早期 mRNA;然后,在细胞质的核糖体上翻译早期蛋白,早期蛋白主要是用于合成子代 DNA 分子;随后,以子代 DNA 分子为模板,大量转录晚期 mRNA;最后,在细胞质核糖体上翻译病毒结构蛋白,主要为衣壳蛋白,装配病毒颗粒。双链 DNA 病毒基因组的复制按半保留复制形式进行。

（2）单链 DNA 病毒基因组

一种为线状单链 DNA(ssDNA)。例如,动物 DNA 病毒中的细小病毒科(Parvoviridae)等的病毒基因组,其 5′ 端和 3′ 端均有回文序列,可形成发夹结构。细小病毒的另一个重要特征是它们能够产生两种不同极性的单链 DNA,在成熟的病毒粒子中或含有正链 DNA,或含有负链 DNA,来源于同种病毒的不同病毒粒子的正、负 ssDNA 能够退火形成双链 DNA 分子。

另一种为环状单链 DNA。例如,丝杆噬菌体科(Inoviridae)、微噬菌体科(Microviridae)的基因组。噬菌体 ΦX174 基因组为环状正链 DNA,并在 DNA 分子中存在基因重叠现象。ΦX174 DNA 进入细胞后,在宿主的 DNA 聚合酶的作用下,产生互补链,形成称为复制型(RF)的双链 DNA,即 ±dsDNA,然后以复制型为模板按半保留复制方式进行复制和转录,产生更多的复制型、mRNA 和子代 +DNA 基因组。

（3）正链 RNA 病毒基因组

正链 RNA 病毒的基因组均为线状分子,具有 mRNA 的活性(反转录病毒例外),因而具有侵染性。例如,黄病毒科(Flaviviridae)、小 RNA 病毒科(Picornaviridae)等。

这类病毒可直接翻译成蛋白质,再经宿主和病毒编码的蛋白质水解酶切割产生不同的病毒蛋白质。病毒 RNA 复制是由新合成的病毒复制酶以基因组 +RNA 为模板合成 −RNA,再以 −RNA 为模板合成新的 +RNA 病毒基因组(+ssRNA)。

（4）负链 RNA 病毒基因组

大多数有包膜的 RNA 病毒都属于负链 RNA(-ssRNA)病毒,例如副黏病毒科(Paramyxoviridae)、丝状病毒科(Filoviridae)、正黏病毒科(Orthomyxoviridae)等。

这类病毒含有依赖 RNA 的 RNA 聚合酶。病毒 RNA 在该酶的作用下,首先转录出互补的正链 RNA,形成复制型 RNA,再以其正链 RNA 为模板,转录出互补的子代负链 RNA,同时翻译出病毒结构蛋白和酶。

（5）双链 RNA 病毒基因组

双链 RNA(dsRNA)病毒基因组,例如呼肠孤病毒科(Reoviridae)中的动物病毒和植物病毒的基因组。

这类病毒基因组在依赖 RNA 的 RNA 聚合酶作用下转录 mRNA,再翻译出蛋白质。双链 RNA 病毒基因组的复制是由负链复制出正链,正链再复制出新负链,因此子代 RNA 全部为新合成的 RNA。

（6）反转录病毒基因组

反转录病毒科(Retroviridae)的病毒的基因组虽为正链 RNA,但没有 mRNA 的翻译模板活性,因而缺少侵染性。

这类病毒基因组的 RNA 首先必须在自身的反转录酶的作用下,以病毒基因组的 RNA 为模板,反转录形成 RNA：DNA 中间体。该中间体中的 RNA 由反转录酶的 RNaseH 组分降解,在 DNA 聚合酶作用下,以 DNA 为模板复制成双链 DNA。该双链 DNA 环化后整合于宿主细胞的染色体上,成为原病毒(provirus),再在宿主的 RNA 聚合酶作用下转录产生 mRNA 和新的 ＋RNA基因组。该 mRNA 在细胞质核糖体上翻译出子代的病毒蛋白质。

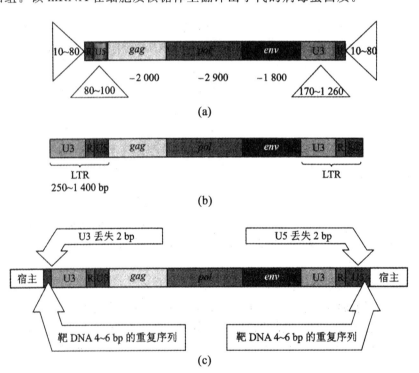

图 3-11　反转录病毒基因组的结构特点（引自 Lewln,2006）

(a)病毒的 RNA 形式；(b)病毒的线状 DNA 形式；(c)病毒整合进宿主 DNA 的形式反应,说明它还有 DNA 聚合酶活性。而且反转录酶还有必需的 RNaseH 酶活性,具有降解 RNA 和 DNA 杂交分子中 RNA 链的功能。

反转录病毒的基因组是单链 RNA。如图 3-11 所示为反转录病毒基因组的结构特点图。一个典型的反转录病毒含 3 或 4 个基因(编码区),它们是病毒核心蛋白基因(internal structural protein,gag)、反转录酶基因(RNA-dependent DNA polymerase,pol)和包膜糖蛋白基因(envelope glycoproteins,env),此外某些还会有癌基因。

3. 几种病毒的基因组

(1)SV40 病毒基因组

SV40 是猴子病毒,最初在猴肾细胞中分离出来。SV40 病毒对于研究真核生物基因表达,了解病毒致癌机制而言是一个不错的选择。因为 SV40 基因组只有 5 个基因,完全需要依靠哺乳动物细胞内的机构进行它的 DNA 复制和基因表达。此外,它的启动子和增强子被广泛地用于真核生物基因表达性载体的构建。

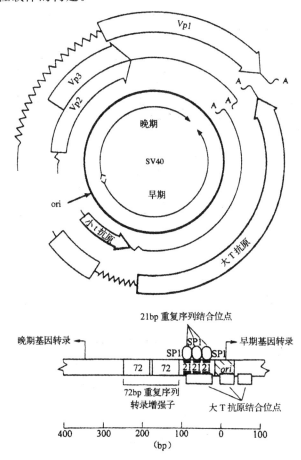

图 3-12　SV40 病毒基因组

SV40 病毒的结构是这样的:外壳为二十面对称体的球状颗粒,中心包含有全长 5243bp 的双链环状 DNA。该 DNA 在体外如果与组蛋白相连,可以形成 24 个核小体,称为微小染色体,是真核细胞染色质的最小模型。如图 3-12 所示,SV40 基因组分为大小相近的两个基因区域,转录方向相反。大 T 和小 t 基因以逆时针方向转录,发生在 DNA 复制之前,称为早期基因以及早期转录。Vp1、Vp2、Vp3 基因以顺时针方向转录,发生在 DNA 复制之后,称为晚期基因和晚期转录。在早期和晚期基因之间是 SV40 基因组的调控区,约 400bp,在体外构建核小体时,处于微小染色体的无核小体内。在这个区域内,早期和晚期基因的调控序列以及 DNA 复制起始位点等大部分是重叠使用的。

（2）乙肝病毒基因组

乙肝病毒的外壳蛋白由 s 基因和前 s 基因表达产物组成。如 ayw 亚型的外壳蛋白有 3 组,分别如下:第 1 组分子量为 $2.4 \times 10^4 \sim 2.7 \times 10^4$ D,是主要成分(占总蛋白质的 $70\% \sim 90\%$),呈糖基化形式,由表面抗原基因 s 表达;第 2 组分子量为 $3.3 \times 10^4 \sim 3.5 \times 10^4$ D,由前 s2 基因表达;第 3 组分子量为 $3.9 \times 10^4 \sim 4.2 \times 10^4$ D,由前 s1 基因表达。在外壳蛋白包裹下,内有呈多面体的核衣粒,其表层是分子量为 2.1×10^4 D 的碱性蛋白组成的核心杭原,核衣粒中心是病毒基因组 DNA。DNA 有 5 个翻译阅读框架。

（3）逆转录病毒（HIV）基因组

HIV 病毒颗粒是至今发现的最复杂的逆转录病毒。其基本形态和其他逆转录病毒相似。

HIV 有核心部分、核衣壳和包膜等 3 种结构。核心含有两个单股正链 RNA 基因组,两个单体在 5′端以氢键相连。每个 RNA 基因组长 9.2kbp。核心内还含有病毒本身编码的逆转录酶、整合酶和蛋白酶 6 核衣壳由 P17,P24,P9,P7 等蛋白组成。最外面的包膜由病毒编码的糖蛋白 GP120 和 GP41 及类脂组成。

HIV 基因组是单股正链 RNA。基因组结构以及基因的顺序与其他逆转录病毒相似,如图 3-13(a)所示,基因排列顺序为 5′LTR-gag-pol-env-3′LTR,在 5′端有帽子结构,3′端有 poly(A)。除了上述 3 个结构基因外,还有 6 个调节基因,即 tat、rev、nef、vif、vpr 和 vpu 基因,编码 6 种调控蛋白。这在逆转录病毒中是少见的。HIV 的基因编码区域有许多重叠,大多数基因不含内含子,最大限度地利用了有限的编码序列。基因 tat 和 rev 两侧含有内含子。

病毒感染细胞后,在自身逆转录酶（revers transcriptase）作用下,以单链 RNA 为模板,合成双链线状及环状 DNA,最后在整合酶（integrase）催化下,整合到宿主细胞 DNA 的特殊位置。这个前病毒（previrus）DNA 的整合形式,可以最大限度地合成病毒 RNA。这些 RNA 既可以大量包装成成熟的病毒颗粒,又可以作为 mRNA,指导合成病毒特异性的蛋白质。病毒的逆转录酶就是由它的 mRNA 直接翻译而成,见图 3-13(b)。

3.2.3 原核生物基因组

原核生物（prokaryote）基因组中,结构基因数量和功能的类型与病毒基因组相比要多得多。所以,原核生物有较完整的代谢系统,进行较复杂的代谢活动,如利用外界环境中的营养成分、获取能量以合成自身生长所需的材料(核苷酸、氨基酸等),对外界环境的变化做出反应等。

1. 原核生物基因组结构与特点

绝大多数的原核生物的基因组都是由一个单一的双链环状 DNA 分子组成的,与真核生物相比要小得多。原核生物没有细胞核,遗传物质存在于整个细胞中,但是 DNA 相对集中。可与一些蛋白质结合,但不构成染色体结构,只是习惯上将之称为染色体。

原核生物的基因组有以下的特点:

①基因组具有紧密的结构。

②结构基因一般不会出现重叠现象。

③基因组中只有一个复制起点,为单复制子结构。

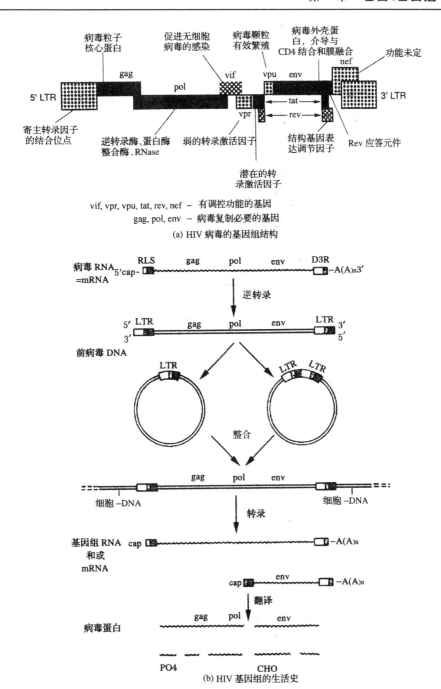

vif, vpr, vpu, tat, rev, nef － 有调控功能的基因

gag, pol, env － 病毒复制必要的基因

(a) HIV 病毒的基因组结构

(b) HIV 基因组的生活史

图 3-13　转录病毒的基因组及生活史

④功能上相关的基因常常串联在一起,形成一个功能单位或转录单位,转录产物为多顺反子。

⑤基因序列是连续的,即不含无内含子序列,转录后不需要剪接,可以直接作为模板翻译出蛋白质。

⑥编码蛋白质的 DNA 在基因组中所占比例大于真核生物基因组,但是小于病毒基因组。非编码区主要是调控序列。

⑦编码蛋白质结构基因多为单拷贝（不包括 rRNA，它基因往往是多拷贝的），这有利于核糖体的快速组装，方便细胞在短时间内生成大量的核糖体，从而有利于蛋白质的合成。

大肠杆菌的染色体 DNA 呈环状，周长 1.6mm。大肠杆菌基因组约 4.2×10^6 bp，有 3500～4000 个基因。大肠杆菌染色体 DNA 在细胞内形成一个致密区域，称为类核或拟核（nucleoid）。类核能够从细胞中单独分离出来，其中央部分由 RNA 和支架蛋白组成，外围是双链 DNA 形成的突环。如图3-14所示。每个突环的两端以某种方式固定于类核的蛋白质核心上，成为一个独立的结构域。突环中的 DNA 保持了超螺旋结构，借助于电子显微镜能够清晰地观察到超螺旋，超螺旋有助于 DNA 的压缩。经过蛋白酶或 RNA 酶的处理，类核致密的结构变得松散，这说明蛋白质和 RNA 在其中起到了稳定类核的作用。

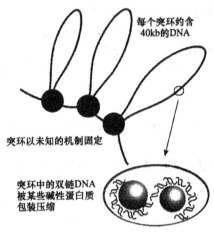

图 3-14　大肠杆菌基因组中的突环

2. 染色体外的遗传物质——质粒

质粒（plasmid）是指独立于细菌或真核生物细胞（如酵母等）的染色体外，一种由共价闭合环状 DNA 分子（covalent closed circular，cccDNA）组成的、能自主复制的最小遗传单位。如图 3-15 所示。

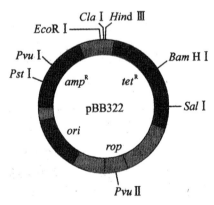

图 3-15　质粒 pBR322 结构

质粒的自主复制并非是任意的，它只有在宿主细胞内才能够完成，一旦离开宿主就无法复制和扩增。但是,质粒对宿主细胞的生存却不是必需的,宿主细胞丢失了质粒依然能够存活。尽管质粒不是细菌生长、繁殖所必须的物质,它所携带的遗传信息能赋予宿主细胞特定的遗传性状。

不同质粒在宿主细胞中表现出不同的拷贝数。质粒按其复制机制可以分为两种:

①严紧型质粒(stringent plasmid)。有些质粒,如 F 质粒,在一个细胞中存在 1 个或 2 个拷贝,这种类型的质粒即为严密性质粒,也称为低拷贝数质粒。其复制受宿主细胞的严格控制。

②松弛型质粒(relaxed plasmid)。有些质粒,如 ColE 质粒,在一个细胞中存在很多拷贝,这种类型的质粒即为松弛型质粒,也称为高拷贝数质粒。其复制不受宿主细胞的严格控制,每个细胞可含 10～200 个拷贝。

实际上,一种质粒属于松弛型还是严紧型主要取决于宿主的状况,这种划分并非绝对的,也就是说,同一种质粒在不同的宿主细胞中可能具有不同的复制型。这说明质粒的复制不仅受自身的制约,同时还受到宿主的影响。

此外,还可以按照转移方式、寄主范围和不相容性等特性对质粒进行分类。

利用天然质粒的特点、性质,在基因工程中加以改造,保留所需成分,去除非必须的成分,这种质粒可作为良好的载体在克隆技术中被广泛应用。质粒,尤其是经过结构改造的松弛型质粒,已经成为基因工程中的常用载体。

3.2.4　真核生物基因组

真核生物基因组远大于原核生物基因组,所能容纳的基因数量自然也就更多。

1. 真核生物基因组的特点

真核生物是具有由膜包被的核结构和细胞骨架的单细胞或多细胞生物。真核生物的基因组比较庞大,并且不同生物种间差异很大,如人的单倍体基因组有 3.16×10^9 bp。

与原核生物相比,真核生物基因组的特点表现为:

①基因分布在多个染色体上,结构复杂,基因数庞大。

②具有许多复制起点,为多复制子结构。

③存在大量重复序列和一些可移动序列。

④基因的调控复杂,基因表达的各个阶段都有特定的调控机制。

⑤基因中存在着大量的不编码蛋白质的 DNA 序列,不编码的区域超过编码区域。

⑥由于绝大多数真核生物基因含有内含子,因此,多数基因是断裂基因,基因组转录后的绝大部分前体 RNA 必须经过剪接才能形成成熟的 mRNA。

2. 真核生物基因组的重复序列

在对生物的基因组进行大规模测序之前,人们主要是通过基因组 DNA 复性动力学来认识基因组序列的组成,从而估计真核生物的总体特征。

DNA 复性过程遵循二级反应动力学,可用 Cot 曲线来描述。据复性动力学可以鉴定出真核生物基因组有两种类型的序列:非重复序列和重复序列。非重复序列(unique DNA)是指基因组中只有一份拷贝的序列;重复序列(repetitive DNA)是指在基因组中的不止一份拷贝的序列。

不同生物基因组中非重复序列所占比例变化较大,图 3-16 总结了一些有代表性生物的基因组组成。

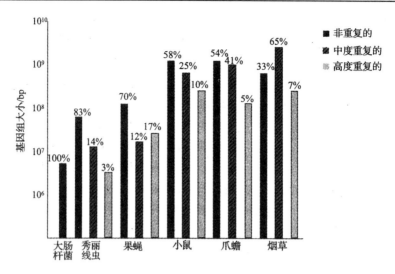

图 3-16　不同生物的基因组组成(卢因,2007)

从图中可以得出这样的结论:原核生物只含有非重复 DNA 序列;低等真核生物的大部分 DNA 是非重复的,重复组分不超过 20%;动物细胞中多达一半的 DNA 由重复序列组成;在植物和两栖动物中,重复序列占到了基因组的 80%,成为主要的组成部分;卵菌中,马铃薯晚疫病菌重复序列占基因组的 74%,而大豆疫霉菌只占基因组的 39%。另外,基因组中的非重复序列与物种的相对复杂性有较好的相关性。例如,大肠杆菌的非重复序列是 4.2×10^6 bp,秀丽线虫增加到 6.6×10^7 bp,黑腹果蝇增加到约 10^8 bp,哺乳动物的又增加到了约 2×10^9 bp。

(1)重复序列的类型

真核生物的重复序列有的成簇集中在染色体的某些部位,如染色体的着丝粒;有些重复序列则分散在各个部位。在介绍重复序列的类型之前,这里首先引入重复频率(repetition frequency)的概念。重复频率即为一组序列中存在的拷贝数,它可以根据基因组的总长度(化学复杂度)和动力学复杂度计算得来。

$$重复频率 = \frac{化学复杂度}{动力学复杂度}$$

根据 DNA 序列在基因组中的重复频率,可将其分为轻度重复序列、中度重复序列和高度重复序列。

①轻度重复序列(slightly repetitive sequence)。其在基因组中一般有 2~10 个拷贝,通常是一些编码蛋白质的基因。例如,tRNA 基因和一些组蛋白基因。

②中度重复序列(moderately repetitive sequence)。其在基因组内重复数十次至数十万次,平均长度 6×10^5 bp,通常是非编码序列,分散存在于基因组内。目前认为,大部分的非编码中度重复序列与基因表达的调控相关。

根据其在基因组中不同的分布方式,高等生物基因组中的中度重复序列又可分为两种类别:其一,大多数中度重复序列与其他序列间隔排列,称作分散重复序列(dispersed repetitive sequence);其二,由含有 1~500 个碱基的重复单元首尾依次相连排列在一定的区域,称为串联重复序列(tandem repetitive sequence)。串联重复序列主要包括卫星 DNA、小卫星 DNA 和微卫星 DNA,其他的还有编码组蛋白、5S RNA、tRNA 家族的基因等。

卫星 DNA(satellite DNA)是由非常短的序列重复多次形成的。将基因组 DNA 裂解为约

10^4 bp 长的片段,进行氯化铯密度梯度离心时,真核生物会出现一个主带和一些小的卫星带,卫星 DNA 由此而来。卫星 DNA 一般集中分布在染色体的特定区段,因此常常使用原位杂交的方法进行定位;而大部分则分布在着丝粒和端粒附近,被压缩成异染色质,是转录惰性区。

小卫星 DNA(minisatellite DNA)是由短的重复单位串联在一起所形成的一段 DNA 序列。它一般由 15bp 左右的串联重复序列组成,拷贝数为 10～1000,远少于卫星 DNA。真核生物体内存在两种形式的小卫星 DNA,分别为端粒 DNA 和可变数串联重复序列(variable number tandem repeat,VNTR),VNTR 可以用于 DNA 指纹图谱分析、亲子鉴定、基因定位等。

微卫星 DNA(microsatellite DNA)是指一些重复单位更短的串联重复序列,其重复单位只有 2～5bp,分散在基因组中,可以作为基因组作图的遗传和物理标记。

③高度重复序列(highly repetitive sequence)。它是指在基因组中重复频率高达 10^6 以上的 DNA 序列。其特点为复性速度很快。例如,人类的 ALU 家族约有 30 万种类型,而其他物种的 ALU 类似家族共有 50 万种。高度重复序列大多数都集中在异质染色区,尤其在着丝粒和端粒附近。这类重复序列较为简单,不具备转录的能力。

(2)重复序列的功能

重复序列富含大量遗传信息这一事实已经被大量实验所证明,它是基因调控网络的组成部分,与各种信号分子、顺式表达元件共同调节基因的表达。重复序列的功能具体表现为以下几个方面:

①含有遗传调控信息。例如,很多细菌和病毒的复制起点都有同向重复、回文及简单重复序列。

②促使核酸包装成各种高级结构。重复序列能够特异性地结合一些蛋白质,从而使核酸序列形成二级、三级甚至更高级结构。真核细胞的端粒、着丝粒、减数分裂配对与重组区域都是卫星 DNA 或者是转座子相关重复序列。

③通过染色体的异染色质化而关闭基因的表达。具体过程为:重复序列的一段转录成 RNA,在 Dicer 酶的作用下,生成小干扰 RNA(siRNA),siRNA 和 Agol 结合,重新作用于染色体的重复序列,与 Tas3、Chpl 形成 RITS 复合物,同时招募 Swi6,从而导致相应的组蛋白去乙酰化、DNA 甲基化。最后导致 DNA 的异染色质化,引起基因沉默。

3.2.5　细胞器基因组

细胞器主要包括线粒体和叶绿体。线粒体在真核细胞中普遍存在,它是一个非常重要的细胞器。叶绿体是植物细胞中重要的一种半自主性细胞器。

1. 线粒体基因组

一个细胞内通常会有许多个线粒体,它存在于细胞核染色体之外,具有自我复制的能力,在细胞内具有多个拷贝。但是其复制的速度缓慢,每秒约 10 个核苷酸,全过程需要相当长时间。

线粒体有自己的 DNA,即为线粒体 DNA(mitochondrial DNA,mtDNA),它是一个封闭的双链环状分子,没有组蛋白包装。线粒体 DNA 呈 D-环复制。

不同种属的线粒体 DNA 大小也存在很大的差别,如小鼠、牛和人的线粒体 DNA 都长达 16.5kb,酿酒酵母的线粒体 DNA 平均大小为 84kb,植物细胞中的线粒体 DNA 的变化虽然很大,但最小也有 100kb 左右。此外,每个线粒体有多个 DNA 分子。大鼠每个肝细胞有 1000 个线粒体,每个线粒体有 5～10 个 DNA 分子,细胞线粒体 DNA 占整个细胞 DNA 含量的 1%。

在碱性氯化铯密度梯度离心中,由于线粒体 DNA 双链密度的不同可以分为重链(H 链)和轻链(L 链)。1981 年,Anderson 等人测出完整的人的线粒体 DNA 的序列,全长达 16569bp,含有 37 个基因,其中 2 个 rRNA 基因,22 个 tRNA 基因和 13 个蛋白质编码基因(图 3-17)。H 链编码的 tRNA 基因散布于蛋白质基因和 rRNA 基因之间,相邻基因间隔 1～30 个碱基或紧密相连,甚至发生重叠。tRNA 基因插入到 rRNA 基因和蛋白质基因之间的意义在于提供切割位点,通过在初级转录产物中的 tRNA 两侧切割将这些基因分开。

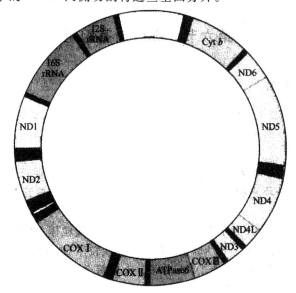

图 3-17　人类线粒体基因组的结构

线粒体基因组中包括:NADH 脱氢酶复合体(ND)基因、细胞色素 b(Cyt b)基因、

COX(细胞色素氧化酶)基因、ATPase 基因,其中深色的区带是 tRNA 的基因。

线粒体编码的 13 种多肽都是呼吸链酶复合物的亚单位,与线粒体氧化磷酸化有关,其中包括 7 个 NADH 脱氢酶复合体(NADH dehydrogenase,ND)的亚基;1 个为 COQH2-细胞色素 C 还原酶复合体中细胞色素 b(Cyt b)的亚基;3 个细胞色素氧化酶(COXⅢ)的亚基;ATPase 的一个亚基。线粒体自身编码、合成的蛋白质只占电子传递链组分的一小部分,而大部分是由核基因编码,在细胞质内合成后输入线粒体的。

线粒体基因组中主要存在两段非编码区,分别为 D 环(displacement loop region)和 L 链复制起始区。其中,D 环位于 tRNA^{Pro} 和 tRNA^{Phe} 基因之间;L 链复制起始区长 30～50bp,位于 tR-NA^{Asn} 和 tRNA^{Cys} 基因之间。

酵母线粒体中,Cyt b 和 COXⅢ 基因中含有内含子,其他的基因都是连续的。

由于线粒体内无修复 DNA 的能力,线粒体内大量的氧化过程所产生的自由基对线粒体 DNA 可能造成的损伤等原因,使得线粒体 DNA 的突变率比细胞核 DNA 高 5～10 倍,并且随着年龄的增加呈增高的趋势。线粒体基因组中的任何碱基都有可能发生突变,这些变异包括点突变、缺失和由于核 DNA 缺陷而引起的线粒体 DNA 的缺失或数量减少等,并且都可以母系遗传的方式传递到子代。线粒体 DNA 的突变会导致诸如神经性病变、肌肉疾病等多种老年退化性疾病。

2. 叶绿体基因组

叶绿体是植物细胞中重要的一种半自主性细胞器,20 世纪 60 年代初期发现叶绿体含有自己的 DNA,即叶绿体基因组 DNA(chloroplast DNA,ctDNA)。一般,一个叶绿体中会包含一个到几十个叶绿体基因组。

叶绿体基因组通常为闭合环状双链 DNS 分子,长度为 $37 \sim 45 \mu m$。每一个叶绿体中一般含有多拷贝 DNA,其拷贝数目在 $20 \sim 900$ 之间,因物种而异。DNA 分子存在于叶绿体的基质中,常以 $10 \sim 20$ 个分子聚成一簇,与叶绿体的内被膜或类囊体膜结合。叶绿体中的 DNA 量占叶片中全部 DNA 的 $10\% \sim 20\%$。

叶绿体基因组具有如下特点:

①叶绿体基因组有大有小,并且差别也比较大。例如,高等植物叶绿体基因组 DNA 的长度一般在 $120 \sim 150$kb。小球藻叶绿体 DNA 只有 150kb,伞藻的叶绿体基因组则高达 2000kb,是目前发现的最大的叶绿体 DNA 分子。

②叶绿体基因组可编码多种蛋白和结构 RNA,包括转录所需的 RNA 聚合酶,翻译所需的 tRNA、rRNA、核糖体蛋白以及与光合作用直接相关的蛋白质等。但是叶绿体中所需要的绝大部分多肽是由核基因组编码产生,再转运至叶绿体中的。

③叶绿体基因至少具有 3 种不同类型的启动子,由 2 种或 2 种以上 RNA 聚合酶催化转录:

一种 RNA 聚合酶由叶绿体编码,称为 PEP(即一种由质粒编码的 RNA 聚合酶)。PEP 与细菌中的 RNA 聚合酶很相似,含有核心酶 α、β 和 β' 亚基,由 σ 因子识别原核型启动子。它主要负责与光合作用有关的基因的转录。

另一种 RNA 聚合酶由核基因编码,称为 NEP(即一种由核编码的 RNA 聚合酶)。NEP 与 T7 噬菌体 RNA 聚合酶相似,主要负责持家基因的表达,包括 rRNA 基因、tRNA 基因、PEP 聚合酶基因和一些与代谢有关的酶的基因的转录。

④大多数叶绿体基因初始转录产物要想成为成熟的 RNA 都需要经过加工的过程。叶绿体内有许多基因都含有内含子,例如:衣藻的 23S rRNA 基因,高等植物的 6 种 tRNA 基因等,转录后的前体 RNA 需要切除内含子,拼接外显子。

⑤叶绿体具有自己独立的一套蛋白质翻译系统,涉及叶绿体的 tRNA、rRNA、核糖体蛋白以及多种因子。在叶绿体中,有些 mRNA 的 SD 序列具有正常的功能;有些 mRNA SD 序列没有功能;有些 mRNA 根本就没有 SD 序列。对于缺乏类 SD 序列的 mRNA,核糖体仍然能够正确结合到它们的起始区,这也从另一个角度说明叶绿体很可能还有另外的翻译起始机制。

3.2.6　基因组的进化

基因组的进化表现为编码区组分 DNA 与非编码区组分 DNA 的进化。编码区组分 DNA 的进化表现在新基因的获得。

1. 基因组大小的进化

基因组大小的进化主要反映在基因组 DNA 含量、基因组的结构以及基因组所含基因的数量多少等方面。

(1)DNA 含量

不同种的生物,甚至近缘种中单倍体基因组的平均 DNA 含量变化很大。一般而言,真核生物基因组比原核生物基因组大,DNA 含量高。基因组的大小大体上反映了一种进化趋势,但却存在 C 值悖理,例如玉米和蝾螈的 DNA 含量远高于人的。

(2)基因组结构

原核生物基因组一般是环状,再形成拟核高级结构,DNA 含量仅数百万碱基对。其基因组都是由单拷贝或低拷贝的 DNA 序列组成,基因的排列比较紧密,基因数目较少,为几百个到几千个,一般以多顺反子为转录单位,较少非编码序列,更缺少非编码的重复序列和内含子,因此,在大小和结构上属于所谓的"小基因组"。

真核生物的核基因,一般是线状,形成染色体或间期核的高级结构,比原核生物拟核基因组大许多倍,基因数目多,为几千个到几万个,且变化范围大。在结构组成上,普遍存在非编码区、重复序列以及内含子结构,重复序列和内含子的含量直接影响了基因组的大小。因此,相对原核生物来说,真核生物的核基因组被称为"大基因组"。

由 RNA 而来的原始基因首先是由重复序列组成的,在此基础上发展成具有原始的外显子、内含子及重复序列的原始基因组。再向着小基因组与大基因组两个方向发展。如果向小基因组进化,则由于繁殖效率、空间结构等的约束,使其在进化过程中丢失掉重复序列和内含子结构;如果向大基因组进化,那么重复序列、内含子作为残遗结构都能继续存在,并具有结构上和进化上的功能。

(3)基因数目

从原核生物到真核生物,形态学进化伴随基因组进化。基因组的复杂性日益增加,一方面基因数目增加,另一方面基因组内 DNA 序列种类增加和组织结构复杂化。

获得新的基因是基因数目增加的先决条件,通常由两条途径实现:

第一条途径是基因组中现有基因的全部或一部分实现倍增。毫无疑问,在基因组进化中现有基因的加倍是最重要的方式之一。在进化进程中,可以发生整个基因组倍增、一条染色体或一条染色体的一部分倍增以及一个基因或一组基因倍增。整个基因组倍增使基因数目突然增加,这是增加基因数目最迅速的途径,但并未改变基因组的复杂性,仅增加了基因的拷贝数。从进化角度看,更多考虑的是单个基因或一些基因的倍增,而不是整个基因组的倍增。例如珠蛋白基因家族,在进化过程中经常发生基因的重复倍增,由于突变和选择,产生新的基因,因而促进基因组的进化。就多基因而言,核苷酸顺序的变化往往会造成基因的失活,从而成为假基因。但偶尔也有一些突变会使加倍的基因具有新的功能,这些基因对生物的进化会有所贡献。在进化过程中,单个基因以及基因群加倍是一种常见情形。

第二条途径则是从其他物种那里获取。这一途径主要有转化、转导、转座等基因转移方法。另外,染色体重排和染色体畸变等,也是几种重要的途径。

2. 基因组的分子进化

(1)DNA 序列的进化

通过研究不同物种的同源基因序列表明:有的 DNA 序列比别的 DNA 序列进化速度快。例如,前胰岛素原被加工成胰岛素时,抛出的无功能或近乎无功能的序列,其进化速度比编码有功能约束的蛋白质序列快。又如,小鼠和人类的生长激素基因,二者的序列相差 20 个核苷酸,这

20 个核苷酸是在 6500 万年的进化过程中发生歧化而形成的,其进化速率为每年每个位点取代 4×10^{-9} 个核苷酸。

对众多基因中核苷酸序列的研究揭示了基因不同部分以不同的速率在进化。这主要是由于基因的不同区域所承受的进化压力不同所导致的。一般而言,内含子中的碱基对趋异进化速率大于外显子。在有功能的基因中,编码序列涉及同义突变的进化速率快于非同义突变的速率,因为这种改变不会影响到蛋白质的功能;编码序列中的非同义突变的进化速率最低,由于这些核苷酸发生突变会改变蛋白质中氨基酸的序列,因此这种突变大部分会被自然选择所淘汰。没有功能的假基因不再编码蛋白,其进化速率最高,如人类的珠蛋白假基因,其核苷酸的进化速率是有功能珠蛋白基因编码序列进化速率的 10 倍。由此可以推论,多数情况下,一段有很高进化率的序列往往并不具备什么功能。

(2)多基因家族的进化

基因的进化机制主要是通过基因扩增和不均等交换形成多拷贝基因,再通过突变积累、基因重排和自然选择等因素形成多成员的基因家族或形成新的基因。

例如,珠蛋白的基因家族就是一个多基因家族,在人类的第 16 号染色体上有 α-珠蛋白基因簇,在第 11 号染色体上有 β-珠蛋白基因簇。在多种动物中,几乎所有有功能的珠蛋白基因结构都是相同的,它们由 3 个外显子组成,中间间隔 2 个内含子。不同的是珠蛋白基因在各种动物中不同的数量和排列次序。由于所有的珠蛋白基因的结构和顺序都是相似的,可见,它们存在着一个原始的珠蛋白祖先基因。

此外,肌红蛋白基因和植物的豆血红蛋白基因等也和珠蛋白基因相关,它们都由 3 个外显子结构组成,因此可将 3 个外显子结构看成它们共同的祖先。通过对哺乳动物肌红蛋白单个基因的研究,推测它大约在 8 亿年以前和珠蛋白在进化路线上分开。

更进一步,通过对各个物种的珠蛋白基因组的分析,推测珠蛋白祖先基因的可能进化途径是哺乳类和鸟类的 α 基因簇和 β 基因簇各自独立,而两栖类的 α 基因和 β 基因仍然是连锁的。哺乳类和鸟类从爬行类祖先歧化出来的时间大约在 2 亿 7 千万年前,而爬行类从两栖类祖先歧化出来的时间大约在 3 亿 5 千万年前。这样,α 基因和 β 基因失去连锁的时间在 3 亿 5 千万年前至 2 亿 7 千万年前。有可能是转座作用造成的 α 基因和 β 基因的分离开。某些原始圆口类和原始鱼类只有一种珠蛋白基因,它们从进化路线上歧化出来大约在 5 亿年前,而所有这些珠蛋白基因,大约起源于 5 亿年前,由一个祖先基因通过外显子的融合和内含子的插入反复进行最后重复和歧化而形成(图 3-18)。

所有的珠蛋白经过一系列重复、转化和突变从一个祖先基因进化而来。最先从植物豆血红蛋白基因开始,经过外显子融合变为单个珠蛋白基因(肌红蛋白基因),再经过重复和趋异,变为连锁的 α 和 β 基因(两栖类和鱼类),然后经过基因的分离变为 α 和 β 两个基因,又经过基因簇的扩展,成为分离的 α 和 β 两个基因家族(哺乳类和鸟类)。

(3)外显子混编和基因水平转移导致的进化

外显子混编(exon shuffling)、基因水平转移(gene lateral transfer)等产生新的基因,促进基因组的进化在外显子混编中,来自不同基因的 2 个或多个外显子相互接合,或基因内部的外显子产生重复而形成新的基因结构。基因水平转移是指遗传物质从一个物种通过各种方式转移到另一个物种的基因组中。在原核生物中,转化、转导、接合和转染等机制的基因转移是频繁发生的。因此,基因水平转移对原核生物的基因组进化的贡献是相当大的。这些通过水平转移产生的外

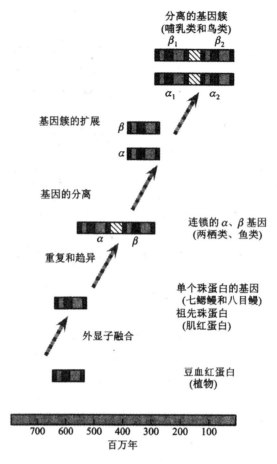

图 3-18　珠蛋白家族的进化（引自卢因,2000)

源基因在选择的作用下,经过突变积累,功能分化,可能形成新的基因。

3.3　基因组学

人们将基因组的研究发展过程分为两个阶段:前期的结构基因组学和后期的功能基因组学。也就是说,结构基因组学代表着基因组分析的早期阶段,以建立生物体高分辨率转录、遗传和物理图谱为主;而功能基因组学代表着基因分析的新阶段,是利用结构基因组学所提供的信息和产物,发展和应用新的实验手段。

3.3.1　结构基因组学

大规模的全基因组测序计划不断的获取更多的序列信息,结构基因组学就是在这个时候产生的一个新的分支学科。

1. 结构基因组学的基本概念

结构基因组学(structual genomics)是基因组学的一个重要分支和研究领域,以生物的全基因组为研究对象,以基因作图、序列分析、基因鉴定等为主要内容,以建立高分辨率的生物遗传学图谱、物理图谱、转录图谱等为主要目的。也就是说,结构基因组学是以全基因组测序为目标的基因结构研究,阐述基因组中基因的位置和结构,为基因功能的研究奠定基础。

很多模式生物的基因组研究随着人类基因组计划研究的发展也得到良好发展。其中突出的是秀丽线虫(caenorhabditis elegans),它是基因组最小的高等真核生物之一,约为人类基因组的1/30,基因数约 19000 个,其基因普遍小于哺乳动物,内含子少,基因密度高,是大基因组结构研究分析的良好的辅助系统。

2. 基因组全序列分析的基本步骤

第一,用全部染色体或分离开的 24 条染色体,分别建立 YAC 克隆群,人工染色体的插入片段平均长度为 500~1000kbp。

第二,利用易于检测的 DNA 标志或 DNA 指纹图谱,建立克隆之间的联系,组成有序排列的YAC 连续克隆系。常用的 DNA 标志是专一的序列位点(sequencing tagged site,STS)和表达标签序列(expression tag sequences,ETS)。ETS 是人类基因组中已知的单拷贝序列,长约 200~500bp。ETS 是来自 cDNA 文库的表达序列,长约 150~400bp。一般认为,mRNA 的 3′端非翻译区是每个基因中比较特异的序列,将这些 ETS 序列进行定位构成 ETS 图,即成为基因组分相的界标,界定基因或 DNA 片段。所以 ETS 是 STS 的一种,可作为遗传标志和基因组的编码序列。

第三,根据 DNA 标志和已知基因,将 YAC 克隆群分别定位在染色体的不同区域,构成染色体或全基因组的物理图谱。

第四,对单个 YAC 克隆分别进行精细物理图谱的分析,并逐组切割成易于操作的小片段,分步进行亚克隆,直到可用作 DNA 测序。

第五,进行序列分析,根据序列重叠将序列依次排列,最终得到全长 DNA 的序列。

第六,寻找开放阅读框架(open reading frame,ORF),鉴定基因。不仅要确定每个基因的一级结构,还要确定它们可能的功能和特性。

3. 转录图谱

人类基因组中转录表达的序列(即基因)仅占序列的 3%~5%。对这一部分序列进行测定具有重要意义,一方面能够直接发现基因,另一方面或许还能获得对医学、生物制药业关系密切的信息。

从人的 cDNA 文库随机挑取克隆进行 DNA 测序,然后将结果输入计算机,与已知的数据库进行比较,并进行储存。一般只测定 100~500bp,即 EST。不要求获得完整的 cDNA 序列。所以原则上对所有组织、细胞以及发育阶段表达的基因都进行测定,找出足够的 cDNA 和 ETS数据。

如果一段 9bp 长的序列来自所有被检测基因的同一位置,则这段序列可以区别 4^9(即262144)个基因。从 mRNA 逆转录来的 cDNA 数据,对于分离、定位和克隆基因而言起到关键性作用。EST 在这里表现出重要意义。

首先,它是基因表达的一部分。这段序列不仅可以显示某一基因在特异组织中是否表达,还可以作为基因活度的量度。

其次,它还可以表示细胞内 cDNA 的种类和数量,构成基因表达的图谱。EST 可以安置到物理图谱的特定区域,同 STS 一样可以作为物理图谱的标记,定位到基因组已测序的部分,成为转录图的基本骨架。

另外,它还可以应用于基因鉴定和在计算机辅助下对 Mbp 长的基因组序列作大范围的描述。这种图谱提供两方面的信息:第一,某一组织的细胞类型在不同的发育、分化阶段以及不同生理状态下所表达的 mRNA 的种类和数量;第二,某一基因在所有组织的细胞类型中,在不同的发育阶段及不同的生理状态下是否表达和表达的数量。

4. 遗传学图谱

遗传学图谱(genetic map),也称连锁图(1inkage map),是以已知性状的基因座位和多种分子标记的座位,经过计算连锁的遗传标记之间的重组频率,来确定它们之间相对距离,将编码该特征性状的基因定位于染色体的特定位置。

构建遗传学图谱是人类基因组研究的第一步。其原理是真核生物遗传过程中会发生减数分裂,此过程中染色体要进行重组和交换,重组和交换的概率会因染色体上任意两点间相对距离的远近而发生相应变化。

遗传学图谱上的连锁距离单位用厘摩(cM)表示,重组率 1% 即为 1cM,1cM 大约相当于 100 万个碱基的长度。人类基因组共约 3600cM。

仅仅使用已知定位的少数几个基因作遗传标记,是很难绘制成完整的连锁图谱的。人类基因组 DNA 中存在大量的"微卫星",它们长约 2～6bp,在染色体的某一位点上可重复几次至几十次,称为短串联重复(STR)。不同个体的 STR 重复次数不同,这称为短串联重复的多态性(STRP)。STR 的存在,为绘制遗传学图谱提供了大量可用的遗传标记。采用 PCR 技术,以 STR 两侧的基因作定点标记的完整连锁图。一次杂交可以分析多个 STR,并可对复杂表型(如衰老)的多基因作图。遗传学图谱是为染色体 DNA 打标记,这种标记越密越好,以后在 YAC 文库中,通过这些标记找到某一克隆在染色体 DNA 上的特定座位。

5. 物理图谱

物理图谱(physical map)是指明一些生物学界标在 DNA 上的位置,图距以物理长度为单位,即确定各遗传标记之间物理距离的图谱。染色体 DNA 太长,必须先切成一个个大小不同的片段,每个片段建立 YAC 克隆。每个 YAC 克隆利用易于测定的序列标记位点(sequencing tagged site,STS)来识别。STS 是一段 300～500bp 的已知序列,它们在染色体上有一定的位置。基因组中各种多态区域,如微卫星 DNA(短串联重复,STR)、Alu 序列以及各种长度的 polyA 片段等,都可以通过适当的 PCR 反应变成 STS 标记。构建的 YAC 克隆都含有某些已知的 STS,克隆之间还有部分重叠,即一个 STS 同时出现在两个以上的 YAC 克隆中,构成重叠群。通过杂交,将这些重叠的相邻的 YAC 克隆分别定位在染色体的不同区域。整个基因组被这些相邻的 YAC 克隆群所定位、排布。

用全部染色体 DNA 或分离开的 24 条染色体可以分别建立 YAC 库。除了构建 YAC 文库之外,还用 BAC(细菌人工染色体)、P1(噬菌体人工染色体)、粘粒(cosmid)等载体,建立人的 24 条染色体分开的 BAC,P1,YAC 的文库。

基于 STS 的物理图谱有如下优点:①一个 STS 在操作上是确定的,能通过一对寡核苷酸引物序列被 PCR 扩增。②可以通过相应的 STS 筛选基因库。③多态性的 STS 序列能作为遗传学图谱和物理图谱之间的相应点。④通过 STS 重叠，允许各种克隆建立重叠的邻接克隆群（con-tigs）。邻接克隆群的 YAC 文库为进一步的 DNA 测序以及这些序列数据拼接成更长的完整的 DNA 序列打下基础。

在制作物理图谱时可以重点发展脉冲电场凝胶电泳、YAC 克隆、BAC 克隆、PCR（多聚酶链反应）、荧光原位杂交、辐射杂种细胞分析等实验技术。

6. DNA 序列测定

遗传图谱和物理图谱完成之后，DNA 测序就成为一项极其重要的工作，因为它是彻底了解人类基因组的关键。自从人类基因组计划（human genome project，HGP）实施以来，DNA 测序技术从很大程度上得以改善，每年产生的序列数量在稳定而迅速增加。

DNA 测序原理是基于 Sanger 的思想，但全自动化测序技术已有很大改进。4 种荧光染料标记终止物 ddNTP 或引物，经 Sanger 测序反应后，产物末端带有不同荧光标记。一个 DNA 样品的 4 个测序反应物可以在一个泳道内电泳。当电泳按 DNA 长度分开后，用荧光检测器对分开的荧光谱带进行同步扫描，激发出的荧光经光栅分光后打到 CCD 摄像机上同步成像，就是不同碱基信息扫描出不同荧光颜色，传入电脑经软件分析处理后产生 DNA 测序结果。

基因组 DNA 测序的基本策略是随机法。全基因组随机测序又称为全基因组鸟枪战略（wholegenome shot-gun strategy），整个方法是先测序，然后作图。鸟枪法是在一定作图信息基础上，绕过大片段连续克隆系的构建而直接将人类基因组或其他生物基因组 DNA 用机械方法分解成小片段随机测序，用软件对测序的克隆片段进行序列集合。随着测定的总核苷酸数量增大，未测定到的"缺口"数会减小。用 PCR 等方法测序，可以把缺口内的 DNA 序列填补。鸟枪法适合于基因组较小，重复序列较少的病毒、细菌、果蝇等基因组的测序。

7. 人类基因组序列的多样性

不同人种、民族和群体的两套人类基因组之间都存在着许多位点和类型的多态性（polymor-phism），特别是对疾病与病原体的易感性和抗感染性是不同的。人类基因组中最普遍的多态性是单个核苷酸对的变异，即单核苷酸多态性（SNPs）。平均而言，两套基因组比较时，每 1kbp 会出现一个 SNP。人类群体及其基因组的多态性的类型、频度和分布，对人类遗传学是十分重要的。

SNPs 在基因组中非常丰富，稳定而且分布广泛，这使它们成为很多功能基因，特别是疾病的特异标记。如果制作一幅含有 10 万个 SNPs 标记的图谱（平均每 3 万个核苷酸中有一个 SNP），那么就有足够的信息量和密度在基因组水平上研究各种遗传病的类型、分布。

8. 基因的鉴定

基因组计划的目标不只是为了测定每一个核苷酸的序列，更重要的是从基因组获得信息，鉴定有功能的基因。鉴定功能基因可以有两种主要方法，即定位克隆和功能克隆。

（1）定位克隆

遗传学家为了弄清楚基因的具体功能通常会通过确定基因在人类遗传图谱上的位置来检定一个基因的特定，这个过程即为定位克隆。

定位克隆的战略始于对受到疾病折磨的一个或多个家族的研究，首先是定位，然后是克隆该基因。其具体方法如下：

①选择一个多态性致病基因座位,在这个座位上至少有两个等位基因,一个是致病的,一个是正常的。

②选定一个家系,用不同的微卫星 DNA(STR)标记进行分析。如果致病基因与某一 STR 重组率超过 50%,就表明它们之间不连锁,可将它从这一个 STR 标记附近排除;如果致病基因与某一 STR 重组率小于 50%,就表明致病基因位于该 STR 标记附近;如果发现致病基因与某一 STR 标记之间的重组率为 0,则表明这个致病基因非常接近该 STR 标记。这就是全基因组扫描的基本策略。

要注意:第一,选择的 STR 标记应尽量地多,以求得最邻近的 STR 标记,使候选区大大缩小。第二,得到适当的候选区之后,就要从构建的 YAC 邻接克隆群中拿到所要的 YAC 克隆,这可以借助于 YAC 文库的数据库查寻。

定位克隆的一条重要途径就是从候选区筛选编码序列,最为简单、快捷的方法就是用 cDNA 文库筛选。具体做法如下:

①将 cDNA 文库的 PCR 产物作为探针,与已固定到尼龙膜上的基因组或 YAC 克隆 DNA 杂交。

②对能杂交结合的 cDNA 进行序列分析。

③将待测片段进行染色体定位。

④再到 DNA 序列数据库中寻查,看看是否存在与它同源的序列。

通过多态性分析,即可完成基因鉴定。

(2)功能克隆

功能克隆是从蛋白质功能着手的策略。血红蛋白功能异常是珠蛋白氨基酸残基改变所引起的。按珠蛋白的氨基酸序列设计核苷酸片段,以它作为探针筛选有核红细胞的 cDNA 文库,得到了 β 珠蛋白基因的 cDNA。比较正常人和患者的 cDNA 就可以确定突变类型。就是这样从功能克隆着手确认了镰刀细胞贫血症的致病基因。

3.3.2 功能基因组学

随着基因组计划的实施和进展,GenBank 中积累了大量的 DNA 序列数据,除了人类基因组之外,许多模式生物的数据也大量积累。在结构进入到一定程度时,基因组学的研究也就进入了后基因组时代(post-genome era)。在后基因组时代,研究的重点从结构基因组学向功能基因组学转移,即基因的功能就成为基因组研究的重要课题。

1. 功能基因组学的概念

目前,基因组学的研究已经从测序和建立图谱的方向转向对基因功能的研究。

功能基因组学(functional genomics)是利用结构基因组学提供的信息全面系统地分析全部基因的功能。它具有高通量、大规模实验方法、统计与计算分析的特征,以采用系统化的途径及数据采集方法阐明复杂的生物学现象作为长远的研究目标。

对特定一段 DNA 功能的了解可以从间接和直接两方面来进行。

(1)间接方法

最简单的间接方法是利用数据库对特定 DNA 进行同源性分析。从 GenBank 中已知基因序列,进行同源性分析,可以获得该 DNA 片段功能的初步预测。

（2）直接方法

直接的方面主要是指通过实验获得功能方面的信息。基因功能可以是生物学功能、细胞内功能、发育阶段的功能等。直接研究基因功能的方法可以有：

①研究基因的时空表达模式，确定其在细胞学或发育上的功能，例如在不同细胞类型、不同发育阶段、不同环境和生理条件下，该基因 mRNA 和/或蛋白质表达的差异。

②研究基因在亚细胞内的定位和蛋白质的翻译后调控。

③用基因敲除（knock-out）技术进行功能丧失分析，了解该基因功能与表型的关系。

④研究并比较自发或诱发变突体与其野生型植株在特定环境下基因表达的差异，从而获取基因功能的可能信息。

2. 基因功能的研究方法

可以从基因水平和蛋白质水平两个方面来进行基因功能的研究。基因水平主要指基因表达的模式；蛋白质水平是指基因产物的功能分析。

基因表达是比较不同组织和不同发育阶段，正常状态和疾病状态，以及体外培养的细胞中基因表达模式的差异。传统的 RT-PCR、RNase 保护实验、RNA 印迹杂交等方法也能做到这一点。但这些方法具有普遍的不足，即一次只能研究一个或几个基因。高通量的基因表达分析还需要借助于微阵列技术（microarray）和基因表达系列分析（serial analysis of gene expression，SAGE）等方法。

（1）DNA 微阵列技术

DNA 微阵列技术是指将几百甚至几万个寡核苷酸或 DNA 片段密集地排列在硅片、玻璃片、聚丙烯或尼龙膜等等固相支持物上作为探针，把要研究的样品（称为靶 DNA）标记后与微阵列进行杂交，用激光共聚焦显微镜或其他手段对芯片进行扫描，根据杂交信号强弱及探针的位置和序列确定靶 DNA 的表达情况以及突变和多态性的存在。

该技术的突出特点在于高度并行性、多样性、微型性和自动化等，可用于测序、转录情况分析、不同基因型细胞的表型分析以及基因诊断、药物设计等领域。目前被广泛应用于基因表达差异的研究、基因药物的筛选、临床诊断及预后检测、环境生物学检测等。

微阵列包括 DNA 芯片（DNA chip）、cDNA 微阵列等。cDNA 微阵列具有很高的灵敏度，通过使用几种不同颜色的荧光染料标记探针，在同一张膜上一次杂交实验就可以分析不同细胞或不同生理条件下基因表达的差异。但是由于它的成本太高，并且在技术和设备上还存在一定的难度，因此在推广上有一些困难，应用还不够广泛。

（2）基因表达系列分析

SAGE 是由 Victor Velculescu 等人开发的一种用于分析特定细胞中基因表达强度的新策略，它是同时、定量分析大量转录本的一种方法。它的主要理论依据是，来自 eDNA $3'$ 端一段 $9\sim11$bp 的短序列包含了能代表该转录本的足够信息，能区分基因组中 95% 的基因。这一段特定序列称为 SAGE 标签（SAGE tag）。根据 GenBank 数据库有某一物种 DNA 序列足够的资料，通过对 eDNA 制备 SAGE 标签，将这些标签串联起来。

SAGE 为人们研究在特定组织中有哪些基因表达以及它们表达的程度提供了一种方法。

（3）同源性分析（homology searching）

同源性检测可以用 DNA 序列进行，也可以用氨基酸序列进行。在氨基酸序列上得到假阳性的可能性会减少。因为不同蛋白质的氨基酸序列之间与无关基因的氨基酸序列表现出更大的差异。BLAST 是用于同源性分析的常用软件。

对与其他已知数据比较后得到的阳性匹配，可能对所要检索的新基因有一定的功能提示。结构上的同源性反映功能上的相似性。有时检索的序列中只有一小段表现出同源性。这表明，虽然基因无关，但其蛋白质有某些相似的功能，或者其中部分结构域行使相似的功能。因此，通过同源性分析，可以在基因或蛋白质中寻找到部分已知功能的结构域。

在基因水平上研究基因功能还有反义核酸技术、基因敲除和基因嵌入技术、反向遗传学，等等。

（4）反义核酸技术

反义核酸技术是人工合成相对于编码链（即正义链）的一段互补序列，通过重组载体导入细胞内，与正义的编码链结合后可以阻止基因的转录和翻译。反义链的一般长度为 15～20nt，研究证明 8nt 即可特异性地抑制基因的作用。反义链的设计一般针对基因的 3′端非翻译区（UTR）。

（5）基因敲除和基因嵌入

这两种技术是识别基因功能的最为最有效的方法。它们所产生的生物模型可以观察基因表达被阻断或开始表达后，细胞和机体的直接表型变化。这些技术是很有价值的研究工具，直接导致了转基因动物（transfer animal）的诞生。转基因动物是把外源基因稳定地整合到该基因组的动物，可以在整体水平上，从分子到个体多层次，并且有时间因素的多方位地研究有关基因的结构与功能。

（6）反向遗传学

反向遗传学（reverse genetics）是在已知序列的基础上研究生物学功能，如用突变的基因取代野生型基因，导致功能丧失，以进行反向的研究。反向遗传学是相对于传统的或正向的遗传学研究规律而言的。实际上，前面提到的基因敲除和基因嵌入技术也利用了反向遗传学的思维。

3.3.3　人类基因组学

人类基因组计划是人类有史以来最大的有关自身的研究计划，被誉为可以与"曼哈顿原子弹计划"、"阿波罗登月计划"相媲美的一项伟大的系统工程。

它是人类第一次系统、全面地解读和研究人类遗传物质 DNA 的全球性合作计划，其所产生的结果已经改变了生命科学研究的格局和方式，生命组学成为一种基本组织方式，使得部分地区的科学研究也日益成为政府行为。

1. 基因组计划

人类基因组计划研究在 1985 年由美国科学家首次提出，并在 1990 年正式启动。它的形成有历史的偶然性，但更多的是科学技术积累的必然性使然。

人们通常会引用一系列的遗传标记来描述基因染色体上的关系，最常用的是多态性标记，包括 SNP、RFLP 还有标签序列，包括 STS 和 EST。分别从克隆和性状标记连锁分析出发，就可以构建基因组序列的物理图和连锁图，如图 3-19 所示。

建立基因组文库使基因组具备技术可分析性是基因组计划工作的一个重要部分。在人类基因组计划初期，没有十分发达的测序和计算方法，因此，选择使用构建阶梯文库的方法形成不同

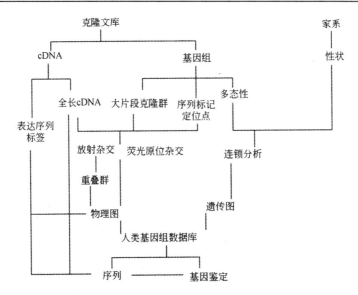

图 3-19　人类基因组计划工作流程示意图

级别的文库,最后将测序结果在上面组装。在这个骨架系统的基础上,随着测序设备的进步,文库插入序列变短、规模变大,可通过大量重复测序和拼接来获得基因组序列。商业化的人全基因组测序也会随着技术的发展而将变得可行,甚至成为常规。宏基因组学甚至可以考虑对一定环境所有生物基因组混合物进行高通量测序来评估其一定特性,从科学进步的意义方面讲,一个基因组测序分析工作与人类基因组的初步结果之间是缺乏可比性的。

在人类基因组计划初步确定基因组序列时,具备实验数据支持的基因大约 11000 个,加上依据信息学方法预测的基因,预期人类的基因可能为 3 万个左右。虽然说,由于对基因的不同定义,使得这个预期的基因数量在不同的地方会有所差别。但是,总体而言,基因组计划确定和预测的基因数量远较先前预测的 6 万～10 万个少。

有两种可以识别基因的方法:第一种为确定基因组序列与表达序列的对应;第二种为看 CpG 岛的对应性,因为 CpG 岛往往作为启动子的一部分附加在基因上游。当然作为后发性的其他基因组研究,对照已有结果的同源比较是最常用的方法。尽管目前人类基因组依然需要进一步描述和鉴定性工作,但毫无疑问的是人类基因组研究已经进入了功能鉴定的阶段。

人类基因组计划产生了更多的遗传标记、方便的检测手段,把它们用到流行病学研究中几乎成为一种必然的选择。但是科学严肃地看,目前基于人类基因组成果的分子人类学研究更加有可能为人类起源和演化提出科学的解释。审慎地用于验证历史传奇和遗失的故事也有潜在的可能。

人类基因组计划的成果:

①直接成果。包括提高了司法鉴定的水平,并使全球的数据库具有空前的通用性。根据这一形势可以作出预测,在不久的将来把基因组身份作为个体最后或唯一身份是可行的。现在 STR 组型或 SNP 组型分析都可以提供满足司法要求的鉴定结果;而结合一些表观遗传学检测,区分同卵双生也可以满足司法实践的要求。

②预期的最大成果。希望能够对生物医药产业起突破性推动作用,对个体则提高治疗水平——个性化治疗。要达成该目的:首先,需要阐明人类基因,而不仅仅是人类基因序列。分子流行病学在人类基因完全阐明前可以在基因和性状之间建立一种联系,提供一个好处或风险的

判断。分子流行病学之所以成为一大热门领域与此有着密切关系。另外,可能需要一系列验证流行病学结论的实践。基因健康检测可以看做分子流行病学应用的范例,其结论可能并不比吸烟与健康的关系的可靠性差。

而从另一个角度来看,基因组的阐明和相关应用技术的发展同时也带来了其他方面的问题,例如,是否可能会有基因歧视的问题? 这一问题已经涉及基本人权层面,强大的基因检测可能需要完善的法律保护。

2. 模式生物基因组

模式生物的基因组结构较为简单,通过对不同模式生物体的基因组信息进行比较,可以帮助人们加深对于人类基因组结构和功能的的了解。

20 世纪 80 年代,几个源于细胞器、病毒和噬菌体的基因组测序完成。后来测序技术和分析技术得到了很大的改善,大量的基因组被确定,到 2011 年 4 月底,约有 7250 个基因组测序完成或部分完成。人类基因组是这些基因中最为主要的成果。一些与人类有关的疾病病原基因组、疾病模式生物基因组、经济生物基因组和在进化树上有重要意义的生物基因组也是优先研究的内容。人们对于生命的统一性和多样性的认识随着基因组研究结果的出现而不断得以检验或完善。

在报道的基因组中,病毒、细胞器、质粒和噬菌体等简单基因组有接近 7000 个,细菌 100 多个。这些基因组较小,容易操作,或因为疾病暴发有紧急的诊断鉴定需求,所以是一个快速增加的基因组。例如,2003 年 5 月古细菌基因组有 16 个,而这个数值在 2011 年 4 月底达到 107 个。SARS 和新布尼亚病毒基因在短时间内的鉴定至少在诊断和流行病学评估方面再一次展现了基因组研究的价值。科学家还对大肠杆菌进行了充分的研究分析,1997 年完成的大肠杆菌基因组测序被认为是一个重大的进展。事实上在其基因组内鉴定的 4288 个基因有近一半没有任何功能研究。酵母是应用最广泛的微生物,但首先鉴定的裂殖酵母的 6340 个基因约 60% 没有任何功能研究报道。这一切都说明了一个事实,那就是,基因组的研究仅仅是一个开始。研究这些生物的基因组有两个基本目的:一是作为一个简单的模型来阐明一些保守的生命机理;二是通过明确基因与人类疾病的关系来制定防治策略。

由于有一些性状在简单的生物中是无法找到类似分子机理和结构要素的,因此需要对更高等的模型生物进行研究以阐明人类关心的问题。基于此,人们陆陆续续的完成了对线虫、果蝇、斑马鱼、非洲爪蟾、鸡、小鼠、大鼠、狗和猴这些传统生物学研究的模式生物的基因组测序。

总体看来,原核生物的世界比我们所认识的更加的丰富、更加的多样,如两种酵母基因数量差异就有约 1/3(近 2000 个);而高等生物的差异则要小得多,如人与小鼠的基因差异在百分之几以内。比较基因组学可能可以提供生物变迁的路线,并且指导寻找可靠的生物模型。

3. 人类核基因组概论

通常所说的人类基因组是指人类的核基因组。事实上,人类还有一个线粒体基因组,含有 37 个基因。线粒体有自己特别的核糖体,甚至有特别的遗传密码。不过线粒体的绝大部分蛋白质也是人类核基因组编码的,其不可以独立存在。

在人类体细胞内存在 46 条染色体,除 X、Y 外,其他的都是成对出现的,所以人类有 24 种 DNA 分子,这是人类基因组长度来源的计算的起点。人类核基因组的 24 种双链 DNA 分子长度为 3200Mb,编码约 30000 个基因。通过比较基因组研究发现,任何小鼠中有不到 5% 的基因组高度保守,其组成为约 1.5% 的编码序列和相关序列。编码序列中 90% 编码 mRNA,10% 编码其他 RNA。编码序列通常可以归到一定序列家族,这些家族可能是进化中基因复制造成的。复制也是一些非功能序列(如假基因和基因片段)产生的机制。编码序列以外的基因组序列主要由重复序列组成,其中最为常见的就是反转座序列。

人类基因组测序并不是对所有 DNA 测序,而是对 3000Mb 的常染色质测序,加上约 200Mb 的结构性异染色质,基因组长度是 3200Mb。整个基因组的 GC 含量约 41%,以 200kb 为基本单位,不同染色体或不同区间的变化为 33%~59%。GC 含量与染色体常用的染色物 Giemsa 着色相关,98% 的克隆在 GC 含量低(37%)的最深的 G 带;较浅区带中,80% 的克隆 GC 含量较高(45%)。有一些核苷酸组合比较少见,如人类基因组中 CpG,CpG 组合往往富集于调控转录的区域,成为识别和研究基因的重要标记序列。通常所说的 30000 个基因数量的主要依据就是 CpC 岛,在数百 bp 长的序列中富含 GC 碱基(>50%)及 CpG 组合,一般见于基因 5′ 区域。

人类基因组大约有 3000 个 RNA 基因,其中 1200 个基因编码 rRNA 和 tRNA,并且其通常成簇排列。rRNA 有 700~800 个,具体的数值因为串联的出现而难以确定。其除了线粒体 26S 和 23S rRNA 外,还有组成细胞质核糖体的 4 个 rRNA(5S、5.8S、18S 和 28S rRNA)。5S rDNA 为位于 lq41-42 的串联重复基因,有 200~300 拷贝。其他 3 种 rDNA 为 3 基因串联重复的单一转录本,位于 D、G 组染色体的短臂,每处有 30~40 个串联重复。rDNA 的串联重复反映出细胞对该基因产物需求量较大。tRNA 基因也是丰度较高的基因,在人类基因组中鉴定的 tDNA 约有 500 个。大部分 tDNA 散在基因组中,也有成簇分布的 tDNA。

除了 rDNA 和 tDNA 外,基因组中有近 100 个核小 RNA(snRNA)和 100 多个核仁小 RNA(snoRNA)基因。snRNA 参与 RNA 转录后过程,基因在 1 号和 17 号染色体上有成簇排列的现象。snoRNA 的主要作用是参与 rRNA 转录后过程,其通常散在分布。

miRNA 是基因组编码的一种最终产物为 22~25bp 的双链小 RNA,最初的产物可能为数百碱基,可以形成局部双链,由 Dicer 加工成熟。其调节基因转录后工程,代表一种新的广泛调节方式。目前,在描述一个基因的背景时,指出其可能的 miRNA 调节已经成为常规。保守估计人类 miRNA 约 1000 个。

中、大分子质量 RNA 为调节 RNA 的另外一个组成部分。研究得比较多的包括 7SK RNA 调节 RNA 聚合酶 Ⅱ 的延长、SRA1 调节固醇受体活性、XIST 和 TSIX 调节 x 染色体活性。该类基因具体的基因规模现在还没有定论,有研究提示在 22 号染色体上可能有 16 个该类基因。

第4章 DNA 的复制

4.1 DNA 复制的一般特征

DNA 复制发生在原核细胞的细胞质、真核细胞的细胞核、线粒体或叶绿体的基质中。所有的复制系统都存在一些共同的特征。

4.1.1 半保留复制

根据 DNA 双螺旋结构模型理论,碱基互补配对原则在 DNA 复制的过程中发挥着极其重要的指导作用。DNA 在复制过程中,首先两条亲本链之间的氢键断裂,双链分开,然后各自为模板,按碱基互补配对原则选择脱氧核糖核苷三磷酸,并在 DNA 聚合酶催化作用下合成新的互补子链(daughter strand)。复制结束后,形成两个与原来完全一样的新的 DNA 分子。由于每个子代 DNA 的一条链来自亲代 DNA,另一条链则是新合成的,这种复制方式称为半保留复制(semi-conservative replication)(图 4-1)。

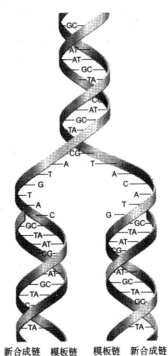

新合成链　模板链　模板链　新合成链

图 4-1 DNA 的半保留复制

DNA 在活体内的半保留复制性质已经被大量的科学实验所证实。这一机制说明了 DNA 在代谢上的稳定性。

1958 年,M. Meselson 和 F. W. Stahl 设计了一个被众多生物学家所赞赏的实验,证明了

$E.coli$染色体复制使用的是半保留方式。它利用了^{15}N的掺入会导致 DNA 分子密度显著增加，从而通过密度梯度离心可以将亲本链和子代链区分开来。该实验的基本流程如图 4-2 所示：首先，用含有$^{15}NH_4Cl$的培养基培养大肠杆菌，使亲代的 DNA 双链都标记上^{15}N，提取样品的 DNA进行 CsCl 密度梯度离心，只在离心管底部形成一条带位；然后，将生长在$^{15}NH_4Cl$培养基的大肠杆菌转移到含有唯一氮源，但密度较低的^{14}N($^{14}NH_4Cl$)培养基中培养一代，使新合成的链中所含的 N 原子皆为^{14}N。采用密度梯度离心的方法对提取样品中的 DNA 进行分析。若是半保留复制，应只出现一种中等密度的带，由^{15}N标记的亲本链和^{14}N标记的子链互补而成。实验结果显示，离心管中只出现一条带，位于中部，表明实验结果与半保留复制模型完全吻合。若将$E.coli$再放入^{14}N培养基中培养一代，按半保留复制模型应有两种双螺旋 DNA，一种为$^{14}N/^{14}N$双螺旋 DNA，另一种为$^{14}N/^{15}N$双螺旋 DNA。密度梯度离心得到两个 DNA 条带，比例相等，一条位于上部(低密度带)，一条位于中部(中密度带)，符合半保留复制。当$E.coli$在^{14}N培养基上生长 3 代，离心以后，轻链 DNA 和杂种 DNA 的比例是 3：1。

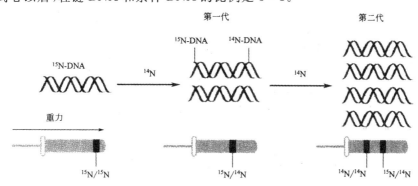

图 4-2　Meselson 和 Stahl DNA 复制实验

4.1.2　复制子与复制起点

复制子(replicon)是指作为一个单位进行自主复制的一段 DNA 序列。复制子含有控制复制起始的特定位点，即复制起始点，复制通常是从这里开始的，以及控制复制终止的终止点。DNA 复制时，双螺旋的两条链在复制起点处解开，形成两条模板链。一旦复制开始，就会在DNA 分子上形成两个复制叉(replication fork)。复制叉是 DNA 分子上正在进行 DNA 合成的区域，呈分叉状的"Y"型结构。在复制叉处 DNA 聚合酶以两条相互分离的亲本链为模板合成两条新的子链。复制叉沿着 DNA 分子向两个相反的方向移动，绝大多数生物体内的 DNA 复制都是以双向等速的方式进行的。

原核生物的染色体只有一个复制子。很多噬菌体和病毒的 DNA 分子都是环状的，它们作为单个复制子完成复制。大肠杆菌的环状双链 DNA 分子复制到一半时的形状看起来像希腊字母"θ"，因此又称 θ 型复制(图 4-3)。少数 DNA 分子进行的是单向复制，只有一个复制叉。

真核生物染色体的复制可以从多个位点开始，有多个复制起始点，因此是多复制子。一个典型的哺乳动物细胞有 50000～500000 个复制子，复制子的长度为 40～200 kb。正在复制的真核生物基因组 DNA 分子上会形成许多复制泡。随着复制叉沿着 DNA 分子向两个方向移动，复制泡不断变大，最终，两个相邻复制泡的复制叉会相遇、融合，完成 DNA 的复制(图 4-4)。真核生物的复制子不是同时、同步起作用的，也就是说，在一定的时间内，只有一部分复制子(大约不超过 15%)在进行复制过程。

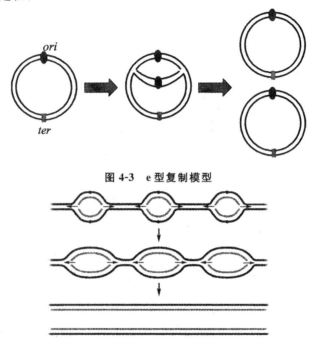

图 4-3　e 型复制模型

图 4-4　真核生物 DNA 的多个复制叉结构

4.1.3　DNA 合成的引发

与 DNA 转录和翻译不同的是,DNA 复制不能从头合成,目前已知的 DNA 聚合酶都只能在先合成好的引物(primer)的 $3'$-羟基上进行 DNA 链的延伸。

那么,如何开始一个新的 DNA 链的合成呢? 研究发现,DNA 复制时还需要另外一种酶来合成一段 RNA 作为合成 DNA 的引物。在细菌中,引物合成依靠引物酶(primase)(图 4-5),这是一种与转录酶不相关的 RNA 聚合酶,不需要用特异 DNA 序列来起始 RNA 引物的合成。每个引物长约 5 个核苷酸,一旦引物合成完毕就由 DNA 聚合酶取代引物酶继续链的合成。

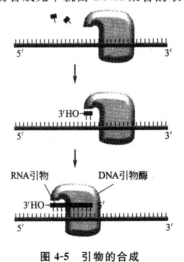

图 4-5　引物的合成

4.1.4　半不连续复制

在复制叉处,两条亲本链均作为模板指导新生链的合成。DNA 分子的两条链是反向平行的,而 DNA 复制时无论以哪条链作模板,新链的合成方向始终是 $5'{\rightarrow}3'$,所以在一个复制叉内进行的 DNA 复制很可能是以半不连续的方式展开的。也就是说,只有一条新生链能够沿着复制叉运动的方向连续复制,此新生链称为前导链(leading strand)。另一条新生链由于延伸的方向与复制叉前进的方向相反,必须分段合成(图 4-6),然后再连接成为一条连续的链。不连续合成的链称为后随链(lagging strand)或滞后链。

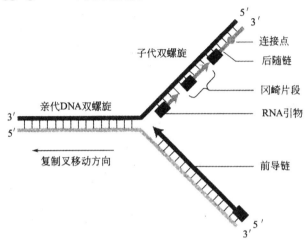

图 4-6　DNA 分子的半不连续复制

不连续合成的 DNA 片段于 1969 年首先在大肠杆菌中分离出来,被称为冈崎片段(Okazaki fragment)。在细菌中,冈崎片段长约 1000～2000 个核苷酸;在真核生物中,相应片段的长度可能短得多,由 100～400 个核苷酸组成。这些冈崎片段以后由 DNA 连接酶连成完整的 DNA 链,因此冈崎片段是 DNA 复制中短暂出现的中间产物。

前导链的连续复制和后随链的不连续复制的现象在生物界普遍存在,称为 DNA 合成的半不连续复制。

4.1.5　滚环复制与 D 环复制

1. 滚环复制

环状 DNA 分子除了能够进行"θ"型复制外,还能进行滚环复制(rolling-circle replication)。滚环复制是很多病毒、细菌因子以及真核生物中基因放大的基础。

如图 4-7(a)所示,在进行滚环复制时,首先在双链环状 DNA 分子一条链的特定位点上产生一个切口,切口的 $3'$-OH 末端围绕着另一条环状模板被 DNA 聚合酶延伸。随着新生链的延伸,旧链不断地被置换出来,因此整个结构看起来像一个滚环。新生链延伸一周后,被置换的链达到一个复制子的长度,连续延伸则可以产生多个复制子组成的连环体(concatemer)。被置换出的单链也可以作为模板合成互补链形成双链体。

某些噬菌体(如 ΦX14 和 M13)DNA 和一些小的质粒(如枯草杆菌中的 pIM13 质粒) DNA

在宿主细胞内就是以滚环的方式进行复制的[图 4-7(b)]。

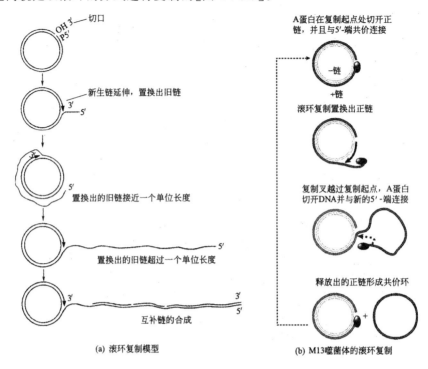

(a) 滚环复制模型   (b) M13噬菌体的滚环复制

图 4-7　滚环复制

(1)M13 噬菌体的滚环复制

M13 噬菌体的基因组 DNA 为一种单链环状 DNA,又称正链 DNA。当进入大肠杆菌细胞后,宿主细胞的 RNA 聚合酶识别基因组 DNA 上的一个发卡结构,并转录出一段 RNA 分子,从而破坏了发卡结构,转录亦告终止。然后,DNA 聚合酶Ⅲ以转录出的 RNA 作为引物合成互补链(负链),最终形成双链环状 DNA 分子,这是单链基因组 DNA 在细胞内复制过程中产生的一种中间体,又称复制型(replicative form,RF)DNA 分子。随后,RF 型分子进行 θ 型复制产生更多的 RF 型 DNA 分子。

当细胞内的 RF 型 DNA 分子积累到一定的数目,便开始进行滚环复制。首先由噬菌体基因组编码的 A 蛋白(protein A)在双链 DNA 特定位点上切开(＋)链 DNA,产生一个游离的 3′-OH 和一个与 A 蛋白上一个特定的酪氨酸残基共价连接的 5′-磷酸基团,这一位点又称为复制起点[图 3-7(b)]。接着宿主细胞的 DNA 聚合酶Ⅲ以(－)链作为模板延伸 3′-末端合成新的(＋)链,同时原来的(＋)链被不断地置换出来,直到复制叉重新抵达复制起点,于是一条完整的(＋)链被合成出来。此时,A 蛋白再次识别起始位点,并切割(＋)链,释放出一个完整的 M13 基因组 DNA,而 A 蛋白又与滚环的 5′-磷酸基团共价连接,开始下一轮循环。

(2)λ 噬菌体 DNA 的滚环复制

λ 噬菌体 DNA 经过滚环复制产生的是由多个基因组拷贝串联形成的连环体。存在于 λ 噬菌体头部结构中的 DNA 是一种双链、线性 DNA,但是在分子的两端各有一段由 12 个核苷酸组成的单链序列,称为 cos 位点。这两个单链 DNA 片段是互补的,当 λDNA 进入大肠杆菌细胞后,两个单链末端互补配对,于是线性 DNA 闭合成环[图 4-8(a)]。闭合环状 DNA 分子首先进行的是 θ 型复制,到了感染的后期,λDNA 开始进行滚环复制。λDNA 滚环复制的起始与 M13

噬菌体类似,环状 DNA 分子的一条链被切断,自由的 $3'$-末端作为引物起始合成一条新链,随着新链的延伸原来的旧链被置换出来[图 4-8(b)]。

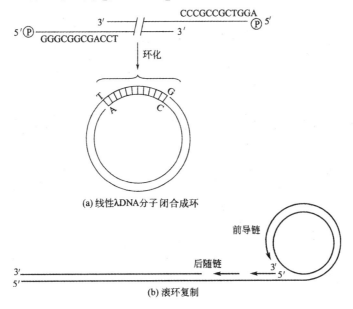

(a) 线性λDNA分子闭合成环

前导链

后随链

(b) 滚环复制

图 4-8　λDNA 的滚环复制

与 M13 噬菌体不同的是,被置换出的旧链作为模板合成一条互补链,形成双链 DNA。另外,当复制叉沿着环状模板滚动一周时,被置换出的一个基因组长度的旧链并不从滚环结构上释放出来,而是随着复制叉的连续滚动,形成一个由多个拷贝的线性基因组 DNA 前后串联在一起的连环体,相邻的基因组 DNA 由 cos 位点隔开。cos 位点是一种限制性内切酶的识别序列,该内切酶是 λDNA 分子中基因 A 的表达产物,能够在 cos 位点处交错切开双链 DNA 分子,形成单链的黏性末端,并与其他一些蛋白质一起,将每个 λ 基因组包裹进噬菌体的头部。

滚环复制也存在于真核生物细胞,例如,某些两栖类卵母细胞内的 rDNA 和哺乳动物细胞内的二氢叶酸还原酶基因,在特定的情况下通过滚环复制,在较短的时间内迅速增加目标基因的拷贝数。

2. D 环复制

叶绿体和线粒体 DNA 具有双链环状 DNA,它们采用的是 D 环复制。DNA 两条链的密度并不相同,一条链因富含 G 而具有较高的密度,所以被称为重链(heavy strand,H strand),另一条链因富含 C 而具有较低的密度,因而被称为轻链(light strand,L strand)。每一个 DNA 分子有两个相距很远的复制起始区 O_H 和 O_L。O_H 用于 H 链的合成,O_L 用于 L 链的合成。两条链的合成都需要先合成 RNA 引物,但都是连续合成的。

O_H 首先被启动,先合成 H 链。新合成的 H 链一边延伸,一边取代原来的 H 链。被取代的 H 链以单链环的形式游离出来,形成取代环(displacement-loop),即 D 环。当 H 链合成到约 2/3 时,O_L 暴露出来,由此启动 L 链的合成。在 L 链的合成尚未完成时,两个子代 DNA 分子即发生分离,随后完成 L 链的合成(图 4-9)。前后两条链的合成方向相反,由于两者合成的起始时间是不同的,所以复制是非对称的。

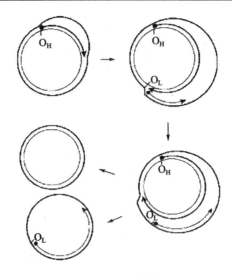

图 4-9　D 环复制

线粒体 DNA 的 D 型结构在不同的生物中表现出差异,海胆 DNA 具有一个长的 D 环,有的生物有几个短的 D 环,四膜虫线粒体 DNA 有多达 6 个 D 环。

4.2　原核生物的 DNA 复制

DNA 复制过程极其复杂,涉及多种生物分子。除需亲代 DNA 分子为模板外,还需要四种脱氧核苷三磷酸(dNTP)为底物,以及提供 3'-OH 末端的引物。不仅如此,它还需要许多相关酶和蛋白因子的参与。

4.2.1　有关 DNA 复制的酶

DNA 的精确复制需要在一套复杂的酶系统作用下才能完成。这些酶主要包括 DNA 聚合酶(DNA polymerase)、连接酶(ligase)、解旋酶(helicase)、拓扑异构酶(topoisomerase)等。

1. DNA 聚合酶

DNA 聚合酶是指以脱氧核苷三磷酸为底物催化合成 DNA 的一类酶。DNA 聚合酶催化合成反应的机制是在生长的 DNA 链(或引物链)末端的 3'-OH 对新加入的脱氧核苷三磷酸 α-位的磷酸进攻,形成 3',5'-磷酸二酯键,并释放一个焦磷酸。每释放一个焦磷酸,即形成一个磷酸二酯键,就延长一个核苷酸单位的 DNA 链。DNA 的延长方向是 5'→3'(图 4-10)。

1956 年,Arthur Kornberg 首次在大肠杆菌中发现了 DNA 聚合酶 I。之后又陆续发现了其他的 DNA 聚合酶。其中与 DNA 复制有关的聚合酶,分别为 DNA 聚合酶 I、DNA 聚合酶 II 和 DNA 聚合酶 III。DNA 聚合酶 IV、V 发现于 1999 年,涉及 DNA 的 SOS 修复。它们具有不同的亚基组成,并且执行不同的功能。

DNA 聚合酶 I 是一条分子质量为 103 kDa,含 928 个氨基酸的多肽链,它在体外合成 DNA 的速度很慢,达不到体内 DNA 快速复制的要求。DNA 聚合酶 I 并不是大肠杆菌 DNA 复制中主要的 DNA 合成酶,它的主要作用是切除 RNA 引物、填补空缺和 DNA 损伤的修复。

DNA 聚合酶 II 是一条分子质量为 120kDa 的单亚基酶,该酶的活性仅有聚合酶 I 的 5%。

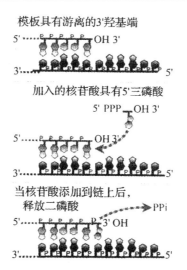

模板具有游离的3'羟基端

加入的核苷酸具有5'三磷酸

当核苷酸添加到链上后，
释放二磷酸

图 4-10　核酸合成 5′→3′方向进行(卢因，2009)

DNA 聚合酶Ⅱ在目前看来主要是参与 DNA 的损伤修复。

DNA 聚合酶Ⅲ被证明才是活体内真正控制 DNA 合成的复制酶(replicase)，该酶结构较复杂，至少是由 10 种不同的亚基组成，其全酶(holoenzyme)的分子质量达 167.5kDa，聚合反应时需要 ATP 存在，反应具有很高的速度。DNA 聚合酶Ⅲ是 DNA 复制必需的酶。

DNA 聚合酶Ⅳ和Ⅴ当 DNA 受到严重损伤时被诱导产生，不过由于缺乏准确性，所以突变率常常较高。

DNA 聚合酶Ⅰ、Ⅱ、Ⅲ这 3 种酶在 DNA 复制中都有一些共同的特性：第一，都只有 5′→3′聚合酶的功能，而没有 3′→5′聚合酶功能，说明 DNA 链的延伸只能从 5′→3′端进行。第二，都没有直接起始合成 DNA 的能力，只有在引物存在下才能进行链的延伸，因此 DNA 的合成必须有引物引导。第三，都有核酸外切酶的功能，可对合成过程中发生的错误进行校正，保证 DNA 复制的高度准确性。

2. 连接酶

在细胞内存在一种酶，它能在 DNA 复制过程中催化链的两个末端之间形成共价连接，这个酶就是 DNA 连接酶。

DNA 连接酶能在 ATP 或 NAD 作为能源的基础上，催化双链 DNA 切口处的 5′-磷酸基和 3′-羟基生成磷酸二酯键，从而连接两条链。不过，DNA 连接酶不能连接两分子单链的 DNA，只能作用于双链 DNA 分子中一条链上缺口的两个相邻末端。

连接反应消耗高能化合物，原核生物消耗 NAD$^+$。DNA 连接酶的催化机制如图 4-11 所示。

3. 解旋酶

大多数 DNA 以双螺旋的形式存在于生物体内外。如果要进行复制、修复、重组等，DNA 两条互补链涉及部分必须分开形成单链 DNA 中间体，即解旋。催化解链的过程就是由 DNA 解旋酶进行的。

解螺旋酶是一个至少有两个 DNA 结合位点的寡聚体，它具有 ATP 酶的活性，可以利用 ATP 水解获得的能量打断互补碱基配对的氢键，以大约 500～1000bp/s 的速率沿 DNA 链解旋

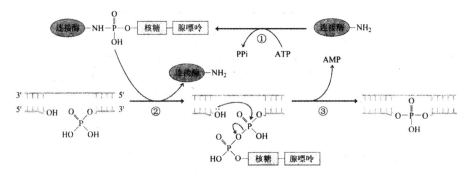

图 4-11 DNA 连接酶的催化机制

①DNA 连接酶与 NAD^+ 或 ATP 反应，形成 DNA 连接酶-AMP，其中 AMP 的磷酸基
与活性中心赖氨酸的 ε-氨基结合；②DNA 连接酶-AMP 将 AMP 转移给切口处的 $5'$-磷酸基，
形成 AMP-DNA，将切口处的 $5'$-磷酸基活化；③切口处的 $3'$-羟基对活化的 $5'$-磷酸基
进行亲核攻击，形成 $3'$,$5'$-磷酸二酯键，同时释放 AMP

DNA 双螺旋。目前在大肠杆菌中至少已经鉴定出四种解旋酶：解旋酶 rep、Ⅱ、Ⅲ 和 DnaB。其中参与 DNA 复制的为解旋酶 DnaB。

4. 拓扑异构酶

复制过程中，DNA 双螺旋的解旋使复制叉前面获得巨大的张力而产生正超螺旋，如果不释放这种张力，复制将无法继续进行。DNA 拓扑异构酶则能够帮助消除这一张力。

DNA 拓扑异构酶含 2 个亚基，可以将 DNA 双链切开一个口子，使一条链旋转一周，然后再将其共价连接，从而消除其张力。

大肠杆菌中有两类拓扑异构酶，即 Ⅰ 型拓扑异构酶和 Ⅱ 型拓扑异构酶。其中，DNA 拓扑异构酶 Ⅰ，只对双链 DNA 中的一条链进行切割，产生切口（nick），每次切割只能去除一个超螺旋，此过程不需要能量；DNA 拓扑异构酶 Ⅱ，可以对 DNA 双链的二条链同时进行切割，每次切割可以去除二个超螺旋，需要 ATP 提供能量。

4.2.2 原核生物 DNA 复制的过程

原核生物双链 DNA 的复制是一个复杂的过程，它包括起始、延伸、终止 3 个阶段。

1. DNA 复制的起始

复制的起始是较为复杂的一个部分，在这个阶段，DNA 双链解开形成复制叉，然后多种蛋白质参与组成引发体，并合成引物。

该阶段需要多种酶和蛋白质，具体包括 4 个方面的内容：

①专一识别复制起点序列的蛋白结合在复制起点上，促使其临近的 DNA 发生扭曲能让 DNA 解旋酶和其他有关的因子进入。

②DNA 双链在解旋酶作用下解螺旋。

③DNA 双链解开后，单链 DNA 结合蛋白（single-strand DNA-binding protein，SSB protein）与被解链酶解开的单链 DNA 结合，以维持模板处于单链状态，避免分开的双链互补碱基间重新配对，或者在同一链上的互补碱基对间配对形成发夹结构，妨碍 DNA 聚合酶的作用，而使

复制不能进行。

④一种 RNA 聚合酶(RNA polymerase),也称为引物酶(primase),以解旋的单链 DNA 为模板,根据碱基配对原则,合成一段不超过 12 个核苷酸的 RNA 引物,提供 3'端自由的羟基(—OH)。

如图 4-12 所示为大肠杆菌 DNA 复制的起始。

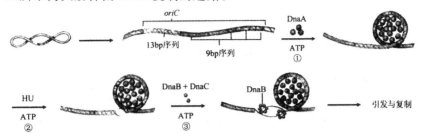

图 4-12　大肠杆菌 DNA 复制的起始

2. DNA 复制的延伸

复制的延伸阶段主要依靠 DNA 聚合酶Ⅲ起作用。DNA 聚合酶Ⅲ把新生链的第一个核苷酸加到 RNA 引物的 3'羟基上,按照碱基互补配对原则,开始新生链的延伸合成过程。DNA 复制的延伸阶段合成前导链和后随链。

我们知道,DNA 双螺旋的互补双链是反向平行的,并且 3 种 DNA 聚合酶也只有 5'→3'聚合酶的功能,故而,一条 DNA 链的合成是连续的,而另一条则是不连续的,并为日本学者冈崎用放射性实验所证实。所以从整个 DNA 分子水平来看,DNA 两条新链的合成方向是相反的,但都是从 5'→3'方向延伸。

前导链(leading strand)是从 5'→3'方向延伸的链,它是连续合成的。在前导链上,DNA 引物酶只在起始点合成一次引物 RNA,DNA 聚合酶Ⅲ就可开始进行 DNA 的合成。

后随链(lagging strand)是沿 5'→3'方向合成一些片段,然后由 DNA 连接酶连接起来,成为一条完整的链。它是分段合成的。在后随链上,每个冈崎片段的复制都需要先合成一段引物 RNA,然后 DNA 聚合酶Ⅲ才能进行 DNA 的合成。

如图 4-13 所示为前导链和后随链的合成。

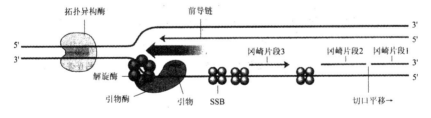

图 4-13　前导链和后随链的合成

3. DNA 复制的终止

在单向复制的环形 DNA 分子中,复制的终点也就是复制的起点;在双向复制的环形 DNA 分子中,大多数都没有固定的终点。绝大多数生物的 DNA 复制是双向进行的,它们一般都具有终止区域,含有多个位点,可结合终止蛋白,从而使复制在终止区域不能离开。DNA 到达终止区域后,DNA 聚合酶Ⅰ利用其有 $5' \rightarrow 3'$ 端核酸外切酶的功能,将引物 RNA 切除,同时利用其 $5' \rightarrow 3'$ 聚合酶的功能,以对应的 DNA 链为模板,合成 DNA,置换切除 RNA 引物区域链,最后由 DNA 连接酶连接起来,形成一条完整的新链。

4.3 真核生物的 DNA 复制

真核生物的细胞在分裂之前,它们的染色质已经进行了复制。真核细胞的染色质是由 DNA 和蛋白质组成的纤维状复合物。真核生物基因组 DNA 不仅非常长,而且还形成了紧密的 DNA-蛋白质复合物,因此真核生物 DNA 在复制过程中需要多种酶和调节蛋白参与。人们对酵母、哺乳动物基因组 DNA 的复制进行了广泛的研究,取得了许多有意义的进展。

真核生物与原核生物 DNA 复制的异同:相同的是在复制原点处都需要双链 DNA 的解旋,在 DNA 聚合酶作用下双向合成 DNA,DNA 复制采取半保留复制方式,DNA 的复制具有半不连续性,都需要多种蛋白质和酶参加等;不同的是真核生物基因组 DNA 的存在形式具有特殊性,故复制过程比原核生物复杂得多。

真核生物的 DNA 复制也包括起始、延伸和终止三个阶段。真核细胞线性染色体末端通过修饰来防止 DNA 在复制中丢失。

4.3.1 真核生物 DNA 复制的特点

1. DNA 复制原点

真核生物基因组 DNA 含有多个复制原点。其主要原因有以下两点:第一,所有真核生物细胞中所含 DNA 的量都比原核生物多,如酵母细胞所含 DNA 量约占大肠杆菌的 3 倍(酵母基因组 DNA 是真核生物中最小的),高等动、植物细胞中 DNA 的量是大肠杆菌的 $40 \sim 1000$ 倍;第二,真核生物 DNA 的复制速度比原核生物慢得多,大肠杆菌复制叉移动的速度约为 10^5 bp/min,而真核生物复制叉移动的速率约为 $500 \sim 5000$ bp/min,如果按典型的哺乳动物细胞中基因组 DNA 大小是大肠杆菌的 50 倍来计算,假定动物细胞有 1 个复制原点,则动物细胞 DNA 的复制时间约为大肠杆菌 1000 倍或需要 30 天。事实上,真核生物 DNA 存在多个复制原点,动物细胞只需要几个小时就完成了 DNA 复制。

真核生物基因组 DNA 的复制发生在细胞周期的 S 期,不同的复制起始点不是同时开启的,并且复制起始点也不是一成不变的。复制起始点还受到发育调控和细胞周期时相的控制。真核生物染色体在全部复制完成之前各个复制起始点不能开始新一轮的复制,也就是说每个细胞周期内复制起始点只能发动一次,复制受到严格的控制。而在原核生物中则不存在这一情况。

真核生物基因组 DNA 含有多个复制子,如酵母 DNA 有 $250 \sim 400$ 个复制子,哺乳动物 DNA 有 25000 个复制子。复制子的大小变化很大,约 $5 \sim 300$ kbp。

人们通过对酵母 DNA 复制原点进行研究,从中分离到了酵母复制原点的一段 200bp 的特殊序列。它称为自主复制序列(autonomously replicating sequences,ARS),这是能够起始 DNA 的复制的最小序列。

ARS 含有 11bp 的保守序列,它又可以分为 A 区和 B 区两个区。其中,A 区中存在 ARS 的一致序列,即 11bp 的保守序列是 $5'$(A/T)TTTAT(G/A)TTT(A/T)$3'$,称为 ARS 一致序列

（ARS consensus sequence，ACS）。B 区包括三个亚功能区：B1、B2 和 B3。ACS 对于复制来说是必需的，被含有 6 个亚基的原点识别复合体（origin recognition complex，ORC）所识别。ORC 首先在酵母中发现，在多种真核生物中都发现了这种蛋白，所有的 ORC 都能与 DNA 相结合。迄今为止。酵母中的 ORC 研究得最为清楚。ORC 的分子质量为 400 kDa，是一种起始复合物，可以和 ACS 结合而对复制原点作个"记号"。ORC 在原点这种标记对于复制的起始来讲非常重要。对于 ORC 结合位点的计数可以估计酵母基因组 DNA 的复制原点数，酵母基因组 DNA 大约有 400 个复制原点。还可以计算出每个复制子的平均长度，计算结果为 35kb。真核生物中，只有复制原点被活化，才能起始 DNA 的复制。研究表明在 S 期复制起始的时候，并不是基因组 DNA 的许多复制原点同时都被活化了，复制起始由一个可重复的顺序来激活复制原点，在整个 S 期，只有 20～80 个复制原点被活化。

2. DNA 聚合酶

真核细胞中含有大量的 DNA 聚合酶，它们在 DNA 的合成和 DNA 的损伤修复中起作用。真核生物基因组 DNA 复制由 DNA 聚合酶 α、δ 和 ε 共同完成，它们的具体功能如下：

①DNA 聚合酶 α 可以起始新生链 DNA 的合成，能起始前导链 DNA 的合成，也能起始后随链 DNA 的合成。它的分子质量为 350 kDa，由 4 个亚基构成，其中 2 个亚基具有 DNA 引发酶活性。DNA 聚合酶 α 在 DNA 链的引发和延伸中起作用，但是容易从模板上脱落，因而不能合成较长的 DNA 片段。在复制原点处 DNA 聚合酶 α 与起始复合物结合，合成 10 个核苷酸的引物 RNA，在 RNA 的后面是 20～30 个脱氧核苷酸的 DNA 片段，这段 DNA 也叫做 iDNA。引物 RNA 和 iDNA 形成后，DNA 聚合酶 α 从模板上脱落下来，3′末端便暴露出来，在其他种类的 DNA 聚合酶的作用下进行 DNA 链的延伸反应。

②DNA 聚合酶 δ 负责前导链的延伸。DNA 聚合酶 δ 是一种高进行性的酶，在前导链的连续合成中起作用。在它发挥功能的时候需要另外两种蛋白 RF-C 和 PCNA 参加。

③DNA 聚合酶 ε 负责后随链的延伸。外切核酸酶 MF1 负责切开冈崎片段的 RNAase，RNAase H 降解 RNA 引物便产生了缺口，在 DNA 聚合酶 ε 的作用下合成一段 DNA 序列来充填缺口，最后 DNA 连接酶负责切刻的闭合，从而将各个冈崎片段连接起来。

真核生物基因组 DNA 的复制也保持高度的保真性，平均每复制 10^9 bp 才会发生一次错误。在复制中，DNA 聚合酶 δ 和 ε 含有 3′→5′外切核酸酶活性中心，能够起到校对的作用，保证了 DNA 复制的高度精确性。

此外，DNA 聚合酶 γ 位于线粒体中，主要负责线粒体 DNA 复制，DNA 聚合酶 β、ξ、η、ι 和 κ 则主要在 DNA 损伤修复中起作用。

3. 复制因子 C 和 PCNA

复制因子 C（replication factor C，RF-C）与 PCNA（proliferating cell nuclear antigen，PCNA）共同参与装配复制体。

RF-C 由 3 个亚基组成，亚基分子质量分别为 140 kDa、41 kDa 和 37 kDa。其中，140 kDa 大亚基可以对引物-模板进行识别并与之结合，41 kDa 的亚基具有依赖 DNA 的 ATP 酶活性。DNA 聚合酶 δ 与 RF-C 相互作用，可以结合到前导链引物 RNA 的 3′-OH 上，继续 DNA 链的延伸反应。它位于核内，具有 ATP 酶活性，可作为真核生物的滑动夹子装载器而起作用。

PCNA 是一种增殖细胞核抗原,是真核生物 DNA 复制中的一种进行性因子,在功能上与细菌 DNA 复制中的 β 夹子相同。不同之处在于:PCNA 的一级结构与 β 夹子不相同,它的大小也只有原核生物 β 夹子的 2/3。John Kuriyan 等对其晶体结构的 X 衍射研究结果表明:酵母,PC-NA 形成三聚体结构,这和大肠杆菌的 β 夹子相类似。PCNA 也形成了环状结构,环的直径为 3.5nm,环可以环绕着 DNA 分子,DNA 分子可以在环内滑动而不与蛋白质产生物理接触。

研究发现,各种真核生物 PCNA 都存在大约 260 个高度保守的氨基酸残基。它在 SV40 DNA 复制中发挥了极其重要的作用。PCNA、DNA 聚合酶 δ 和 RF-C 对于前导链的延伸反应是必需的。PCNA 和 RF-C 形成复合物,γRF-C 的作用与大肠杆菌 γ 复合体的 β 夹子装载器作用相似,PCNA 的作用与 β 夹子作用相同。RF-C 起催化作用将 PCNA 装载到 DNA 上,结合在 iDNA 的 3′ 端,利用水解 ATP 提供的能量将 PCNA 的环打开,将 DNA 插入环中。DNA 聚合酶 δ 与 PCNA 结合后,使新链 DNA 合成具有高度的进行性。PCNA 参与延伸反应,可提高 SV40 DNA 的合成效率。在没有 PCNA 时,DNA 聚合酶 δ 只能催化合成很短的 DNA 片段,最多几百个核苷酸。而在 PCNA 存在时,DNA 聚合酶 δ 的进行性有了很大程度的提高,每次可以催化合成至少 1000 个核苷酸。PCNA 对 DNA 聚合酶 α 没有作用。PCNA、DNA 聚合酶 δ 和 RF-C 形成复合物,在复合物的作用下可以连续合成前导链。

4. 染色体 DNA 的分区复制

真核生物染色体 DNA 复制的整个过程都在体积非常小的细胞核中完成的,空间的限制决定着 DNA 复制必须在压缩程度较高的状态下进行。DNA 的复制是半保留复制,复制时必然会涉及核小体中组蛋白的分配问题。用胸腺嘧啶的类似物溴脱氧尿苷(bromodeoxyuridine,BUdR)代替胸腺嘧啶标记正在复制的 DNA,再用 BudR 的抗体进行免疫原位杂交。研究结果表明染色体 DNA 是分区复制的。

5. 复制过程中核小体中组蛋白八聚体的组装

DNA 合成以前,模板 DNA 链在复制叉处从核小体上解离下来(图 4-14)。这一过程使得复制叉的移动速度减小到每秒 50 bp。在 DNA 聚合酶、RP-A、PCNA、RF-C 等的参与下,前导链 DNA 的合成是连续的,后随链 DNA 的合成是不连续的。

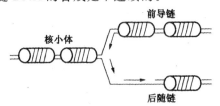

图 4-14 真核生物复制叉处的核小体

真核生物核小体是构成染色质的基本单位,使得染色质中 DNA、RNA 和蛋白质组织成为一种致密的结构形式。每个核小体单位包括 200bp 左右的 DNA、4 种组蛋白 H4、H3 和 H2A 各 2 分子形成的八聚体(octamer)以及组蛋白 H1。当染色质复制时,结合成为核小体的一段 DNA 也已经被复制,形成两条子链。

组蛋白八聚体的完整性可以通过组蛋白的交联实验进行检测。在复制前将细胞放在含有重标记氨基酸中培养生长,以此鉴别原来的组蛋白,复制放在轻标记氨基酸的条件下进行。这个时候组蛋白已经被交联,可以提取组蛋白进行密度梯度离心。如果组蛋白八聚体采用全保留方式进行复制,则预期实验结果应当是或者组蛋白八聚体全部是新的,或者组蛋白八聚体全部是老的,即老的八聚体应该出现在高密度放射带的位置,而新合成的八聚体出现在低密度放射带的位置。获得的实验结果是在高密度放射带仅有少量的物质,八聚体存在于中等密度放射带(图 4-15)。该结果表明组蛋白八聚体的复制不是全保留的,而是老的八聚体进行解离,重新装配成新的八聚体。

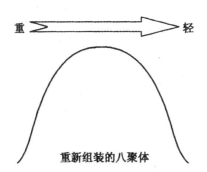

图 4-15　组蛋白的同位素标记实验

八聚体的解离和组装大致过程具体如下:

①复制时复制叉代替了组蛋白八聚体,八聚体解离成 $H3_2$·$H4_2$ 四聚体和 H2A·H2B 二聚体。

②老的 $H3_2$·$H4_2$ 四聚体和 H2A·H2B 二聚体进入库(p001)中,在库中也存在新合成的组蛋白,重新组装成的 $H3_2$·$H4_2$ 四聚体和 H2A·H2B 二聚体,核小体在复制叉后面 600bp 处进行组装。

③当 $H3_2$·$H4_2$ 四聚体与双螺旋中每一条 DNA 子链结合时,组装就开始了,接着两个 H2A·H2B二聚体与每一个 $H3_2$·$H4_2$ 四聚体结合;完成了组蛋白八聚体的组装。

④$H3_2$·$H4_2$ 四聚体与 H2A·H2B 二聚体的结合中,新、老亚基采取随机方式进行组装的,既可能是旧的 $H3_2$·$H4_2$、新的 H2A·H2B,也可能是新的 $H3_2$·$H4_2$、旧的 H2A·H2B。

⑤在复制时,旧的 $H3_2$·$H4_2$ 四聚体具有瞬时与单链 DNA 结合的能力,这就为它能留在前导链上继续被利用创造了更多的机会。

6. 复制的终止

迄今为止,在真核生物中虽然还没有发现关于 DNA 复制终止机制的直接证据,但类似的机制也可能存在,在酵母中也发现了与 Ter 位点类似的 DNA 序列。

4.3.2　真核生物 DNA 复制模型——SV40 复制过程

SV40 的基因组 DNA 为一约 5kb 长的双链环状 DNA,在进入宿主细胞内以后可以形成具有核小体结构的微染色体。SV40 编码所形成的蛋白质中,只有一个大 T 抗原参与其 DNA 的复制,除此之外几乎完全利用宿主蛋白。SV40 DNA 复制发生在宿主细胞核中,非常适合于进行体外研究,所以说,人们常常将 SV40 DNA 的复制作为研究真核生物 DNA 复制的重要模型。如图 4-16 所示为 SV40 DNA 的复制模型。

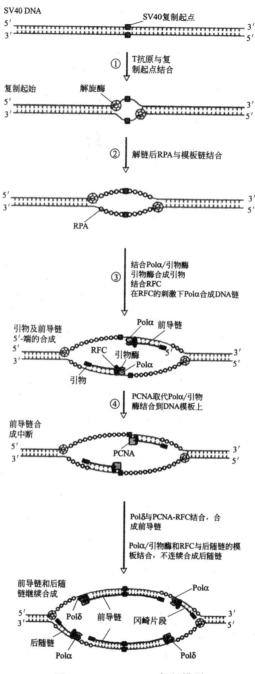

图 4-16　SV40 DNA 复制模型

1. SV40 DNA 的复制原点

SV40 DNA 的复制起始过程发生于一个特点的位点。SV40 完整的复制原点序列长度为 82 bp，保留这段序列 SV40 就具有 100％ 的复制能力；最小的复制原点序列长度为 64 bp，也称为核心原点（ori core），保留这段序列 SV40 具有 40％～50％ 的复制能力。

ori core 序列中含有起始 DNA 复制所需的几个元件：①15 bp 的回文序列，是 DNA 复制中最早的 DNA 熔解区;②4 个五核苷酸序列(5′GAGGC3′),是大 T 抗原(large T antigen)的结合位点;③由 A—T 组成的 17 bp 区,可能促进附近回文序列区 DNA 的熔解。

除了上面提到的元件,在 ori core 的附近还存在着其他元件,参与复制的起始。这些元件包括另外两个大 T 抗原结合位点和位于 ori core 左侧的 GC 框。由于 GC 框的存在,可以使 DNA 复制的起始效率提高 10 倍。在 SV40 复制原点处不需要发生转录,转录因子 Spl 与 GC 框结合能够促进复制的起始。

2. RP-A 和大 T 抗原

复制蛋白 A(replication protein A,RP-A)是从 SV40 中分离而得到的,它是一种复制因子,由三个亚基组成的复合物,这三个亚基的分子质量分别为 70 kDa、34 kDa 和 11 kDa。RP-A 是真核生物的单链结合蛋白,对单链 DNA 具有高度的亲和性,比结合双链 DNA 高 100 倍。

病毒编码大 T 抗原是一种具有多功能、位点专一性的 DNA 结合蛋白。SV40 大 T 抗原是由 SV40 A 基因编码而形成的,这种多功能的磷蛋白由 708 个氨基酸残基构成(图 4-17),它的分子质量为 82.5 kDa。在真核生物 DNA 复制中它起到 DNA 解旋酶的作用。在 SV40 DNA 复制的起始阶段,大 T 抗原以两个六聚体的形式与复制原点特异的序列结合,催化。SV40 双链 DNA 解旋。真核生物 RP-A 起到单链结合蛋白的作用,因此 RP-A 与解旋的单链 DNA 结合可以防止单链 DNA 的退火。DNA 复制的起始需要 RP-A、DNA 聚合酶 α 和大 T 抗原参加。大 T 抗原能够促进 DNA 聚合酶 α 与复制原点结合,利用 ATP 水解提供的能量,大 T 抗原解开亲代 DNA 链。

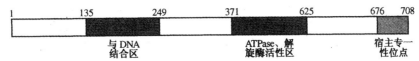

图 4-17 大 T 抗原的结构

3. SV40 DNA 的复制过程

大 T 抗原与 SV40 DNA 复制原点结合,利用其解旋酶活性可以使复制原点处 DNA 解旋,形成一个复制泡。在打开双螺旋过程中需要 ATP、RP-A 参加,其中水解 ATP 负责提供能量。DNA 聚合酶 α 与解旋的 DNA 模板链结合后,由于 DNA 聚合酶 α 具有引发酶活性,在它的作用下合成引物 RNA,RF-C 与 DNA 聚合酶 α 结合,在 RF-C 的激发下 DNA 聚合酶 α 合成一段 iD-NA。PCNA 取代 DNA 聚合酶 α 而与 RF-C 结合,DNA 聚合酶 α 解离下来,前导链的合成发生中断。然后 DNA 聚合酶 δ 与 PCNA 结合,连续合成前导链。DNA 聚合酶 ε 负责后随链的延伸。DNA 聚合酶 δ 和 ε 都具有校对能力,二者与 DNA 聚合酶 α 一起参与染色体 DNA 的复制。

4.3.3 真核生物染色体末端的复制与端粒酶

1. 真核生物染色体末端的复制

对于线性 DNA 分子来说,由于 DNA 聚合酶的性质因素,后随链的不连续合成会影响到模板链的 3′-末端的复制。DNA 聚合酶需要一段短的 RNA 引物起始 DNA 的合成,然后按照 5′→3′方向延伸引物。在 DNA 分子的末端,RNA 引物被删除后不能通过标准途径修复缺口,致使后随链要比模板链短一截(图 4-18)。如果不能解决线性 DNA 复制的末端问题,伴随着细胞分裂,染色体会逐渐变短。

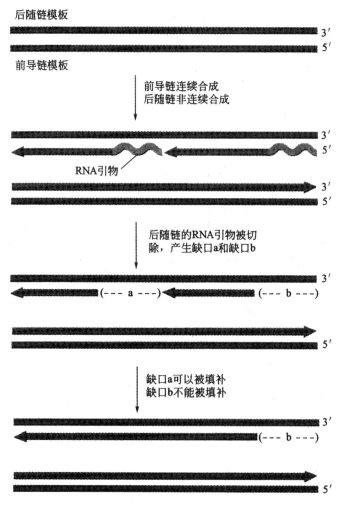

图 4-18　DNA 分子的末端复制问题

为了能够解决末端复制问题,科学家进行了不断的研究、探索,在 20 世纪 80 年代他们发现细胞能够通过延长它们的端粒 DNA 来解决这一问题,这一发现得到了不断证明。

2. 端粒

人们很早就发现,用 X 线照射真核生物细胞时能使染色体断裂,而断裂产生的染色体片段可以相互连接,但是天然染色体末端则不能与其他片段发生连接。这说明天然染色体末端结构与内部不同,存在某种结构将染色体末端封住,使之不能和其他片段相连接。真核生物这种具有特殊结构的染色体末端,叫做端粒(telemere)。

1978 年 Elizabeth Blackburn 等人发现了原生动物四膜虫的端粒含有一种短的正向重复序列,DNA 的重复单位为 5′TTGGGG3′,此后在多种真核生物中发现了端粒。端粒 DNA 由首尾相连富含 TG 的重复 DNA 序列构成,它们的特征性重复序列各不相同(表 4-1)。

表 4-1　真核生物端粒的特征性重复序列

种类	端粒的特征性重复序列	种类	端粒的特征性重复序列
四膜虫	TTGGGG	草履虫	TTGGGG
人	TTAGGG	锥虫	TTAGGG
酵母	TGGG	拟南芥	TTTAGGG
尖毛虫	TTTTGGGG		

　　端粒重复序列中的碱基 G 具有彼此互相结合的特殊能力,因此端粒末端中富含 G 的单链可以形成 G 残基的四集体(quartets)。每个四集体中含有四个 G,这四个 G 之间靠氢键相互结合在一起形成一个平面结构。以人端粒重复单元为例,5'TTAGGG3'重复了 2000 次,在形成四集体时,每一个 G 来自于重复单元不同位置。结晶结构研究表明一段短的重复序列可以形成 3 个堆积的四集体,第一个四集体的 G 分别来自于重复单位 2(G2)、重复单位 8(G8)、重复单位 14(G14)和重复单位 20(G20),第二个四集体的 G 分别来自于 G3、G9、G15 和 G21,第三个四集体的 G 分别来自于 G4、G10、G16 和 G22。每个重复单位的第一个 G 靠氢键相互作用形成第一个四集体,每个重复单位的第二个 G 靠氢键相互作用形成第二个四集体,每个重复单位的第三个 G 靠氢键相互作用形成第三个四集体(图 4-19)。许多四集体堆积在一起形成螺旋结构。

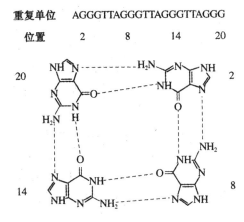

图 4-19　结晶结构

　　在端粒处 DNA 可以形成环,环的结构使 DNA 没有自由的末端,这样染色体末端就非常稳定了。在动物细胞中环的长度大约为 5~10 kb。环的形成机制是具有许多端粒重复单位如(5'TTAGGG3')$_n$的一段序列依靠其单链的 3'末端来取代其上游区相同端粒重复单位的序列。端粒结合蛋白 TRF2 催化这个反应。

3. 端粒酶

　　真核生物同样会出现线性双链 DNA 复制结束时所产生的 5'末端缩短的问题。这一问题的解决有赖于端粒的结构和与端粒结合的酶。端粒 DNA 具有 3'-单链拖尾末端,加之富含 TG 独特结构,使端粒酶(telomerase)能够延伸其单链末端。端粒酶是一种催化端粒 DNA 合成的酶,由 RNA 和蛋白质构成,RNA 组分含有与端粒重复 DNA 互补的区段,蛋白质组分具有催化活性。端粒酶能以自身携带的 RNA 为模板,反转录合成端粒 DNA。如图 4-20 所示,通过延伸与移位交替进行,端粒酶反复将重复单位加到突出的 3′-末端上。这样,通过提供一个延伸的 3′-端,端粒酶为后随链的复制提供了额外的模板。其互补链则像一般的后随链那样合成,最终留下3′-突出端。

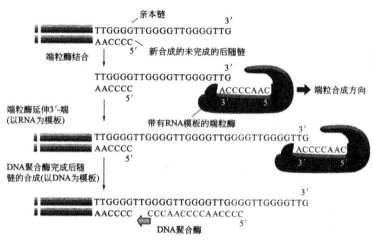

图 4-20 端粒 DNA 的复制过程

Elizabeth Blackburn 等人首先发现原生动物四膜虫端粒中存在一种端粒酶(telomerase)。四膜虫端粒酶 159 个碱基的 RNA 序列中,含有 15～22 个碱基的序列与两个 C 丰富重复序列(5′CCCCAA3′)相同,这段 RNA 作为模板合成 G 丰富重复序列(5′TTAGGG3′)。端粒酶实际上是一种逆转录酶,催化与模板 RNA 互补的 DNA 片段的合成。它与还原病毒逆转录酶的不同点在于端粒酶中 RNA 模板存在于酶分子中。因此,G 丰富端粒链是由端粒酶催化形成的。关于它的互补链即 C 丰富端粒链的合成机制迄今为止还没有研究清楚,人们推测可以利用 G-T 发夹结构的 3′-OH 端作为引物来合成 C 丰富端粒链。从酵母和动物中已经分离到了端粒酶,在植物中也发现了端粒酶活性。

端粒酶合成单个重复单位,然后把它加到染色体末端。由其他一些蛋白对端粒的长度进行精确的调控,这些蛋白质作为弱的阻遏物能从一定程度上抑制端粒酶的活性。在酵母中这些蛋白与端粒酶相结合,通过控制底物进入端粒酶来影响端粒的长度。这里需要指出的是,虽然从理论上而言端粒酶能无限延伸端粒 DNA,但是每种生物的端粒 DNA 的平均长度都是一定的。另外,端粒 DNA 由重复序列构成,意味着细胞能承受相当程度端粒长度的变化。

4.4 DNA 复制的忠实性

20 世纪 50 年代,DNA 双螺旋模型建立,DNA 聚合酶工被发现,很多人认为 DNA 复制的问题已经解决了。但实际上,DNA 复制的复杂性远远超出当时人们的想像。至今,有许多问题人们还无法解答,例如,生物体为什么要用这群复杂的机制来复制 DNA 呢? 能不能用一种 3′→5′方向的复制酶来解决双螺旋的反向平行问题呢? 在生物体内这个过程为什么表现得如此呆板而浪费能量呢? 自然界为什么要产生这样复杂的机制? 但是可以确定的是一套复制机制无疑有利于复制的调控和忠实性(fidelity)的维持。很可能是 DNA 复制的高度忠实性要求生物体具有如此复杂的一套机制。

DNA 复制具有高度的忠实性,之所以这么说,是因为其误差率只有 10^{-9},即复制 10 亿个核苷酸才产生 1 个错误。保证了物种维持遗传的保守性。这仅仅用碱基互补原则是远远不足以解释的。DNA 双螺旋几何形状的微小改变就会造成 G 和 T 之间形成两对氢键,从而导致子代 DNA 突变。另外,DNA 的 4 种碱基出现互变异构体(tautomeric form)的几率是 $10^{-4} \sim 10^{-5}$。例如 C 的互变异构型可以和 A 配对,使子代 DNA 发生突变。从化学角度估计碱基错误配对的几率不可能小于 10^{-5}。离体实验结果显示,*E. coli* 的 DNA pol Ⅲ 平均每合成 10^{4} 个核苷酸就会产生一个错误的核苷酸。假设 *E. coli* 中基因的平均长度是 1kbp,那么 DNA pol Ⅲ 复制酶在每一世代中,每 10 个基因就引起 1 个基因发生突变。若真是如此,将产生严重的后果。实际上,*E. coli* 每一世代每个基因的突变率只有 $10^{-5} \sim 10^{-6}$。

DNA 复制的忠实性需要多种因素共同作用,例如 RNA 引物作用、DNA 聚合酶的自我校正功能细胞内几种校正和修复系统,以及 DNA 本身的结构特征(T 取代 U)等。

4.4.1　DNA 聚合酶的碱基选择作用

所谓 DNA 聚合酶的碱基选择作用,是指 DNA 聚合酶能够依照模板的核苷酸,选择正确的 dNTP 掺入到引物末端。对于这种选择作用的机制还有很多未知的地方,目前有三种假说,一是"酶的被动论",二是"酶积极参与理论",三是"动力学校正阅读"。这三种假说分别代表了不同的看法。具体如下。

1. 酶的被动论

"酶的被动论"认为,不论正确的或错误的核苷酸,当它们结合到 DNA 聚合酶的活性部位上时,都以相同的速度 v 插入到 $3'$-OH 末端上,v_{max} 相同。但是由于具有不同的亲和性,导致在聚合位点停留的时间不同,一般来说,正确的 dNTP 能长时间停留而参与聚合反应。

2. 酶积极参与理论

"酶积极参与理论"认为,DNA 聚合酶对正确与错误核苷酸不仅亲和性不同,而且把它们插入到 DNA 引物末端的速度也不相同,即 DNA 聚合酶同时利用了 K_m(亲和力)和 v_{max} 来区别正确与错误的核苷酸,这是通过酶的构象变化达到的。但是对于 DNA 聚合酶在催化 DNA 合成时如何改变构象,构象变化又如何影响酶对 dNTP 的选择性这些问题还没有探索出明确的答案。DNS 聚合酶的反应分为结合阶段和催化阶段。

相对来说,目前人们更多的是支持"酶积极参与理论"。

3. 动力学校正阅读

"动力学校正阅读"认为,在 DNA 合成时有一种中间状态,在新的磷酸二酯键尚未形成时,dNTP 结合在酶与模板—引物复合物的聚合位点上,DNA 聚合酶能识别正确与错误的 dNTP,正确的将形成磷酸二酯键,错误的将排出聚合位点,并以正确的 dNTP 来代替它。

4.4.2　RNA 引物的合成

DNA 复制使用 RNA 引物看起来浪费能量和时间。实际上细胞合成 RNA 引物具有重要意义。这里重点回答以下几个问题。

1. 催化合成前,DNA 聚合酶为何不能从头合成、非有引物不可?

DNA 聚合酶在开始催化合成之前,必须用引物链来检验 3′端的碱基配对是否正确,否则将无法作出正确判断,复制的忠实性也就得不到保证了。所以,DNA 聚合酶不能从头合成、非有引物。

2. 转录过程中,RNA 聚合酶为何能从头开始合成、而不需要引物?

在转录过程中,RNA 聚合酶就不需要"自我校正",因为合成 RNA 所产生的错误不会影响下一代,而且一个偶然产生有缺陷的转录产物也许无关紧要。所以,RNA 聚合酶能从头开始合成 RNA,而不需要引物。转录和翻译的错误率都在 10^{-4} 左右。

3. DNA 复制使用最终需要被清除的 RNA 引物,为何不使用不必清除的 DNA 引物?

因为本身没有校正功能的 RNA 合成,必定会带来较多的误差。在 DNA 复制中,任何从头开始合成的引物,都必然会带来误差较大的拷贝。如果从头开始合成 DNA 作为引物,又不能被切除,将使得任何错误得不到校正,必须留下很大的错误,引入的错误核苷酸将更多,其错误率至少为 10^{-4}。因此 RNA 作为引物要比 DNA 作为引物对遗传信息的稳定性有利得多。

4.4.3　DNA 聚合酶对底物的识别作用

DNA 聚合酶有两种底物,一种 DNA 模板—引物,另一种是 dNTP 的 2 价离子复合物。正常情况下,DNA 聚合酶与底物 dNTP 结合的解离常数 K_d 约数十微摩尔;但当加入模板—引物时,dNTP 与 DNA 聚合酶的亲和力(K_m表示)只有几微摩尔。很明显,与之前相比降低了一个数量级。而如果是错误的底物 dNTP,则 K_m 比 K_d 值大,说明模板—引物与酶的结合可以影响 dNTP 与酶的亲和力。

DNA 聚合酶的识别过程还受到新生链的引物末端的影响。DNA 聚合酶先识别 DNA 模板和引物 3′末端,再识别底物 dNTP,是一种有序的识别过程。因此,只有引物 3′-OH 末端正确时,DNA 聚合酶才能与 dNTP 起作用;引物末端不正确,不能配对,即使-dNTP 与模板的下一核苷酸互补,也不能与 DNA 聚合酶发生相互作用。这种有序的识别过程表明聚合酶与模板—引物正确结合后,形成一个更有利于 dNTP 结合的立体结合。对底物 dNTP 的结合,首先要求与酶结合的模板—引物 3′端有正确的配对。与模板的下一个核苷酸互补的 dNTP 结合后,使酶与DNA,dNTP 结合得牢固。这一结果是由于酶的立体结构发生构象变化所导致的。

4.4.4　3′→5′外切活性的校正阅读

校正错误碱基是 DNA 聚合酶的一项重要功能,在这一方面对于 *E. coli* DNA 聚合酶Ⅰ的 Klenow 片段研究得最多。酶的 3′→5′外切活性可以删除引物 3′末端错误连接的核苷酸,称为校正阅读。这一功能对于提高 DNA 合成的真实性具有重要作用。缺失 3′→5′外切活性的 *E. coli* 聚合酶Ⅰ,催化 DNA 合成时出现错误几率将增高 5~50 倍。因此,3′→5′外切活性可以使 DNA 真实性提高 1~2 个数量级。

*E. coli*DNA 聚合酶与 DNA 结合可有两种状态。一种是聚合状态,即在引物 3′末端附近酶的聚合活性;另一种是删辑状态,引物 3′末端位于 3′→5′外切活性位点。两种状态之间可以互相转换。

当酶处于删辑状态时,引物 3′ 末端拆开至少 4 bp,3′ 端才能结合到 3′→5′ 外切活性位点。引物 3′ 端局部熔开的核苷酸结合到外切活性位点而被水解。错配对的末端核苷酸更容易熔开,即使在 0℃ 也可被水解。可见,DNA 聚合酶的聚合状态与删辑状态之间的转换是酶与模板—引物相互作用的结果。Klenow 片段的两个结构域中,大结构域有直径约 2.2~2.4nm 的带正电荷的深沟,DNA 结合在这个活性部位里并穿过,较小的结构域可能是底物 dNTP 结合区域。当 DNA 结合到酶的深沟内,柔性很大的蛋白质次级结构域就可以合拢起来。DNA 复制时,DNA 链只能在沟内向前向后穿滑过去。DNA 模板—引物的 3′ 末端如果含有错配对,末端不配对而 DNA 外形有变形,使它不容易滑过直径 2.2~2.4nm 的沟,造成阻塞,延长同 3′→5′ 外切活性的校正接触时间,将导致错配对碱基切除。

4.4.5　影响 DNA 合成真实性的因素

影响 DNA 合成真实性的因素有很多,首先,DNA 聚合酶构象本身会直接影响到 DNA 合成的真实性,其他还包括以下因素:

①高浓度 NMP(如 5′-AMP,5′-GMP 等)影响真实性。NMP 可以竞争酶的 dNTP 结合位点,从而抑制了 3′→5′ 外切活性所执行的校正功能。

②某一 dNTP 浓度很高时,容易使它前面的核苷酸出现差错。高浓度的 dNTP 增加了它与酶的结合,可使引物 3′ 末端离开外切活性,原来错误插入的核苷酸未来得及被切断,后面的 dNTP 由于高浓度而迅速插入,造成错配对核苷酸逃避了 3′→5′ 外切活性的校正阅读而掺入到 DNA 新链中去。

③dNTP 一般都与 2 价离子结合成活化形式。当 Mg^{2+} 作为活化离子被 Mn^{2+} 替代时通常使底物 dNTP 掺入的出错率提高。Mn^{2+} 代替 Mg^{2+},改变了 DNA 与酶的主体结构,既影响了聚合活性,又影响 3′→5′ 外切活性。

4.5　DNA 复制的调控

DNA 复制的调控主要集中在起始阶段,原核细胞和真核细胞 DNA 复制起始过程的调控使用不同的机制。

4.5.1　原核细胞 DNA 复制的调控

原核生物的 DNA 链以恒定的速度延伸。这其中复制叉的数量决定着生长、增殖相配合协调的 DNA 合成速度。而细胞中复制起始的频率又决定着复制叉数量的多少。这是原核细胞复制的调控点。复制起始因子和起始位点两部分决定着复制子的调控。

以 *E. coil* 为例,Dam 甲基化酶(deoxyadenine modifying methylase)和复制起始蛋白(DnaA 蛋白)二者控制着新一轮 DNA 复制的起始时间。

亲代 DNA 分子的两条链均被甲基化,催化甲基化的酶是 Dam 甲基化酶,甲基化位点是 5′-GATC-3′ 序列中 A 的 N6,甲基供体是 S-腺苷甲硫氨酸。刚形成的子代 DNA 在 GATC 序列上是半甲基化的。OriC 内共含有 11 个重复的 GATC 序列,在亲代 DNA 分子上都被甲基化了。子代 DNA 在 OriC 上的甲基化位点被完全甲基化后,才能起动下一轮复制,这主要是由于只有甲基化的 OriC 才能被 DnaA 蛋白识别和结合的缘故。

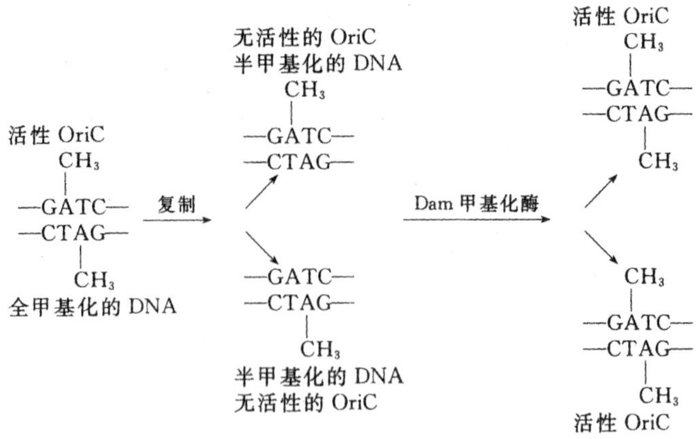

图 4-21　甲基化对原核细胞 DNA 复制的调节

当子代 DNA 分子中的 OriC 是半甲基化的时候,与细胞膜结合的一种抑制蛋白与 OriC 结合,使得 DnaA 蛋白无法识别和结合 OriC。只有当 Dam 甲基化酶将子代 DNA 分子上的 GATC 序列全部甲基化以后,抑制蛋白才与 OriC 解离。此后,DnaA 蛋白才能与 OriC 结合,从而起动新一轮 DNA 的复制。

4.5.2　质粒 ColE1 的复制调控

质粒 ColE1 的复制为单向复制,复制过程受到 RNAI 负调控。大致过程是这样的:首先,合成 500nt 的 RNA 引物;然后,先由 DNA pol Ⅰ合成,再由 DNA polⅢ代替 DNA pol Ⅰ继续合成。

刚刚所提到的 RNAI 是引物 RNA 的反义 RNA,它的长度为 100nt,与引物 5′-端的前 100 个核苷酸正好互补。当 RNAI 与引物 RNA 互补结合以后,引物就不能形成引发复制所必需的三叶草状结构,引物也就因此失去活性。

4.5.3　真核细胞 DNA 复制的调控

真核生物复制的调控远比原核生物复杂。真核细胞 DNA 含有多个复制子,各复制子的复制都被限制在细胞周期的 S 期,但各复制子的起动并不同步。

那么,真核细胞是如何保证一个复制子在一个细胞周期内只起动一次的呢?

研究表明,真核细胞 DNA 复制的起动受两种机制调控,一种是正调控,另一种是负调控。也就是说存在着正负两种调控系统。下面就以酵母细胞为例说明这两种机制是如何起作用的。

1. 由执照因子控制的正调控

酵母细胞 DNA 复制的起动首先需要在各复制起始区上形成所谓的起始区识别蛋白质复合体(origin recognition complex of proteins,ORC),这种复合体存在于 DNA 复制的全过程;随后,一类在细胞周期的 G_1 期就积累在细胞核的被称为执照因子的辅助蛋白被招募到 ORC 上促进 DNA 复制的起动。执照因子包括 Cdc-6 蛋白(cell division cycle 6)、Cdt-1 蛋白和 MCM(mini-chro-mosome maintenance)蛋白。其中 Cdc-6 蛋白和 CDT-1 蛋白先与 ORC 结合,然后再将 MCM 蛋白装载到 ORC 上。只有被 MCM 包被的 DNA 才能被复制。MCM 蛋白有 6 大类,可能是以解链酶的"身份"发挥作用的。一旦 DNA 复制被起动,Cdc-6 蛋白和 Cdt-1 蛋白即离开

ORC,其中 Cdt-1 被泛酰化后进入蛋白酶体被降解。MCM 蛋白则随着复制叉的前进而与 DNA 解离(图 4-22)。

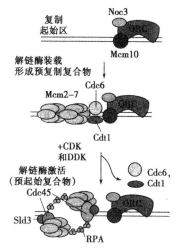

图 4-22　酵母细胞 DNA 复制的正调控

2. 由增殖蛋白控制的负调控

增殖蛋白(geminin)存在于细胞周期的 G_2 期,能够阻止 MCM 蛋白装配到新合成的 DNA 分子上,从而有效地防止在同一个细胞周期内重复发生 DNA 复制的起动。但随着有丝分裂的结束,增殖蛋白被降解稀释,于是两个子细胞在下一个细胞周期的 S 期能够对执照因子做出反应,由此起动新一轮 DNA 复制。

第5章　DNA 的损伤、修复与突变

5.1　DNA 损伤

5.1.1　DNA 损伤概述

DNA 损伤(DNA damage)是指由细胞内的代谢产物或环境中的辐射或化学药物等引起的 DNA 结构的改变,包括 DNA 的扭曲、断裂和点突变。

由于环境因素和细胞内正常的代谢过程,每天每个细胞将有 $10^3 \sim 10^6$ 个 DNA 分子受到损伤。人类基因组约 60 亿个碱基(30 亿碱基对)中,仅 0.000165% 会发生损伤。重要的基因,如肿瘤抑制基因(tumor suppressor genes)若发生未修复的损伤就能阻止细胞执行其正常功能,从而增加了肿瘤形成的危险性。

大多数 DNA 损伤影响到 DNA 双螺旋的一级结构,那就是碱基本身被化学修饰。这些修饰,通过引入非正常的化学键,或不适合双螺旋结构的庞大加合物而打乱 DNA 分子有规律的双螺旋结构。DNA 和蛋白质及 RNA 不同,通常缺乏三级结构,所以损伤和干扰一般不发生在三级结构上。但 DNA 有超螺旋,在真核生物中,DNA 分子四周包被着组蛋白。而这两种超结构都容易受到 DNA 损伤的影响。

化学修饰和复制后的碱基错配都会引起碱基的转换,结果产生点突变。DNA 结构的改变会干扰 DNA 的正常复制和转录;而点突变会改变遗传信息,使后代的表型产生异常。DNA 结构的改变不论发生在 DNA 原有的母链上还是新合成的子链上,只要进行原位修复即可。而碱基的错配,必须辨明 DNA 的母链和子链,然后以母链为模板校正子链上的差错才能达到修复的目的。

小的 DNA 损伤通常可通过 DNA 的修复加以纠正,而程度广泛的损伤可引起细胞的凋亡。

在人类细胞和真核细胞中,DNA 一般存在于细胞核和线粒体中,核 DNA(nDNA)在细胞周期的非复制阶段是以染色质的形式存在,在细胞分裂时,被凝缩为染色体;当 nDNA 上的信息需要表达时,相应的染色体区域被解开,使位于这个区域的基因得以表达,然后这个区域再恢复成静止的凝缩状态。线粒体 DNA(mtDNA)在细胞中具有多个拷贝,它也和很多的蛋白质紧密地结合在一起,形成复杂的复合物,称为类核(nucleoid)。在线粒体中,活性氧类(reactive oxygen species,ROS)或自由基(free radicals),ATP 经氧化磷酸化作用产生的产物建立了一个具有高度氧化特性的环境,可损伤 mtDNA。在真核生物中一种关键性的酶,即超氧化物歧化酶(superoxide dismutase)可以抵御这种氧化作用,这种酶存在于真核细胞的线粒体和胞质中。

细胞暴露于电离辐射、紫外光或化学物质时容易引起多个位点的严重损伤和双链断裂。而且这些因素也能损伤其他的生物大分子,如蛋白质、糖、酯及 RNA。损伤的积累,特别是双链断裂或加合物堵塞复制叉是 DNA 损伤全面应答(lobal response to DNA damage)的刺激信号。对损伤的全面应答能起到保护细胞和触发多重途径的大分子修复的作用,或对损伤采取绕过(lesion bypass)或容忍的方式,或使受损细胞凋亡来保护整个机体。全面应答的共同特点是诱导多个基因、阻断细胞周期和抑制细胞分裂。

　　DNA 损伤后,激活了细胞周期的限制点(cell cycle checkpoint)。限制点的激活阻止了细胞周期,并持续到细胞分裂之前,为细胞修复 DNA 损伤提供时间。这些限制点位于 G_1/S 及 G_2/M 分界处。在 S 期的内部也存在限制点。限制点的激活是受毛细血管扩张性共济失调症突变蛋白(Ataxia Telangiectasia-mutated,ATM)和 ATM-Rad-3 相关蛋白(ATM-Rad3-related,ATR)两种主要的激酶控制。ATM 对双链断裂和染色体结构破坏作出应答;ATR 主要是对复制叉停顿作出应答。在信号转导级联中这些激酶磷酸化下游的靶蛋白,最终导致细胞周期被阻抑。一类限制点调节物,包括乳房癌关联蛋白 1(breast-cancer-associated protein 1,BRCA1),DNA 损伤限制点调节蛋白 1(mediator of DNA damage checkpoint protein 1,MDC1)和 p53 结合蛋白 1(p53-binding protein 1,53BP1)已被鉴别出。这些蛋白质对限制点活化信号传递到下游是必需的。

　　p53 蛋白是 ATM 和 ATR 的重要下游靶蛋白,DNA 损伤时,p53 可诱导凋亡。在 G_1/S 限制点,p53 可抑制 CDK2/cyclin E 复合体的功能,p21 在 G_2/M 限制点可抑制 CDK1/cyclin B 复合体的功能。

　　DNA 修复(DNA repair)是指所有的细胞识别 DNA 损伤并将其恢复为正常 DNA 分子的过程。所有的细胞都具有特定的 DNA 修复酶系统,以确保遗传信息的正常传递,编码这些酶的基因突变,可能影响修复过程,并引起基因组一连串的不可修复的突变而导致细胞癌变。

　　DNA 损伤改变了双螺旋的三维空间结构,细胞可发觉这种改变。一旦损伤被定位,特殊的 DNA 修复分子结合或接近损伤位点,诱导其他的分子结合并形成复合物来实施修复。参与修复的分子和被调动的修复机制取决于损伤的类型和细胞所处的细胞周期的阶段。

　　并非所有的 DNA 损伤都能完全修复,如果细胞能够耐受这些损伤便能继续生存。但这些未能完全修复而存留下来的损伤具有潜在的危害,如引发细胞的癌变和衰老等。如果细胞不具备修复功能,也就难以生存。对不同的 DNA 损伤,细胞具有不同的修复功能。

　　细胞衰老(senescence)是一个不可逆的过程,在这个阶段中细胞不再分裂。细胞的衰老可以看成是一种有用的选择,从而避免凋亡。人体中的大多数细胞先是衰老,经历不可挽回的 DNA 损伤之后,走向凋亡。凋亡作为"最后一招",起着防止细胞癌变而危害机体的作用。因此,细胞衰老和、凋亡是机体防止肿瘤发生的一种保护性措施。

　　基因突变(gene mutation)是指基因在分子水平上的改变,常见的是涉及单个碱基取代的点突变(point mutation)。

　　DNA 损伤和突变是 DNA 中两类主要的错误,两者之间既密切相关,也有明显的差别。DNA 损伤在复制或修复时常导致 DNA 发生碱基转换,从而改变遗传信息,所以 DNA 损伤是造成突变的主要起因。有些因素既可引起 DNA 的损伤,也可导致突变。例如,X 射线,既可使染色体发生断裂,也可使基因发生突变。很多基因的化学诱变剂同时也会造成 DNA 损伤。

　　DNA 损伤和突变也具有本质上的不同。损伤是 DNA 的物理结构的改变,如单链或双链断裂等。DNA 损伤是可以通过酶来识别和修复,未损伤的互补 DNA 链或同源染色体都可以为修复提供模版。如果一个细胞保留了 DNA 损伤,则相关的基因不能转录,蛋白质的合成也将中断。复制也会被阻断,最终可能导致细胞的死亡。

　　与 DNA 损伤相比,突变是 DNA 序列的改变。突变一般不会被酶识别,一旦 DNA 链中存在碱基的改变将不能被修复。在细胞水平上看,突变导致蛋白质结构和功能的改变。在细胞分裂时,突变也将被复制。在细胞的群体中,突变细胞的频率将会根据突变对细胞存活及增殖所起的效应而增加或减少。

在不分裂或慢分裂细胞中,DNA损伤可看作是一种特殊问题,未修复的损伤将会趋向于积累。此外,在迅速分裂的细胞中,将不会因阻断复制杀死细胞,而是倾向于错误复制,产生突变。很多突变其效应不是中性的,而是对细胞的存活不利。这样,在一个细胞群体中,包括含有复制细胞的组织,突变细胞将倾向于丢失。然而,在组织中,有些突变会促进细胞的分裂,使细胞"永存",似乎对细胞"有利",但对整个生物体是不利的,这是由于这种突变的细胞可发生癌变。因此在频繁分裂的细胞中,由于DNA损伤产生了突变,所以易引发癌变。相比之下,DNA损伤在分裂慢的细胞中易引发老化(aging)。

5.1.2 DNA损伤类型

根据DNA损伤的起源可将损伤分为内源性损伤(endogenous damage)和外源性损伤(exogenous damage)两大类。内源性损伤,如受到由正常的代谢副产品(spontaneous mutation)产生的活性氧的攻击,特别是氧化脱氨(oxidative deamination)的作用。外源性损伤,是由环境中存在的一些因素所引起。

1. 内源性损伤

内源性损伤包括碱基的水解、碱基的氧化、碱基的烷化和巨大加合物的形成(bulky adduct formation)等。内源性DNA损伤的共同特点是最终将导致碱基对的转换而发生基因突变。引起DNA物理结构变化的情况并不多。

(1)碱基的水解

碱基的水解(hydrolysis of bases)这类化学损伤最为常见的是脱嘌呤、脱嘧啶和脱氨基作用。

1)脱嘌呤和脱嘧啶

在脱嘌呤(depurination)和脱嘧啶(depyrimidination)时,脱氧核糖和嘌呤或嘧啶之间的糖苷键断裂,碱基从DNA磷酸—核糖骨架上被切下来,从而阻碍复制和轩录(图5-1)。

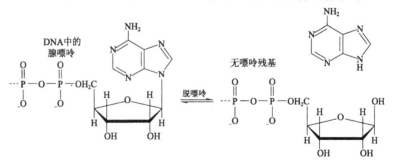

图 5-1　脱嘌呤作用去除 DNA 中的碱基

在哺乳动物基因组中,由于脱嘌呤和脱嘧啶作用,每天每个细胞约失去 10^4 个嘌呤残基和 200 个嘧啶残基。在培养的哺乳动物细胞增殖期有数以千计的嘌呤通过脱嘌呤作用而失去了,若这种损伤得不到修复的话,在DNA复制时,就没有碱基与之特异地互补配对,而是随机地插入一个碱基,这样很可能产生一个与原来不同的碱基对,结果导致突变。

2)脱氨基

脱氨基(deamination)作用是在一个碱基上除掉氨基。例如,在胞嘧啶上有一个易受影响的氨基,脱去这个氨基后产生了尿嘧啶[图 5-2(a)]。在 DNA 中"U"并不是一个正常的碱基,修复系统就要除去大部分由 C 脱氨而产生的 U,使序列中发生的突变减少到最低程度。然而,如果 U 不被修复的话,在 DNA 复制中它将和 A 配对,结果使原来的 C:G 对转变成 T:A 对时,产生了碱基转换。后面我们将要谈到亚硝酸的脱氨作用是另一个脱氨引起突变的例子。

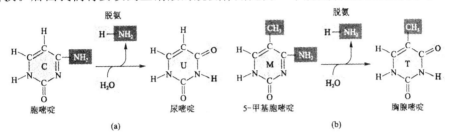

图 5-2　脱氨作用

(a)胞嘧啶脱氨产生尿嘧啶 (b)5mC 脱氨产生胸腺嘧啶

原核生物和真核生物的 DNA 含有相对少量的修饰碱基——5-甲基胞嘧啶(5mC)。5mC 去除一个氨基后产生了胸腺嘧啶[图 5-2(b)]。由于 T 是 DNA 中正常的碱基,所以没有一种修复机制能觉察和校正这种突变。基因组中 5mC 的位点常常是突变热点(mutational hot spots),即在此位点发生突变的频率要比别处高得多。

(2)氧化损伤

细胞中有活性的氧化剂,如过氧化物原子团(O_2^-)、过氧化氢(H_2O_2)和羟基(—OH)等需氧代谢的副产物,它们可导致 DNA 的氧化损伤(oxidatively damaged),导致突变和人类的疾病,胸苷氧化后产生胸苷乙二醇,鸟苷氧化后产生 8-氧-5,8-二氢脱氧鸟嘌呤、8-氧鸟嘌呤(8-O-G)或"GO"(图 5-3)。GO 可和 A 错配,导致 G 替换为 T[图 5-4(a)]。

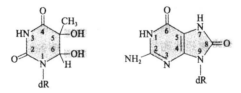

图 5-3　氧化作用产生的损伤碱基

(3)碱基的烷化

碱基的烷化(alkylation)通常是甲基化(methylation),如形成 1-甲基鸟嘌呤、7-甲基鸟嘌呤(N-7-methylguanine)和 6-O-甲基鸟嘌呤(6-O-methylguanine)(图 5-5)。碱基的烷化可导致碱基的转换,产生点突变。环境中的一些烷化剂也会引起碱基的烷化。

(4)加合物的形成

加合物(adduct)是由两种和或多种物质化合而成的化合物。DNA 中一些结构上经修饰的核苷酸也是一种加合物。例如,苯并芘二醇环氧化-脱氧鸟苷加合物(benzo[a]pyrene diol epoxide-dG adduct)。外源性的化学毒物经代谢后也与 DNA 共价结合,形成 DNA 加合物。DNA 上加合物的存在阻遏了正常的复制和转录,如得不到修复将会导致基因的突变。

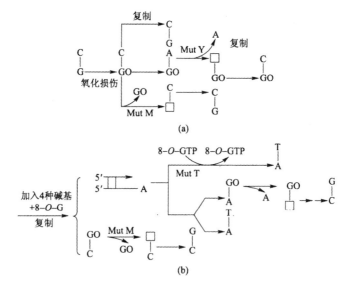

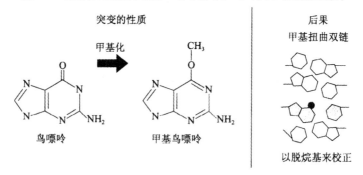

图 5-4 氧化作用损伤(a)及 8-氧鸟嘌呤(8-O-G)GO 修复系统(b)

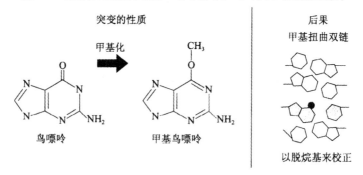

图 5-5 碱基的甲基化可扭曲双螺旋并导致复制时的错配

2. 外源性损伤

外源性损伤常由环境中的物理因子、化学因子和生物因子所引起。常见的环境因子有以下几种：

①电离辐射(ionizing radiation)。例如,放射线或宇宙线(cosmic rays)引起 DNA 链的断裂。

②热破坏(thermal disruption)。当提高温度时,可增加脱嘌呤(DNA 骨架上嘌呤碱基的丢失)的速率和单链断裂。例如,在生长于 85℃～250℃热温泉里的嗜热菌(thermophilic bacteria)中可出现水解脱嘌呤的现象。在这些物种中虽然脱嘌呤的速率如此之高[300 个嘌呤/(每个基因组·每代)],但通过正常的修复机制也可被修复,可能这是对环境的适应所致。

③工业化学物质(如氯乙烯和过氧化氢);环境化学物(如烟中的多环烃、煤烟和沥青产生的各种 DNA 加合物,被氧化的碱基,被烷基化的磷酸三酯)等。

④黄曲霉素(AFB1)结合产生的化学附加物。

⑤病毒感染能够引起宿主细胞的 DNA 损伤应答。

（1）放射线

电磁波谱中比可见光的波长要短一些的部分(即少于 1 μm)构成非离子射线和离子射线,前者如紫外线,后者包括 X 射线、γ 射线及宇宙射线。沿着每个高能射线的轨迹能发现一串离子,它们可启动很多的化学反应,其中包括突变。电离射线可诱导基因突变和染色体的断裂(图 5-6)。

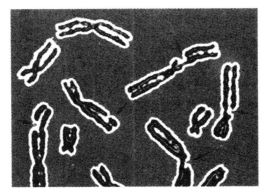

图 5-6　DNA 损伤导致染色体断裂

双链断裂(double-strand break,DSB)对细胞来说是十分严重的损伤。因这种损伤可导致基因组的重排(genome rearrangements),所以对细胞而言这也是最致命的。DNA 单链的损伤在组蛋白的保护下,或许可以逃过更进一步的损害与化学物质的攻击,而 DNA 双链断裂的结果使得 DNA 末端直接裸露,这种情况若没有及时修复,其后果之一是停止细胞的生长与分裂,或者是启动细胞凋亡,无论如何都是驱使细胞走向毁灭。

(2)紫外线

紫外线(ultraviolet light rays,UV)是非电离化的,但紫外线是常用的诱变剂。UV 能引起突变,这是因为 DNA 中的嘌呤和嘧啶吸收光能力很强,特别是对波长为 254～260 nm 的 UV。这种波长的 UV 能通过 DNA 光化学变化初步诱导基因突变,使 DNA 合成延伸衰减。UV 对 DNA 的作用之一是在同一条链中在两个相邻的嘧啶分子之间或在双螺旋的两条链的嘧啶之间形成异常的化学链,形成嘧啶二聚体(pyrimidine dimer,PD)。大部分是在 DNA 的两个相邻的 T 之间被诱导形成共价链,产生了胸腺嘧啶二聚体(图 5-7),常以 TT 表示。若嘧啶二聚体未能修复,将阻碍 DNA 的正常复制和转录,导致突变发生,在哺乳动物中可诱发皮肤癌。

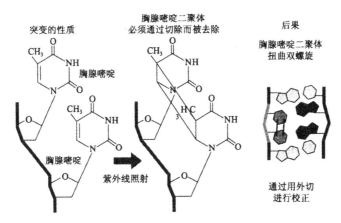

图 5-7　紫外线照射导致两个相邻的胸腺嘧啶之间形成二聚体

（3）化学诱变剂

1）碱基类似物

①5-溴尿嘧啶（5-bromouracil,5-BU）和 T 很相似,仅在第 5 个碳原子上由溴（Br）取代了 T 的甲基,5-BU 有两种异构体,一种是酮式,另一种是烯醇式,它们可分别与 A 及 G 配对,这样在 DNA 复制中一旦掺入 5-BU 就会引起碱基的转换而产生突变（图 5-8,图 5-9）。

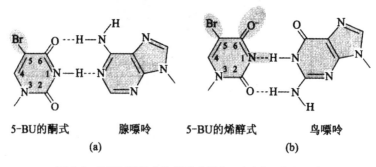

图 5-8　5-BU 的酮式和烯醇式及与 A(a)和 G(b)配对

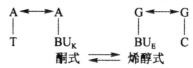

图 5-9　BU 的酮式和烯醇式分别与 A、G 配对

②2-氨基嘌呤（2-aminopurine,2-AP）也是碱基的类似物,它也有两种异构体,一种是正常状态,另一种是稀有状态,以亚胺的形式存在。它们可分别与 DNA 中正常的 T 和 C 配对结合（图 5-10）。DNA 复制过程中当 2-AP 掺入时,由于其异构体的变换而导致 A:T→C:G 或 G:C→A:T,其机制与 5-BU 相似。

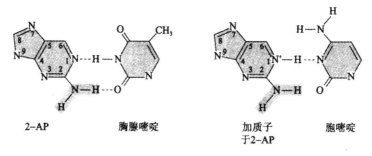

图 5-10　2-AP 的两种异构体的形式及其与 T 和 C 的结合

2）碱基的修饰剂

有的诱变剂并不是掺入到 DNA 中,而是通过直接地修饰碱基的化学结构,改变其性质而导致诱变,如亚硝酸、羟胺和烷化剂等（图 5-11）。碱基的修饰剂的作用最终将导致基因组中碱基的转换,产生点突变。

①亚硝酸（nitrous acid,NA）具有氧化脱氨的作用,可使 G 第 2 个碳原子上的氨脱去,产生黄嘌呤（xanthine,x）,次黄嘌呤（H）仍和 C 配对,故不产生转换突变。但 C 和 A 脱氨后分别产生 U 和次黄嘌呤 H,产生了转换（图 5-12a,5-12b）,使 C:G 转换成 A:T,A:T 转换成 G:C。

②羟胺。另一种碱基修饰剂是羟胺（HA）,它只特异地和胞嘧啶起反应,在第 4 个 C 原子上加上-OH,产生 4-OH-C,此产物可以和 A 配对（图 5-13）,使 C:G 转换成 T:A。

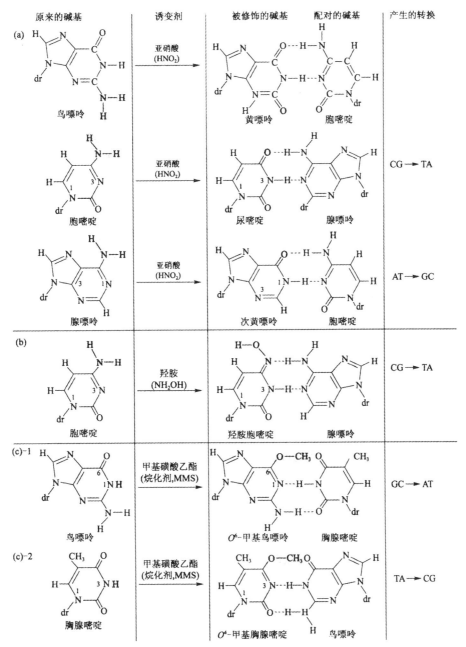

图 5-11　3 种碱基修饰剂的作用

（a）亚硝酸修饰鸟嘌呤、胞嘧啶和腺嘌呤。胞嘧啶和腺嘌呤的修饰引起
了配对的改变；而鸟嘌呤被修饰并未引起配对的改变；（b）羟胺仅作用于胞嘧啶；
（c）MMS 是一种烷化剂，烷化鸟嘧啶和胸腺嘧啶

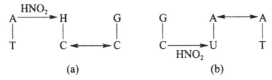

图 5-12　亚硝酸的氧化脱氨的作用

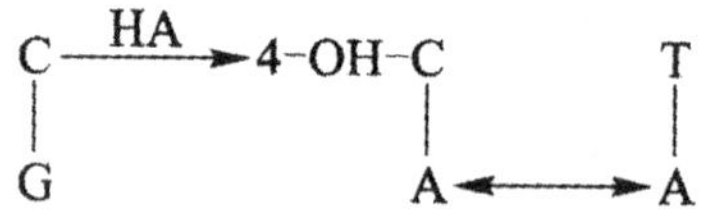

$$C \xrightarrow{\ HA\ } 4\text{-OH-C} \qquad\qquad T$$
$$|\qquad\qquad\qquad\qquad|\qquad\qquad\qquad |$$
$$G \qquad\qquad\qquad A \longleftrightarrow A$$

图 5-13　羟胺的修饰作用

③烷化剂。如甲基磺酸乙酯(EMS)、氮芥(NM)、甲基磺酸甲酯(MMS)和亚硝基胍(NG)等都属于烷化剂,它们的作用是使碱基烷基化,EMS 使 G 的第 6 位烷化,使 T 的第 4 位烷化,结果产生的 O-6-E-G 和 O-4-E-T 分别和 T、G 配对,导致原来的 G:C 转换成 A:T;T:A 转换成 C:G (图 5-14)。

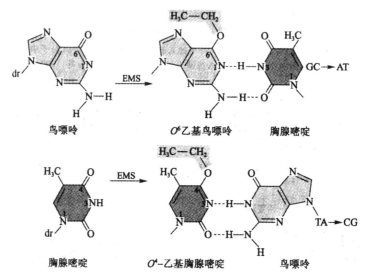

图 5-14　烷化诱导特定的碱基错配

鸟嘌呤 O-6 位置和胸腺嘧啶 O-4 位置的烷化都能导致鸟嘌呤及胸腺嘧啶的错配。在细菌中已进行了大量的分析,主要的突变是 G:C 转换成 A:T,表明大部分相关突变是鸟嘌呤 O-6 位烷化

3.DNA 插入剂

插入突变剂(intercalating mutagens)包括原黄素(proflavin)、吖啶橙(acridine orange)及 ICR 的复合物(图 5-15)等,它们的化学结构都是扁平的分子,易于在 DNA 复制时插入到 DNA 双螺旋双链或单链的两个相邻的碱基之间,起到插入诱变的作用。若插入剂插在 DNA 模板链两个相邻碱基中,合成时新合成链必须要有一个碱基插在插入剂相对的位置上,以填补空缺,这个碱基不存在配对的问题,所以是随机插入的。新合成链上一旦插入了一个碱基,那么下一轮复制必然会增加一个碱基(图 5-16a)。如果在合成新链时插入了一个分子的插入剂取代了相应的碱基,而在下一轮合成前此插入剂又丢失的话,那么下一轮复制将减少一个碱基(图 5-16b),这样使新合成链增加或减少了一个碱基,引起了移框突变。

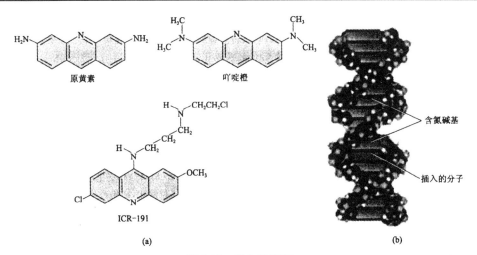

图 5-15　插入突变剂

(a)普通插入剂原黄素、吖啶橙和 ICR-191；(b)一个插入剂

分子滑入堆积在 DNA 分子中间的两个碱基之间

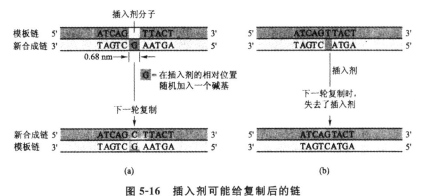

图 5-16　插入剂可能给复制后的链

(a)增加一对碱基或；(b)减少一对碱基，导致移框突变

5.2　DNA 损伤的修复

　　既然存在着各种内源性和外源性的 DNA 损伤，细胞将如何应对？ 一种是消极的容忍，其结果是细胞的基因组受到一定程度破坏，使细胞无法维持正常生命活动而死亡，这是不符合生物的适应和进化规律的；另一种是积极的修复，以确保基因组的完整和正常，不仅可指令生命活动的正常运行，而且可不断地传递给子细胞。实际上无论是简单的原核生物，还是复杂的真核生物都具有不同的 DNA 修复机制，这是长期进化的结果。

　　原核生物和真核生物对于 DNA 损伤都有很多的修复系统，所有这些系统都是用酶来进行修复。其中有的系统是直接改变 DNA 损伤，而另一些则是先切除损伤，产生单链的裂缺，然后再合成新的 DNA，将裂缺修补好。我们可以将不同修复途经分为以下几类。

5.2.1　直接修复

　　直接修复(direct repair)这是一种较简单的不需要模板的修复方式，一般都能使 DNA 恢复原貌。直接修复机制是特异地针对那些不涉及磷酸二酯键断裂的损伤类型。

1. 光复活

光复活反应是最早发现的由 UV 诱发的胸腺嘧啶二聚体的修复方式,这种修复系统叫做光复活(photoreactivation)或光修复(light repair)。修复是由细菌中的 DNA 光裂合酶(photolyase)完成,光裂合酶由 phr 基因编码,能特异性识别 UV 诱发的胸腺嘧啶二聚体,并与其结合,这步反应不需要光;结合后当受 300~500 nm 波长的蓝光和紫外光照射,光裂合酶能被光子所激活,将二聚体分解为两个正常的嘧啶单体,DNA 恢复正常结构(图 5-17)。后来发现类似的修复酶广泛存在于动植物中,人体细胞中也有发现。光裂合酶的功能是沿着双螺旋"清扫道路",寻找由胸腺嘧啶二聚体产生的凸出部分。由于胸腺嘧啶二聚体很少,所以光裂合酶显得非常有效。若有 4~6 个胸腺嘧啶二聚体就难以奏效。

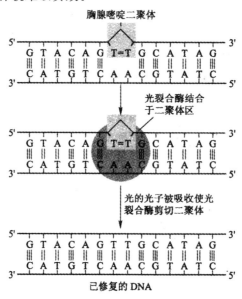

图 5-17 通过光复活修复胸腺嘧啶二聚体

2. 烷基转移

另一种直接修复的损伤类型是鸟嘌呤的甲基化,这种修复是依赖 O^6 甲基鸟嘌呤甲基转移酶(O^6-methylguanine-DNA methyltransferase,MGMT)或称烷基转移酶(alkylt ransferases)。这是一种和直接修复损伤有关的酶,它们可以切除掉 NG 和 EMS 加在鸟苷的 O-6 位置上的烷基(常为甲基)。这种酶还可以将 O-6 上的甲基转移到蛋白质的半胱氨酸残基上而修复损伤的 DNA。这是一种昂贵的过程,因每一个 MGMT 分子仅能用一次,当转移后,酶就失去了活性,即是化学计量的(stoichiometric),而不是催化的(catalytic)。因此这种修复系统在烷基水平足够高时是能达到饱和的。这个酶的修复能力并不很强,但在低剂量烷化剂作用下能诱导出此酶的修复活性。

在细菌中与 MGMT 相当的是 Ogt。细菌对甲基化试剂的一般应答称为适应反应(adaptive response),它赋予细菌一种对烷基化试剂持续作用的抗性,通过上调烷基化修复酶来实现的。

5.2.2　切除修复

在细胞内复杂的 DNA 修复机制中,根据 DNA 损伤的程度可以分为两种类型,一种是单链损伤(single strand damage),另一种是 DNA 双链断裂(double-strand break,DSB)。DNA 单链断裂是单链损伤中常见的损伤,如果仅是一个磷酸二酯键的断裂可由 DNA 连接酶直接修复。DNA 连接酶在各类生物的各种细胞中都普遍存在,修复反应容易进行。

大部分的单链损伤需要切除修复来解决。当双螺旋的两条链中仅一条链有损伤时,另一条链可用作模板来指导损伤链的修复。为了修复两条配对的 DNA 分子中一条链上的损伤,有很多的切除修复机制来去除损伤的核苷酸,并用与未损伤 DNA 链互补的正常核苷酸来取而代之。这种修复过程称为切除修复(excision-repair)。

1. 一般切除修复

一般切除修复是生物体普遍采用的修复途径。这种修复的特点是:

①损伤仅涉及一条 DNA 链上的个别碱基,但损伤明显,易于识别。

②一般需要切开磷酸二酯键,而无需剪切糖苷键。

③修复的过程比较简单、快速。

一般切除修复常指的是 Uvr(Uv/repair)系统参与的修复。它也可修复 UV 诱发的胸腺嘧啶二聚体。由于这种修复过程并不依赖于光的存在故又称为暗修复(dark repair)。

切除修复机制是 1964 年由 P. Howard—Flander,R. P. BOYCE 及 R. Setlow,W. Carrier 两个研究组同时发现的。他们分离到某些对 UV 敏感的 E.coli 突变株,经 UV 照射后,它们在暗处具有比正常情况高得多的诱发突变率。这些突变体是 uvr(Uv/repair)A⁻ 突变体。uvrA⁻ 突变体只有在光照时才能修复二聚体,表明它们缺乏暗修复系统。因此野生型的生物在暗处能修复二聚体,野生型的结构以 uvrA⁺ 来表示。

E.coli 中的切除修复系统并不仅修复嘧啶二聚体,也能修复 DNA 双螺旋的其他损伤。图 5-18 表示这个系统的修复机制为"先切后补"。嘧啶二聚体这个双螺旋的结构变形可被 Uvr 系统所识别,如图 5-19 所示。首先是 UvrAB 组合在一起识别嘧啶二聚体和其他大的损伤;然后 UvrA 解离(需 ATP)而 UvrC 和 UvrB 结合,UvrBC 复合体在损伤位点的两侧剪切,在损伤位点 5' 端相距 7 nt,3' 端相距 3~4 nt 处剪切,该过程也需 ATP。UvrD 是一种解旋酶,它可以帮助 DNA 解旋,让两个缺口间的单链片段(包含损伤位点)释放出来。大肠杆菌中的一些酶也能在体外切除嘧啶二聚体,包括具有 5'→3' 外切酶活性的 DNA 聚合酶Ⅰ和单链特异的外切酶Ⅷ。在这些切除中,任何一个相关基因发生突变 E.coli 都会失去切除嘧啶二聚体的能力。DNA 聚合酶Ⅰ似乎在体内担任最主要的切除任务。

被切除的 DNA 片段平均为 12nt,这种模型称为短补丁修复(short-patch repair),在这个修复合成中涉及的酶可能也是 DNA 聚合酶Ⅰ。

短补丁修复可解决 99% 的切除修复,剩余下的 1% 和 DNA 延伸取代有关,长度可达 1500 nt 左右,甚至可延伸到 9 kb 以上,即长补丁修复(long-patch repair)。这种模型也需要 uvr 基因和 DNA 聚合酶Ⅰ。

长补丁修复系统可切除很多类型的损伤,包括 UV 产生的产物、黄曲霉素(AFBl)结合产生的化学附加物及苯并嘧啶的环氢化物等引起的损伤。

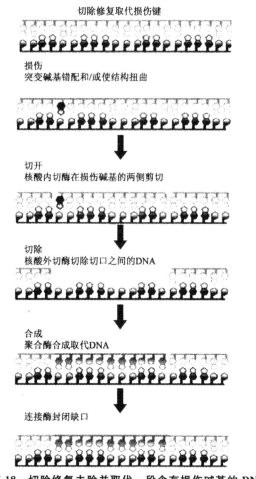

图 5-18 切除修复去除并取代一段含有损伤碱基的 DNA

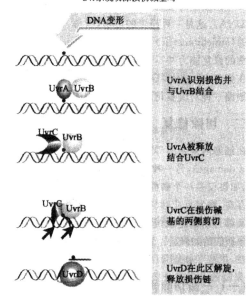

图 5-19 Uvr 系统作用的各个阶段,UvrAB 识别损伤,UvrBC 剪切 DNA,UvrD 使标记区解旋

2. 特殊切除修复

有些损伤太细微以致产生的变形小到不能被 UvrABC 系统所识别,因此还需要其他的切除修复途径。

(1)碱基的切除修复

碱基的切除修复是在修复中通过剪切糖苷键来去除错配碱基的一种途径。这些错配碱基若不及时修复,经过 DNA 的复制,就会使遗传信息发生改变而产生点突变。

由于氧化、烷基化、水解或脱氨而引起单个碱基的损伤,损伤的碱基通过 DNA 糖基酶(DNA glycosylase)来切除,故称为碱基的切除修复(base excision repair,BER)。DNA 糖基酶并不能剪切磷酸二酯键,但可以剪切 AP 位点上的 N-糖苷键使链断裂。释放出改变了的碱基,产生一个无嘌呤(apurinic)和无嘧啶(apyrimidinic)位点,即 AP 位点(AP site)。这样经过 AP 内切酶切割磷酸二酯键,再由 DNA 聚合酶 I 的外切酶活性和 $5'$-$3'$ 的合成活性进行修复,最后由连接酶封闭裂缺(nick),完成修复(图 5-20)。

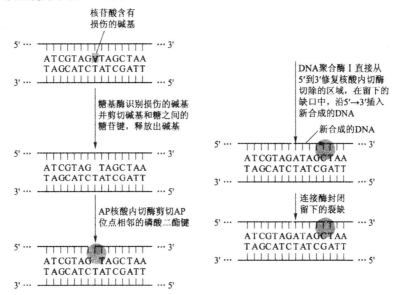

图 5-20　损伤碱基的切除修复涉及糖基酶的作用

DNA 糖基酶有很多种,其中之一是尿苷-DNA 糖基酶,它可从 DNA 上切除尿嘧啶(图 5-21)。C 因自发脱氨基而产生 U,若不修复可能导致 C→U 的转换。实际上在 DNA 中只有 A:T 配对而没有 A:U 配对,这是由于偶尔掺入的 U 可被识别和切除的原因。若 U 是 DNA 中的正常成分,那么这种修复就不需要了。

还有一种糖基酶可识别和切除由 A 脱氨而产生的次黄嘌呤(H);另一些糖基酶可切除被烷化的碱基(例如 ^{3-m}A、^{3-m}G 和 ^{7-m}G)、开环嘌呤、氧化损伤的碱基及在某些生物中的 UV 光化二聚体;一些新的糖基酶仍不断被发现。

(2)核苷酸切除修复

核苷酸切除修复(nucleotide excision repair,NER)可识别庞大的双链扭曲损伤,如嘧啶二聚体和 6,4 光生产物(6,4 photoproducts)。

NER 分为 DNA 损伤的识别和切除两步进行。对于不同的情况 NER 可分为全基因组修复

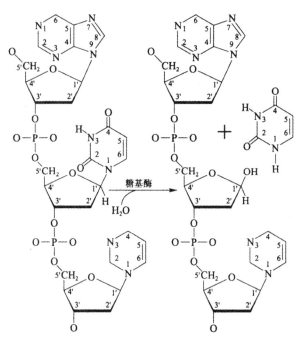

图 5-21　糖基酶通过剪切脱氧核糖和碱基之间的键而去除 DNA 上的碱基

(global genome repair，GGR)和转录偶联修复(transcription-coupled repair，TCR)两种途径。这两种途径在开始部分有所不同:GGR 作用于 DNA 的非转录区,TCR 作用于活性转录区。一旦启动后两者所利用的酶相同。如果损伤发生在转录 DNA 的非模板链,也进行 GGR,这需通过对 DNA 损伤具有特殊亲合识别能力的 XPC/ hHR23B 复合物来启动修复。

XPC/hHR23B 复合物的形成是 NER 损伤识别的起始阶段。如果损伤发生在转录活性基因模板链上,则进行 TCR。TCR 是由 RNA 聚合酶在转录过程遇到核苷酸损伤,因无法识别而停滞时所激活的修复机制。RNA 聚合酶的停滞可作为一种信号,立即募集 NER 相关的修复蛋白 XPG(XP，xeroderma pigmentosum，着色性干皮病)、CSA、CSB(CS，Cockayne syndrome，凯恩综合征)和 TF Ⅱ H。XPG 的作用是切除损坏的 DNA 链,CSA 和 CSB 可能使停滞的 RNA 聚合酶Ⅱ解离,以允许有足够的空间,供给其他蛋白质结合以进行 NER。CSB 参与了 DNA 的修复(图 5-22)。TFⅡH 是转录因子的亚基,可使 RNA 聚合酶Ⅱ的构象发生改变,将形成钳形结构的 DNA 分子释放出来。但 TF Ⅱ H 不能识别 RNA 聚合酶Ⅱ,它需要 CSB 和 XPG 蛋白的引导。

TCR 修复比 GGR 迅速且效率也较高,GGR 需漫长地等待。但也正因如此,TCR 所修复的范围仅局限于能够转录 RNA 的 DNA 序列。TCR 修复也解释了患有凯恩综合征(Cockayne syndrome,一种罕见的常染色体隐性遗传病,患者对紫外线异常敏感,并伴有神经系统和发育异常,该病可分为两个亚群:CSA 与 CSB)的婴儿是因为在出生后不断积累转录上的缺陷,导致了细胞的死亡,造成了患者神经元的退化。

TCR 也是人类的一个极其重要的修复途径。有一种罕见的遗传病叫着色性干皮病就是一种切除修复酶的缺陷,患者的暴露部位易发生色素沉着,皮肤萎缩,角化过度和癌变,大部分患者在 30 岁前可能死于皮肤癌。由此可见 TCR 途径的作用是何等重要。

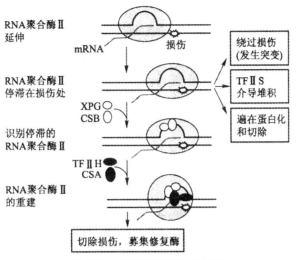

图 5-22　转录偶联修复的机制

（3）GO 系统修复

mnutM 和 mutY 基因产生的两种糖基酶共同作用,可阻止突变产生的 8-氧-7,8-二氢脱氧鸟嘌呤(8-O-G)或胸苷乙二醇(GO)(图 5-4),这些糖基酶形成了 GO 系统。当 GO 丢失时,DNA 中会因自发氧化作用造成损伤,切除 GO 损伤的是由 mutM 基因编码的一种糖基酶。如果在复制时产生了氧化损伤形成 GO,经复制,C 仍和 G 配对,而 GO 和 A 配对。若得不到修复就导致 C:G 转换为 A:T,但 mutY 编码的糖基酶 MutY 可切除错配的 A,经过复制恢复为 GO:C(图 5-4)。如果在复制的底物中掺入了 8-O-G,一种情况是它可能和模板链上的 A 配对,但细胞中有一种糖基酶 MutT,它起到 dUTPase 酶的作用,使 8-O-GTP 转换为 8-O-GMP;这样它就不能作为 DNA 合成的底物了。即使如此,还是有部分 GO 逃过了 MutT 酶的"监视",仍然掺入到 DNA 中和 A 结合,糖基酶 MutY 可以将错配的 A 切除,通过复制反而产生了 C:G。使原来的 A:T 转换为 C:G。另一种情况是 GO 掺入到模板中,和 C 配对,当糖基酶切除 GO 后可排除产生 A:T 的危险,仍保持 C:G 配对(图 5-23),使突变减少到最小。

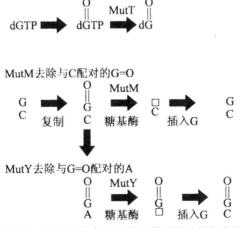

图 5-23　含有氧化鸟嘌呤的碱基对能被优先去除

5.2.3 复制后修复

复制后修复(post-replication repair)在非复制时期对 DNA 损伤区域的修复。通常这类修复发生在细胞周期的 G_1 期或 G_2 期,包括对 DNA 的错配修复、单链的损伤修复和双链的断裂修复。

假设需设计一个可以修复复制错误的酶,那么这个酶应当是什么样的呢? 看来至少它要具备以下 3 个功能:

①识别错配的碱基对。

②对错配的一对碱基要能准确区别哪一个是错的,哪一个是对的。

③切除错误的碱基,并进行修复合成。

以上第二点最为重要,除非它能区分错误和正确的碱基,否则错配修复系统就无法决定切除哪一个碱基。例如,^{5-m}C 脱氨变成 T,有一个特殊的系统要将此修复成正常的序列。脱氨的结果使得 C:G 转换为 G:T 错配,这个系统必须将 G:T 修复成 G:C,而不是 A:T。

1. 错配修复

有些修复途径能够识别 DNA 复制中出现的错配,这种系统叫做复制后错配修复(mismatch repair,MMR)系统。MMR 主要是校正 DNA 在复制和重组过程发生的错配(但未损伤)。

VSP 系统(very short patch repair system)是不能胜任这项工作的,损伤修复系统中的 MutL 和 MutS 也不能解决问题,它们只从错配的 G:T 和 C:T 中切除 T,其他的如 MutY 可以从错配的 C:A 中切除 A。这些系统的功能都是直接地从错配碱基对中切除其中一个特定的碱基。MutY 是一种腺嘌呤糖基酶,它可以产生一个 AP 位点来进行切除修复,同样不能确定哪一个是错误的碱基。

在 *E. coli* 复制中发生错配时,是可以区分原来的模板链和新合成链,因为 DNA 复制后只在亲本链上带有甲基,新合成的链尚在等待着甲基化。因此两条链的甲基化状态是不同的,这就给复制差错的校正系统提供了一个标志。

dam 基因编码了一个甲基化酶,它的靶位点是 GATC 上的 A,使 A 成为 ^{6-M}A,这个半甲基化位点是被用来作为复制中母链的标志,同样用于与复制相关的修复系统。图 5-24 表示可能的复制后错配修复模型,MutS 能识别错配位点,MutL 能作用新合成的链,UvrD 是解旋酶可使错配区双链打开,然后 SSB 结合在单链上防止复性(图中未显示),MutH 作为核酸外切酶将含有错配碱基的新链片段切除掉,再由 DNA 聚合酶工进行修补,最后由连接酶将裂缺封闭好。这样就完成了复制后错配修复。

在高等真核生物中也存在 MutS/MutL 的同源物 MS H(MutS homolog)蛋白 MLH/PMS。它们的类型多,作用也不同。有的用于简单的错配修复,有的用于在短的重复序列(如微卫星)区修复复制滑动而产生的错配。它们能识别结合复制滑动产生的突出于 DNA 双链的单链环,在核酸外切酶、解旋酶、DNA 聚合酶和连接酶的参与下去除环状错配区(图 5-25)。

2. 重组修复

重组修复(recombination-repair)系统是在 DNA 复制时模板链上含有损伤的碱基,导致新合成链上产生裂缺而进行重组的修复系统,也属于复制后修复。

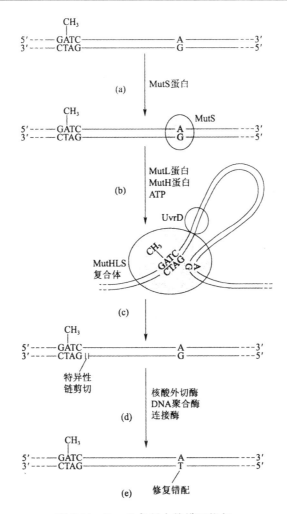

图 5-24　*E. coli* 复制中的错配修复

（a）甲基化酶，作用于 GATC 上的 A，这个半甲基化位点是被用来作为复制中母链的标志；

（b）MutS 识别错配碱基，并移位到 GATC 位点；（c）MutL 蛋白、MutH 蛋白和 ATP 的加入，

形成 Mut HLS 复合体；（d）MutH 在 GATC 位点剪切未甲基化的单链；（e）核酸外切酶切除从 GATC

位点到错配位点之间的单链。DNA 聚合酶 Ⅰ 以母链为模板合成 DNA 进行修复，由连接酶封闭裂缺

若 DNA 上的一条链含有结构变形，如嘧啶二聚体，当 DNA 复制时嘧啶二聚体就使损伤位点失去作模板的作用，复制就跳越过这一位点。DNA 聚合酶可能继续前进或者在嘧啶二聚体附近再重新开始合成。这样在新合成的链上留下了一个裂缺，使两个子链的性质不同。一条子链的亲代链上含有损伤，新合成的相应位点上有一个裂缺。另一条子链的亲代链是完好的，没有损伤，新合成的互补链也是正常的，恢复系统就利用了这条正常的子链。

新合成链因损伤产生的裂缺由另一条正常亲本链上的同源片段通过重组来填补，随着单链交换（single-strand exchange）受体的双链中有一条是有损伤的亲本链，另一条经重组后变成为野生型的新合成链；而供体双链有一条是正常的新合成链和一条带有裂缺的母链，这个裂缺可通过一般的修复系统（DNA 聚合酶 Ⅰ）来修复，最终产生正常的双链。这样损伤就限制在原来的链上，不至影响到新合成的 DNA（图 5-26）。

在一个具有切除修复缺陷的 *E. coli* 中，recA 基因的突变使其失去所有的修复能力，人们试

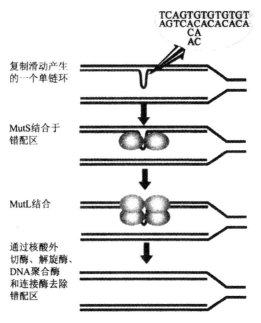

图 5-25 因复制滑动而产生的错配 MutS/MutL 系统启动修复

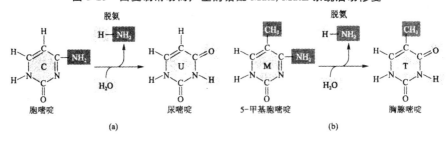

图 5-26 重组修复和 SOS 修复

(a)重组修复;(b)SOS 修复

图在双突变体(uvr⁻ recA⁻)的细胞中进行复制产生一段 DNA 片段,预期其长度是在两个胸腺嘌呤二聚体之间。实验结果表明根本得不到复制的 DNA,这是由于细胞缺乏了 recA 的功能,妨碍了复制而致死。它解释了为什么双突变体(uvr⁻ recA⁻)的基因组中不能容忍超过 1~2 个胸腺嘌呤二聚体,而野生型细胞允许存在多达 50 个。

RecA 蛋白的功能是促使 DNA 链之间的交换。在 DNA 重组和涉及重组修复的单链交换中 RecA 都起着重要的作用,它还涉及易错修复。

双突变体(uvr⁻ recA⁻)的特点表明 RecA 参与两种 Rec 途径,将单个基因突变体的表型和双突变体进行比较,来测定两者的相关功能是部分相同还是不同。如果这些基因是在相同的途径中,那么双突变体的表型将和单个突变体的表型相同。如果这些基因是在不同的途径中,那么双突变体应影响到两种途径而不是一种,因此影响的表型应比单个突变体的要多。通过这种方法发现,Rec 途径和 recBC 基因有关,另一个途径涉及 recF。

recBC 这两个基因编码核酸外切酶 γ 的两个亚基,它们的活性受到此途径的其他成分的限制。RecF 蛋白的功能尚不清楚,其他的 rec 座位也都通过影响到重组和重组修复的突变而被鉴别出来。

Uvr 系统是负责切除大量的 T͡T,而 Rec 系统是负责清除那些未被切除的二聚体。这些遗漏的二聚体虽数量不多,但常常是致命的。

3. SOS 修复系统

SOS 应答(SOS response)这个术语是用于 *E. coli* 中描述基因表达的改变及其他细菌对于广泛的 DNA 损伤的应答。J. Weigle 等曾用紫外线照射 λ 噬菌体然后再去感染细菌,而细菌又分为两组,一组是事先也用 UV 照射过,另一组是没有照射过,结果前一组中 λ 噬菌体的存活率反而高于后一组。以上的现象称为 UV-复活(UV-reactivation),也叫做 W-复活(Weigle 的第一个字母),现称为 SOS 应答。

原核生物 SOS 应答系统受 LexA 和 RecA 两种关键蛋白质调控。LexA 同二聚体是一种转录抑制物,已知 LexA 调节 48 个基因的转录,其中包括 recA、lexA、uvrA、uvrB、umuC、umuD 和 himA,它们被称为损伤可诱导基因(damage inducible,din)。这些基因都具有 SOS 盒(SOS box)。SOS 盒是在启动子附近长 20 nt 的回文保守序列,而 LexA 可识别结合 SOS 盒。这个特点导致 LexA 可结合于不同基因的启动子上,产生 SOS 应答。在不同基因座上的 SOS 盒也是不同的,但都有 8 bp 的保守序列。像其他的操纵位点一样,SOS 盒和启动子有重叠。在 LexA 座位属于自我阻遏物,其启动子附近有两个相邻的 SOS 盒。

SOS 应答和其他修复途径不同。其他修复途径的酶系是已存在于细胞中的,而 SOS 修复的酶系统是经损伤诱导才产生的。激活 SOS 应答的共同信号是 DNA 的单链区,单链区是因复制延宕或双链断裂后,经解旋酶的作用而形成。LexA 是一种相对稳定的小分子蛋白质(22×10^3),是很多操纵子的阻遏物。在起始阶段,RecA 蛋白结合于 ssDNA,ATP 水解驱动反应,产生 RecA-ssDNA 纤丝。RecA-ssDNA 激活 LexA 潜在的蛋白酶活性,使 LexA 裂解而失去了阻遏活性,并且同时诱导了 LexA 所阻遏的操纵子,使 SOS 基因得以转录(图 5-27)。RecA 也触发细胞中其他靶物质的剪切。RecA 激活后也剪切 UmuD 蛋白产生 UmuD′,UmuD′ 可激活 UmuD2C 复合体,结合到损伤位点的单链区,然后合成一段 DNA 来置换损伤的部分。激活信号和 RecA 的相互作用是很快的,SOS 应答在产生损伤的几分钟内就发生了。

从逻辑上讲,这些损伤修复基因在 SOS 应答开始即被诱导。易错跨损伤聚合酶(error prone translesion polymerases),如 UmuD′$_2$C(也称 DNA 聚合酶 V)作为最后的一种手段,一旦启用 DNA 聚合酶 V 或通过重组使 DNA 损伤被修复或绕过,细胞中单链 DNA 的数量会减少,随着 RecA 纤丝数量的减少,剪切 LexA 同二聚体的活性也降低,然后 LexA 结合于启动子附近的 SOS 盒上,重新阻抑 SOS 基因群。

SOS 修复是细菌 DNA 受到严重损伤、处于危急状态时所诱导的一种 DNA 修复方式。修复结果只是能由 SOS 修复酶类修补损伤所产生的裂缺,以减少细胞的死亡,但随着修复也带来了较多错误,使细胞有较高的突变率,又称为易错修复(error-prone repair)。SOS 的作用不限于 UV 导致的损伤,不同种类的 DNA 损伤也能使此系统活化。

人们推测在真核细胞中也存在这种系统。当细胞遭到大损伤时,会被诱导产生一种应答来阻止细胞死亡。例如,采用跨损伤合成(translesion synthesis),这是一种对 DNA 损伤的容忍,即允许穿过 DNA 损伤位点(如胸腺嘧啶二聚体或 AP 位点)进行 DNA 复制,这种复制将常规的 DNA 聚合酶换成一种专门跨损伤聚合酶(如 DNA 聚合酶 V),这种酶具有大量的活性部位,能在损伤的区域插入碱基。这种聚合酶的转换是通过进行性因子增殖细胞核抗原(PCNA)介导的。跨损伤合成的聚合酶与常规的聚合酶相比,其合成的忠实性较低(高度倾向插入错误的碱

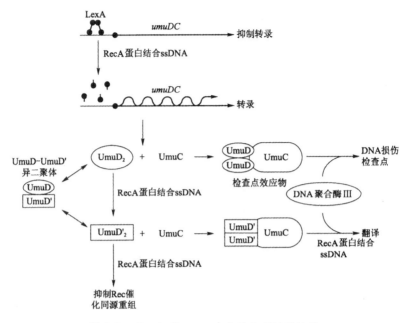

图 5-27　UmuD$_2$ 和 UmuD$'_2$ 表达和激活的调节

基）。然而，它在特殊类型损伤的相对位置能很有效地插入正常的碱基。例如，聚合酶 η 能绕过 UV 照射所产生的损伤位点，但聚合酶 ζ 可诱发这些位点发生突变。从细胞的前景出发，在跨损伤合成时，冒突变危险比采用更为激烈的修复机制要好一些，否则可能会导致染色体的畸变或细胞的死亡。

4. 双链断裂的修复

双链断裂对细胞的危害很大，幸好真核生物细胞已进化出数套途径，用来修复 DNA 双股断裂的产生，这些途径是同源重组、非同源性末端连接和微同源末端连接。

（1）同源重组修复

同源重组修复（homologous recombination repair，HRR）是利用真核生物二倍体细胞内每一条染色体都具有一条同源染色体的特性。在同源重组（double-strand breaks recombination，DSB)模型中，若一条染色体上的 DNA 发生双股断裂，则另一条染色体上对应的 DNA 序列即可当作修复的模板来恢复成断裂前的序列（图 5-28）。HRR 需要相同或相似的序列用于作为断裂修复的模板。在修复过程中，酶的作用和在减数分裂时促成染色体交换的作用相同。这种途径允许损伤的染色体用一条姐妹染色单体或同源染色体作为模板。

在减数分裂过程中，由 Spo11 蛋白催化形成断裂双链，RecA 蛋白系列结合于断裂的 DNA 末端形成 DNA 蛋白质细丝，能够催化同源配对，使单链 DNA 末端入侵其同源区段，Rad51 和 Dmc1 蛋白（两个 RecA 的同源蛋白）在这一过程中起重要作用。但是科学家对入侵后的同源重组过程则了解得比较少。

（2）非同源末端连接

非同源末端连接（non-homologous end joining，NHEJ）是修复与复制相关断裂的主要途径，这种断裂大部分是被电离辐射所诱导。NHEJ 修复机制与前面的 HRR 最大的差异是 NHEJ 完全不需要任何模板的帮助。NHEJ 修复蛋白可以直接将双股裂断的末端彼此拉近，再由 DNA 连

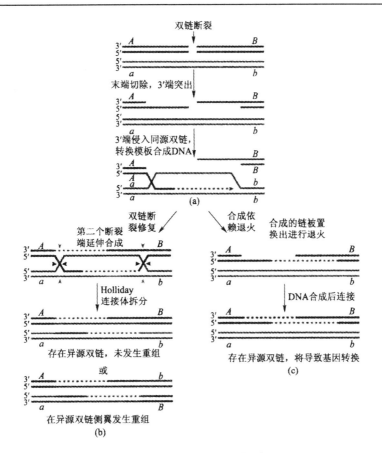

图 5-28　双链断裂重组模型

(a)DSB 的切除所产生的单链 DNA(ssDNA)的 3′端突出(overhang)侵入同源双
链序列中而启动,然后侵入端继续延伸。下一步又有两种途径:一是 DSBR,
另一种是 SDSA(c);(b)在单链侵入和延伸后,第二个 DSB 端也相继合成,
形成带有两个 Holliday 连接体(Holliday junction,HJ)的中间体。在 DNA 裂缺被封闭
后,拆分 HJ。这有两种模式:一种拆分(黑色箭头表示)的结果是不发生基因重组,
但会产生异源双链区;另一种拆分(在一个 HJ 处为灰色箭头,在另一个 HJ 处为黑色
箭头表示)的结果是不仅产生异源双链区,而且在此区的侧翼还会发生基因重组;
(c)在第二个断裂段延伸之前,还有另一种选择,可通过链的置换进行 SDSA。即已
延伸的 3′端被置换出,与第二个断裂端的 5′端连接,然后第二个断裂段再开始合成、
连接,修复断裂。这种途径不会产生重组,但会出现基因转变

接酶的作用,将断裂的双链重新连接。与 HRR 相比,NHEJ 的机制既简单又无需 DNA 模板。但 NHEJ 会导致核苷酸的丢失,产生较多的错误。在高等真核生物中,编码序列所占比例很小,丢失的核苷酸位于非编码区的概率很高,这样导致基因突变的可能性就比较小。因此基因组越复杂、包含越多垃圾 DNA(junk DNA)的生物体,NHEJ 的活性比 HRR 更为活跃。基因组越简单,尤其是单细胞生物,NHEJ 很有可能会破坏基因组序列的完整性,反而不适合。

在 NHEJ 中,一种特异的 DNA 连接酶——DNA 连接酶Ⅳ,和辅因子 XRCC4 可直接连接两个断裂端。参与 NHEJ 修复的蛋白质还有有 ATM(ataxiatelangiectasia mutated)、NBSl 及 γ-H2AX。首先 NBS1 蛋白会将 ATM 蛋白招募到 DNA 断裂处,然后共同解开被蛋白质缠绕的

DNA,暴露出 DNA 的断裂点,使参与修复 DNA 的另一些蛋白质也能与断裂处接触,并发挥作用。ATM 及 NBSl 蛋白的另一作用是确保 XRCC4 能到达 DNA 断裂处进行修补。首先与 DNA 断裂处结合的是 ATM 蛋白,直到 XRCC4 蛋白到达时,才置换出 ATM 蛋白。

为了指导精确地修复,NHEJ 依赖微同源的短同源序列(short homologous sequences),位于 DNA 断裂端单链尾部。如果突出端是可配对的,修复通常是精确的。NHEJ 在修复时也可导致突变。在断裂位点失去损伤的碱基可导致缺失,而连接不匹配的末端可导致复制后错配。NHEJ 在细胞的 DNA 复制前特别重要,因没有模板来提供同源重组。

在脊椎动物免疫系统中,B 细胞免疫球蛋白的 V(D)J 重组和 T 细胞受体重组时,也是需要 NHRJ 来连接编码端。

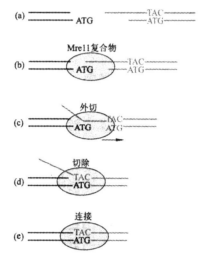

图 5-29　酵母中的复合物微同源介导末端连接模型

(a)产生 DNA 断裂端,在单链突出端含有"ATG"序列(粗线),在断裂的另一端的双链区(细线)也存在"ATG"序列;(b)Mre1l 复合物同时结合两个断裂端,5′突出端不能配对,Mre1l 复合物的核酸外切酶活性作用断裂端(图右侧);(c)切除少量核苷酸后,突出端仍不能与另一端配对,于是,Mre1l 复合物就进一步外切;(d)直到将非突出端链上的 ATG 降解掉(右侧细线下端),露出其互补链上的"TAC"序列,产生了黏性末端,此时停止外切;(e)左侧断裂端上的 ATG 与其互补结合,再通过连接酶封闭切口(nick),修整上部的链,将多余的核苷酸切除还需要别的酶。

(3)微同源介导末端连接

微同源介导末端连接(microhomology-mediated end joining,MMEJ)是修复 DNA 双链断裂的一种途径。MMEJ 不同于其他的修复机制,是在连接前以 5～25 个碱基的微同源序列与断裂链连接,用 Ku 蛋白和 DNA 依赖的蛋白激酶(DNA-dependent protein kinase,DNA-PK)的修复机制。Ku 蛋白是一种保守的 DNA 结合蛋白,能与 DNA 末端及 DNA 损伤导致的双链 DNA 断裂结合。在酵母中通过 Mre1l 复合物的作用介导末端连接(图 5-29)。MMEJ 发生在细胞周期的 S 期,它是通过连接断裂端,切除不能互补的突出核苷酸区域,填补丢失的碱基。当断裂发生在 5～25 同源的互补碱基对时,两条链被识别并作为微同源配对的基础。一旦连接,任何多余的碱基和链上错配的碱基都会被切除,而丢失的核苷酸被插入。这种途径是建立在与断裂位点的上、下游微同源的基础上。MMEJ 连接 DNA 链无须检查链的一致性,由于切除了不能互补配对的核苷酸片断而导致缺失。MMEJ 是一种易错修复的方法,可引起缺失突变而导致细胞癌变。在大多数情况下,细胞在难以获得 NHEJ 或不适合使用 NHEJ 时才不得已而采用 MMEJ 途径。

5.3　基因突变

突变涵盖遗传物质的改变和这一改变的过程两层意思。一个因基因突变而带有新表型的生物称为突变体(mutant)。广义地来说,突变指的是一个细胞或生物的基因型所发生的任何突然的可遗传的改变。基因突变不同于 DNA 的损伤,但损伤的结果又常导致基因的突变。除回复突变和抑制(suppressor)效应的存在外,基因突变是不能修复的,而是能导致表型变异并稳定遗传,这和损伤完全不同。

对于一个多细胞生物来说,如果突变仅发生在体细胞中,那么这种突变是不会传递给后代的。这种类型的突变称为体细胞突变(somatic mutation)。但若突变发生在生殖细胞中,那么这种突变就能通过配子传递给下一代,这种突变称为种系突变(germ-line mutations)。

如果突变发生于某个基因的特定位点,则称为点突变(point mutation),点突变包括一碱基对发生了置换和碱基的插入或删除。现在,"突变"一词常用来专指点突变。

5.3.1　基因突变的类型

根据突变的性质可分为 3 种类型:

$$
突变\begin{cases}
点突变:碱基替换\begin{cases}转换\ Py\ 与\ Py,Pu\ 与\ Pu\ 之间变换,多见\\ 颠换\ Py\ 与\ Pu\ 之间变换,少见\end{cases}\\
移码突变\begin{cases}插入\ 1\sim2\ 个碱基\\ 丢失\ 1\sim2\ 个碱基\end{cases}\\
缺失突变\ ——\ 缺失大片段\ DNA(十几到几千个碱基)
\end{cases}
$$

有了以上这些背景,我们现在就可以介绍有关基因突变的一些术语。

碱基对取代突变(base-pair substitution mutation)是指在基因中一个碱基对被另一个碱基对所取代。转换(transition)是碱基替换中的一种类型,是指嘌呤与嘌呤之间,或嘧啶与嘧啶之间的替换。例如,G:C 被替换成 A:T。颠换(transversion mutation)是碱基替换中的另一种类型,是指嘌呤与嘧啶之间的替换。例如,A:T 被替换成了 T:A 或 C:G。

根据突变表型和野生型相比较将点突变分成两类:一类是正向突变(forward mutation),其突变方向是从野生型突变成突变型;另一种是回复突变(reverse mutation),其突变方向是从突变型突变成野生型。回复突变可使突变基因产生的无功能或有部分功能的多肽恢复部分功能或完全功能。当 DNA 碱基对发生改变,使其 mRNA 中相应的有义密码子得到恢复,可以编码某种特殊的氨基酸,这个改变的密码子可以是原来野生型的相应密码子或者是其他氨基酸的密码子。

突变的作用还可以通过其他位点的突变而得到减弱或校正,这便是前面已介绍过的抑制突变(suppressor mutation)。

碱基置换突变(base substitution mutation)是指在基因中一个碱基对被另一个碱基对所取代,如 Tyr 的 DNA 密码子中 C:G 变成 A:T。

根据突变后密码子的含义将突变分为无义突变、同义突变和错义突变 3 种类型。

错义突变(missense mutation)是指改变密码子含义的碱基替换,导致编码的多肽链中某一个氨基酸残基被另一种氨基酸所取代。如果新的氨基酸具有与原来的氨基酸同样的化学性质,这个错义突变是保守(conservative)的。如果原来的氨基酸被具有不同化学性质的氨基酸所取代,错义突变是非保守(nonconservative)的。例如,AAG 突变为 GAG,编码的氨基酸由亮氨酸变成谷氨酸。错义突变的影响取决于它是保守还是非保守的,还取决于被替换的残基在多肽链功能中的重要程度。保守的替换一般是中性的,除非突变发生在一个关键的残基(如酶的活性位点),而非保守的替换一般会破坏多肽链的结构和/或改变多肽链的性质,从而产生突变的表型。有些错义突变的影响十分微妙,可能只在一定的环境条件下(如高温)表现出来。

无义突变(nonsense mutation)是将有意义的密码子改变成无义密码子(终止密码子)的碱基替换。翻译时在相应的位点会导致提前终止,而产生一条不完整的多肽链,通常是没有功能的。无义突变效应的严重性取决于突变位点在编码区的位置。5′端的无义突变导致产生很不完整的多肽链,引起多肽链功能的丧失。3′端无义突变可能对编码多肽链的结构影响不大,但可能影响 mRNA 的稳定性。在真核基因中的无义突变偶尔会在剪切中引起外显子跳跃。

根据突变产生的无义密码子类型可分成琥珀突变(amber mutation)(突变为终止密码子 UAG),乳白突变(opal mutation)(突变为终止密码子 UGA)和赭石突变(ochre mutation)(突变为终止密码子 UAA)。

导致获得原先没有的功能的突变称为功能获得突变(gain-of-function mutation)。相反,导致丢失原有功能的基因突变称为功能失去突变(loss-of-function mutation)。使一对杂合等位基因成为纯合状态的突变称为杂合性丢失(loss of heterozygosity,LOH)突变。可检测其表型改变的突变称为可见突变(visible mutation)。相反,不能检测到其表型改变的突变称为不可见突变(invisible mutation)。

渗漏突变(leaky mutation)指某基因发生突变后其产物仍具有原来的功能,但活性比野生型弱,也称为亚效等位基因(hypomorph)。

中性突变(neutral mutation)基因序列中密码子的改变并没有改变产物的功能,即不影响生物适应性的突变和不影响生物表型效应的突变。中性突变在群体中可产生多态性。

沉默突变(silent mutation)是中性突变中的一种特殊情况。不影响密码子含义的碱基替换,因而对多肽链结构没有影响,实际上就是同义突变。沉默突变的发生是由于遗传密码的简并性。例如,ATT 突变为 ATC,两者都编码异亮氨酸。

移框突变(frameshift mutation)是由于基因中增加或减少碱基(改变的碱基数不是 3 或 3 的倍数)所致。一较短的 3n+1 个核苷酸的插入与缺失,使阅读框发生变化,大部分阅读框有读框外(out-of-frame)的终止密码子,所以移框突变往往造成蛋白质合成的提前终止,产生不完整的多肽链。即使不提前终止,但由于肽链的一级结构发生了很大的改变,所以产生的蛋白质常是无功能的。移框突变的效应取决于它的位置,位于 5′端突变的后果要比 3′端突变更为严重。

非移框插入/缺失突变(indel mutation)(indel 是"insertion"和"delete"前缀的组合表示插入或缺失的统称)是指较短的 3n 个核苷酸的插入与缺失。这类突变不破坏可读框,往往是可以容忍的,但蛋白质一级结构的改变也可能影响或丧失其原有的功能。

通读突变(readthro ugh mutation)是将终止密码子转变成有义密码子,造成通读,使多肽链延长。例如,TAG(终止密码子)突变为 CAG(谷氨酰胺)。通读突变可能影响多肽链的性质和 mRNA 的稳定性。一般情况下,多肽链不会延长太多,因为在天然的终止密码子的下游有不定位置的终止密码子存在。

突变的作用还可以通过其他位点的突变而得到减少或校正，这便是前面已讨论过的抑制突变(suppressor mutation)。

5.3.2　突变的原因

自然发生的突变是自发突变(spontaneous mutation)。一些物理的或化学的诱变剂(mutagen)都能增加这种自发突变的频率，但不改变突变的方向。而诱变剂处理所诱发的突变称为诱发突变(induced mutation)，这两种突变之间并没有本质的区别。无论是自发突变还是诱发突变，除复制差错以外，多是 DNA 损伤未能修复所致。

自发突变是在自然中发生的，不存在人类的干扰。长期以来遗传学家们认为自发突变是由环境中固有的诱变剂所产生的，如放射线和化学物质，但证据表明并非如此。自发突变可能由很多因素中的一种所引起，包括 DNA 复制中的错误、DNA 自发的化学改变。自发突变也可能由于转座因子的移动而引起。

人们对突变的发生进行定量时常使用两种不同的术语：突变率(mutation rate)和突变频率(mutation frequency)。突变率是指在单位时间内(如一代)，在细胞或微生物群体中，某种突变发生的概率；突变频率是指在一个细胞群体或个体中，某种突变发生的数目，即每 10 万个生物中发生突变的数目，或每百万个配子中突变的数目。有时，突变频率和突变率可变通使用。

在果蝇中自发突变率为 $10^{-4} \sim 10^{-5}$/每代每个基因，在人类中为 $10^{-4} \sim 4 \times 10^{-6}$/每代每个基因，而细菌是 $10^{-5} \sim 10^{-7}$/每代每个基因。自发突变频率受到生物遗传特征的影响，如在雄性和雌性果蝇中相同的性状其突变频率不同，不同的性状可具有不同的突变频率。

1. DNA 复制错误

(1)碱基错配

在复制中有 10^{-3} 的概率可能发生碱基错配(base mismatch)，经 DNA 聚合酶的校正作用实际的错配率为 $10^{-8} \sim 10^{-10}$，但毕竟仍有错配的存在而造成遗传信息的改变。

在 DNA 复制时可能产生碱基的错配，如 A:C 配对。当带有 A:C 错配的 DNA 重新复制时，一条子链双螺旋在错配的位置上形成 G:C，而另一条子链的双螺旋在相应位点将形成 A:T。这样就产生了碱基对的转换。

原核 DNA 聚合酶都具有 $3' \rightarrow 5'$ 的外切酶活性，可对复制中错误掺入的碱基进行校正，使得 DNA 复制中实际的差错率大大减少。在真核生物中 DNA 聚合酶 δ 也具有 $3' \rightarrow 5'$，外切酶活性。在介绍原核 DNA 聚合酶结构时已说明 DNA 聚合酶 $3' \rightarrow 5'$ 外切酶功能是 ε 亚基承担的，若编码这个亚基的基因发生突变，那么就失去校正的功能，引发点突变。

(2)互变异构移位

由于碱基本身存在着互变异构体(tautomers)，所以也能形成错误的碱基对。当碱基以它常见的形式出现时就可能和错误的碱基形成配对。J. D. Watson 和 F. H. C. Crick 就曾指出，DNA 的碱基结构并不是静态不变的，在嘌呤或嘧啶中的氢原子可以从一个位置移到另一个位置上，如从氨基基团转移到位于环上的氮。这种现象称为互变异构移位(tautomeric shifts)。这种互变异构移位很少发生，但它在 DNA 代谢中十分重要，因为它可能导致碱基配对的改变。我们在第一章详细阐述的 DNA 结构是一种最常见的稳定结构，其中的腺嘌呤总和胸腺嘧啶配对，而鸟嘌呤总和胞嘧啶配对。胸腺嘧啶和鸟嘌呤较为稳定的酮型结构可能因互变异构移位而变为烯醇式结构;而腺嘌呤和胞嘧啶较为稳定的胺基型结构也可能因互变异构移位而变为亚胺基型结构。这些碱基只能在很短的时间内处于这些较不稳定的结构形式,但是如果它们处于这种不稳定构型时正好 DNA 复制到此处或正好被加入到新生的 DNA 链中,就会产生一个突变。在这种很少见但又不稳定的烯醇型或亚氨基型情况下,可以形成腺嘌呤与胞嘧啶的配对或鸟嘌呤与胸腺嘧啶的配对(图 5-30)。

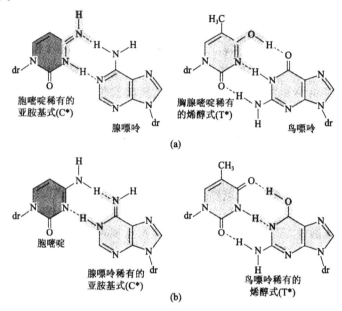

图 5-30　错配碱基

(a)因稀有的嘧啶异构体而引起的错配;(b)因稀有的嘌呤异构体而引起的错配

这些错配发生后,在随后的复制过程中就会出现错配碱基对的分离,从而导致 A:T 置换 G:C 或 G:C 置换 A:T 的情况(图 5-31)。如果没有 DNA 聚合酶校正活性的话,那么互变异构移位所产生的突变要比实际发生的多得多。

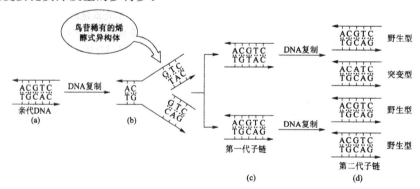

图 5-31　DNA 的碱基通过互变异构移位而突变

(3)复制滑动

复制滑动(replication slippage)或称复制跳格:在极短的重复序列区域,新合成的子链与其模板链间发生重排,于是 DNA 聚合酶向后滑动并产生多余的重复单位。子链中的这些重复单位突出而形成单链环,它们能被 MutSL 的同源物修复(图 5-32)。

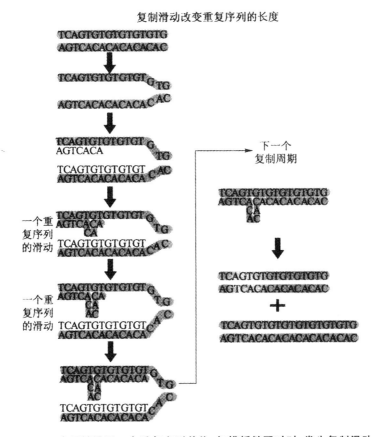

图 5-32　当子链滑回一个重复序列单位，与模板链配对时，发生复制滑动

在 DNA 复制中少量碱基的增加和缺失也能自发的产生，这可能由于新合成链或模板链错误地环出［跳格（slipping）］而产生的。若是新合成链的环出可增加一个碱基对，若在模板链上的环出则会缺失一个碱基对。DNA 中少量碱基的增加和减少，除增加或减少 3n 个碱基以外，都会引起移码突变。

2. DNA 损伤的后果

DNA 的化学损伤如未能修复，则常导致基因组中碱基的转换，这种转换如果在基因的编码区，就会引起基因的点突变。

3. 转座因子的作用

转座因子（transposable element）转座时能给基因组带来新的遗传信息，也能诱发染色体的断裂、缺失和倒位。在某些情况中又能像一个开关那样启动或关闭某些基因。

5.3.3　基因突变的检测方法

基因突变是形成等位基因、遗传多样性以及遗传病发病的根本原因。突变检测在疾病诊断与控制、家畜家禽的品种改良中具有重要的应用价值。大规模、快速基因突变检测已成为分子遗传研究的热点。突变检测技术按突变位点是否已知可分为两大类：第一类是对未知突变位点进行检测的技术，常见的方法有单链构象多态性分析（SSCP）、DNA 测序法等；第二类是对已知突变位点进行检测的技术,常用的方法有聚合酶链反应-限制性片段长度多态性法(PCR-RFLP)、基因芯片法、Taqman探针法、高分辨率溶解曲线法(HRM)、高效液相色谱法(DHPLC)等。用于未知突变检测的方法都可以用于对已知突变进行检测;PCR-RFLP、基因芯片法也可用于对未知突变进行检测。本节对基因突变的一些常用检测方法进行总结。

1. PCR-RFLP 法

PCR-RFLP 法是在 PCR 技术基础上建立发展起来的。通过 PCR 扩增出可能包含突变的基因组片段,然后利用限制性内切酶对这些 PCR 片段进行酶切,电泳检测后根据酶切片段的长度差异来判断是否存在突变(或多态)位点。PCR-RFLP 法一般是用于检测已知的突变位点。例如在猪氟烷敏感基因,也称为兰尼定受体基因(rynodine receptor,RYR1)外显子的 1843 位存在一个 C/T 突变,导致受体蛋白的 615 位的氨基酸由精氨酸突变成半胱氨酸,引起该基因的结构和功能改变。氟烷敏感基因是导致猪应激综合征,产生 PSE 肉的主效基因。CC 型个体和 CT 型个体表现正常,TT 型个体表现为应激个体,淘汰 CT 和 TT 型个体对种猪选育具有重要意义。序列分析结果发现 C/T 突变改变了限制性内切酶 Hha Ⅰ的识别位点(5′-GCGC-3′),因此可以通过 PCR-RFLP 方法检测该突变位点,具体过程是:首先进行 PCR 扩增出包含 RYRl 基因 1843 位点的片段,再用 Hha Ⅰ对 PCR 片段进行酶切,然后电泳,根据电泳结果即可对此位点进行检测,如果 PCR 片段完全被切开,则电泳形成 2 条带,该个体为 CC 型(正常个体);如果 PCR 片段完全切不开,则电泳仍然为 1 条带,该个体为 TT 型(敏感个体);如果 PCR 片段部分被切开,则电泳形成 3 条带,该个体为 CT 型(隐性携带个体)(图 5-33)。PCR-RFLP 方法的优点是操作简单、准确性高、检测成本低,广泛用于已知突变位点检测;缺点在于使用范围有限,只有导致酶切位点改变的突变位点才能用此方法进行检测。

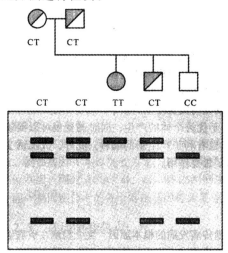

图 5-33 猪氟烷敏感基因 PCR-RFLP 检测模式图

2. SSCP 法

SSCP 法的基本原理是单链 DNA 分子在中性条件下会形成二级结构,这种二级结构依赖于单链 DNA 分子的碱基组成,即使是一个碱基的不同,也会形成不同的二级结构。在非变性电泳条件下,不同的二级结构具有不同的电泳速度,因此根据电泳后带型差异即可判断是否存在突变。随着 DNA 片段长度的增加,突变对单链 DNA 二级结构的影响会减小,因此使用 SSCP 法时,对所检测的 DNA 片段长度有一定限制,最合适长度为 150～200bp,较长的 DNA 片段需要分段进行多次 SSCP 检测。SSCP 法的优点是操作比较简单、检测比较快速,适用于未知突变位点的检测;缺点在于不能检测到全部突变,有一定比例的假阴性或假阳性。

3. Taqman 探针法

Taqman 探针法是基于荧光定量技术发展起来的。Taqman 探针长度为 20～30 bp,是与目标核酸序列专一性互补的核酸片段,探针的 5′ 端标记有荧光报告基团(repOrter,R)。如 FAM、VIC 等,3′ 端标记有荧光淬灭基团(quencher,Q)。当探针完整的时候,报告基团发射的荧光能量被淬灭基团吸收,因此没有荧光信号发出。而当 Taqman 探针被切断时,荧光报告基团发出的荧光就不会被淬灭,因此就会有荧光信号发出。运用 Taqman 探针法检测突变(或多态)位点时,需要在突变位点处设计两种探针,分别标记两种不同的荧光基团(FAM 和 VIC),这两种探针分别和两种等位基因的突变位点特异性结合(图 5-34)。当 PCR 反应时,DNA 聚合酶的外切酶活性,会将探针切断,发出荧光信号,通过检测荧光基团种类,即可来判断突变位点信息,如果检测到 FAM 和 VIC 两种荧光,则说明该位是一个突变位点;个体基因型判定时,如果只检测到 FAM 荧光,则判断为 AA 型个体;如果只检测到 VIC 荧光,则为 BB 型;如果检测到两种荧光,则为 AB 型个体。Taqman 探针法的优点是操作简单、快速,结果准确可靠;缺点是只能对已知突变位点进行检测,成本相对较高。

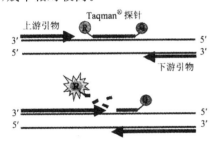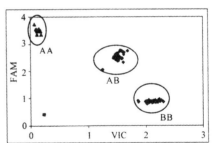

图 5-34　Taqman 探针法检测突变模式图

4. 高分辨率溶解曲线法(HRM)

HRM 法是近几年来兴起的一种突变(或多态)研究方法,该方法也是基于荧光定量 PCR 技术发展起来的。由于有突变的参与,因此不同的 PCR 片段的溶解曲线也不相同,例如 G/ T 突变,GG 与 TT 纯合子个体 PCR 扩增都只有一种产物且 GG 个体的 PCR 片段比 TT 个体的 PCR 片段溶解曲线要高;GT 杂合子个体 PCR 扩增产物中有 4 种片段,即两种完全配对片段和两种包含错配碱基对的片段,因此 GT 杂合子的溶解曲线与 GG 个体、TT 个体都不相同,通过溶解曲线即可分辨出是否存在突变位点。为了准确测定溶解曲线,必须在 PCR 反应时加入饱和荧光染料,反应结束后通过逐步升温的方法来检测各个 PCR 片段的溶解曲线。如果只有 1 条溶解曲线,表明没有突变;如果有 2 条或 2 条以上的溶解曲线,则说明存在 1 个或多个突变位点。图 5-35 是一个典型的单个位点突变的溶解曲线图。HRM 方法不受突变碱基位点与类型的局限,无需序列特异性探针,在 PCR 结束后直接进行高分辨率溶解,即可完成对样品基因型的分析,因其操作简便、快速、成本低、结果准确,受到普遍的关注。

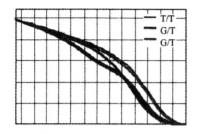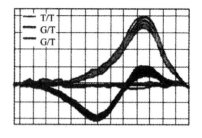

图 5-35　高分辨率溶解曲线法 HRM 检测突变模式图

5. 高效液相色谱法（DHPLC）

DHPLC 法与 HRM 法原理类似，也是利用了 DNA 分子解链温度差异的特征。纯合子个体的 PCR 扩增产物中只有同源双链，而杂合子个体的 PCR 产物不仅有同源双链，还会有异源双链，异源双链中由于错配位点的氢键被破坏，因此会形成"鼓泡"；在部分加热变性的条件下，异源双链 DNA 分子更易于解链。高效液相色谱包括固相和液相，固相可以结合 DNA 分子，液相可以洗脱固相 DNA 分子。由于异源双链 DNA 分子在加热时更易解链，解链后的 DNA 分子与固相的结合力下降，因此当液相流过时会首先被洗脱下来，出现一个 DNA 样品检测峰，根据 DNA 峰值的多少可以判断 DNA 序列中是否存在突变以及突变的个数。图 5-36 是单碱基突变的杂合子个体，通过高效液相色谱检测所形成的典型洗脱峰。DHPLC 法的优点是对于单碱基突变检测准确、可靠；对于多碱基突变洗脱峰较为复杂，结果不易分析。

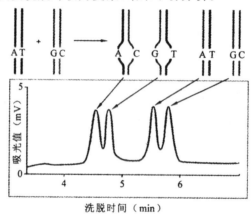

图 5-36　高效液相色谱法检测突变的模式图

6. 等位基因特异性扩增法（allelerspecific amplification，ASA）

该法主要用于检测已知突变位点，例如对于 C/T 突变位点，运用 ASA 法进行检测时，需要在 C/T 突变位点的 5′ 或 3′ 序列分别设计 P1、P2 两种引物，P1、P2 引物的 3′ 端最后一个碱基位于突变位点上分别与 C 和 T 互补，同时还需要设计另外一条引物反向引物（reverse premier，Pr），分别组成 P1、Pr 和 P2、Pr 引物对进行 PCR 扩增。当进行突变检测时，每个个体需要利用 P1、Pr 和 P2、Pr 引物对分别进行两次平行 PCR；CC 型个体只有 P1、Pr 引物对有产物，TT 型个体只有 P2、Pr 引物对有产物，CT 型个体两引物对都有产物（图 5-37）。因此，根据 PCR 反应的结果即可直接判断个体的基因型。ASA 方法的优点是操作简单、快速，检测成本低；缺点是只能针对已知突变进行检测,而且有些错配引物也可以扩增出产物,会出现假阳性。

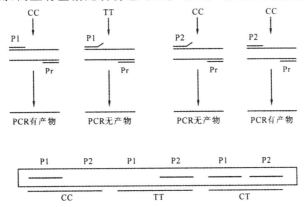

图 5-37　等位基因特异性扩增(ASA)法检测突变模式图

7. 基因芯片法(gene chip)

基因芯片技术是 20 世纪 90 年代后期发展起来的一项新技术,该技术结合了集成电路、计算机、激光共聚焦扫描、荧光标记探针和寡核苷酸 DNA 合成等技术。基因芯片广泛用于基因组测序、转录组检测、疾病诊断等多个方面。用于突变检测的基因芯片是根据已公布的基因突变信息,结合基因芯片技术发展起来的一种高通量突变检测芯片。目前商业化的基因突变检测芯片主要有 Affymetrix 公司 SNP 芯片、Illumina 公司 SNP 芯片等。这些 SNP 芯片主要用来检测基因组 SNP 位点和基因拷贝数变异(CNV)。不同公司的芯片,检测原理有所不同。Affymetrix 公司 SNP 芯片采用的是分子杂交原理,针对一个突变位点设计 4 种探针,探针长度为 20～30 bp,4 种探针只在突变位点处的碱基不同,分别为 A、T、C、G,通过严格控制杂交条件,使得完全互补的探针杂交信号最强,进而鉴定出突变位点的碱基。例如,需要检测已知序列 5'-CCTGT-CAGCATXGCCATCGAAGC-3'中的 X 位点,可以使用下面 4 个探针:

5'-GCTI'CGATGGCgATGCTGACAGG-3'

5'-GCTYCGATGGCcATGCTGACAGG-3'

5'-GCTI'CGATGGCaATGCTGACAGG-3'

5'-GCTI'CGATGGCtATGCTGACAGG-3'

针对全基因组中的突变位点,分别设计探针组,再通过光蚀刻等技术将设计的探针合成到基片(玻璃或硅片)上制成基因芯片。运用 Affymetrix 公司 SNP 芯片检测突变时,首先将基因组通过限制性内酶切酶切成小片段,再通过 DNA 连接酶连接上接头引物,通过 PCR 扩增分离合适长度的基因组片段,再通过 DNA 酶进一步片段化成小片段,之后对这些小片段末端进行荧光或生物素标记,最后进行杂交,检测杂交信号,进行突变位点分析。

Illumina 公司 SNP 芯片采用的是激光共聚焦光纤微珠芯片技术,将用于突变检测的探针与微珠通过化学反应连接,每种微珠带有 1 种探针,将这些微珠混合后倒入刻有微孔的基片(光纤或硅片),每个微孔恰可容纳一个微珠,微珠以“无序自组装”的方式随机进入微孔组装成芯片,每种类型的微珠平均均有 30 倍的重复。通过专利的解码技术对芯片上的微珠进行解码,确定芯片上每个微珠的类型、位置、数量、信号强度,部分不合格的微珠信道会被关闭。解码完成后,合格的芯片即可用于 SNP 检测。Illumina 公司 SNP 芯片鉴定突变采取的是单碱基延伸反应(single base extension,SBE),又名微测序法(minisequencing)。其原理是根据待检测 SNP 位点的 5′端序列设计探针,探针与 SNP 位点相邻但不包括目的 SNP 位点,PCR 测序反应时,以探针作为引物,以待测样品 DNA 为模板,以用荧光或生物素标记的 ddNTP 为底物,在 DNA 多聚酶的催化下探针延伸到 SNP 位点,通过检测特异的 ddNTP 荧光类型,即可判断该位点的 SNP 信息。基因芯片方法具有高通量、准确性高等优点,缺点是成本比较高。

8. 测序法(sequencing)

测序法是进行突变检测的最直观和准确的方法,不仅能检测突变,而且能确定突变的位置,被认为是检测突变的"金标准"。常规的测序法是先通过 PCR 扩增出需检测的目的片段,将扩增出的片段通过 Sanger 末端终止法进行测序,然后通过序列比对进行基因突变分析。

测序技术的发展,第二代高通量测序技术的运用,给基因突变检测效率带来了革命性的飞跃。高通量测序技术一次可对几十万到几百万条 DNA 分子进行序列测定,高通量测也称为深度测序(deep sequencing)。目前高通量测序平台主要有罗氏公司(Roche)的 454 测序仪(Roch GS FLX sequencer),Illumina 公司的 Solexa 测序仪(Illumina Genome Analyzer)和 ABI 的 SOLID 测序仪(ABI SOLID sequencer)。这些高通量测序平台的推出使得物种或个体基因组测序变得相当容易,通过大规模的测序,然后对所测序列进行比对分析,即可实现基因突变的高通量检测。高通量测序使得突变检测的效率非常高,单个突变位点检测费用较低,但目前高通量测序的总费用还比较高。

5.4 定向诱变

定向诱变(site-directed mutagenesis)是在 DNA 水平上造成多肽编码顺序的特异性改变的技术。这一技术能使基因的有效表达和定向改造成为可能。这项技术一方面可对某些天然蛋白质进行定向改造,另一方面还可以确定多肽链中某个氨基酸残基在蛋白质结构及功能中的作用,明确有关氨基酸残基线性序列与其空间构象及生物活性之间的对应关系,为设计制作新型的突变蛋白提供理论依据。

5.4.1 定向诱变的方法

1. 单一碱基对的诱变

首先合成一段 DNA 引物,包含所需改变的碱基;合成的引物与单链 DNA 通过氢键相结合,利用 DNA 聚合酶可将余下的 DNA 片段合成完毕,将质粒导入到寄主细胞中增殖,通过细胞培养筛选突变细胞,完成对特定基因的单个碱基的诱变。单一碱基对的诱变包括单个碱基的替换、插入和删除(图 5-38)。

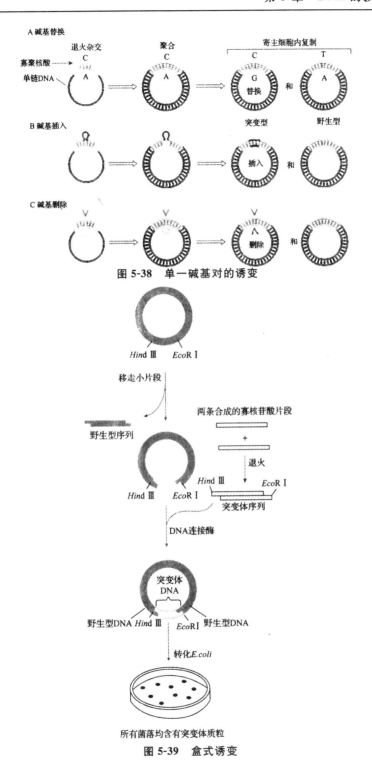

图 5-38　单一碱基对的诱变

图 5-39　盒式诱变

2. 盒式诱变

利用一段人工合成的、具有突变序列的寡核苷酸片段,取代野生型基因中的相应序列,将改造后的质粒导入寄主细胞,筛选得到突变体。该方法不仅可以改变几个氨基酸序列,研究蛋白质的功能和结构之间的关系,也可以产生嵌合蛋白(图 5-39)。

3. PCR 扩增诱变法

利用 PCR 技术不仅能在目的基因中导入一个限制性内切核酸酶位点,还能在目的基因上预先确定的位置处引入单个或多个碱基的插入、缺失、取代和重组等突变,使得定向诱变变得更为容易。

首先利用化学合成的、含有突变碱基的寡核苷酸片段作为引物,进行 DNA 复制。一般选用四个引物(图 5-40),其中两个引物含有突变碱基,并且序列互补,将四个引物分成三对,通过三次 PCR 技术可以得到大量含有突变碱基的核苷酸片段,将得到的片段与野生型的基因互补配对实现单个碱基的改变,或直接将得到的片段置换野生型基因片段,通过筛选突变体可高效地实现对特定基因的改造。

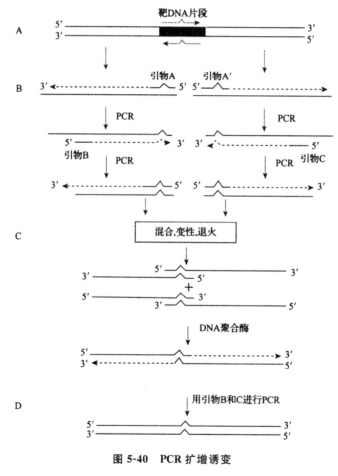

图 5-40　PCR 扩增诱变

5.4.2　定向诱变的应用

定向诱变技术主要应用于蛋白质或酶的改造上,即基因水平上的蛋白质改造,也称为第二代基因工程。通常需要先经过周密的分子设计,然后依赖基因工程获得突变型蛋白质,以检验其是否达到了预期的效果。如果改造的结果不理想,还需要重新设计再进行改造,往往经历多次实践摸索才能达到改进蛋白质性能的预定目标。

1. 木聚糖酶的改造

木聚糖酶可水解木聚糖分子中的 β-1,4-木糖苷键,产生不同链长的寡糖和木糖,该酶广泛存在于各种微生物中。运用定向诱变技术,在木聚糖酶的"Ser/Thr"平面引入精氨酸,产生两个突变木聚糖酶。突变酶的最适温度均提高了 2℃～5℃。突变酶不仅保持了原来酶的优良性质,而且进一步提高了热稳定性,具有更好的应用价值。

2. Cecropin b 抗菌肽的改造

采用寡核苷酸介导的定向点突变法,将天蚕抗菌肽 Cecropin b 基因 13 位甲硫氨酸(Met)诱变为亮氨酸(Leu)或缬氨酸(Val),保留 1 位上的 Met,并将 Cecropin b 突变体基因与 pGEX-4T-2 融合表达载体中的谷胱甘肽转移酶(GST)基因融合,发现 Cecropin b 突变体与 GST 基因融合表达后仍然具有很强杀伤原核细胞的作用。

3. 水蛭素改造

水蛭素是由医用水蛭唾液腺分泌的一类由 65～66 个氨基酸残基组成的多肽,是迄今发现的对凝血酶活性最强的天然抑制剂,与凝血 1 酶结合速度快,特异性强,是最有前景的治疗血栓疾病的特效药。

研究人员利用 PCR 定点诱变技术已成功地对野生型水蛭素Ⅲ进行了定点诱变,将野生型水蛭素Ⅲ分子的活性功能非必需区的指状结构顶端第 33～36 位的氨基酸残基替换为 RGDS 序列。改构的水蛭素突变体与野生型水蛭素Ⅲ相比,两者的抗凝血酶活性基本一致且具有显著的抗 ADP 诱导的血小板凝集活性。此外,将水蛭素第 47 位的 Asn(天冬酰胺)转变为 Lys(赖氨酸),可以提高水蛭素的抗凝血效率。

4. 生长激素改造

生长激素通过对它特异受体的作用促进细胞和机体的生长发育,然而它不仅可以结合生长激素受体,还可以结合许多种不同类型细胞的催乳激素受体,引发其他生理过程。在治疗过程中为减少副作用,需使人的重组生长激素只与生长激素受体结合,尽可能减少与其他激素受体的结合。研究发现,生长激素和催乳激素受体结合需要锌离子参与,而它与生长激素受体结合则无需锌离子参与,于是取代充当锌离子配基的氨基酸侧链,如第 18 位和第 21 位 His(组氨酸)及第 17 位 Glu(谷氨酸)后,实验达到了预期目的。

5. 胰岛素改造

天然胰岛素制剂在储存过程中易形成二聚体和六聚体,延缓胰岛素从注射部位进入血液,从而延缓了其降血糖作用,也增加了抗原性,这是胰岛素 B23～B28 氨基酸残基结构所致,利用蛋白质工程技术改变这些残基,则可降低其聚合作用,使胰岛素快速起作用。该速效胰岛素已通过临床试验。

第6章 DNA 的重组与转座

6.1 概 述

从广义上讲,任何造成基因型变化的基因交流过程都叫遗传重组(genetic recombination)。真核生物减数分裂时,通过非同源染色体的自由组合形成各种不同的配子,雌雄配子结合后产生基因型各不相同的后代。这种重组过程导致基因型的变化,但 DNA 分子内的断裂-复合并未涉及,因此不包括在分子遗传学对重组的研究范围之内。

狭义上的遗传重组指涉及 DNA 分子内断裂-复合的基因交流,有时又叫做交换(crossing over)。DNA 分子内或分子间发生遗传信息的重新组合,称为遗传重组(genetic recombination)。重组产物为重组体 DNA(recombinant DNA)。DNA 重组对生物进化有着不可忽略的重要影响。基因重组是指由于不同 DNA 链的断裂和连接而产生的 DNA 片段的交换和重新组合,形成新的 DNA 分子的过程。根据对序列和所需蛋白质因子的要求,可以把重组分为三类,如表 6-1 所示。

表 6-1 三类遗传重组的一般特征

类型	是否需要序列同源性	是否需要 RecA 蛋白	是否需要序列特异性酶
同源重组	是	+	否
位点特异性重组	是	否	是
转座作用	否	否	是

①同源重组(homologous recombination):反应涉及大片段同源 DNA 序列之间的交换。其主要特点是需要 RecA 蛋白的介入。

②位点特异性重组(site-specific recombination):重组发生在特殊位点上,此位点含有短的同源序列,供重组蛋白识别。

③转座作用(transposition recombination):由转座因子产生的特殊的行为。转座的机制依赖 DNA 的交错剪切和复制,但不依赖于同源序列。

6.2 同源重组

6.2.1 同源重组的分子机制

两个 DNA 分子间同源序列的交换就是所谓的同源重组。在高等生物中,这种交换发生在减数分裂期。细菌的染色体通常是单倍体,它们通过转化(transinformation)接受外源的遗传物质,这个过程也叫做接合(conjugation)。在接合过程中,一个细胞的遗传物质通过细胞质桥直接转移给另一个细胞。如果噬菌体从一个细菌中错误地接受了一个 DNA 片段,它可以把这个片段而不是整个噬菌体染色体转移给另一个细菌细胞,这就是所谓的转导(transduction)。在所有这些过程中,外源 DNA 都是通过同源重组整合在受体染色体或质粒上。

DNA 链的断裂-重接(breakage and reunion)是同源重组的关键所在。为了解释同源重组的分子机制,近年来提出了许多模型。这些模型的共同之处包括:DNA 产生断裂,断裂可能发生在 DNA 的一条链上,也可能发生在两条链上。

两个同源的 DNA 分子排列起来,短的碱基配对区在重组的分子间得以产生。这是一个 DNA 上产生的单链区与同源双链上互补链间的碱基配对,这个步骤叫做单链侵入(strand invasion)。单链侵入的结果是两个 DNA 分子由四股交叉的 DNA 链连接。这种交叉结构叫做 Holliday 接头(Holliday junction),这种结构是 Robin Holliday 在 1964 年提出的(图 6-1,并参考图 6-2 中的连接分子)。

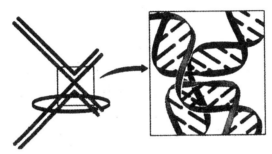

图 6-1　Holliday 接头

Holliday 接头可以沿着 DNA 链移动,移动使亲代链上碱基对的氢键断裂,然后又在重组中间体中重新形成。这个过程叫做分支迁移(branch migration)。

Holliday 接头中的 DNA 链切开,两个分离的双螺旋 DNA 得以完成,这就意味着遗传交换的完成。这个过程叫做拆分(resolution)。Holliday 接头在拆分过程中切开的方式对两个重组分子间的 DNA 交换具有重要的影响。

下面我们将阐述同源重组分子机制的两个模型。

1. Holliday 模型

Holliday 模型(Holliday Model)正确地描述了同源重组中的单链侵入、分支迁移以及 Holliday 接头的拆分等关键过程,如图 6-2 所示。

两个 DNA 双螺旋分子中的一条单链各自在相同的位点上产生切开(nick),从而引发重组开始。临近切口位点的链与自己原来的伙伴分开,游离的末端产生运动,侵入另一个双螺旋分子,相似的碱基互补得以产生。在 Holliday 模型中,这种侵入是对称的。也就是说两个 DNA 分子中的相同的区域发生了交换。同源重组中的关键中间产物就是链侵入产生了 Holliday 接头,接头中有四股交叉的链。

一旦发生链侵入,产生的 Holliday 接头可以沿着 DNA 移动,也就是分支迁移。移动可以在两个方向上发生,这是两条交叉的 DNA 同源链间互相置换的结果。分支迁移的速度是会发生变化的,在一个短距离内大约 30bp/sec。体内任何长距离的迁移都要由有关重组的酶进行催化,并需要拓扑异构酶的作用以使双螺旋旋转,释放拓扑学张力。

DNA 交换的长度得益于分支迁移。如果两个 DNA 分子上有一些小片段不同,如:一个基因的等位基因,迁移通过这样的片段时就会在双螺旋上产生少量的错配序列,这样的区域叫杂交 DNA(hybrid DNA)或异源双链 DNA(heteroduplex DNA)。对这些错配序列的修复可能产生很重要的结果。

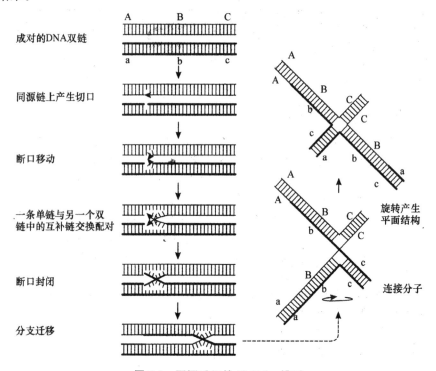

图 6-2　同源重组的 Holliday 模型

图中用深浅不同的颜色表示不同的分子

重组的最终完成需要拆分 Holliday 接头,产生两个双螺旋分子。拆分有两种方式,可以产生两种产物,如图 6-3 所示。

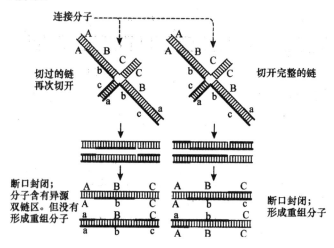

图 6-3　Holliday 接头的拆分

拆分可能发生在不同的 DNA 双链上。在一个双链上切开可能产生重组分子,在另一个双链上切开可能产生"补丁"产物。图中深浅不同的颜色表示不同的分子如果新的切口依然位于原来被切过的链上,将原来切过的链再切一次,而原来完整的链依然是完整状态,那么双链 DNA 还是原来的分子,只不过一段异源双链的"补丁"在分子上得以产生,被称为"补丁"产物(patch product)。

如果新的切口不在原来被切过的链上,原来没有切过的链被切开然后又封好,这样四条链都被切过,每个双螺旋分子通过一段异源双链共价连接,就产生了重组分子,叫做交换产物(cross-over product)。重组分子的产生导致了重组位点两侧的基因发生重排。

两个 DNA 双螺旋间的链交换总是产生异源双链 DNA,但这种链交换可能产生,也可能不产生重组分子。

2. 双链断裂-修复模型

Holliday 模型在历史上是一个简单而重要的模型,但对于在同源重组过程中还有新的 DNA 合成这方面是没有涉及的。因此还提出了许多其他的模型,其中一个被普遍接受的模型是双链断裂-修复模型(Double-Strand Break Repair Model),如图 6-4 所示。

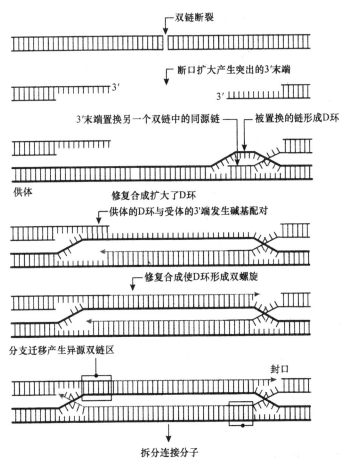

图 6-4　同源重组的断裂修复模型

重组产生了 2 个 Holliday 接头的中间体。方框中的序列可能是不完全
匹配。图中用深浅不同的颜色表示不同的分子

这个模型认为重组起始于同源染色体的排列。重组开始时,两个双螺旋 DNA 分子中的一

个分子发生双链断裂,另一个分子的两条链依然保持完整。由于断裂是不对称的,相应的,后续的步骤也就无法保持对称。

一个染色体产生了双链断裂,外切酶在切口的两端将核苷酸水解使缺口扩大并产生单链末端,这些单链 DNA 尾巴是 3′末端突出的。

单链 DNA 尾巴侵入完整分子的同源序列中,形成碱基配对。由于单链 DNA 尾巴是 3′端,它们可以作为引物,可以用同源的链作为模板,一段新的 DNA 得以合成。新合成片段就是重组开始时切口位点的序列,新片段不断将完整双螺旋分子的一条链置换下来形成置换环(displacement loop,D-loop)。分支迁移可以完全吸收单链,消除 D-环。

如果两个 DNA 分子在断裂位点的序列不完全相同,断裂部分的遗传信息可能全部丢失。丢失的信息将由完整分子上的信息取代。双链断裂-修复模型中这种不对等的步骤遗传的痕迹——基因转换(gene conversion)难免会被察觉到。

随后的分支迁移使分子产生两个 Holliday 接头,然后接头拆分,重组完成。拆分过程中,如果切口位于被切过的链上,产生的还是原来的分子,每个分子上有一段序列被改变了。如果切口位于原来没有被切过的链上,就产生重组分子。

在 Holliday 模型中每个双螺旋分子都有一段异源双链区,这段区域从链交换的起点一直延伸到分支迁移的终点。在双链断裂-修复模型中,每个分子都有两个异源双链区,在这两个异源双链区之间是缺口的部位,在缺口的部位上都是原来完整分子的序列。

遗传信息的丢失在 Holliday 模型中并未发生。但在双链断裂-修复模型中,起始的断裂紧接着遗传信息的丢失,在恢复过程中,任何一个错误都可能是灾难。但从另一方面说,如果遗传信息丢失了,以另外一个双螺旋为模板重新合成一段 DNA 来恢复信息的这种途径为细胞提供了重要的保护手段。

所有的生物中都编码催化同源重组的蛋白质。有些蛋白质家族的成员在所有生物中的功能都相同;有些生物需要另外的一些蛋白质催化某些重组步骤,不过结果都是保持一致的。表 6-2 中列出了细菌和真核生物(芽殖酵母 S. cerevisiae)中催化同源重组的蛋白质。除此之外,双链断裂修复机制还需要 DNA 聚合酶、单链 DNA 结合蛋白(SSB)、连接酶等。从表中可以看到细菌中专一引入双链断裂的酶是不存在的,这是因为在细菌中,这些断裂的 DNA 主要来自 DNA 损伤或复制叉的失败。

表 6-2　原核生物和真核生物催化重组的酶和蛋白质因子

重组步骤	大肠杆菌中的酶核蛋白质因子	真核生物中的酶核蛋白质因子
同源 DNA 配对和单链侵入	RecA	Rad51
		Dcm1(减数分裂中)
引入 DSB	—	Spo11(减数分裂中)
加工 DNA 的断口,产生单链末端	RecBCD	MRX
组装链交换蛋白	RecBCD	Red52、Rad59
识别 Holliday 接头,催化分支迁移	RuvAB	未知
拆分 Holliday 接头	RuvC	Mus81

6.2.2 原核生物中的同源重组

下面以细菌为例来介绍一下原核生物中的同源重组。

1. RecBCD 识别 chi 序列引发重组

揭示参与 DNA 分子之间序列交换的事件本质首先是在细菌系统中被阐明的。在这里，重组机制不可缺少的一部分就是识别反应，并且涉及 DNA 分子的有限区域而不是完整的染色体，但分子事件总体顺序是相似的：断裂分子的一条单链与对应双链 DNA 分子相互作用；配对区域延伸；核酸内切酶解离耦合双链体。通过细菌不能进行同源重组的突变型 rec⁻ 研究，已发现 10～20 个相关的基因座和已知重组每一阶段所需的酶。

细菌一般不交换大量的双链 DNA 分子，但原核生物中的重组可通过不同途径来引起。在一些情况下可以产生含游离 3′ 端单链 DNA：①细菌在接合过程中转移单链；②放射损伤所产生的单链裂隙；③噬菌体以滚环形式复制时产生的单链尾巴等。但是，如在两条双链 DNA 分子的情况下，就类似于真核生物中减数分裂时期重组，这时必须有单链区域和 3′ 端的存在。在 λ 噬菌体突变型中证实存在重组热点（chi 位点）。chi 位点都含有一段长度为 8 bp 的非对称序列：

$$5′ \text{ GCTGGTGG } 3′$$
$$3′ \text{ CGACCACC } 5′$$

在大肠杆菌 DNA 中，每隔 5～10kb 出现 1 次 chi 位点。而在野生型的 λ 噬菌体 DNA 和其他遗传元件中 chi 位点是不存在的，这表明 chi 位点不是重组所必需的。但证明 chi 位点可促进它附近 10 kb 以内区域发生重组。chi 位点可被特定方向上相距几个 kb 处的断裂双链激活。对于取向的依赖表明重组复合物必须与 DNA 在断裂端结合，所以只能沿双链体的一个方向移动。

chi 位点是基因 recBCD 编码的一种酶的识别位点，该酶复合体 RecBCD 由 3 个亚基所组成，是 recB、recC、recD 基因的产物，具有多重活性：①降解 DNA 的核酸酶的活性，最初是作为核酸外切酶 V 被鉴定的；②解旋酶活性，在单链结合蛋白（single-strand binding protein，SSB）存在的条件下使双链 DNA 解螺旋；③ATP 酶活性，该酶在重组中的作用可能是提供一条含游离 3′端的单链区域，如图 6-5 所示。

从图 6-5 可以看出：①当 RecBCD 结合到 chi 位点右侧的 DNA 链上时，它就沿 DNA 移动，并使之解链，含 3′端的单链得以降解释放。RecB 和 RecC 亚基都是 DNA 解旋酶，利用 ATP 水解的能量解链。②当其到达 chi 位点时，暂停并在距 chi 位点右侧 4～6bp 处切开 DNA 的上链，于是上面这条链就以单链形式被识别。③在识别 chi 位点之后，RecD 亚基被解离或失活，从而该复合体酶就丧失核酸酶活性，只保留解旋酶活性，继续起着解旋作用。

2. RecA 催化单链同化

大肠杆菌中的 RecA 蛋白是第一个被发现的 DNA 链转移蛋白，它具有两个截然不同的活性：①具有促进 SOS 反应中的蛋白酶活性；②促进 DNA 的单链与双链 DNA 分子中的互补链之间进行碱基配对。这两种活性都要求 ATP 和单链 DNA 存在。一条 DNA 单链置换一条双链 DNA 分子中同源链的反应可通过 RecA 来趋近，该反应称为单链同化（single-strand uptake or ssimilation）。这个置换反应可以发生在几种不同构型（configuration）的 DNA 分子之间，并需要 3 个一般性条件：①其中一个 DNA 分子必须有单链区域；②其中有一个 DNA 分子必须有游离的 3′端;③该单链区域和 3′端必须位于这两个分子的互补区域中。

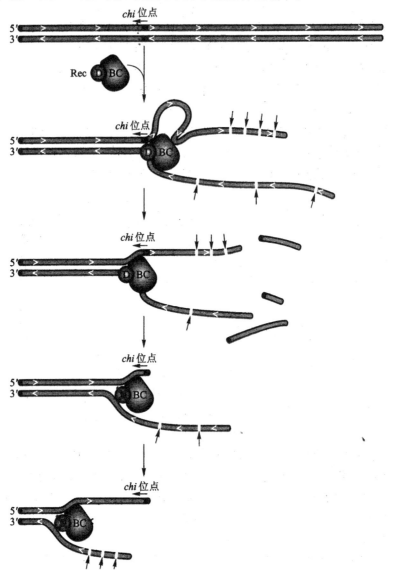

图 6-5　RecBCD 识别 chi 位点引发重组

当一条线性单链或环形单链进攻一条双链 DNA 分子时,双链中与其互补的链就会被它置换。随后供体分子或受体分子转变成环状分子,这个反应是沿着链从 5′端向 3′端进行的,链的对应部分被置换。显然,参与交换的链中必须有一条含有游离 3′端,如图 6-6 所示。

单链同化与重组的起始有直接关系。一个中间体在所有模型都需要,它使一条或两条单链从一个双链交叉到另一条双链,RecA 可催化这个阶段的反应。在细菌中,RecA 作用于 RecBCD 所产生的底物,而 RecBCD 介导的解链和切割可以产生起始异源双链分子连接点形成的末端,RecBCD 在 chi 位点切开释放出 3′端,RecA 携带含此 3′端的单链并使它与同源的双链 DNA 序列作用,于是就形成了联合分子。

RecA 能与单链或双链 DNA 聚集成一个长的丝状(filament)结构,此种丝状结构在真核生物中 RecA 的同源物中并不为形成,所以它们的作用机制会存在一定的差异。细菌中这种微丝

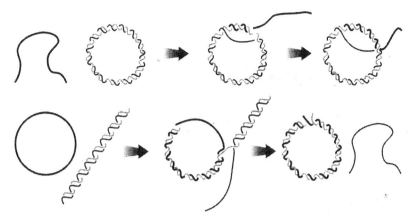

图 6-6　RecA 催化单链同化

每圈含 6 个 RecA 单体。微丝为螺旋结构,它的深沟可包含 DNA,而每个 RecA 单体结合 3 个核苷酸或碱基对。此 DNA 形式相对于双链 B 型 DNA 而言被拉伸了 1.5 倍,每圈为 18.6 个核苷酸或碱基对。当双链 DNA 分子与其结合时,通过小沟与 RecA 紧密接触,使大沟可与第二个 DNA 分子反应。

两个 DNA 分子之间的相互作用发生在这些微丝中,当一条单链被同化侵入一条双链 DNA 分子时,首先是 RecA 在微丝结构内与单链结合,然后双链 DNA 也结合上去一种三股链样结构得以形成。在此系统中,联会是在链交换以前发生的,因为不存在游离末端也能进行配对。但 3′端对于链的交换是必需的,此反应发生在微丝结构内,RecA 继续与原来的单链结合,在反应结束时,RecA 就结合在双链 DNA 分子上了。在反应中,大量 ATP 被水解,ATP 可能通过变构效应影响 RecA 的构象,当 RecA 与 ATP 结合时,它的 DNA 结合位点与 DNA 有很高的亲和力,这对于结合 DNA 和配对反应是非常必要的。ATP 水解降低了结合位点的亲和力,这有利于释放异源双链 DNA 分子。

RecA 所催化的单链与双链 DNA 之间的反应有以下三个阶段组成:①缓慢的联会前阶段,这时 RecA 结合在单链 DNA 上;②单链 DNA 与双链 DNA 分子中的互补链迅速配对,形成一个异源双链 DNA 分子连接点;③双链 DNA 中的一条链缓慢地被置换,产生一个长的异源双链 DNA 区段。SSB 的存在促进了这个反应,它保证了底物不会出现二级结构。目前还不知道 SSB 是如何与 RecA 一起作用在同一段 DNA 上的,RecA 与 SSB 一样都是按照一定比例与 DNA 结合,表明 RecA 在链同化中的作用就是共同结合到 DNA 分子上,从而产生丝状体结构。

当单链分子与双链 DNA 分子相互作用时,该双链 DNA 分子在重组连接点区解螺旋,异源双链 DNA 的起始区域可能不采取传统的双螺旋结构形式,是由两条并排联系在一起的链组成,此区域称为平行接点(paranemic joint),这种平行接点是会发生变化的,在随后的反应中要求这种结构转变为双螺旋形式,这一反应相当于消除负超螺旋,有可能需要一种酶的作用产生暂时的断裂使链可以相互环绕以解决解旋或是重新螺旋的问题。

以上只是讨论了单链侵入 DNA 分子的重组事件,实际上两条双链 DNA 分子也可以在 RecA 引发下相互作用,只是要求其中一条含有一段至少为 50bp 的单链区。该单链区可以是线性分子的尾巴或是环状分子的裂隙。例如发生在局部双链 DNA 分子和完整双链 DNA 分子之间的相互作用也可导致交换。反应从线性分子一端开始同化,入侵的单链置换双链 DNA 中的同源部分。但是,当反应到达两个分子都是双链的区域时,入侵链从它的相互链上解离下来,互补链再与被置换链配对,这个阶段的分子结构类似于与 Holliday 重组结点。体外实验也证明,Rec-A 可以引发 Holliday 连接点,说明该酶可以催化互补链发生分叉迁移。有关 RecA 结合 4 条链所形成的中间体的几何结构还无法确定,但可能是两条双链 DNA 分子以交换反应中相同的方式并行排列。

3. Ruv 系统解离 Holliday 连接点

Holliday 连接点的解开可以说是同源重组中最关键的一步。稳定和解开 Holliday 连接点的蛋白质已经鉴定是大肠杆菌中 ruv 基因的产物:RuvA,RuvB 和 RuvC。RuvA 和 RuvB 可增加异源双链 DNA 分子结构的形成。RuvA 识别 Holliday 连接点的结构,它在交换点处与所有 4 条链结合,形成两个四聚体将 DNA 夹在中间。RuvB 是一个六聚体的解旋酶,有 ATP 酶的活性,为分叉迁移提供动力。RuvB 的六聚体环状结构结合在每条双链 DNA 分子交换点的上游,如图 6-7 所示。

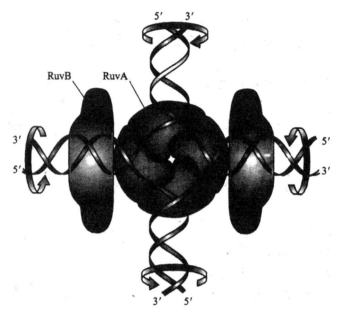

图 6-7　RuvAB 催化的分叉迁移

RuvAB 复合体使分叉以 $10\sim20bp/s$ 的速度迁移,另一个解旋酶 RecG 也有相似的活性,RuvAB 将 RecA 从 DNA 上置换下来,而 RuvAB 和 RecG 的活性都可以作用于 Holliday 连接点,如果两者都发生突变,那么大肠杆菌就彻底失去了重组能力。

RuvC 是一个核酸内切酶,它能专一性识别 Holliday 连接点。在体外它能切开这种连接点,解开重组中间体。RuvC 的作用位点是一个四核苷酸(ATTG)的不对称序列,这样就可以指导究竟哪一条链被切开,这决定了其结果是补丁重组(只留下一段异源双链 DNA 序列,标记两侧未发生重组)还是剪接重组(标记两侧之间发生重组)。

细菌的重组与损伤修复相关,而且重组过程会有各种不同的蛋白质来参与,并以重组来修复裂隙,它们用另一条双链 DNA 的物质来填补这条双链 DNA 分子上的裂隙。由于细菌重组常常涉及 DNA 片段与整条染色体之间的相互作用,这种修复反应能被 DNA 的损伤引发,同时该过程与减数分裂中基因组间的重组不完全相同,因此这些结论还不能完全运用到真核生物中去。

尽管如此,两者在处理 DNA 重组过程具有相似的分子发生作用。所有生物都有 RecA 的同源物。如酵母中 dmc I 和人类中 rad51 编码的 DmcI 与 Rad51 蛋白质与 RecA 有关蛋白质行使相似的功能,且其各自的蛋白丝螺旋结构也比较相似。这些基因突变积累双链断裂联会复合体就无法正常形成,表明染色体联会与细菌链的同化反应有关。此外,在酵母和哺乳动物中也存在一种解离酶(resolvase)。酿酒酵母(S. cerevisiae)mus 81 突变型不能发生重组,而 MusS1 蛋白是核酸内切酶的一个组分,它能将 Holliday 连接点解离为双链 DNA 分子结构。因而解离酶在减数分裂和重新起始停滞的复制叉中都是很重要的。

6.2.3　真核生物中的同源重组

同源重组可以修复原核生物上 DNA 上的双链断裂;恢复瓦解的复制叉;与进入细胞的噬菌体或其他细菌的 DNA 进行重组。真核细胞同样需要同源重组修复 DNA,重新启动瓦解的复制叉。同源重组缺陷型的细胞对造成 DNA 损伤的试剂,特别是直接断裂 DNA 的试剂高度敏感。干扰同源重组的突变作用使动物容易患某些类型的癌症。

更重要的是,同源重组对于减数分裂起的作用非常关键。在减数分裂中,同源重组参与适当的染色体配对,基因组的完整性得以有效维持;也使亲代染色体重排,保证了一套变化的染色体进入子代。

1. 同源重组在减数分裂中起重要作用

真核生物细胞通常含有一个染色体的两个拷贝,叫做同源染色体(homologs),染色体的总数是 2n,为二倍体(diploid)。减数分裂(meiosis)间期,每一个染色体加倍,2 个姊妹染色单体(sister chromatid)得以形成。此时细胞中一个染色体有 4 个拷贝,染色体总数为 4n。减数分裂要经过两轮核分裂。第一次分裂时,每对姊妹染色体上的着丝粒(centromere)并不分开,着丝粒将姊妹染色体拉向细胞相反的两极。分裂产生的子细胞使两个姊妹染色体分到两个子细胞中,染色体为 2n。第二次分裂使 2n 的染色体再次分离,并送入不同的子细胞。从二倍体细胞产生的单倍体(haploid,in)的配子。

减数分裂时,联会或配对(synape or pairs)会在同源染色体的细胞的中心发生,在这个过程中就可能发生同源重组。遗传物质的交换(crossing over)发生在减数分裂过程中的第一次核分裂之前,是同源重组的结果。重组发生时,染色体恰好是 4 个双链分子(即 4n 染色体),不过,反应仅包括了其中的两条双链分子。发生在减数分裂时期的同源重组也被称为减数分裂重组(meiotic recombination)。重组的频率与基因间的距离有着直接关系,相距较远的基因重组频率较高。

如果没有同源重组,第一次分裂前染色体通常不能正确排列,结果是染色体丢失的发生率很高,从而使得大量的配子失去正常的染色体互补能力。那些带有过多或过少染色体的配子很难受精,受精后也不能发育。重组的频率与基因间的距离有关,相距较远的基因重组频率较高。

2. 真核细胞同源重组的过程

真核细胞同源重组的过程与原核细胞的过程相似,所涉及的酶和蛋白质的作用方式也相似:Spo11 将双链断裂引入染色体;MRX 的作用与 RecBCD 相似,它将断裂的双链加工成具有游离的 3′末端的单链;Rad51 和 Dmc1 是类 RecA 蛋白(RecA-like protein),它们负责起始链交换;拆分 Holliday 接头的蛋白质可能是 Mus81。

Kleckner 等(1995)发现 Spo11 的基因在细胞正常生长时并未正常表达,只在进行减数分裂时才开启。Spo11 作用的时间正好是复制好的同源染色体开始配对的时候,这个蛋白质在染色体上引入双链断裂,起始减数分裂重组。

Spo11 可以在染色体的很多位点上切开 DNA,几乎没有什么序列特异性。Spo11 的作用位点很多,它们是有一定的规律的。大多数位点坐落于不为核小体紧密包装的区域,如启动子区。DNA 上出现高频率的双链断裂的区域同时也是重组高频率的区域。所以,大多数用 Spo11 切割 DNA 的位点也是重组热点。

在很多生物中都发现了与 Spo11 同源的蛋白质,一个保守的 Try 残基在这些蛋白质中都存在,在 Spo11 中,Try 位于肽链的 135 位。Spo11 在 DNA 的两条链上切开两个核苷酸,形成交错的切开,如图 6-8 所示。Spo11 的酪氨酸侧链上的-OH 攻击 DNA 链上的磷酸二酯键,与磷酸基团形成共价连接,这种作用方式与拓扑异构酶很相似。当 Spo11 与 DNA 的 5′端共价结合后,就可以使 3′端加工成单链尾巴,起始单链侵入。另外,切割 DNA 磷酸二酯键的能量就储存在蛋白质-DNA 的共价连接中,DNA 的两条链可以经切割反应的逆反应重新连接。

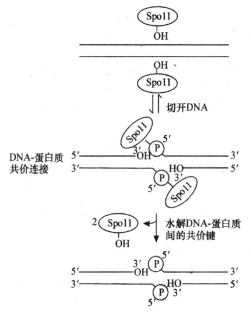

图 6-8　Spo11 的作用机理

Spo11 的 Try-OH 攻击 DNA,形成共价的蛋白质-DNA 连接。反应需要 2 个 Spo11 的亚基,每个亚基攻击 DNA 的一条链将双链断裂区加工成 3′单链片段的酶是 MRX 复合物。由三个亚基共同组成了这个复合物的,三个亚基分别为包括:Mre11、Rad50 和 Xrs2,三个亚基的第一个字母组成了这个复合物的名字。它与细菌中的 RecBCD 蛋白没有同源性。一条链上从 5′开始对断裂双链进行加工的,向 3′进行,如图 6-9 所示。Spo11 与 DNA 共价结合的位点就是开始加工的位点。加工过程中一条链从 5′→3′砌除,另一条互补的链没有降解,由此形成了突出的 3′单链末端,通常是 1kb 或更长。Spo11 从 DNA 链上解离也可能与 MRX 复合物有关。

真核生物编码两个与细菌 RecA 蛋白同源的蛋白质:Rad51 和 Dmc1。两个蛋白质都在同源重组中起作用。Rad51 在细胞的有丝分裂和减数分裂中都表达,Dmc1 只在细胞进入减数分裂后才表达。有活性的丝状复合物是由 Rad51 与 DNA 形成的。重组还需要另外的蛋白质参加，如：Rad52 的作用是协助 Rad51 与 DNA 结合，在真核生物中，促进分支迁移的蛋白质是 Mus81。Mus81 可能还具有拆分 Holliday 接头的功能。

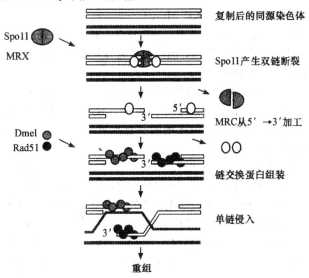

图 6-9　减数分裂重组

Spo11 和 MRX* 在减数分裂中使 DNA 产生双链锻炼。MRX 结合在
断裂位点的 5′端。Dmc1 和 Rad51 结合在单链 DNA 上引发链交换

由于拆分 Holliday 接头有不同的方式，重组可能产生重组分子，也可能产非重组的"补丁"分子。减数分裂中的染色体的修复是这些"补丁"产物的主要功能。不过即使是非重组产物也能产生遗传后果，例如：基因转换。当一个基因的等位基因丢失，又被另一个变化的等位基因取代时，就会发生基因转换。这在有丝分裂和减数分裂过程中都可能发生。

6.2.4　交配型转换

同源重组除了能够促进 DNA 配对、DNA 修复和遗传交换外，基因在染色体上的位置也可以通过同源重组发生改变，这种类型的重组有时是为了调节基因的表达。

酿酒酵母是一种单细胞真核生物，它既能以单倍体（haploid）形式，也能以二倍体（diploid）形式进行繁殖，如图 6-10 所示。单倍体酵母有 a 和 α 两种交配型。当 a 和 α 细胞接近时，它们能够进行融合形成一个 a/α 二倍体细胞。二倍体细胞经过减数分裂又形成 2 个单倍体 a 细胞和 2 个单倍体 α 细胞。融合不会发生在相同交配型的细胞中。

位于第三染色体交配型基因座（mating-type locus，MAT locus）上的等位基因决定了单倍体细胞的交配型。在 a 型细胞中，出现在 MAT 基因座上的是 a1 基因，而在 α 型细胞中，出现在 MAT 基因座上的是 a1 基因和 α2 基因。

交配型不是固定不变的而是可以发生转换的，a 型可以转换成 α 型，α 型也可以转换成 a 型。无论以什么类型开始，在几代之后，很多两种交配型的细胞在群里中得以产生。交配型的转换是通过重组实现的，如图 6-11 所示。各种类型的细胞除了位于 MAT 基因座上有转录活性的 a 基因或 α 基因以外，还有一套无转录活性的 a 基因和 α 基因分别存在于 MAT 座的两侧。这些额外的拷贝无转录活性，因为在这些基因的上游存在一个沉默子，它们所在的基因座 HMR（hidden MAT right)和 HML(hidden MAT left)被称为沉默盒(silent cassettes)。为改变细胞的交配类型提供遗传信息体现了它们的功能。与之对应,MAT 座位上存在 a 或 α 的活性盒(active cassette)。交配型转换需要通过同源重组使遗传信息从 HM 基因座转换到 MAT 基因座。

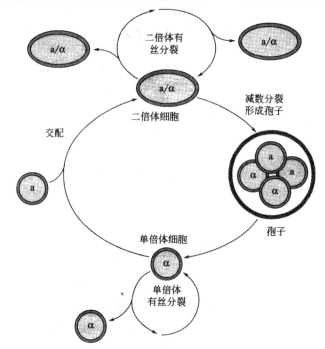

图 6-10　酿酒酵母的生活周期

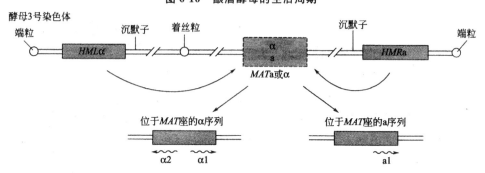

图 6-11　酵母的交配型转换

交配型转换开始于 MAT 基因座的双链断裂,该反应由 HO 内切酶(homing endonucleases)催化完成。HO 是一种序列特异性的内切核酸酶,其识别序列长 24bp,只存在于酵母基因组的 MAT 基因座。

HO 对 MAT 基因座进行交错切割,4 个碱基长的 3′拖尾序列得以产生。与减数分裂重组机制保持一致,再由 MRX 复合体作用于被切开的末端,利用其 5′→3′的 DNA 外切酶活性切割 DNA,而 3′端 DNA 链保持稳定。MRX 复合体催化产生的 3′单链尾巴被 Rad1 蛋白包裹。这种被 Rad1 包裹的单链 DNA 末端寻找染色体上的同源区域,选择性地侵入 HMR 或 HML 基因座。如果 MAT 基因座的 DNA 序列是 a,在含有 α 序列的 HML 基因座会发生入侵;反之,如果 MAT 带有 α 基因,侵入则会发生在含有 a 序列的 HMR 基因座。被选择的 HM 基因座的信息会取代 MAT 基因座上原有的信息,交配型转换也就会发生。

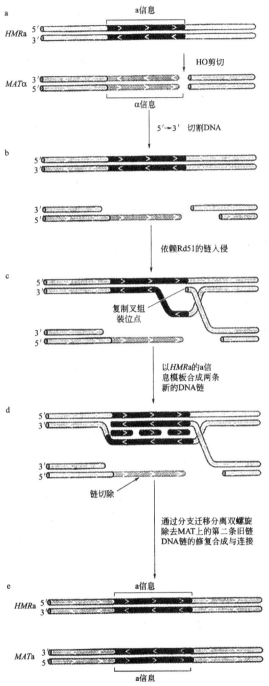

图 6-12　交配型转换的重组模型

　　交配型转换的重组模型如图 6-12 所示。在这个模型中,首先由 HO 在重组位点引入 DSB,经过链侵入后,侵入的 3′端作为引物启动 DNA 合成,一个完整的复制叉得以形成,前导链和后随链同时进行复制。但区别于普通的 DNA 复制,两条新合成的子链被置换出来,形成双螺旋,再连接到最初被 HO 内切酶切断的 DNA 位点上,这个新的片段有着与模板相同的 DNA 序列。

6.2.5 基因转换

DNA 重组模型都是依据在重组过程中要形成异源双链区这一事实提出来的。人们在研究真菌的基因转换时,在 DNA 重组时会形成异源双链区,这一点很早就意识到了。为了说明基因转换,在这里首先介绍真菌的有性生殖周期。两个基因型不同的单倍体细胞融合形成一个二倍体的杂合子。杂合子经过减数分裂形成 4 个单倍体的孢子,它们在子囊中呈线性排列。有时,紧接着减数分裂之后是一次有丝分裂,8 个线性排列的子囊孢子得以产生。如果杂合子的基因型为 Aa,则经过减数分裂和一次有丝分裂所产生的 8 个子囊孢子应呈现 4∶4 的分离比。然而,人们发现 A 与 a 的分离比并不总是预期的 4∶4,异常的分离比也会突然发生,例如 6∶2 或 2∶6 等,这种现象称为基因转换,即基因的一种等位形式转变成了另一种等位形式。

重组时产生的异源双链区中的错配碱基在修复时会导致基因转换的发生,如图 6-13 所示。在重组过程中,假如链的侵入或分支迁移包括 A/a 基因,那么在异源双链区中,一条链为 A 基因的序列,另一条链为 a 基因的序列。细胞的错配修复系统将随机校正异源双链区中的错配碱基。因此,修复后双链体是带有 A 序列还是 a 序列,取决于哪条链被修复系统所修复,也就会产生基因转换。

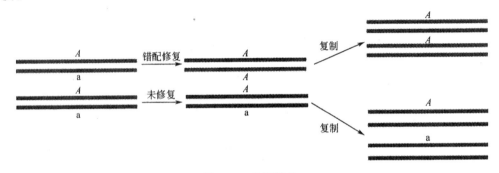

图 6-13 基因转换

6.3 位点特异性重组

位点特异性重组发生在两条 DNA 的特异位点上。λ 噬菌体 DNA 通过其 attP 位点和 *E . coli* DNA 的 attB 之间的位点特异性重组而实现整合过程。在重组部分有一段 15bp 的同源序列,仅有这段同源序列还是远远不够的,还须由位点特异性的蛋白质因子参与催化。这些蛋白质因子不能催化其他任何两条序列(不管是同源的还是非同源的)之间的重组,这就保持了 λ 噬菌体 DNA 整合方式的特异性和高度保守性。因此,位点特异性重组又常叫做保守重组(conservative recombination)。位点特异性重组不需要 RecA 蛋白的参与。

1. λ 噬菌体 DNA 的整合与切除

λ 噬菌体侵入 *E.coli* 细胞后,需要从裂解生长和溶源生长中做出选择。进入溶源状态需要 λDNA 整合进寄主 DNA。由溶源状态进入裂解生长需要 λDNA 从寄主 DNA 上切除下来。这里,整合和切除均通过细菌 DNA 和 λDNA 上特定位点之间的重组而实现。这些特定位点叫做附着点(attachment site),简写为 att。

　　E.coli DNA 上的 att 位点叫做 attB(又叫做 attλ),位于 bio 和 gal 操纵元之间,由 B、O 和 B′ 三个序列共同组成;λ 噬菌体 DNA 上的 att 位点叫做 attP,由 P、O 和 P′ 三个序列分构成如图 6-14 所示的结构。attB 和 attP 中的 B、B′、P、P′序列存在一定的差异,而 O 序列则完全一致,是位点特异性重组发生的地方。由于线状的 λDNA 在侵入细胞后不久就已经首尾连接成环了,所以在 att 处的相互重组导致了整个 P′整合进寄主 DNA。在整合状态下,λ 噬菌体呈线状,两边各有一个组位点,这两个位点是重组的产物,区别于原来的 attB 和 attP。原噬菌体左边的是 attL,由序列组分 BOP′组成,右边的是 attR,由序列组分 POB′组成。

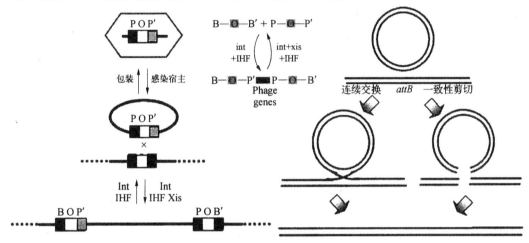

图 6-14　λ 噬菌体 DNA 整合及切除示意图

　　这一反应由 λ 噬菌体基因 int 的产物整合酶(intergase,Int)催化。只能催化 BOB′和 POP′之间的重组,BOP′和 POB′之间的重组无法实现催化功能。因此在只有整合酶存在时,上述的反应是不可逆的。Int 是一种 DNA 结合蛋白质,对 POP′序列有强烈的亲和力,同时它具有 I 类拓扑异构酶活性。整合反应还需要一种叫做整合寄主因子(integration host factor,IHF)的蛋白质,该蛋白质含有两个亚基,均由寄主基因编码,其中的一个是受 SOS 反应控制的基因 himA。IHF 也与 att 位点结合。

　　在原噬菌体两端的 attL(BOP′)和 attR(POB′)之间会发生切除反应,由此产生 λ 噬菌体环状 DNA 和细菌 DNA。重组后 λ 噬菌体的 att 位点恢复为 attP(POP′),细菌 DNA 的 att 位点恢复为 BOB′。

　　催化这一反应的蛋白质因子除了 Int 和 IHF 之外,还需要一种叫做切除酶(excisionase,简称 Xis)的蛋白质,由 λ 噬菌体的 xis 基因编码。Xis 与 Int 结合形成复合体,该复合体具有与 BOP′和 POB′结合的能力,促使两者之间的相互作用和重组,复合体不能催化 BOB′和 POP′之间的重组。故在 Xis 大量存在时,切除作用是不可逆的。此外,寄主基因编码的另一个蛋白质逆转刺激因子 FIS(factor of inversion stimulation)亦可能参与 λ 原噬菌体的切除反应。

　　λ 噬菌体的整合与切除受到严格的遗传学控制。λDNA 侵入细胞后,由 Int 蛋白的合成决定了整合是否会发生。基因的转录调控和 cI 基因(编码 λ 阻遏蛋白)的调控是一致的。当 CⅡ 蛋白质大量存在时,它可以作为正向调节因子促进 λ 阻遏蛋白的产生;同时与基因的启动子结合,促进 RNA 聚合酶从这里起始转录产生 Int 蛋白质。P_2 位于 xis 基因中,CⅡ 蛋白质与 P_2 结合,使 xis 基因失活,这保证了在溶源化过程中蛋白质起作用时没有 Xis 蛋白质存在。否则,刚刚整合

的 λDNA 会马上被切除下来。λ原噬菌体的切除需要 xis 和 int 基因同时转录产生 Xis 和 Int 蛋白。当寄主细胞内出现 SOS 反应时,RecA 蛋白促进了 λ阻遏蛋白的水解,O_L 和 O_R 由阻遏状态被解放出来。由使 xis 和 int 基因表达产生 Xis 和 Int 可通过 P_L 处发动的转录来实现。

2.λ噬菌体整合的分子机制

λDNA 的整合是一种位点特异性重组过程,在作为 attB 和 attP 各自核心的 O 序列中会发生重组;因此 O 序列又叫做核心序列(core sequence)。核心序列在 attB 和 attP 以及由它们形成的 attL 和 attR 中均完全一致。它全长 15bp,富含 A-T 碱基对,无碱基倒转对称性,如图 6-15 所示。

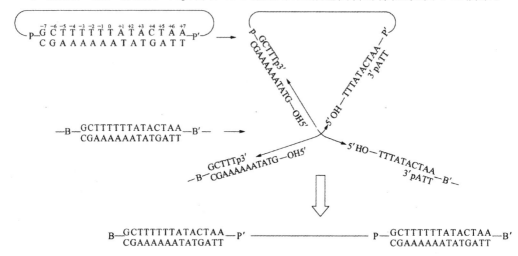

图 6-15　attB 和 attP 中相同核心序列在整合过程中的参差断裂及复合

λ 的整合涉及 attB 和 attP 的核心序列中链的断裂与复合。断裂在双链的不同位置上发生,形成参差不齐的 5′单链末端,和某些限制性内切酶形成的黏性末端比较相似。这种参差断裂形成了 5′-OH 和 3′-P 的切口。5′端单链区全长 7 个碱基。放射性核素标记试验证明,两个核心序列中参差断裂完全相同,复合过程不需要任何新的 DNA 合成。

attB 和 attP 核心序列两侧 B、B′、P 和 P′序列的界限可以通过在这些序列中制造位置不同及长短不同的缺失并分析它们对重组的影响而鉴定。结果表明,attP 中 P 序列的上限为 152(以核心序列的中心碱基为零位),P′序列的下限为+82,整个 attP 共长 235bp。attB 则短得多,只有 23bp 长,其上、下限分别为−11～+11,也就是说,B 和 B′实际上只分别包括核心序列上、下游各 4bp。attB 和 attP 的功能的不同可通过它们的长度不同来体现。

离体条件下,Int 和 IHF 可以催化 λDNA 和寄主 DNA 的位点特异性重组。当采用超螺旋 DNA 分子作为反应底物时,几乎所有的超螺旋都依然保留在生成的整合产物中,说明整个反应中没有可以自由旋转的游离末端出现,断裂-复合的机制可能类似于 DNA 拓扑异构酶Ⅰ催化的反应机制,其区别仅仅体现在位点特异性重组中复合发生在两条不同的 DNA 分子上的断口之间。Int 具有拓扑异构酶 I 活性,它可能直接参与了断裂-复合反应。

离体条件下,任何一个重组 DNA 分子的生成都需要耗费 20～40 分子的 Int 蛋白和大约 70 分子的 IHF。这种化学剂量关系说明 Int 和 IHF 蛋白的主要功能是结构性的而不是催化性的。实验表明,这两种蛋白质与 att 位点的特异性序列结合。图 6-16 所示为 attP 中的各结合点,其中 Int 蛋白的结合点有 4 个,即包括核心序列在内的一段 30bp 序列,P′中的一段 30bp 序列,P 中的两个 15bp 序列。结合点的不同长度很可能反映了参与结合的 Int 蛋白单体的不同数目。attP 中 IHF 的结合点有 3 个,每个约长 20bp。IHF 的结合点和 Int 的结合点彼此靠得很近,它们加在一起占据了 attP 区域的大部分。attB 位点中只有一个 Int 结合位点,长约 15bp,位于核心序列中。在 attP(也可能在 attB 中)的核心序列处,Int 的识别位点相对于核心序列中心点来说是不对称的,略偏向右边,这使断裂切点的中心偏向于右边 1bp。Int 和 IHF 与 P 和 P' 序列中特异性位点结合的功能尚需探索。

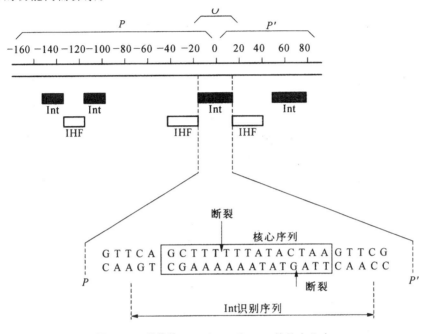

图 6-16　噬菌体 attP 上 Int 和 IHF 的结合位点

6.4　转座作用

原核生物或真核生物的基因组中,都有一些序列可以从一个 DNA 位点移动到另一个位点,甚至从一个染色体移动到另一个染色体,这种现象叫做转座,是一种特殊的重组作用,被移动的 DNA 片段叫转座子。有些 DNA 片段的移动要经过 RNA 中间体,这样的转座称为逆转座,这样的 DNA 片段称为逆转座子。

当转座子移动时,它们对要插入的靶位点序列几乎没有什么特殊的要求。这就是说,转座子可以在基因组的任意位点插入。它们可能插入一个基因内部,造成这个基因失活;它们也可能插入一个基因的调节序列,对这个基因的表达方式造成影响。所以,转座子在许多生物中是最大的突变根源。导致人类很多遗传疾病的突变就是转座子造成的。也正是这种对基因功能和表达方式的干扰,使人们发现了转座子。

但另一方面,转座作用也具有十分重要的进化意义:转座子的移动可以在 DNA 上产生缺失、插入、序列倒转,造成直接或间接的基因重排。这种基因的多样性对生物是非常重要的。转座作用是某些生物进化的重要方式,自然界的许多基因成分可能是长期进化中通过转座作用逐步积累在一起的结果。

转座子在各种生物中普遍存在,但在各种基因组中所占的比例相差极大。在人和玉米的基因组中,与转座子有关的序列占基因组全部序列的50%以上,而编码蛋白质的基因不到2%。在果蝇和酵母的基因组中,编码蛋白质的基因很多,与转座子有关的序列很少。由于转座子可以在染色体的任何序列内插入,人们对它们作了改造,在实验生物学中将它们用作突变剂或运送DNA的载体。

各种转座子都含有两类序列,一类是重组位点,一类是编码转座酶的基因,有些转座子中还含有编码其他蛋白质的基因。重组位点位于转座子的两端,一般为25到几百bp。就一个转座子而言,这两个末端的序列往往很相似但不一定相同,但序列的方向相反,因此叫反向末端重复序列(inverted terminal repeats)。

转座发生时,转座子从原来的供体位点(donor)转移至受体DNA(receptor)的一个新位点上,这个位点称为靶位点(terget)。转座完成后,靶位点形成两个拷贝,位于转座子的两端,方向相同,叫做同向重复序列(direct repeats)。靶位点的加倍是由于靶位点DNA交错切割和复制造成的,如图6-17所示。

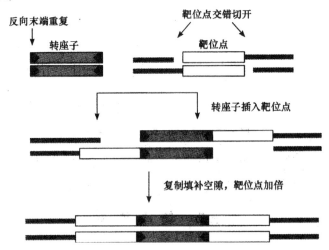

图 6-17 转座子具有反向末端重复,插入寄主 DNA 后使靶位点加倍

转座可以使DNA发生重排,例如:使得一些序列或删除或倒转。大多数转座子可进入受体DNA上的不同位点。但有些位点发生转座的机会多些,这些位点类似于重组热点。有些转座子倾向于优先插入染色体上的某些区域内,但对区域内的位点选择则完全是随机的。这种选择方式的原因尚不清楚,不过有一点可以知道:转座不取决于DNA的碱基序列,而是取决于其他因素,如DNA的超螺旋状态或DNA-蛋白质的结合状态等。

6.4.1 转座作用的机制

按照转座过程中转座子是否复制,可把转座机制可以进一步分为:非复制型转座(nonreplicative transpositon)、复制型转座(replicative transposition)和保守型转座(consevative transposition)。非复制型转座的机制最简单:转座子从供体DNA上剪切下来,插入受体DNA的靶位点上,留下的缺口由同源重组修复。复制型转座中,转座子又复制了一个拷贝,一个拷贝留在原来的位置上,一个拷贝插入受体DNA的靶位点上。保守型转座中,转座子转移后留下的缺口直接连接起来,三种转座机制如图6-18所示。

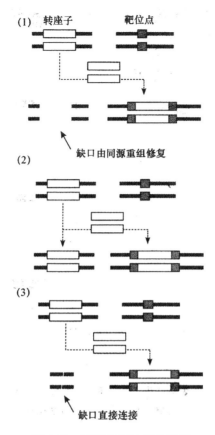

图 6-18　转座使 DNA 发生重排

(1)非复制型转座 (2)复制型转座 (3)保守型转座

1. 非复制型转座

转座子从原来的位点上剪切下来,移动到一个新的位点,这种机制也被称为剪贴转座(cut-and-paste transposition)。

转座开始时,转座酶识别转座子两端的反向末端重复序列,并与之结合,稳定的蛋白质-DNA 复合物得以形成,这个复合物叫做转座体(transposome)。这个复合物的功能是保证转座所需的断裂重接反应同时发生在转座子的两个末端上,也保护了断裂的 DNA 末端免受细胞中其他酶类的攻击。

转座酶将转座子的两个 3′末端切开,在转座子的两端各产生一个游离的 3′-OH 端。接着,转座还要切开转座子的 5′端。不同的转座子产生 5′端是在不同途径下完成的,如图 6-19 所示。

一种途径是使用其他的酶切开产生 5′端。例如:细菌转座子 Tn7 编码一个特殊的蛋白质 TnsA,它的结构非常类似于限制性内切核酸酶。TnsA 与细菌编码的转座酶 TnsB 组装在一起,共同作用。转座酶 TnsB 切开转座子产生 3′端,TnsA 则负责切开转座子产生 5′端。

另一种途径是由转座子自身完成 5′端的断裂。新产生的 3′-OH 攻击互补链上的磷酸二酯键,与互补链产生共价连接,形成 DNA 发针,本质上来说这个反应是转酯反应。转座酶将 DNA 发针切开,形成双链断裂的 DNA。这些步骤完成之后,转座子的 3′-OH 端与靶位点连接。转座子 Tn10、Tn5 以这种方式移动。

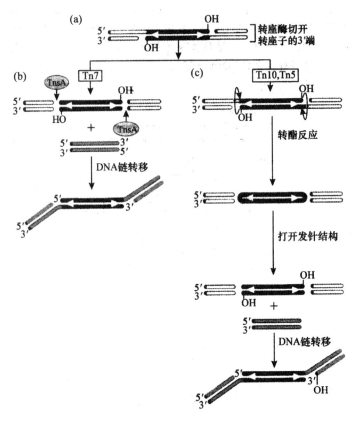

图 6-19　转座子从供体 DNA 上切开机制

(a)转座酶切开转座子的 3′端,产生游离的-OH;(b)使用其他的酶切开 5′端;
(c)游离的-OH 攻击互补链,形成 DNA 发针中间体。两个发针随后被转座酶水解

使用剪贴机制的转座子在原来的位置上留下的双链断裂由同源重组修复。

2. 复制型转座

转座子在反应中被加倍,一个拷贝留在原来的位点上,另一个插入新位点。复制转座的首先是转座酶组装在转座子的两端,形成转座体。接着转座酶切开转座子,转座子的 3′-OH 得以释放。转座子的 3′-OH 通过转酯反应与新的靶位点连接。此时,转座子并没有立即从原来的位点上剪切下来,这是与剪贴机制的最大不同点。

反应产生了一个中间体,在这个中间体里,DNA 具有两个分支。转座子的两个 3′-OH 都与新的靶位点共价连接,5′端依然连在原来的位点上。有复制叉的结构在这两个分支点中都存在,寄主的复制酶结合在这两个复制叉上,将转座子加倍。

此时,原来的供体分子和受体分子融合在一起,转座子也形成了两个拷贝,叫做共整合结构(cointergrate structure)。同源重组可实现共整合体的拆分,在这个过程中需要有解离酶(resolvase)的参与。拆分后,两个分子各含有一个转座子的拷贝。

复制型转座经常造成对细胞有害的染色体倒转或缺失。这就使复制型转座子处于进化选择上不利的位置。因此大多数转座子都采用剪贴机制,以避免对寄主基因组造成较大的伤害。

3. 保守型转座

这种转座机制中,两个断口直接连接。使用这种机制的转座子都很大,不仅可以将转座子插入靶位点,还能将供体 DNA 插入靶位点。所以,这类转座子称为附加体(episome)更恰当。

有时同源重组可以剪掉转座子,使靶位点的基因恢复原来的功能。如果把转座子及靶位点的一个拷贝一起删除,叫做精确剪切(precise excision),这种情况发生的概率比较低。Tn10 的精确剪切频率为 10^{-9}。如果剪切留下了转座子的一点残留物,叫做非精确剪切(imprecise excision)。这些残留物足以使靶基因失活。在 Tn10 中,它的发生率为 10^{-6}。

6.4.2　原核生物的转座作用

可将原核生物中的转座因子根据分子结构和遗传性质可分为插入序列(IS)、转座子(Tn)、转座噬菌体(mutator phage,Mu)。转座因子是存在于染色体 DNA 上可自主复制和转座的基本单位,其中最简单的转座子不含任何宿主基因的可转位的 DNA 序列就称为 IS。它们是细菌染色体或质粒 DNA 的正常组成部分。如大肠杆菌基因组中约有 20 种不同的 DNA 转座因子,都含有编码转座酶的基因。

1. 插入序列

一个细菌细胞常带有多个 IS 序列。它们之所以都可以独立存在并转座的单元,是因为它们带有介导自身转座的转座酶。大多 IS 序列已被鉴定,如 IS1 的全长为 768bp,它的两端有 18/23bp 的反向重复序列。IS 本身没有任何表型效应,只携带和它转座作用有关的基因,称为转座酶基因。它们是一类较小的转座因子,可以从染色体的一个位置转移到另一个位置,或从质粒转移到染色体上,它们改变位置的行为称为转座(transposition)。如 F 因子和大肠杆菌的染色体上有一些相同的插入序列,即 IS2、IS3 等等。通过这些同源序列之间的重组,F 因子便插入染色体中成为 Hfr 菌株。目前已知的 IS 至少有 10 余种,如 IS1、IS2、IS3,…,虽然它们的大小不同,但是仍然具有一些共同特征,如表 6-3 所示。每种 IS 两端的核酸顺序完全相同或相近,但方向相反,所以称为反向重复序列(inverted repeat sequence,IR)。已知各种 IS 的长度在 768~5700bp 之间,它们的两端有几个到几十个反向重复序列。如 IS1 的两端 IR 长 23bp,其中 18bp 在两端是相同的。而 IS2 的两端是 41bp 的 IR,具体如图 6-20 所示。

表 6-3　插入序列的特性

插入序列	在大肠杆菌中的拷贝数	长度/bp	反向重复中共同的碱基对/bp	靶 DNA 中产生重复片段大小/bp
IS1	5~8 份在染色体上	768	18/23	9
IS2	5 份在染色体上,1 份在 F 质粒上	1327	32/41	5
IS3	5 份在染色体上,2 份在 F 质粒上	1400	32/38	3 或 4
IS4	1~2 份在染色体	1428	16/18	11
IS5	只存在于 λ 和 Mu 噬菌体上	1250	15/16	4

含有 IS 的质粒经变性后,分别以单链复性,于是在电镜下出现茎环结构,茎的部分是 IS 的

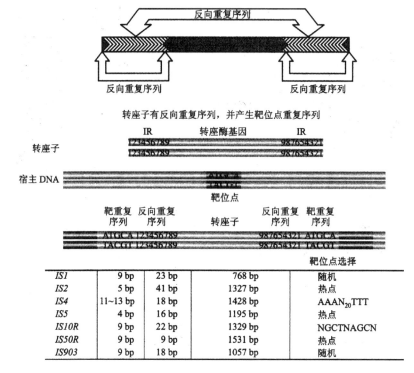

图 6-20 IS 结构模式图

	靶重复序列	反向重复序列	转座子	靶位点选择
IS1	9 bp	23 bp	768 bp	随机
IS2	5 bp	41 bp	1327 bp	热点
IS4	11~13 bp	18 bp	1428 bp	AAAN$_{20}$TTT
IS5	4 bp	16 bp	1195 bp	热点
IS10R	9 bp	22 bp	1329 bp	NGCTNAGCN
IS50R	9 bp	9 bp	1531 bp	热点
IS903	9 bp	18 bp	1057 bp	随机

IR 序列,大环是质粒 DNA,小环是 IS 的中间序列,如图 6-21 所示。而且当一个 IS 插入"靶"DNA 后,在插入片段的两端出现一小段正向重复的靶 DNA 序列,每种 IS 插入形成这种正向重复序列的长度是各不相同的,一般为 5~11bp。

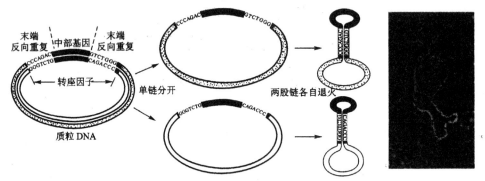

图 6-21 IS 插入质粒后茎环结构的形成与电镜照片

除 IS1 以外,所有已知巧序列都只有一个可读框(open reading frame,ORF),翻译起始位点紧挨着第一个反向重复区,终止点位于第二个反向重复区或重复区附近。IS1 含有两个分开的可读框,想要产生功能型转座酶需要有移码通读才可以。一般情况下,每个 IS 转座频率是 10^{-4} ~10^{-3}/世代,恢复频率则低很多,为 10^{-7} ~10^{-6}/世代。

2. 转座子

转座子(transposon,Tn)是一类较大的转座因子,除了含有与它转座作用有关基因外,抗药基因以及其他基因也包括在内,如乳糖发酵基因。因此 Tn 的转座能使宿主菌获得有关基因的特性,已发现有多种 Tn,如 Tn1、Tn2、Tn3 等。Tn 分子大小一般为 2000~25000bp,两端有相同序列,如 IR 序列。某些 Tn 的 IR 便是已知的 IS,带有 IS 的 Tn 也称为复合转座子(composite transposon)。Tn5、Tn10 和 Tn903 都属于一类复合转座子,结构非常的特殊,其主序列长 2.7 kb 左右,位于中央,两个 IS 序列以相反的极性位于主序列两侧[图 6-22(a)]。不含 IS 的 Tn 称为简单转座子(simple transposon),如 Tn3 家族等[图 6-22(b)]。

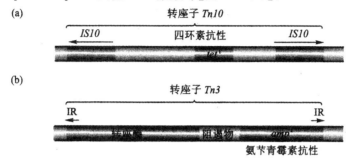

图 6-22　复合转座子和简单转座子的结构
(a)复合转座子;(b)简单转座子

Tn5 主序列含有几个抗生素抗性基因,卡那霉素(kanamycin)、链霉素(streptomycin)和博莱霉素(bleomycin)一类的抗生素基因这些都包括 Tn5 主序列中。Tn5 主序列两侧的 IS 因子既是 Tn5 的重要组成部分,同时也是一种自主性的转座子。位于 Tn5 右侧的 IS50R 编码两种与转座有关的酶,其中一种(蛋白 1)为转座酶,另一种(蛋白 2)为转座抑制蛋白,这两种蛋白质都由同一段 DNA 序列编码。Tn5 左侧的 IS50L 与 IS50R 只是一对碱基的差别,但这一微小差别会造成以下两种影响:①在转座酶编码区内,IS50R 原为 CAA(谷氨酰胺)变为 UAA 终止密码子造成琥珀突变(amber mutation),产生翻译的终止信号,所以这种突变蛋白不具有转座功能。Tn10 两边的 IS 因子也是 IS10R 含转座酶基因,而 IS10L 则不含转座酶基因。②形成一个 Tn5 主区中卡那霉素抗性基因的启动子(P2),所以 IS50L 对主序列 Tn 因子的转录具有重要影响。Tn5 的这种结构特征表明,两个 IS 夹住一个 Tn5 主序列并促使其转座到新的位点上。Tn5 转座时,首先从染色体上切割下来,形成环状结构,然后再插入到新的座位上。因此,Tn5 是非复制型转座,只是从一个位点转移到另一个位点,原位上不会发生任何变化。Tn5 转座到新的位点上后,两端都形成一段顺式重复序列。

除了末端带有 IS 序列的复合转座子以外,还有一些没有 Tn 序列的体积庞大的转座子 TnA 家族。截止到目前,已发现近 40 种不同的 Tn 分别带有不同的抗性基因、乳糖基因、热稳定肠毒素基因或接合转移基因等。例如 Tn3 不含 IS 序列,只是在两端接有短的反向重复序列,其中有 3 个编码区:编码 β-内酰胺酶的氨苄青霉素(ampicillin)抗性基因(amp^r)、转座酶基因(tnpA)和编码一种阻遏物的调节基因(tnpR)。整个分子长为 5000bp,两端各有 38bp 的 IR,如图 6-23 所示。显然,无论是 IS 或 Tn 的两端都有反向重复序列,似乎两端反向重复序列的存在与它们的转座功能有直接关系。如 Tn3 的两个 IR 中任一个顺式作用元件缺失都会阻止转座。其他与转座有关的基因当然也是通过突变鉴定出来的,如 Tn3 中的 tnpA 突变体是不能转座的。该基因的产物是一种转座酶。tnpR 突变将增加转座频率,因为该基因表达产物是阻遏物,阻遏 tnpA 和它自己的基因转录,如 tnpR 蛋白失活就使 tnpA 合成增加而提高转座频率。这也表明 tnpA 转座酶的量是转座的限制因子。

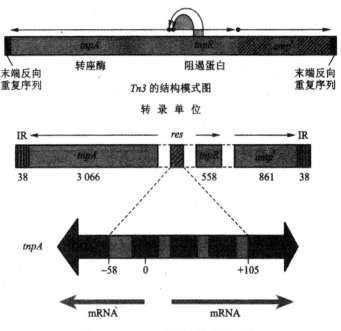

图 6-23　Tn3 转座子家族成员结构

转座子赋予宿主细菌一定的表型,如带有抗药性基因的转座子质粒便是抗药性质粒,根据这一特性采用相应的方法来检测某质粒上是否存在转座子。如该质粒是一个非转座性的,上面有一个 A^{r}Tn,将另一个带有抗性基因 B^{r}的转移质粒引进同一细菌,然后把敏感细胞和带有这两个质粒的细菌进行接触转移试验,在特定的培养条件下使后者无法正常生长。如果一部分敏感细胞中出现 A^{r}B^{r}表型,这就说明 A^{r}属于某一转座子。如某一质粒上带有一个 Tn,经变性并复性后,在电镜下可见到一部分杂合 DNA 双链上出现茎环结构。

3. 转座噬菌体

1963 年,Taylor 发现了一种特殊的噬菌体,称为 Mu(mutator phage,增变噬菌体),即突变者的意思。它是大肠杆菌的一种温和噬菌体,按理每一种温和噬菌体应整合到宿主染色体的一定位置上,如像 λ 噬菌体整合的位置就是一定的。可是 Mu 几乎可插入宿主染色体任一位置上,而且游离 Mu 和已经插入的 Mu 基因次序是完全一样的。另外,它的两端没有黏性末端,插入某基因中就引起该基因突变。这些都说明它的整合方式不同于 λ 噬菌体,而类似于转座因子的作用。

Mu 是一种 DNA 噬菌体,它是含有 38000bp 的线状 DNA,两端各带一小段大肠杆菌的 DNA,这与该噬菌体插入大肠杆菌染色体上有关。距末端不远处也有类似于 IS 的序列,靠近一端处存在与转座有关的整合与复制 A、B 基因。它们分别编码相对分子质量 70000 与 33000 两种蛋白,位于 Mu DNA 一端。在 A、B 与末端之间有一 C 区,对 A、B 有负调节作用。相对于一般的转座子来说,Mu 的转座频率要高一些。Mu 的复制能力和它的转座能力是密切相关的,Mu 的生存依靠转座? 复制转座是其正常生活史中的一部分。在转座过程中,它摆脱两端原有的细菌 DNA 而转座到新的某个位点上。

Mu DNA 右侧含有一段约 3kb 序列,称为 G 区[图 6-24(a)]。G 区两端各有一个 34bp 反向重复序列,其中含有两套基因,即 Sv 和 U 或 Sv′和 U′,后两个基因的转录方向与前两个基因的转录方向相反[图 6-24(b)和(c)]。这 4 个基因都编码尾丝的部件。G 区可以进行位点特异性颠倒,颠倒后 U' 和 Sv' 基因转录,因为颠倒后使这两个基因与其相邻的启动子位于同一条 DNA 单链上,另外两个基因则不能转录,因为它们的转录方向与启动子作用方向是不一致的。发生颠倒的区域位于两个长 34 bp 的反向重复序列之间,颠倒过程主要由噬菌体基因 gin 编码产物,即倒位酶(invertase)催化,同时需要一种宿主细胞基因的产物。通过 DNA 片段颠倒来控制基因的表达的现象还见于沙门氏菌(Salmonella typhⅡmurium)的 P1 和 P7 噬菌体。

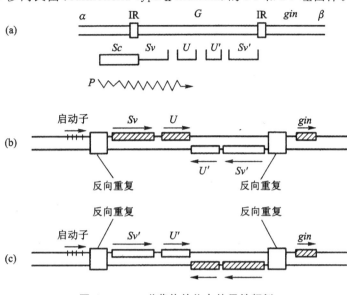

图 6-24　Mu 噬菌体的位点特异性颠倒

6.4.3　真核生物的转座作用

20 世纪 40 年代后期,Barbara McClintock 在玉米中发现了有些 DNA 片段能在基因组内不同区域转移,随后这种成分在果蝇中也被发现了。现在对这种可转移的成分开展了许多研究,对它们的组成、转移的机制以及它们在基因交流中的意义有了进一步的认识。

1. 玉米中的 DNA 转座子

Barbara McClintock 在研究中使用了紫色子粒的玉米,因为玉米 C 基因编码的一个因子可以合成色素。当 C 基因发生突变后,不能合成色素,子粒几乎是白色的。然而,这种突变可以回复,于是细胞又可以合成色素。回复的细胞及其有丝分裂的所有后代保持在同一个位置上,深色斑点(sector)就会在浅色的子粒上出现。这个斑点面积的大小由基因型改变的时间来决定。变化发生得越早,改变的子代细胞数量越多,斑点越大。当一个深色的小斑点出现在浅色中时,子粒颜色的这种变化看起来十分生动。

McClintock 发现突变是因为一个可移动的 DNA 片段插入 C 基因造成的,她把这个片段叫做 Ds(dissociator)。Ds 从 C 基因中的移出可通过另一个可移动的 NDA 片段来实现,她把第二个片段叫做 Ac(activator),如图 6-25 所示。McClintock 由此发现了转座子。

分子生物学家对转座子做了大量的研究。从研究的结果可以看出,玉米的转座子具有通常的结构特征:末端具有反向重复序列;转座后在靶序列上产生较短的同向重复序列。

玉米基因组中有几种转座子家族(families),在玉米的不同品系中,它们的数量、类型、定位

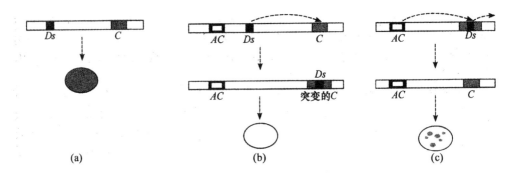

图 6-25　转座子在玉米上造成的突变和回复

(a)野生型的玉米子粒带有完整的、有活性的 C 基因；(b)Ds 元件插入 C 基因，
造成基因失活，不能合成色素。子粒几乎无色；(c)当 Ac 存在时，使 Ds 从 C 基因中转出。
C 基因恢复活性，可以合成色素。合同色素的细胞在子粒中形成斑点

都会存在一定的差异，每一个家族包括一类自主成分及相关的几类非自主成分。

一个 DNA 转座子含有一对反向末端重复和编码转座酶的基因，使它们自身转座的全部条件也就具备了，这样的转座子叫做自主转座子或自主成分（autonomous transposon/element）。它们可在任意位点插入并产生不稳定的或可变化的等位基因。有些转座子不能编码有功能的转座酶，自身不能单独移动，要在其他同类转座子提供转座酶时才能转座，这样的转座子叫做非自主转座子非自主成分（nonautonomous transposon/element）。

玉米的转座子如 Ac/Ds 家族，包括自主成分 Ac，以及非自主成分 Ds。Spm/dspm 家族包括自主成分 Spm(supressor-mutator)和非自主成分 dspm(defective Spm)。En/I 家族包括自主成分 En 和非自主成分等。

通过对 Ac/Ds 家族进行分析发现，自主成分 Ac 为 4563bp 长，是 Ac/Ds 成分中最长的。它的末端是由 11bp 的反向重复序列，在靶位点产生 8bp 的同向重复序列。转录后的 RNA 含有 5 个外显子，产物是转座酶。和 Ac 成分比较起来，Ds 成分也具有 22bp 的反向重复序列，但它们的长度比 Ac 要短，缺失的片段也各不相同。如：Ds9 比 Ac 少了 194bp，为 4369bp。Ds6 只有 2000bp，由 Ac 两端的各 1000bp 组成。更极端的是 Ds1，它只具有 Ac 的反向末端重复序列。也就是说，非自主成分 Ds 虽然具有末端反向重复序列，但 Ac 中间的部分序列是不具备的，有功能的转座酶就无法编码。Ac/Ds 家族的转座子以剪贴机制转座。DNA 复制后产生了半甲基化的序列，半甲基化的状态可以激活转座子。这种调控与细菌中的 Tn10 很相似。

孟德尔在豌豆中发现一个基因(R,r)可以控制种子是圆粒还是皱粒。这种表型的变化就与转座子有关。R 基因编码一个参与淀粉代谢的酶，当 Ac/Ds 家族的一个片段插入后，使 R 基因突变，豌豆种子就呈现皱粒的表型。

玉米中的 Spm 家族含有约 13bp 的反向末端重复，这是转座酶的识别位点。转座后产生 3bp 的同向重复。Spm 编码的 TnpA 蛋白是转座酶。Spm 编码的 TnpB 蛋白可与 13bp 的末端反向重复结合，在转座时将转座子切开。这个家族的非自主成分的结构与 Spm 非常类似，但缺少基因 tnpA 的中间部分，记做 dSpm。

Spm 的转座可以控制靶位点基因的表达。有些受体位点可被 Spm 抑制，为 Spm 抑制位点 Spm-Suppressible locus。Spm 插入后，靶位点基因的表达被抑制。Spm 的抑制位点在要表达的基因的外显子上。转录后 Spm 从前体 RNA 上剪切下来，但这种剪切并非精确剪切，使得它表

达的蛋白质功能在一定程度上会受到影响。另一种位点正好相反,为依赖于 Spm 的位点 Spin-de-pendent locus。在这种位点上,只有 Spm 插入后基因才能表达。依赖于 Spm 的位点离要表达的基因很近,但不在基因内,它的插入提供了增强子的功能,激活了受体位点基因的启动子。

当 Spm 插入受体基因内时,就抑制基因的表达,当 Spm 插入受体基因的上游时,这个基因就会被激活,两种相反的作用是因为插入位点的不同。

2. 果蝇中的 DNA 转座子

转座对遗传的影响在果蝇中也是有迹可循的。有些果蝇为 P 品系,有些则为 M 品系。用 P 品系的雄蝇与 M 品系的雌蝇杂(P×M),后代出现杂种不育。如果反过来($M_♂ × P_♀$)杂交却不会出现生殖障碍,就像品系中其他交配方式一样(P×P,M×M)。

果蝇的这种生殖障碍是生殖细胞的毛病,在 P×M 杂种一代中,体细胞正常但性腺不发育。研究表明这类生殖障碍都是由一段 DNA 插入 ω 位点造成的,于是就把这段 DNA 叫 P 成分。P 成分是典型的转座子。每个 P 成分都有 31bp 的反向末端重复,可以在靶位点上产生 8bp 的同向重复。

每种 P 成分长度各不同,但其组织结构是没有差异的。最长的 P 成分有 2.9 kb,含有 4 个开放阅读框,ORF0、ORF1、ORF2 和 ORF3,分别由 3 个内含子分隔开,如图 6-26 所示。P 成分的转录产物可以翻译出两个蛋白质:如果内含子 1、2、3 都被剪掉,4 个阅读框连接成一个 mR-NA,就翻译成 87000 的转座酶,这是转座活性所必需的。这个过程也被称为 P 成分的激活。如果只有内含子 1、2 被切除,三个阅读框 ORF0-ORF1-ORF2 连接成的 mRNA 只能翻译成一个 66000 的蛋白质,这是阻遏蛋白,能够有效抑制转座活性。一个 P 成分的转录产物可以翻译出不同蛋白质的关键在于内含子 3 是否被剪掉。

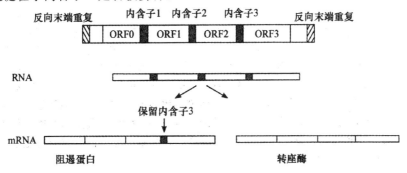

图 6-26　P 成分内含子的剪接具有组织特异性

P 成分的 mRNA 有 4 个开放阅读框和 3 个内含子。如果第三个内含子不能剪掉,就产生阻遏蛋白;如果 3 个内含子都被剪掉,4 个阅读框连接起来就吵闹声转座酶

在生殖细胞内,P 成分可以产生转座酶,也可以产生阻遏蛋白。但是在体细胞中,P 成分只能产生阻遏蛋白,不能产生转座酶。也就是说,P 成分的激活只能在生殖细胞中才能实现。

在 P 品系果蝇的生殖细胞中,细胞可以合成转座酶,也可以合成足够的阻遏蛋白来阻止转座酶的合成与活性。而在 M 品系中,细胞中没有 P 成分,没有转座酶,也没有阻遏蛋白。在雄(P)×雌(M)的杂交方式中,雄蝇是 P 品系,它的精细胞几乎没有细胞质,阻遏蛋白的含量可以说为 0。雌蝇是 M 品系,它的卵细胞虽然有细胞质,但是没有阻遏蛋白。因此,在受精后的短时间内,转座作用占优势。在受精卵分化过程中,生殖细胞中转座频率非常高,达到每细胞世代一次。转座使许多基因失活并造成染色体重排,最终,杂交子一代就会出现生殖障碍的先行。

从这个例子可以看出细胞质的重要性。细胞质的作用被描述为胞质类型,含有 P 成分的为 P 胞质类型(paternal contribution),没有 P 成分的为 M 胞质类型(maternal contribution)。在雄蝇含有 P 成分而雌蝇不含 P 成分的杂交中就会发生生殖障碍,且只有这种情况下才会发生。

果蝇中还有些较短的 P 成分,这是全长的 P 成分内部缺失造成的。这些较短的 P 成分也有的 31bp 的末端反向重复序列以及靶位点上 8 bp 的同向重复序列。P 成分的转座是非复制型转座,转座发生后,供体的 DNA 上的缺口由同源染色体修复。

3. Tc1/Mariner 成分

在无脊椎动物和脊椎动物中 Tc1/Mariner 成分比较常见,是真核生物中最普遍的转座子。这些成分的亲缘关系很近,但从不同物种中分离到的成分有不同的特性,不同的名字。从线虫 C. elegans 中得到的成分叫做 Tc 成分,从果蝇中得到的叫 Mariner,人类基因组中也含有丰富的 Mariner 成分。

Tc1/Mariner 成分是已知真核生物中最简单的自主转座子。Tc1/Mariner 成分只有 1.5～2.5kb 长,含有一个编码转座酶的基因。

Tc1/Mariner 成分通过剪贴机制移动,转座不需要辅助因子,移动没有严格的调控。转座在靶位点产生 2bp 的同向重复。转座后,原来位点上的双链断裂可能直接连接,也可能被修复系统的酶修复。在修复过程中会使得原来的位点多出几个额外的碱基对。这几个额外的碱基对就成为"足迹"(footprint),表明这里曾经有转座子驻留。

6.4.4　反转录转座子

该类转座因子的转座过程均以 RNA 为中介,通过反转录酶将转座子 RNA 拷贝为 cDNA 后再整合到宿主基因组中,如图 6-27 所示,因此称为反转座因子,包含反转录转座子和反转录病毒(retrovirus)两种。

反转座因子只在真核生物基因组中发现,在原核生物中还未找到它的踪迹。一些反转录转座子与细胞中游离的反转录病毒基因组之间有许多相似性。①反转录病毒的基因组为 RNA 分子,可感染许多脊椎动物,该病毒感染细胞后,由病毒基因组编码的反转录酶将其 RNA 拷贝为 cDNA,然后整合到宿主基因组中。新的病毒产生必须由整合的 DNA 转录为 RNA,合成由病毒基因组编码的蛋白质外壳,然后再进行包装[图 6-28(a)]。已经整合到脊椎动物染色体中的反转录病毒基因组称为内源反转录病毒(endogenous retroviruses,ERV)。这些 ERV 中有些仍有活性,在活细胞的一定生活时期可指导内源病毒的合成,但大多数 ERV 已经不具备活性其功能也就无从谈起。这些无功能的病毒基因组拷贝虽然分散在基因组中,但不能扩增,人类基因组中约有 10000 个残缺的病毒拷贝。还有一类称为类反转录因子(retrovirus like elements,RTVLS),人类基因组中有近 20000 拷贝。②反转录转座子具有类似 ERV 的顺序,只是编码外壳蛋白的基因(env)是不具备的,故不能包装形成具有蛋白质外壳的颗粒。这类反转录转座子分布在非脊椎动物基因组中,如植物、真菌和无脊椎动物中,脊椎动物中很少见到。反转录转座子在某些生物基因组中有很高的拷贝,有许多不同的类型,玉米基因组中大多数分散重复序列都是反转录转座子,它与反转录病毒结构类似,而且都含有负责转座的长末端重复(long terminal repeats,LTR)序列,因此又称 LTR 因子[图 6-28(b)]。③长散在核元件(long interspersed nuclear element,LINE)含有同反转座有关的类反转座基因[图 6-28(c)]。人类基因组中的 LINE 1 是典型的长散在核元件,长 6.1 kb,含 3500 个全长的拷贝,另外有数万个残缺的拷贝。④短散在核元件

（short interspersed nuclear element，SINE）本身无反转座酶基因，但可借用宿主中的反转座酶实现转座[图 6-28（d）]。人类基因组中最普遍的 SINE 为 Alu 元件，它有上百万拷贝。最初的 Alu 元件可能是 7SL RNA 偶尔的反转录产物，并整合到基因组中。因 Alu 拷贝含有内启动子，具有转录活性，细胞可转录大量的 Alu RNA，这样的情况下，该该成分也就得以大量扩增。

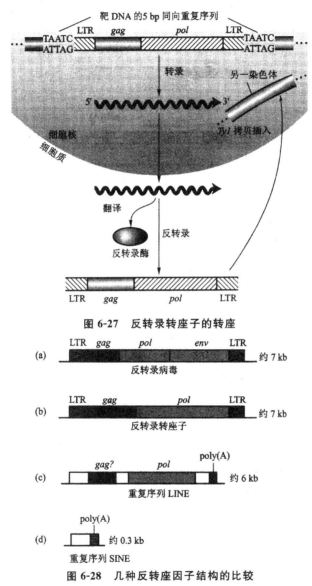

图 6-27　反转录转座子的转座

图 6-28　几种反转座因子结构的比较

此外，还有只分布在哺乳动物中的散在重复序列（mammalian interspersed repeat，MIR）是起源于 tRNA，在灵长类基因组中的拷贝数估计为 120000～300000。由于 tRNA 基因含有内部启动子，这点和 Alu 重复因子保持一致，MIR 也可经反转录大量拷贝整合到基因组中。

反转录病毒只在脊椎动物中发现，它们可能起源于吉卜赛（Gypsy）反转录转座因子，获得编码衣壳蛋白基因（ebv）后成为可感染动物细胞的反转录病毒。植物中含有除反转录病毒之外的所有反转座因子。

第7章　转录及转录后加工

7.1　概　述

　　DNA 是遗传信息的贮存者,它通过转录生成信使 RNA,再以 RNA 为模板翻译生成蛋白质来控制生命现象。转录和翻译统称为基因表达(gene expression)。其中基因表达的核心步骤就是转录部分,是指拷贝出一条与 DNA 链序列完全相同(除了 T→U 之外)的 RNA 单链的过程。我们把与 mRNA 序列相同的 DNA 链称为编码链(coding strand)或有义链(sense strand),并把另一条根据碱基互补原则指导 mRNA 合成的 DNA 链称为模板链(template strand)或反义链(antisense strand)。

　　转录(transcription)离不开 RNA 聚合酶(RNA polymerase,RNA pol),RNA 聚合酶催化了转录过程。当 RNA pol 结合到基因起始处,即启动子(promoter)上时,转录开始进行。最先转录成 RNA 的一个碱基对是转录的起始点(start point)。从起始点开始,RNA pol 沿着模板链不断合成 RNA,这个过程持续到遇到终止子结束。从启动子到终止子的一段序列称为一个转录单位。转录起始点前面的序列称为上游(upstream),后面的序列称为下游(downstream)。起始点为 +1,上游的第一个核苷酸为 -1,其他的依次类推。一个典型的转录单位结构如图 7-1 所示。

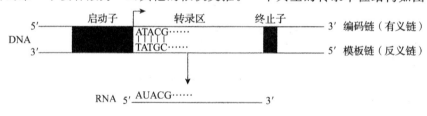

图 7-1　典型的转录单位结构

7.1.1　转录的一般特征

转录有以下几个特征。

　　①转录具有选择性,即只对特定的基因组或基因进行转录,因为在基因组内,只有部分基因在某一类型的细胞中或在某一发育阶段能被转录,随着细胞的不同生长发育阶段和细胞内外条件的改变不同的基因将会被转录。转录时只对被转录基因的转录区进行转录,因为启动子是不被转录的。

　　②转录的底物是三磷酸核苷酸(NTP),包括 ATP、GTP、CTP 和 UTP,每个 NTP 的 3 位和 2 位碳原子上都有一个-OH。在聚合酶作用下一个 NTP 的 $3'$-OH 和另一个 NTP 的 $5'$-P 反应,并需要 Mg^{2+} 参与,去掉焦磷酸,形成 $3',5'$-磷酸二酯键。

　　③在被转录的双链 DNA 分子中只有一条单链为模板。在转录区域内 DNA 双链必须部分解链,形成模板链 DNA,与转录产物 RNA 形成 DNA-RNA 杂交分子,随着转录向前推进,释放出 RNA,又恢复成双链 DNA。

④RNA 合成方向是 $5'{\rightarrow}3'$，单核苷酸只加到新生 $3'$-OH 上，RNA 链与模板链呈反方向平行。

⑤DNA 的顺序决定了 RNA 的碱基的顺序，且依靠 NTP 与 DNA 上的碱基配对的亲和力被选择，这一点与 DNA 复制相同，只是 T 由 U 代替。

⑥只有 $5'$-NTP 掺入到 RNA 合成中，起始转录处的第一个核苷酸是 $5'$-三磷酸，其 $3'$-OH 是下一个核苷酸的接触点，所以这样合成的 RNA 分子的 $5'$ 端具有三磷酸。

⑦在 RNA 的合成中不需要引物。

⑧转录的起始由 DNA 分子上的启动子(promoter)控制。启动子通常都靠近转录起点。

7.1.2　RNA 聚合酶

转录是一种很复杂的酶促反应，主要由 RNA 聚合酶催化。RNA 聚合酶全名是依赖于 DNA 的 RNA 聚合酶(DNA-dependent RNA polymerase，RNA pol)。然而，最先从 *E. coli* 得到的能够催化 RNA 生物合成的酶是多聚核苷酸磷酸化酶(polynucleotide phosphorylase，PNP)，该酶在 1955 年由 Severo Ochoa 和 Marianne Grunberg Manago 发现。通过一些行为表明，PNP 不可能是人们期待的那种细胞用来催化转录的酶，因为此酶不需要模板，使用 NDP 代替 NTP，合成的 RNA 序列由 NDP 的种类和相对浓度来决定，这些性质无法保证一个基因转录的忠实性。后来发现，PNP 的真正功能是降解而不是合成 RNA。真正催化转录的酶直到 1960 年才从 *E. coli* 中得到。

$$(NMP)_n+NDP \underset{PNP}{\overset{PNP}{\longleftrightarrow}} (NMP)_{n+1}+P_i$$

RNA pol 是高度保守的，特别是在其三维结构上。由于细菌、古细菌和真核生物细胞核和叶绿体的 RNA pol 都是由多亚基组成的，所以它们属于多亚基 RNA pol 家族；而噬菌体和线粒体基因组编码的 RNA pol 一般只有单个亚基组成，因而属于单亚基 RNA pol 家族。

所有的多亚基 RNA pol 都具有 5 个核心亚基，一个专门识别启动子的 σ 因子也包括在真细菌中，真核细胞的三种细胞核 RNA pol 除了具有 5 个核心亚基之外，还有 5 个共同的亚基。

1. RNA pol 催化的反应通式及 RNA pol 与 DNA pol 的性质比较

RNA pol 所催化的反应通式为：

$$n(ATP/GTP/CTP/UTP) \overset{DNA/Mg^{2+}}{\longleftrightarrow} (NMP)_n+nPP_i$$

反应产物是与 DNA 模板链的某一段序列互补的 RNA 以及 PP_i。在过量 PP_i 的情况下，该反应是可逆的。但由于 PP_i 可被细胞内含量丰富的焦磷酸酶迅速水解，所以反应实际上是不可逆的。

尽管 RNA pol 与 DNA pol 都是以 DNA 为模板，从 $5'{\rightarrow}3'$ 方向催化多聚核苷酸的合成，但是，这两类聚合酶的差别非常明显，概括起来包括：

①RNA pol 只有 $5'{\rightarrow}3'$ 的聚合酶活性，没有 $5'{\rightarrow}3'$ 核酸外切酶和 $3'{\rightarrow}5'$ 核酸外切酶的活性。RNA pol 之所以丧失自我校对的能力，使得转录的忠实性降低，是因为它缺乏 $3'{\rightarrow}5'$ 核酸外切酶的活性。

②真细菌的 RNA pol 具有解链酶的活性，本身能够促进 DNA 双链解链。

③RNA pol 能直接催化 RNA 的从头合成，不需要引物。

④RNA pol 与进入的 NTP 上的 $2'$-OH 有多重接触位点,而进入 DNA pol 活性中心的 dNTP 无 $2'$-OH。

⑤RNA pol 在催化转录的起始阶段,DNA 分子会形成皱褶(DNA scrunching),其编码链形成环,这样的话,在无效转录(abortive transcription)时,RNA pol 仍然保持与启动子的结合。

⑥在转录过程中,转录物不断与模板"剥离",而在复制过程中,DNA 聚合酶上开放的裂缝允许 DNA 双链从酶分子上伸展出来。

⑦RNA pol 在转录的起始阶段受到多种调节蛋白的调节。

⑧RNA pol 使用 UTP 代替 dTTP。

⑨RNA pol 的底物是核苷三磷酸,而不是脱氧核苷三磷酸。

⑩RNA pol 启动转录需要识别启动子。

⑪RNA pol 反应的速度低,平均速率只有 50nt/秒。

⑫RNA pol 催化产生的 RNA 与 DNA 形成的杂交双螺旋长度有限,而且存在的时间不长,很快被 DNA 双螺旋取代。

2. 原核细胞 RNA pol

(1)真细菌的 RNA pol 的结构与功能

以 *E. coli* 为例,真细菌的 RNA pol 分为核心酶(core enzyme)和全酶(holoenzyme)两种形式,它们在体外能够按照如图 7-2 所示的方式组装成有功能的全酶。由 2 个 α 亚基、1 个 β 亚基、1 个 β' 亚基和 1 个 ω 亚基共同组成了核心酶($\alpha_2\beta\beta'\omega$),其中 β' 亚基含有 2 个 Zn^{2+},是一种碱性蛋白,多阴离子化合物——肝素(heparin)能够与它结合而抑制聚合酶的活性。全酶由核心酶和 σ 因子组装而成($\alpha_2\beta\beta'\omega\sigma$)。σ 因子有不同的形式,*E. coli* 至少有 7 种,但 σ^{70} 是最为关键的,它参与 *E. coli* 绝大多数基因的转录。除此以外,还有 σ^{54}、σ^{32}、σ^S、σ^E、σ^F 和 σ^{FecI} 等,它们参与其他几类基因的转录,σ 因子的性质及功能比较如表 7-1 所示。

$$2\alpha \rightarrow \alpha_2$$
$$\alpha_2 + \beta \rightarrow \alpha_2\beta$$
$$\alpha_2\beta + \beta' \rightarrow \alpha_2\beta\beta'$$
$$\alpha_2\beta\beta' + \sigma \rightarrow \alpha_2\beta\beta'\sigma$$

图 7-2 *E. coli* RNA pol 的体外组装

表 7-1 *E. coli* 不同 σ 因子的性质及功能比较

基因		用途	−35 区	间隔长度	−10 区
σ^{70}	rpoD	绝大多数基因的转录	TTGACA	16bp−19bp	TATAAT
σ^{32}	rpoH	热激反应	CCCTTGAA	13bp−15bp	CCCGATNT
σ^{28}	fliA	鞭毛	CTAAA	15bp	GCCGATAA
σ^{54}	ropN	N 饥饿	CTGGNA	6bp	TTGCA

E. coli RNA pol 的组成及其功能分工具体如表 7-2 所示。五种亚基之中,ω 亚基在很长一段时间内不被人们所重视,甚至许多人不把它作为聚合酶的组分。然而,现在已经肯定,ω 亚基至少是体外变性的 RNA pol 成功复性所必需的,而且它能稳定 β' 亚基的结合。此外,ω 亚基是

水生嗜热菌(Thermus aquaticus,Taq)RNA pol 必不可少的组分。

表 7-2 *E. coli* RNA pol 全酶的组成及其功能分工

亚基	基因	大小(kDa)	每一个酶分子中的数目	功能
α	RopA	36	2	N-端结构域参与聚合酶的组装； C-端结构域参与和调节蛋白相互作用以及和增强元件结合
β	RopB	151	1	与 β′ 亚基一起构成催化中心
β′	RopC	155	1	带正电荷,与 DNA 经典组合
ω	RopZ	11	1	与 β 亚基一起构成催化中心,稳定 β′ 的结合；在体外为变性的 RNA pol 成功复性所必须
σ^{70}	RopD	70	1	启动子的识别

利福霉素(rifamycin)和利链霉索(streptolydigin)的对真细菌的 RNA pol 有特异性抑制,这两种抑制剂作用的对象都是 β 亚基,但是,前者抑制转录的起始,阻止第三个或第四个核苷酸的参入,后者与聚合酶结合,抑制延伸。它们并不抑制真核细胞细胞核的 RNA pol 但对线粒体或叶绿体内的 RNA pol 有明显的抑制作用。

(2)古细菌的 RNA pol 的结构与功能

在结构和组成上,古细菌的 RNA pol 跟真核生物的细胞核 RNA pol 更为相似,而不是真细菌的 RNA pol。产甲烷细菌和嗜盐菌的 RNA pol 由 8 个亚基组成,极度嗜热菌的 RNA pol 由 8 个亚基组成。迄今为止,还没有发现哪一种古细菌的 RNA pol 受到利福霉素或利链霉素的抑制。

3. 真核细胞 RNA pol

(1)真核细胞核 RNA pol 的结构与功能

真核细胞内的 RNA pol 不止一种,在功能上有了非常详细的分工,不同的 RNA pol 可以催化不同性质的 RNA 合成,其中细胞核具有三种 RNA pol,即 RNA pol I(A)、Ⅱ(B)、和Ⅲ（C）。RNA pol I 负责催化细胞核内的 rRNA(5S rRNA 除外)合成,RNA pol Ⅱ 负责催化 mRNA 和某些 snRNA 的合成,RNA pol Ⅲ 负责催化小分子 RNA(包括 tRNA 和 5S rRNA)的合成。线粒体和叶绿体也有 RNA pol,它们负责这两种细胞内所有 RNA 分子的合成。细胞核三种 RNA pol 的主要差别如表 7-3 所示。

表 7-3 真核细胞 5 种 RNA pol 结构与功能的比较

名称	细胞中的定位	组成	对 α 鹅膏蕈碱的敏感性	对放线菌素 D 的敏感性	转录因子	功能
RNA pol Ⅰ	核仁	多个亚基组成	不敏感	非常敏感	1 种~3 种	rRNA 的合成(除了 5S rRNA)
RNA pol Ⅱ	核质	多个亚基组成	高度敏感	轻度敏感	8 种以上	mRNA,具有帽子结构的 snRNA 的合成

续表

名称	细胞中的定位	组成	对 α 鹅膏蕈碱的敏感性	对放线菌素 D 的敏感性	转录因子	功能
RNA pol Ⅲ	核质	多个亚基组成	中度敏感	轻度敏感	4 种以上	小分子 RNA 包括 tRNA，5S rRNA，没有帽子结构的 snRNA，7SL RNA，端粒酶 RNA，某些病毒的 RNA 等合成
线粒体 RNA pol	线粒体基质	单体酶	不敏感	敏感	2 种	所有线粒体 RNA 的合成
叶绿体 RNA pol	叶绿体基质	类似于原核细胞	不敏感	敏感	3 种以上	所有叶绿体 RNA 的合成

真核细胞的核 RNA pol 的组成非常复杂，每一种都是庞大的多亚基蛋白(2 个大亚基再加 12 个～15 个小亚基)，大小在 500kDa～700kDa 之间，其中 2 个大亚基的一级结构类似于 *E. coli* RNA pol 的 β、β′ 亚基，这意味着 RNA pol 活性中心的结构可能是保守的。此外，它们都还含有 *E. coli* RNA pol α 亚基的同源物，但没有任何亚基与 *E. coli* 的 σ 因子相似。

以 RNA pol Ⅱ 为例，其 RPB1 亚基对应于细菌的 β′ 亚基，RPB2 对应于 β 亚基，RPB3 对应于与 β 亚基发生作用的 α 亚基，RPB11 对应于与 β′ 发生作用的 α 亚基，RPB6 对应于 ω 亚基。

有一点需要说明的是，所有真核生物的 RNA pol Ⅱ 最大亚基的 C-端都含有一段 7 肽重复序列，一致序列富含羟基氨基酸残基(YSPTSPT)，被称为羧基端结构域(carboxyl-terminal domain，CTD)。在酵母细胞的 RNA pol Ⅱ 中，该序列重复了 26 次，哺乳动物 RNA pol Ⅱ 则重复 52 次。该重复序列对于 RNA pol 的活性来说是不可缺少的。在快速生长的细胞内，CTD 上的 Ser 和一些 Tyr 残基经历了磷酸化修饰。体外实验表明，CTD 没被磷酸化的 RNA pol Ⅱ 参与转录的起始，CTD 被磷酸化以后，转录才从起始阶段进入延伸阶段。缺失突变实验表明，酵母的 CTD 至少需要 13 段重复序列，酵母才能生存。

真核细胞 RNA pol 不能直接识别启动子，必须借助于转录因子(transcription factors，TF)才能结合到启动子上，这一点是原核细胞 RNA pol 又一差别的体现。

(2)真核细胞核 RNA pol 的抑制剂

原核细胞 RNA pol 的抑制剂——利福霉素和利链霉素对于真核细胞核三种 RNA pol 的活性没有任何影响，但是，三种 RNA pol 对来源于某些毒蘑菇(Amantia phalloides)体内的一种环状八肽毒素——α 鹅膏蕈碱(α-amanitin)表现出不同程度的敏感性，其中以 RNA pol Ⅱ 最为敏感，10^{-8}mol/L～10^{-9}mol/L 的 α 鹅膏蕈碱对于 RNA pol Ⅱ 的活性能够完全抑制。其次是 RNA pol Ⅲ，而 RNA pol Ⅰ 对该毒素则不敏感。利用 α 鹅膏蕈碱对三种 RNA pol 的选择性抑制可以判断细胞内的某一种 RNA 究竟由哪一种聚合酶负责催化转录。

放线菌素 D(Actinomycin D)能够插入到 DNA 上的 GC 碱基对之间，导致 DNA 双螺旋小沟变宽和扭曲，转录的延伸也就会受到阻止。但由于真核细胞核三种 RNA pol 催化转录的基因 GC 含量不同，以 rDNA 上的 GC 含量最高，因此，RNA pol Ⅰ 对放线菌素 D 的作用最为敏感。放线菌素 D 的结构如图 7-3 所示。

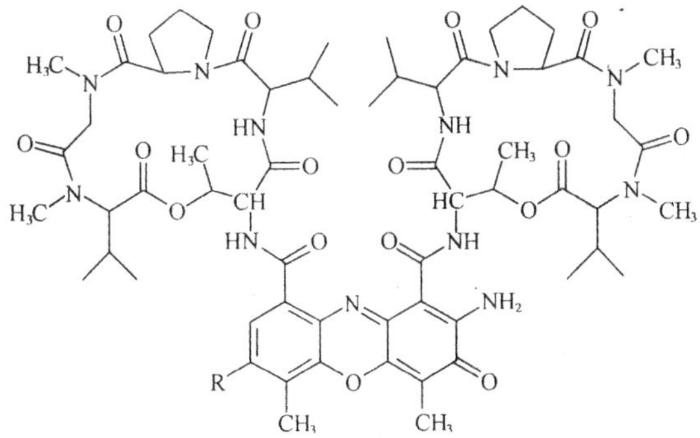

图 7-3 放线菌素 D 的化学结构

4. 由病毒编码的 RNA pol 的结构与功能

许多病毒直接使用宿主细胞基因组编码的 RNA pol 来转录自身的基因,某些病毒则对宿主 RNA pol 进行特定的改造,使其更有效地催化自身基因的转录,而有的病毒则主要使用自身基因组编码的具有高度特异性的 RNA pol,通常情况下,这些 RNA pol 只有一条肽链组成,例如 T7、T3 和 SP6 噬菌体。

5. RNA pol 的三维结构与功能

真核细胞与原核细胞的 RNA pol 在三维结构上相似度非常高,不仅是分子的整个形状相似,而且各同源亚基在空间上的排布也惊人地相似。

对水生嗜热菌的 RNA pol(Taq RNA pol)晶体结构进行的 X-射线衍射研究表明,它具有一个长达 15nm 的钳状结构(clamp),钳子之间的裂缝非常大,这是聚合酶的主要通道(primary channel),此通道能够容纳一个双螺旋 DNA,还含有 Mg^{2+}。裂缝的直径约为 2.7nm,由 β' 亚基构成钳子的一个臂和一部分裂缝的底座,β 亚基构成钳子的另一个臂和一部分裂缝的底座。总之,聚合酶可以借助于钳状结构锚定在 DNA 模板上。

除了钳状结构以外,RNA pol 还具有翼状结构(flap)、舵状结构(rudder)、拉链状结构(zipper)、次级通道(secondary channel)和 RNA 离开通道(RNA-exit channel)。翼的功能是防止在转录延伸阶段转录物掉下来,舵状结构是防止 DNA/RNA 杂交双链持续存在,拉链状结构靠近舵,它的功能对于解链区域重新形成 DNA 双链非常有帮助。DNA 通过主要通道从侧面进入酶的活性中心,在 DNA 离开酶的地方有一个陡的弯曲,NTP 通过 β 叶片上的次级通道进入酶的活性中心,正在延伸的转录物通过位于聚合酶背部的离开通道出来。

7.1.3　转录的 4 个阶段

转录可以分为以下 4 个阶段。

(1)启动子的识别

RNA 聚合酶结合于双链 DNA,寻找基因的调控区域,识别启动子(promoter)。启动子负责 RNA 聚合酶特异性结合、基因表达的启动,是 RNA 聚合酶为完成转录起始过程中不可缺少的 DNA 序列,是基因调控的上游顺式作用元件(cis-acting elements)。

（2）起始

起始（initiation）是 RNA 聚合酶停泊在启动子上，从局部序列解旋、形成转录泡（transcription bubble）开始，到合成转录产物中最初几个核苷酸磷酸二酯键的形成这一复杂过程。

（3）延伸（elongation）

RNA 聚合酶沿着双链 DNA 运动，转录泡随之向启动子的下游方向前进，下游的 DNA 双螺旋不断解旋，新的单链模板片段不断暴露出来。随着 RNA 合成逐渐延伸，转录泡恢复后方的 DNA 双螺旋结构。

（4）终止

RNA 聚合酶识别转录终止信号，停止合成磷酸二酯键，转录复合物解体，转录产物被释放出来。

7.2 原核生物的转录

7.2.1 原核生物的启动子

启动子（promoter）是基因 5′端的调控区域，当 RNA 聚合酶识别这个区域中的模体并与之结合后，转录的起始也就启动了。一般将 DNA 上的转录位点定位＋1 来排序，其下游（右侧）为正值，其上游（左侧）为负值。原核生物不同基因的启动子虽然结构有一定的差异，但仍然具有以下共同点：①结构典型，识别（R）、结合（B）和起始（I）3 个位点仍然包括在内；②序列保守，如－35 序列和－10 序列结构都十分保守；③直接和多聚酶相结合；④位置和距离都比较恒定；⑤常和操纵子相邻；⑥都位于其所控制基因的 5′端；⑦决定转录的启动和方向。

细菌中，－35（R）、－10（B）序列和转录起始点（I）3 个元件是比较典型的启动子；在强启动子上游具有 UP 元件；另一类型的启动子缺乏－35 序列，而在－10 序列侧翼有一个额外的短序列，如图 7-4 所示。

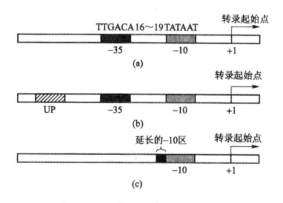

图 7-4 细菌 3 种类型的启动子

（a）典型的启动子，具有－35 序列、－10 序列和起始点 3 个元件；（b）在强启动子上游具有 UP 元件；（c）启动子缺乏－35 序列，而在－10 序列侧翼有一个额外的短序列

1.－10 序列

－10 序列（－10 sequence）是由 D. Pribnow 和 H. Schaller 于 1975 同时发现的，故也称为

Pribnow 框(Pribnow box)。—10 序列位于—10bp 左右,其保守序列为 TATAAT,$T_{80}A_{95}T_{45}A_{60}A_{50}T_{96}$ 可以说是另外一种写法。右下角的数字表示该碱基在这个位置上出现的百分率(如果该碱基没有可辨认的偏爱率则记为 N)。—10 序列 3′端的"T"几乎完全保守,而 5′端的前两个碱基 TA 也是高度保守的。该序列中 A、T 较丰富,解链也比较容易。它和转录起始位点"I"一般相距 5bp。—10 序列的功能是:①与 RNA 聚合酶紧密结合;②形成开放启动子复合体(open promoter complex);③使 RNA 聚合酶定向转录。

　　—10 序列的碱基组成对转录的效率影响是不可忽视的,如果—10 序列发生以下突变:$\boxed{T}$ ATAAT→$\boxed{A}$ ATAAT,则转录效率会下降,故称为减效突变(down mutation)。如果 lacO 的—10 序列发生以下突变:TAT $\boxed{G}$ TT→TAT $\boxed{A}$ TT 则转录效率会上升,故称为增效突变(up mutation)。

　　造成减效可能是因为 $\overrightarrow{\underset{AT}{TA}}$ 的堆积能要小于 $\overrightarrow{\underset{TT}{AA}}$ 的堆积能,所以突变后双链打开比突变前要消耗更多的能量,使得转录效率受到一定的影响;后者造成增效突变可能是因为 $\overrightarrow{\underset{AG}{TG}} \rightarrow \overleftarrow{\underset{AT}{TA}}$ 不仅堆积能降低了,而且氢键也减少了,所以比突变前更易打开双链,转录效率也会提高。

2. —35 序列

　　—35 序列(—35 sequence)又称为 Sextama 框(Sextama box),与—10 序列相隔 16~19bp。其保守序列为 TTGACA,也可写成 $T_{82}T_{84}G_{78}A_{65}C_{54}A_{45}$。—35 序列的功能是:①为 RNA 聚合酶的识别位点。RNA 聚合酶的核心酶只能起到和模板结合和催化的功能,对于—35 序列无法识别,只有 σ 亚基才能识别—35 序列,为转录选择模板链。②—35 序列和—10 序列的距离是相当稳定的,过大或过小都会在一定程度上降低转录活性。这可能与 RNA 聚合酶本身的大小和空间结构有直接关系。

　　类似于—10 序列,—35 序列的突变也可能造成减效突变或增效突变。通常—35 序列的突变影响启动子与 RNA 聚合酶的起始结合;—10 序列的突变影响 RNA 聚合酶-DNA 复合物中DNA 双链的解开。

　　有一种类型的启动子缺乏—35 序列,而是在—10 序列的左侧翼有一个额外的短序列,称为"延长的—10 区",RNA 聚合酶和此区的结合弥补了—35 序列的缺失。*E. coli* 的 gal 基因启动子就具有这种元件。

3. 转录起始位点(I)

　　转录开始时模板上的第一个碱基就是转录起始位点,在原核生物中 90% 以上的起点是 A 或 G,而且位置固定,不像真核生物那样,有时会发生前移的现象。

4. UP 元件

　　UP 元件(UP element)是位于细菌强启动子—35 序列上游的 DNA 序列,无论是在体内还是体外,UP 元件都能够提高转录效率 30 倍。它是作为一个独立的启动子组件发挥作用的,当将其插入到其他启动子中也能增强转录。UP 元件区别于启动子中其他元件,它是被 RNA 聚合

酶 α 亚基羧基端结构域(αCTD)所识别,而不是被 σ 因子所识别。UP 元件的增强转录效应,使它有希望能被构建成通用高效表达系统。

7.2.2 转录开始

以下四个阶段共同组成了原核生物转录起始的过程:①核心酶在 σ 因子参与下接触到 DNA 上,形成特异性结合;②起始识别,RNA 聚合酶与启动子结合,形成封闭性起始复合物;③从封闭性转变为开放起始复合物,酶结合在 −10 序列,启动子活化,并解开双链结构,暴露模板链;④形成 DNA-酶-底物 NTP 的三元起始复合物,酶移动到转录起始位点,在起始位点加上开头的几个核苷三磷酸。转录起始指 RNA 链第一个磷酸二酯键合成之前发生的事件,但是在转录起始后,RNA 聚合酶一直处于启动子的位置上,这种状态持续到 9 个核苷酸短链形成之前。但是 RNA 聚合酶内催化聚合反应的活性位点可能发生了移动。

1.RNA 聚合酶全酶搜索 DNA 位点

RNA 聚合酶全酶首先进入自由卷曲的 DNA 作迅速的相对运动,与非特异性位点相遇,通过接触、解离、再接触,沿 DNA 链迅速移动,酶分子在 DNA 上搜索启动子。−35 序列的结合是发生在 σ 因子发现其识别位点之后。因此 RNA 聚合酶是通过 σ 因子帮助下找到启动子的特异序列的。σ 因子引起 DNA 聚合酶对 DNA 亲和性大大改变,对非特异性位点的结合处于松散状态,甚至比核心酶对非特异位点的结合能力还要低(半衰期小于 1s),所以 σ 因子的存在使全酶的这种非特异结合显得十分不稳定。全酶与 DNA 之间有松散的偶联、结合,但又迅速解离,解离常数较大,一直进行到接触特异性序列,识别的亲和性才使它们紧紧地结合。σ 因子使 RNA 聚合酶对特异性位点的亲和性在很大程度上得到提高,与启动子的偶联常数比核心酶增高约 1000 倍,半衰期可达数小时,也就是说全酶对启动子特异序列的亲和性要比非特异性序列的亲和性高 10^6 倍以上。所以,RNA 聚合酶对启动子的识别、结合必须要有 σ 因子存在,必须以全酶的形式进行。RNA 聚合酶如何找到特异性启动子是基因表达的基本问题之一。

2.RNA 聚合酶全酶对启动子 DNA 的特异性结合

DNA 分子具有 RNA 聚合酶的许多非特异性结合位点,其数目远远超过特异性结合位点。σ 因子的功能是保证 RNA 聚合酶特异性地、稳定地结合到基因启动子序列上,使得不和其他非特异性、低亲和性的位点进行结合。核心酶与各种 DNA 结合蛋白一样,对 DNA 具有一定程度的亲和性。但在 σ 因子的帮助下,全酶才显示出与启动子双螺旋 DNA 特异结合的能力。所以,σ 因子的功能是保证原核生物 RNA 聚合酶以稳定方式结合于启动子 DNA,而不结合于其他位置。

核心酶本身对 DNA 链有亲和性,这种亲和性以碱性的蛋白质和酸性的核酸之间静电吸引力起主要作用。这是一种一般性的结合反应,RNA 聚合酶所结合的随机序列是松弛的结合位点(loose binding sites)。在松弛位点上,酶与 DNA 的复合物的稳定性比较高,解离的半衰期约 60min。所以,核心酶不能在启动子和其他 DNA 位点之间做出分辨。

除了酶本身的特异性之外,这种结合的性质也是由 DNA 结构来决定的。在离体条件下,如果 DNA 处于超螺旋状态,原核 RNA 聚合酶能更有效地结合和有利于起始转录反应。超螺旋结构在形成复合物和 DNA 解旋时需要较少的自由能。负超螺旋对于转录非常有帮助。但有些启动子的转录起始活性与超螺旋的依赖性是由它的序列来决定的。某些启动子的序列易于解旋,因而对超螺旋的依赖性就小;有的启动子序列难以解旋,对超螺旋的依赖性就大。

3. RNA聚合酶与启动子形成封闭复合物

根据足迹法分析,RNA聚合酶非对称性地结合在转录起始位点上游大约−50到下游+20附近的一段DNA区域。在RNA聚合酶与启动子相互作用的过程中,σ因子帮助发现其识别位点。全酶的分子很大,一端与−35序列接触,另一端可以达到−10序列。整个酶分子在某种变构机制的帮助下向−10序列转移,并与之牢固结合。然后在−10序列及起始位点处发生局部解链,这时全酶与启动子复合物形成第二种形式,即开放性启动子复合物。封闭性启动子复合物和开放性启动子复合物均为全酶和DNA的二元复合物。封闭性复合物是酶与启动子结合的一种过渡形式,通过全酶内部分子构象的变化,转变为开放性复合物,如图7-5所示。

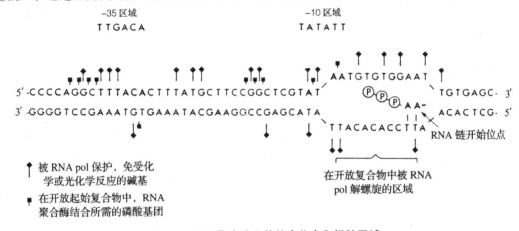

图 7-5　RNA聚合酶Ⅱ的结合位点和解链区域

−35序列的下行突变使得封闭复合物形成的速度得以降低,但开放性复合物的转变并未被抑制。另一方面,−10的下行突变并不减慢封闭复合物形成的速度,但减慢了转变为开放性复合物。这些结果说明全酶与启动子形成复合物的两种形式分别位于或倾向于启动子的不同区段上。−35的功能主要是提供RNA聚合酶的识别信号,寻找启动子并形成松散结合的封闭性复合物。损害酶结合到启动子上的突变大都是在−35区域里改变了碱基序列。

4. 封闭性复合物转变为开放性复合物

−10序列的共同序列富含AT碱基对,需要较低的解链能量,对于DNA熔化为开放性的链非常有帮助。妨碍形成开放复合物的突变往往发生在−10序列里。其中许多突变改变了−10序列,但是它的高AT的含量仍然具备的,这个突变的−10序列要形成开放性复合物,RNA聚合酶可以识别的外形是必须具备的。随着开放复合物的形成,DNA解螺旋作用扩展超出−10序列区域到下游17bp范围。从封闭复合物到开放复合物过渡,酶分子并不从DNA模板上解离下来。两种复合物的形成过程可以表示为

$$P+Pc \rightleftharpoons RPc \rightleftharpoons RPo$$

其中,R为RNA聚合酶,Pc和Po分别表示封闭性和开放性的启动子。解链区在−9→+3范围,而酶与启动子结合的主要区域在其上游。RNA聚合酶既是双链DNA的结合蛋白,又是

单链 DNA 结合蛋白,很可能 RNA 聚合酶从－35 序列的识别位点解脱出来,紧密地结合于－10 序列,此时复合物转变到开放性的 RNA pol-启动子复合物。启动子的 DNA 聚合酶结合处,转录泡是由局部解链形成的。在复合物内从－10 序列左半侧开始,双链 DNA 被解螺旋,一直延伸到包括转录 mRNA 最初几个碱基的位置。解螺旋是 NTP 进入与模板链碱基配对必要的条件。在这个范围内 DNA 序列富含 AT,酶的结合和酶促功能可诱导模板 DNA 的解链作用。

在 E.coli 的乳糖操纵子(lac)系统中,如果缺乏辅助因子即降解物活化蛋白(catabolite activator protein,CAP)及其活化形式(CAP-cAMP),尽管 lac 启动子的－35 和－10 序列处于正常和完善的结构,但 RNA 聚合酶对－35 序列识别的能力也会在很大程度上得以降低。－10 序列确实可与 RNA 聚合酶结合,但不能进入开放性复合物状态,无法起始转录。据认为－10 序列 TATGTT 中央的 GC 碱基对于增加双螺旋的稳定性十分重要。单单 RNA 聚合酶的结合不足以诱导－10 序列的熔解,不利形成开放性复合物。只有当 CAP-cAMP 复合物结合于启动子上游部分(upstream part of promoter,UP)的 CAP 结合位点Ⅰ、Ⅱ,使Ⅱ附近的富含 GC 区域的双螺旋结构稳定性下降,并诱导－10 序列熔解,lac 启动子才能形成开放性复合物。可以看到某些原核生物启动子在进入复制起始阶段时,依靠 RNA 聚合酶和 DNA 自身结构不足以形成开放复合物,需要有辅助因子参与,结合在 UP 区,才促使－10 序列解开双链,开放复合物才能够得以形成。

5. 第一个被转录碱基的选择和三元起始复合物

全酶在－10 序列形成亲和性很高(结合常数很大)的牢固结合,从－10 序列向转录起始位点发生局部解链,17 个核苷酸的开链区得以形成。DNA 开链是正确引入核苷酸底物的必要条件。这时第一个底物 NTP 依靠与模板链的互补原则进入 β 亚基中底物结合部位。酶的催化活性部位也就在此处。转录起始位点如何决定的? 转录的起始位点两侧 DNA 没有固定的序列模式,酶与－10 序列的结合是关键,决定了第一个碱基的选择。第一个被转录位置大体上离开－10 序列的最保守 T 大约 6～9 个核苷酸。当第一个底物嘌呤核苷三磷酸进入起始位点,第二个底物 NTP 进入延伸位点。在酶不移动的情况下合成磷酸二酯键及一小段 RNA。这时,整个转录复合物由 RNA 聚合酶、DNA 模板和转录产物 RNA 构成,因而把这种复合物称为三元复合物(ternary initiation complex)。在转录泡内,DNA 解链,其中模板链与渐生的 RNA 开始形成 RNA-DNA 杂合双链,如图 7-6 所示。

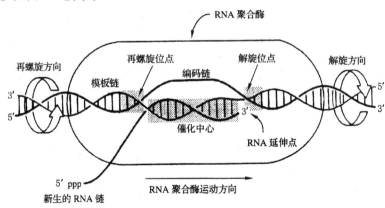

图 7-6　细菌 RNA 聚合酶的活性部位及三元起始复合物

RNA 链的实际起始是发生在 RNA 聚合酶结合区的熔化部位一侧,也就是处于 RNA 生长方向端。起始位点的模板以 CAT 为主,pppG 或 pppA 是被选择的底物,但有时也可能是 pppC,很少是 pppU。RNA 聚合酶能够比较正确地从一定位点开始转录合成 RNA,是因为 RNA 聚合酶分子中对结合－10 序列与聚合活性之间的距离比较恒定。RNA 聚合酶有一定的挠性,在熔化区内段扫描,对出现的相邻核苷酸序滞,寻找一个嘌呤核糖核苷酸底物与之配对,选择作为第一个起始核苷酸,而嘧啶核糖核苷酸只能作为第二选择。RNA 聚合酶有个底物核苷酸结合位点,起始核苷酸位点与延伸核苷酸位点均包括在内。只有嘌呤核苷三磷酸填充了起始位点,另外任何一种核苷酸都可以填充延伸位点,通过与模板链形成氢键配对而成为底物,第一个磷酸二酯键才能够被合成。当 RNA 合成起始后,第一个核苷酸 pppG 从酶的起始位点释放出来,该核苷酸 pppG 成了 RNA 链 5′端,空缺的延伸位点选择新的底物核苷酸就位。正确的核苷酸结合诱导 RNA 聚合活性,错误底物被排斥出来。这些功能可能都是由 β 亚基执行的。

6. σ 因子的解离

在启动子的位置上,一段新生的寡核苷酸(一般小于 9nt)可以被 RNA 聚合酶催化合成。RNA 聚合酶成功地合成 RNA 超出 9nt 长度时,才离开启动子。此时 σ 因子脱离 RNA 聚合酶。从第一个磷酸二酯键合成到 σ 因子脱离、RNA 聚合酶移动,这一阶段所延续的时间被称为启动子清除时间(promoter clearance time)。启动子清除时间与启动子的强度有关。清除时间越短,启动子可以迅速进入下一轮的转录起始,转录产物越多。这一段时间可以认为属于转录的延伸阶段或者开始进入延伸阶段,也有认为还是起始阶段。

7.2.3　转录延伸

当转录的起始阶段结束时,即第一个磷酸二酯键和一个二核苷酸生成后,σ 因子从转录复合物的 RNA 聚合酶全酶上脱落下来,转录也就由开始阶段进入到了延伸阶段(elongatiom phase)。

1. DNA 双螺旋模板的拓扑变化

RNA 合成过程中,DNA 的转录泡两端要发生拓扑异构转变,RNA 聚合酶的前沿不断进行解螺旋作用,后端进行 DNA 的重新螺旋化,恢复双螺旋结构,使得解链区长度保持在约 17 个核苷酸左右(约 12～20 核苷酸)。RNA-DNA 杂合链随着 RNA 5′端的不断被置换和 3′端不断延伸,也要求作旋转运动。如何保持酶在催化反应过程中有固定的取向和定位还有待于研究。

RNA 聚合酶完成了双螺旋 DNA 的解螺旋和再螺旋化过程。酶在 RNA 合成开始之前使启动子内 DNA 解链,在延伸过程中也如此,不断地使 DNA 解旋而把模板暴露出来。所以有利于解螺旋或阻碍解螺旋的条件都会对于起始和延伸的速度造成一定的影响。促旋酶(gyrase,旋转酶)使原核生物 DNA 保持负超螺旋卷曲,有利于解螺旋的进展。促旋酶基因的突变或受抑制物的损害会影响启动子的功能和 RNA 的合成。促旋酶抑制剂萘啶酮酸(nalidixic acid)会抑制许多基因的表达。不过增加负超螺旋卷曲并不总是促进启动子的功能,有些启动子的情况却相反。估计这时的负超螺旋卷曲改变了 DNA 细小结构,抑制了 RNA 聚合酶的功能。DNA 拓扑结构在转录中的变化是远未被认识的领域。

2. RNA 聚合酶的构象改变

σ 因子的解离,引起 RNA 聚合酶的构象发生变化,从起始阶段的全酶变为延伸阶段由核心酶负责与 DNA 模板结合,由特异性结合变为非特异性结合,放松对 DNA 的结合。这些因素对于核心酶沿着 DNA 模板向前移动非常有帮助。当 σ 因子存在时,β 和 β′ 亚基具有与 DNA 专一性结合所要求的构象。失去 σ 因子的核心酶,就失去了对特异性序列识别的能力,失去形成稳定复合物的能力,如图 7-7 所示。

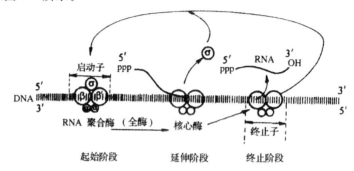

图 7-7　原核生物转录的起始、延伸和终止三个阶段以及 RNA 聚合酶的重复作用

细菌 RNA 聚合酶的大小约 900nm×950nm×1600nm,小于酵母的 RNA 聚合酶,但长度超过后者。结构分析显示,这些酶分子具有共同的结构特性,一条宽约 250 nm 的沟在其表面,这可能是 DNA 通过的路径。沟所能容纳的 DNA 长度,细菌 RNA 聚合酶为 16bp,酵母 RNA 聚合酶约为 25bp。这一长度仅仅是转录时 DNA 结合长度的一部分。

进入延伸阶段,构象变化在 DNA 和酶分子中都发生了,主要是通过酶分子来实现转录的延伸。以往的观点认为,延伸阶段是一个单调的过程,无非是 RNA 聚合酶沿着 DNA 每前进 1bp,RNA 链就延伸 1 个核苷酸。复杂的转录复合体被看成是刚性的。实际上,这种情况仅仅在 DNA 的某些区域偶然地发生。通常,RNA 聚合酶的运动类似于一种蠕虫,它的身体在向前运动时一伸一屈。在转录延伸阶段,RNA 聚合酶的尾部随着 RNA 链的延伸而平衡地前进,但酶的前端在 RNA 链延伸几个核苷酸时先保持静止,然后突然沿着 DNA 链向前运动 6~7bp,似乎静止与跳跃相间地行进。于是,RNA 聚合酶接触 DNA 长度先从 35bp 平稳地减少到 28bp,然后再恢复到 35bp,这种动作一直持续下去。当 RNA 聚合酶压缩时,酶分子结中新生的 RNA 链得以延长,而单链状态的转录泡(解链长度 12~20bp)将变大。这些变化很可能在 RNA 聚合酶内部产生张力,当酶的前端不连续地跳跃时,张力被释放。

3. 转录的底物和 RNA

RNA 的合成以连续反应机理进行。一旦进入延伸阶段,酶与产物 RNA 不解离,底物 NTP 不断地加到新生 RNA 链的 3′-OH 端,RNA 链不断延伸,三元复合物的结构得以有效保持。在 RNA 聚合酶结合的转录模板区域,有 17bp DNA 形成解链区。产物 RNA 链有 12 个核苷酸,与模板形成 RNA-DNA 杂合双链。随着 RNA 聚合酶不断地前进,杂合双链不断形成新的磷酸二酯键。

关于延伸阶段转录复合物内 RNA-DNA 杂合双链的长度,过去人们一直认为是 12bp,RNA 聚合酶中杂合双链区域的结构为这一数据提供了间接证据,实际上,这一长度从未被直接测定过。最近,有人通过中断供应某种底物 NTP,迫使 RNA 聚合酶在转录延伸时停止于某特定位点,再利用识别单链 RNA 的 RNase 对 RNA 进行酶切,紧靠着转录产物 RNA 生长点(growing point)的碱基得以有效测定。结果表明,在 RNA 生长点后面,仍保持与 DNA 结合的 RNA 长度只有 2~3nt。RNA 再向前延伸就可能进入 RNA 聚合酶分子内部的高亲和性结合位点,也就是底物 NTP 进入、结合和 RNA 聚合酶催化的位点。尽管有这样的实验结果,杂合双链大致相当于 A 型 DNA 双螺旋的一个螺旋,不会超过碱基配对短暂稳定性的暂时需要,这种观点被认可度仍然比较高。短的杂合双链使得 RNA 与 DNA 链之间的亲和性远不如 DNA 模板链和编码链之间相互结合得那么牢固、稳定。因而,产物 RNA 链很容易从 DNA 模板链上不断地脱落下来,又不断地向前合成一直保持约 12bp 的杂合双链。

合成 RNA 的底物(或前体)是 5′-三磷酸核苷酸(5-NTP)。其 5′-三磷酸基团和引物 RNA 链的最后一个核苷酸的 3′-OH 基之间发生缩合反应,前者失去了两个磷酸基团(γ 和 β),而 α 磷酸基团用于形成 RNA 链的磷酸二酯键。这一反应出于 RNA 聚合酶的催化活性。RNA 聚合酶调节底物 4 NTP 进入,只有与模板链碱基互补的 NTP 才能进入催化位点,并形成磷酸二酯键,否则就被排除在外。RNA 聚合酶对底物的辨别机理可能与碱基配对无关,或者不只是依靠与模板配对原理来选择、物色底物的掺入。因为某些碱基类似物不能形成碱基配对,却很容易掺入到 RNA 链内。酶如何选择底物的机理尚不清楚。

RNA 链的合成方向是 5′→3′。一般每秒钟可以合成 20～30 个磷酸二酯键。细菌 RNA 聚合酶在 37℃时的合成速度大约是 40 个核苷酸/秒,与翻译的速度大致相当(约 15 个氨基酸/秒),但比复制的速度(约 800bp/s)慢得多。

4. 影响 RNA 链合成速度的因素

RNA 链延伸的速度受到以下几个方面的制约。

(1)暂停信号

RNA 链延伸的速度是变化的。DNA 模板中 4 种碱基对 RNA 聚合酶都是同等的、等效的。但当 RNA 聚合酶遇到特殊序列时,转录速度会突然出现变化,可少于 0.1 个核苷酸/秒,这段序列称为暂停信号。暂停状态的模板链多为 GC 富集区,或存在反向重复序列。反向重复序列的存在会使产物 RNA 形成茎环结构,破坏 RNA-DNA 杂合双链 5′的部分结构,妨碍三元复合物上游的模板恢复双链,酶沿模板移位会受到一定的影响。GC 富集区使 RNA-DNA 的 5′端较稳定,杂合双链不易解链,有时杂合双链甚至可长达数百个核苷酸,使模板双链的再形成受阻。如发生 GCAT 的转变,就会消除停顿,这是因为 AT 降低了双链稳定性。

(2)RNA 聚合酶

不同来源的酶催化 RNA 链延伸的速度存在一定的差异,例如 E.coli 的 RNA pol 转录 T7 DNA 的速度为 17 个、核苷酸/秒,其他细菌的酶在 12～19 个核苷酸/秒的范围内,而 T7 DNA pol 转录 T7 DNA 的速度可达到 100～200 个核苷酸/秒。

(3)其他配基

离体实验中,ppGpp 能影响延伸速度,其抑制作用和底物 NTP 的掺入之间没有任何关系,说明两者结合部位不同。大肠杆菌 nusA 蛋白也有调节延伸速度的功能。

7.2.4　转录终止

原核生物转录的终止处有一个特殊结构,称为终止子(terminator,T)。RNA 聚合酶能识别终止位点并在此处停止,然后释放 RNA,最终 RNA 聚合酶也脱离模板,终止转录。

原核细胞有强终止子和弱终止子两种不同的终止子。强终止子在体外实验中,无需其他任何因子的帮助就可以终止转录,这种终止子也称为内在终止子(intrinsic terminators)。弱终止子需要在一种蛋白质因子——ρ因子(rho factor)的帮助下才能终止,所以又称为ρ依赖性终止子(rho-dependent terminator)。

1. 内在终止子

强终止子的结构具有以下3个特点:①有回文结构存在,由它转录出的mRNA可形成茎环结构,使RNA聚合酶的移动暂时停顿;②茎的区域内富含GC,使茎环不易解开;③3′端上有多个U,由于它和模板形成连续的U-A配对,打开起来比较容易,从而便于释放出RNA,如图7-8、图7-9所示。

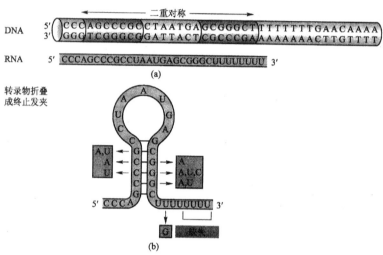

图7-8 一个强终止子的序列

(a)上端是强终止子的DNA序列,其下显示是与它相对应的RNA序列;(b)终止子的发夹结构

注:方框中表示的是破坏终止功能的突变位点

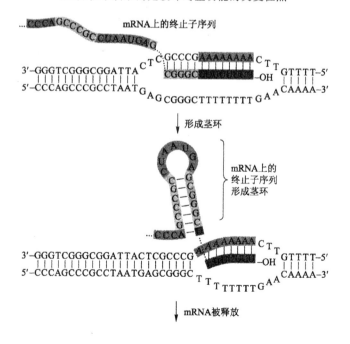

图 7-9　原核生物转录的终止

2. ρ 依赖性终止子

弱终止子也可形成茎环结构,但在其茎环中 GC 含量少,茎环的结构不够稳固易被打开,在其 3′端中寡聚 U 不存在,如图 7-10 所示,因此已转录的 mRNA 难以脱离 DNA 模板,必须依赖于 ρ 因子的帮助才能发生终止。

图 7-10　一种可形成茎环结构的 ρ 依赖性终止子结构

ρ 因子是 *E. coli* 的一种重要蛋白质,若加到体外合成系统中就可使 RNA 聚合酶在一定的位点终止,产生带有 3′端的 RNA 分子,这种作用就是所谓的 ρ 依赖性终止。ρ 因子在 *E. coli* 中种类很少,大部分 ρ 因子是由噬菌体的基因组编码。

ρ 因子识别的序列早已鉴别出,这种序列若上游发生缺失,通读(readthrough)的情况就会发生,这段序列称为 rut 位点(rho utilization),其共同特点是 C 丰富而 G 缺乏,但不形成二级结构,如图 7-11 所示:各碱基所占的比例是 C:41%,A:25%,U:20%,G:14%。作为一般的规律,ρ 依赖性终止子的效率随着"富 C/贫 G"区域长度的增加而增加。

ρ因子识别结合位点的碱基组成有一定的偏向性

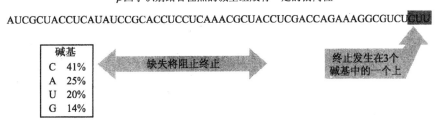

图 7-11　rut 位点的"富 C/贫 G"序列

截止到目前,涉及真核生物的 RNA 聚合酶终止的信号因子和辅助因子方面尚需积极探索。

3.ρ因子的作用机制

ρ因子具有依赖 RNA 的 ATPase 活性和解旋酶活性,它可形成六聚体,每个亚基中有一个 RNA 结合域和一个 ATP 水解酶域。它同初生 RNArut 位点结合,然后沿着 RNA 到达 RNA 聚合酶,在这里将 RNA 从 DNA 模板上释放出来。

ρ因子的作用模型如图 7-12 所示。ρ因子结合到 RNA 链终止子上游的某一点,一个特殊序列或某一类型的序列是有可能需要的,结合可能发生在 5′端,ρ因子结合后沿着 RNA 向 3′端移动。

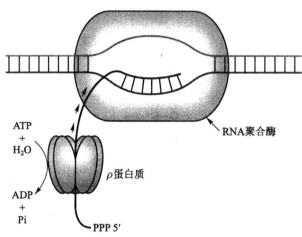

图 7-12 ρ蛋白质终止转录的机制

ρ因子沿着 RNA 移动要比 RNA 聚合酶沿着 DNA 移动得快的话就会导致 RNA 聚合酶被其追赶上。当 RNA 聚合酶达到终止密码子时就暂停下来,那么在此位置 ρ因子就会追上 RNA 聚合酶。

ρ因子可通过直接作用于 DNA 和 RNA 的连接域或间接作用于 RNA 聚合酶来释放 RNA。在没有 RNA 聚合酶的情况下,ρ因子可以导致 RNA-DNA 杂合链的分离,ATP 水解提供反应的能量。

ρ因子沿着 RNA 的移动这一假设产生了一个关于转录和翻译两者之间关系的重要预言:ρ因子首先要接触 RNA 上的结合序列,而且能沿着 RNA 移动。其前进的进程可能会受到正在翻译的核糖体的阻止。当发生了无义突变时,核糖体在此处解离,ρ因子可以在此无义密码子处和 RNA 聚合酶接触,从而提前终止转录,如图 7-13 所示。

假设 ρ依赖性终止子存在于转录单位中的话,在正常情况下由于核糖体的阻隔使 ρ因子无法接触到 RNA 聚合酶,直到遇到正常的终止密码子时核糖体解离,ρ因子才有机会追上 RNA 聚合酶。当前面的基因发生无义突变时,核糖体在无义突变位点解离,ρ因子提前得以接触 RNA 聚合酶,使转录终止,将合成的部分 mRNA 释放出来。

有时,在转录单位中一个基因发生了无义突变(nonsense mutation),将会阻止其后面基因的表达,这种现象称为极性突变(polarity mutation)。上述 ρ依赖性终止子模型就可以解释此现象。

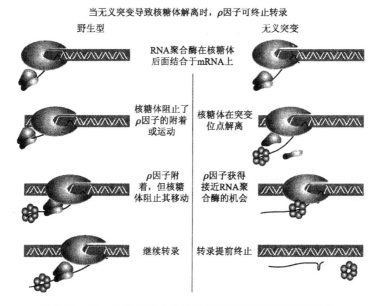

图7-13　当 ρ 依赖性终止子位于无义突变的下游邻近处时，
ρ 因子可能在转录和翻译之间起连接的作用

7.3　真核生物的转录

7.3.1　真核生物与原核生物转录的差异

（1）染色质和核小体结构对转录有深刻的影响

原核生物没有染色质和核小体的结构,因此不存在这种影响,而真核细胞的细胞核基因是处于核小体和染色质结构之中的。可以预见真核细胞 DNA 在转录之前或转录之中,染色质和核小体的结构必须发生某种有利于转录的变化,如染色质构象从紧密状态变为松散状态,核小体结构临时解体或重塑,只有这样,才能识别启动子和模板等才能够被参与转录有关的酶和蛋白质正确识别,并顺利地催化转录。

（2）真核生物与原核生物的 RNA pol 的差别

首先,真核生物的 RNA pol 比真细菌的要大,具有更多的亚基;其次,真核 RNA pol 不能直接识别启动子,需要转录因子;还有真核生物基因转录需要解链酶,而在原核生物中,解链酶并不需要,这是因为原核生物的 RNA pol 本身就具有解链酶活性;最后,真核生物的 RNA pol 高度分工,不同性质的 RNA 由不同的 RNA pol 负责催化转录,这些 RNA pol 在细胞核内的定位也不相同。

（3）真核细胞的转录需要转录因子的参与

真核细胞核内的三种 RNA pol 需要转录因子,某些转录因子是三种 RNA pol 共有的,而有些是特有的。

（4）真核生物的顺式作用元件比原核生物的更复杂

原核生物调控转录的顺式作用元件(cis-acting element)主要有启动子和启动子上游部位,结构简单。启动子区域、增强子序列、负调控序列和可诱导序列等共同组成了真核生物的顺式作用元件。它们与相关的基因位于同一条染色体 DNA 上。然而,顺式作用元件单独并不能发挥作用,只有与特殊的蛋白质因子结合以后才会起作用。顺式作用元件识别、结合转录因子、促进转录起始复合物装配、增强或抑制 RNA pol 的活性,并对某些基因起着细胞特异性或组织特异性的调控作用。

(5)真核生物与原核生物的转录产物不同

真核生物转录的产物多为单顺反子,而原核基因的转录产物大多数为多顺反子。导致这种结果的原因是在原核转录系统中功能相关的基因共享一个启动子,以一个共同的转录单位进行转录。而在真核转录系统之中,每一个蛋白质的基因都有自己独立的启动子。

(6)真核生物转录与翻译不存在偶联关系

原核细胞的多肽或蛋白质基因一旦转录开始以后,核糖体就与 mRNA5′端结合,翻译就会被启动,即转录与翻译在时间和空间上存在偶联关系。而在真核细胞内,转录发生在细胞核,翻译则发生在细胞质,任何偶联在两者中都不存在。

(7)转录产物与编码功能差别很大

大多数情况下,原核生物的初始转录产物都是编码序列,与蛋白质的氨基酸序列呈线性关系,而真核生物的初始产物很长,含有内含子序列,成熟的 mRNA 只占初始转录产物的一小部分。原核生物的初始转录产物几乎不需要成熟过程,就直接作为成熟的 mRNA,行使翻译模板的功能,真核生物转录产物需经历剪接、修饰的转录后加工过程。

(8)真核基因转录水平的调控多以正调控为主

真核基因转录活性要求多种蛋白质因子的存在和协同作用。一般而言,细胞或组织特异 转录因子参与激活一个或一组含有靶位点的启动子。某一个或一组基因想要被激活的话,需要保证参与调控的转录因子有活性的相关蛋白因子在细胞内共同存在才可以,有时还受到另一个上一级或上几级的调控蛋白等因子的激活。相对于原核生物而言,真核基因的负调控或抑制性调控很少。

7.3.2　研究真核生物转录起始的几种方法

确定转录起始位点是基因研究的重要内容。另外,研究基因转录的特异性需要测定其相对转录速度。通过测定转录速度,可以分析细胞中某些活性基因表达的程度。

1. 测定相对转录速度

测定细胞 DNA 上某一基因的相对转录速度,新生链分析法(nascent-chain assay)是比较常用的方法,也称为连续(run-on)分析法。如图 7-14 所示,进行细分的话该实验由以下步骤组成:①从培养细胞中分离细胞核,已开始转录的 RNA 链继续合成,经过短时间(约 5min)标记反应,底物 ^{32}P-NTP 掺入新生的 RNA 链,约 $300\sim500$ 个 ^{32}P-核苷酸加入新生链。②制备具有放射性标记的转录产物,再与过量的待测基因 cDNA 杂交。③分离杂交产物 RNA-cDNA,分别测定总 RNA 和待测基因转录产物的放射性,从而得到待测基因的相对转录速度。

新生链分析法广泛用于直接测定各种基因的相对转录速度。例如,几十种绝大多数其他细胞类型不能合成的特异蛋白都可由哺乳动物肝细胞来合成,包括一些酶和构成血清主要组分的若干分泌蛋白,如白蛋白(albumin)、α1 抗胰蛋白酶(antitrypsin α1)和运铁蛋白(transferrin)等。为了验证小鼠不同组织或器官中某些基因是否特异性表达,可以从这些组织或器官的细胞中分

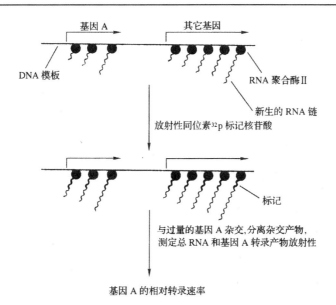

图 7-14　真核生物基因相对转录速度测定的新生链分析法

注：新生链分析法测定基因的转录速度，先从细胞中制备标记的 RNA，
在标记的几分钟内 RNA 链延伸几百个核苷酸，再用放射性测定产物的量

离出细胞核，并用较高比强的 ^{32}P-UTP 标记，再将标记的总 RNA 分离。把待测基因的 cDNA 探针点样在硝酸纤维素（NC）膜上。从细胞核分离的已标记的 RNA 与 NC 膜进行杂交。最后用放射自显影检测这些基因在各种组织中转录的差异性。

在这些实验中，应设置对照组，可以利用在几乎所有细胞中都表达的某些基因（如肌动蛋白或微管蛋白基因）的 cDNA 作为内对照，并以 tRNA^{Met} 基因和质粒内其他无关基因的 cDNA 分别作为阳性和阴性对照。

2. 测定转录的起点

（1）run-off 分析法

培养细胞用 ^{32}P-UTP 作短时钟处理，以标记转录产物 RNA，再用图谱分析，对转录单元的转录起始位置进行测定。步骤包括：①用几种限制性内切酶降解转录单元 DNA，并分离、纯化这些 DNA 片段。②标记细胞中新合成的转录产物，并制备细胞总 RNA，方法和上述分析方法的开头部分比较相似。如使用病毒 DNA 模板，体外转录反应混合物包括 ^{32}P-UTP 和 HeLa 细胞核的蛋白质抽提物。③标记的 RNA 与这些 DNA 片段杂交，离心分离杂交产物 RNA-DNA。在这些杂交物中，标记最短的 RNA 一定杂交于含有转录起始点的 DNA 片段。长度居中的标记 RNA 杂交于转录起始点到下游的 DNA 片段。而含有转录终止点的 DNA 片段只能杂交于最长的标记 DNA，如图 7-15 所示。

在制备标记的 RNA 时，当 RNA 聚合酶Ⅱ达到 DNA 片段的末端，它就从 DNA 模板上脱落下来（run-off），并终止合成 RNA。已知 DNA 上限制性内切酶的位置，根据产生的 RNA 片段长度，转录起点的位置即可确定。

如要测定腺病毒主要晚期转录单元的转录起始点，将腺病毒 DNA（包含转录起始点）分为 3 份。3 份分别以限制性内切酶水解，再以产生的 DNA 片段为模板，反应混合物中加入 RNA pol

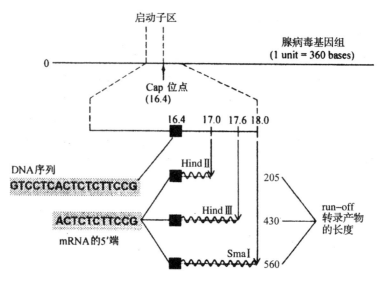

图 7-15　体外 run-off 分析法

Ⅱ、HeLa 细胞提取物和标记的 NTP。RNA 聚合酶到达模板末端时就会掉下来,根据 RNA 转录产物长度及其 5′端序列,转录起始点的准确位置和序列就得意得到。

(2)S1 核酸酶图谱技术

首先,末端标记一段单链 DNA(包含有转录起始点),作探针,将其与相应的 mRNA 片段杂交。然后,利用单链专一性的 S1 核酸内切酶,将 RNA-DNA 杂合双链两端的单链部分切除,再将 RNA-DNA 杂合双链在高分辨率电泳中,与已知长度的 DNA 标准片段一起电泳,测定的 DNA 片段长度和标记末端到转录起始点的距离是相等的。S1 核酸酶图谱技术可以对转录产物的 5′和 3′端进行分析,转录的起点和终点得以最终确定,如图 7-16 所示。

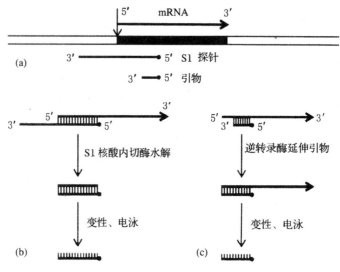

图 7-16　测定转录起始点的两种常用方法

(3)引物延伸法

根据 DNA 序列,合成一段约 20 个核苷酸的 DNA 引物,末端作标记。再利用 mRNA 为模板,逆转录合成 cDNA,到 mRNA5′端第一个核苷酸时合成即终止。通过电泳测定这个引物延伸的 DNA 片段的长度,引物的 5′端到 mRNA 的 5′端之间的距离就可以被确定,如图 7-16 所示。

图 7-16 图示测定转录起始起的两种方法。(a)为待测的转录单位,末端标记 S1 探针和引物。(b)为 S1 核酸酶图谱技术,以 S1 探针和 mRNA 杂交,非配对的单链区被 S1 核酸内切酶降解,经变性和电泳,标记的 DNA 片段剩下的长度等于转录起点到标记末端之间的距离。(c)为引物延伸法,利用人工合成的寡核苷酸片段(约 20 个核苷酸)作为引物,并标记之。经过逆转录,这个引物可以延伸到 mRNA 的第一个核苷酸,引物延伸产物的长度等于引物 5′端到 mRNA5′端的距离。

7.3.3　真核生物的启动子

真核生物有 3 种不同的 RNA 聚合酶,它们各有不同的启动子,其中以 RNA 聚合酶Ⅱ的启动子最为复杂。真核生物和原核生物的启动子的区别主要体现在以下几点:①有多种转录因子识别和结合的元件;②结构不恒定,不同启动子中各种元件的位置、序列、距离和方向都不完全相同,具体如图 7-17 所示;③有的有远距离的调控元件存在,如增强子;④这些元件常常起到控制转录效率和选择起始位点的作用;⑤不直接和 RNA 聚合酶结合,转录时先和其他蛋白质因子相结合,再和 RNA 聚合酶结合。

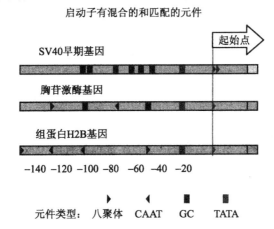

图 7-17　真核启动子包含了 TATA 框、CAAT 框、GC 框及其他元件的不同组合

1. RNA 聚合酶Ⅱ启动子和调控区

核心元件(core element)和上游启动子元件(upstream promoter element,UPE)共同组成了 RNA 聚合酶Ⅱ启动子。核心元件包括 TATA 框和转录起始位点附近的起始子。在起始位点一般没有保守序列,但 mRNA 的第一个碱基倾向 A,另一侧翼由 Py 组成(原核生物启动子的 CAT 起始序列也有这种情况),称为起始子(initiator,Inr)。起始子一般由 $P_{Y2}CAP_{Y5}$ 构成,位于 -3～$+5$,RNA 聚合酶Ⅱ识别信号可能是由它来提供的。无论 TATA 存在与否,Inr 对于启动子的强度和起始位点的选择都是十分重要的。

(1)核心元件

TATA 框又称 Hogness 框或 Goldberg-Hogness 框,其一致序列是,$T_{85}A_{97}T_{93}A_{85}A_{63}A_{83}A_{50}$,一般位于起始位点的上游 -25 bp 左右,相当于原核生物的 -10 序列。但原核生物中 -10 序列是不可缺少的,而真核生物启动子中也有的缺乏 TATA 框。

TATA 框的作用是：①选择正确的转录起始位点，保证精确起始，故也称为选择子（selector）。当有的基因缺少 TATA 框时，可能由 Inr 来替代。例如，鼠的脱氧核苷转移酶基因就没有 TATA 框，但有 17bp 的 Inr。②影响转录的速率。TATA 框的 8bp 的保守序列一般都是由 A-T 对组成，少数情况下其中的两个位点由 G-C 对取代了 A-T 对，因此它较容易打开。当它的序列因发生突变和缺失而改变时它和酶的结合能力就会受到影响，从而影响转录的效率。在伴清蛋白基因中，当 TATA 框突变为 TAGA 后，转录效率大大降低。当兔的珠蛋白基因 TATA 框的保守序列 ATAAAA 人工突变为 ATGTAA 后，转录效率会下降 80%。人的 β 珠蛋白基因的 ATAAAA 序列突变为 ATGAAA 或 ATAGCAA 后，珠蛋白产量也会大大降低从而导致地中海贫血症的发生。

（2）上游启动子元件

上游启动子元件包括 CAAT 框、GC 框、八聚体（octamer）、κB 和 ATF 等，如表 7-4 所示，它们的保守序列和结合的蛋白质因子也各不相同。

表 7-4　哺乳动物 RNA 聚合酶 Ⅱ 上游转录因子结合的元件

元件	保守序列	结合 DNA 的长度/bp	蛋白质因子	大小/×10³	丰度（每个细胞中）	分布
TATA 框	TATAAAA	~10	TBP	27	？	普遍
CAAT 框	GGCCAATCT	~22	CTF/NF1	60	30 万	普遍
GC 框	GGGCGG	~20	SP1	105	6 万	普遍
八聚体	ATTTGCAT	~20	Oct-1	76	？	普遍
八聚体	ATTTGCAT	23	Oct-2	52	？	淋巴细胞
κB	GGGACTTTCC	~10	NFKB	44	？	淋巴细胞
κB	GGGACTTTCC	~10	H2-TF1	？	？	普遍
ATF	GTGACGT	~20	ATF	？	？	普遍

CAAT 框的保守序列是 GG$_T^C$CAATCT，一般位于上游 −75bp 左右，紧靠 −80bp。CAAT 框能和 CTF（识别 CAAT 的转录因子）相结合，控制转录起始活性就是其功能。

GC 框的保守序列是 $_T^G$GGGCGG$_{AAT}^{GGC}$，常以多拷贝形式存在 −90bp 处。在真核生物和病毒的一些启动子中存在 GC 框，它可被转录因子 SP1 识别，作用也是控制转录效率。

（3）调控区

1）增强子

增强子（enhancer）又称远上游序列（far upstream sequence），在远端调控区比较常见。增强子的存在可以增强启动子的转录活性，其特点是：①具有远距离效应。常在上游 −200 bp 处，但可增强远处启动子的转录，即使相距十几 kb 也能发挥作用。②无方向性。无论它在靶基因的上游、下游或内部都可发挥增强转录的功能。③顺式调节，只调节位于同一染色体上的靶基因，而对其他染色体上的基因没有任何调节作用。④无物种和基因的特异性，可以接到异源基因上发挥作用。⑤具有组织的特异性。SV40 的增强子在 3T3 细胞中的作用比在多瘤病毒中的要

弱,但在 HeLa 细胞中 SV40 的增强子比在多瘤病毒中的要强 5 倍;抗体基因的增强子只有在 B
淋巴细胞中才起作用,增强子的效应需特定的蛋白质因子参与。⑥有的增强子可以对外部信号
产生反应,如热激基因的表达需要在高温的条件下;编码重金属蛋白的金属硫蛋白基因在镉和锌
存在下才表达;某些增强子可以被固醇类激素所激活。⑦有相位性,其作用和基质结合区
(MAR)及绝缘子的位置有关。

最先被描述的病毒 SV40 增强子的结构如图 7-18 所示。它由两个 72bp 的重复序列组成。
位于上游-200bp 处。每个 72bp 的单元中都有 A、B 两个功能域。增强子的某些结构特征类似
于启动子:它们都是被某些蛋白质因子所识别的顺式作用序列(cis-acting sequence),只不过增
强子的作用距离比启动子长。

成环模型认为增强子通过一些蛋白质因子的介导使 DNA 形成了一个环,可与远距离的启
动子结合,其转录就会被促使。成环模型也符合染色体的侧环模型和核基质的调控理论,也就是
说 DNA 的特殊序列可以和核基质结合形成侧环,在某些细胞中有些基因通过环的形成让增强
子区和启动子区相互靠近,使这些基因能得以表达。看来环的形成主要由两种因素介导:①某些
蛋白质因子;②和核基质特异的结合,如图 7-19 所示。

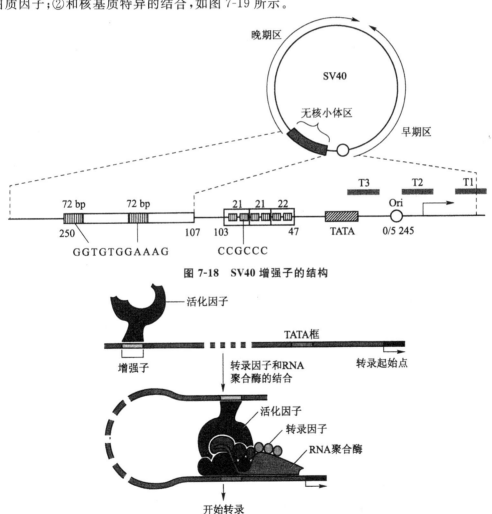

图 7-18　SV40 增强子的结构

图 7-19　在真核细胞核病毒中,增强子可以远距离地增强启动子的转录

2)减弱子

在某些基因的上游远端或下游远端具有负调节元件,距离和方向都不会对其作用产生任何影响,称为减弱子(dehancer)。例如,C-mos 基因上游 0.8 kb 或 1.8kb 处有一序列,使 C-mos 不易被反转录病毒的长末端重复序列(LTR)所激活。在 C-myc 基因的 3′端也存在着减弱子。

3)沉默子

在酵母交配型转换的盒式模型中,左右两个沉默框都不表达,这是因为在这两个框盒上游 1.5 kb 处都有一个 E 片段,它可和阻遏沉默框盒表达的蛋白质 SIR(1～4)(silent mating type information regulation)结合,起抑制作用,故称沉默子(silencer),可作用 2.5 kb 远的启动子。

4)上游激活序列

上游激活序列(upstream activating sequences,UAS)是酵母的远端上游序列,类似于增强子。它仅影响转录程度,对位点选择不起作用。和增强子不同的是它有方向性,在启动子的下游不能起任何作用。它结合的转录因子是 GCN4 和 GAL4,识别序列为 ATGACTCAT。

2. RNA 聚合酶 I 启动子

RNA 聚合酶 I 启动子负责转录编码核糖体 RNA 的多顺反子转录本。脊椎动物 RNA 聚合酶 I 的启动子有两部分组成,包括转录起始点附近的核心启动子(core promoter)和起始点 5′上游 100bp 左右的上游启动子元件(upstream promoter element,UPE)。核心启动子从 −45 到 +20,负责转录的起始;而 UPE 从 −180 延伸到 −170,核心元件的转录起始效率得以有效增加。

RNA 聚合酶 I 需要两种辅助因子:UBF 和 SL1。UBF 是一个单链多肽,它可以和 UPE 的 GC 富集区结合,结果使 DNA 围绕该蛋白质一圈,从而使核心启动子与 UPE 靠得很近,使得第二个因子 SL1 与核心启动子结合起来,如图 7-20 所示。核心结合因子 SL1 含有 4 个蛋白质和一个 TATA 框结合蛋白(TATA-binding protein,TBP)。SL1 本身对这种启动子来说并非是特异的,但一旦 UBF 和 DNA 结合了,那么 SL1 就可以协同结合在 DNA 上。当这两个因子都结合上了 RNA 聚合酶才能和核心启动子结合起始转录。

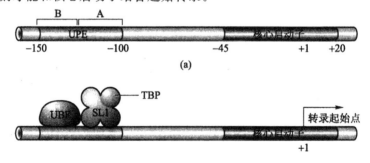

图 7-20　RNA 聚合酶 I 启动子区域

(a)RNA 聚合酶 I 启动子的结构;(b)脊椎动物 RNA 聚合酶 I 的辅助因子

3. RNA 聚合酶 Ⅲ 启动子

可由不同的转录因子以不同的方法实现 RNA 聚合酶 Ⅲ 启动子的识别。RNA 聚合酶 Ⅲ 启动子有 3 种类型:两种内部启动子和一种上游启动子。5S RNA 和 tRNA 的启动子位于起始位点下游的转录区内,因此也称为下游启动子(downstream promoter)或内部启动子(intragenenic promoter)或内部控制区(internal control region,ICR)。snRNA 基因的启动子和常见的启动子一样位于起始位点的上游,称为上游启动子(upstream promoter)。

下游启动子又可分为 1 型和 2 型。1 型内部启动子含有两个分开的 A 框(TGGCNNAGT-GG)和 C 框(CGGTCGAN NCC)序列;而 2 型内部启动子含有两个分开的 A 框和 B 框,且 A 框和 B 框之间的距离较宽。3 型启动子为上游启动子或称为基因外启动子,由分开的几个元件(Oct、PSE 和 TATA)组成,如图 7-21 所示。

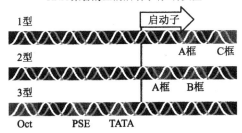

图 7-21　RNA 聚合酶Ⅲ的启动子可能由起始点下游的两个序列组成

(1)RNA 聚合酶Ⅲ内部启动子

图 7-22 表示 1 型内部启动子起始转录的各个阶段,起始事件是 TF_Ⅲ A 结合在 A 框上,为 TF_Ⅲ C 结合在 C 框上提供了便利;而图 7-23 表示 2 型内部启动子起始转录的各阶段,首先是 TF_Ⅲ C 与 A 框及 B 框的结合引发后续事件。

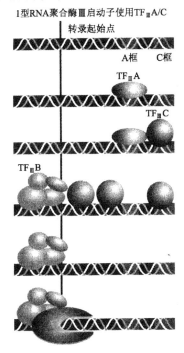

图 7-22　RNA 聚合酶Ⅲ的 1 型内部启动子的转录

这两种内部启动子涉及 3 个起始因子。TF_Ⅲ A 是一种含有 9 个锌指(zinc finger)的蛋白质。TBP 和两个其他的蛋白质包括在 TF_Ⅲ B 中。TF_Ⅲ C 是一种大分子蛋白质复合物,至少有 5 个亚基,分为两个功能域 $\tau A(300\times10^3)$ 和 τB,分别和 2 型内部启动子(tRNA 基因启动子)的 A 框和

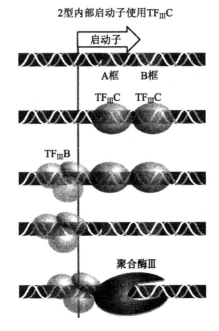

图 7-23　RNA 聚合酶Ⅲ的 2 型内部启动子的转录

B 框结合(B 框相当于增强子的作用,A 框相当于启动子的作用)。TF$_\text{Ⅲ}$C 的结合使 TF$_\text{Ⅲ}$B 依次结合在起始位点的近上游并和 TF$_\text{Ⅲ}$C 相连。在 1 型内部启动子中(如 5S RNA 基因启动子),TF$_\text{Ⅲ}$A 结合在 C 框上,使 TF$_\text{Ⅲ}$C 结合在 C 框下游。

这些起始因子作用的突出特点是,一旦 TF$_\text{Ⅲ}$B 已经结合,将 TF$_\text{Ⅲ}$A 和 TF$_\text{Ⅲ}$C 从启动子上除去(在体外用高浓度的盐)对于起始反应不会产生任何影响;只要 TF$_\text{Ⅲ}$B 仍结合在起始点的附近就能使 RNA 聚合酶Ⅲ正确地结合在转录起始点。因此只有 TF$_\text{Ⅲ}$B 才是 RNA 聚合酶Ⅲ所必需的起始因子,TF$_\text{Ⅲ}$A 和 TF$_\text{Ⅲ}$C 仅是一种装配因子(assembly factor),辅助 TF$_\text{Ⅲ}$B 结合到正确的位置上是它们的主要作用。

TF$_\text{Ⅲ}$B 是一个定位因子(positioning factor),负责使 RNA 聚合酶Ⅲ结合到正确位置上,就像 RNA 聚合酶Ⅰ中的 SL1 那样,功能类似于原核的万因子。TF$_\text{Ⅲ}$B 本身缺乏和 DNA 的结合能力,但可以和结合在 DNA 上的其他蛋白质结合。TF$_\text{Ⅲ}$B 含有 TBP,而 SL1 也含有 TBP,TBP 可能作为 TF$_\text{Ⅲ}$B 的一个亚基,直接和 DNA 相互作用。

内部启动子虽然赋予这些基因具有转录的能力,但对起始点也有一定的影响。若改变起始点上游区域转录效率就会发生一定的变化。看来内部启动子的作用是提供识别;起始位点的作用是控制转录效率。

(2)RNA 聚合酶Ⅲ上游启动子

3 型启动子是 RNA 聚合酶Ⅲ的上游启动子。它有 3 个上游元件,这些元件仅在 snRNA 启动子中被发现,有的 snRNA 是由 RNA 聚合酶Ⅱ转录,有的是由 RNA 聚合酶Ⅲ转录。这些上游元件在一定程度上类似于和 RNA 聚合酶Ⅱ启动子。

上游启动子转录起始发生在起始点上游的一个很短的区域中,且含有 TATA 框。次近端序列元件(proximal sequence element,PSE)和八聚体(Oct)元件的存在使得转录效率在很大程度上得到提高,结合在这些元件上的转录因子相互协同作用,如图 7-24 所示。

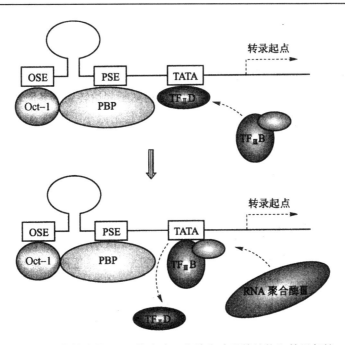

图 7-24　真核生物 RNA 聚合酶Ⅲ上游启动子的结构和转录起始

　　TATA 元件是供 TBP 识别的,TBP 亚基本身识别 DNA 序列,其结合的其他蛋白质有的可以和 RNA 聚合酶Ⅲ结合,有的对 RNA 聚合酶Ⅱ特异,这就可以解释为什么 RNA 聚合酶Ⅲ和这些启动子特异结合。TBP 及其结合蛋白的功能是使 RNA 聚合酶Ⅲ正确地结合在起始位点上。

　　TBP 也是 RNA 聚合酶Ⅱ起始因子中的重要成分,它是定位因子的关键成分,通过不同机制结合在各种类型的启动子上。无论哪一种启动子,TBP 都是起始复合物的组成部分,与 RNA 聚合酶的相互作用中发挥共同的作用。

7.3.4　真核生物转录的起始、延伸和终止

1. RNA pol Ⅰ所负责的基因转录

　　28S rRNA、18S rRNA 和 5.8S rRNA 的转录是由 RNA pol Ⅰ负责催化的,转录的场所为核仁。这三种 rRNA 共享一个启动子,含有多个拷贝,首尾相连。45S rRNA 是它们的共同前体,通过转录后加工反应可分别得到各自的终产物。

　　(1)RNA pol Ⅰ负责转录的基因的启动子

　　这类启动子由两部分组成:核心启动子(core promoter),位于 -31 到 +6 之间,是转录所必需的,与基因的基础转录有关;上游控制元件(upstream control element,UCE),位于 -187 到 -107 之间,是基因的有效转录所必需的。这类启动子具有所谓的种族特异性(species specific),即某一物种的启动子只对本物种的基因转录有效,对其他物种(即使亲缘关系很近)无效。

　　核心启动子和 UCE 的序列高度同源,相同的序列高达 85% 之多。都富含 GC,但在转录起始点附近却倾向于富含 AT,以使 DNA 双链更容易解链。

　　(2)RNA pol Ⅰ所需要的转录因子

　　RNA pol Ⅰ需要两种转录因子:一种是 UBF(UCE 结合因子,UCE binding factor),它为单

一的多肽,识别 UCE 和核心启动子上富含 GC 的序列后,与启动子结合;另一种是 SL1(选择因子 1,selectivity factor),它由多个亚基组成,具体细分的话包括 TBP(TATA 盒结合蛋白)和 TAF(TBP 相关因子,TBP associated factors)两种成分,其中 TBP 是三种 RNA pol 催化的基因转录所必须的蛋白质。棘皮动物(一种低等的真核生物)只有一种转录因子——TIF-1(transcription initiating factor,转录起始因子),是 SL1 的类似物。

(3)转录的起始和延伸

转录起始阶段的反应如图 7-25 所示。从图中可以看出,UBF 作为组装因子(assembly factor),与核心启动子和 UCE 结合有效启动了转录起始复合物的装配。首先 UBF 与核心启动子和 UCE 结合,随后招募 SL1 与启动子结合。SL1 的结合一方面稳定了 UBF 和启动子的结合,另一方面作为定位因子(positional factor)引导 RNA pol I 正确定位到启动子上,为转录从正确的位置开始创造了条件。尽管没有 UBF,rRNA 也能被转录,但转录的效率在很大程度上得以降低。

在某些生物中,类似增强子的序列元件以重复序列的形式存在能够进一步提高转录的效率。

(4)转录的终止

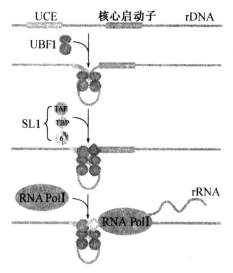

图 7-25　RNA pol I 所负责的基因的转录

RNA pol I 所催化的基因转录终止于一个分散的由 18 个 nt 组成的终止子区域,该终止子序列位于编码区末端序列下游约 1000 nt 处,需要一个被称为转录终止因子的 DNA 结合蛋白(小鼠为 TTF-1,酵母为 Reblp),目前该机制尚需探索研究。

在小鼠 RNA pol I 遇到与终止子结合的 TTF-1 以后,终止就发生了:先是 TTF-1 招募 1 种释放因子,催化 3′端的形成;然后,1 种外切酶可能剪切 rRNA 前体新生的 3′端,成熟的 3′端即可产生;最后,RNA pol I 与模板解离。

2.RNA pol Ⅲ 所负责的基因转录

结构比较稳定的小分子 RNA 的转录是由 RNA pol Ⅲ 负责完成的,如 tRNA、5S rRNA、7SL RNA、小分子核仁 RNA(Small nucleolar RNA,SnoRNA)、无帽子结构的小分子细胞核 RNA(Small nuclear RNA,SnRNA)和某些病毒的 mRNA 等。

(1)RNA pol Ⅲ负责转录基因的启动子特征

此类启动子分为两种类型：一类类似于 RNA pol Ⅱ，也位于基因的上游，属于外部启动子，TATA 盒、近序列元件(proximal sequence element，PSE)和远端序列元件(distal sequence element，DSE)都包括在内，如 7SK RNA、7SL RNA 和 U6 snRNA 等；另一类位于基因内部，因此被称为内部启动子(internal promoter)，如 tRNA、5S rRNA 和腺病毒的 VA RNA 等如图 7-26 所示。就 5S rRNA 而言，由 A 盒(A Box)、C 盒(C box)和中间元件(intermediate element)三个部分共同组成了它的内部启动子。而 tRNA 的启动子分为 A 盒和 B 盒(B box)，和 tRNA 的 D 环和 TψC 环保持——对应关系。A 盒和 B 盒的保守序列是 $5'$-TGGCNNAGTGG-$3'$(N 为任何核苷酸)和 $5'$-GGTTCGANNCC-$3'$。由于它们是基因内启动子，因此本身也被转录。

(2)RNA pol Ⅲ所需要的转录因子 TF Ⅲ

TF Ⅲ有三种，即 TF Ⅲ A、B 和 C。其中 TF Ⅲ C 为组装因子，由 6 个亚基组成，与 tRNA 启动子的 A 区和 B 区结合是由它来完成的。TF Ⅲ B 是一种定位因子，结合于 A 区的上游约 50bp 的位置，但与它结合的序列无特异性，这说明 TF Ⅲ B 结合的位置是由 TF Ⅲ C 决定的。结构分析表明 TF Ⅲ B 由三个亚基组成，分别是 TBP、BRF(TF Ⅲ B-related factor，TF Ⅲ B 相关因子)和 TF Ⅲ B″。TF Ⅲ A 由一条肽链组成，含有锌指结构，它仅为 5S rRNA 基因的转录所必需。

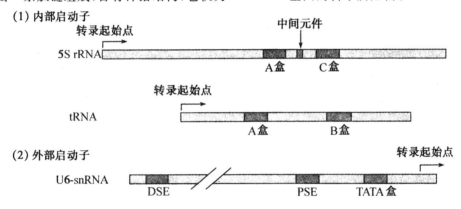

图 7-26　RNA pol Ⅲ 催化转录的基因启动子结构

(3)转录的起始和延伸

以 5S rRNA 基因的转录为例，转录因子和聚合酶与启动子的结合顺序是 TF Ⅲ A→TF Ⅲ C→TF Ⅲ B→Pol Ⅲ，具体反应是：首先 TF Ⅲ A 与内部的启动子结合；然后，TF Ⅲ C 被 TF Ⅲ A 招募上来，形成一种稳定的复合物，整个基因由 TF Ⅲ C 完成覆盖；随后，TF Ⅲ B 被 TF Ⅲ C 招募到转录起始点附近；最后，RNA pol Ⅲ 通过与 TBP 的作用而被招募到转录的起始复合物中，开始转录。

(4)转录的终止

RNA pol Ⅲ 催化的基因转录的终止类似于原核生物不需要 ρ 因子的终止机制，需要 1 段富含 GC 的序列和 1 小串 U，但 U 的长度短于原核生物，4 个 U 就够了，而且富含 GC 区域也不需要形成茎环结构。

3. RNA pol Ⅱ 所负责的基因转录

mRNA、具有帽子结构的 snRNA 和某些病毒 RNA 的转录的催化是由 RNA pol Ⅱ 负责完成的。此类基因的转录最为复杂。

（1）控制 RNA pol Ⅱ 所负责的基因转录的顺式元件

蛋白质基因的转录受到各种顺式作用元件的控制，包括核心启动子、调控元件（regulatory elements）、增强子和沉默子。

①核心启动子。核心启动子也称为基础启动子（basal promoter 或 minimal promoter），其功能类似于原核生物的启动子，参与招募和定位 RNA pol Ⅱ 到转录起始点，使得基因的转录得以正确启动，也可能通过促进参与转录的复合物的装配或稳定转录因子的结合而提升转录效率。

属于核心启动子的元件有 TATA 盒、起始子（initiator，Inr）、TF Ⅱ B 识别元件（TF Ⅱ Brecognition element，BRE）、下游启动子元件（downstream promoter element，DPE）和 GC 盒。

TATA 盒为一段富含 AT 碱基对的碱基序列，位于 −25 到 −30K 域，类似于原核细胞启动子的 Pribnow 盒，但位置存在一定的差异；Inr 覆盖转录的起始点，其一致序列如图 7-27 所示，多数起始子的 −1 碱基为 C，+1 碱基为 A。TATA 盒和 Inr 属于招募和定位元件，转录的起点是由两者共同决定的。

BRE 可视为 TATA 盒向上游的延伸，位于 −37 到 −32 区域，为转录因子 TF Ⅱ B 的识别序列；DPE 位于 Inr 下游，总是在 +28 到 +32K 域，其作用需要 Inr 的存在。

GC 盒富含 GC 碱基对，通常存在于大多数蛋白质基因（特别是管家基因）的上游，而且往往不止一个拷贝。

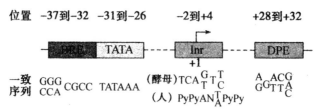

图 7-27　RNA pol Ⅱ 负责转录的基因的启动子结构特征

不是说全部的蛋白质基因都具有上述几种核心启动子元件，一个特定的基因可能含有其中的某些元件，也可能含有所有元件，也可能都缺乏。属于既无 TATA 盒、又无 Inr 启动子的基因数目非常少，这一类基因的转录效率较低，而且转录的起始点位置也会有一定的变化。

②调控元件。调控元件包括上游临近元件（upstream proximal elements，UPE）和上游诱导元件（upstream inducible elements，UIE），它们的作用需要特殊的反式作用因子的结合。

UPE 为一些短的核苷酸序列，长度约为 6nt～20nt，位于核心启动子上游近侧转录起始的效率的调节是其主要功能，但不影响转录起始点的特异性。属于 UPE 的有：CCAAT 盒、SP1 盒、AP2 盒和 OCT 等。

有些基因受到细胞内外环境中各种特殊信号的诱导才表达，UIE 存在于这些基因的核心启动子的上游，典型的例子有：激素反应元件——（hormone-response element，HRE）、热激反应元件（heat-shock response element，HSE）、cAMP 反应元件——（cAMP-response element，CRE）、金属反应元件——（metal-response element，MRE）和血清反应元件——（serum-response element，SRE）等。

③增强子和沉默子。增强子（enhancer）是一种能够大幅度增强基因转录效率的顺式作用元件，而沉默子（silencer）则是一种抑制基因表达的顺式作用元件。增强子可能通过提高启动子利用的效率起作用，也可能提高一个启动子处于转录能染色质的可能性起作用。这两类顺式作用元件的结构特征和作用机制在此不再一一介绍。

（2）转录因子

参与蛋白质基因转录的转录因子有两类，一类为基础转录因子或普通转录因子（basal or general transcription factors，GTFs），另一类属于特异性转录因子（specific transcription factors）。前者为所有的蛋白质基因表达所必需，后者为特定的基因表达所必需。

基础转录因子的功能包括：识别和结合核心启动子，招募 RNA pol Ⅱ 正确地与启动子结合；与其他上游元件或反式作用因子结合或相互作用；参与蛋白质与蛋白质的相互作用，对于转录起始复合物的装配和稳定非常有帮助。

RNA pol Ⅱ 所需要的基础转录因子有 TF Ⅱ A、B、D、E、F、H 和 J 等，其具体功能如表 7-5 所示。

① TF Ⅱ D。TF Ⅱ D 是由 TBP 和 TAF 组成的一种多蛋白质复合物。TBP 为 TATA 盒结合蛋白，共有 180 个氨基酸残基，有两个非常相似的由 66 个氨基酸残基组成的马镫状结构域，这两个结构域被一个短的碱性肽段分开，仿佛马鞍横跨在 DNA 分子上，通过接触小沟与 DNA 结合。TBP 与 DNA 结合可导致 DNA 出现 80° 的弯曲。

TF Ⅱ D 的功能包括：识别和结合核心启动子；为多种调节蛋白的作用目标；结合和招募其他基础转录因子；具有激酶（磷酸化 TF Ⅱ F）、组蛋白乙酰基转移酶和泛素激活酶/结合酶活性。酶活性由不同的 TAF 承担。

表 7-5　RNA pol Ⅱ 的普通转录因子

转录因子	亚基数目	功能
TF Ⅱ D	1TBP	与 TATA 盒结合
	12TAFs	调节功能，有 1 个与 Inr 结合
TF Ⅱ A	3	稳定 TBP 与启动子的结合
TF Ⅱ B	1	招募 RNA pol Ⅱ，确定转录起始点
TF Ⅱ F	2	与 RNA pol Ⅱ 结合，去稳定聚合酶与 DNA 的非特异性结合，确定转录起始过程中模板的位置。
TF Ⅱ E	2	协助招募 TF Ⅱ H，激活 TF Ⅱ H，促进启动子的解链。
TF Ⅱ H	9	具有 ATP 酶、解链酶、CTD 激酶活性，促进启动子解链和清空。
TF Ⅱ S	1	刺激 RNA pol Ⅱ 的剪切活性（切掉错误参入的核苷酸），提高转录的忠实性

② TF Ⅱ A。TF Ⅱ A 由 3 个亚基组成，其功能包括：与 TBP 氨基端的马镫状结构域结合；取代与 TBP 结合的负调控因子（如 NC1 和 NC2/DR1）；稳定 TBP 与 TATA 盒的结合。

③ TF Ⅱ B。TF Ⅱ B 为单一肽链，其功能包括：与 TBP 羧基端的马镫状结构域结合；与 TF Ⅱ F 的 RAP30 亚基结合，以便于将 RNA pol Ⅱ 和 TF Ⅱ F 形成的复合物招募到启动子；稳定 TBP 与 DNA 的结合；为多种激活蛋白的作用目标。

④ TF Ⅱ F。TF Ⅱ F 由 RAP38 和 RAP74 亚基组成，其功能包括：与 TF Ⅱ B 和 RNA pol Ⅱ 结合，降低聚合酶与非特异性 DNA 的相互作用，使得聚合酶与启动子的结合得以促进；参与转录的起始和延伸，降低延伸过程中的暂停，保护延伸复合物免受阻滞；RAP74 具有解链酶活性，可能参与启动子的解链以暴露模板链。在无 TF Ⅱ B 的情况下，刺激磷酸酶的活性，CTD 就会发生去磷酸化反应。

⑤TF$_{II}$E。TF$_{II}$E 由 34 kDa 亚基和 57 kDa 亚基组成,其功能包括:与 RNA pol II 结合,招募 TF$_{II}$H;调节 TF$_{II}$H 的解链酶、ATP 酶和激酶活性;参与启动子的"熔化"。

⑥TF$_{II}$H。TF$_{II}$H 有 9 个亚基,同时具有解链酶、ATP 酶和蛋白质激酶的活性,它的 1 个亚基是细胞周期素 H(cyclin H)。其功能包括:与 TF$_{II}$E 紧密相连,相互结合和相互调节。其两个最大的亚基(XPB 和 XPD)所具有的解链酶活性对于转录过程中 DNA 模板的解链非常有利;为第一个磷酸二酯键的形成所必需;激酶的活性导致 RNA pol II 的 CTD 的磷酸化修饰,从而促进启动子的清空;TF$_{II}$H 的解链酶活性还参与核苷酸切除修复,其突变可导致着色性干皮病。

⑦TF$_{II}$S。TF$_{II}$S 由约 300 个氨基酸组成,功能相当于原核生物的 GreB 蛋白。与原核生物一样,真核生物在转录延伸过程中,RNA pol II 有可能遇到一些碱基序列,导致酶后退,致使转录物的 3′ 端突出,进而使转录被阻滞。阻滞的解除需要 TF$_{II}$S 的帮助。TF$_{II}$S 含有两个保守的区域,一个中央结构域——为 RNA pol II 结合所必需,一个具有锌指模体的 C-端结构域刺激 RNA pol II 从 3′ 端剪切下几个核苷酸。X-射线衍射研究表明,其锌指结构上突出一个 β 发夹结构(β-hairpin),正好与聚合酶活性中心互补,从而刺激 RNA pol II 内在的 RNA 剪切活性,此活性不仅可以使得转录的阻滞状态得以解除,而且也可能被用来切除错误参入的核苷酸,因此可用来进行转录校对。

(3)介导因子

介导因子(mediator)是在纯化聚合酶 II 时得到的与 CTD 结合的复合物,约有 20 种蛋白质组成,是转录预起始复合物的成分。它们在体外能够促进基础转录 5 倍～10 倍,刺激 CTD 依赖于 TF$_{II}$H 的磷酸化反应达 30 倍～50 倍。

介导因子的组分有两类:一类为 SRB 蛋白,它们直接与 CTD 结合,可校正 CTD 的突变;另一类为 SWI/SNF 蛋白,其功能是破坏核小体的结构,染色质的重塑得以促进。

(4)转录的起始、延伸和终止

转录的起始是各转录因子和 RNA pol II 按照一定的次序,通过招募的方式形成预转录起始复合物(pre-initiation complex,PIC)的过程。转录因子和 RNA pol II 与启动子结合的次序可能是:TF$_{II}$D→TF$_{II}$A→TF$_{II}$B→(TF$_{II}$F+RNA pol II)→TF$_{II}$E→TF$_{II}$H,如图 7-28,图 7-29 所示。

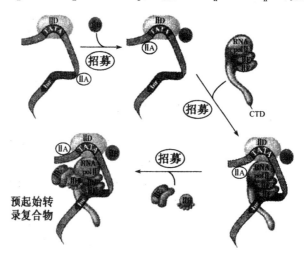

图 7-28 RNA pol II 催化的基因转录预起始复合物的形成

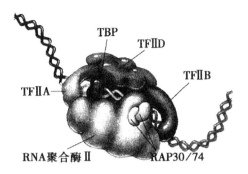

图 7-29 RNA pol Ⅱ 催化的转录起始复合物的结构模型

一轮转录循环包括以下几步反应：

①PIC 的形成。以含有 TATA 盒和 Inr 的启动子为例：先是 TATA 盒被 TF$_Ⅱ$D 识别且实现与其的结合，随后是 TF$_Ⅱ$A 和 TF$_Ⅱ$B 结合上来，然后是 TF$_Ⅱ$F/RNA pol Ⅱ 与调节物结合，最后是 TF$_Ⅱ$E 和 TF$_Ⅱ$H 结合，形成完整的 PIC。

②PIC 形成以后，很快从封闭状态转变成开放状态，在开放状态，DNA 已被解链，RNA 开始合成。不久，TF$_Ⅱ$H 催化 CTD 的磷酸化，从而使得转录从起始走向延伸。有证据表明，有一种转录因子 TF$_Ⅱ$S 参与延伸。

③在 CTD 高度磷酸化以后，介导因子与 CTD 解离，同时高度磷酸化的 CTD 与 TBP"脱钩"。

④RNA pol Ⅱ 离开启动子，启动子被清空。尽管启动子被清空，然而，此时 TF$_Ⅱ$E、TF$_Ⅱ$H、TF$_Ⅱ$A、TF$_Ⅱ$D 和介导因子仍然在启动子上。

⑤在 TF$_Ⅱ$F 的刺激下，一种磷酸酶水解 CTD 上的磷酸根。

⑥RNA pol Ⅱ/TF$_Ⅱ$F 复合物离开模板，与介导因子再形成复合物，重新起动下一轮的转录循环。

RNA pol Ⅱ 催化的转录终止于一段终止子区域，但终止子的性质以及它如何影响终止的机理还是个谜。解决这个问题的难度集中在这一类基因转录产物的 3′ 端经历了剪切和加尾反应，其真正的 3′ 端性质难以确定。

已有证据表明，与 RNA pol Ⅱ 最大亚基 CTD 结合的参与加尾反应的 CPSF 和 CStF 可能在调节终止反应中起作用。

7.4 转录后加工

7.4.1 原核生物的转录后加工

在原核生物中，mRNA 的寿命非常短，通常 mRNA 一经转录，就立即进行翻译，转录后的加工一般是没有的。这是原核生物基因表达调控的一种手段。但原核生物 rRNA 基因与某些 tRNA 基因组成混合操纵子，其他的 tRNA 基因也成簇存在，并与编码蛋白质的基因组成操纵子，它们在形成多顺反子转录物后，断裂成为 rRNA 和 tRNA 的前体，然后进一步加工成熟。通过比较原核生物成熟的 rRNA 和 tRNA 与其转录产物，可以发现：两种 RNA 成熟分子的 5′ 端为单磷酸，而原始转录产物为三磷酸；成熟分子比原始转录产物小；成熟分子含有异常碱基，而原始转录产物中没有。因此,rRNA 和 tRNA 的转录产物必然加工过程是必然存在的。

1. tRNA 前体的加工

在原核生物的 tRNA(transfer RNA)中存在着很长的前体分子,转录产物以多顺反子(poly-cistron)形式合成。所谓多顺反子,就是编码多个蛋白质或 RNA 的基因组织成一个转录单元,其转录产物 RNA 是含有多个分子信息的前体分子。tRNA 前体的存在方式是以下 3 种:①多个相同 tRNA 串联排列在一起;②不同的 tRNA 串联排列;③tRNA 与 rRNA 混合串联排列在一起,如图 7-30 所示。因而 RNA 前体必须经历加工,在 tRNA 与一些 RNA 片段之间先切断,似乎是 RNaseⅢ 来完成的该任务。然后,RNA 片段再进行 5′端、3′端加工,某些碱基进行修饰。

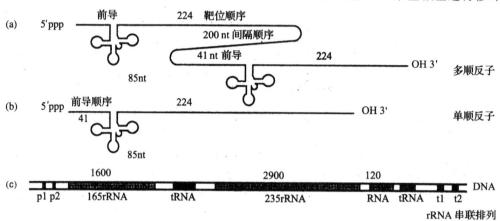

图 7-30 原核细胞的三种 tRNA 前体分子

(1)5′端的成熟

RNaseⅢ 把 tRNA 前体切成片段后,tRNA 分子 5′端和 3′端中额外的核苷酸仍然存在。由 RNaseP 催化切除了 5′端额外的几个核苷酸。RNaseP 来自细菌和真核细胞核。它由两个亚基组成,但区别于其他二聚体酶,它的一个亚基含有 RNA,而不是单单由蛋白质组成。事实上,该酶分子大部分是 RNA,因为酶中 RNA(M1 RNA)的分子量约 125kD,而蛋白质只有 14kD。它是一种核糖核蛋白(ribonucleoprotein)。分离纯化后,人们对于 RNaseP 酶的哪一部分具有催化活性是 RNA 还是蛋白质,这点比较有疑问。用 pre-tRNA 作底物,在 20mmol/L Mg^{2+} 的条件下,RNaseP 的 RNA 部分即 M1 RNA,可以把约一半多的 pre-tRNA 切断,单核苷酸和成熟的 tRNA 分子得以有效释放。可以肯定的是,真核细胞核的 RNaseP 非常像原核生物的 RNaseP 酶,都含有 RNA 和蛋白质,其中 RNA 亚基具有催化活性。tRNA 前体的 5′端,大多具有约 40nt 的核苷酸片段,称为前导序列。RNaseP 识别的是茎环二级结构的内切核酸酶而不是特定的序列,把 tRNA 前体 5′端额外的核苷酸逐个切除。

(2)3′端的成熟

相对于 5′端而言,tRNA 的 3′端的成熟要复杂的多,因为要有 6 种 RNase 共同参与。在离体条件下,这 6 种酶是 RNaseD,RNaseBN,RNaseT,RNasePH,RNaseⅡ 和多核苷酸磷酸化酶(polynucleotide phosphorylase,PNPase)。每种酶对 3′端加工都是必要的。如果这些基因失活,tRNA 加工就受阻。所有这些基因失活,将导致细胞致死。而任何一种酶的存在,又足以保证存活和 tRNA 加工成熟。因此 3′端的成熟还有很多疑点。

在细菌中有两类 tRNA 前体，Ⅰ型分子有 3′端 CCA 尾巴，Ⅱ型没有 CCA 尾巴。Ⅱ型的 CCA 是 3′端加工后上去的。

真核生物中所有 tRNA 前体分子都是Ⅱ型的。3′端的加工，先由 RNaseⅡ和多核苷酸磷酸化酶(PNPase)共同作用，前体 3′端绝大多数额外的核苷酸被去除后，但是剩下两个核苷酸的程度就停止了，结果 3′端有两个额外核苷酸，如图 7-31 所示。

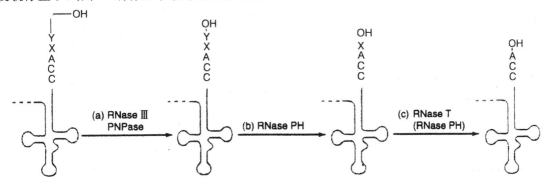

图 7-31　*E. coli* tRNA 的 3′端加工模型

(a)tRNA^{Tyr}su3$^+$ 前体用 RNase T1 酶水解，产生 32nt 寡核苷酸片段。(b)用 RNase T1 酶水解 tRNA^{Tyr}su3$^+$，产生 19nt 片段，它把成熟 tRNA3′端出现的-CCA 连接起来。说明 tRNA3′成熟时，3′端的-CCA 片段是后加上的

遗传学证据也证明了，tRNA3′端正确的成熟得益于 RNase T 和 RNase PH。RNase PH 参与从 3′端除去两个额外核苷酸的加工反应。在缺乏 RNase T 时，RNase PH 就能切除末端的两个核苷酸；但要切除更多的核苷酸，就有困难。与 RNase H，RNase PH 相比，其他两个酶的重要性就差得多了，或许还未被认识。加 CCA 是由 tRNA 核苷酸转移酶(tRNA Mucleotidyl transferase)来完成的。加上 CCA 的 tRNA 分子才成为有活性的 tRNA。

2. rRNA 前体的加工

在详细介绍原核细胞的 rRNA 前体加工之前，原核生物的 rRNA 的基因组织需要对其进行了解。如图 7-32 所示：原核细胞的三种 rRNA 和两个 tRNA 是作为一个共转录物被转录的，像这样的转录单位在 *E. coli* 基因组中有 7 个拷贝。转录前体的沉降系数为 30S，因此，要分别得到三种 rRNA，首先需要剪切(cleavage)，将它们从共转录物中释放出来；然后，还要进行修剪(trimming)，以切除多余的核苷酸序列。除此以外，某些特定的修饰反应在三种 rRNA 还需要进行。所以原核生物 rRNA 前体的后加工反应主要包括剪切、修剪和核苷酸的修饰(modification)。

(1)剪切和修剪

此过程主要包括核酸酶Ⅲ、D、P、F、E、M16、M23 和 M5 等特定的核糖核酸酶来完成催化。其中内切酶行使"粗加工"，从内部催化剪切反应，负责从共转录物的内部将各 rRNA 两侧的多数不需要的核苷酸切除；外切酶进行"细加工"，从 3′端或 5′端催化修剪反应，负责从 RNA 两端水解去除剩余的无用核苷酸序列，发生在 rRNA 与核糖体蛋白结合以后。

rRNA 前体含有 16S rRNA 的片段和含有 13S rRNA 的片段的两侧都是反向重复序列，茎环结构能够在彼此之间能够自发地形成。核糖核酸酶Ⅲ能够识别茎环结构中的茎，进行剪切。

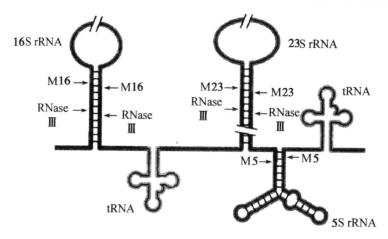

图 7-32　原核细胞 rRNA 前体的后加工

然后由核糖核酸酶 M16 和 M23 催化修剪反应,分别产生成熟的 16S rRNA 和 23S rRNA。

5S rRNA 由核糖核酸酶 E 和 M5 释放出来,而 tRNA 由核糖核酸酶 P 和 F 释放出来。

(2)核苷酸的修饰

核糖 2′-OH 的甲基化是核苷酸的修饰的主要形式,一般发生在剪切和修剪反应之前。甲基供体是 S-腺苷甲硫氨酸。修饰的功能可能在于保护 rRNA,使其抵抗某些核酸酶的消化。

3. mRNA 前体的加工

原核生物中,mRNA 的转录和翻译不仅发生在同一个细胞空间里,而且这两个过程几乎是同步进行的,往往在 mRNA 刚开始转录,核糖体就结合到新生 mRNA 链的 5′端,蛋白质合成也就随即启动。因此原核细胞的 mRNA 很少经历后加工。大肠杆菌和某些噬菌体 mRNA,也仅仅是经历最简单的内切酶的剪切反应,将多顺反子 mRNA 切割成单顺反子,如大肠杆菌的一个操纵子含有四个结构基因(rplJ、rplL、rpoB 和 rpoC)。在转录出多顺反子 mRNA 前体后,需通过 RNaseⅢ切割,四个基因两两分开,两个成熟的 mRNA 也就得以产生,如图 7-33 所示。但近年来发现某些原核生物和某些噬菌体的 mRNA 也含有内含子,需要经过相对复杂拼接反应才能成熟(如 T4 噬菌体编码的胸苷酸合成酶)。

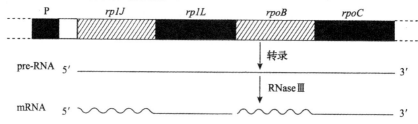

图 7-33　大肠杆菌和某些噬菌体 mRNA 转录后加工

7.4.2　真核生物的转录后加工

转录初始产物中基因之间间隔序列的除去、内含子的剪接、5′和 3′端修饰、碱基的修饰等这些都是真核生物 tRNA 和 rRNA 前体的加工范畴。这些过程需要酶和蛋白质的参与。与原核 tRNA、rRNA 加工相比较,要复杂得多。总体来说,它们属于第二类的剪接方式,小分子 RNA

无需参与。最初在四膜虫 rRNA 内含子剪接的研究中发现,RNA 分子自身具有剪接的催化功能。后来的研究发现,RNA 剪接依靠其自我剪接作用方式还可以分为Ⅰ型和Ⅱ型。越来越多的例子证实,特定的序列和空间结构的 RNA 具有酶的催化功能。这种非蛋白质具有催化功能的 RNA 称为 ribozyme(核酶)。

真核生物 mRNA 前体(pre-mRNA,即 hnRNA)的剪接是非常复杂的反应,由众多的小分子核内 RNA(small nuclear RNA,snRNA)参与,这些 snRNA 与蛋白质因子构成核糖核蛋白体,称为 snRNP。snRNP 在内含子上装配成超分子的剪接体(splicesome)。剪接体具有催化功能,内含子的切割和外显子的连接均可有效实现。这个切割、连接的过程称为剪接(splicing)。

1. tRNA 前体的加工

(1)真核 tRNA 前体及其加工的特点

从 tRNA 基因的结构上看,真核生物 tRNA 与原核的差别主要体现在以下几个方面:①真核生物 tRNA 前体是单顺反子,各个 tRNA 基因单独作为独立的转录单位。但在基因组内,tRNA 基因成簇排列,各基因之间有间隔区(spacer)。②真核生物 tRNA 基因数目比原核的多得多。如 $E.coli$ 约 60 个基因,酵母有 320~400 个,果蝇有 750 个,爪蟾约 8000 个。③之所以真核生物 tRNA 基因的前体需要剪接(splicing)是因为有内含子。其内含子的特点是:内含子长度和序列各异,没有共同性,一般有 16~46 个核苷酸,都位于反密码子的下游(即 3′侧),内含子和外显子之间的界面上无保守序列,因而剪接方式不符合一般规律,需要 RNase 参与,内含子与反密码子之间碱基配对,需要形成新的茎环结构。真核生物 tRNA 前体与原核生物 tRNA 之间的主要差异也是由这一点来体现的。

酵母、哺乳动物、果蝇和植物等 tRNA 的加工基本相同,包括:①剪切(cleaving)、修剪(clipping)和剪接(splicing)。②真核生物 tRNA 的 3′端需要添加 CCA_{OH}。③核苷酸修饰。这些都是酶催化的反应。

真核生物 tRNA 内含子的切除区别于与 rnRNA 前体内含子的切除。tRNA 前体没有内含子与外显子的交界序列,也没有内部引导序列。它依赖于 RNase,而不是核酶(ribozyme)或小分子的核 RNA(snRNA)。那么 tRNA 精确切除的信号是 tRNA 共同的二级结构,而不是内含子的保守序列。tRNA 分子内高度保守的二级结构,包括受体臂、D 环、TψC 环和反密码环等的立体构象对于它的加工是极重要的。

(2)真核生物 tRNA 前体加工的机理

真核生物 tRNA 前体的内含子剪接和Ⅱ型内含子的剪接机制比较相似。因为 tRNA 前体的内含子在相同的位置和所有 tRNA 前体都有相似的外形,使它的剪接机理相对比较简单一些。真核 rRNA 前体或Ⅱ型内含子的剪接包括以下两个步骤:①5′端剪接位点受到内含子的核苷酸残基或游离核苷酸的攻击;②第 1 外显子对第Ⅱ外显子的攻击。在这两步中,磷酸二酯键的数量保持不变。tRNA 前体剪接也分两步:①第一步由 tRNA,内切核酸酶(tRNA endonuclease)切割内含子,此反应识别的是内含子外的序列和空间结构;②第二步是 RNA 连接酶(RNA ligase)把两个半分子连接在一起,如图 7-34 所示。

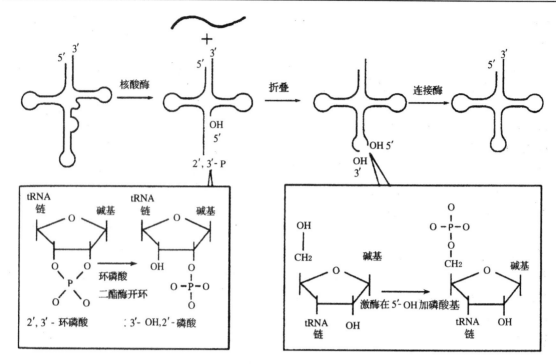

图 7-34 酵母 tRNA 内含子的剪接和连接

RNA 前体分子加入内切核酸酶后,ATP 无需添加。反应后用凝胶电泳检查,结果出现两条带。其中一条是剪切后游离的内含子片段,另一条是通过氢键配对结合在一起的外显子。5′端和 3′端的外显子,也称为 tRNA 半分子(tRNA half molecules),是剪切的中间产物,切点具有 2′,3′-环磷酸和 5′-OH 基。5′ 和 3′-外显子新产生的末端十分特别,不能直接连接。通过环磷酸二酯酶(phosphodiesterase)使 2′,3′-环磷酸部分水解、开环,形成 3′-OH 和 2′-磷酸基。3′端半分子的 5′-OH 基在多核苷酸激酶(polynucleotide kinase)催化下磷酸化。磷酸二酯酶和多核苷酸激酶是 RNA 连接酶分子内的不同功能区。

在 RNA 连接酶分子内另一功能区腺苷酸合成酶活性催化下,RNA 连接酶先与 ATP 反应,活化,然后再把两个半分子连接起来。连接产物的接口上包括有 2′-磷酸单酯键和 3′,5′-磷酸二酯键。最后,一种磷酸酶(phosphotase)水解 2′-磷酸基,剩下的是两个半分子连接的成熟 tRNA 分子,如图 7-35 所示。

由图 7-35 看出,第一步切除内含子。第二步连接外显子,此时需要 GTP 和 ATP,形成 2′,3′-环磷酸键。蛋白酶催化了整个剪接过程。GTP 提供磷酸基团形成 3′-5′-磷酸二酯键,将两个外显子连接起来。ATP 通过形成连接酶-AMP 共价中间物使连接酶激活。

CCA 的添加。经过上述剪接加工的 tRNA 分子,由于 3′端缺乏 -CCA$_{OH}$ 结构,在翻译反应中没有活性。因此,必须在 tRNA 核苷酸转移酶(tRNA nucleotide transferase)催化下进行末端加成:

缺乏 CCA$_{OH}$ 末端的 tRNA→tRNA-CCA$_{OH3}′$ 核苷酸修饰。参加 tRNA 核苷酸修饰的酶不外乎以下几种:①tRNA 甲基化酶,如有高度专一性的 tRNA 甲基化酶催化特定位置的 A→m^{7}A。催化 tRNA 鸟嘌呤 7 位甲基化,可使 tRNA 中第 55 位等发生 G→M^{7}G。②tRNA-鸟嘌呤转糖苷酶。③tRNA 异戊烯转移酶催化 tRNAΔ^2-异戊烯合成。④催化 S^{4}U 以及含硫的嘧啶化合物合

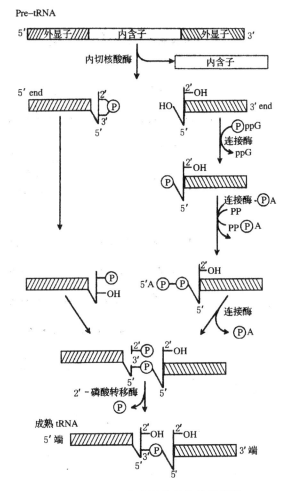

Pre-tRNA

图 7-35　tRNA 内含子剪接连接的机理

成的 tRNA 硫转移酶等。tRNA 分子中核苷酸修饰很频繁,但其功能不甚了解。

2. rRNA 前体的加工

　　典型的真核生物基因组中含有上百个拷贝的 rRNA 基因,它们成簇排列。其中最小的 5S rRNA 单独作为一个转录单位由 RNA polⅢ催化转录,其转录产物以 UUUUU 结尾,仅仅由 3′-外切核酸酶做简单的后加工即可,而 18S、5.8S 和 28S rRNA 则是作为一个多顺反子在 RNA polⅠ催化下转录,需要经历相对复杂的剪切和修剪,以便各个 rRNA 得以有效释放。此外,成熟的 rRNA 含有大量的甲基化核苷酸(80%为 2′-O 甲基化核糖,其余为甲基化的碱基——A 或 G 和假尿苷 ψ(人 rRNA 含有 95 个假尿苷),因此,真核生物 rRNA 的后加工方式还包括核苷酸的修饰:而某些生物,如四膜虫(Tetrahymena)和绒泡菌(Physarum)的 rRNA 前体还有内含子,因而,这些 rRNA 前体的加工方式还有拼接。

(1)剪切、修剪和修饰

　　区别于原核生物,真核生物 rRNA 前体的后加工需要一大群小分子核仁 RNA(small nucleolar RNA,snoRNA)。某些 snoRNA 在将 rRNA 初级转录物剪切成个别 rRNA 中起作用,但绝大多数 snoRNA 所起的作用是通过与 rRNA 前体特定序列的互补配对来确定修饰位点。与

snRNA 一样,snoRNA 需要和特定的蛋白质组装成 snoRNP(small nucleolar ribonucleoprotein)才能起作用。一般而言,一种 snoRNP 约含有 6 个～10 个蛋白质亚基。

真正的修饰反应是由专门的修饰酶在识别特定的 snoRNA-rRNA 复合物后进行的。两个保守的结构元件通常包括在 snoRNA 中,如图 7-36 所示,基于此可将它们分成两类,一类含有 C/D 盒(box C/D),另一类含有 H/ACA 盒(H/ACA box)。所有的指导核糖 2′-OH 甲基化的 snoRNA 属于 C/D 盒类,而指导假尿苷形成的 snoRNA 均属于 H/ACA 盒类。

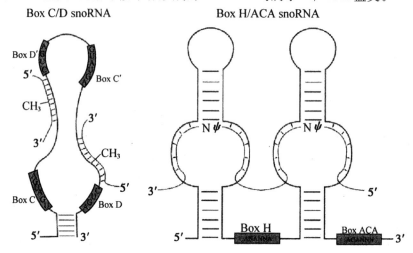

图 7-36　snoRNA 指导的 2′-O 甲基化核糖和假尿苷形成

在核苷酸被修饰的同时或修饰结束以后,在特定的核酸酶的催化下,rRNA 前体进行剪切和修剪。参与原核细胞 rRNA 前体剪切和修剪的核糖核酸酶Ⅲ和 P 的类似物已在真核细胞中发现,其中有一种被称为核糖核酸酶 MRP 的酶也是一种核糖核酸蛋白颗粒,它具有参与 5.8S rRNA5′端的加工、参与线粒体 DNA 复制中引物的加工两种功能。在剪切和修剪反应中,机体使用甲基化作为 rRNA 前体后加工过程中核苷酸序列取舍的标记。

(2)四膜虫 26S rRNA 前体的自我拼接

四膜虫是一种单细胞的原生动物,人们之所以对它感兴趣,是因为它的 26S rRNA 的前体间插序列(intervening sequence,IVS)。IVS 实际上就是它的内含子。从 70 世纪 70 年代末到 80 年代初,由 Thomas Cech 领导的实验小组对于它的拼接机制一直在做深入研究,结果发现其 IVS 的切除不需要拼接体和任何其他的蛋白质的参与,也不需要 ATP,完全是一种自我催化的过程。整个拼接过程如图 7-37 所示:首先是充当辅助因子的鸟苷或鸟苷酸上的 3′-OH 亲核进攻 5′-SS 上的磷酸二酯键,进攻的结果是外显子 E_1 和 IVS 之间的磷酸二酯键发生断裂。同时,鸟苷或鸟苷酸即与 IVS5′端形成新的磷酸二酯键;随后,刚刚暴露出来的 E_1 的 3′-OH 开始进攻 3′-SS 上的磷酸二酯键,造成这里的磷酸二酯键的断裂,IVS 随之被切除,而两个外显子(E_1 和 E_2)则通过新的磷酸二酯键得以有效连接。由于这里所发生的拼接反应无需借助于蛋白质的任何帮助,也不需要提供能量,完全是 rRNA 前体自我催化的结果,因此 Cech 把这种具有催化性质的 RNA 称为核酶,以区别于传统的由蛋白质提供催化活性的酶,四膜虫 rRNA 前体中的 IVS 属于第一型内含子。可是这里发挥催化作用的究竟是 IVS 还是其外显子部分呢? Cech 随后所做的一系列定点突变实验证明了起催化作用的部分是由 414nt 组成的 IVS。

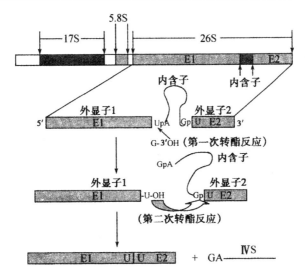

图 7-37 四膜虫 rRNA 前体(第一型内含子)的自我拼接

更深入的研究还表明,四膜虫的 IVS 和其他第一型内含子一样,与传统的酶具有以下许多共同的性质:

①能提高反应速度;

②催化的拼接反应具有高度的专一性,即拼接的位置和被切除的内含子的大小是一定的,是不可以变动的;

③催化活性依赖于它的三维结构。如果三维结构受热或其他因素的作用受到破坏,其活性也随之丧失;

④与辅助因子 G 的结合具有饱和性(K_m 约为 $30\mu mol/L$);

⑤拼接反应能被竞争性抑制剂 $3'$-脱氧鸟苷抑制。然而,严格的说,第一型内含子还不能算得上真正的酶,因为在反应中,随着反应的不断进行,它自身也被消耗掉了。如果继续追踪 IVS 的去向,就会发现它还能再进行一次自我剪切,丢掉了 19nt,留下由 395nt 组成的被称为 L-19IVS 的片段。在体外,L-9 IVS 能将五聚胞苷酸(C_5)催化转变成六聚胞苷酸(C_6),此反应完全遵守 Michaelis-Menten 动力学。尽管 kcat/K_m 值不高,但比非酶促反应提高了 10^{10} 个数量级。因此可以看出 IVS-19 完全是一种名符其实的酶。

第一型内含子除了四膜虫 rRNA 前体的 IVS 以外,还有某些细菌的 tRNA 内含子、真菌叶绿体基因组和某些植物的叶绿体基因组以及某些低等生物细胞核基因组编码的内含子。

某些第一型内含子与第二型内含子是保持一致的,一个开放的阅读框架也包括在里面,编码转座酶类的蛋白质,从而可以复制出一个新的内含子序列,并将其插入到基因组其他位置。

以上介绍的第一型内含子、第二型内含子和第三型内含子都由核酶催化,其中第一型内含子和第二型内含子本身就是核酶,而催化第三型内含子拼接的 snRNA 也是核酶除了这三类核酶以外,前面提到的 M1 RNA 也是核酶,还有某些具有锤头(hammerhead)二级结构的类病毒(virusoid)的基因组,RNA、某些病毒相关的卫星 RNA、原核细胞的 23S rRNA 和某些核开关(riboswitch)等都是核酶。

人们对酶都是蛋白质的传统观念的改变得益于核酶的发现,而且对探究生命的起源很有帮助。为此,有人提出"RNA 世界"假说(the RNA world hypothesis),认为在细胞出现之前,地球上曾有过所谓的"RNA 世界",这个阶段的 RNA 不仅充当遗传物质;而且具有催化功能,负责自身的复制;但随着生命的不断进化,在当今这个世界,原始 RNA 的两个功能分别交给 DNA 和蛋白质,因为 DNA 作为遗传物质更为稳定,而蛋白质作为酶更加灵活多样,那些至今仍然保留催化活性的 RNA 似乎是这种进化历程的"活化石"。

3. mRNA 前体的加工

(1)核内不均一 RNA

在真核细胞核内可以分离到一类含量很高,相对分子质量很大但稳定度不够高的 RNA,称为核内不均一 RNA(heterogenous nuclcar RNA,hnRNA),其平均分子长度为 8～10kb,长度变化的范围从 2kb～14kb 范围内,比 mRNA 的平均长度(1.8～2kb)要大 4～5 倍。估计 hnRNA 仅有总量的 1/2 转移到细胞质内,其余的都在核内被降解。

hnRNA 的结构有以下特点:①5′端有帽子结构;②3′端有 poly(A)尾巴;③帽子结构后包括 3 个寡聚 U 区,每个长约 30nt;④有茎环结构,可能分布于编码区(非重复序列)的两侧;⑤有重复序列,位于寡聚 U 区后面;⑥非重复序列中有内含子区。

以下几点充分证明了它是 mRNA 的前体:①hnRNA 和 mRNA 有相同的序列。小鼠核内 hnRNA 分离出的 1.5kb(15S)的 RNA 分子和 10S β-珠蛋白 mRNA 都可分别与小鼠的 β-珠蛋白基因进行分子杂交,R 环得以有效形成,如图 7-38 所示。hnRNA 中存在与 mRNA 相同的序列,但比 mRNA 更为复杂,这是 hnRNA 是 mRNA 前体的最有力的证据。②hnRNA 在体外能作为模板翻译蛋白质,这也是 hnRNA mRNA 前体的直接证据。③两者 5′端都有帽子结构,这种特殊的结构在其他 RNA 分子和前体是不存在的。④两者的合成同样不为低剂量放线菌素 D 所抑制,但能被高剂量放线菌素 D 所抑制,表明两者为相同的聚合酶所合成。⑤两者的 3′端都有 poly(A)尾巴,这也是其他 RNA 分子所没有的。

根据以上证据表明:hnRNA 和 mRNA 之间关系密切,至少部分 hnRNA 是 mRNA 的前体。但由于 hnRNA 已有 5′帽结构和 3′poly(A)尾巴,初始转录本不是可能是它,而已经通过初步的加工。在 β-珠蛋白的 15S RNA 与其 DNA 杂交形成的环是完全互补的,而 10S RNA 与其 DNA 的杂交出现了 R 环,这表明内含子在 15S RNA 和 DNA 一样尚未被切除,所以可完全互补,而 10S RNA 是已切除内含子的 mRNA,它和 DNA 杂交时可使内含子区域环出。由此可见 hnR-NA 虽已加帽、加尾,但尚未切除内含子。

(2)真核生物 mRNA 前体的加工方式

所有的真核生物 mRNA 前体的加工过程都是相似的。加工过程可分为 5 个阶段:①5′加帽;②3′加尾;③切除内含子;④修饰;⑤某些 mRNA 前体分子还要进行编辑。

1)加帽

加帽(caping)是真核生物 mRNA 合成后的一种加工形式,在酶的催化下 mRNA5′帽子结构得以产生,通常是 7-甲基鸟苷(^m7G)与 mRNA 的 5′端通过 3 个磷酸基团形成 5′-5′连接。

mRNA 的 5′端的修饰是在细胞核中进行的,所有的真核生物都是如此。转录开始是用一个三磷酸核苷(通常是一个嘌呤 A 或 G),这第一个核苷酸的 5′端仍保留三磷酸基团,其 3′端和下一个核苷酸的 5′位点形成磷酸二酯键,转录的起始序列可能是:

$$5'ppp \frac{A}{G} \quad pNpNpNp\cdots\cdots$$

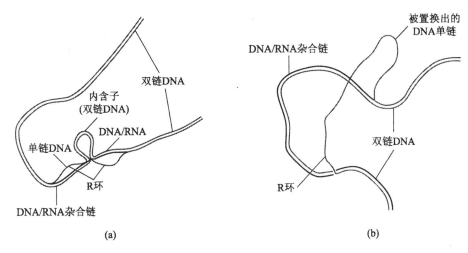

图 7-38　小鼠 β-珠蛋白基因的分子杂交

(a)在 10S 成熟的 β-珠蛋白 mRNA 和 β-珠蛋白基因之间形成 R 环；
(b)在 15S 前体 β-珠蛋白 mRNA 和 β-珠蛋白基因之间形成 R 环

但当人们在体外用酶来处理成熟的 mRNA，预期的 pppA 或 pppG 并未产生，而是得到了 $5'$-$5'$ 三磷酸连接的两个核苷酸，而且末端的碱基总是一个 G，它是在转录后加在原来 RNA 分子上的。加帽反应的第一步是在鸟苷转移酶(加帽酶)催化下在 $5'$ 端加上鸟苷，这个反应在转录后立即发生；该反应是在 GTP 和原来的 RNA 端三磷酸之间进行的缩合(condensation)反应。第二步才是进行甲基化，此反应是在 S-腺苷基甲硫氨酸的作用下进行甲基化。

以上在前体 RNA 的前导序列 $5'$ 端加上的结构就称为"帽子"(cap)。不同的生物中帽子结构的形式也存在一定的差异：帽子上仅在末端鸟苷的第 7 位上存在单个甲基化位点的称为 0 型帽子(cap0)；除此以外在次末端核苷酸核糖上的 $2'$-O 位点上还有一个甲基位点的称为 1 型帽子(cap1)；除末端以外，在第 3 个核苷酸的核糖上($2'$-O)有甲基化位点的称为 2 型帽子(cap2)。这3 种帽子都有 7-甲基鸟核苷三磷酸(^m7Gppp)，它与下一个核苷酸以 $5'$ 与 $5'$ 方向相对的连接方式相连，这种特殊的结构称为面对面核苷酸结构(confrontde nucleotide structure)。

帽子结构的功能体现在以下三个方面：①有助于 mRNA 越过核膜，进入胞质；②保护 $5'$ 端不被酶降解；③翻译时供起始因子(eIF Ⅲ)和核糖体识别。将有帽和无帽的呼肠病毒(reovirus)的 mRNA 注入表达系统表达，结果有帽的病毒稳定性更高，鸟嘌呤不带甲基时翻译效果差，但稳定性不变，但若起始密码子离 $5'$ 端很远的话，或者核糖体与 mRNA 亲和力很强，则帽子就显得不那么重要了。

2)加尾

RNA 聚合酶 Ⅱ 转录的 mRNA 前体的 $3'$ 端都被切除掉，然后加上 poly(A)尾巴，这和转录终止密切相关。在高等生物中(酵母中无此特点)mRNA 的共同特点是在 poly(A)上游 11～30nt 处有一特殊序列 AAUAAA，这一序列是高度保守的，称为加尾信号(tailing signal)。体外多腺苷化系统的建立和发展使人们可以了解加尾反应的途径，如图 7-39 所示。

RNA 聚合酶 α 亚基的羧基端功能域(CDT)对于上游元件不仅可以有效识别，而且还参与募集多聚腺苷酸化所需的一系列蛋白质因子和酶。当 RNA 聚合酶转录了加尾信号时，会引发多聚腺苷酸化的系列酶移动到此加尾信号附近。其中剪切多腺苷酸化专一性因子(cleavage polya-denylation specificity factor，CPSF)和剪切刺激因子(cleavage factor，CstF)由 CTD 运载。它们

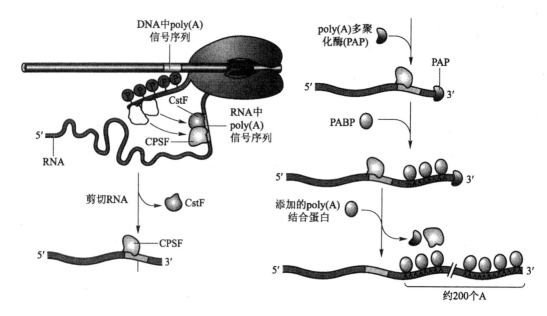

图 7-39　加尾反应

一旦结合到 RNA 的加尾信号上,其他蛋白质也随之被募集,复合物得以有效组装。CstF 在加尾信号的下游切断 3′端尾巴,由多聚腺苷聚合酶[poly(A)polymerase,PAP]在 CPSF 指导下,在尾部加一个短的寡聚 A 序列(10 nt)。此反应依赖于 AAUAAA 序列。第二步是寡聚 A 尾巴延伸到 340nt 的长度。AAUAAA 序列对于该反应不是必须的,但需要一个识别寡聚 A 延伸的刺激因子——poly(A)结合蛋白(polyadenylate binding protein,PABP)指导 poly(A)聚合酶加 A,加到 200A 左右后反应停止,复合物解离。PABP 被认为通过一未知的机制,控制 poly(A)尾巴的长度。

有的 mRNA 是不进行多聚腺苷化的,其 3′端的形成和前者不同。突出的例子是编码组蛋白的 mRNA,其 3′端形成依赖于末端的二级结构。

3)甲基化

在真核生物和病毒的 mRNA 分子上某些位点的腺嘌呤是经过甲基化的,还无法准确定具体的甲基化位点,只知道在 HeLa 细胞、鸟类肉瘤病毒 mRNA 和 SV40 晚期转录的 mRNA 中^{m6}A 主要出现在 Ap^{m6}ApC 和 Gp^{m6}A 主两种序列中,但有的真核生物和病毒的 mRNA 中并没有^{m6}A,有人推测这一序列可能为 mRNA 的剪切提供信号。

7.4.3　内含子的剪接

内含子的剪接和剪切是 mRNA 转录后加工中最为复杂的一环,也是发展最为迅速的研究领域之一。不同内含子的剪切和剪接,其机制、类型和酶都各不相同。

1.Ⅰ型内含子的自我剪接

Ⅰ型内含子的自我剪接发现于线粒体基因组中,极少数单细胞真核生物(如嗜热四膜虫的 rRNA)的核基因组中也被发现剪接。噬菌体中少数内含子也是Ⅰ型内含子(如 T4 噬菌体胸苷酸合成酶基因)。

1981 年 T. R. Ceeh 等用四膜虫(T. thermophila)为材料来研究真核生物染色体的结构对基因表达的影响,35S 的前体 rRNA 被他们分离得出,它含有一个长 413 bp 的内含子。这个 35S rRNA 无论是否加入核的抽取物,只要加入一价或二价阳离子及 GTP 就可以在体外释放出 413 bp 的线性内含子,若继续保温,该线性内含子又可形成环状的 RNA,如图 7-40 所示,这一结果意味着 35S RNA 在 GTP 的作用下可以自我剪接。这个新奇的发现突破了人们的传统观念,不免会提出疑问,是否有少量酶含在其中而造成假象? 为了澄清这个问题,T. R. Cech 等又用了大量的 SDS-酚来抽提,蛋白质得以被彻底的去除,或用蛋白酶来处理,但结果仍然可以自我剪接(self-splicing or autosplicing)。为了进一步证实这种自我剪接,排除其他可能的异体催化,将四膜虫 rRNA 的内含子(413bp 的序列)插到 β-半乳糖苷酶的第 10 个密码子中,再转化 E. coli β-半乳糖苷酶基因由于外源片段的插入而失活,就不能使底物 X-gal 变蓝,菌株为白色;如果插入的 β-半乳糖苷酶基因能自我剪切掉,那么 β-半乳糖苷酶基因的活性就可得到恢复,使 X-gal 变蓝。实验结果确实有部分的菌落变成蓝色,说明内含子的确可以自我剪切。这个实验设计的缜密细致由以下三点来体现:①转化实验是用提纯的 DNA 进行转化,即使含有微量蛋白质,也不能被转化到受体细胞中;②E. coli 本身是没有内含子的,也不含可以帮助内含子剪接的任何酶类,证明内含子的剪接是自我剪接;③可引入突变的剪接信号,方便剪接信号的作用的探究。而体内实验是难以进行这项工作的。

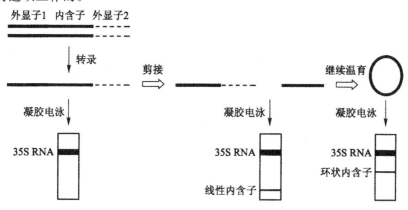

图 7-40 四膜虫 35S RNA 保温前后的电泳结果

1982 年 Cech 小组提出了四膜虫 35S rRNA 自我剪接的模型,转酯反应被认为是其化学反应的本质。用同位素标记的 GTP 加入到分离的 35S rRNA 中,发现它留在 413 nt 的内含子内,因此推测 GTP 上的 3′-OH 对内含子 5′端和外显子交界处的 U-A 之间的磷酸二酯键发起亲核进攻(nucleophilic attack),切下外显子,而其 3′-OH 和内含子 5′端(G)的磷酸形成了新的磷酸二酯键,从而结合到内含子上,这就是转酯反应。切下的外显子的 3′-OH 又对内含子 3′端交界的磷酸二酯键作亲核进攻,切下 414 nt 的内含子,而和外显子以新的磷酸二酯键相连。切下的 414 nt(413 IVS 加上外加的鸟苷)内含子,其 3′-OH 又对本身 5′端第 15、16 两个碱基之间的磷酸二酯键进行亲核进攻,切下 15 nt 的小片段,余下的 399 nt 的间插序列(intervening sequence,IVS)(即内含子)首尾相连而呈环状,环形内含子可进一步水解,在首尾相接处切开磷酸二酯键,成为 399 nt 线形内含子,因为已丢失了 15 个 nt,故称其为 L-15 IVS,L 是"lose"的缩写。L15 IVS 的 3′-OH 再次对其本身 5′端第 4~5 碱基之间的磷酸二酯键发动亲核进攻,切下 4nt 的小片段,余下环形的 395 nt 内含子,经再次水解,395 nt 线状的内含子得以产生,因前后一共丢失了 19 nt

的小片段,故称其为 L-19 IVS。

(1)Ⅰ型内含子的结构特点

Ⅰ型内含子的结构特点体现在以下几点:①其边界序列为 5′U↓……G↓3′(↓表示剪切位点);②具有内部引导序列;③具有中部核心结构(central core structure)。

所有的Ⅰ型内含子中都可以形成一种特征性的二级结构。共有 9 个碱基配对区(P1~P9)包含在四膜虫内含子中,其中有两个配对 K(P4 和 PT)是Ⅰ型内含子中共有的保守序列。P4 由 P 和 Q 序列形成,长 10nt,有 6~7 个碱基是可以配对的。P7 是由 R 和 S 序列构成的,长 12 nt,但只有 5 个碱基可配对,其他的配对区在不同的内含子中是不同的。突变分析表明,P3、P4、P6 和 P7 是核心结构,也就是可以执行催化的最小区域,如图 7-41 所示。R. W. Davies 等(1982 年)首先提出了内部引导序列(internal guide sequences,IGS)的概念,它是内含子中可与外显子配对的序列,由 6nt 组成:GAGGG(四膜虫)。最初人们认为 IGS 的作用是通过与两个外显子近侧区域配对,使外显子并在一起,现在认为其作用是决定剪接的专一性,而且使切点的 U 处于易于受到攻击的暴露点。

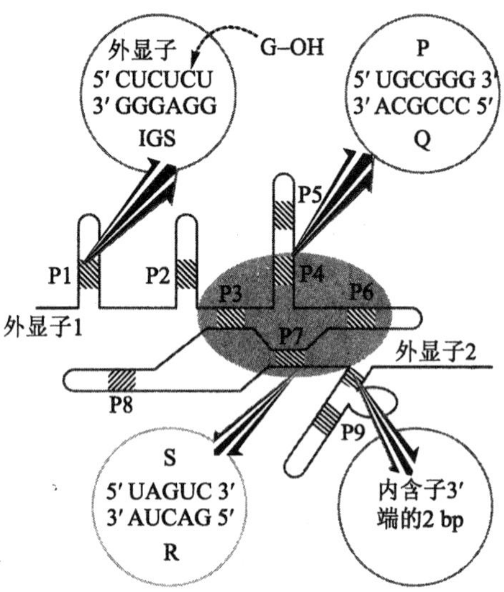

图 7-41 Ⅰ型内含子具有由 9 个碱基配对形成的共有二级结构

碱基的配对对于产生核心结构是很必要的,顺式作用位点的突变就会阻止Ⅰ型内含子的剪接。

(2)Ⅰ型内含子的剪接机制

核酶具有多种催化活性,对于Ⅰ型内含子来说这些活性是由于它可以产生特殊的二级和三级结构,形成活性位点,类似于传统酶的激活位点。内含子的二级三级结构形成了鸟苷结合位点和底物结合位点,后者依赖于内部引导序列的配对来确定。核心结构和内部引导序列又使这两个位点彼此靠近,方便了它们之间的相互作用。

在剪接过程中,GTP 进入鸟苷结合位点是第一步,左边外显子的 3′端通过和引导序列的互补配对进入底物结合位点。GTP 的 3′-OH 作用于左边外显子和内含子交界处的磷酸二酯键,本身结合到内含子的 5′端,被切下外显子的 5′端仍保持在底物结合位点上,并未游离。第二步内含子的 G^{414}(即 3′交界序列上的鸟苷酸)又进入了鸟苷结合位点,切下的外显子 3′-OH 又对鸟苷结合位点上的鸟苷酸与 3′外显子之间的磷酸二酯键发动亲核进攻,切开磷酸二酯键,而其 3′-OH 和 3′外显子的磷酸重新形成磷酸二酯键而连接起来,内含子的剪接即可完成。内含子成为线形的 413nt 的 RNA 分子。第 3 步,内含子 5′端和引导序列的相邻序列通过引导序列互补配对,进入底物结合位点。仍然留在鸟苷结合位点上的 G^{414},其 3′-OH 再作用于底物结合位点上的序列,切下 19 nt 的内含子 5′端,并和余下内含子的 5LP 形成二酯键,产生 414 nt 的环状内含子。

2. Ⅱ型内含子剪接

Ⅰ型内含子和Ⅱ型内含子在很多真核生物的线粒体和叶绿体 rRNA 基因中都具备。Ⅱ型剪接的机制区别于Ⅰ型内含子。Ⅰ型剪接的启动是受鸟苷酸的攻击;而Ⅱ型的启动是在能形成套索结构的内含子中,A 残基进行分子内攻击。

不细看的话,Ⅱ型内含子的套索结构看起来非常类似于核 mRNA 前体进行剪接体剪接的情况。剪接体内 mRNA 前体内含子的整个形态和Ⅱ型内含子自我剪接时的形态都十分类似。这些表面情况表明,剪接体的 snRNA 和Ⅱ型内含子的催化部位之间具有功能相似性。

(1)Ⅱ型内含子的结构特点

Ⅱ型内含子的 5′端和 3′端剪接位点序列为 5′↓GUGCG…Yn AG↓3′,没有违背 GU…AG 规则。Ⅱ型内含子由 6 个结构域(d1～d6)形成特征性的二级结构。d5 和 d6 之间有两个碱基隔开,但 d5 和 d6 紧靠在一起,功能区得以有效形成。其中,d6 含有一个腺苷酸(A),带有一个 2′-OH 基,能发动第一次转酯反应。因此,d5-d6 形成催化部位,d6 是催化结构域,如图 7-42 所示。

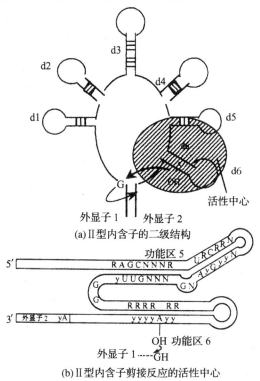

(a)Ⅱ型内含子的二级结构

(b)Ⅱ型内含子剪接反应的活性中心

图 7-42　Ⅱ型内含子剪接反应的活性分析

（2）Ⅱ型内含子剪接的功能

Ⅱ型内含子的剪接需要 Mg^{2+} 无需 G。如图 7-43 所示，首先，分支位点 A 的 $2'$-OH 基对 $5'$-端剪接位点的磷酸二酯键发动亲核攻击，$5'$ 端的外显子 1 得以切下。然而，内含子 $5'$ 端的 G 以 $5'$-P 和分支位点 A 的 $2'$-OH 基形成磷酸二酯键，使得套索(lariat)结构得以形成。第二步是外显子 1 的 $3'$-OH 基继续对内含子 $3'$ 端剪接位点进行亲核攻击，切的新 $3'$ 端外显子 2 的 $5'$-P 与内含子 $3'$-OH 形成的磷酸二酯键，并形成外显子 1 与外显子 2 之间的 $3',5'$-磷酸二酯键，两个外显子被连接在一起，完成第二次转酯反应，并释放含有套索结构的内含子。

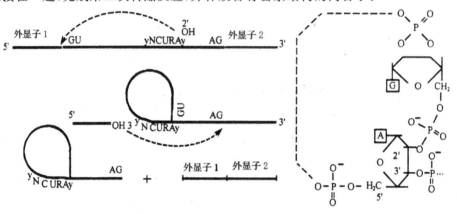

图 7-43　Ⅱ型内含子的剪接机制

（3）剪接的进化

图 7-44 显示了自我剪接的Ⅰ型与Ⅱ型，pre-mRNA 剪接体剪接过程的一个整体对比，可以看出它们在结构和功能上具有进化相关性。Ⅱ型内含子的简单剪接机制，与核 mRNA 内含子必须形成复杂的剪接体形成鲜明的对照。剪接体中 snRNA 所提供的各种结构似乎相当于Ⅱ型内含子的结构信息。这些 snRNA 的功能可能来自进化早期自我剪接系统，它们对 mRNA 前体分子起反式作用。例如，U1 snRNP 和 $5'$ 端剪接位点配对，U2 和分支位点的序列配对，原来内含子本身有关序列之间的配对都被取代。所以，snRNA 和 mRNA 前体之间的相互作用，取代了Ⅱ型内含子剪接过程中出现的一系列构象变化。随着剪接过程变得更加复杂，某些原来的 RNA 催化功能已经由蛋白质来承担了。蛋白质具有更加高级的调控功能和复杂、高效的催化功能。

Ⅰ型内含子的自我剪接过程中，辅助因子鸟苷酸 $3'$-OH 发动的第一个转脂反应。Ⅱ型内含子和剪接体催化的内核含分子分支点 A 的 $2'$-OH 的作用。三种类型内含子剪接的第二个转脂反应相似

3. 反式剪接反应

内含子的剪接一般都是发生在同一个基因内，切除内含子，相邻的外显子彼此连接，称为顺式剪接(cissplicing)；但也有另一种情况，即不同基因的外显子剪接后相互连接，称为反式剪接(trans-splicing)。

反式剪接不是特别常见，较典型的例子是锥虫表面糖蛋白(variable surface glycoprotein, VSG)基因，线虫的肌动蛋白基因(actin genes)和衣藻(chlamydomonas)叶绿体 DNA 中含有的 psa 基因(植物光合系统基因)的内含子剪接。

1982 年，Von der Ploeg 等发现在锥虫(Trypanosome)中许多 mRNA 的 $5'$ 端都有共同的

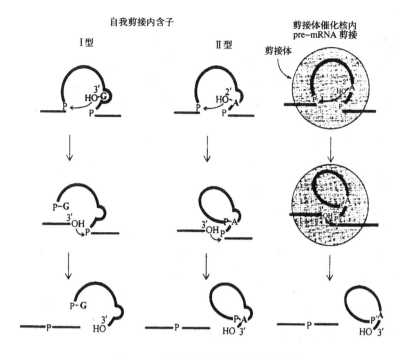

图 7-44　三种内含子剪接过程的进化

35nt 前导序列,但每个转录单位上游这个前导序列并未进行有效编码,1986 年 W. J. Murphy 和 R. E. Sutton 证实这是一种反式剪接。这种前导序列来源于基因组中位于别处的重复序列所转录的小片段 RNA,每个重复单位长 135nt,前面 35nt 的前导序列可以通过转酯反应加到 VSG mRNA 的 5′端。其反应机制类似于核 mRNA 内含子的剪接机制。在 VSG mRNA 右侧内含子上有分支位点,可以和重复序列的内含子相连接。因为这两段序列是反式结构,所以形成 Y 形中间体而不形成套索,用去分支酶处理就可以得到两个片段,若是套索的话就会得到一条片段。切下的 5′端外显子,即 35 nt 的前导序列的 3′端可以再进行第二次转酯反应。

　　反式剪接的 5′端外显子称为剪接前导 RNA(splicing leader RNA,SL RNA)。在几种锥虫和线虫可以看到 SL RNA,它们具有可折叠成相同的二级结构的共同的特点,有 3 个茎环和 1 个单链区,此单链区类似于 U1 的 Sm 结合位点。因此 SL RNA 存在和 snRNP 相似的形式。可能作为 snRNP 中的一种。锥虫具有 U2、U4 和 U6 snRNAs,但没有 U1 和 U5 snRNA。U1 snR-NA 的缺乏可通过 SL RNA 的特点加以解释。即 SL RNA 和 U1 snRNA 一样具有可以和内含子 5′-端剪接位点识别和结合的功能。

　　核内剪接装置的进化可能由 SL RNA 的反式剪接反应来充分体现。SL RNA 提供了顺式剪接中识别 5′端剪接点的能力,这可能依赖于 RNA 的特殊构象。它保留了剪接所必要的功能,在其 mRNA 剪接中是由独立的 snRNA 所提供的。无需像 U1 snRNP 之类的剪接因子的帮助,SL RNA 就能执行剪接的功能,表明 5′端剪接位点的识别是直接依赖 RNA 的。

　　类似情况在线虫的肌动蛋白基因中也可查找到其存在的痕迹。3 种肌动蛋白的 mRNA(和某些其他的 RNA)在 5′端有相同的 22 nt 的前导序列。这个前导序列并不是由肌动蛋白基因编码的,而是来自于长 100nt 单独转录的 RNA 的一个部分。

　　植物线粒体基因的表达经常存在反式剪接。当一个基因的片段分散在 mtDNA 分子上时,发生反式剪接。每个基因片段被独立地转录,不同转录物的外显子通过与其旁侧内含子之间的相互作用而被一起剪接。例如,小麦编码 NADH 还原酶的一个亚单位的 nadl 基因,在 mtDNA 中被分成 4 个片段。其中每一个片段都被分别地转录出来,导致转录物随之被一起剪接而形成 mRNA,如图 7-45 所示。这个过程需要一个顺式剪接作用和 3 个反式剪接作用。

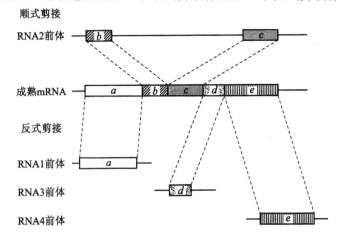

图 7-45　小麦编码 NADH 还原酶的基因由 4 个不同的 mRNA 前体拼接而成

7.4.4　RNA 编辑

1. RNA 编辑的发现及作用

转录后的 RNA 在编码区发生碱基的加入、删除或转换等现象就是所谓的 RNA 编辑(RNA editing)。1986 年,R. Benne 在研究锥虫线粒体 mRNA 转录加工时发现 mRNA 的多个编码位置上发生加入或删除尿苷酸,1990 年在高等动物和病毒中也发现了 RNA 编辑现象。

DNA 决定了 mRNA 的全部信息,在哺乳动物和鸟类免疫球蛋白中经 DNA 体细胞重组改变了 DNA 编码的信息。它的改变仍是发生在 DNA 水平的。而 RNA 编辑是在 mRNA 的水平改变遗传信息,而且往往会增加一些原来 DNA 模板中不曾编码的碱基。

编辑的存在具有一定的生物学意义,主要有以下几个方面来体现。

(1)校正作用

RNA 序列有着戏剧性的改变在锥虫线粒体的几个基因不难发现其踪迹。那就是经编辑在其线粒体细胞色素氧化酶亚基Ⅱ基因(coxⅡ)的 mRNA 中插入了 4 个尿嘧啶,导致了"－1"移框,结果使其氨基酸序列变得和其他生物一致,如图 7-46 所示,从而获得了正常的生物功能。

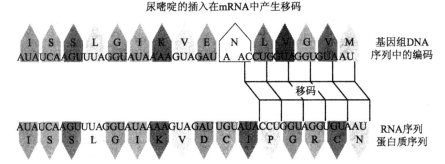

图 7-46　锥虫 coxⅡ基因的 mRNA 的移框

（2）调控翻译

起始密码子和终止密码子的构建或去除可通过编辑来实现，如 apo-B 基因在肝和肠中的不同表达。在哺乳动物各种组织中都鉴定出具有单个载脂蛋白-B(apoli poprotein-B,apo-B)基因，但该基因在肝中指令合成相对分子质量为 $512×10^3$ 的蛋白质，而在肠中只指令合成相对分子质量为 $250×10^3$ 的一个较短的蛋白质，仅有全长的一半(N 端)。经检测发现其第 2153 位的密码子 CAA(Gln)中的"C"变成了"U"，这样"CAA"也变成了终止密码子 UAA，如图 7-47 所示。这一改变不是突变引起的：①突变是指 DNA 上的碱基发生改变，而 apo-B 的 DNA 模板并未发生改变；②上述转换的频率远高于突变。原来这种转换是由"编辑"产生的。这类编辑不是特别常见，但 apo-B 并不是唯一的例子。另一个例子是大鼠脑中的谷氨酸受体的编辑。编辑可将 RNA 单个位点上原来编码天冬氨酸(Gln)的密码子变成编码精氨酸(Arg)的密码子，而精氨酸在控制离子流向神经递质中起到重要的作用，因此编辑所具有的生理功能非常明显。

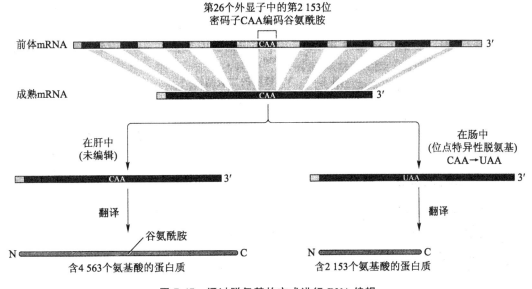

图 7-47　通过脱氨基的方式进行 RNA 编辑

（3）扩充遗传信息

经编辑在锥虫 cox Ⅲ mRNA 的第 158 位插入了 394 个核苷酸；在第 9 位删去了 18 个尿苷酸，实际增加了 376 个核苷酸，使 cox Ⅲ 的长度增加了 55%，如图 7-48 所示。因此 cox Ⅲ 的基因比成熟的 mRNA 小很多，故称其为隐匿基因。

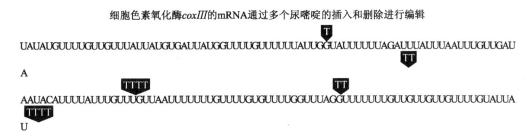

图 7-48　锥虫细胞色素氧化酶 cox Ⅲ 基因部分的 mRNA 序列的编辑

2.RNA 编辑的机制

1990 年，一类新的小分子 RNA 在 L. Simpsom 等在研究锥虫线粒体 mRNA 过程中被发现，这种 RNA 可以和 mRNA 分子被编辑的部分发生非常规的互补，G-U 配对，对 mRNA 前体分子的编辑起了指导作用，故称其为指导 RNA(guide RNA，gRNA)。gRNA 含有一段序列可与被编辑的 mRNA 互补。在互补区中 gRNA 的腺嘌呤的相应位置留下了空缺。为 U 插入提供模板，如图 7-49 所示。当反应完成时 gRNA 和 mRNA 彼此分离，mRNA 已成熟，进一步的翻译可以顺利进行。gRNA 是作为一种独立的转录单位而被编码的。

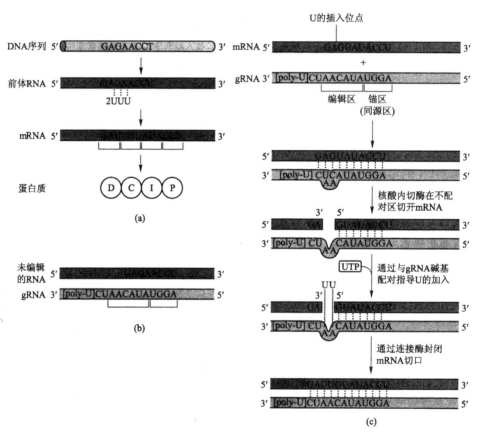

图 7-49　由 gRNA 介导的尿嘧啶加入进行 RNA 编辑

锥虫 cox Ⅱ 基因 RNA 的编辑。(a)表示 cox Ⅱ 基因前 mRNA 上 4 个 U 插入的位置，
在 mRNA 上形成正确的可读框及编码信息；(b)标出了 gRNA 上指导 U 插入模式
的序列；(c)现实编辑反应的过程

一直以来，人们对于转酯反应机制是比较关注的。1990 年 B. Blum 等首先提出了编辑体模型，1991 年 Cech 等又提出了以 gRNA 和被编辑前体 RNA 配对，由寡聚 U 进行转酯反应的模型。同年 Blum 等又提出了 RNA 编辑的转酯模型。现在的观点认为过 RNA 的剪切和末端连接实现了 U 的加入或删除。这个反应是在 gRNA 指导下由酶的复合物催化的，如图 7-50 所示。

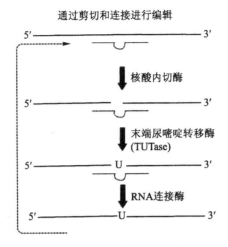

通过剪切和连接进行编辑

核酸内切酶

末端尿嘧啶转移酶
(TUTase)

RNA连接酶

图 7-50　U 残基的加入或删除

7.5　逆转录

7.5.1　逆转录病毒与逆转录的发现

"中心法则"确定后,人们发现并不是所有 RNA 都是在 DNA 模板上复制的。许多病毒并没有 DNA,只有单链的 RNA 作为遗传物质。当这些病毒侵入寄主细胞后,进行自我复制。另外,在某些真核细胞里原有的信使 RNA 也能在复制酶的作用下复制自己。这样就需要对原来的"中心法则"进行修改,即不仅 DNA 可以进行自我复制,RNA 也具有自我复制的功能。

20 世纪 70 年代初,H. M. Temin 和 D. Baltimore 等人各自独立地发现了在 RSV 和鼠白血病病毒中含有一种能使遗传信息从单链病毒 RNA 转录到 DNA 上去的酶——依赖于 RNA 的 DNA 聚合酶即逆转录酶,并因此获得 1975 年度诺贝尔生理学或医学奖。当 RNA 致癌病毒,如鸟类劳氏肉瘤病毒(Rous sar-coma virus)进入宿主细胞后,其逆转录酶先催化合成与病毒 RNA 互补的 DNA 单链,继而双螺旋 DNA 得以复制出来,并经另一种病毒酶的作用整合到宿主的染色体 DNA 中。此过程中,核酸合成与转录(DNA→RNA)过程遗传信息的流动方向相反(RNA→DNA),故称为逆转录。此整合的 DNA 可能潜伏(不表达)数代,待遇到适合的条件时才被激活,利用宿主的酶系统转录成相应的 RNA,其中一部分作为病毒的遗传物质,另一部分则作为 mRNA 翻译成病毒特有的蛋白质。最后,RNA 和蛋白质被组装成新的病毒粒子。在一定的条件下,整合的 DNA 也可使细胞转化成癌细胞。逆转录病毒 RNA 病毒的基因组是 RNA 而不是 DNA,其复制方式是逆转录,故称为逆转录病毒。

7.5.2　逆转录酶的生物活性

逆转录酶又称 RNA 指导的 DNA 聚合酶。逆转录酶和其他 DNA 聚合酶没有什么区别,合成 DNA 产的方向为 $5'→3'$,并且不能从头合成 DNA,反应也需要引物,该引物是病毒本身的一种 tRNA。逆转录酶含 Zn^{2+},以脱氧核苷三磷酸为底物,从 $5'$ 到 $3'$ 合成 DNA 引物。这个酶和 DNA 聚合酶的相似度非常高。逆转录酶催化的 DNA 合成机理和反应进行所需的各种条件已基本搞清。

逆转录酶兼有三种酶的生物活性：①RNA 指导的 DNA 聚合酶，可以利用病毒 RNA 为模板，在其上合成出一条互补 DNA 链，形成 RNA-DNA 杂交分子；②DNA 指导的 DNA 聚合酶，以新形成的 DNA 链为模板，合成出另一条互补 DNA 链，形成双链 DNA 分子；③RNase H 活性，指除去杂合分子中的 RNA，可以从 5′→3′ 和 3′→5′ 两个方向水解 DNA-RNA。

7.5.3 逆转录的过程

逆转录病毒的生活周期如图 7-51 所示，其逆转录的过程主要包括三个步骤：

①以单链 RNA 的基因组为模板，在逆转录酶（RNA 指导的 DNA 聚合酶）的催化下，一条单链 DNA 得以合同；

②产物与模板生成 RNA，DNA 杂化双链，杂化双链中的 RNA 被逆转录酶（RNase H）水解；

③以新合成的单链 DNA 为模板，逆转录酶（DNA 指导的 DNA 聚合酶）催化合成第二链的 DNA。

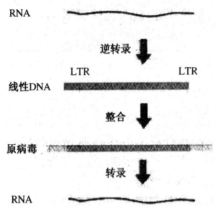

图 7-51 逆转录病毒的生活周期

7.5.4 逆转录现象的意义

遗传信息传递方式的多样性通过逆转录现象的发展得以充分展示，完善了中心法则，使人们对 RNA 的生物学功能有了更新、更深的认识，从而极大地丰富了 DNA、RNA 和蛋白质三者之间的相互关系。既然逆转录现象存在于所有致癌 RNA 病毒中，那么它的功能可能与病毒的恶性转化有关。如果能找到这类酶的专一性抑制剂，就可以不损害健康细胞而达到治疗肿瘤的目的。

第8章　遗传密码与翻译

8.1　遗传密码

所有生物的遗传物质都是不同的 DNA 分子,而 DNA 分子是由 4 种脱氧核苷酸组成的多聚体。这 4 种脱氧核苷酸的差别在于所含的碱基的不同,即 A、T、G、C 4 种碱基的不同。遗传学上把每种碱基看成 1 种密码符号,则 DNA 分子中将含有 4 种密码符号,遗传信息就贮藏于 4 种碱基密码的不同排列顺序中,因此也称为遗传密码(genetic code)。如果一个 DNA 分子含有 1000 个核苷酸对,按照其排列组合可以形成 4^{1000} 种形式,无限的信息可通过它来表达。

前已提及,DNA 上的遗传信息要按照碱基互补配对原则转录为 mRNA,再由 mRNA 指导蛋白质的合成。在转录过程中,DNA 上的 A、T、G、C 4 种碱基分别被替换为 U(尿嘧啶)、A、C、G,同时脱氧核糖被替换为核糖。因此,在转录的 mRNA 链上,其遗传密码的排列顺序与原来模板 DNA 的互补 DNA 链是保持一致的。

mRNA 在指导蛋白质的合成过程中,其遗传密码与组成蛋白质的氨基酸必然存在一定的关系。显然,1 个碱基和 2 个碱基作为 1 个密码子(codon)决定 1 个氨基酸的翻译是不能成立的,因为它们的密码子组合分别为 4 种和 16(4^2)种,而已知组成蛋白质的氨基酸是 20 种。如果是 3 个碱基决定 1 个氨基酸,其可能的组合将有 $4^3=64$ 种,这比 20 种氨基酸多出 44 种。可以初步确定可能是 3 个碱基组成密码子决定 1 个氨基酸的合成,因此也称为三联体密码(triad code)。

自 1961 年到 1967 年,利用已知的 64 个三联体密码,经过大量的精彩实验,短短几年时间内全部的密码子即被有效破译,找出了它们与氨基酸的对应关系,建立了遗传密码字典,如表 8-1 所示。

表 8-1　20 种氨基酸的遗传密码子字典

第一碱基（5′端）									第三碱基（3′端）
		U		C		A		G	
U	UUU	苯丙氨酸 Phe	UCU	丝氨酸 Ser	UAU	络氨酸 Tyr	UGU	半光氨酸 Cys	U
	UUC		UCC		UAC		UGC		C
	UUA	亮氨酸 Leu	UCA		UAA	终止信号	UGA	终止信号	A
	UUG		UCG		UAG		UGG	色氨酸 Trp	G
C	CUU	亮氨酸 Leu	CCU	脯氨酸 Pro	CAU	组氨酸 His	CGU	精氨酸 Arg	U
	CUC		CCC		CAC		CGC		C
	CUA		CCA		CAA	谷氨酰胺 Gln	CGA		A
	CUG		CCG		CAG		CGG		G

续表

第一碱基 (5′端)		U		C		A		G		第三碱基 (3′端)
A	AUU	异亮氨酸 Ile	ACU	苏氨酸 Thr	AAU	天冬酰胺 Asn	AGU	丝氨酸 Ser	U
	AUC		ACC		AAC		AGC		C
	AUA	甲硫氨酸 Met	ACA		AAA	赖氨酸 Lys	AGA	精氨酸 Arg	A
	AUG*		ACG		AAG		AGG		U
G	GUU	缬氨酸 Val	GCU	丙氨酸 Ala	GAU	天冬氨酸 Asp	GGU	甘氨酸 Gly	U
	GUC		GCC		GAC		GGC		C
	GUA		GCA		GAA	谷氨酸 Glu	GGA		A
	GUG*	缬氨酸 Val	GCG		GAA		GGG		U

注意：*同时为起始信号。

由密码子字典可以看出，除甲硫氨酸和色氨酸外，其他的氨基酸均有两种以上的密码子，最多达到 6 个，如精氨酸。多种密码子编码一种氨基酸的现象称为简并(degeneracy)。代表一种氨基酸的所有密码子称为同义密码子(synonyms codon)。氨基酸的密码子数目和它在蛋白质中出现的频率间的正相关性并不是特别明显。另外，在密码子字典中有 3 个三联体密码 UAA、UAG、UGA 不编码任何氨基酸，是蛋白质合成的终止信号，分别称为赭石、琥珀和乳石密码子；AUG 和 GUG 不仅分别是甲硫氨酸和缬氨酸的密码子，而且还兼作蛋白质合成的起始信号。

在分析简并现象时可以发现，当三联体密码的第一个、第二个碱基决定后，有时不管第三个碱基是什么，都有可能决定同一个氨基酸，说明密码子的第三碱基具有一定的灵活性，如丝氨酸由 UCU、UCC、UCA、UCG 4 个三联体密码决定，它们的第一个和第二个碱基相当固定，第三个碱基出现变化，这就是产生简并现象的基础。

同义密码子越多，生物遗传的稳定性越大。因为一旦 DNA 分子上的碱基发生突变所形成的三联体密码就有可能与原来的三联体密码翻译成同样的氨基酸，蛋白质多肽链上氨基酸序列的改变的情况也就不会发生，从而将突变对生物体的影响降低到最小。

在所有生物体中，密码子字典几乎是通用的：即所有的核酸语都是由 4 种基本碱基符号所编成；由 20 种氨基酸组成了所有的蛋白质。密码子的通用性表明生命的共同本质和共同起源。但是密码子的通用性在近年来也发现有极少数的例外情况，主要表现在一些低等生物的 tRNA 中，如表 8-2 所示，如山羊支原体(Mycoplasma capricolum)，UGA 不是终止密码子，而代表色氨酸，其使用频率比 UGG 高得多。

表 8-2 密码子通用性的一些例外情况

密码子	通用情况	例外情况	发现例外的生物
CUA	终止子	色氨酸 Trp	人和酵母的线粒体，支原体 Mycoplasma
AUA	亮氨酸 Leu	苏氨酸 Thr	酵母的线粒体
AGA	异亮氨酸 Ile	甲硫氨酸 Met	人的线粒体
AGG	精氨酸 Arg	终止子	人的线粒体

续表

密码子	通用情况	例外情况	发现例外的生物
GUG	精氨酸 Arg	终止子	人的线粒体
UAA	缬氨酸 Val	丝氨酸 Ser	假丝酵母 Candina
UAG	终止子	谷氨酰胺 Gin	草履虫 Paramecium,四膜虫 Tetrahymrna
CUA	终止子	谷氨酰胺 Gin	草履虫 Paramecium

因此,遗传密码具有下列主要特征:

①遗传密码为三联体,即 3 个碱基决定 1 个氨基酸。

②遗传密码间无间隔或逗号,即在翻译过程中,遗传密码的编码是连续的。

③遗传密码第三个碱基的灵活性,决定同一氨基酸或性质相近的不同氨基酸的多个密码子往往只有最后一个碱基的变化,这种现象对生命的稳定性的作用不可忽视。

④遗传密码间存在简并现象。除甲硫氨酸和缬氨酸外的所有氨基酸都由 2 种或 2 种以上的密码子编码。

⑤遗传密码具有起始和终止密码子。蛋白质的合成的启动和终止由专门的密码子决定。

⑥遗传密码具有通用性。除一些极少数的例外情况,遗传密码从病毒到人类是通用的。

8.2　tRNA 与核糖体

8.2.1　tRNA 的结构

1. tRNA 的三叶草型结构

1965 年,tRNA 的结构由 R. N. Holley 等对酵母丙氨酸 tRNA 的研究首先发现的。几百种来自细菌和真核生物的 tRNA 的序列通过碱基的互补配对都能形成三叶草形(cloverleaf)的结构,如图 8-1 所示。tRNA 的结构具有以下特点:

①各种 tRNA 均含有 70～80 个碱基,其中 22 个碱基是恒定的。

②其 5′端总是配对的,这与 tRNA 的稳定性有关。5′端和 3′端配对(常为 7 bp)形成茎区,称为受体臂(acceptor arm)或称氨基酸臂。在 3′端永远是 4 个碱基(XCCA)的单链区,在其末端有 2′-OH 或 3′-OH,是被氨基酰化位点。此臂负责携带特异的氨基酸。其他的臂都为茎环结构。

③TψC 环(TψC loop)存在着特殊的碱基 ψ(假尿嘧啶),常由 5bp 的茎区和 7nt 的环区组成。此环负责和核糖体上的 rRNA 识别结合。

④双氢尿嘧啶环(DH loop)的茎区长度常为 4bp,环区有 4 个碱基不恒定,此环中的 17、17∶1、20∶1 和 20∶2 含有特殊的碱基 D(双氢尿嘧啶),故也称为 D 环。

⑤反密码子环(anticodon loop)常由 5bp 的茎区和 7nt 的环区组成,在环区的中央总存在着反密码子三联体,它负责对 mRNA 上的密码子的识别与配对。

⑥额外(extra arm)可变性大,从 4 nt 到 21 nt 不等,也称为可变(variable loop),其功能是在 tRNA 的 L 型三维结构中负责连接两个区域(D 环-反密码子环和 TψC-受体臂)。

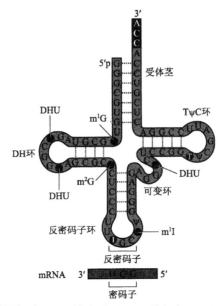

图 8-1　酵母苯丙氨酸 tRNA 的序列,显示了稀有密码子和反密码子的位点

2. tRNA 的 L 形结构

tRNA 的三叶草结构对于 tRNA 的各个臂在空间上如何排列的认识没有任何帮助。tRNA 的三维构象的获得是通过 X-衍射来研究 tRNA 的晶体获得的。几种酵母 tRNA 晶体的研究表明,各种 tRNA 存在共同的三维结构。它主要是依靠茎中的碱基配对来维持,形成了稳定的"L"形结构,如图 8-2 所示:①氨基酸受体臂位于 L 形的一侧,距反密码子环约 70bp。②D 环和 TOC 环形成了"L"的转角。③在一些保守和半保守的碱基之间形成很多的三级氢键,使分子形成"L"形,并使结构稳定,如图 8-3 所示。④使得三维结构得以形成的这些碱基配对涉及与磷酸核糖主链相互作用的三级结构的磷酸二酯键分布在核糖的 2′-OH 上。⑤几乎所有的碱基其朝向相同,使得碱基平面之间产生堆积作用,如图 8-4 所示。这种作用也是 tRNA 构象稳定的主要因素之一。⑥在反密码子环中仅有很少的三级氢键,这可能由于在蛋白质合成时,便于反密码子区的相对方向发生改变。

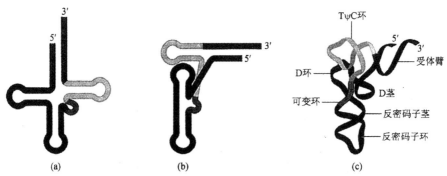

图 8-2　tRNA 的三叶草结构和实际的三维结构之间的转换

(a)三叶草结构;(b)"L"形结构,图示最终折叠的 tRNA 碱基配对的位置;

(c)"L"形结构的带状示意图

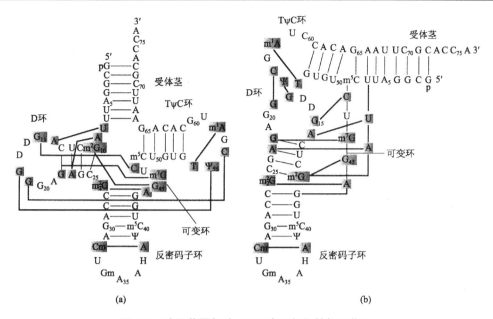

图 8-3　酵母苯丙氨酸 tRNA 中三级氢键相互作用

(a)三叶草模型中,图中有方框的碱基表示为可变的碱基,深色的线表示三级氢键;

(b)三叶草形的 tRNA 经三级氢键的牵拉,形成了倒"L"形

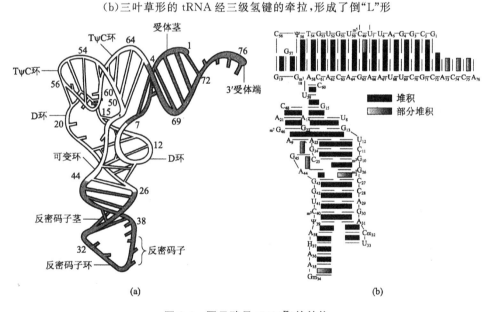

图 8-4　图示酵母 tRNA^Phe 的结构

(a)显示基于 X-衍射而得到的 tRNA^Phe 的"L"形三维结构;(b)显示

"L"形 tRNA^Phe 核苷间氢键的堆积黑色表示堆积,灰色表示部分堆积。

第 34 位的 G 是反密码子的第 2 个碱基,由于是部分堆积的,可以自由摆动

8.2.2　核糖体的组成和活性位点

蛋白质合成发生核糖体(ribosomes)上,它是核糖核蛋白大复合物。细菌的核糖体是附着在 mRNA 上的。在真核的胞质中核糖体总是和细胞骨架或粗面内质网的膜相结合。核糖体在细

胞中从事翻译时并不是游离的,总是直接或间接地和细胞结构相连接,以上是其共同点。核糖体可以单独产生功能(单核糖体,monosomes),但是更常见的是它们成簇同时结合在一条 mRNA 上(多核糖体,polysomes),多核糖体可以从细胞中抽提而且常常被用来纯化 mRNA。

1. 核糖体的组成

大亚基与小亚基(large and small subunit)共同构成了全部的核糖体。每一亚基含有几种核糖体 RNA(ribosomal RNA,rRNA)和多种核糖体蛋白质(ribosomal proteins,r-proteins)。它们的相对大小常用沉降系数单位来表示,如表 8-3 所示。

表 8-3　原核和真核生物核糖体的组成及功能

核糖体	亚基	rRNA	蛋白	RNA 的特异顺序和功能
细菌 70S	50S	23S=2904b	31 种(L1-L34)	含 CGAAC 和 GTφCG 互补
2.5×10^6 d		5S=120b		
66%RNA	30S	16S=1542b	21 种(S1-S21)	16SRNA(CCUCCU)和 S-D 顺序(AGGAGG)互补
哺乳动物 80S	60S	28S=4718b	49 种	有 GAUC 和 tRNA^{fMat} 的的 TφC
4.2×10^6 d		5.8S=160b		G 互补
60%RNA		5S=120b		
	40S	18S=1874b	33 种	和 Cap^{m7}G 结合

细菌中的所有的核糖体都已鉴定了出来,在 *E. coli* 中的 rRNA 都已被测序。其小亚基(30S)是由 16S rRNA 和 21 种蛋白质构成的,如图 8-5 所示。大亚基(50S)是由 23S rRNA 和小分子的 5S RNA 以及 31 种蛋白质构成的。除一种蛋白质的核糖体存在四种拷贝以外,其余的蛋白质都只有一个拷贝。

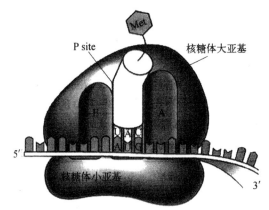

图 8-5　核糖体结构示意图

高等真核生物的核糖体要比细菌的大得多。RNA 和蛋白质的总量是很大的。主要的 RNA 分子较长,并有很多的蛋白质 RNA 在量上仍占主导地位。

细胞器的核糖体和胞质中的核糖体是有区别的,具有各种不同的类型。最大的差不多和细菌的核糖体大小相似。含 70% 的 RNA,最小的仅有 60S,所含 RNA 小于 30%。

细菌、叶绿体和真核细胞质核糖体的形态都十分相似(线粒体的核糖体的形态尚不清楚)。小亚基形态是平的。而大亚基的是凸形的结构。完整的 70S 核糖体具有不对称的结构,在小亚基的头部和中部与大亚基结合形成了 V 形的隧道。

2. 核糖体的活性位点

根据核糖体的位点和功能,可以对核糖体的几种活性进行区分,具体如表 8-4 所示。70S 核糖体可能具有供 tRNA 结合的两个功能位点:A 位点和 P 位点。A 位点(氨基乙酰 tRNA 位点,amino acyl-tRNA site)在延伸过程中与进入的负载 tRNA 结合,而 P 位点(肽酰 tRNA 位点,peptidyl-tRNA site)与携带新生多肽链的 tRNA 结合。细菌核糖体具有第三个 E-位点(退出位点,Exit site),空载的 tRNA 从此位点被排出。大亚基具有肽基转移酶结构域,提供肽键形成的催化活性,GTP 酶结构域,其活性是核糖体在 mRNA 易位所必需的。

表 8-4　核糖体的活性位点

活性位点	功能	位置	组成
mRNA 结合位点	结合 mRNA 和 IF 因子	30S,P 位点附近	S1、S18、S21 及 S3、S4、S5、S12 16S rRNA3′端区域
P 位点	结合 fMet-tRNA 和肽基-tRNA	大部分在 50S 亚基	L2、L27 及 L14、L18、L24、L33 16S 和 23S rRNA3′端附近区域
A 位点	结合氨酰基-tRNA	大部分在 30S 亚基	L1、L5、L7/L12、L20、L30、L33 16S 和 23S rRNA(16S 的 1400 区)
E 位点	结合脱酰 tRNA	50S	23S rRNA 是重要的
5S RNA	和 23S rRNA 结合	P 和 A 位点的附近	L5、L18、L25 复合体
肽酰基转移酶	将肽链转移到氨基酰-tRNA 上	50S 的中心突起	L2、L3、L4、L15、L16 23S rRNA 是重要的
E-Tu 结合位点	氨基酰-tRNA 的进入	30S 外部	
EF-G 结合位点	移位	50S 亚基的界面上,L7/L12 附近,近 S12	
L7/L12	GTP 酶需要	50S 的柄	L7、L12

肽基转移酶位点的中心在 50S 亚基上,在 50S 大亚基还有 EF-G 结合位点以及负责移位的位点。核糖体的另外的区域是多肽出口的功能区(exit domain),核糖体通过这个区域附着在膜上。多肽链从一个功能区出现进入另一个功能区,通过一个离肽酰转移酶有一定距离的出口伸出来。在细菌中 tRNA 进入 A 位点通过移位再进入 P 位点。再通过 E 位点离开细菌的核糖体。A 位点和 P 位点必定涉及两个亚基,这是由于 tRNA 要和 30S 小亚基上的 mRNA 配对,但肽链的转移又发生在 50S 大亚基上。通常设想 A,P 两个位点离得很近,这样易位时 tRNA 由一个位点移入到另一位点就比较方便。E 位点又被设想在 P 位点的附近。它和 A 位点之间具有一种变构的相互作用。由于 E 位点存在脱酰基 tRNA,使得 A 位点对氨基酰 tRNA 的亲和力减弱。各种核糖体活性位点之间在功能上的相互关系现在尚没有完全弄清楚。核糖体可能有一种高度相互作用的结构,在这些结构中,某一位点发生改变就会明显地影响到其他位点的活性。

8.3 氨酰-tRNA 的形成

氨基酸在参入多肽链之前必须被活化,而氨酰-tRNA 是它的活化形式。通过活化,游离氨基酸分子上的 α-羧基通过高能酯键与其同源的 tRNA 分子的 3′-端腺苷酸的羟基相连。在在翻译的延伸阶段,肽键的形成的驱动可通过高能酯键来实现。

活化反应由特定的氨酰 tRNA 合成酶(aminoacyl-tRNA synthetase,aaRS)催化,其催化的反应如图 8-6 所示分为两步,每活化 1 分子氨基酸,需要消耗 2 个 ATP:

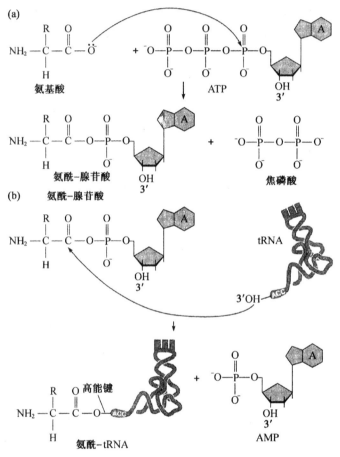

图 8-6 氨酰 tRNA 合成酶的催化机理

第一,氨基酸被活化成氨酰-腺苷酸。这一步反应形成的焦磷酸可被细胞中总是存在的焦磷酸酶迅速水解,在热力学上,导致氨基酸的活化是非常有益的。

第二,氨酰基从氨酰-腺苷酸转移到特定的 tRNA 分子上。

根据结合 tRNA 区域的结构特征,细胞内的 aaRS 分为两类,这两类 aaRS 正好从 tRNA 两个相反的面靠近和结合 tRNA:

第一类与 tRNA 的受体茎和反密码子茎的小沟结合,其 N-端含有 ATP 结合结构域,D 端含有反密码子臂结合结构域,通常在受体茎小沟一侧与 tRNA 结合,紧握反密码子环,将 tRNA 接受氨基酸的一端置于活性中心,总是先将氨基酸转移到 tRNA3′-端腺苷酸的 2′-OH 上,然后再切换到 3′-OH,因为只有 3′-氨酰-tRNA 才能作为翻译的底物。在结构上,一般情况下,这一类是单体酶,其结合 ATP 的结构模体为 Rossman 折叠(Rossman fold),此外,还含有两段高度保守的序列模体(HIGH 和 KMSKS)。属于此类酶的氨基酸有 Arg、Cys、Gin、Glu、Ile、Leu、Met、Trp、Tyr 和 Val;

第二类 aaRS 以其 N-端结构域与受体茎和反密码子茎的大沟结合,其结合 ATP 的结构域主要位于 C-端,它们总是将氨基酸直接转移到 tRNA3′-端腺苷酸的 3′-OH 上(苯丙氨酰-tRNA 除外)。在结构上,总是寡聚酶(通常为同源二聚体),由另外的结构模体替换了 Rossman 折叠。属于此类酶的氨基酸有 Ala、Asn、Asp、Gly、His、Lys、Phe、Pro、Ser 和 Thr。

由于这两类 aaRS 不论在序列上还是在三维结构上完全不同,所以它们在进化上很可能是独立的。如果果真如此,这意味着早期的生命形式可能只使用其中的一类 aaRS 和 10 种氨基酸。

每一种生物大概含有 20 种 aaRS,每一种和一种氨基酸保持对应关系。E. coli 有 21 种 aaRS,仅 Lys 有 2 种,其他氨基酸都只有一种相对应的 aaRS。然而,某些生物的 aaRS 不到 20 种,其体内的某种 aaRS 具有双特异性,从而让所有的氨酰-tRNA 都能够形成。例如,嗜热产甲烷菌(Ther-mophilic methanogens)无半胱氨酰-tRNA 合成酶,其胞内的半胱氨酰-tRNAcys 由它的脯氨酰-tRNA^{Cys}合成酶催化。此外,还有一些生物的某些氨酰-tRNA 是通过对其他氨酰-tRNA 进行加工而成的。例如,某些古细菌、格兰氏阳性细菌和某些真核生物的线粒体或叶绿体,缺乏 Gln-tRNA^{Gln}合成酶,它们的 Gln-tRNA^{Gln}由 Glu-tRNA^{Gln}酰胺化而来。还有一些生物的 Asn-tRNA^{Asn}是由 Asp-tRNA^{Asn}酰胺化转变而来的。

每一种 aaRS 对于两种不同的底物即 tRNA 和氨基酸都具有高度的特异性,以确保正确的氨基酸与正确的 tRNA 相连,从而使得正确的氨酰-tRNA 得以形成。由于细胞内一般对应于一种氨基酸只有一种 aaRS,而针对同一种氨基酸的 tRNA 则可能存在几种不同的同工受体。例如精氨酰-tRNA 合成酶的氨基酸底物只有一种精氨酸,而其 tRNA 底物可能有 6 种不同的同工受体。那么,一种 aaRS 是如何做到能够识别其所有的同工受体 tRNA,同时又不会错误识别其他氨基酸的 tRNA 的呢?

通过对 tRNA 序列进行的一系列突变实验发现,决定一种 aaRS 识别正确的 tRNA 的主要因素是 tRNA 分子上由几个核苷酸甚至一个核苷酸组成的元件(element),这些元件通常被称为 tRNA 的个性(identity),如表 8-5 所示,也被称为第二套遗传密码(the second genetic code)。这些元件分布在 tRNA 分子内的很多区域,一套通用的规则指导 aaRS 识别同源的 tRNA 并不存在。令人吃惊的是,tRNA 的个性不限于反密码子,而且对于某些 aaRS 而言,还不包括反密码子。对于大多数 tRNA 而言,受特定 aaRS 识别的是一套序列元件而不是单个核苷酸或单个碱基对。这些元件通常包括以下一个或几个方面:

表 8-5　常见的 tRNA 的个性

tRNA	个性
Ala	受体茎中的 G3：U70 碱基对
Ser	受体茎中 G1：C72、G2：C71、A3：U70 碱基对
Val	D 茎中的 C11：G24 碱基对

tRNA	个性
Gln	反密码子
Phe	反密码子,特别是其中的 U
Ile	反密码子,D 环中的 G20,3′-端的 A73
Met	U35

①反密码子中的至少一个碱基;

②受体茎之中三个碱基对中的一个或几个;

③73 号位碱基(在 CCA 之前的没有配对的碱基)。这一个碱基被称为区别碱基(the discriminator base),因为它对于一个携带特定氨基酸的 tRNA 分子来说是不会发生任何改变的。有趣的是,作为某些 aaRS 用来决定结合何种 tRNA 的正元件可能被其他的 aaRS 用作阻止与特定 tRNA 结合的负元件。常见的一些 tRNA 的个性参见表 8-5。

某些 tRNA 的个性在于反密码子,例如 tRNA^{Met}。如果将 tRNA^{Trp} 或 tRNA^{Val} 的反密码子突变成 CAU(tRNA^{Met} 的反密码子),则这两种 tRNA 即被甲硫氨酰-tRNA 合成酶识别,转而携带 Met;相反,如果将 tRNA^{Met} 的反密码子突变成 UAC(tRNA^{Val} 的反密码子),则它转而携带 Val。由此可见,甲硫氨酰-tRNA 合成酶和缬氨酰-tRNA 合成酶各自识别的 tRNA 的个性都是由反密码子决定的。

酵母 tRNA^{Phe} 的个性在于 5 个不同的碱基。其中 3 个碱基是反密码子,另外二个碱基分别是 D 环中的 G20 和 3′-L 端的 A73。如果将酵母的 tRNA^{Arg}、tRNA^{Met} 和 tRNA^{Try} 突变,使它们都含有由以上 5 个碱基组成的个性,则它们都成为酵母苯丙氨酰-tRNA 合成酶非常好的底物。

12 个共同的核苷酸体现了 tRNA^{Ser} 家族的个性。Ser 有 6 个密码子,同时它有 6 个同工受体 tRNA。同一种丝氨酰-tRNA 合成酶能够有效识别这 6 个同工受体 tRNA。5 个 tRNA^{Ser} 由 *E. coli* 基因组编码,1 个由 T4 噬菌体基因组编码。比较 6 种 tRNA^{Ser} 的核苷酸序列发现,只有 12 个核苷酸是共同的,包括:受体茎中的 G1、G2、A3(或 U3)、U70(或 A70)、C71、C72 和 G73,D 茎中的 C11 和 G24 等。所有的这些核苷酸除 G73 之外都参与形成链内氢键。当将 tRNA^{Leu} 突变成也含有这 12 个核苷酸以后,则它转而携带 Ser。

一个非常规的 G3:U70 碱基对体现了 tRNA^{Ala} 的个性。截止到目前,所有的已测序的细胞质 tRNA^{Ala}(原核生物和真核生物)都含有 G3:U70。如果将含有 G3:C70 碱基对的 tRNA^{Lye},tRNA^{Cys} 和 tRNA^{Phe} 突变成 G3:U70,结果都使它们转而携带 Ala;相反,如果将 tRNA^{Ala} 的 G3:U70 碱基对突变成 G:C、A:U 或 U:G,都会使之不能再携带 Ala。有趣的是,如果能保证 G3:U70 碱基对的存在,即使如图 8-7(b)所示的仅有 24nt 组成的 tRNA^{Ala} 微螺旋(microhelix)的类似物照样能被丙氨酰-tRNA 合成酶识别,携带 Ala。

实验证明,一种 aaRS 在选择 tRNA 的时候,遇到正确的 tRNA,结合得快,但解离得慢,从而有时间诱导酶的构象发生合适的变化;如果酶遇到错误的 tRNA,则结合得快,解离得也快。

然而,酶又如何去选择正确的氨基酸呢?这有两种方法:

• 通过酶活性中心优先结合正确的同源氨基酸,体积比同源氨基酸大的被完全排除在活性中心之外;

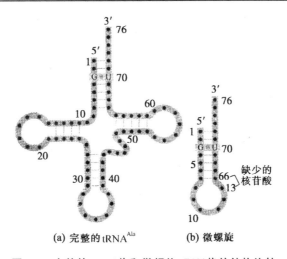

图 8-7 完整的 tRNA^Ala 和微螺旋 tRNA^Ala 的结构比较

• 通过酶的校对中心选择性编辑错误的非同源氨基酸,能进入活性中心的小氨基酸在错误形成误载的氨酰-AMP 或氨酰-tRNA 以后,被送入校对中心(editing site)。在那里,误载的氨基酸被水解,离开酶分子。这两种机制结合起来被称为"双筛"机制("double sieve"mechanism),如图 8-8 所示。以异亮氨酰 tRNA 合成酶为例,如果 Val 误入它的活性中心,并发生第一步反应,生成了 Val-AMP,那么 Val-AMP 会被送入校对中心进行编辑,误载的 Val 就会被水解。如果第一次校对失败,形成了错误的氨酰-tRNA,还可以进行第二次校对,将错误的氨酰-tRNA 水解。由于"双筛"机制的存在,细胞内形成误载的氨酰-tRNA 的可能性极低,错误率非常低。

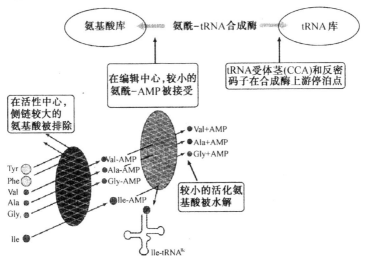

图 8-8 氨酰-tRNA 合成酶的"双筛"机制

但是,校对中心不是被所有的 aaRS 都需要。如果一种氨基酸(如 Met、Gly 和 Pro)的侧链基团很容易和所有其他氨基酸的侧链基团区分开来,那么针对这种氨基酸的 aaRS 的校对机制就变得多余了。

8.4 原核生物翻译的起始

下面以细菌为例介绍一下原核生物翻译的起始。

8.4.1 细菌的翻译起始因子

细菌核糖体以70S形式存在时承担着多肽链延伸的任务。翻译终止时它们仍以这种形式从mRNA上释放出来,然后进入到游离的核糖体库中。在细菌生长时,合成蛋白质是核糖体的工作重点。游离的核糖体库约保持在20%的核糖体。核糖体在游离库中可解离成分开的亚基,这样游离的70S核糖体与分开的30S小亚基和50S大亚基以一种动态平衡的形式存在。起始蛋白质合成的功能在完整的核糖体上并为体现。起始是由分开的亚基来完成的,在起始反应中它们再重新组装成完整的核糖体,如图8-9所示。

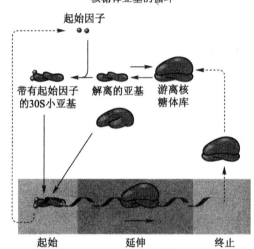

核糖体亚基的循环

起始因子

带有起始因子的30S小亚基　解离的亚基　游离核糖体库

起始　延伸　终止

图 8-9　翻译起始需要游离的核糖体亚基

当核糖体在上次翻译终止被释放时,其30S小亚基就与起始因子结合,然后解离产生游离的亚基。当亚基重新组合,产生在起始时具有功能的核糖体,释放出起始因子

当30S小亚基在mRNA的核糖体结合位点结合成起始复合物时,产生对mRNA的识别;然后50S大亚基结合到复合物上产生完整的核糖体。这样大、小亚基在mRNA的核糖体结合位点缔合成完整的核糖体。然而,实际上,30S小亚基本身并没有结合mRNA和tRNA的这种反应能力。它需要起始因子(initiation factor,IF)的结合才能和mRNA及氨酰-tRNA结合。

当缔合产生70S核糖体时,释放出起始因子。使翻译从起始转入延伸阶段得益于起始因子的释放。细菌有3种起始因子IF-1、IF-2和IF-3,它们的功能是:①IF-3是30S小亚基与mRNA起始位点的特异结合所必需的。②IF-2是特异地和起始tRNA结合并把它带到起始复合物中。③IF-1结合于30S小亚基的A位,以阻止氨酰-tRNA的进入,并阻止30S小亚基与50S大亚基结合,维持30S小亚基的稳定性,如图8-10所示。IF-3因子具有双重功能,如图8-11所示。首先是控制核糖体游离态和结合态之间的平衡。IF-3和游离的30S小亚基相结合,但不和70S核糖体结合。当IF-3与30S小亚基相结合时,50S小亚基和50S大亚基的结合就会受到一定的阻力,其作用实际上是抗缔合因子(antiassociation factors)。IF-3 的第二个功能是控制 30S 小亚基与 mRNA 结合的能力,小亚基失去 IF-3 就不能和 mRNA 形成起始复合物。但 mRNA 上 S-D 位点的选择是核糖体亚基的功能。因此合成起始复合物需要 IF-3,但 IF-3 并不涉及特异位点的选择。在 30S 小亚基和 50S 大亚基结合之前,IF-3 被释放出来。30S 小亚基不能在结合 IF-3 的同时又与 50S 大亚基结合。

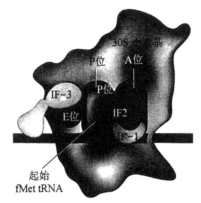

图 8-10　起始因子结合核糖体 30S 小亚基的模型
图示 IF-1、IF-2 和 IF-3 与 30S 小亚基可能结合的位置

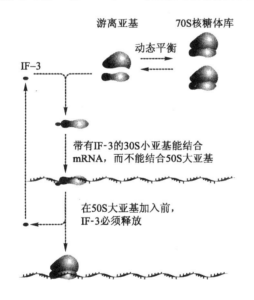

图 8-11　蛋白质合同起始需要带有 IF-3 的 30S 小亚基,
IF-3 与 30S 小亚基可能结合的位置

8.4.2　细菌的翻译起始复合物

(1)核糖体在 mRNA 上的定位

可通过 DNA 酶足迹法(DNA I footprintion)来对 mRNA 上的翻译起始位点进行鉴别。即在阻断翻译延伸时,然后核糖体停留在起始位点上,再加核酸酶,降解 DNA,但由于受到核糖体的保护核糖体附着区被保留下来。对这一片段通过分离纯化和分析就可了解其结构和特点。在

细菌中被核糖体保护的 DNA 区域长 35～40bp。在不同的细菌中这段序列同源性很弱,它们的共同特点包括以下两条:①这一区域中总含有起始密码子(多为 AUG);②有一个序列和 16S rRNA3′端附近的序列互补结合。带有 IF-3 的 30S 小亚基以此识别结合 mRNA 上的 S-D 序列,使下游邻接的 AUG 精确定位在小亚基的 P 位上,产生开始的读框。这段很短的保守序列位于起始密码子 AUG 的上游 10bp(5′-AAACAGGAGG-3′)以内,其中的 4～6bp(5′-AGGAGG-3′)高度保守,是与 16S rRNA 互补结合的核心,如图 8-12 所示。它是由澳大利亚的 J. Shine 和 L. Dalgarno 于 1975 年首先发现的,故称为 S-D 序列(Shine-Dalgarno sequence),也称为核糖体结合位点(ribosome-binding site)。

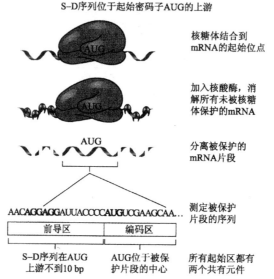

图 8-12　mRNA 上的核糖体结合位点可从起始复合物上再现,它们包含上游的 S-D 序列和起始密码子

经点突变实验表明,在翻译起始中,S-D 序列和 16S rRNA 配对起着重要的作用。S-D 序列的点突变能阻止翻译。例如,在 rRNA 的互补序列上引入突变将对细胞有害,蛋白质合成的模式得以改变。为了进一步搞清碱基配对反应,在 mRNA 的 S-D 序列和 rRNA 进行了补偿性的突变,结果所产生的 mRNA 起始缺陷特异地被相应突变的核糖体所校正。

细菌的 16S rRNA 的 3′端序列是高度保守的。它可以自我互补,形成发夹结构。发夹的一部分可以和 mRNA 的 S-D 序列互补。在起始反应时可能发夹的末端打开而与 mRNA 配对,如图 8-13 所示。起始以后,mRNA-rRNA 的双链又因发夹结构重新形成而断开。这一机制可能服从在特殊位点形成一个稳定起始复合物,然后此复合物又要沿着 mRNA 移动的需要。

(2)起始子 fMet-tRNAf

起始密码子通常是用 AUG,但在细菌中 GUG 或 UUG 有时也被用作起始密码子。AUG 是相对于 Met 的密码子,而两种类型的 tRNA 都能携带 Met,这两类型的工作重心是不一样的,一个是用于起始,另一个是用于延伸。

在细菌和真核细胞器中起始 tRNA 携带着一个被甲酰化的甲硫氨酸残基,形成了 N-甲酰甲硫氨酸-tRNA(N-formyl-methionyl-tRNA)分子,通常缩写成 fMet-tRNAf。

在生成起始子 fMet-tRNAf 过程中,起始 tRNA 首先负载甲硫氨酸产生了一个 Met-tRNA。

然后通过甲酰化反应封闭了自由的氨基,使氨基不可能参与链的延伸,但羧基端可以延伸肽链,如图 8-14 所示。

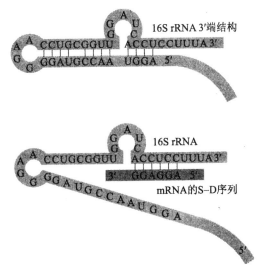

图 8-13　S-D 序列与 16S rRNA3′端的发夹结构配对

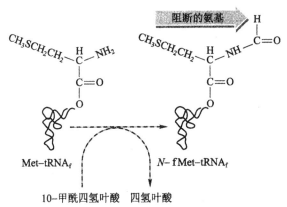

图 8-14　细菌起始子 fMet-tRNA_f 的生成

这种 fMet-tRNA_f 仅用于起始,密码子 AUG 或 GUG(偶尔也识别 UUG)能够被有效识别。这些密码子的识别并非是同等的。当 AUG 被 GUG 取代时起始的效率会下降一半,若用 GUG 时起始的效率又要下降一半。

负责识别延伸中的 AUG 密码子的是 Met-tRNA_m,这个 tRNA 的甲硫氨酸没有被甲酰化,它仅负责延伸的 AUG 密码子。

AUG 和 GUG 密码子的意思取决于"上下文"关系,当 AUG 用于起始时,它是作为甲酰-甲硫氨酸的密码子。其位置决定了 GUG 的"含义"。当它位于第一个密码子时被读成甲酰-甲硫氨酸,参与起始反应;当它位于基因中时,被 Met-tRNA_m 所识别。

只有 fMet-tRNA_f 才能成为起始复合物的一部分,称为起始子(initiator),其特点是可以直接进入 P 位,来识别其相应的密码子。当 50S 大亚基加入到复合物中,这个起始子 fMet-RNA_f 位于新的完整的 P 位,而与第二个密码子互补的氨酰-tRNA 可进入 A 位。第一个肽链在起始子 fMet-tRNA_f 和第二个氨酰-tRNA 之间形成,此起始子 tRNA 的行为是作为肽酰-tRNA 的类似物。

起始 fMet-tRNA$_f$ 与延伸 Met-tRNA$_m$ 的结构的区别比较明显,如图 8-15 所示:①在 Met-tR-NA$_m$ 受体臂末端的一对碱基是 G-C,可形成 3 个氢键,达到饱和状态;而在 fMet-tRNA$_f$ 受体臂末端的一对碱基是 C、A,C 和 A 不能配对,这样就可以用氢键与延伸因子 IF-2 结合,形成"肽酰-tRNA"的形式,正因为如此,它们可以进入核糖体小亚基的 P 位。②fMet-tRNA$_f$ 的反密码子茎上有 3 对 G-C,若发生突变将会阻止其进入 P 位。③fMet-tRNA 的反密码子 3′端邻接的碱基是 A,而 Met-tRNA$_m$ 的反密码子 3′端邻接的碱基是烷基化腺嘌呤(A*)。④fMet-tRNA$_f$ 的 TψC 环近末端是 AAA,Met-tRNA$_m$ 的相应位置是 AGA,其作用尚不清楚。

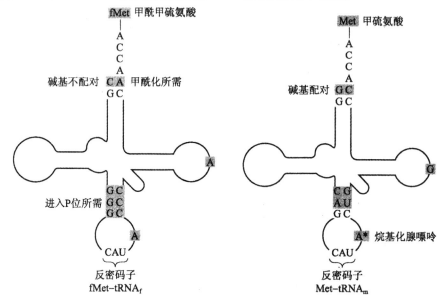

图 8-15　fMet-tRNA$_f$ 与延伸 Met-tRNA$_m$ 的差异

(3)起始复合物的形成

起始子 Met-tRNA$_f$ 结合到 30S mRNA 复合物上的是通过 IF-2 实现的。首先 IF-2 和 30S mRNA 复合物结合,同时 GTP 和 30S mRNA 复合物结合,然后 fMet-tRNA$_f$ 通过 IF-2 结合到 30S mRNA 复合物上,形成起始复合物,IF-2-fMet-tRNA 二元复合物再和 30S mRNA 复合物结合。只有起始 tRNA 才能和 IF-2 结合。其他任何氨-酰 tRNA 都不能参加起始反应。在这一阶段,IF-2 保留在 30S 小亚基上,可以进一步地发挥作用。这个因子具有核糖体依赖性 GTP 酶活性(ribosome-dependent GTPase activity),负责水解存在于核糖体上的 GTP,释放出高能键中储存的能量,如图 8-16 所示。

当 50S 大亚基和 30S 小亚基结合形成完整的核糖体时,GTP 已被水解,如图 8-17 所示。IF-2 本身并不是 GTPase,但带有这种功能的核糖体蛋白可以被有效激活。GTP 的水解可能涉及核糖体构象的改变,这样结合后的亚基变成了有活性的 70S 核糖体。

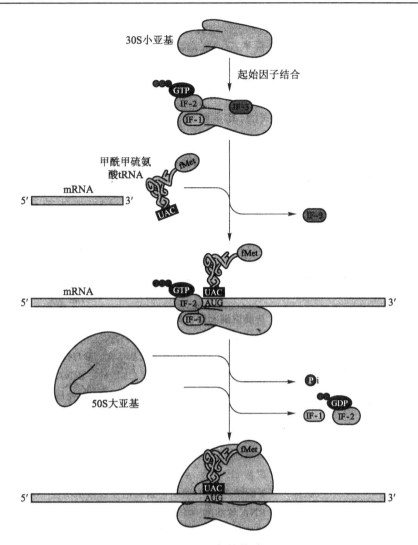

图 8-16　翻译起始的过程

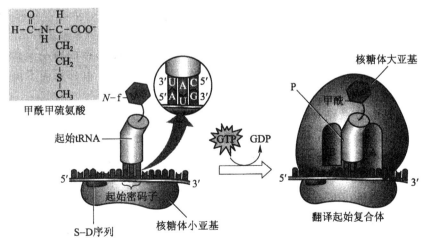

图 8-17　50S 大亚基和 30S 小亚基结合形成完整的翻译复合体

8.5 真核生物翻译的起始

真核生物蛋白质合成的起始有几种特征区别于原核细胞。一是真核生物蛋白质起始于甲硫氨酸,而不是甲酰基-甲硫氨酸。当然起始 tRNA 和把甲硫氨酸加入到多肽链内部的延伸型 tRNA^{Met}还是有一定的区别的。起始 tRNA 携带非甲酰化的甲硫氨酸,所以不应该再称它为 tRNA$_f^{Met}$,而通常称为 tRNA$_i^{Met}$。二是主要差异是真核生物 mRNA 不含有 SD 序列,不以 SD 序列来显示核糖体应该在什么位置开始翻译。由于这两个明显的差异,使得真核生物翻译有不同于原核生物的机理和对起始有不同要求。

8.5.1 真核生物翻译起始因子

与原核生物翻译一样,真核生物的翻译起始也要求起始因子,相对于原核生物来讲,真核生物的起始因子要复杂得多,起始因子的种类多得多。真核生物起始因子(eukaryotic initiation factors)写成 eIF。

1. eIF-2,eIF-3,eIF-5 和 eIF-6

这些起始因子可以认为与原核生物起始因子相对应。其中最明显的是 eIF-2,它像 IF-2 一样,负责把起始 tRNA(fMet-tRNA$_f^{Met}$)结合到核糖体上。在这过程中,eIF-2 需要 GTP。当 GTP 水解为 GDP 时,eIF-2 从核糖体上脱落。与 eIF-2 结合 GDP(eIF-2·GDP),要重新被 GTP 取代(eIF-2·GTP),需要一个循环催化系统。循环系统包含有交换因子 eIF-2B,它可以在 eIF-2 上催化 GTP 取代 GDP,有活性的 eIF-2·GTP 就得以重新形成。因此,eIF-2B 又称为鸟苷酸交换因子(guanine nucleotide exchange factor,GEF)(在原核和真核生物的某一步骤上作用相同的因子都取相同的号码,例如对起始的氨基酰-tRNA 结合新的因子,原核生物中是 IF-2,真核生物中至少两个因子(eIF-2 和 eIF-2B)都取号码 2)。截止到目前,eIF-2 的磷酸化是目前了解最多的翻译控制方式。特别是血红素对珠蛋白 mRNA 翻译的控制是常见的例子。

图 8-18 表示翻译过程受到 eIF-2 活性的调控。(a)为血红素丰富时,不出现抑制作用。步骤 1,Met-tRNA$_i^{Met}$结合于 eIF-2·GTP 复合物,形成 Met-tRNA$_i^{Met}$-GTP-eIF-2 三元复合物。eIF-2 是异源三聚物(αβγ)。步骤 2,三元复合物结合于 40S 亚基。步骤 3,GTP 水解为 GDP 和磷酸,使 GDP-eIF-2 复合物与 40S 解离,而 Met-tRNA$_i^{Met}$仍结合在 40S 上。步骤 4,eIF-2B 结合于 eIF-2·GDP 复合物。步骤 5,在复合物上,eIF-2 催化 GTP 置换 GDP。步骤 6,eIF-2B 从复合物上解离。现在,eIF-2·GTP 和 Met-tRNA$_i^{Met}$能够在一起形成一个新的复合物,一轮新的起始反应即可开始。(b)为血红素缺乏导致翻译受抑制。血红素饥饿所激活的阻遏物(heme-controlled repressor,HCR)把磷酸基团加到 eIF-2 的 α 亚基上。然后同(a)中的步骤 1~5。但步骤 6 受阻,因为 eIF-2B 对磷酸化了的 eIF-2α 有高度亲和性,阻止了它的解离。现在,eIF-2B 连接在这个复合物上,翻译的起始受阻抑。

另一个真核生物因子 eIF-3,与原核的 IF-3 非常类似,结合于核糖体的 40S 亚基,阻碍它同 60S 亚基重新偶联,因此在这方面非常像 IF-3。mRNA 与 40S 三元复合物的结合依赖于 eIF-3。eIF-3 有 8~10 个亚基,复杂的组分使它有多种功能。eIF-3 和 eIF-6 是维持亚基处于解离状态。eIF-3 结合在 40S 亚基,而 eIF-6 结合于大亚基。当它们从各自亚基上释放时,大小两亚基结合成为完整核糖体的起始复合物。

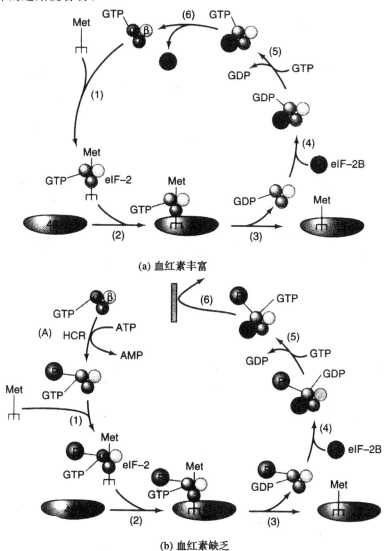

(a) 血红素丰富

(b) 血红素缺乏

图 8-18　翻译被 eIF-2 的鸟苷酸交换所控制

eIF-5 因子在原核生物中没有相应的已知蛋白质。它促进 60S 亚基同 40S 起始复合物（实际上应该是 43S 复合物，因为它还包含有 mRNA 和许多因子）之间偶联。

2. eIF-4F

5′端帽子结构可以说是真核生物 mRNA 的重要特征之一。mRNA 翻译效率的提高得益于 5′帽子结构。如何从细胞中鉴定出帽子结合蛋白？真核细胞中有些蛋白质因子识别 5′帽子，帮助翻译。用交联方法把蛋白质与帽子结合是最基本的构想。过程分 4 步：①[3]H 标记的呼肠孤病毒（reovirus）mRNA 帽子结构内核苷酸的核糖进行氧化，使它的 2′和 3′-OH 基转变成有反应活性的二醛（dialdehyde）。②把 5′端这样修饰过的 mRNA 与起始因子一起保温，结合于帽子结构的任何蛋白因子的游离氨基，通过共价结合于一个有反应活性的醛基上。这个键可以通过还原来稳定化。③交联反应后,RNA 除了帽子结构之外都被 RNAase 水解。④电泳,并测定与³H 标记的帽子交联的蛋白质的分子大小。发现有两种蛋白质可以与帽子交联,一种为 24kD 的多肽,另一种为 50~55kD 多肽。24kD 多肽可以与帽子结构类似物进行竞争反应。因此被认为与帽子结合的蛋白质。50~55kD 多肽不能与类似物竞争,但与 GDP 竞争结合于 mRNA,而 24kD 多肽不参与同 GDP 竞争。这些充分证明了较大的(50~55kD)多肽是 GDP 结合蛋白,而不是帽子结合蛋白。

24kD 的帽子结合蛋白是 eIF-4E。50kD 多肽是 eIF-4A,220kD 多肽是 eIF-4G。整个三肽复合物称为 eIF-4F。

3. eIF-4A 和 eIF-4B

eIF-4A 多肽是 eIF-4F 的亚基,但独立存在,有独立功能,它是 DEAD 蛋白家族的成员。DEAD 家族具有共同的氨基酸序列 Asp(D),Glu(E),Ala(A),Asp(D),并且具有 RNA 解旋酶(RNA helicase)活性。因而可以使真核生物 mRNA5′端前导序列中经常遇到的茎环结构解链。在解开过程中,eIF-4A 需要 eIF-4B 帮助。eIF-4B 含有 RNA 结合结构域,促使 eIF-4A 结合于 mRNA。小量的 eIF-4A 只有很少的解旋活性。这些活性受到 eIF-4B 的增强,并且依赖于 ATP。eTP-4B 本身不存在解旋酶活性。RNA 双链的解开需要 eIF-4A 和 eIF-4B 协同作用才可以。

4. eIF-4G

绝大多数真核生物 mRNA 都有 5′帽子结构,核糖体结合于 mRNA 得益于帽子结构的帮助。但是有的病毒 mRNA 没有帽子,这些 mRNA 以及个别的细胞 mRNA 具有核糖体内在进入序列(internal ribosome entry sequence,IRES)。这些 mRNA 不依靠 5′帽子结构,而是 mRNA 内部的 IRES 序列吸引核糖体,帮助核糖体结合于 mRNA。现在还知道 mRNA3′端的 poly(A)也促进翻译。至少在酵母中,后者涉及通过一种 poly(A)结合蛋白(Pablp),把核糖体募集到 mRNA 上。在所有这些类型的核糖体结合过程中,都有 eIF-4G 因子的参与。eIF-4G 神通广大,起着接头(adaptor)的作用,能够同各种不同的蛋白质相互作用。

图 8-19 表示 eIF-4G 的各种接头功能。(a)为 5′帽化的 mRNA。在结合于帽子结构的 eIF-4E 和结合于 40S 的 eIF-3 之间连接的过程中,eIF-4G 扮演的是桥梁的角色。这个呈链状的分子复合物,可以把 40S 颗粒募集到 mRNA 的位置上。(b)为具有 IRES 的 mRNA。推测 IRES 能同一种 RNA 结合蛋白(X)相互作用,后者又结合于 eIF-4G,确保 40S 能吸纳到 mRNA 上。(c)为 polyA 的参与。3′端 polyA 能结合 Pablp,Pablp 又结合于 eIF-4G,这样帮助吸纳 40S 颗粒。(d)为 polyA 和帽子结构共同合作。结合于帽子结构的 eIF-4E 和结合于 polyA 的 Pablp,两者一起结合到 eIF-4G 上,协同地吸纳 40S。

eIF-4G 参与翻译起始的 4 种不同的情况:

①在正常的具有 5′端帽子结构的 mRNA 上,eIF-4G 的 N 端结合 eIF-4E,后者又结合帽子结构。eIF-4G 分子的中央部分结合于 eIF-3,eIF-3 又结合于 40S 亚基。这样,通过把 eIF-4E 和 eIF-3 栓在一起,eIF-4G 能够把 40S 颗粒带到 mRNA 的 5′端附近。

②第二种情况是小 RNA 病毒(picomavirus)科的脊髓灰质炎病毒、脑心肌炎病毒(EMCV)、口蹄疫病毒(FMDV)等 RNA 翻译的衰败现象。在 RNA 的 5′端一个很长的非翻译区(5′-UTR)

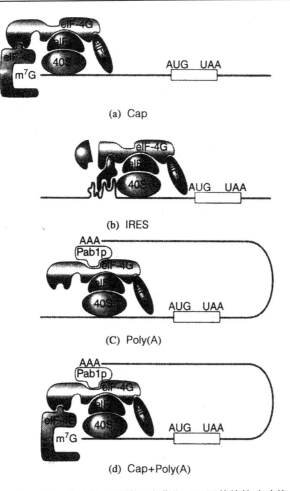

图 8-19　eIF-G 在 4 种不同情况中募集 40S 亚基的接头功能

中含有供核糖体结合的 IRES 序列。病毒的一种蛋白酶切除了 eIF-4G 的 N 端结构域,从而导致它无法再同识别帽子结构的 eIF-4E 相互作用。这样,带 5′帽子的宿主细胞 mRNA 不再进行翻译,又不影响病毒自身的翻译起始。而一种变换蛋白 X 能够结合 eIF-4G,也能结合于病毒 mR-NA 的 IRES 序列上,这就保证了 40S 亚基的募集。

　　③第三种情况是 mRNA 的 3′-poly(A)参与翻译的起始。poly(A)结合蛋白(Pablp)结合于 mRNA3′端 poly(A)部位,然后再与 eIF-4G 相互作用,这样可以募集 40S 亚基同 mRNA 结合。

　　④eIF-4G 与结合于 5′帽子结构的 eIF-4E 之间,eIF-4G 又与结合于 mRNA 3′poly(A)的 pablp 之间同时相互作用,40S 亚基颗粒非常强烈地吸引得益于 eIF-4G 双重的结合。这可以解释为什么 5′帽子结构与 3′端 poly(A)对真核生物 mRNA 的翻译有协同的促进作用。

　　5. eIF-1 和 eIF-1A

　　eIF-1 是一种多功能因子,似乎在起始的多个步骤上起作用。编码 eIF-1 和 eIF-1A 的基因对于酵母的存活的重要性不可忽视,所以这两种因子不可缺少。当缺乏 eIF-1 和 eIF-1A 时,40S 复合物颗粒在 mRNA 上只能滑动搜索几个核苷酸,也只是很松散地结合在 mRNA 上。有了这两种因子,40S 复合物就可以滑动到起始密码子上,形成一种稳定的 48S 复合物。

eIF-1 和 eIF-1A 的功能可通过引物伸展(primer extension)实验来进行阐述。实验原理是根据 mRNA 某一序列,设计与其互补的 DNA 单链引物,用逆转录酶(reverse transcriptase,RT)合成 mRNA 的 cDNA。当 mRNA 不发生翻译,cDNA 可以达到 mRNA 的 5′端位点,得到最长的 cDNA。如发生翻译,cDNA 合成受模板 mRNA 上核糖体的阻碍,合成较短的 cDNA。

引物伸展实验用哺乳动物 β 珠蛋白(β-globin)mRNA 作为逆转录模板,引物能结合于 mRNA 起始密码子下游不远的序列,逆转录产物 cDNA 用 ^{32}P 掺入标记,足以在凝胶电泳上明显显示。反应在 3 组反应管中进行,每管在含有模板 mRNA、RTase、引物等之外,反应管①不加任何其他底物(无 40S 亚基、eIF 和 ATP);反应管②再加上 40S 亚基,ATP,eIF-2,eIF-3,eIF-4A,eIF-4B 和 eIF-4F 等,但不加 eIF-1 和 eIF-1A;反应管③与管②相同,再补加 eIF-1 和 eIF-1A。

通过对反应产物采用 PAGE 电泳凝胶进行放射自显影不难发现,反应①的逆转录产物 cDNA 最长,其长度相当于 mRNA5′端到引物结合的位置;反应②的 cDNA 稍短,达到在 mRNA5′端组装的不稳定复合物 I 的边缘;反应③的 cDNA 相当于引物结合位点与起始密码子组装的稳定复合物 II 边缘之间的距离。实验证明,缺乏 eIF-1 和 eIF-1A,40S 基与 eIF 只能在 5′帽子结构形成不稳定的复合物,在有 eIF-1 和 eIF-1A 存在时,40S 基才能滑动搜索,从 5′端移动到起始密码子 AUG,稳定的 48S 起始复合物才能够得以形成。

8.5.2 真核生物 mRNA 翻译的起始

真核 mRNA 的翻译起始阶段有以下 4 个主要步骤。

(1)80S 核糖体解离

在生理状态下,80S 核糖体处于结合与解离状态平衡之中,倾向于结合状态。两种起始因子 eIF-1 和 eIF-3 结合于 40S 亚基,eIF-6 结合于 60S 亚基,亚基偶联得以有效组织。eIF-4c 促进 eIF-3 与 40S 亚基结合更稳定,从而促进整个反应。

(2)形成 Met-tRNA$_i^{Met}$三元复合物

实际上,形成 Met-tRNA$_i^{Met}$·eIF-2·GTP 三元复合物是起始阶段的第一步。三元复合物通过两个步骤完成,首先 GTP 结合 eIF-2,形成二元复合物,然后与已荷载的起始 tRNA(Met-tRNA$_i^{Met}$)结合。

GTP 结合 eIF-2,eIF-2 对 Met-tRNA$_i^{Met}$的亲和性得以有效增强,很快形成稳定的 Met-tRNA$_i^{Met}$·eIF-2·GTP 三元复合物。eIF-2 含有 3 个亚基,即 α,β 和 γ,其中 γ 亚基可能具有较强的结合 Met-tRNA$_i^{Met}$的能力。

(3)形成 40S 前起始复合物

40S 亚基结合了 eIF-3 和 eIF-1A,处于稳定的亚基状态。Met-tRNA$_i^{Met}$的三元复合物直接同 40S 亚基结合,形成一个 43S 的四元复合物,即 40S 前起始复合物(40S·Met-tRNA$_i^{Met}$·eIF-2·GTP)。它即使没有 mRNA 时也比较稳定,足以用蔗糖密度梯度离心等方法分离。

应该指出,40S 前起始复合物的形成与 mRNA 的是否存在没有任何关系。在这些步骤中没有 GTP 的水解,即使用不能水解的 GTP 类似物也能参与这些反应。40S 前起始复合物再与 mRNA 结合。但当缺乏 Met-tRNA$_i^{Met}$时,在离体系统中不可能检测到形成稳定的 mRNA·40S 复合物。所以,推测在起始过程中 Met-tRNA$_i^{Met}$的参与早于 mRNA 的结合,应该先形成 40S(或 43S)前起始复合物。前起始复合物具有 Met-tRNA$_i^{Met}$,eIF-2,eIF-3,eIF-1A 等,是核糖体 40S 小亚基的活性形式。Met-tRNA$_i^{Met}$的存在才允许 40S 亚基的前起始复合物结合到 mRNA 分子上。

(4)40S 前起始复合物结合 mRNA

40S 前起始复合物与 mRNA 结合时,mRNA 处于 mRNP 复合物状态。mRNA 的 5′端帽子结构已被 eIF-4E(CBP,帽子结合蛋白)、eIF-4A、eIF-4B 因子结合,然后 40S 前起始复合物结合到 mRNA 的 5′端。所以 5′端帽子结构在形成 mRNA-40S 起始复合物中起重要作用。

40S 前起始复合物想要结合到 mRNA 上的前提条件是,Met-tRNA$_i^{Met}$与 GTP 结合的磷酸化。反应需要 ATP。此时,Met-tRNA$_i^{Met}$在 40S 亚基的 P 位点内与 AUG 结合,而 A 位点处于空载。

在形成 mRNA-40S 起始复合物之前,已有 4 种 eIF 参与对 5′帽子结构的结合。其中 eIF-4A 是一个依赖 ATP 的解旋酶(helicase),负责 mRNA 分子内二级结构的解螺旋。eIF-4F 识别 mRNA 的 5′帽子结构。eIF-4F 中的亚基 eIF-4E 才是真正的 5′帽子结合蛋白。40S 起始复合物与 mRNA 结合 5′后,已是 48S 复合物,如图 8-20 所示。

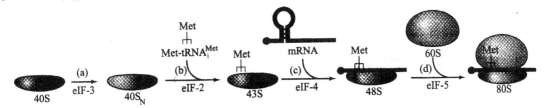

图 8-20　真核翻译起始阶段的简图

起始阶段的基本过程如下:(a)eIF-3 因子使 40S 亚基转变为 40S$_N$,后者准备接受起始 aa-tRNA。(b)在 eIF-2 帮助下,Met-tRNA$_i^{Met}$结合到 40S$_N$颗粒上,形成 43S 复合物。(c)在 eIF-4 帮助下,mRNA 结合于 43S 复合物,形成 48S 复合物。(d)eIF-5 因子帮助 60S 亚基结合 48S 复合物,得到 80S 复合物,准备开始 mRNA 的翻译。

当 40S 起始复合物结合于 mRNA5′端帽子结构后,复合物对 mRNA 的滑动搜索即可进行,以寻找正确的起始密码子 AUG。有时 AUG 是位于 mRNA5′端的第 40 核苷酸处,因此帽子结构与起始密码子 AUG 同处于核糖体的结合区内。但也有很多 mRNA 的帽子结构与起始密码子 AUG 相隔有一定距离,非翻译区甚至可达 1000 个核苷酸的长度。这时 5′帽子结构对起始复合物的形成仍然十分重要。40S 起始复合物依靠滑动搜索机制,边解旋边识别。小的茎环二级结构将被解链,但较稳定的大茎环结构对于核糖体迁移会有一定的阻碍。

(5)生成 80S 起始复合物

这是翻译起始阶段的最后一步。当 48S 复合物到达 AUG 时,60S 亚基与 40S·mRNA·Met-tRNA$_i^{Met}$复合物结合,形成 80S 起始复合物。这涉及 eIF-5 参与 60S 亚基的结合,eIF-2 上结合的 GTP 水解,以及 eIF-2、eIF-3 等释放。80S 起始复合物的形成需要在这些 eIF 离去后才可以完成。其中 eIF-2 再进入 eIF-2 循环。真核细胞翻译的起始涉及众多起始因子(eIF),它们的功能已分别简述。

8.6 翻译延伸与终止

8.6.1 翻译的延伸

原核和真核生物的延伸循环基本相同,可分为 3 个阶段:①进位反应;②转位反应;③移位反应。在细菌中涉及 3 部位模型,如图 8-21 所示。

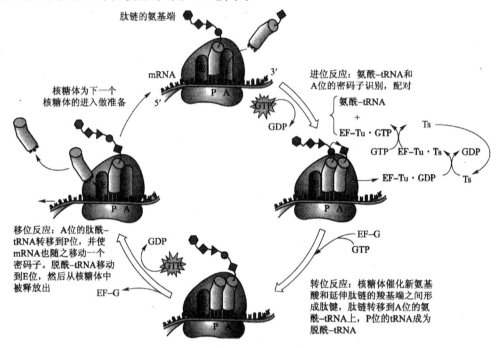

图 8-21 肽链合成延伸及相关延伸因子的作用

(1)进位反应

一旦在起密码子处形成了完整的核糖体,进位反应即将开始,肽酰-tRNA 占据 P 位,而氨酰-tRNA 进入核糖体的 A 位,这样不断往返循环。除了起始子以外,任何氨酰 tRNA 只能由延伸因子(elongation factor)介导才能进入 A 位。

正像起始中的 IF-2 一样,EF-Tu 仅在氨酰-tRNA 将进入核糖体时,它才和核糖体结合,一旦氨酰-tRNA 到位了,EF-Tu 即被核糖体释放出来,再与下一个氨酰-tRNA 结合,EE-Tu 与核糖体结合和解离的循环也就生成了。

图 8-22 表示进位反应。EF-Tu 带有一个鸟苷,鸟苷的状态控制这个因子的活性:当 GTP 存在时,EF-Tu 呈活性状态;当 GTP 水解成 GDP 时,EF-Tu 便失活;当 GDP 被 GTP 取代后,它又恢复了活性。EF-Tu·GTF 的二元复合物与氨酰-tRNA 结合成氨酰-tRNA·EF-Tu·GTP 三元复合物。此三元复合物只有当 P 位已被肽酰-tRNA 占据时才能和 A 位结合。这一步是使氨酰-tRNA 和肽酰-tRNA 处于正确位置进而形成肽链的关键性反应。氨酰-tRNA 位于 A 位后 GTP 被水解,同时 EF-Tu·GDP 被释放出来。此时的 EF-Tu 是处于失活状态,不能和氨酰-tRNA 结合。

另一个因子 EF-Ts 是一种交换因子,失活的 EF-Tu·GDP 在该交换因子的作用下会变成

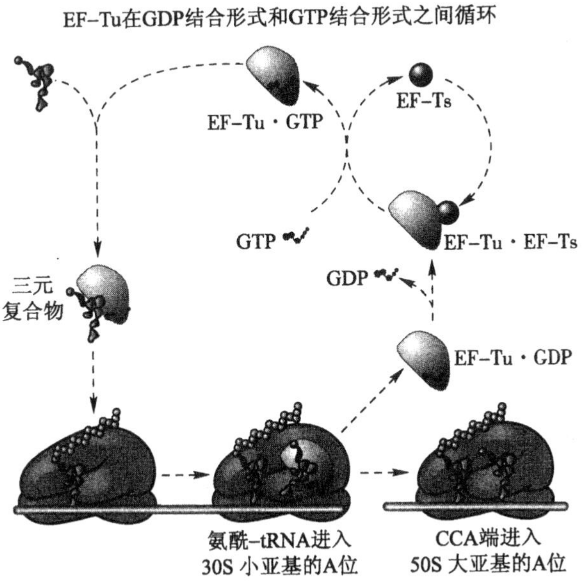

EF-Tu在GDP结合形式和GTP结合形式之间循环

图 8-22　进位反应

有活性的 EF-Tu·GTP。首先 EF-Ts 从 EF-Tu 中置换出 GDP,形成 EF-Tu·EF-Ts 复合因子,然后 EF-Ts 再被 GTP 取代,重新形成 EF-Tu。GTP 释放出 EF-Ts 进入再循环。延伸因子 EF-Tu 是在游离态和结合态之间进行循环,如图 8-22 所示。

在进位反应中,翻译精确性的关键之一就是如何保证新进入 A 位的氨酰-tRNA 不会产生错误。另一个关键是依赖氨酰-tRNA 合成酶把关,使 tRNA 和相应正确的氨基酸结合,其差错低于 10^{-5}。但翻译的错误率为 $10^{-3} \sim 10^{-4}$,即在进位反应中也会产生差错,但差错率不高。那么是什么机制保证了核糖体选择了一个正确的氨酰-tRNA 进入 A 位? 密码子和反密码子结合的特异性有一定的局限性,在溶液中,tRNA 和 i 联体密码子的结合错误率可高达 $10^{-1} \sim 10^{-2}$,因此密码子和反密码子的识别能力不足以保证翻译的正确性。而决定正确氨酰-tRNA 进入有 3 种选择机制:①核糖体小亚基的 16S rRNA 结构影响了翻译的精确性(图 8-23a),通过改变 16S rRNA 的结构,翻译的精确性也随之改变。经 X-衍射实验发现,当反密码子和密码子正确配对时前两个碱基对所形成的螺旋上的小沟可与 16S rRNA 的两个相连的腺嘌呤相互作用,这个结构就会更加稳定。这两个相连的腺嘌呤并不能识别 G:C 或 A:U,只识别正确配对产生的小沟,通过此间接地识别了反密码子和密码子的正确配对。这个作用最终导致正确配对的 tRNA 从核糖体上解离的速度要远低于非正确配对的 tRNA。②EF-Tu 的 GTP 酶的活性有助于保证反密码子和密码子正确配对(图 8-23b)。EF-Tu 从 tRNA 上的释放需要水解 GTP。只有反密码子和密码子正确配对才能激活 EF-Tu 的 GTP 酶活性,如反密码子和密码子未能正确配对,则 EF-Tu 的 GTP 酶活性将急剧下降,使翻译无法进行。③EF-Tu 释放后校正(图 8-23c)。当氨酰-tRNA 与 EF-Tu·GTP 复合物进入 A 位后,其 3′端背离肽键形成位点。想要保证肽酰转移反应的成功进行,氨酰-tRNA 必需调转方向,使 3′端进入到核糖体大亚基的肽酰转移酶活性部分,这一过程称为调向(accommodation)。非配对的氨酰-tRNA 在调向过程中常从核糖体上解离下来。有假设认为,氨酰-tRNA 的旋转为反密码子和密码子的配对产生了扭转张力,这种张力的维持只有正确配对的反密码子才能够进行。这样错配的氨酰-tRNA 就有可能在肽酰转移反应之前就会从核糖体上脱落下来。以上的 3 种选择机制加强了翻译的精确性。

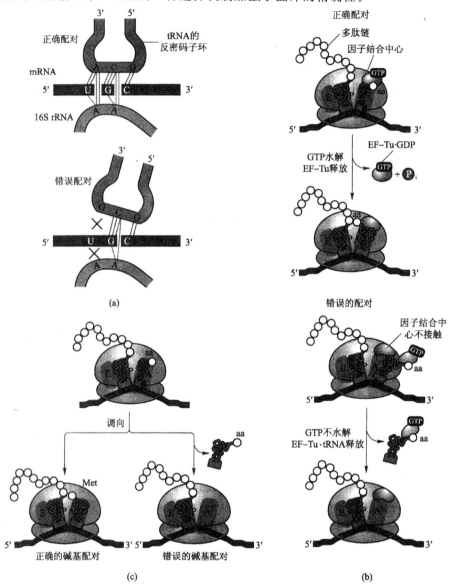

图 8-23 保证 tRNA 和 mRNA 正确配对的 3 种机制

（a）只有当反密码子和密码子正确配对时，16S rRNA 的两个腺嘌呤与配对碱基对的小沟才
能形成额外的氢键；（b）正确的碱基配对使结合氨酰-tRNA 的 EF-Tu 与因子结合中心相互作用；
（c）只有配对正确的氨酰-tRNA 在肽键形成的过程中才能转向进入正确的位置，保持与核糖
体的结合。这一转向过程称为调向

（2）转位反应

当多肽链从 P 位的肽酰-tRNA 上转移到 A 位的氨酰-tRNA 上时，核糖体仍保持在原来的
mRNA 位置上，如图 8-24 所示即为转位反应。负责肽链合成的活性被称为肽基转移酶（pepti-
dyl transferase）。氨酰-tRNA 携带的氨基酸结合在肽酰-tRNA 最后一个氨基酸的 3′端羧基上。
实际上，这两个氨基酸的 3′端被带到核糖体上相邻的位置。这种位置效应可使氨酰-tRNA 的氨

基攻击肽酰-tRNA C 端的羧基,形成新的肽键。结果使多肽链从 P 位的肽酰-tRNA 上转移到 A 位的氨酰-tRNA 上,故这个反应称为肽酰转移酶反应(peptidyl transferase reaction)。

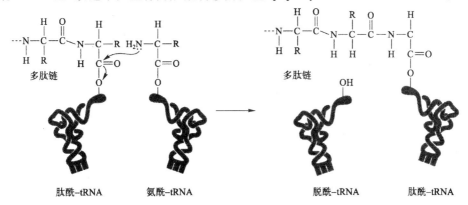

图 8-24　肽酰转移酶反应

(3)移位反应

氨基酸加到增长的肽链上这一循环是基于移位(translocation)来完成的,中核糖体沿着 mRNA 向前移动一个密码子。移位导致脱酰-tRNA 从 P 位移出,进入 E 位,使新的肽酰-tRNA 可以进入 P 位,空着的 A 位是为下一个密码子相应的氨酰-tRNA 的进入做好准备。

以前人们普遍认为核糖体上仅有 A 位和 P 位,即二部位模型。1989 年德国的 K. H. Nierhaus 等提出了三部位模型,现已被普遍接受。在该模型中,细菌 70S 核糖体不仅具有提供 tRNA 结合的两个功能部位:A 位和 P 位,第 3 个 E 位也包括其中。细菌的 tRNA 及 mRNA 相对于核糖体发生移位后,脱酰-tRNA 并未立即从核糖体上解离下来,而是移到了 E 位,当新的氨酰-tRNA 结合到 A 位时 E 位的脱酰-tRNA 才解离下来。此过程涉及核糖体构象的变化。核糖体具有两种构象状态,一种是移位前状态,A、P 位对 tRNA 有较高的亲和力,E 位的亲和力增弱,从而使占据 E 位的脱酰-tRNA 得以释放。另一种是移位后状态,即肽酰-tRNA 移入 P 位时,E 位的亲和力增强,使脱酰-tRNA 可进入 E 位;而 A 位的亲和力减弱,使氨酰-tRNA 不能立即进入 A 位,从而给核糖体有足够的时间从众多的氨酰-tRNA 中选择合适的氨酰-tRNA。

8.6.2　翻译的终止

翻译延伸阶段的循环结果,导致一次次加上氨基酸残基。最终,核糖体遇到终止密码子(stopcodon),翻译进入最后阶段,即终止(termination)阶段。

1. 终止密码子

在遗传密码表中,61 个密码子为氨基酸密码子,3 个密码子为终止密码子。当核糖体在 mRNA 上遇到其中任一终止密码子时,蛋白质合成即告结束。这 3 种密码子分别为 UAG(琥珀,amber),UAA(赭石,ochre),UGA(蛋白石,opal)。

当突变产生一个终止密码子时,可导致正常的蛋白质提前终止。例如,*E. coli* 碱性磷酸酶(alkaline phosphatase)基因的一个琥珀型突变,产生一个终止密码子 UAG,造成翻译在 mRNA 的中央提前终止,一个不完整的蛋白质片段随即产生,在细胞内不能再检测到碱性磷酸酶活性。也就是突变产生的蛋白质片段,通常是没有功能的,或者是功能不完整的。

对终止密码子遗传分析的经典实验是 T4 噬菌体的 rⅡA 和 rⅡB 基因的突变。来自 T4 噬菌体头部蛋白的琥珀型突变可以作为更加直接的证据。T4 感染的 E. coli 细胞内,T4 头部蛋白的量在感染后期可达到 50%,很容易分离纯化。当头部蛋白基因内引入一个琥珀型突变,在细胞内就分离不到完整的头部蛋白,但可以分离到头部蛋白的一个片段。这些片段用胰蛋白酶水解,分析其小片段后可以证明它是头部蛋白的 N 端多肽链。所以,头部蛋白基因的终止密码子突变都是产生氨基端的多肽,在达到羧基端之前蛋白质合成提前结束了。

单个核苷酸突变产生的终止密码子可造成蛋白质合成的提前结束。E. coli 碱性磷酸酶基因的突变验证了这一假设。在野生型碱性磷酸酶基因的一个位点上,原先的密码子是 UGG,编码色氨酸(Trp)。琥珀型突变与 UGG 相比较是一个核苷酸的改变,使该酶在色氨酸的位点发生终止反应。如果琥珀型突变进行各种单核苷酸的回复突变,碱性磷酸酶蛋白分子将会发生什么变化? 除了一些回复突变是在这关键性位点恢复野生型的色氨酸之外,大多数是其他氨基酸残基,有 Ser,Tyr,Leu,Gin,Glu 和 Lys 等。这些氨基酸残基在这一关键位点替代了 Trp,部分地恢复了碱性磷酸酶的活性。这些氨基酸的密码子与琥珀型终止密码子 UAG 只相差一个核苷酸。发生这样的回复突变,也是在预料之中的。

另外两个终止密码子 UAA 和 UGA,除了在遗传学上证明它们可以产生基因的失活之外,在生物化学上也可以证明它们造成肽合成的终止,也就是形成终止密码子。人工合成 mRNA 片段 AUGUUUUAAAn,可以在离体的蛋白质合成系统中合成二肽 fMet-Phe(AUG 是起始密码子,UUU 编码 Phe,UAA 是终止密码子)。UAG,UAA 和 UGA 是终止密码子可通过其他人工合成的 mRNA 来证明。至今,这 3 个密码子具有终止密码子的普遍性这点是通过数以千计的基因编码序列论证过的。在很多例子中,两个终止密码子串联排列的现象是经常发生的,例如 UAAUAG。

在细菌的基因中,UAA 是最常用的终止密码子,UGA 又比 UAG 重要。

2. 终止密码的校正

野生型基因的密码子通过点突变可以成为终止密码子。终止密码子的回复突变可以恢复为野生型的密码子或错义密码,全部或部分地恢复野生型的表型,这称为校正作用(suppression)或抑制作用。校正作用还可以进一步划分为基因内校正和基因间校正。上述回复突变或错义突变是基因内校正。

基因间的校正作用是通过 tRNA 参与校正,校正 tRNA 的反密码子也会发生突变,使无义突变发生后被校正 tRNA 的反密码子识别它,从而使蛋白的合成不再提前终止,而以野生型或错义突变型方式继续合成。例如,E. coli 的一种校正菌株的 tRNA 可以校正(或抑制)R17 噬菌体 mRNA 外壳蛋白顺反子中的一个琥珀型突变。通过 E. coli 细胞内的一种 tRNA 可以完成这种校正。这种校正 tRNA 在识别琥珀型密码子 UAG 时,插入一个 Tyr 残基,而不是终止符号,如图 8-25 所示。因为这种校正 tRNA 与野生型 tRNA$_{Tyr}$ 的序列只差一个核苷酸,即在反密码子的第一个碱基从 G 突变为 C。

E. coli 某基因内野生型的密码子 CAG,编码 Gln,被 tRNA^{Glu} 识别。该密码子突变为 UAG,将是一个终止密码子,它被野生型 E. coli 的翻译系统阅读为终止信号。该琥珀型密码子不能被 tRNA^{Tyr}(反密码子为 AUG)翻译。校正型菌株含有一种突变型的 tRNA^{Tyr},它的反密码子是 AUC,而不是 AUG。这种改变了反密码子的 tRNA^{Tyr} 将识别琥珀型密码 UAG,插入 Tyr 而不

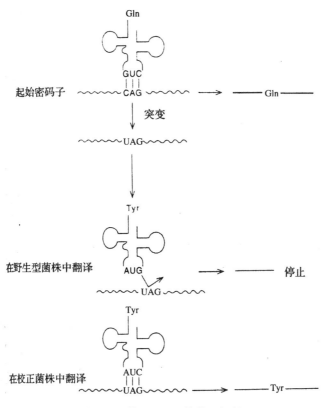

图 8-25　校正 tRNA 的校正机制

是终止信号。

3. 释放因子

(1)翻译终止需要释放因子

没有一个终止密码子具有相应的 tRNA。区别于氨基酸的各种密码子,终止密码子直接被蛋白质因子所识别。当终止密码子 UAG,UAA 或 UGA 进入核糖体的 A 位点时,与之结合结合的的氨基酰-tRNA 或非酰基化的 tRNA 是不存在的,而由释放因子(release factor,RE)在GTP 存在下识别终止密码子,结合于 A 位点上。释放因子的结合导致激活肽基转移酶,催化 P位点上的 tRNA 与肽链之间的酯键水解,并将肽基转移到水分子上。至此,多肽链的合成终止。新生的肽链和最后一个非酰基化的 tRNA 从 P 位点上释放下来。70S 核糖体解离成 30S 和 50S亚基,再进入新一轮的多肽合成。

(2)释放因子的检测

研究者当初用 *E. coli* 核糖体和 R17 的 mRNA 建立反应系统要检测释放因子。R17 mRNA的外壳蛋白第 7 个密码子已突变成 UAG(琥珀型),它前面的密码子为 ACC,编码 Thr。把核糖体、R17 mRNA 一起培养,若缺乏 Thr,只能合成一个五肽片段,核糖体停顿在 Thr 的密码子ACC 上。再加入 ^{14}C-Thr-tRNA,核糖体把标记的 Thr 掺入到肽链内,结果在 P 位点有 ^{14}C 标记的六肽。加入核糖体上清液。如果释放出同位素标记的肽链,就可以在这种上清液内找到相应的释放因子,如图 8-26 所示。

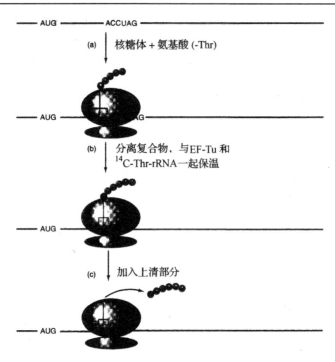

图 8-26　释放因子的检测

　　释放因子在肽链终止、释放中的作用可通过图 8-26 来说明。(a)为在 R17 mRNA 中加入含有核糖体和除了 Thr 之外所有氨基酸的翻译系统；(b)为分离复合物，加入 EF-Tu 和 ^{14}C-Thr-tRNA；(c)为加入含有释放因子的上清液，释放出六肽。

　　(3)3 类释放因子

　　原核生物有 3 类释放因子(RF-1，RF-2，RF-3)。RF-1 识别终止密码子 UAA 和 UAG，FR-2 识别 UAA 和 UGA，而 RF-3 对终止密码子没有任何识别作用，仅仅起到辅助因子的作用。为了鉴别不同释放因子与终止密码子之间的关系，建立 fMet 释放系统，然后在 SDS-PAGE 上分纯这些蛋白因子，并确定终止密码子与释放因子的对应关系。首先建立核糖体、AUG 和 ^{3}H-fMet-tR-NA$_f^{Met}$ 的三元复合物。这样，起始密码子 AUG 和 ^{3}H-fMet-tRNA$_f^{Met}$ 进入 P 位点。这个复合物中加入释放因子的粗制备物和任一种终止密码子(UAG，UAA 或 UGA)。在这个测定中，一种终止密码子进入 A 位点，标记的 fMet 释放可通过相应的释放因子存在来引起。从释放因子的电泳分析，就可以确定与终止密码子之间的关系。RF-1 同 UAA 或 UAG 就可以引起 fMet 释放。RF-2 和 UAA 或 UAG 引起 fMet 释放，如图 8-27 所示。

　　第 3 个释放因子 RF-3 是一种依赖于核糖体的 GTPase，结合 GTP，它对于其他两种 RF 因子结合于核糖体比较有帮助。RF-3 具有类似于 EF-Tu·tRNA·GTP 三元复合物的蛋白质部分的结构，RF-1 和 RF-2 类似于 tRNA 的结构。所以，RF-1 和 RF-2 与 tRNA 竞争性地结合于核糖体上，像 tRNA 那样识别密码子，在蛋白质分子的形态、结构和大小上也像 tRNA。

　　图 8-27 表示检测释放因子活性的方法。用起始密码子 AUG 和 ^{3}H-fMet-tRNA$_f^{Met}$ 标记核糖体的 P 位点，然后，加入一个终止密码子和释放因子，标记的 ^{3}H-fMet 将会被释放出来。mRNA 在核糖体 P 位点有起始密码子 AUG 和 ^{3}H-fMet-tRNA$_f^{Met}$，然后当 AUG 之后有一种终止密码子并加入一种释放因子，释放因子使终止反应释放标记的 ^{3}H-fMet，测定 ^{3}H 的放射性强度。(a)显

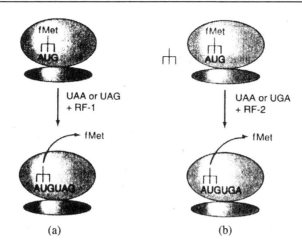

图 8-27　释放因子与终止密码子的检测

示 RF1 对 UAA 或 UAG 有活性；(b)显示 RF2 对 UAA 或 UGA 有活性。

真核生物只有一种释放因子 eRF,三类终止密码子均可通过它来识别。在人、爪蟾、酵母和小的有花植物 A. thaliana 中,eRF 都有非常类似的肽链结构。但是,eRF-1 不同于原核细胞内的释放因子,没有 GTP 结合位点。估计另外有一种 GTP 结合蛋白 eRF-3,同 eRF-1 一起执行终止翻译过程。

(4)第 I 类释放因子的结构

原核细胞的 RF-1 识别密码子 UAG/UAA,RF-2 识别 UGA/UAA;而真核细胞的 eRF-1 能识别三种终止密码子。在细胞内存在两类在终止反应中能释放肽链的释放因子。人们把 RF-1/2 和 eRF-1 称为第 I 类释放因子。

第 I 类释放因子的功能预示,它们必定与 mRNA 上的密码子直接作用。近年来根据晶体结构研究和计算机辅助分析认为,它们在结构上与 tRNA 相似性(tRNA-mimicry)比较高。

第 II 类释放因子是密码子非特异性的 RF-3 和 eRF-3。第 II 类释放因子作为运载蛋白,具有 GT-Pase 酶活性,第 I 类释放因子的生物学活性可通过第 II 类释放因子来促进。这两类因子协同作用,共同完成翻译的终止反应。其中第 I 类释放因子起着至关重要的作用,它识别终止密码子、促进肽酰-tRNA 酯键的水解,阻止翻译过程中的错误阅读等。第 I 类释放因子的结构同源性比较发现,RF-1/2、eRF-1 有 7 个氨基酸保守区。RE-1/2 的高度保守区的氨基酸与延伸因子 EF-G 的 III,IV,V 结构域高度同源(EF-G 的立体结构显示,它的 III,IV 和 V 结构域形成和 tRNA 的结构比较相似。III,IV 和 V 相应于 tRNA 分子的反密码环、氨酰接受臂和 T 臂)。eRF-1 的结构域 1 对应于反密码子臂;结构域 2 对应于 tRNA 的氨基酸接受臂;结构域 3 对应于 tRNA 的可变环。所有这些第 I 类释放因子看作是 tRNA 样翻译因子(tRNA-like translation factors),都结合在核糖体的 A 位点。因此提出第 I 类释放因子结构的 tRNA-mimicry 模型。它们结构上的相似性解释了功能上的相似性。近来发现延伸因子 EF-G 与 tRNA·EF-Tu 复合物表现出结构上的相似,从而进一步证实这一假设。

8.7　翻译的抑制剂

翻译是维持细胞的正常功能所必需的,如果受到抑制必然会影响到细胞的生存。自然界有各种各样的蛋白质合成抑制剂,绝大多数作用位点是核糖体,也有的作用于起始因子或延伸因子。根据抑制的对象,抑制剂通常可以分为三类:

1. 原核翻译系统的抑制剂

这一类抑制剂大多数是人们熟悉的抗菌素类药物。例如链霉素(streptomycin)、氯霉素、林可霉素(lincomycin)、稀疏霉素(sparsomycin)、黄色霉素(kirromycin)、红霉素(erythromycin)和四环素(tetracycline)等,作用对象是原核翻译系统,真核生物则不敏感。但是,如果用量过大,细胞器翻译系统也会受到抑制,在这种情况下,真核细胞的功能同样受到影响,这是许多抗菌素产生副作用的主要原因。

链霉素是一种氨基糖苷类(aminoglycosides)抗菌素,在低浓度下,能导致核糖体误读 mRNA,这时它只会抑制敏感菌的生长,但不会杀死敏感菌。然而高浓度下,链霉素则完全抑制了翻译起始,敏感菌会被杀死。某些对链霉素有抗性的菌株是因为它们的核糖体 S12 蛋白发生了突变,也有的仅仅是 16S rRNA 的 C912 碱基发生了变化。奇怪的是,某些突变株不仅抗链霉素,而且缺乏它反而不能生长。

氯霉素是一种广谱抗生素,它与林可霉素和稀疏霉素一样与核糖体 50S 亚基结合,抑制原核生物核糖体大亚基的肽酰转移酶活性。

四环素也是一种广谱抗菌素,它与小亚基结合而抑制氨酰-tRNA 结合,它也能抑制 ppGpp 的合成而解除严谨反应(参考原核生物基因表达的调控)。

红霉素作用位点是 50S 亚基上的多肽离开通道,阻断正在生长的肽链离开,从而阻滞翻译。

2. 真核翻译系统的抑制剂

这类抑制剂这对真核翻译系统起抑制作用,不抑制原核翻译系统,例如白喉毒素(diphtheria toxin,DT)、蓖麻毒素(ricin)、放线菌酮(cycloheximide)、茴香霉素(anisomycin)和 α-帚曲霉素(α-sarcin)。

DT 是由感染白喉杆菌(Corynebacterium diphtheria)的一种溶原性噬菌体产生的外毒素,在进入真核细胞后催化 NAD^+ 上的 ADP-核糖基转移到 eEF-2 的一个被特殊修饰的 His 残基上而使其失活,从而抑制移位反应。原核生物相当于 eEF-2 的 EF-G 这种特殊修饰的 His 残基是不存在的,所以不会被 ADP 核糖基化,也就不会受到它的抑制。

蓖麻毒素是存在于蓖麻籽之中的一种毒蛋白,它在真核细胞内作为一种特异性的 N-4 糖苷酶切下 28S rRNA 上的一个腺嘌呤,导致核糖体失活。

α-帚曲霉素是由一种真菌产生的毒素,在真核细胞内作为一种特异性的核酸酶切断 28SrRNA,从而抑制氨酰 tRNA 与核糖体的结合。

茴香霉素抑制原理类似于和放线菌酮的抑制原理,都是与真核生物核糖体大亚基结合,抑制其转肽酶活性。

3. 既抑制原核翻译系统又抑制真核翻译系统的抑制剂

既能抑制原核生物又能抑制真核生物的蛋白质合成的抑制剂数量上非常少,如嘌呤霉素。它的分子结构与氨酰-tRNA 的相似度比较高,具体如图 8-28 所示,因此在翻译的时候能够进入 A 部位,肽酰转移酶照样把 P 部位上的肽酰-tRNA 分子上的肽酰基转移到它的氨基上,形成肽酰嘌呤霉素，然而形成的肽酰嘌呤霉素不能进行移位反应，不久即与核糖体解离，一旦解离下来，肽链合成也就结束了。再如潮霉素 B(Hygromycin B)，阻止 tRNA 从 A 部位移位到 P 部位，而导致翻译的抑制。

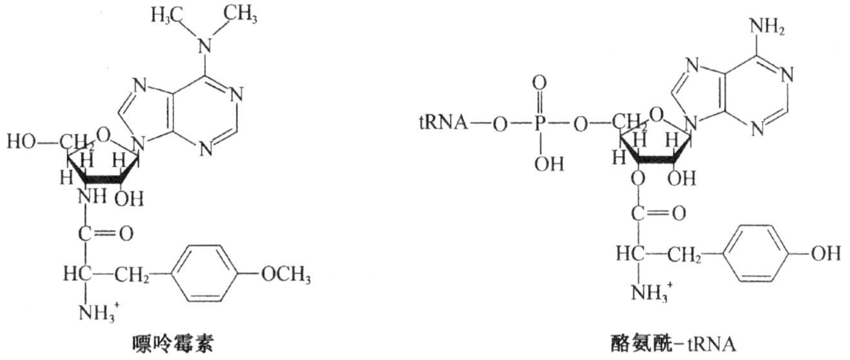

嘌呤霉素

酪氨酰-tRNA

图 8-28　嘌呤霉素的化学结构

8.8　翻译后加工

从 mRNA 翻译得到的蛋白质多数是没有生物活性的初级产物，必须经过加工修饰才能转变为有活性的终产物。修饰和折叠两部分共同构成了加工。

8.8.1　蛋白质前体的共价修饰

（1）Met 的切除

真核生物 N 端的甲硫氨酸往往在多肽链合成完毕之前就被切除。有些动物病毒，如脊髓灰质炎病毒的 mRNA 可翻译成很长的多肽链，含多种病毒蛋白，几个有功能的蛋白质分子是在经过蛋白酶在特定位置上水解后得到的，如图 8-29 所示。

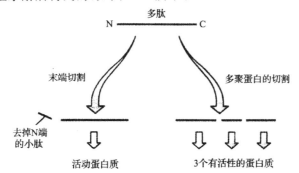

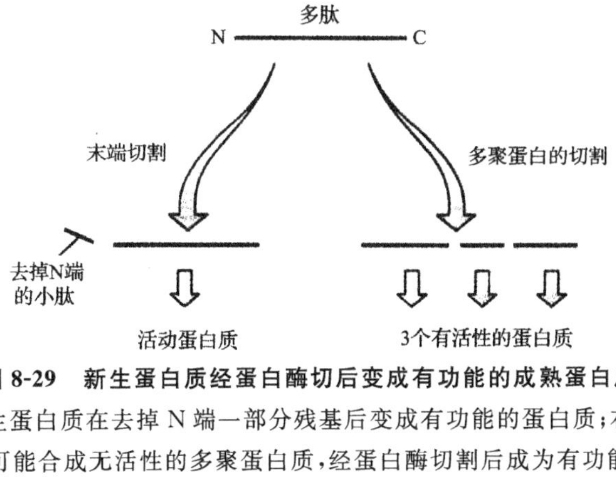

图 8-29　新生蛋白质经蛋白酶切后变成有功能的成熟蛋白质

左：新生蛋白质在去掉 N 端一部分残基后变成有功能的蛋白质；右：某些
病毒或细菌可能合成无活性的多聚蛋白质，经蛋白酶切割后成为有功能的成熟蛋白

（2）二硫键的形成

mRNA 中没有胱氨酸的密码子，而不少蛋白质都含有二硫键，这是蛋白质合成后通过两个半胱氨酸的氧化作用生成的。稳定蛋白质的天然构象和二硫键的正确形成息息相关。

（3）特定氨基酸侧链的修饰

氨基酸侧链的修饰作用包括磷酸化（如核糖体蛋白质）、糖基化（如各种糖蛋白）、甲基化（如组蛋白、肌肉蛋白质)、羟基化(如胶原蛋白)和羧基化等。生物体内最普通发生修饰作用的氨基酸残基及其修饰产物,如图 8-30 所示。表 8-6 列出了各种氨基酸常见的修饰。

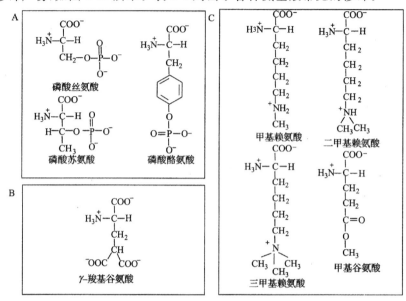

图 8-30 生物体内常见的被修饰的氨基酸及其修饰产物

表 8-6 蛋白质前体加工过程中氨基酸残基的修饰

氨基酸残基	修饰
丙氨酸	氨基端甲化
精氨酸	ADP-核糖基化;氨基端甲基化
天冬酰胺	ADP-核糖基化;糖基化;氨基端甲基化;羟基化
天冬氨酸	羟基化;羧基化
半胱氨酸	二硫键形成;脂肪酰化
谷氨酸	羟基化;甲基化
谷氨酰胺	氨基端甲基化
甘氨酸	氨基端的肉豆蔻酰化
组氨酸	形成白喉酰胺,以后 ADP-核糖基化;氨基端甲基化
赖氨酸	羟基化
甲硫氨酸	氨基端甲基化
苯丙氨酸	氨基端甲基化

续表

氨基酸残基	修饰
脯氨酸	羟基化;氨基端甲基化
丝氨酸	磷酸化;糖基化;脂肪酰化
苏氨酸	磷酸化;糖基化;脂肪酰化
络氨酸	磷酸化

①磷酸化。酶、受体、调节因子等蛋白质的可逆磷酸化是普遍存在的修饰,在细胞生长和代谢调节中有重要功能。磷酸化主要由多种蛋白激酶催化,将磷酸基团连接在丝氨酸、苏氨酸和酪氨酸三种氨基酸的侧链上,脱磷酸作用需要在磷酸酯酶的作用下才会发生。

②糖基化。糖基化是真核细胞蛋白质的特征之一。大多数糖基化是由内质网中的糖基化酶催化进行的。糖基化是多种多样的,可以在同一条肽链上的同一位点连接上不同的寡糖,也可以在不同位点上连接寡糖。这些糖可以连接在天冬酰胺上(N-连接寡糖)或连接在丝氨酸、苏氨酸或羟赖氨酸的羟基上(O-连接寡糖)。

③甲基化。蛋白质的甲基化是由 N-甲基转移酶催化的,该酶主要存在于细胞质内。发生在精氨酸、组氨酸和谷氨酰胺的侧基的 N-甲基化及发生在谷氨酸和天冬氨酸侧基的 O-甲基化这些都属于甲基化。还有一些赖氨酸也可以被甲基化。

④羟基化。胶原蛋白在合成后,其中某些脯氨酸和赖氨酸残基发生羟基化。在 X-Pro-Gly ≤X 代表除 Gly 外的任何氨基酸序列中的脯氨酸羟基化为 4-羟脯氨酸。脯氨酸的羟基化对于胶原蛋白螺旋的稳定非常有帮助。有一些赖氨酸也羟基化为 5-羟赖氨酸,以后再进行糖基化。

⑤羧基化。有些蛋白质的谷氨酸和天冬氨酸可以发生羧基化作用,如血液凝固蛋白凝血酶原的谷氨酸可以羧基化形成矿羧基谷氨酸,后者可以与 Ca^{2+} 螯合。

⑥ADP-核糖基化。ADP-核糖基化是指一个或多个 ADP-核糖从 NAD^+ 上转移到受体蛋白质上,核糖与氨基酸残基以 N-或 D-糖苷键结合。例如,单个 ADP-核糖与精氨酸、天冬酰胺残基的 N 以 Ⅳ 糖苷键结合。多 ADP-核糖基化主要在细胞核内进行,先将一个 ADP-核糖与谷氨酸残基的羧基链或与 C 端赖氨酸的羧基形成 O-糖苷连接,多个 ADP-核糖在以后再进行连接,形成多聚 ADP-核糖侧链。

(4)蛋白质前体的切割和成熟

如新合成的胰岛素前体是前胰岛素原,则必须先切去信号肽变成胰岛素原,再切去 C-肽,有活性的胰岛素才能够生成,如图 8-31 所示。不少多肽类激素和酶的前体都要经过加工才能变为活性分子,如血纤维蛋白原和胰蛋白酶原经过加工切去部分肽段才能成为有活性的血纤维蛋白和胰蛋白酶。蜂毒素能溶解动物细胞,也能溶解蜜蜂自身的细胞,所以只能在细胞内合成没有活性的前毒素,分泌进入刺吸器后,其 N 端的 22 个氨基酸残基被蛋白酶水解,才能生成有毒性的功能蛋白质。通常来讲,由多个肽链及其他辅助成分构成的蛋白质在多肽链合成后还需经过多肽链之间及多肽链与辅基之间的聚合过程才能成为有活性的蛋白质。

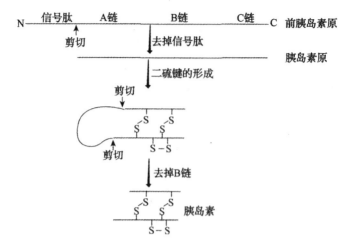

图 8-31　前胰岛素原蛋白翻译后成熟过程示意图

8.8.2　蛋白质的折叠

由核糖体合成的所有新生肽链想要形成动力学和热力学稳定的三维构象,必须借助于正确的折叠,从而表现出生物学活性或功能。因此,可以说蛋白质折叠是翻译后形成功能蛋白质的必经阶段。如果蛋白质折叠错误,其生物学功能就会受到影响或丧失,严重者甚至会引起疾病。新合成的蛋白质分子如何形成具有功能的空间结构及蛋白质的结构与功能的关系等问题已成为结构生物学研究的热点。

多肽链的折叠是一个复杂的过程,新生多肽一般首先折叠成二级结构,然后再进一步折叠盘绕成三级结构。对于单链多肽蛋白质来说,三级结构就已具有蛋白质的功能;对于寡聚蛋白质而言,一般需要进一步组装成更为复杂的四级结构才能表现出天然蛋白的活性或功能。

有些蛋白质只有在另一种蛋白质存在的情况下才能完成折叠过程,进而形成功能蛋白质。分子伴侣(molecular chaperone)是目前研究的比较多的能够在细胞内辅助新生肽链正确折叠的蛋白质。在细胞内正在合成的多肽或部分折叠的多肽并与多肽的某些部位相结合可通过分子伴侣来进行识别,从而帮助这些多肽进行正确的折叠、装配或转运,但本身并不参与最终产物的形成。目前认为细胞内至少有两类分子伴侣家族,即伴侣素(chaperonin)家族和热激蛋白(heat shock protein)家族。

(1)伴侣素

伴侣素包括 HSP60 和 HSP10(原核细胞中的同源物分别为 GroEL 和 GroES),为非自发性折叠蛋白质提供能折叠形成天然结构的微环境是它存在的主要意义。伴侣分子在新生肽链折叠中主要通过防止或消除肽链的错误折叠,增加功能性蛋白质折叠产率来发挥作用,而并非加快折叠反应的速度。分子伴侣本身并不参与最终产物的形成。

(2)热激蛋白

热激蛋白是一类应激反应性蛋白,包括 HSP70、HSP40 和 GrpE 三个家族,在原核及真核细胞中存在的比较多。三者协同作用,促使某些能自发折叠的蛋白质正确折叠形成天然空间构象。

8.8.3　蛋白质的乙酰化/去乙酰化

真核生物染色质的主要成分就是组蛋白,组蛋白修饰在真核生物基因表达调控中发挥着重要的作用。组蛋白乙酰化/去乙酰化可通过改变染色质周围电荷或参与染色质构型重建而影响基因表达;更重要的是组蛋白乙酰化/去乙酰化可形成一种特殊的"密码",被其他的蛋白质识别,使得多种蛋白质因子的活动或与其相互作用受到一定程度的影响,参与到基因表达调控的整个网络中。

乙酰化和去乙酰化是一个动态的可逆过程,对这一过程的催化和调控可通过以下两种酶来实现:组蛋白乙酰转移酶(histone acetyltransferase,HAT)和组蛋白去乙酰化酶(histone deacetylase,HDAC)。HAT 的主要功能是将乙酰辅酶 A 的乙酰基转移到组蛋白的赖氨酸残基上。根据 HAT 的来源和功能将其分为两类:A 型位于细胞核内,主要乙酰化核小体组蛋白,也可使非组蛋白乙酰化;B 型存在于细胞质,可使新合成的组蛋白乙酰化,因而对基因表达调控起重要作用的主要是 A 型 HAT。研究发现,许多转录辅激活因子具有内源性的 A 型 HAT 活性。

正常情况下,机体细胞内由 HAT 和 HDAC 催化组蛋白发生乙酰化/去乙酰化,维持动态平衡并受到严格控制。这种平衡的打破将导致基因表达调控紊乱而引起疾病的发生。已发现多种疾病(特别是恶性肿瘤)的发生与组蛋白乙酰化/去乙酰化平衡失调有关,因此研究组蛋白乙酰化/去乙酰化对基因表达的调控不仅可以使人们更深入地了解人体生理和病理机制,也能为疾病的预防和治疗提供理论指导和新的思路。

第9章 原核生物基因表达的调控

9.1 概　述

9.1.1 原核生物基因表达的相关概念

基因表达的调控经过了多年不断的研究,已经深入扩展到高等真核生物,包括生长、发育、细胞分化、肿瘤发生、细胞凋亡等生物学基础领域。这些发展都是立足于早期在原核生物中基因表达调控的研究。20世纪60年代初,代谢调控的研究与遗传研究密切结合,发现了细菌基因表达的主要形式——操纵子(operon),即一个调控区域(regulative region)控制连锁在一起的多个基因的转录。在 E. coli 乳糖操纵子研究的基础上提出了操纵子模型。60年代末、70年代初,又对操纵子模型做了若干修改和补充。操纵子学说在生物学发展史意义重大,与DNA双螺旋模型相比较,有过之而无不及。原核生物操纵子的表达在转录、翻译和DNA复制等3个层次上进行调控。不同层次的调控是以不同的方式完成的,其中最主要的是基因转录调控。尽管原核细胞与真核细胞相比,相对简单,但已具备基因表达调控的许多共同特征,如调控型基因、正调控与负调控等。

1. 操纵子

细菌的基因组(genome)中,往往相关的基因聚集、串连在一起,形成一个基因簇,它们编码同一代谢途径或相关途径中不同的酶,它们是一个多顺反子,共同表达,共同调控,构成一个表达和调控的单元。这种单元称为操纵子(operon)。操纵子是原核生物基因结构、表达和调控的基本形式。一个操纵子,包括一个上游的调控区域和一个以上的结构基因(structural genes)。调控区域在不同的操纵子中特征性差异是存在的,一般包含启动子(promoter)和操纵基因(operator)。结构基因编码多肽链,其表达受操纵基因控制,而操纵基因又受调控基因(regulatory gene)的产物调控因子控制。通过操纵基因与调控因子的相互作用,使得操纵子的转录活性和表达水平得以严格控制,最终控制细菌细胞内各种蛋白质的数量和决定细胞内各种代谢的活性水平。

2. 基因的可调控性

在介绍到原核生物基因转录时已经知道,E. coli RNA聚合酶全酶与基因的启动子 promoter结合,基因可以被转录产生相应的转录产物RNA。但是这样的叙述似乎表明在 E. coli 细胞内所有的基因都没有任何区别地加以表达。事实上,即使最简单的生物、最简单的病毒基因组基因的表达,它仍然是可调控的。几乎所有的基因都是可调控的、必须被调控的。E. coli 细胞大约有4000个基因,约有 10^7 个蛋白质分子。如果每个基因都以相似的速度合成蛋白质,那么每个基因平均产生约3000个蛋白质分子。但实际上,细胞内各种蛋白质分子的拷贝数差异非常明显,有的蛋白质在细胞内只有几个分子,而有的蛋白质却多达 50 万个分子。之所以会产生这么大的差异是因为这些蛋白质基因的表达状态不同,有些基因在不停地工作着,有些基因工作得非常缓慢。说明每个细胞内的基因都在受到严格的调控,使其产物达到该细胞所需的最适量,不过多,也不过少。基因调控(gene regulation)是对基因活性的开和关,或者活性水平的增高或降低。这种调控是通过各种特异性蛋白质因子的作用来完成的。

原核细胞的大部分基因,根据细胞生长、发育的需要或环境因素的改变,其活性受到调控,这些基因称为调控型基因(regulated genes)。在细胞内还有一些基因,它们的产物为维持生物的生长、细胞分裂等基本功能,在生长着的细胞中总是处于活性状态,这些基因称为组成型基因(constitutive genes)或管家基因(housekeeping genes)。组成型基因也是可以对其进行调控的。在正常的细胞中,它们表达的水平较高,但在细胞周期的不同时相,这些基因仍呈现活性的或高或低,甚至关闭,生长环境发生改变后也会发生变化。因此,组成型基因同样是可调控的。

3. 结构基因和调控基因

基因可以根据其产物的功能不同分成两种类型。一类是编码细胞结构和基本代谢活动所必要的 RNA、蛋白质或酶。一般来说,它们不是调控因子(regulator),它们被称为结构基因(structural genes)。另一类是那些编码那些控制其他基因表达的 RNA 或蛋白质的基因,称为调控基因(regulatory genes),调控基因的表达产物是调控因子(或调节物)。因而,调控基因也是结构基因,只是它的编码蛋白质具有基因调控的功能,其控制的实现是在基因水平上而不是蛋白质水平上。调控因子可以对另一个靶基因在转录水平上直接实现调控作用,或者与其他基因产物相互作用而实现对靶基因的调控。

大多数情况下,结构基因与调控基因的区分还是比较有难度的。细胞内基因调控呈链状。受调控的结构基因的产物,可能又是另一些下游基因(或靶基因)的调控因子。因此,目前把结构基因更多理解为一段编码有功能产物(RNA 或蛋白质)的 DNA 序列;而调控基因的产物(RNA或蛋白质)可以对其他基因作用,结合于靶基因的元件(elements)上,对于靶基因的表达水平得以有效控制。因为调控因子,特别是调控蛋白,在细胞内能够实现自由移动,能够有效地寻找和结合到靶位点上。因此,调控因子被称为反式作用因子(trans-acting factor);而靶基因上的 DNA 序列,被称为顺式作用元件(cis-acting elements)。

基因表达的最基本方式是反式作用因子对顺式作用元件的相互作用,即调控基因产物调控因子作用于或结合于基因的元件序列上。

4. 诱导和阻遏

原核生物以及低等真核生物中诱导作用这一机制普遍存在,诱导作用就是某种酶或一组酶的合成是特定物质作出的反应。如 *E. coli* 生长在没有 β-半乳糖苷的条件下,细胞只含有很少几个(不多于 5 个)分子的 β-半乳糖苷酶。当乳糖加入到培养基中,数分钟内就在细胞中出现 β-半乳糖苷酶的活性,很快可达数千个分子,此酶甚至可达到可溶性蛋白质总量的 5%～10%。当底物乳糖从培养基内除去,酶的合成就迅速停止。细胞对营养供应的变化作出快速反应,使得诱导合成新物质的能力得以充分的体现。如果培养基中突然出现某种物质,快速反应也用来关闭细胞内合成这种物质的能力。例如,当培养基中供应色氨酸时,*E. coli* 细胞内色氨酸合成酶的产生马上受阻,这种效应称为阻遏作用(repression),它可以避免把原料用于不必要的合成活动。

诱导和阻遏看来是相反的现象,实际上是同一现象的不同方面。一方面细菌调节利用一定物质进行生长的能力,另一方面又调整、关闭某一代谢途径合成产物的能力。每种调节类型的触发点是酶的底物或者产物。这些触发酶蛋白产生或不产生的小分子物质分别称为诱导物(inductor)或阻遏物(repressor)。底物或产物具有诱导或阻遏的功能。但有些小分子物质与酶的相互作用并不一定是直接的,例如 IPTG 可以是 β-半乳糖苷酶的诱导物,虽不被 β-半乳糖苷酶识别,仍然不影响诱导物的有效性。

5. 调控蛋白

调控蛋白(或调控因子)是原核和真核生物基因受到调节控制的最主要作用物。除了调控蛋白之外,对基因的转录的调节也可通过某些 RNA、小分子物质来实现。

调控蛋白按照其对靶基因的作用结果,可以分为激活蛋白(或激活因子)和阻遏蛋白(或阻遏因子),调控蛋白对另一个基因的调控作用可以通过提高基因的转录水平、mRNA 的翻译水平进行调控。阻遏蛋白使基因表达水平下降,甚至关闭。在原核细胞中,阻遏蛋白结合在 DNA 或mRNA 的特异性位点,进而抑制基因转录或翻译的现象,是一种普遍的调控方式。但在真核细胞中,激活蛋白的激活作用可以说是基因表达的主要调控方式。

6. 调控的效应物

原核生物中,通常是一个代谢途径中相关的酶一起受到诱导与阻遏的调控。在调控过程中,除了这一代谢途径有关的酶之外,一些蛋白质也会参与进来。一些特异性蛋白质是小分子诱导物的靶分子,是控制特定基因表达的调控蛋白,其编码基因是调控基因。调控蛋白的惟一功能是通过结合到 DNA 特定位点来控制一簇结构基因的表达。

根据原核生物基因的组织特性,结构基因和调控基因的区分可通过突变的影响来实现。结构基因的突变往往使细胞改变或失去它所编码的特定蛋白质的活性;而调控基因突变却影响着它所控制的所有一簇结构基因的活性。

原核生物的操纵子通过调控蛋白与小分子物质相互作用,来达到诱导状态或阻遏状态。这些小分子可能是代谢途径的底物或产物,是基因表达的调节物质,称为效应物。小分子效应物有两类,即诱导物和辅阻遏物。

(1)诱导物(inducer)

有些阻遏蛋白在自然状态下能结合于 DNA。无诱导物存在时,阻遏蛋白与操纵基因牢固结合,使得 RNA 聚合酶进入启动子区域受到一定的助力,操纵子关闭,mRNA 就不能合成。有诱导物存在时,诱导物与阻遏蛋白结合,使其构象发生变化,从而阻遏蛋白不能和操纵基因元件进行有效的结合,或从 DNA 上脱落下来。结果,RNA 聚合酶进入启动子,可以诱导下游结构基因的转录。

(2)辅阻遏物(co-repressor)

与诱导物的作用相反。缺乏辅阻遏物时,有些阻遏蛋白不具有与操作基因(operator,O)结合的活性,结构基因就得以正常表达。若有辅阻遏物结合到阻遏蛋白分子上,改变了阻遏蛋白的构象,提高阻遏蛋白与操纵基因的亲和性。例如,色氨酸可以与色氨酸操纵子(trp)的阻遏蛋白结合,使阻遏蛋白具有活性,能与操纵基因紧密结合,结果,阻遏了 RNA 聚合酶与 trp 操纵子启动子的结合,使色氨酸合成有关的一组酶的基因被关闭。因此,小分子的色氨酸成为 trp 操纵子的辅阻遏物。

7. 正调控和负调控

基因的调控因子作用于它的靶基因,将引起基因转录水平的变化,或上升或下降。与缺乏调控因子时作为比较,若调控因子使靶基因的表达水平上升,这种调控方式称为正调控(positive regulation),这种调控因子称为激活蛋白(activator 或 activative protein)。基因的正调控只有在激活蛋白有活性的情况下才能实现。如果激活蛋白失活,靶基因的正调控就没有办法正常实现,该基因就不能正常表达。激活蛋白的作用是帮助转录起始。

与缺乏调控因子时作比较,若调控因子使靶基因的表达水平下降,甚至关闭,这种调控作用称为负调控(negative regulation)。具有负调控作用的调控因子称为阻遏蛋白(repressor, repressive protein)。只有阻遏因子有活性时,基因的表达活性才会得以降低。与正调控相反,只有阻遏蛋白失活时,基因才能够实现正常表达。如果阻遏因子失活,基因的表达系统仍有活性,细胞仍可以合成该基因的产物,这类调控因子的作用不是帮助转录起始,而是抑制转录起始。

操纵子对调控蛋白的响应是特定靶基因被开启或关闭。所谓开启或关闭,最主要是允许结构基因能产生或阻止产生 mRNA。也可以是指 mRNA 能有效地翻译蛋白质或非常微量地翻译。这是结构基因在两种不同层次上的调控。这里只是指转录水平上的开启或关闭。所谓"关闭"状态,是表达水平很低,很低水平的表达往往会被残留或渗透。这是基础水平的表达,该结构基因在细胞内只表达 1~2 个 mRNA 分子。从关闭到开启常有各种程度的差异,相差 10~100倍,甚至上千倍。

8. 原核生物基因对调控作用作出反应的类型

原核生物操纵子对调控蛋白及小分子调节物作出的反应,分为可诱导和可抑制。无论是阻遏蛋白或激活蛋白都存在诱导现象。因而,原核细胞存在 4 种调控类型,具体如图 9-1 所示。

①有活性的阻遏蛋白,对结构基因实行负调控,阻遏转录起始的正常行为。小分子的诱导物可以使有活性的阻遏蛋白失去活性,能够有效地脱离出基因调控区域。结果,结构基因具有活性,可转录,是可诱导的负调控。

②一个缺乏活性的激活蛋白,不能使它的靶基因激活,基因不能转录和表达。当存在特定的诱导物,作用于无活性的激活蛋白,使之活化,结合于靶基因的调控区,靶基因显示出可诱导的正调控。

③一个缺乏活性的阻遏蛋白,不能结合于靶基因,后者处于表达状态,处于组成型的表达。当加入一种小分子物质辅阻遏物(co-repressor),与无活性的阻遏蛋白结合,成为有活性的阻遏蛋白复合物,与基因调控区结合,导致靶基因的表达受阻遏,构成可阻遏的负调控。可阻遏的基因只有在缺乏辅阻遏物的情况下才有功能。

④有活性的激活蛋白,可以使靶基因处于激活状态,呈组成型正调控表达。当一种小分子辅阻遏物的存在,与激活蛋白结合成失去活性的激活蛋白复合物,使靶基因因缺乏激活蛋白而得不到正常的表达。这构成了可阻遏的正调控。这种类型的抑制作用往往是不可再诱导的。

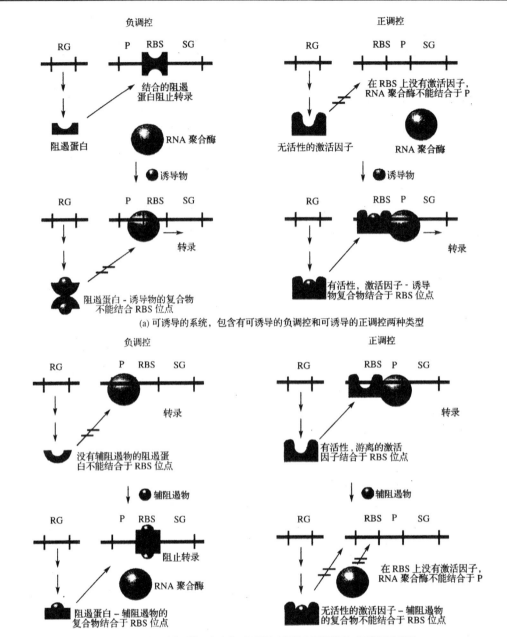

(a) 可诱导的系统, 包含有可诱导的负调控和可诱导的正调控两种类型

(b) 可阻遏的系统, 包含有可阻遏的负调控和可阻遏的正调控两种类型

图 9-1 原核生物结构基因表达的 4 种控制模式

RG-调控蛋白基因;P-启动子;RBS-调控蛋白结合位点;相当于正文
中所述的操纵基因(O);SG-结构基因

9.1.2 原核生物基因表达调控的特点

概括起来,原核生物的基因表达调控具有如下特点:

①基因调控主要发生在转录水平上,形式主要是操纵元调控。

②有时也从 DNA 水平对基因表达进行调控,实质是基因重排。

③在原核生物中,也有控制翻译过程的调控机制(翻译水平)。

④原核生物转录的起始、延伸、终止和抗终止过程及翻译的起始、延伸和终止过程,每一步都在对基因的表达实行调控。

对于细胞来说,超过它所需要的 mRNA 是无法得以合成的,这样才不至于浪费原料和能量。因此,应当更多地注意转录水平的调控问题。

9.2　乳糖操纵子

F. Jacob 和 J. Monod 用遗传分析的方法建立了乳糖操纵子的负调控模型。

大肠杆菌的乳糖转录子(Lac scription),一般也称为乳糖操纵子(Lac operon)包括三个结构基因:lac Z、lac Y、lac A。

转录时,RNA 聚合酶首先与启动区(promoter)P 区结合,通过操纵区(operator)O 区向前转录。转录从 O 区的中间开始向 lac Z→lac Y→lac A 方向进行,这三个基因的信息在每次转录出来的一条 mRNA 上都存在。转录的调控是在启动区(P 区)和操纵区(O 区)进行的。

三个结构基因各决定一种酶:lac Z 决定 β-半乳糖苷酶;lac Y 决定 β-半乳糖苷透性酶;lac A 决定 β-半乳糖苷转乙酰酶。

β-半乳糖苷酶是一种 β-半乳糖苷键的专一性酶,除能将乳糖水解成葡萄糖和半乳糖外,还能水解其他 β-半乳糖苷(如苯基半乳糖苷)。β-半乳糖苷透性酶的作用是使外界的 β-半乳糖苷(如乳糖)能透过大肠杆菌细胞壁和原生质膜进入细胞内。所以大肠杆菌如果以乳糖为碳源和能源,以上两种酶是必需的。β-半乳糖苷转乙酰酶的作用是把乙酰辅酶 lac A 上的乙酰基转到 β-半乳糖苷上,形成乙酰半乳糖。它在乳糖的利用中并非必需。

9.2.1　酶的诱导

在 19 世纪末,上世纪初,微生物的酶的性质取决于微生物所生长的培养基这一点已经被大家所熟知,因为微生物能够被"训练",使其适应于各种不同的环境。

1900 年,F. Diene 就发现,将酵母放入以乳糖或半乳糖为惟一碳源的培养基时,酵母就能产生乳糖和半乳糖代谢所必需的酶,而再把这些酵母转到以葡萄糖为碳源的培养基时,这些酶就消失了,因为在这里这些酶对酵母菌的生长是不需要的。在 20 世纪 30 年代,H. Karstrom 研究了细菌中碳水化合物代谢过程的几种酶的形成,并把它们分成两大类:一类是适应酶(adaptive enzyme),这种酶只有在培养基中存在它们的底物时才能形成,另一类酶是组成酶(constitutive enzyme),无论培养基中有无它们的底物这种酶的形成都可以正常进行。适应现象是生物进化中所获得的,实际上,这是一种节约。

E. coli 的 β-半乳糖苷酶是一种适应酶。这种酶催化它的天然底物乳糖以及其他 β-半乳糖苷化合物的水解。已知当 E. coli 以乳糖为惟一碳源时,这种酶就产生,而当培养基中不存在乳糖时,这种酶就消失。

后来发现有些物质虽不是酶的底物,对酶的产生没有高效地影响,有些尽管是 β-半乳糖苷酶的底物但不是诱导物,即不诱导酶的产生。所以后来把适应酶改为诱导酶,并把其存在而能引起细胞产生一种酶的这些化合物定名为诱导物。

1946 年,Jacques Monod 开始了关于 E. coli β-半乳糖苷酶的适应形成的研究,在以后的 15 年内,这个研究解决了细菌基因功能的调控问题。在这个研究的第一阶段,Monod 和他的同事们就将他们的工作集中到问题的焦点,并确定了酶适应过程的真正本质。1953 年在他们发表的论文中,将适应酶改为诱导酶。

在对 *E. coli* 形成 β-半乳糖苷酶的诱导物的性质的研究中发现,普通的 β-半乳糖苷的不可代谢的含硫类似物如甲基硫代半乳糖苷(methyl-galactoside)和异丙基硫代半乳糖苷(isopropythiogalactoside)是高效的诱导物。

图 9-2 是 *E. coli* β-半乳糖苷酶的两个不可代谢的不消耗的诱导物,异丙硫基半乳糖苷(IPTG)的结构,以及酶分析中所用的产生颜色的酶底物 O-硝基苯半乳糖苷(ON-PG)。这种高效诱导物可以用来研究在不以乳糖为碳源和能源的培养基中,在不消耗诱导物的情况下的诱导过程的真正动力学。在这种情况下细菌的生长速度与 β-半乳糖苷酶的浓度没有任何直接关系,并且诱导物的浓度保持不变。通过这个研究发现,在向生长培养基中加入饱和量的诱导物后的几分钟内,在不消耗诱导物的情况下,细胞按一个恒定的最大速度 P 合成 β-半乳糖苷酶。从培养基中把诱导物除去,P 立即就下降到最大诱导物浓度存在时所达到的速度的千分之一以下。因此显然在细菌生长期间,这种新合成的原生质中有恒定的一部分 P 是 β-半乳糖苷酶蛋白质,该 P 值取决于生长培养基中的诱导物浓度,如图 9-3。正如图 9-3 所示,在诱导物浓度最大时,P 值是 0.066,这就是说,被最大限度诱导的细胞里,所制造的全部蛋白质中有 6.6% 是 β-半乳糖苷酶。

为了证明诱导物的作用是诱导新合成酶而不是将已存在于细胞中的酶前体物转化成有活性的酶,同位素示踪实验被有效应用。把 *E. coli* 细胞放在加有放射性[35]S 但没有任何半乳糖苷诱导物的培养基中繁殖几代,然后再将这些带有放射活性的细菌转移到不含[35]S 的无放射性的培养基中去,随着培养基中一种诱导物的加入,β-半乳糖苷酶便开始合成。分离纯化 β-半乳糖苷酶,发现这种酶无[35]S 标记。说明酶的合成不是由前体转化而来的而是加入诱导物后新合成的。

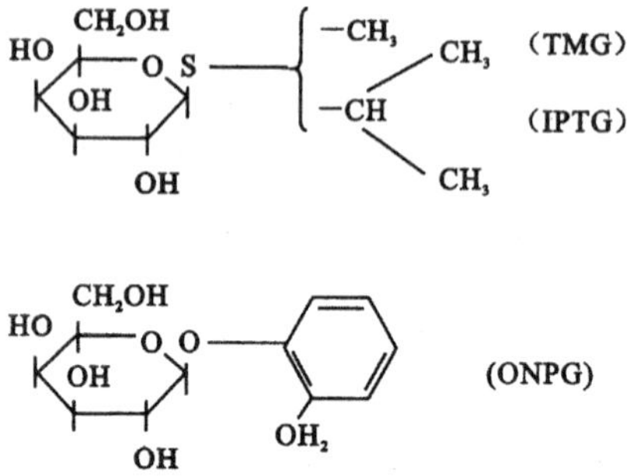

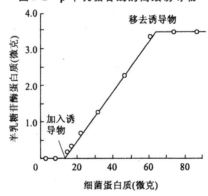

图 9-2　β-半乳糖苷酶的高效诱导物

图 9-3　*E. coli* 的 β-半乳糖苷酶的诱导动力学

9.2.2　乳糖操纵子的结构

操纵子具有共同的顺式调控元件,构成一个共同转录的调控单位如图 9-4 所示。3 个结构基因是:lac Z 编码 β-半乳糖苷酶(β-galactosidase),此酶分子量约 500kD,由 4 个亚基组成,能分解乳糖,产生半乳糖和葡萄糖。lac Y 编码 β-半乳糖透性酶(β-galactoside permease),是一种分子量为 30kD 的膜蛋白,是把 β-半乳酶苷转运到细胞内的转运系统。lac A 编码 β-半乳糖苷乙酰转移酶(β-galactoside acetyltransferase),催化乙酰-CoA 的乙酰基转移到 13 半乳糖苷上,它可能参与乳糖的代谢,其功能尚需探索。在这 3 个结构基因构成多顺反子(poly-cistron)的上游有调控元件,是 RNA 聚合酶、阻遏蛋白(represso)和正调控因子 CAP 结合的区域,由操纵基因(operator)和启动子(promoter)构成。

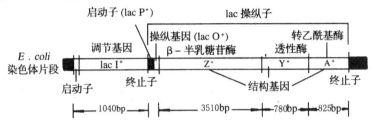

图 9-4　lac 操纵子的结构

在 lac 操纵子的上游还有一个 lac I 基因,是 lac 的调控基因,编码 lac 的阻遏蛋白。在细菌中,lac I 与 lac 操纵子毗邻。lac I 是一个独立的转录单位,有自己的结构基因和调控区域。lac I 编码 360 个氨基酸残基的多肽,以四聚体形成分子量 150kD 的阻遏蛋白。

9.2.3　乳糖操纵子的负调控

当环境中不存在乳糖时,lac I 基因在其自身的启动子 P 的控制下低水平表达,每个大肠杆菌细胞中存在大约 15 个分子的阻遏蛋白。lac I 基因编码的阻遏蛋白形成有活性的四聚体特异地结合在 lac O 区,这样一来,RNA 聚合酶就无法正常结合到启动子的 P 区,从而阻止 lac Z、lac Y 和 lac A 三个结构基因的转录。大肠杆菌的 lac 操纵子处于阻遏状态。然而,阻遏蛋白的阻遏作用不是绝对的,阻遏蛋白与 lac O 偶尔解离,使细胞中还有少数拷贝的 β-半乳糖苷酶及 β-半乳糖苷透性酶的生成,这称为 lac 操纵子的本底水平表达。

当环境中存在乳糖时,在透过酶分子作用下少量乳糖会进入细胞,又在 β-半乳糖苷酶作用下转变为别乳糖。别乳糖才是真正的 lac 操纵子诱导物。别乳糖与阻遏蛋白结合从而使阻遏蛋白的构象改变,从四聚体解离生成无活性的单体,使阻遏蛋白不能与操纵子特异性紧密结合,开始 lac 操纵子的三个结构基因的转录,如图 9-5 所示。

这些 mRNA 翻译出大量的 β-半乳糖苷酶和 β-半乳糖苷透性酶,使大量的乳糖进入细胞,从而也使 lac 操纵子的基因更大限度地表达,更多的可分解代谢乳糖的酶也就相继产生,并且利用分解乳糖来给自身供能。这里值得注意的是 β-半乳糖苷酶可以使少量的乳糖转变为别乳糖,但是绝大部分的 β-半乳糖苷酶是用来把乳糖分解为葡萄糖和半乳糖来使细胞获得能量。

当环境和细胞中所有的乳糖都被消耗完以后,由于阻遏蛋白仍在不断地被合成,有活性的阻遏蛋白浓度将超过别乳糖的浓度,这样阻遏蛋白又恢复到原来的构象并同 DNA 结合,使细胞重新建立起阻遏状态,RNA 聚合酶不能再通过启动子区域,导致 lac mRNA 合成被抑制,于是基因

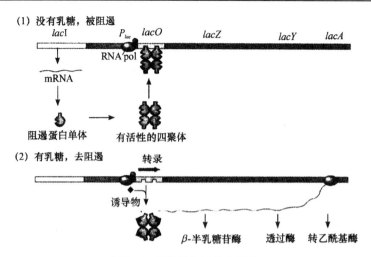

图 9-5　乳糖操纵子的负调控

表达被关闭。显然,在没有乳糖时,RNA 聚合酶是可以结合在启动子上的。但是由于阻遏蛋白的存在,使它不能顺利地通过启动子区域,也就是说,一旦阻遏蛋白从 DNA 上解离下来,RNA 聚合酶的转录也就可以随即发生。

我们已经知道,RNA 聚合酶是与启动子结合的,而阻遏蛋白则是与操纵序列相结合,阐明它们与 DNA 结合的部位,我们就能够知道阻遏蛋白如何进行工作。它们都是以物理的方式来阻止 RNA 聚合酶结合在启动子上以及 mRNA 合成的起始。

这样看来,在物理结构上,lac 阻遏蛋白下面覆盖着的模板链片段,正好是 RNA 聚合酶将要占据的催化中心。由于 lac 阻遏蛋白的存在,使 RNA 聚合酶不能靠近模板链。如图 9-6 所示,我们可以看出,阻遏蛋白的存在,仅在 RNA 合成的起始阶段起阻碍作用,一旦 RNA 开始延伸后,对 RNA 链的伸长就无法产生任何影响。阻遏蛋白并非永远能阻止 mRNA 的合成。否则,它们就将永远抑制其特异蛋白质的合成。

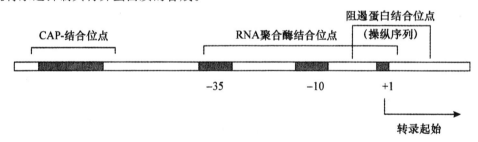

图 9-6　lac 操纵子的调控区域

在细菌中,多数转录出来 mRNA 的半寿期只有短短几分钟,因此在不到一个世代的生长期内,lac mRNA 几乎就可以从细胞内消失。β-半乳糖苷酶及 β-半乳糖苷透性酶的合成也趋向停止。这些蛋白质虽然很稳定,但随着细胞的分裂其浓度被不断的稀释掉。同样,如果原有的乳糖被撤去之后的一个世代中又重新加入乳糖,这时的乳糖可以立即开始降解,因为此时细胞内仍有一定浓度的 β-半乳糖苷酶和 β-半乳糖苷透性酶。

综上所述,乳糖操纵子属于可诱导型调控的操纵子,在一般情况下,这类操纵子是处于关闭状态的,一旦受到效应物的作用后,则被诱导开放。这类操纵子的存在,为细菌创造了许多有利的因素来适应多变的环境。例如,当环境中有细菌可以直接利用的能源时,细菌就不会表达这些基因,一旦能直接利用的能源消耗完后,细菌自身就会通过调控来启动特定的基因从而有效地利用环境提供的能源底物。

9.2.4　结构基因和调控基因的突变分析

1. 连锁的两类组成型突变

早期在乳糖发酵的突变型研究中,一系列不能发酵乳糖的突变型(lac⁻)得到了有效分离。分析这些突变后,证明了 lac ZYA 这 3 个基因是在染色体上连锁的,它们聚集在一起成簇。不能产生 β-半乳糖苷酶的突变型中,有些突变型的生理基础很简单,而有些却异常复杂。最简单的 lac 有两种类型。一种是 lacZ⁻Y⁺A⁺,是 β-半乳糖苷酶基因的突变;另一种是 lacZ⁺Y⁻A⁺ 是透性酶基因突变。lacZ⁺Y⁻ 突变型是隐性突变型,它水解乳糖的能力在完整细胞内不显示出来,只在细胞提取物中才显示出来。lac Z 或 lac Y 基因的突变不能利用乳糖。Z 基因突变使得酶的活性得以消除,而 Y 基因的突变不能从培养基中取得乳糖。这些突变总是显性的,不能被诱导。随着在生物化学上分离、纯化这些酶蛋白的成功,证明它们的突变往往与缺失、失活有着密切关联,因此认为这些组成型突变分别是它们的结构基因的突变,不能合成有活性的酶蛋白。在研究乳糖利用中还发现另一类突变型,机制比较复杂。其 β-半乳糖苷酶的形成和诱导物是否存在没有直接关系,无论培养基中是否存在诱导物,细菌细胞内总能合成这种酶。这类在细胞内总是存在 β-半乳糖苷酶的突变称为组成型突变(constitutive mutant)。组成型突变是调控蛋白突变的结果。使用部分二倍体(merodiploid)的研究发现,这些组成型突变有两种情况。一类突变表现出与结构基因 lac ZYA 连锁。只有连锁时,该基因的突变才显示对 lac Z 的影响。另一类为不连锁,突变对 lac ZYA 基因不发生任何影响。连锁的基因似乎是 lac ZYA 基因的直接开关,称为操纵基因(operator)。后来认识到它是结构基因的调控区。因此这一类型的突变称为 Oᶜ。

2. 调控基因的组成型突变

有一类型的突变,在部分二倍体的试验中,无论顺式或反式,都是显性的。其中有些基因的突变总是造成 lac Z 组成型的表达,无需诱导即可有效表达。该基因的作用不依赖于同 lac Z 连锁,不连锁时仍可造成 lac Z 的组成型表达。推测它的产物在细胞内是一种可移动的物质,后来证明该基因是 lac I 基因。lac I⁻ 突变造成阻遏蛋白失活,不能识别调控区域的结构,不能与调控区域结合,以致 lac Z 也表现为组成型表达。构建部分二倍体的接合实验中,供体 lac I⁺Z⁺ 进入具有 lacI⁻Z⁻ 基因型的受体细胞,由于受体细胞没有接触过诱导物,两者都无法合成 β-半乳糖苷酶。合子在接合 1h 后表现为 lac 酶呈组成型合成,2h 后又成为诱导型合成。供体 lac Z⁺ 进入受体,起先使合子成为组成型合成该酶。随着时间延长到 2h,I⁺ 基因的产物积累达到足以阻止 Z 基因的转录,部分合子从组成型变成有诱导。在对照组中,外源诱导物的存在使 lac I 基因产物失活,使 lac Z 基因起作用,发现 lac I 是一种蛋白质编码基因,lac ZYA 基因转录受到 lac I 基因产物调节蛋白的控制。lac I 刚好位于结构基因的邻近,但它是一个独立的转录单位,是调节蛋白(regulator)的结构基因,有它自己的启动子和终止子。lac I 产生一种可扩散的蛋白质产物。从原理上来说,它可以远离结构基因 lac ZYA,甚至在另一个 DNA 分子上都是能够起同样的作用,这种现象称为反式作用调节物(trans-acting regulator)。

现在还认识到 lac I 基因的另一类突变,可以造成 lac Z 基因关闭,无论顺式或反式,都表现出 lac Z⁻ 是显性的,并且不可诱导。这类 lac I 突变,即使在诱导物存在时,依然结合在调控区域,造成 lac Z 不能转录,表现为 lac Z⁻ 的类型,并且诱导物不能诱导。它起超阻遏作用,lac I 突变产物具有与调控区域结合能力,但失去与诱导物结合能力,因此称为 lac Iˢ 突变。

3. 部分二倍体研究 lac 调控机理

调节基因 I 的产物阻遏蛋白和操纵基因可以说是负调控的关键。当基因 I 发生突变时,有活性的阻遏蛋白就无法正常合成;或者当 lac O 发生突变成为 Oᶜ,O 位点就失去与阻遏蛋白结合的能力。两种情况都导致 lac ZYA 基因转录。这个模型合理地解释了乳糖发酵中酶诱导的本质,用细菌突变和接合实验的方法构建部分二倍体,观察 E. col 以细胞内 β-半乳糖苷酶的合成情况,为 lac 操纵子的负调控模型提出了令人信服的实验证据,如图 9-7 的分析。

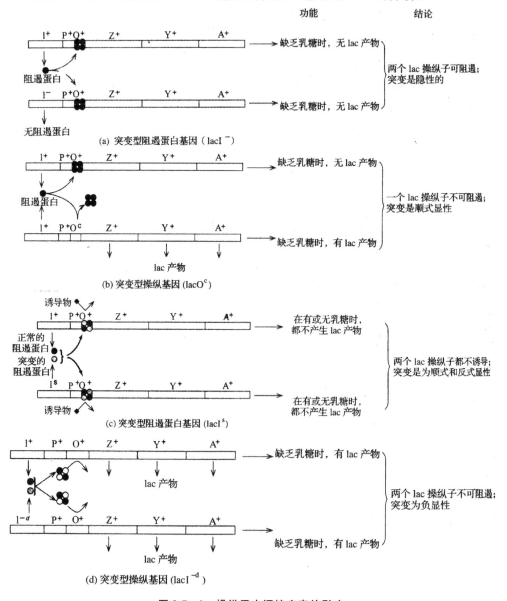

图 9-7　lac 操纵子中调控突变的影响

由于基因 lac I 和 lac O 的突变,I⁻ 和 Oᶜ 都造成 β-半乳糖苷酶组成型合成。后来分离到 lac I 基因的温度敏感突变,表明 lac I 产生一种蛋白质,即阻遏蛋白。当培养基中加入异丙基硫代半乳糖苷(IPTG)作为诱导物,β-半乳糖苷酶蛋白比未加 IPTG 时增加 100 倍以上。如果 lac Z⁻ 中同样加入 IPTG,培养物中 β-半乳糖苷酶蛋白是检测不到的,因而 *E. coli* 成为组成型合成 β-半乳糖苷酶。

离体实验表明,³⁵S 标记的阻遏蛋白,在没有 IPTG 时可以与 lac O 结合。当加入 IPTG 后,放射性标记的阻遏蛋白不能与 DNA 结合。阻遏蛋白结合 IPTG 后发生结构改变,与 lac O 结合就无法正常完成。只有先除去 IPTG,阻遏蛋白才能与 lac O 结合。如果 lac O 发生突变,阻遏蛋白也不能与 lac Oᶜ 突变的 DNA 序列结合。

部分二倍体的 Flac I⁻O⁺Z⁺/lac I⁺O⁺Z⁺ 为诱导型,Flac I⁺Oᶜ Z⁻/lac I⁻O⁺Z⁺ 为历导型,Flac I⁺Oᶜ Z⁺/lac I⁻O⁺Z⁻ 为组成型,Flac I⁻Oᶜ Z⁺/lac I⁺O⁺Z⁺ 为组成型。部分二倍体的表型说明了 lac O 构成的组成型是顺式作用的,而 lac I 构成的组成型是反式的。这些结果直接地肯定了最初关于阻遏蛋白作用机制的假设。

两类同样的组成型突变 I⁻ 和 Oᶜ,都可以以相同的方式影响 Z,Y,A 等 3 个基因,它们作用的位点离结构基因 lac Z,lac Y,lac A 很近。另一类突变 lac Iˢ 是负显性的(dominent negative),是调控因子的一种缺陷。

图 9-7 是部分二倍体的突变结果分析。(a)部分二倍体内有一个野生型操纵子,另一个具有 lac I⁻ 阻遏蛋白突变的操纵子。野生型的 lac I⁺ 产生足够的正常阻遏蛋白,阻遏两个操纵子,所以 lac I 表现为隐性。(b)部分二倍体内具有一个正常操纵子,另一个具有操纵基因 lac Oᶜ 突变,使它无法正常结合阻遏蛋白。野生型的操纵子仍可被阻遏。但突变型的操纵子不可被阻遏。即使缺乏诱导物时,也能产生 lac 产物。因为只有与突变型操纵基因连接的操纵子才受影响,所以这个突变为顺式显性的。(c)部分二倍体含有一个野生型操纵子,另一操纵子为突变的阻遏蛋白基因(lac Iˢ)。后者的产物不能结合诱导物。突变型的阻遏蛋白因而不可逆地结合于操纵基因,使两个操纵子都不可诱导。所以,该突变型为显性。这些阻遏蛋白四聚体含有一些野生型、一些突变的亚基,表现为突变型蛋白,即使有诱导物存在时,仍结合于蛋白操纵基因上。(d)部分二倍体含有一个野生型操纵子,另一个操纵子具有突变型的阻遏蛋白(lac Iᵈ),它不能结合于 lac O。这个操纵子即使没有诱导物存在时仍然是去阻遏的,突变为显性。

根据突变的分析,操纵子的概念在遗传学的观念上得以有效证明,并且存在两类调控组分,一类是基因的产物即调控因子(阻遏蛋白);一类是顺式作用元件,对 3 个结构基因的表达都是必要的一段 DNA 序列。

9.2.5　P-O 区的结构

lac 操纵子早已有人分离得到,其 P-O 区的核苷酸顺序已全部分析清楚,lac 操纵子的 P-O 区结构如图 9-8 所示。

P 区是从 i 基因结束到 mRNA 转录开始点为止,而 O 区的范围是阻遏物结合区。从 i 基因结束到 z 基因起点之间共 122 个碱基对,mRNA 是从第 85 对碱基开始的,所以 P 区共 84 个碱基对,阻遏物结合区从 78 到 112,共 35 对碱基,和 P 区的重叠有 7 对之多,这个重叠部位是调控的关键位点,当阻遏物与之结合之后,可以阻止 RNA 聚合酶与 P 区结合从而抑制 RNA 聚合酶与启动子结合形成开放结构。阻遏物保护区之后还隔 10 对才是 Z 基因的始点,现在一般把

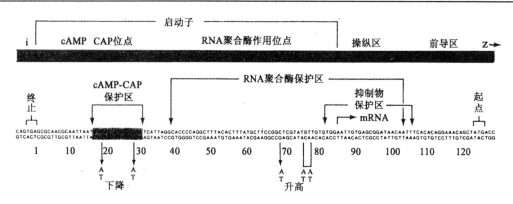

图 9-8　*E. coli* 乳糖操纵子调控区的碱基顺序

mRNA 开始到结构基起始密码子之间这一段称为前导区（1eader）。

P-O 碱基对的顺序,是从 mRNA 起始的第一个核苷酸为 +1 与转录方向一致的为正,与转录方向相反的为负。所以 P 区从 −84 到 −1,阻遏物保护区是 −7 到 28。

O 区（−7～28）的碱基顺序有对称性,其对称轴在 +11 碱基对,具体如图 9-9 所示。P 区中的 cAMP-CAP 复合物结合区也是一个对称区（52～67）,其对称轴在 59～60 之间,此对称序列如图 9-9 所示,对称区在蛋白质与 DNA 的识别结合中意义非常大。cAMP-CAP 复合物与启动子区的结合是 lac mRNA 合成起始所必需的,因为该复合物在启动子上游结合后,能够使 DNA 双螺旋结构发生弯曲,有利于 RNA 聚合酶与启动子结合形成开放复合物后促进转录。

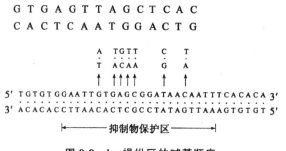

图 9-9　lac 操纵区的碱基顺序

实质上,乳糖操纵子的表达是受负控制诱导和正控制诱导的双重控制,只有当两个控制同时有利于转录时,乳糖操纵子才能够得以正常表达,即当效应分子乳糖与阻遏物结合而去阻遏,同时,又有 cAMP-CAP 复合物的存在,两条件缺一不可。具体情况如图 9-9 所示。

9.2.6　乳糖操纵子的正调控

在以上介绍的乳糖操纵子的调控中,向我们传递了这样一个信息:细胞在有乳糖存在的条件下便开启这些基因的表达;当无乳糖时,便关闭这些基因的表达。

但是,即使没有阻遏蛋白的存在,启动子 P 也不能使三个结构基因高效表达。这是因为 lac 启动子的—35 区缺少某些上游元件,使得 RNA 聚合酶与 DNA 的结合比较弱,转录的起始不能以很高的频率进行。但是,大肠杆菌 lac 启动子的上游具有一个激活蛋白结合位点,当有活性的激活蛋白结合在这个位点上,它与 RNA 聚合酶相互作用,促进了 RNA 聚合酶与启动子稳定结合,从而促进了结构基因的转录。这就是乳糖操纵子上的正调控作用。

这个激活蛋白就是分解代谢产物激活蛋白（catabolite activator protein,CAP）,CAP 的作用还需要一个小分子效应物——cAMP。

1. 分解代谢物阻遏作用

很多微生物都专一地利用一种糖,但大肠杆菌就不是这样,它既可以利用葡萄糖也可以利用乳糖。如果环境中乳糖和葡萄糖同时存在时,大肠杆菌会如何选择呢? 事实上,当环境中既有乳糖又有葡萄糖时,大肠杆菌会优先选择葡萄糖来作为自己的能源物质,此时,分解利用乳糖的 lac 操纵子则不被诱导。直到葡萄糖被消耗完以后,大肠杆菌细胞暂时停止生长,开始合成分解乳糖的酶,利用乳糖进行供能,然后细胞又恢复生长。这就是细胞二度生长现象。大肠杆菌对某些糖类的优先利用现象可能是长期自然选择的结果,因为自然界中葡萄糖比其他糖类存在广泛。

但要强调的是,细胞优先选择利用葡萄糖而不是其他糖类作为碳源的能力是由葡萄糖的分解代谢物(catabolite)控制的,因而把这种调控方式称为碳代谢物阻遏作用(carbon catabolite repression,CCR)。属于这一类调控作用的操纵子对葡萄糖分解代谢产物的敏感性都比较高。如在 lac、gal、ara 等操纵子中都有这种情况。另外,三羧酸循环、电子传递链酶系中大多数酶的合成都同样会受这种机制的影响。这种分解代谢产物阻遏作用也称为葡萄糖效应,代表了优先利用葡萄糖的一种协调系统,是通过抑制其他糖类代谢的操纵子表达来进行的。

事实上,“分解代谢产物阻遏”这种说法不够准确。因为“分解代谢产物阻遏”对操纵子表达的作用需要一个转录激活物,即分解代谢产物激活蛋白(catabolite activator protein,CAP)和一个小分子效应物环腺苷-磷酸(cAMP)。这种调节属于一个全局性调节类型,我们在这里使用“分解代谢产物阻遏”这个名词只是想表述一个概念。

2. cAMP-CAP 复合物

为什么在同时有乳糖和葡萄糖的情况下,乳糖操纵子仍然无法正常开放呢? 起初认为乳糖操纵子仅仅处于乳糖阻遏物的负控制之下,只要乳糖(严格地说应该是别乳糖)与阻遏蛋白结合,操纵子就能正常的表达产生出结构基因所编码的蛋白质。但是现在了解到,即使有诱导物存在并将阻遏蛋白中和,操纵子的正常表达还必须依赖一个蛋白质介导的正调控信号的存在。经研究发现,乳糖操纵子的开放所需要的正调控信号是一种称为 cAMP($3'$,$5'$-环式 AMP 的简写)的受体蛋白(cAMP receptor protein,CRP)的激活蛋白。只有在负调控不起作用、正调控起作用的条件下,乳糖操纵子才能开放。此处需要注意的是,cAMP 的受体蛋白 CRP 也称为分解代谢产物激活蛋白(catabolic activator protein,CAP),它是基因 CAP 的产物,下文为了统一,一律把 CRP 写作为 CAP。那么,CAP 又是怎样进行正调控的呢?

CAP 是二聚体,蛋白质中具有 DNA 结合域和 cAMP 结合位点。同时,CAP 二聚体可以被 cAMP 分子激活(即 CAP 的效应物是 cAMP,只有当 cAMP 与 CAP 结合形成 cAMP-CAP 复合物以后,CAP 才有活性)。CAP 对一切葡萄糖敏感的操纵子都是正调控因子,所以 cap 突变的细胞对大多数糖类的利用都是无法正常进行的。

cAMP 是以 ATP 为底物,在腺苷酸环化酶(adenylcyclase)的催化下合成的。一种磷酸二酯酶(phosphodiesterase)能够将 cAMP 水解生成 AMP,所以,cAMP 在细胞中的水平是由腺苷酸环化酶和磷酸二酯酶的活性共同决定的。如果编码腺苷酸环化酶的基因发生了突变葡萄糖水平的改变就不会被应答,即不能出现分解代谢物阻遏作用(葡萄糖效应)。

20 世纪 50 年代时,Sutherland 等发现了 cAMP,但是这一研究结果世人对其重视度仍然不够。1965 年,Sutherland 又发现,大肠杆菌的培养液中葡萄糖的含量总是与 cAMP 的含量成反比:当细菌利用葡萄糖分解产生能量来为自身供能时,cAMP 生成少,分解多,含量降低;当环境中无葡萄糖可供利用时,cAMP 含量就升高。到 1968 年,发现培养液中加入 cAMP 后可以克服葡萄糖对 β-半乳糖苷酶的抑制作用,也就是说,在培养液中加入 cAMP 可以增加 β-半乳糖苷酶的产量,如图 9-10 所示。

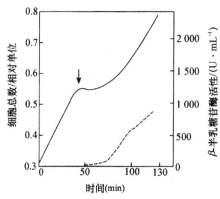

图 9-10　β-半乳糖苷的诱导与大肠杆菌的乳糖代谢

当葡萄糖和乳糖同时存在于培养基中时,lac 启动子表达受阻,没有 β-半乳糖苷酶活性;当葡萄糖消耗完以后(图中箭头处),细胞内 cAMP 浓度增加,β-半乳糖苷酶活性增加,一度停止生长的细胞又恢复分裂。为什么细菌细胞中 cAMP 的水平会受到葡糖糖水平的影响?这一效应的基础在于细菌的 PTS 系统中的某些共同成分负责控制碳水化合物的吸收和运输。

PTS(phosphoenolpyruvate(PEP):carbohydrate phosphotransferase system)是细菌的磷酸烯醇丙酮酸:碳水化合物磷酸转移酶系统。作为一个运输系统,PTS 催化很多糖类的吸收以及利用 PEP 提供磷酸基团在运输过程中磷酸化这些糖类。大肠杆菌的 PTS 由酶Ⅰ(enzyme Ⅰ,EI)、中间磷酸基团供体 HPr 蛋白和酶Ⅱ复合物(enzyme Ⅱ complex,EⅡ复合物)三个部分共同组成。其中 EⅠ和 HPr 蛋白位于胞质,负责磷酸基的转移,对所有的糖类都一样识别;而 EⅡ复合物一般由几个蛋白或一个具有多个结构域的单链蛋白组成,通常具有一至二个疏水的膜整合结构域 C 和 D,以及两个亲水结构域 A 和 B。EⅡ复合物对不同的糖类有特异的识别,因此,细菌细胞通常含有许多不同的 EⅡ复合物,例如大肠杆菌就有至少 15 种不同的 EⅡ复合物。EⅡ复合物的几个结构域有时存在于不同的蛋白上,有时存在于同一个蛋白,糖类的磷酸化和跨质膜运输是由这几个结构域共同负责的。从某种意义上说,EⅡ复合物与 PEP/EI/HPr 构成的磷酸基转移通道相连接,组成了几条平行的糖类运输通道。

大肠杆菌中与葡萄糖代谢有关的 EⅡ复合物由两个蛋白组成,即 EⅡA^{Gac} 和 EⅡCB^{Glc}。EⅡA^{Gac}、由 crr 基因(carbohydrate repression resistant,crr)编码,位于胞质中;EⅡCB^{Glc} 由 ptsG 基因编码,其中疏水的 EⅡC 结构域包埋于膜内,而亲水的 EⅡB 结构域与胞质接触。磷酸化和去磷酸化引起的 EⅡA^{Gac} 结构和电荷的改变影响其对糖代谢的调节能力:磷酸化形式的 EⅡA^{Glc} 可以激活腺苷酸环化酶,进而调节 cAMP 的浓度。当细胞吸收和运输葡萄糖时,导致 EⅡA^{Glc} 去磷酸化,从而使得腺苷酸环化酶的活性得以有效降低,使 cAMP 的水平下降;同时,去磷酸化形式的 EⅡA^{Glc} 可以结合乳糖透过酶并且阻止后者将乳糖输入细胞。当葡萄糖消耗完后,PTS 中包括 EⅡA^{Glc} 等蛋白以磷酸化形式存在,磷酸化的 EⅡA^{Glc} 可以激活腺苷酸环化酶,使 cAMP 的水平升高,导致对乳糖操纵子的抑制解除。因此,如果人为添加过量的 cAMP,即使葡萄糖存在,也会解除其对乳糖操纵子的抑制。

3. cAMP-CAP 对 lac 操纵子的正调控

cAMP-CAP 对转录的诱导作用就是正调控系统的关键所在,CAP 能提高 RNA 聚合酶与乳糖启动子结合的能力。在 lac 操纵子上游的 −55～−70 区是 CAP 的结合序列。当介质中缺乏 cAMP-CAP 复合物时,RNA 聚合酶与启动子区的结合能力比较弱;但是当介质中 cAMP 水平较高时,就能与 CAP 结合,形成 cAMP-CAP 复合物并结合在 lac 启动子上游附近的 CAP 位点上,从而可增强转录达 50 倍之多。

那么 cAMP-CAP 复合物又是如何促进操纵子转录的呢? CAP 激活转录可能通过以下两种方式来实现:一种是它可以直接与 RNA 聚合酶相互作用,从而激活转录,如图 9-11 所示。另一种是它可以与 DNA 相互作用,结果使 DNA 弯曲,通过改变 DNA 与 CAP 的构象,增强 RNA 聚合酶与 DNA 的结合能力,并协助 DNA 双螺旋解开,导致 RNA 聚合酶的转录活性提高约 20～50 倍,转录的开始也就得以有效启动,如图 9-12 所示。其实,这两种方式都同时存在。无论哪一种方式都认为 cAMP-CAP 与 lac 操纵子 CAP 的位点结合时,使得 RNA 聚合酶对启动子的结合能力得以有效促进,从而提高了转录的效率。

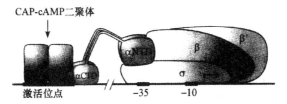

图 9-11　cAMP-CAP 在其 DNA 结合位点上与 RNA 聚合酶的相互作用

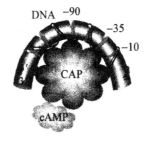

图 9-12　cAMP-CAP 与其结合位点结合以后导致 DNA 发生弯曲

在 lac 操纵子中,阻遏蛋白的作用是一种负调控作用,负调控只是对乳糖的存在作出反应,而 CAP 蛋白介导的是一种正调控作用。正负调控之间存在着一种协调:当 lac 操纵子中的阻遏蛋白结合于 O 区而阻遏转录时,CAP 的结合对转录不起作用。如果别乳糖与阻遏蛋白结合使该蛋白从 O 区脱离而 CAP 蛋白尚未与 CAP 位点相结合,转录依然不能高效率启动。这说明乳糖的存在与 CAP 的结合这两个条件分别是乳糖操纵子开放的必要条件,然而这些都不是充分条件。之所以会有这种情况出现,是因为 lac 启动子是一个相对较弱的启动子,RNA 聚合酶与启动子结合较弱。只有当 cAMP-CAP 复合物存在时,RNA 聚合酶才能够与启动子形成稳定的开放复合物,才能高效地启动 lac 操纵子的转录。因此,高效诱导 lac 操纵子开放的充分必要条件是:①有乳糖(别乳糖)存在以使阻遏蛋白失活;②没有或很少的葡萄糖可以增加 cAMP 的浓度而促进 CAP 的结合。

4. cAMP-CAP 的作用特点

cAMP-CAP 是通过募集 RNA 聚合酶来激活 lac 基因这种观点被各种实验所指出。我们把 cAMP-CAP 复合物与 RNA 聚合酶相互接触的区域称为激活区(activating region)。这样就产生一个问题,当 CAP 激活 lac 基因时,其激活区与 RNA 聚合酶的哪一部分相接触呢? 通过 RNA 聚合酶的突变实验发现:突变的聚合酶可以正常地转录多种基因,但是不能在 lac 基因处被 CAP 激活。经分析,知道了这些突变体是在 RNA 聚合酶的 α 亚基(αsubunit)的 C 端结构域(C-terminal domain)发生了氨基酸替换。这一结构域由一个柔性的连接部分连接到 α 的 N 端结构域(NTD)。αNTD 深埋于酶内部,而 αCTD 却延伸出来,与 CAP 结合并通过 CAP 位点与 DNA 接触(具体如图 9-12 所示)。α 亚基的 CTD 与 CAP 以及 CAP 位点的结合为 RNA 聚合酶与 DNA 之间提供了特殊的相互反应,增加了额外结合力。

如果说在基因表达调控中,将 RNA 聚合酶募集到启动子上是 CAP 的作用,那么可以设想,通过其他方法将 RNA 聚合酶带到启动子上对基因的表达也是同样起作用的。对于 lac 基因来说,科学家们设计了如下三个实验进一步说明 lac 启动子的激活只需要 RNA 聚合酶的募集。

①用另外一种蛋白质-蛋白质互作的复合物代替 CAP 和 RNA 聚合酶互作。用两个已知的蛋白质做试验,用第一个蛋白质取代 RNA 聚合酶 α 亚基的 C 端结构域(aCTD),形成被修饰过的 RNA 聚合酶。第二个蛋白质以一个结构域与第一个蛋白质结合,同时以 DNA 结合域结合 DNA。只要启动子附近有合适的 DNA 结合位点,那么被修饰过的 RNA 聚合酶就能被这种拼凑起来的"激活蛋白"待到启动子上。

②RNA 聚合酶的 αCTD 被 CAP 的 DNA 结合结构域所取代,那么不需要任何其他活化因素,只要附近有合适的 DNA 结合位点,这一修饰过的 RNA 聚合酶就能有效地起始从 lac 开始的转录。

③在体外模拟细胞内的环境,但不存在 CAP 时,加入高浓度的 RNA 聚合酶,lac 基因也可以被高水平的转录的现象就会发生。

以上这些实验充分说明了,CAP 协助 RNA 聚合酶稳定地结合到启动子上,从而使 lac 基因高效表达。

正、负调控的概念及特性在前面已经介绍过,在此以乳糖操纵子为例,简单回顾一下乳糖操纵子中,正调控系统和负调控系统在启动基因转录时的不同,如表 9-1 所示。

表 9-1 正调控系统和负调控系统在启动基因转录时的区别

项目	正调控系统	负调控系统
主要作用物(蛋白质性质)	cAMP-CAP 复合物	阻遏物蛋白
主要作用物的作用	诱导	阻遏
作用位置	lac P	lac O 区
起相反作用的辅助因子	辅移抑制物(葡萄糖)	抑制解除物(半乳糖)
(非蛋白质性质)		

9.3　其他原核操纵子的调控

9.3.1　半乳糖操作子

当原核细胞处在没有葡萄糖只有乳糖的环境中时,一分子的乳糖在 lac Z 编码的 β-半乳糖苷酶的作用下,生成一分子葡萄糖和一分子半乳糖。实际上,此时利用乳糖供能的过程并没有结束,产生的一分子半乳糖又会在另一套酶系统的催化下最终生成葡萄糖,使乳糖的利用最终进入葡萄糖代谢途径。

1. 半乳糖操纵子的结构

大肠杆菌中,gal 操纵子的基本结构包括 gal E、gal T 和 gal K 这三个基因组。其中 gal E 编码 UDP-半乳糖-4-差向异构酶(UDP-galactose-4-epimerase),负责将 UDP-半乳糖转换成 UDP-葡萄糖。gal T 编码半乳糖-1-磷酸尿嘧啶核苷酸转移酶(galactose transferase),将半乳糖-1-磷酸转移至尿苷二磷酸-葡萄糖(UDP-葡萄糖),产生尿苷二磷酸-半乳糖(UDP-半乳糖),将原来结合的葡萄糖释放;gal K 编码半乳糖激酶(galactose kinase),将半乳糖磷酸化成半乳糖-1-磷酸。在上述这 3 个酶共同作用下,半乳糖被转化为葡萄糖-1-磷酸和 UDPG,具体如图 9-13 所示。

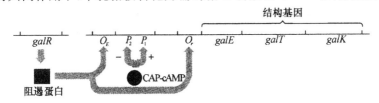

图 9-13　半乳糖操纵子的结构及其调控机制

半乳糖代谢的反应:

$$半乳糖 + ATP \xrightarrow{\text{半乳糖激酶(GalK)}} 半乳糖\text{-}1\text{-}磷酸 + ADP$$

$$半乳糖\text{-}1\text{-}磷酸 + UDPG \xrightarrow{\text{半乳糖-1-磷酸尿嘧啶核苷酸转移酶(GalT)}} UDP\text{-}Gal + 葡糖糖\text{-}1\text{-}磷酸$$

$$UDP\text{-}Gal \xrightarrow{\text{UDPGal-4-异构酶(GalE)}} UDPG$$

gal 操纵子中的操纵序列为 gal O,调节基因为 gal R。区别于乳糖操纵子,编码阻遏蛋白的 gal R 距离 gal ETK 基因簇及 gal O 基因很远。gal R 基因产生的阻遏蛋白对 gal O 的作用类似于 lac I 基因产物对 lac O 的作用,尽管 gal R 与 gal O 基因相距甚远,但其作用却丝毫没有减弱。

尽管 gal 操纵子与 lac 操纵子十分相似,但 gal 操纵子仍具有独特性,与 lac 操纵子的不同之处主要体现在以下两个方面:

①gal 操纵子具有两个操纵序列:gal O_E 和 gal O_r。其中 gal O_E 在启动子区上游 $-67 \sim -53$ bp 处,位于 CAP 结合位点之内;gal O_r 大约在 $+55$ bp 处。gal O_E 和 gal O_r 这两个操纵子离启动子 P 都有一段距离,并不是直接相邻。

②gal 操纵子具有两个启动子:gal P_1 和 gal P_2。这两个启动子的距离仅为 5 bp。gal 操纵子可以从这两个不同的启动子开始转录并合成 mRNA,转录起始位点分别为 S_1 和 S_2。当有活

性的 cAMP-CAP 存在时，P_1 启动，转录从 S_1 开始。当缺乏 cAMP-CAP 时，P_2 启动，转录从 S_2 开始。

2. gal 操纵子的调控

在诱导和不诱导的情况下，lac 操纵子的相关酶的合成速率相差达 1000 倍。而 gal 操纵子内只相差 $10\sim15$ 倍，这是因为 gal 操纵子平时并不处于完全关闭状态。类似于 lac 操纵子，在 gal 操纵子的调控机制中也有两种调控方式，一种是阻遏蛋白的负调控，另一种是 cAMP-CAP 的正调控。但 gal 操纵子的 DNA 排列顺序与 lac 操纵子不同，阻遏蛋白负控制的作用程度也不一样，对 cAMP-CAP 的依赖程度较低。

①当环境中存在葡萄糖时，cAMP-CAP 复合物的含量就会大大减少，不能从启动子 P_1 开始转录。此时如果细菌细胞内存在半乳糖，阻遏蛋白（Oal R）的含量也极少，RNA 聚合酶结合在启动子 P_2 的序列上，转录便从 P_2 开始。如果细胞内半乳糖是不存在的话，gal R 基因编码的阻遏蛋白 Gal R 将与操纵序列以两种方式结合。一种是 Oal R 以四聚体的形式同时结合在两个操纵序列 gal O_E 和 gal O_r 上，导致它们之间的 DNA 成环，阻止 RNA 聚合酶与启动子的结合或抑制开放的转录复合物的形成从而导致启动子的关闭。另一种方式是 Oal R 以二聚体的形式只与 gal O_E 结合，则启动子 P_2 被激活，允许 gal E 开始组成型表达。

②当环境中缺乏葡萄糖时，cAMP-CAP 复合物的含量较高，从 P_2 转录也就会受到不同程度的抑制。此时如果细菌细胞内存在半乳糖，那么 gal R 基因编码的阻遏蛋白（Gal R）就处于无活性状态，cAMP-CAP 复合物与 P_1 的 -35 区域结合。RNA 聚合酶结合在启动子 P_1 上。CAP 和 RNA 聚合酶能直接相互作用，使启动子从 P_1 开始转录。如果细菌细胞内不存在半乳糖，阻遏蛋白 Gal R 可以结合在操纵序列 gal O_E 上。由于 gal O_E 离启动子还有一段距离，所以当 Gal R 结合到 gal O_E 上时，它不一定就会像 lac 操纵子中的阻遏蛋白那样去阻碍 RNA 聚合酶与启动子 P_1 的结合。它阻断 P_1 开始转录的方式可能是通过抑制 cAMP-CAP 与 DNA 的相互作用来阻断，也有可能是通过影响 cAMP-CAP 与 RNA 聚合酶的作用来阻断。

③cAMP-CAP 的存在对 P_1 激活作用，属于正调控；对 P_2 是抑制作用，属于负调控。

④阻遏蛋白 Gal R 对两个启动子 P_1 和 P_2 都是负调控作用，但是当细胞中存在少量的 cAMP-CAP 时，启动子 P_2 的转录仍然不会受到任何影响。

⑤启动子 P_1 对 RNA 聚合酶的亲和性要比 P_2 对 RNA 聚合酶的亲和性要高很多。当环境中无葡萄糖，而有半乳糖时，P_1 可以转录，而 P_2 不转录。其原因可能是由于 RNA 聚合酶在细胞内数量是有限的，两个启动子在竞争 RNA 聚合酶时，RNA 聚合酶几乎都结合到 P_1 上从而启动转录，而 P_2 与 RNA 聚合酶的亲和力较低，得不到 RNA 聚合酶故不进行转录。

3. gal 操纵子的两个启动子的生理意义

gal 操纵子具有两个启动子，这就导致了它具有独特的生理功能。半乳糖在细菌细胞内最主要有两种作用，一是它可以作为碳源为细胞生长供能；二是与之相关的物质-尿苷二磷酸半乳糖（UDP-gad）是大肠杆菌细胞壁合成的前体物质。无论是作为碳源还是细胞壁的合成物质，细菌都需要具有半乳糖代谢的酶。

在没有外源半乳糖的情况下，UDP-gal 是通过半乳糖差向异构酶的作用由 UDP-葡萄糖合成的，该酶是 gal E 基因的产物。在细菌细胞的整个生命过程中，细胞内必须具有一定量的差向异构酶使得细菌正常的生长和繁殖得以有效维持。由此可见,如果细菌只有 P_1 一个启动子,由于这个启动子的活性依赖于 cAMP-CAP 在细胞中的含量,那么当培养基中有葡萄糖存在时就不能合成差向异构酶;如果细菌只有 P_2 一个启动子,那么在葡萄糖存在的条件下,半乳糖也将使操纵子处于充分诱导状态,这对于细菌来说无疑是一种浪费。所以,无论是从必要性或经济性来考虑,细菌都需要一个依赖于 cAMP-CAP 启动子(P_1)对高水平合成进行调节。

9.3.2　阿拉伯糖操纵子

1. 阿拉伯糖操纵子的结构

阿拉伯糖(arabinose)分解代谢的酶系,在细菌中是由三个基因编码的。如图 9-14 所示,ara A,ara B 和 ara D 分别编码核酮糖激酶、阿拉伯糖异构酶、核酮糖-5-P-表面异构酶,这些结构基因簇称为 ara BAD。此外,还有 ara E,ara F 基因分别编码透性酶和周质蛋白,以及合成调控蛋白的基因 araC 和一些调控位点。在这些分散的基因中,调控是由一个共同的 araC 基因产物 C 蛋白来实现的。这些不是连续在一起,有多个不同操纵子,但共同协调控制的区域称为调控子(regulon)。

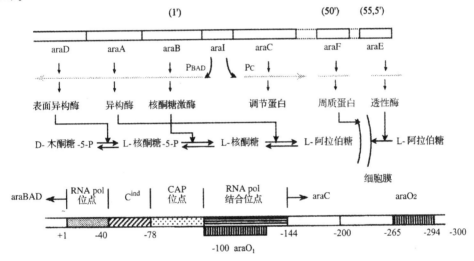

图 9-14　ara 调控子的结构及其所编码酶催化的生化反应

在结构方面,相较于 lac 操纵子而言,ara 调控子有几个特点:

①有两个操纵基因 araO1 和 araO2。其中 araO1 是控制调控因子基因 araC 的转录。另一个操纵基因 araO2 位于它控制的启动子(P_{BAD})的上游,−256～−294 之间,控制着结构基因 araBAD 的转录。所以,araO2 对于 araBAD 是不可少的。

②araBAD 和 araC 有自己独特的启动子 araP_{BAD} 和 araPc。它们的转录方向相反,是两个单独的操纵子,整个 ara 调控子可以双向转录,如图 9-15 所示。

③调控因子 CAP 蛋白的结合位点在 araP_{BAD} 的上游约 200bp,转录得益于 CAP。

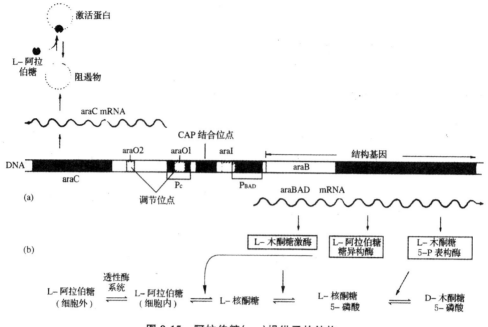

图 9-15　阿拉伯糖(ara)操纵子的结构

2. ara 操纵子的调控因子 AraC

AraC 的特点:

①AraC 因子是双功能的蛋白质,具有两种不同的构象和功能,分别为 C^{ind} 和 C^{rep}。C^{ind} 是 AraC 蛋白结合了阿拉伯糖后的构象。C^{rep} 是不结合阿拉伯糖的单纯的 AraC 蛋白。

②AraC 蛋白结合阿拉伯糖形成的 C^{ind} 复合物,是诱导型的 C 蛋白。结合于 ara I 位点(即 inducer,位于−78～−40)时,使 RNA 聚合酶能结合于启动子 PSAD(位于+140),对 ara BAD 的转录有激活作用。ara I 有两个半位点,ara I1(−56～−78)和 ara I2(−35～−51),每个半位点可以结合一个 AraC 蛋白的单体。C^{ind} 是 $araP_{BAD}$ 操纵子的正调控因子。

③C^{rep} 结合于 araO1(位于−106～−144),具有阻遏作用。araO1 和启动子 araPc 相互重叠,因此 C^{rep} 的结合使得 RNA 聚合酶结合得以妨碍,从而导致 araC 基因的表达受到阻遏。

④因为 araI(位于−78～−40)和上游 cAMP-CAP 结合位点(位于−107～−78)相连的比较紧密,下游又和 RNA 聚合酶结合部位(P_{BAD})邻近,所以一旦有一个正调控因子 cAMP-CAP 结合上去,便可以和 C^{ind} 协同作用激活两个操纵子 araBAD 和 araC 的转录。C^{ind} 和 cAMP-CAP 两种正调控因子对 araBAD 和 araC 的转录激活作用在于它们促进 RNA 聚合酶与启动子 P_{BAD},Pc 结合,开放型启动子复合物就得以迅速形成。

⑤当 AraC 蛋白表达过量时,C^{ind} 结合于 araO1,导致 araC 表达受阻,随着 AraC 蛋白减少,C^{ind} 也减少或耗尽,最后 araBAD 被关闭。

3. ara 操纵子的调控

在阿拉伯糖和葡萄糖都存在时,araC 基因处于本底转录,少量的 AraC 蛋白得以产生,结合于 araO(−106～−144),使 RNA 聚合酶不能结合于启动子 araPc,结果 araC 基因的转录受阻遏。

图 9-16 表示 ara 操纵子的调控机理。(a)阿拉伯操纵子(ara operon)调控区的结构图。有 4 个 AraC 的结合位点(araO1,araO2,ara Ⅱ1 和 ara I2)。它们都位于 ara 启动子(araP$_{BAD}$)的上游。(b)在缺乏阿拉伯糖时,ara 操纵子为负调控,单体 AraC 蛋白结合于 araO2 和 ara I1。DNA 弯曲,阻塞 RNA 聚合酶进入启动子。(c)阿拉伯糖结合于 AraC,改变它的构象,使它以二聚体的形式容易结合于 araI1 和 araI2,而与 araO2 无法正常结合。这打开了 RNA 聚合酶结合于启动子的机会,呈正调控。如果缺乏葡萄糖,cAMP-CAP 的浓度升高,占据了 CAP 结合位点,促进 RNA 聚合酶结合于启动子。此时出现强的转录活性。

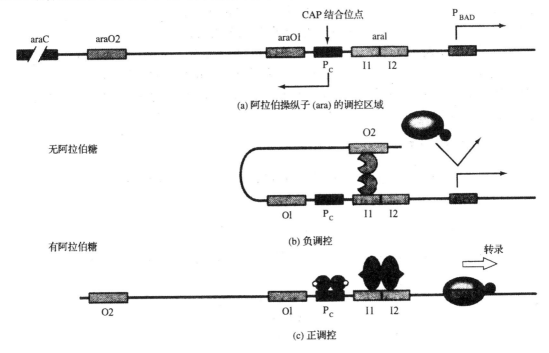

图 9-16　ara 操纵子的调控

当葡萄糖不存在时而阿拉伯糖可被利用的条件下,葡萄糖效应就会发生。如图 9-16 所示,此时 cAMP-CAP 丰富,并结合于 CAP 位点。由于阿拉伯糖和少量的 AraC 蛋白结合,形成了诱导型的 C 蛋白 C^{ind} 构象。它作为正调控因子结合于 araI 位点。此时 araC 蛋白作为激活因子与 cAMP-CAP 协同作用,诱导和促进了 araBAD 结构基因-转录,产生了 3 种酶,可以利用阿拉伯糖。

当有葡萄糖存在,而阿拉伯糖不存在时,由于葡萄糖效应,即 ACase 酶活性受抑制。因为 cAMP 和 cAMP-CAP 都缺乏,C 蛋白二聚体处于 C^{rp} 构象,与 araO2 结合,引起 DNA 成环,启动子 PBAD 向 araO2 靠拢,然后 AraC 蛋白再与 P$_{BAD}$ 上的蛋白质 cAMP-CAP 和 RNA 聚合酶相互作用,使启动子 P$_{BAD}$ 处于关闭状态,使得 ara BAD 的转录得以有效阻遏,见图 9-16(b)。

4. ara 操纵子的阻遏环

ara 操纵子的调控蛋白 AraC 在整个调控子(regulon)中有 4 个结合位点,araO1,araO2,araI1,araI2。在缺乏阿拉伯糖时,AraC 蛋白的单体分别结合于 araO2,araI1。在这两个远距离位点上结合单体后,它们两位点之间的 DNA 弯曲成环得益于单体之间的相互作用,称为阻遏环

(repression loop)。这时，AraC 蛋白成为负调控因子，环状 DNA 阻遏了 RNA 聚合酶接触到启动子 P_{BAD}，对基因 BAD 进行关闭，实行负调控。

另一方面，当有阿拉伯糖存在时，阿拉伯糖同 AraC 蛋白结合，C^{ind} 改变了 AraC 的构象。结果它不再结合到 araO2 位点，而占据了 araI1 和 araI2。这时阻遏环打开，操纵子去阻遏。正如 lac 操纵子，此时 CAP 和 cAMP 出场，cAMP—CAP 作为正调控因子，结合在启动子 Pc 上，同 AraC 蛋白（C^{ind}）相互作用，使 RNA 聚合酶从启动子 PBAD 开始转录。

araI2 在形成 DNA 的阻遏环与不形成阻遏环的差别中都会有所涉及。在结构基因 BAD 开启时，araI2 被 C^{ind} 结合；而结构基因关闭时，araI2 不被 C 蛋白结合。在成环状态中，araI2 内的突变对 AraC 蛋白结合没有任何影响。但在开环状态中，araI2 内的突变对 AraC 蛋白结合有强烈影响。在开环状态，araI2 是对 AraC 蛋白的结合是必要的，因而被 AraC 接触。AraC 蛋白二聚体同时同 araI1 和 araI2 相互作用。阿拉伯糖通过改变 AraC 的构象使阻遏环破坏，结果该蛋白因子失去了对 araO2 的亲和性，转而对 araI2 有亲和性。

5. araC 基因的自我调控

参与操纵子 araBAD 转录的阻遏作用并不是操纵基因 araO1 的作用，而是使 AraC 蛋白调控它自身的合成。可从 ara 调控的结构图看出 araC，Pc 和 araO1 的相对位置。AraC 基因是从启动子 Pc 向左方向进行转录。这个转录方向使 araO1 处于控制转录的位置，随着 AraC 蛋白合成水平的提高，它结合于 araO1，阻止了左向的转录，如图 9-17 所示。一种蛋白质控制它自己合成的这一类机制，称为自我调控（autoregulation）。

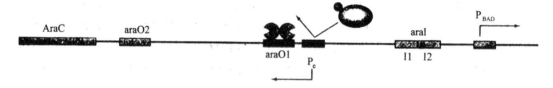

图 9-17　araC 基因的自我调控

从上面看出，ara 操纵子是一个复杂的调控系统，以下几个关键点是它所具备的：①AraC 蛋白是否结合信号分子阿拉伯糖，形成 C^{ind} 和 C^{rep} 两种不同的构象分子，然后分别结合于不同的调控序列 araI 和 araO2，对操纵子的转录进行正调控和负调控。②对远距离启动子的操纵基因内调控序列，可以通过 DNA 成环作用，介导特异性的蛋白质-蛋白质相互作用，对 ara 操纵子的转录进行调控，这种 DNA 成环所介导的基因调控方式为真核生物基因的调控提供了模型。③ AraC 蛋白以 araO1 形式结合于 araO1，阻遏自身基因的转录，并控制自身的合成，即自我调控。

9.3.3　色氨酸操纵子

色氨酸操纵子（trp operon）是控制色氨酸合成的一个操纵子，属于可阻遏型调控，色氨酸在这个系统中充当着辅阻遏物的角色。受阻遏物负调控的生物合成操纵子的一个典型实例就是大肠杆菌的色氨酸操纵子，也是目前认识最详尽的一种阻遏型操纵子。1981 年，trp 操纵子的序列被完全测出，由 7000 多个碱基对组成，其中 6800 个碱基组成了 trp 操纵子的 5 个结构基因，编码相关的酶或亚基，经过 5 步反应从分支酸开始催化合成 L-色氨酸。

1. 色氨酸操纵子的结构

由一个启动子、一个操纵序列、一个前导肽编码基因(trp L)和五个结构基因共同组成了大肠杆菌色氨酸操纵子的结构。大肠杆菌色氨酸操纵子的调节蛋白由调节基因(trp R)编码。

在大肠杆菌中,色氨酸的合成需要经过五步完成,每一步都需要有一种专一性的酶来对其进行支持。大肠杆菌操纵子中的五个结构基因包括:trp E、trp D、trp C、trp B 和 trp A。其中 trp E 编码产生邻氨基苯甲酸合成酶、trp D 编码产生邻氨基苯甲酸焦磷酸转移酶、trp C 编码产生邻氨基苯甲酸异构酶、trp B 编码产生色氨酸合成酶以及 trp A 编码产生吲哚甘油-3-磷酸合成酶。编码这五种酶的基因彼此相邻,连锁在一起,这五个基因每次被转录在同一条多顺反子 mRNA 分子上,如图 9-18 所示。

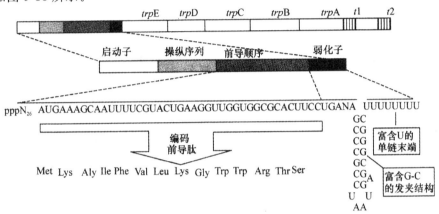

图 9-18　色氨酸操纵子结构基因及调节区域

从图 9-18 上可以看到,trp 操纵子结构基因上游包括了启动子 trp P、操纵序列 trp O 和一个特殊的区域。这个特殊的区域长 162bp,由前导区(leader)和弱化子(attenuator)区共同组成,分别定名为 trp L 和 trp a。注意此处的 trp a 应与结构基因的 trp A 基因区分开,trp a 是编码弱化子的 DNA 序列。

trp P 是启动子,与一般启动子没有差别,具有正常的−10 和−35 序列,它启动五个结构基因的表达。trp P 与 trp O 大部分重叠,trp P 区的−10 序列完全位于 trp O 之内。trp O 是阻遏蛋白四聚体活化形式的结合位点。

trp R 是调节基因,编码产生阻遏蛋白,它与整个操纵子并不连接,且相距很远。另外,在调节基因 trp R 与整个操纵子的中间 trp S(色氨酸 tRNA 合成酶基因)依然存在。色氨酸 tRNA 合成酶和色氨酰-tRNATrp 这两个因素也参与色氨酸操纵子的调控作用。

2.trp 操纵子的阻遏系统

色氨酸是构成蛋白质的组分,如果外界环境中不能提供足够的色氨酸,为了保证色氨酸的供给量就需要细菌就必需自己合成一部分,相应的合成酶基因即可被诱导转录。相反,当环境能够提供充足的色氨酸时,这些合成酶就不再需要了,相应的操纵子就被阻遏,此时细菌会充分利用外界的色氨酸,减少或停止自身合成色氨酸,以节省能量。操纵子的调控仅仅根据生长培养基中有无色氨酸,这就存在一个调控系统。

色氨酸操纵子属于可阻遏型,它的调控不外乎以下两种方式,一是 RNA 链形成的起始调节

（启动子调节），二是 RNA 链的终止调节（弱化子调节）。在这两种调节中，色氨酸都起主要作用，在启动子调节中，色氨酸作为辅阻遏物（co-repressor）抑制 mRNA 的合成；而在弱化子调节中，色氨酸通过影响此段 mRNA 的结构而起作用。

辅阻遏物是指能与特异的阻遏蛋白结合，并参与其自身生物合成或相关代谢酶形成的一种特异的阻遏物质。许多阻遏物分子能以活性的及无活性的两种形式存在，这要看它们与其适当的诱导物或辅阻遏物是否结合而定，阻遏物失活可能源于诱导物的结合。反之，辅阻遏物的结合则将无活性的阻遏物变为有活性的形式。当缺乏辅阻遏物时，有些阻遏蛋白不具有与操纵序列结合的活性，导致结构基因可以正常表达。正调控系统中的抑制物称为辅阻遏物，这是为了和负调控系统中的蛋白质抑制物相区别。

图 9-19 菌色氨酸操纵子的负调控模型（启动子调节）。trp R 编码的阻遏蛋白是一种同二聚体，可对称地结合到 trp 操纵子的操纵序列上。trp R 基因的突变直接导致 trp 操纵子的永久性开放。

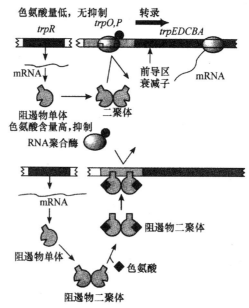

图 9-19　色氨酸操纵子的负调控模型

当大肠杆菌内色氨酸含量低时，阻遏蛋白没有活性，和 DNA 上的 trp O 点无法正常结合。这时 RNA 聚合酶可以结合到启动子上，结构基因的转录正常进行，产生一条多顺反子的 mRNA，表达参与色氨酸合成的基因，补充细胞内色氨酸的含量。

当大肠杆菌内色氨酸含量充足时，色氨酸与无活性的阻遏蛋白结合，使其活化并结合到操纵序列上。这样，RNA 聚合酶不能结合到启动子上，使得结构基因的转录得以阻止。使参与色氨酸合成的基因不表达，细胞只要利用现有的色氨酸即可。

因此，转录的正常进行与否，主要取决于色氨酸能否与阻遏蛋白结合，需要注意的是色氨酸并不是作为诱导物，而是作为辅阻遏物出现。即只有色氨酸与阻遏蛋白结合才能激活阻遏蛋白，从而使阻遏蛋白结合在 DNA 上阻止转录的进行。

上述过程中，阻遏蛋白的这种阻遏作用并不是 trp 操纵子表达调控的所有内容。对于色氨酸合成基因的表达来说，阻遏系统仅仅能决定转录是否启动，这和一个一级开关比较相似，称为

trp 操纵子的粗调开关。当转录开始后,其转录速率则受第二个调控过程的控制,即转录弱化作用的调节,这是一种精细调节,称为 trp 操纵子的细调开关,其结果是使酶的浓度可以根据氨基酸的细微变化而变化。这个细调过程是依赖于 trp 合成酶基因 5′ 端编码前导肽的序列中弱化子的调控序列而实现的。

3. trp 的弱化作用

(1)弱化子与前导区

最初阶段,人们普遍认为色氨酸操纵子转录水平的调控都与阻遏物有关。但是,后来有人发现,在操纵序列 trp O 和 trp E 基因编码序列之间存在一段短的碱基顺序,如果这一段碱基顺序缺失,将导致基本转录水平和活化(解阻遏)后的转录水平均上升,结果是使 trp 酶的合成提高约 6 倍。这一现象无论是在 trp R⁻ 的细胞里还是在 trp R⁺ 的细胞里都是无法避免的。这就说明,缺失的这一段碱基顺序一定起调控作用。我们把这段短的顺序称为弱化子,也称作衰减子。

在 trp E 基因的上游有一段长为 162bp 序列,这段 mRNA 包括前导区和弱化子的序列,如图 9-20 所示,弱化子就位于前导区的末端。前导区编码前导肽(leader peptide),前导肽是一个含 14 个氨基酸的小肽,弱化子结构的形成会受到它合成的直接影响,从而影响转录。前导肽有一个明显的特点就是在其第 10 位和第 11 位上有两个连续的色氨酸残基,这两个色氨酸残基与弱化作用密切相关。弱化子其实就是一个转录作用的内在终止子,它含有一小段富含 GC 的回文结构,之后连接着 8 个连续的 U 残基。这段序列能在 RNA 转录物中形成发夹结构,就可以作为一个高效的转录终止子。而一些实验也表明弱化作用还需要有色氨酰-tRNA^Trp 的参与。

Met Lys Ala lle Phe val Leu Lys Gly Trp Trp Arg Thr Ser　停止

pppA⋯AUGAAAGCAAUUUUCGUACUGAAAGGUUGGUGGCGCACUUCCUGA

图 9-20　色氨酸弱化子的前导区序列

研究表明,如果培养基中存在一定水平的色氨酸,当 mRNA 分子一旦开始合成,在 trp E 开始转录之前,转录就会不同程度地在弱化子区域停止,大多数 mRNA 分子的生长就会停止,一个仅有 140 个核苷酸的 RNA 分子就会产生,使编码色氨酸操纵子相关酶的基因的转录短暂停止。这是因为前导序列 trp L 对操纵子调控发挥了重要作用。

(2)mRNA 前导区的结构及弱化作用机理

①前导区的结构。现在已经完成了对 mRNA 的前导区的全序列分析,结果表明,前导序列某些区段富含 GC,GC 区段之间容易形成 4 个茎环结构,分别以 1、2、3 和 4 表示。它们可以在不同条件下进行不同方式的相互配对。从图中可以看出,它存在两种配对方式,一种是 1、2 区配对和 3、4 区配对,形成两个茎环结构,3 区和 4 区茎环后边紧接着 8 个 U,如图 9-21 所示。另一种是只有 2、3 区配对,形成一个茎环结构。

在 mRNA 合成过程中,如果 1 区与 2 区是首先实现配对的话,形成第一个茎环结构,接下来的 3 区和 4 区配对形成的第二个茎环结构就会造成典型的不依赖于 ρ 因子终止信号的构象,此构象即为色氨酸操纵子的弱化子。RNA 聚合酶的转录反应可以在 4 区 3′ 端后边的一串 U 位置终止,转录产物 mRNA 的前导序列和 RNA 聚合酶就会被释放出来。换句话说,如果前导区采取了这种构象,便会使后面的转录提前结束,结构基因的表达随即会受到控制和减弱。

如果 2 区与 3 区配对,只能形成一个茎环结构。因为 3 区不能再与 4 区配对,转录终止信号也就无法产生,所以转录继续进行,表达结构基因 trp E-A。

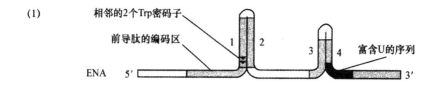

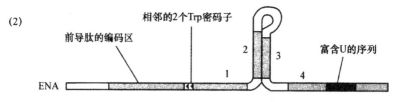

图 9-21　色氨酸操纵子的弱化子形成的茎环结构

色氨酸操纵子的弱化子(1)1~2 区配对和 3~4 区配对的 2 个茎环结构；
(2)也可以形成 2~3 区配对的茎环结构

②转录的机制。色氨酸操纵子中 mRNA 转录的终止是通过前导肽基因的翻译来调节的,使前导序列中的弱化子形成可以终止转录的终止子结构,从而使 trp 操纵子基因表达受到抑制,它是 trp 操纵子基因表达的一种精细调节。由于在前导肽基因中存在着两个相邻的色氨酸密码子,所以翻译这个前导肽的能力必定对 tRNA^{Trp}(携带有色氨酸的 tRNA)的浓度是敏感的。

考虑到原核生物转录与翻译是偶联的,当缺乏色氨酸时,trp 操纵子必须被激活,也就是说细胞必须跨越弱化作用。Charles Yanofsky 在此基础上提出了弱化子的模型。其主要内容如下:

· RNA 聚合酶在启动子处起始 trp 操纵子的转录。

· 在转录约 90 bp 以后,RNA 聚合酶暂停在第一个二级结构之处(即 1~2 发夹结构),RNA 聚合酶在此处停顿的时间很短。此时,核糖体开始与刚产生的 mRNA 结合,并启动前导肽的合成。

· RNA 聚合酶从暂停状态恢复,并继续进行转录。

· RNA 聚合酶到达潜在的终止子区域(即弱化子),此时转录继续进行与否就依赖于前导肽翻译进程中核糖体的位置。

· 当培养基中色氨酸的浓度很低时,相应的色氨酰-tRNA^{Trp} 的含量也就比较少,这样翻译通过两个相邻的色氨酸密码子的速度就会很慢。核糖体就会停留在两个连续的色氨酸密码子位置,等待色氨酰-tRNA^{Trp} 进入核糖体的 A 位点。由于在原核生物中,转录和翻译是偶联的,即 mRNA 一边转录,核糖体一边结合上去翻译出多肽。这种情况下,在 4 区被转录完成时,核糖体才进行到 1 区(或停留在两个相邻的色氨酸密码子处),此时迁到序列的 1 区被封闭在核糖体内,无法与 2 区配对。游离出来的 2 区就可以与 3 区配对,结果迫使下游的 4 区处于单链状态。核糖体行进的停滞或延缓阻止了 3 区和 4 区形成终止子结构,转录可以继续进行,进入色氨酸操纵子中的结构基因。

· 当培养基中色氨酸浓度高时,核糖体在通过两个相邻的色氨酸密码子方面就比较顺利,前导肽也能够被连续的翻译,于是在 4 区被转录之前,核糖体就会覆盖 2 区,阻止 2 区与 3 区配对。当 4 区被转录以后,3 区和 4 区则可以自发的配对形成茎环结构(终止子结构)使转录提前停止,产生约 140 bp 的转录物。此时色氨酸操纵子中的结构基因不被转录,因而色氨酸也就不会再被合成,具体如图 9-22 所示。

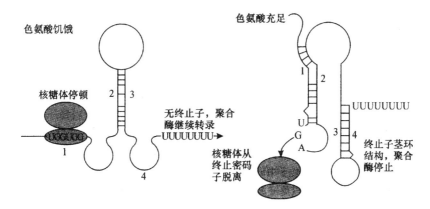

图 9-22　弱化子的调控机制

可见,基于转录和翻译的偶联实现了这种转录弱化作用的精细调节。正是由于这种偶联的存在,使前导肽在翻译的过程中可以影响仅仅"先行一步"的转录,对培养基中的色氨酸浓度做出精细反应。在这种精细调节中,前导肽序列是一个至关重要的因素,它可以被认为是对色氨酸浓度敏感性的定时机制,这种定时机制决定着 3 区的命运,使它可能与 4 区形成弱化子结构而中断转录,也可能与 2 区形成茎环结构而使转录顺利通过 4 区并继续直到生成色氨酸。

(3)弱化作用的重要性

在弱化作用中,核糖体相当于一个正调控因子行使它的功能。核糖体在基因转录产物的不同位置,决定了 mRNA 可以形成哪一种形式的二级结构,由此决定基因能否继续转录。这种调控作用的信号分子是携带某一种氨基酸的 tRNA,其含量决定基因的表达与否,要比阻遏蛋白的活化与非活化的转换灵敏得多,可以说是一种快速的精细调控。

仅仅依靠弱化作用,色氨酸的存在就使色氨酸操纵子的转录被抑制了 10 倍。与色氨酸阻抑物的作用(70 倍)合在一起,就意味着色氨酸水平对色氨酸操纵子的表达施加了 700 倍左右的调节效果。弱化作用的存在是相当关键的,大肠杆菌至少在六种与氨基酸的生物合成相关操纵子中有弱化作用,但并不是所有这些操纵子都像色氨酸操纵子那样有粗调和细调的协同调控。例如 his 操纵子也含有一个编码前导肽的前导序列,它的前导序列有连续 7 个组氨酸密码子,但是 his 操纵子没有阻遏物-操纵序列调控,弱化作用是其唯一的反馈调控机制。

(4)其他氨基酸饥饿时对 trp 弱化子的影响

细菌中有很多合成氨基酸的操纵子,这些操纵子的转录终止过程常常被这种弱化作用来调控,是独立于启动子 P 与操纵序列 O 的调控系统。弱化作用的出现是对细胞的各种因素,特别是氨基酸产物可获得情况做出的反应,是基因转录与翻译之间的一种联系。同时为什么弱化子这段序列的缺失会导致编码色氨酸酶操纵子基因的表达量提高也得到了一个合理的解释。

在 trp 操纵子的前导肽序列中,除了有两个紧密相邻的 trp 密码子外,还有其他氨基酸的密码子,那么其他氨基酸的缺乏会不会对 trp 操纵子造成影响呢? 下面简述几种氨基酸缺乏对 trp 操纵子的影响。

当 Gly 饥饿时,核糖体停留在以甘氨酸密码子 GGU 为中心的 mRNA 前导序列上。由于一个核糖体一般可覆盖 20 个核苷酸左右的区域,从弱化模型中看出,当核糖体覆盖到第 63 个核苷酸上,1 区的核苷酸与邻近的 2 区之间形成氢键配对的工作便不能正常进行,但在第 63 个核苷酸后仍有可能形成茎环结构,即 1 区和 2 区中部分形成氢键结构,3 区和 4 区仍能形成茎环的终止子结构,这时 trp 操纵子不能表达。

当 Thr 饥饿时,核糖体停留在以苏氨酸密码子 AUC 为中心的 mRNA 前导序列上,1 区和 2 区之间形成茎环的可能性就会被破坏掉,但不影响 3 区和 4 区之间形成茎环,结果形成终止子,导致 trp 操纵子不表达。

相反,当 Arg 饥饿时,影响 1 区与 2 区配对,但不影响 2 区与 3 区形成茎环结构,结果 4 区不能形成终止信号,RNA 聚合酶可以继续进行转录。因此,在 trp 操纵子中,Arg 饥饿产生与 Trp 饥饿相同的后果。

在 trp 操纵子的表达调控中,阻遏蛋白的负调控只能影响转录的起始,结果是 mRNA 无法形成。一旦转录开始,则只能通过弱化作用来使基因的表达暂停下来。事实上,在阻遏作用中,充当信号分子的是细胞内色氨酸的含量,色氨酸作为一种辅阻遏物与阻遏蛋白结合而起调控作用。但在弱化作用中,充当信号分子的则是细胞内色氨酰-RNA^{Trp},通过控制前导肽的翻译使得转录的控制得以有效进行。细胞内阻遏蛋白的负调控和弱化作用这两种调控方式并不是单独出现,互不干涉。相反,它们是相辅相成的,粗调与细调共同配合,生物体内完美的、精密的调控作用得以充分体现。

9.4　λ 噬菌体基因组的调控

前面讨论的启动子和终止子转录的控制可以说是一种固定的控制装置,即转录的起始和终止要求 DNA 上有某种特定的结构,而这种结构的功能不会受到环境条件的任何影响。弱化子则既有像终止子那样固定的结构,又有由于生理条件的变化而改变结构,从而行使它的转录调节功能。乳糖操纵子受阻遏物的调节是环境因素在转录水平上调节的典型例子。λ 噬菌体的转录则是更为复杂的调控体系,因为它和 λ 噬菌体的裂解途径和溶源化途径的选择密切相关,而涉及更多基因的转录,它也是到现在为止从基因转录的调控角度研究得最为深入的体系。它与其他调控体系最大的区别体现在以下两点:①抗终止,在 λ 噬菌体中发现 N 基因的产物 N 蛋白能解除终止子的终止作用,这一作用称为抗终止作用,λ 噬菌体基因向左和向右转录的两个操纵子上各有一些能与 PN 作用的顺序,即 PN 作用部位(N-utilization site,Nut),在右操纵子上的称为 NutR,在左操纵子上的称为 NutL,这两个 Nut 突变后,PN 不能抗终止。另外,Q 基因产物 Q 蛋白也起抗终止作用;②λ 噬菌体处于溶源循环时,主要是有 CⅠ基因产生 λ 阻遏物,这种阻遏物结合于左、右操纵区,阻止 λ 其他基因的转录,同时根据 CⅠ蛋白的浓度不同,它除了阻遏 λ 其他基因转录外,还阻止 C 基因本身的转录,这称为自调节。

9.4.1　λ 噬菌体简介

λ 噬菌体是以大肠杆菌为宿主的一种温和噬菌体,感染大肠杆菌以后,将其基因组整合到细菌染色体上成为细菌染色体的一部分,随着染色体的复制而复制。这种整合有噬菌体基因组的细菌称为溶源菌,这一过程称为溶源化途径,溶源化细菌一般不被同种噬菌体再行感染,这说明了溶源性细菌具有一定的免疫性。λ 噬菌体感染宿主后也可以不进行溶源化途径而利用细菌细胞内的养料进行繁殖,最终使宿主裂解而死亡,这一过程称为裂解循环。溶源化的细菌受某些外界物理或化学因素(如紫外线、丝裂霉素 C 等)的作用原噬菌体便脱离细菌染色体而进行自主复制,于是细菌裂解,游离出大量的噬菌体,这一过程称为诱导。

λ噬菌体是一种中等大小的噬菌体,它的基因组是由双链线状 DNA 分子组成。分子量为 $32.3×10^6$U,由 48502bp 组成,排列顺序已全部定出。两条单链的 $5'$ 端有突出的 12 个碱基,具有回文对称特点,12 个碱基中有 10 个是 G 或 C,可以牢固地配对形成环状,如图 9-23 所示,因此这 12 碱基称为粘性末端,这配对的 12bp 部分称为粘性位点。从 λ 噬菌体提取的 DNA,用限制性酶 EcoRI 消化可得六个片段,如先经退火后再行酶切则只得五个片段。可见 kDNA 在噬菌体内是以线形存在的,感染细菌后便行环化,然后再进行各种生理活动。λ 噬菌体的粘性末端对于噬菌体的感染活性至关重要,当把它切平后,感染性也就无从谈起。

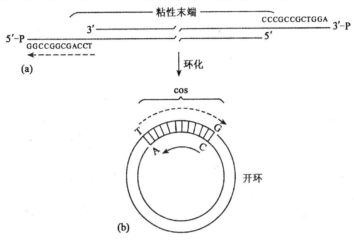

图 9-23　λ 噬菌体 DNA 的环化

9.4.2　λ 噬菌体基因组

λ 噬菌体基因组上有 35～40 个为蛋白质编码的基因,另外一些识别位点还包括在内。大多数蛋白已被纯化,有些已被测出顺序,λ 基因调控通过转录进行,与调控有关的基因在基因组上比较集中。在大肠杆菌中一个操纵子便成为一个转录单位,每一个操纵子中包括功能上密切相关的几个基因,λ 的一个转录单位则包括功能上并不直接相关的更多基因。λ 的转录调控不但包括起始和终止,而且还包括和裂解途径或溶源途径有关的两种途径的选择,如图 9-24 所示。

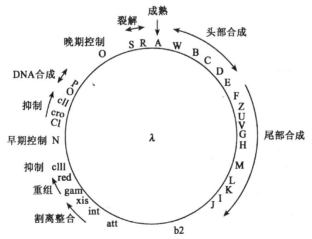

图 9-24　λ 噬菌体基因组

283

从图 9-24 中可以看到 λ 基因组分四大基因簇，与调节控制有关的调节区（regulation），与重组有关的区域（recombination），与复制有关的复制区（replication）和结构基因区，包括：头、尾、装配和裂解有关的基因。

λ 基因组上有三个调节基因分别是：N、Cro 和 Q，N 蛋白抗终止子 t1、tR1 和 tR2；Q 蛋白抗终止子 tR4；Cro 蛋白对 C Ⅰ 和 Cro 基因的转录起负调控作用。

与溶源化有关的有三个基因，C Ⅰ、C Ⅱ 和 C Ⅲ，C Ⅲ 蛋白使 C Ⅱ 蛋白稳定，C Ⅱ / C Ⅲ 蛋白能使 C Ⅰ 基因启动转录，C Ⅰ 蛋白是 λ 阻遏物，能使 λ 与复制成熟和裂解等有关的基因都不转录，使 λ 噬菌体处于溶源状态。

重组区基因主管 λ 的整合和割离，xis 编码割离酶，int 编码整合酶，整合酶作用位点在 att，作用是打断此处的 DNA 链。

λ 噬菌体基因组有六个启动子，P_L、P_R1 分别负责启动向左向右的转录，P_E、P_M 是转录 C Ⅰ 基因的两个启动子，PE 主管建立溶源，PM 主管维持溶源，PE 的启动需要 C Ⅱ、C Ⅲ 蛋白，P_I 启动转录 int 基因，P_I 的起始也需要 C Ⅱ / C Ⅲ 蛋白，P_R2（或 P_R'）是 λ 最强的启动子，后期一切基因的转录是由它负责的。P_L、P_E、P_M、P_I 是启动左向转录，而 P_R1、P_R2 则启动右向转录。

9.4.3 λ 噬菌体的裂解周期及调控

λDNA 有两种形式。线状 DNA（linear DNA）存在于噬菌体颗粒中；环状 DNA（circular DNA）是进入细胞、感染开始后很快就采取的形式。其中，DNA 环化是依靠 12 个碱基的单链粘性末端连接起来的。环化使得原来在线状 DNA 中分离开的晚期基因连接在一起，靠得很近，构成一个转录单元，并一起调控。

1. 早期转录产物

λ 噬菌体基因组的早期基因 N 和 cro 是分别向左和向右的启动子 P_L 和 P_R 的转录产物。在裂解周期的这个阶段，没有任何阻遏蛋白结合在控制相应启动子的操纵基因（O_L 和 O_R）上，所以早期基因的转录得以顺利进行，直到遇到依赖于 σ 因子的终止子 tL1。早期基因产物对于 λ 的进一步表达是十分关键的。

N 基因的产物，pN 蛋白，是一种抗终止蛋白（antlitermination protein），使 RNA 聚合酶忽视早期基因末端的终止子（terminators），不会在 tL1 和 tR1 位点终止，而继续转录到晚早期基因内。

cro 基因的产物 Cro 蛋白，是阻遏 λ 阻遏基因 C Ⅰ 转录的一种阻遏蛋白（repressor），因而阻止 λ 阻遏蛋白 C Ⅰ 的合成。阻止 C Ⅰ 蛋白大量合成是噬菌体其他基因的表达所必需的，这些基因会被 λ 阻遏蛋白阻碍。所以，Cro 蛋白具有双重功能，既可阻止 λ 阻遏蛋白的合成，又可关闭其他晚早期基因的表达。只是浓度的不同，Cro 蛋白的功能也会存在一定的差异。

2. 进入裂解生长途径

λDNA 进入宿主细胞后，裂解途径和溶源化途径都是同样关闭着。无论走向裂解或溶源化，早期基因和晚早期基因的表达产物都是被需要的，如 pN 蛋白、Cro 蛋白和调控因子 CⅡ-CⅢ，也就是说，两个途径在细胞内不是孤立的，而是关联的。如果 C Ⅰ 阻遏蛋白迅速合成，溶源化得以建立，λDNA 将整合到宿主基因组 DNA 中。如果 C Ⅰ 阻遏蛋白缺乏或失活，整合酶失活，解除

对操纵基因 O_L 和 O_R 的阻遏,则溶源化不能建立或维持,λDNA 从宿主细胞基因组中切割下来,λ 噬菌体将进入裂解的生长途径。这时。λ 基因组从早期基因,经晚早期基因表达,进入晚期基因表达。晚早期基因表达产物 pQ 是晚期基因的调控因子,使晚期基因开始表达。这时 λDNA 已复制,头部蛋白和尾部蛋白已合成,将迅速组装成熟的噬菌体颗粒。

从早期基因 N 的表达得到 pN 蛋白,pN 结合到 nutL 和 nutR 位点上,pN 以某种方式对 RNA 聚合酶进行修饰,使 RNA 聚合酶越过 3 个终止子位点 tL1,tR1 和 tR2,进入晚早期基因的表达,从 P_L 开始的左向转录进入 int,同时从 P_R 开始的右向转录,基因 P 和 O 的表达使 DNA 复制,在终止位点 tR3 停止的转录产生 pQ 蛋白。pQ 蛋白在 qut 修饰 RNA 聚合酶,在 tR4 位点抗终止作用,进入晚期基因簇的表达,各种头部和尾部蛋白就得以产生。这样通过噬菌体的装配过程和宿主细胞的酶裂解,释放出子代 λ 噬菌体。这时,一代 λ 噬菌体的裂解生长周期结束。

3. λ 晚早期基因及产物

如图 9-25 所示,λ 晚早期基因由 2 个复制基因(DNA replication,genes)、7 个重组基因(recombination genes)以及 3 个调控基因(regulation genes)共同组成。3 个调控基因是 C Ⅱ,C Ⅲ 和 Q。

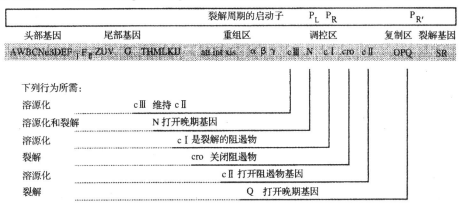

图 9-25 λ 噬菌体相关的功能的基因簇及在两种生长途径中的作用

调控基因 C Ⅱ 和 C Ⅲ 的产物 C Ⅱ 和 C Ⅲ 蛋白形成复合物,是开启阻遏蛋白 C Ⅰ 合成的调控因子,启动子 P_{RE} 也可以被它启动,对于阻遏蛋白的开始的开始合成是必要的。

Q 基因的产物 pQ 是晚期基因的调控因子。从位于 Q 和 S 之间的启动子 P_R 开始合成转录产物 R5 mRNA,晚期基因是作为多顺反子的单个转录单位表达的。当 pQ 蛋白缺乏时,转录终止在 tR4 位点,产生长为 196nt 的 RNA 片段,称为 6S RNA。当存在 pQ 时,晚期转录克服了 tR4 的终止,不产生 6S RNA,直到晚期基因的表达。pQ 与 pN 类似,也存在抗终止作用,pQ 在 qut(Q-utilization)位点的抗终止作用使 RNA 聚合酶通过 tR4,进入晚期基因的转录。

9.4.4 溶源生长的自体调控及其建立的分子机制

1. 溶源生长的自体调控

不能进行溶源生长的突变型噬菌体形成清亮的噬菌斑,这是因为所有被侵染的细胞都被裂解。这些突变可归属于 C Ⅰ、C Ⅱ 和 C Ⅲ 这 3 个互补群。C Ⅰ 蛋白抑制裂解途径,是溶源途径的建立和维持所必需的,又称为 λ 阻遏蛋白。C Ⅱ 和 C Ⅲ 蛋白在溶源状态建立时激活 C Ⅰ 基因的表达。CⅠ蛋白既参与溶源状态的形成又参与溶源状态的维持可以由 CⅠ温度敏感突变得到证明。在许可温度条件下,突变型噬菌体能够进行溶源生长。但是,如果将宿主细胞转移至非许可温度,噬菌体就会进入裂解生长。

一旦溶源状态建立起来后,阻遏蛋白 CⅠ是唯一一个维持溶源状态所必需的蛋白质。那么,CⅠ对于裂解途径的抑制是如何起作用的呢?CⅠ基因的表达又是如何维持的?

如图 9-26 所示,P_L 和 P_R 分别负责左侧和右侧早早期基因和晚早期基因的转录,操纵基因 O_L 和 O_R 与每个启动子相连。P_{RM} 是维持 CⅠ基因表达的启动子。O_L 和 O_R 各有 3 个连续的 λ 阻遏蛋白结合位点。CⅠ蛋白与 O_L 和 O_R 结合后抑制 P_L 和 P_R 的转录。由于 P_R 与 O_R 的部分重叠,CⅠ与 O_{R1} 和 O_{R2} 结合在空间上阻遏了 RNA 聚合酶与启动子 PR 的结合,这样就抑制了 cro 基因的转录。CⅠ蛋白又是一种活化子,结合到 O_{R1} 和 O_{R2} 上的 CⅠ蛋白刺激从 PRM 启动子开始的左向转录。这是一种正自我调控机制(positive autoregulation),可以维持 CⅠ基因的持续表达,保证前噬菌体能够随溶源菌的分裂而稳定存在。P_R 和 P_L 是强组成型启动子,它们能够有效结合 RNA 聚合酶,并不需要活化子的协助而指导转录。相反,P_{RM} 是一个弱启动子,只在上游结合活化子后才会有效指导转录。在这方面,P_{RM} 和 lac 启动子的功能比较类似。P_R 和 P_L 关闭而 P_{RM} 开放时,噬菌体处于溶源生长周期。

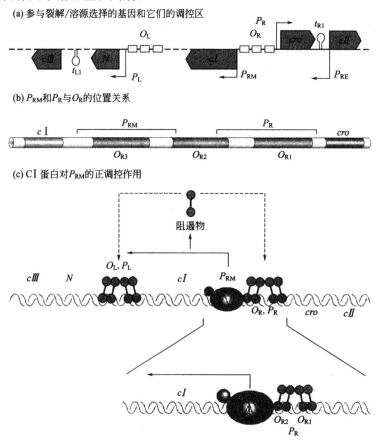

图 9-26　溶源生长的自体调控

CⅠ蛋白具有两个由一柔性衔接区连接的球状结构域,以二聚体的形式与 DNA 结合。它的 N 端结构域是螺旋—转角—螺旋式样的 DNA 结合域,与操纵基因结合;其 C 端结构域介导二聚体的形成。C I 二聚体对 3 个操纵基因的亲和力的顺序依次为是 $O_{R1} > O_{R2} > O_{R3}$。C I 蛋白对 O_{R2} 的亲和力比对 O_{R1} 的亲和力低 10 倍。然而由于二聚体间的相互作用，C I 与 O_{R1} 的结合会促进另一个 C I 二聚体与低亲和力位点 O_{R2} 结合。这种协同作用使得 C I 蛋白的浓度在只能够单独结合 O_{R1} 时，可以同时结合 O_{R1} 和 O_{R2} 两个位点。当 C I 与所有 3 个位点都结合后，使得从 PR 起始的和从 PRM 起始的转录都受到抑制，防止 C I 蛋白过多合成，这是一种自我负调控机制(negative autoregulation)。

O_{R1} 和 O_{R2} 上结合的阻遏蛋白二聚体与结合到 O_{L1} 和 O_{L2} 上的阻遏蛋白二聚体相互作用，一个八聚体就得以形成，其中的每一个二聚体都独立地结合操纵基因。由于结合在 O_R 和 O_L 上的阻遏蛋白相互作用使左侧操纵基因和右侧操纵基因之间的 DNA，包括 C I 基因本身，形成一个环。当环形成时，O_{R3} 和 O_{L3} 彼此靠近，允许另外两个阻遏蛋白二聚体协同结合到这两个位点。由于这一协同效应的存在，细胞中阻遏蛋白的浓度只需比结合 O_{R1} 和 O_{R2} 时所需的浓度高一点就能够结合到 O_{R3} 上。因此，阻遏蛋白的浓度是被严格控制的，很小的下降就会被其表达的升高所补偿，稍微升高，则会导致基因关闭。

2. 溶源生长建立的分子机制

当 λ 噬菌体侵入大肠杆菌细胞后，宿主细胞的 RNA 聚合酶开始从病毒基因组的 PR 和 Pc 开始转录病毒的基因。起初，从 P_R 和 P_L 开始的转录终止于 t_L 和 t_R 位点。结果，产生了两种 RNA：一种编码 Cro 蛋白；另一种编码 N 蛋白。

合成的 Cro 蛋白结合至 O_{R3}，使得 C I 基因从 P_{RM} 开始的转录得以抑制。随着 N 蛋白水平的升高，N 蛋白结合到 t_L 和 t_R 上游的 nut 位点。RNA 聚合酶与结合于 nut 位点上的 N 蛋白发生相互作用，使转录越过 t_L 和 t_R，导致 CII 和 CIII 蛋白的生成，建立溶源状态的关键因素就是这两种蛋白。CII 蛋白是 C I 基因的正调控因子，但是 CII 蛋白激活 C I 基因的转录不是从 PRM，而是从另外一启动子 PRE(promoter of repressor establishment)开始的，具体如图 9-27 所示。P_{RE} 是一个弱启动子，因为它有一个不完整的－35 序列。通过与 RNA 聚合酶的直接作用，CII 协助聚合酶结合到启动子上。C I 蛋白合成后，随即与 O_{R1} 和 O_{R2} 结合，抑制从 PR 起始的 cro 基因的转录，并激活从 PRM 开始的转录。

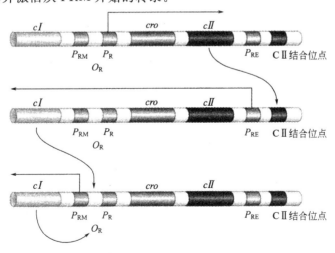

图 9-27　溶源性的建立

另外,启动子 P_{int} 的激活还可以由 CⅡ 来完成,对 int 基因的转录进行指导,int 基因编码的整合酶(integrase)催化 λDNA 整合到宿主细胞的染色体中。int 也可以从 P_L 转录,但是从 P_L 起始合成的 int mRNA 不稳定,会被细胞的核酸酶降解,而从 P_{int} 起始合成的 int mRNA 是稳定的,可以被翻译成整合酶。这是因为两种 mRNA 有着不同的 $3'$-末端结构,如图 9-28(a)所示。从 P_{int} 起始的转录终止于 t_I,合成的 mRNA 的 $3'$-末端具有典型的茎环结构,其后是 6 个 U。相反,当 RNA 的合成从 P_L 起始,并且 RNA 聚合酶被 N 蛋白修饰,转录将越过 int 基因的终止子 t_I,合成一条稍长的 mRNA,其中 $3'$-末端形成的茎环结构是 RNase Ⅲ 的底物。RNase Ⅲ 首先切去 mRNA $3'$-末端的茎环结构,然后核酸外切酶沿 $3' \rightarrow 5'$ 方向降解 mRNA 至 int 的编码区,如图 9-28(b)所示。由于核酸酶切割的靶位点位于 int 基因的下游,同时降解沿着基因逆向进行,所以这一过程被称为逆向调控(retroregulation)。逆向调控具有重要的生物学功能。当 CⅡ 活性低,有利于裂解生长时,是不需要整合酶的,因此其 mRNA 被破坏掉。当 CⅡ 活性高,有利于溶源发育时,int 基因表达,整合酶就得以有效合成。

9.4.5 裂解生长和溶源生长的选择

λ 噬菌体感染的细胞将进入溶源化还是裂解周期是由什么来决定的? 两个命运之间存在着细微的平衡,通常我们还很难预期某个细胞会采取哪一条路线。

1. 竞争决定于 CⅠ 阻遏蛋白与 Cro 蛋白的比例

λ 噬菌体感染宿主细胞后,进入溶源化还是裂解周期,是由 CⅠ 阻遏蛋白和 Cro 蛋白之间竞争的结果来决定的,也就是取决于两者的数量或者哪个基因的 mRNA 翻译得快和多。

如果 CⅠ 占优势,将建立溶源化。如果 Cro 占优势,感染细胞将进入裂解生长。当 CⅠ 产生足够的阻遏蛋白,该蛋白将结合于 O_L 和 O_R,阻遏早期基因进一步转录,因而将阻碍产生子代噬菌体和引起裂解的晚期基因的表达。另一方面,如果产生足够的 Cro 蛋白,将阻止 CⅠ 转录,因而阻止溶源化而进入裂解途径。CⅠ 占优势,基因 CⅠ 从启动子 PRM 转录,足够的阻遏蛋白将会被合成,它阻止 RNA 聚合酶结合于 P_R,因而阻止 Cro 转录,产生溶源化。Cro 占优势,从 P_R 转录产生足够的 Cro 蛋白,后者阻碍 RNA 聚合酶结合于 P_{RM},因而阻止 CⅠ 转录,产生裂解途径。

在时间顺序上,cro 基因表达早于 CⅠ 基因的表达。如果没有 CⅡ 蛋白在启动子 PRE 上活化 CⅠ 基因和 CⅢ 蛋白对 CⅡ 的保护作用,Cro 蛋白的数量很快就会占上风。之所以 Cro 蛋白能够阻遏 CⅠ 转录是因为它对操纵基因 O_L 和 O_R 的亲和性。如同 CⅠ 阻遏蛋白一样,Cro 结合于 O_L 和 O_R 基因 3 部分,但是同 CⅠ 阻遏蛋白的结合顺序相反。CⅠ 以 1,2,3 的顺序结合,而 Cro 首先结合于 O_{R3},与 O_{R3} 的亲和性最大。一旦它结合 O_{R3},从 PRM 转录就停止,因为 O_{R3} 同启动子 PRM 重叠。也就是说,Cro 起着阻遏蛋白作用。当 Cro 蛋白占满了左向和右向的操纵基因 O_L 和 O_R,所有早期基因从 P_L 和 P_R 开始的转录就会被它所阻止,CⅡ 和 CⅢ 也不例外。没有 CⅡ 和 CⅢ 基因的产物,P_{RE} 不能有功能,所有 CⅠ 阻遏蛋白的合成几乎都停止。这时,裂解途径已确定了。Cro 蛋白迅速占据 O_L 和 O_R,阻止向左和向右的早期基因的转录,而此时已产生足够的与 DNA 复制有关的蛋白质 pQ。Cro 蛋白关闭早期和晚早期基因的转录也是裂解生长所要求的。如果在感染后期,仍连续不断地产生晚早期基因的蛋白质,将会使裂解途径夭折。调控蛋白 pQ

(a) 分别从 P_{int} 和 P_L 起始的转录本的 3′-末端结构

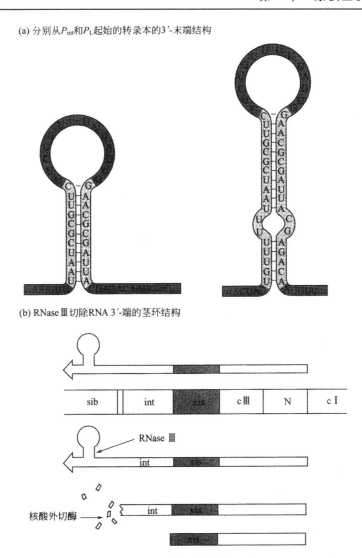

(b) RNaseⅢ切除 RNA 3′-端的茎环结构

图 9-28　int 基因的逆向调控

立即启动晚期基因,表达 λ 的头部和尾部蛋白,最后装配成成熟的噬菌体颗粒。

　　CⅠ或者 cro 占优势这点是由谁来决定的呢?最重要的因素似乎是 CⅡ基因产物 CⅡ蛋白的浓度。细胞内 CⅡ浓度越高,越可能成为溶源化。这与前面对 CⅡ的了解是一致的。它激活 P_{RE},因而帮助开启溶源化的程序。P_{RE} 被 CⅡ激活,是通过产生 cro 的无义 RNA 来对抗裂解程序。cro 的无义 RNA 能抑制有义 RNA 的翻译。

　　2. 决定 λ 感染命运的生理条件

　　是什么控制 CⅡ的浓度?我们知道 CⅢ防止 CⅡ被细胞 Hfl 蛋白酶作用,但高浓度的蛋白酶能克服 CⅢ,仍能破坏 CⅡ,保证了感染后裂解的方向。高浓度蛋白酶出现在不好的环境中,如丰富的培养基。相反,在饥饿的条件下,蛋白酶浓度下降。饥饿对于溶源化过程非常有帮助,而丰富的培养条件有利于裂解途径。这对噬菌体是有利的,因为裂解途径需要大量的能量和物质来制造 DNA、RNA 和蛋白质。这么多的能量在饥饿条件下是不可能获得的。相比起来,溶源途径要节省得多,只需要合成一点点阻遏蛋白就足够了。

在培养条件中,葡萄糖的影响不可忽视。葡萄糖耗尽时,cAMP 合成增加,cAMP-CAP 能够抑制 hf1 基因的表达,其产物 Hf1 蛋白酶难以合成。CⅡ不被水解,有利于 CⅠ阻遏蛋白合成。cAMP 还对 himA 基因表达正调控,Him 蛋白是 λ 噬菌体整合到宿主基因组的必需因子。所以cAMP 有利于整合和溶源化。

λ 噬菌体感染宿主细胞时,感染复数(即 λ 噬菌体与细菌细胞的比例)较高时,细胞内将合成足够量具有活性的 CⅡ寡聚体,而不是无活性的 CⅡ单体。足够量的 CⅡ蛋白结合于 PRE 旁侧的 O_{R3},使建立溶源性的启动子 PRE 开启,向 CⅠ转录,CⅠ mRNA 翻译出来高水平的 CⅠ阻遏蛋白。因此,CⅠ阻遏蛋白在数量上超过 Cro 蛋白在短时间内即可完成,再由于 PRE 转录产物能抑制 Cro 的表达,按前面所述的原理,向左、右方向的早期基因的表达被关闭,λ 将进入溶源化状态。借助于 CⅠ的自我调控机理,溶源化得以维持。

9.5　翻译水平的调控

9.5.1　mRNA 高级结构对基因表达的影响

mRNA 高级结构不仅可以直接影响翻译的进行,且对 mRNA 的寿命也会造成一定的影响。从而间接影响基金的表达。

1. mRNA 二级结构对自身翻译的影响

$E.coli$ 的 RNA 噬菌体 MS$_2$、R17 和 f2 都非常小,其基因组长 3600nt～4200nt,只含 4 个基因:cp、A、Rep 和 Lys。cp 基因编码外壳蛋白(coat protein);A(attachment)基因编码附着蛋白;Rep(replicase)基因编码复制酶;lys(lysis)基因与 cp、Rep 基因重叠,编码裂解蛋白。

RNA 噬菌体进入宿主细胞后,核糖体仅结合到 cp 基因的 RBS 上,而 A 蛋白基因和 rep 基因的 RBS 因为形成了 RNA 的二级结构,核糖体不能结合。

由于 A 和 rep 的 RBS 被封闭在二级结构中,当核糖体阅读到 cp 基因时,二级结构的氢键断裂的过程就会被促进。其下游的 rep 基因所形成的二级结构也随着翻译的进行而被打开,rep 基因得以翻译。通过突变试验发现,如果 cp 基因的第 6 个氨基酸密码子发生无义突变,核糖体便停止在第 6 个氨基酸的密码子上,这时,尽管 rep 基因是完整的,但却无法表达。

虽然 rep 的 RBS 每次都被 cp 基因的翻译所打开,但是 RNA 噬菌体的外壳蛋白产生的量要比复制酶多得多,这说明其间存在一种调控机制:新产生的外壳蛋白的亚基可以特异性地结合在rep 基因的 RBS 上,使得核糖体的结合被阻止。这样外壳蛋白就成了复制酶基因的特异性翻译阻遏物。在感染 10 分钟后,外壳蛋白的合成量便足以阻断复制酶的进一步合成。

2. mRNA 二级结构对自身寿命的影响

在 $E.coli$ 中,核糖核酸酶Ⅱ和 PNP 是降解 mRNA 的酶,但 mRNA 的二级结构可以阻遏这些酶的作用。

在 $E.coli$ 的 mRNA 中,有一种高度保守的反向重复顺序(IR),对 mRNA 的稳定性起着重要的作用。在 $E.coli$ 中,这种 IR 大约有 500 拷贝～1000 拷贝,它们有的位于 3′-端非编码区,有的在基因间的间隔区。IR 的存在对于茎环结构的形成非常有帮助,可以防止 3′-5′外切酶的降解作用,从而增加 mRNA 上游部分的半寿期,但对下游部分影响不大。因此在多顺反子的操纵子中,基因间的 IR 可以特异性地使某些基因上游的 mRNA 得到保护。例如在 *E. coli* 的麦芽棕操纵子中,malE 和 malF 基因之间存在 2 个 IR 序列。malE 和 malF 虽然同在一个操纵子中,而且紧密连锁,但 malE 的产物要比 malF 产物的含量高 20 倍~10 倍。在 malE3′-端有 2 个 IR 存在,可以形成茎环保护其不被外切酶所降解,造成 malG 和 malF 的 mRNA 区域不如 malE 的区域稳定。

9.5.2　反义 RNA 对翻译的调控

1983 年,Mizuno、Simon 等人几乎是同时发现了反义 RNA 对于基因表达的调控作用,一种新的基因表达调控机制就揭示出来。在这以前,人们普遍认为基因的调控只有通过蛋白质与核酸的相互作用而实现。而反义 RNA 的调控是核酸与核酸的相互作用。反义 RNA 通过互补碱基与特定的 mRNA 结合。结合位点通常是 mRNA 上的 SD 序列,起始密码子 AUG 和部分 N 端的密码子,从而抑制 mRNA 的翻译。人们称这类 RNA 为干扰 mRNA 的互补 RNA(mRNA-interfering complementary RNA,micRNA)。

人们最早研究的 micRNA 是调节大肠杆菌外膜蛋白 OmpF mRNA 表达的 micFRNA 和转座元 Tn10 中调节转座酶 mRNA(RNA-in)翻译的 RNA-out。

Mizuno 等人研究渗透压变化对大肠杆菌外膜蛋白质基因表达的调节时,OmpC 和 OmpF 两种外膜蛋白质被发现了,它们的合成受渗透压的调节。在高渗透压时,OmpC 合成增多,OmpF 的合成受到抑制;在低渗透压时,OmpF 的合成增多,而 OmpC 的合成受到抑制。两种蛋白质含量随着渗透压的变化而改变,但这两种蛋白质总量保持不变。现在已经知道,当 OmpC 基因转录时,在 OmpC 基因启动子上游方向有一段 DNA 序列,以相反的方向同时转录产生一个 174 个核苷酸的 RNA,这个 RNA 能够与 OmpF mRNA 前导序列中的 44 个核苷酸(包括 SD 序列)以及编码区域(包括起始密码子 AUG)形成杂合双链,从而抑制了 OmpF mRNA 的翻译。OmpC 转录得越多,micFRNA 也就越多,OmpF 蛋白就越少。

人们根据反义 RNA 调控基因表达的原理,使 λ 噬菌体的 CⅡ蛋白抑制晚期基因转录这个长期令人迷惑不解的问题得以解决。1985 年,Hoopes 等人发现在 Q 基因的中部有一个依赖于 CⅡ蛋白的启动子,其序列与 P_E 和 P_1 基本相同。在−35 序列的两翼,有典型的 CⅡ蛋白结合位点 TTGCNNNNNNTTGC,其转录的方向与 Q 基因相反。这个启动子就取名为 P_{aQ},即抗 Q 启动子(anti-Q Promoter)。其转录产物为一个约 200 个核苷酸的 RNA,不编码任何蛋白质;其序列与 Q 基因的 5′端的一半完全互补,Q mRNA 的翻译也被有效抑制。同时由于 CⅡ蛋白的参与,P_{aQ} 与 R 一样,具有很高的转录活性,从而抑制了从 PR 的转录活性。因此,不仅 Q 基因的 mRNA 不能翻译,而且使得 Q 基因的转录活性也降低。如果在 CⅡ蛋白的结合位点出现一个 T·A→G·C 的突变,叫做 P_{aql},则需要增加 4 倍量的 CⅡ蛋白才能恢复野生型启动子(T_{aQ})所具有的转录活性,突变的启动子 P_{aql} 在低温下(30℃)就能使 λCI857 突变株产生清亮的噬菌斑而不是浑浊的噬菌斑。因此,P_{aQ} 的转录显然有利于溶源生长。

在研究基因的功能过程中可以使用反义 RNA 的概念。传统的方法是使基因的某些碱基发生突变,然后再观察其表现型。但常常有无声突变或渗漏突变产生,影响对突变效应的观察。而反义 RNA 对基因的抑制比较完全,而且是专一性的。只要将一个不含启动子的基因克隆或其片段的 3' 末端以相反的方向接上一个启动子,然后通过载体引入细胞内,反义 RNA 就会在细胞内生成,以抑制染色体上相应基因的表达。在这方面已有许多成功的实例。反义 RNA 的作用不仅在于抑制核糖体与 mRNA 的结合,从而抑制 mRNA 的翻译,在许多情况下还使 mRNA 含量显著减少。因此,反义 RNA 的调控机制可能有多种途径,并不仅仅限于翻译水平。

1984 年,Izant 和 Weintraub 提出了用反义 RNA 来治疗病毒所引起的细胞转化,这是非常令人注目的。在治疗病毒疾患时,专一性的药物的发现是非常困难的,因为病毒在它的生活周期中常使用寄主的生理机能。反义 RNA 的专一性是毫无疑义的,但需要一个合适的抗病毒载体和有效的给药途径。因此,用反义 RNA 治疗病毒疾患还必须作出巨大的努力。

9.5.3 翻译水平的自体调控

基因表达的自体调控(autoreg ulation)是指一个基因的表达产物反过来控制自身基因的表达,这实际上也是一种反馈。自体调控也可以在不同的水平上进行,例如前面提到的某些阻遏蛋白可以抑制自身基因的转录是在转录水平起作用的例子。而在翻译水平上进行自体调控的多是核糖体蛋白,现以这一类蛋白质为例加以详细介绍。

核糖体蛋白与 rRNA 同属构成核糖体的组分,两者合成的协调非常关键。合成过多的核糖体蛋白质或者过多的 rRNA 对于细胞来说都是一种浪费。而通过自体调控可以很好地保证核糖体蛋白与 rRNA 之间的平衡。

E.coli 编码核糖体蛋白质的基因分布在 6 个操纵子中,如图 9-29 所示。从图中可以看出,其中一半分布在紧密相邻的 4 个操纵子中,它们是 str、spc、S10 和 α,其余两个操纵子 rif 和 L11 位于其他位置上,每个操纵子都含有多个基因,还可能含有非核糖体蛋白基因。str 操纵子包括编码核糖体小亚基的一些蛋白质以及 EF-Tu 和 EF-G 的基因;spc 和 S10 操纵子具有编码组成核糖体大亚基和小亚基的蛋白质的基因;Q 操纵子中有编码组成核糖体大亚基和小亚基的蛋白质的基因,同时还具有编码 RNA polα 亚基的基因;rif 操纵子含有编码核糖体大亚基的蛋白质及 RNApol 的 β 和 β' 亚基的基因。

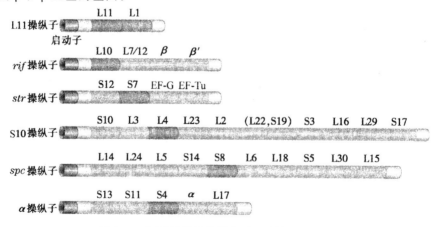

图 9-29 不同的核糖体蛋白质形成的操纵子结构

绝大多数核糖体蛋白在每个核糖体中只有一个分子,因此它们的表达必须与 rRNA 的量相协调。对于延伸因子 EF-Tu 而言,每个细胞中 EF-Tu 的分子数大约是核糖体数的 10 倍。RNA pol 的亚基数要比核糖体数目少一些。由于这些基因混杂在不同的操纵子中,因此一种保证细胞对它们的不同需求的协调机制是一定会存在的。

对于每一个操纵子来说,一个或者两个核糖体蛋白能够与操纵子第一个基因靠近 RBS 的位点结合,从而阻止核糖体的结合或者核糖体沿着 mRNA 的移动,而导致翻译受阻。

然而,一种核糖体蛋白如何既能作为核糖体的组分,又能作为自身翻译的调节物? 将与这种核糖体蛋白质结合的 rRNA 的结构与该核糖体蛋白的 mRNA-结构进行比较也许能找到答案: 对于 S8 来说,其 mRNA 在 RBS 周围的二级结构与和它结合的 16S rRNA 的结构十分相似。这种相似为 S8 与自身 mRNA 的结合提供了结构基础。

如果 S8 与它自身的 mRNA 在 RBS 周围结合,必然导致自身翻译的受阻。但是,细胞又如何保证 S8 与 rRNA 的正常结合不会受到影响呢? 原来 S8 与其 mRNA 结合的亲和力不及与 rRNA 的亲和力,也就是它与 rRNA 优先结合,因此,只有在 S8 的量过剩的情况下,S8 与它的 mRNA 结合才有可能发生,阻断自身的翻译。

在蛋白质合成的自体调控中,蛋白质的富集会抑制其自身及一些相关基因产物的进一步合成。在同一个操纵子中,由各个基因自身决定其基因产物是否受到控制,如果有独立的 SD 序列,则不受调节蛋白的控制,可以继续进行表达。

由此可见,核糖体蛋白自体调控模式中两个目标是可以实现的。首先,核糖体蛋白的水平受细胞生长条件影响,通过对 rRNA 水平的控制,细胞可以实现对核糖体所有成分合成的控制。其次,由这些操纵子编码的其他蛋白质有自己的 SD 序列,因此不受核糖体蛋白的影响。例如,rif 操纵子中,RNA polβ 亚基不受 L10 的控制,而由其自身进行自体调控。这样,即使位于同一个操纵子中,其基因表达量也可根据需要而存在一定的差异。如 RNA pol 的表达量即较核糖体成分的量少。

9.5.4　严谨反应

大肠杆菌缺乏某种氨基酸,不但会使蛋白质的合成终止,也会导致 rRNA 和 tRNA 的合成受到抑制,而一些与氨基酸合成和运输有关的基因被诱导表达。这种由氨基酸饥饿引起的基因表达模式的变化称为严谨反应(stringent response)。严谨反应是由两种特殊的核苷酸(ppGpp 和 pppGpp)引发的,最初因它们的电泳迁移率和一般的核苷酸不同,被称为"魔斑 I"和"魔斑 II",现在通称为(p)ppGpp。(p)ppGpp 与 RNA 聚合酶的 β 亚基结合,使得 RNA 聚合酶对一系列启动子的亲和力得以改变,导致细胞基因组的表达发生较大的改变,使细胞适应新的环境。这些变化包括 rRNA 和 tRNA 的合成被抑制,一系列参与氨基酸合成与运转的基因被激活。

核糖体 A 位上出现的空载 tRNA 是导致(p)ppGpp 合成的原因。在正常情况下,空载 tR-NA 不能由 EF-Tu 引导进入核糖体的 A 位。但是,由于氨基酸饥饿,没有相应的氨酰-tRNA 进入 A 位时,空载的 tRNA 便能获准进入,结合于核糖体上的 RelA 蛋白就会被激活。RelA 蛋白仅定位在 50S 核糖体亚基上,但 200 个核糖体中仅有一个核糖体结合有 RelA 蛋白。在 RelA 的催化下,ATP 的焦磷酸基团被转移至 GDP 或 GTP 的 $3'$-OH 生成(p)ppGpp,如图 9-30 所示。(p)ppGpp 的合成引起空载的 tRNA 从 A 位点释放。核糖体是恢复多肽的合成,还是进行另一轮的空转反应合成一个新的(p)ppGpp 分子是由细胞中是否有相应的氨酰-tRNA 来决定的。细胞内(p)ppGpp 浓度还受 SpoT 蛋白的调节。SpoT 蛋白通常情况下是降解(p)ppGpp 的,但是缺乏氨基酸时,SpoT 水解(p)ppGpp 的功能被抑制,使(p)ppGpp 得到进一步的积累。

人们在研究大肠杆菌 relA 突变体时认识到是(p)ppGpp 的积累引发了严谨反应。relA 突

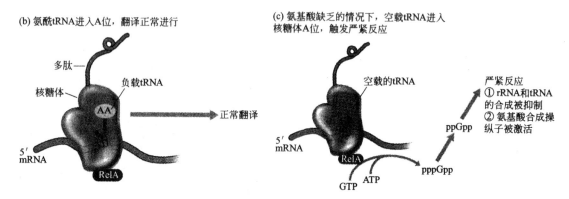

图 9-30　严谨反应的分子机制

变体即使在氨基酸饥饿时也不能积累(p)ppGpp,rRNA 和 tRNA 的合成也不会被关闭。由于 relA 突变体的 rRNA 和 tRNA 的合成不与蛋白质的合成严紧耦联,带有 relA 突变的株系就称为松弛型突变型(relaxed mutant),该基因也因此而得名。

9.5.5　核开关

最初,由耶鲁大学的 Ronald Breaker 和他的同事提出了核开关(riboswitch)。在从事核开关研究之前,Breaker 的研究小组设计并合成了一些对应于不同靶标化合物的"RNA 开关",这种 RNA 分子同特异蛋白结合后能够改变形状,从而打开或关闭基因的表达。研究目的是生产一种能监测活细胞的生化分泌物的微型装置。这种利用 RNA 开关的传感器非常灵敏,以致 Breaker 认为进化中不可能不采用这种相同的机制,就开始着手寻找自然存在的核开关。

其实 30 年前就有报道受核开关调控表达的基因,但科学家一直以为是特异蛋白与代谢物结合,诱导或抑制基因的表达。以前的科学家对于调节这些基因表达的关键蛋白一直没有找到,而 Breaker 揭示了是 RNA 传感器即核开关起作用。为何这些控制元件被忽略了呢？一个原因是 RNA 的研究技术直到最近才比较成熟;另一个原因是对 mRNA 作用存在长期的偏见:长期以来,mRNA 仅被认为是遗传信息的传递者,核开关的发现进一步说明 RNA 小分子对生命的复杂代谢的重要意义。

核开关在细菌中广泛存在,截止到目前,在细菌中已经发现的有九类核开关。通过寻找核苷酸序列的数据库,Breaker 在植物和真菌中也发现了核开关。

核开关是 mRNA 所形成的调节基因表达的结构。与其他的 RNA 调节结构不同,它们调节基因表达的机制为同小分子效应物直接作用,形成可变的结构,从而打开或关闭基因的表达。核开关调节许多代谢途径的表达,包括维生素(如核黄素、硫氨素和钴胺素)的生物合成途径以及Met、Leu和嘌呤的合成等。在古细菌和真核生物中也发现有核开关的存在。

在枯草杆菌中,通过核开关核黄素(rib)操纵子的表达在转录水平上得以有效调控。起先认为rib操纵子的表达由调节蛋白RibC和RibR调控。这两种蛋白有核黄素激酶活性,通过降低FMN的浓度、抑制rib操纵子的表达。但是实验发现rib操纵子转录产生的mRNA的5′-UTR能够折叠形成一个保守的RNA结构区域,称为RFN元件。该元件也存在于其他多个同核黄素合成有关的基因中,可能RFN元件与FMN结合,而作为核开关调节rib操纵子基因的表达。

所有已知的核开关都会折叠形成RNA二级结构,有一个茎,一个中心多环和几个分支发夹结构,如图9-31所示。保守区并不只局限于形成配对的区域,在单链上的很多位点也是保守的,这些区域可能同四级结构间的相互作用和同配体的结合有直接关系。

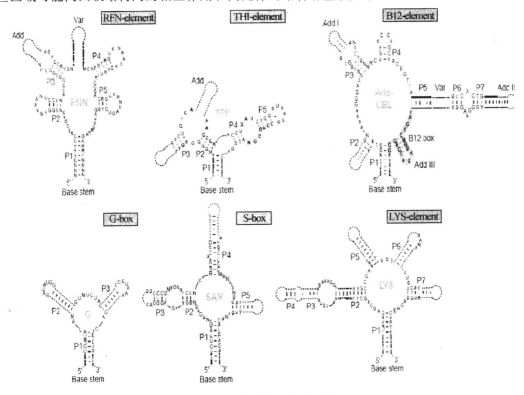

图9-31　部分核开关的结构

RNA结构具有很强的可塑性。在细菌中,通过RNA两种结构互变调节基因的表达是一个普遍现象。在大多数情况下,互变结构之一(抑制构象)包含一个转录终止子或一个覆盖了翻译起始区域的发夹结构。而在另一种结构(非抑制构象)中,这种二级结构被破坏,基因进行表达。究竟形成哪种构象取决于目标代谢物的浓度。

由核开关控制表达的基因通常编码代谢物合成或转移有关的蛋白质。因此,核开关同代谢物的结合使得基因产物的表达在一定程度上得以降低,是一种反馈阻遏的调控方式。大多数情况下,这种反馈阻遏可以发生在转录或翻译水平上,即阻止全长mRNA的合成或者阻止mRNA的起始翻译。

在转录水平的调控中,没有目标代谢物结合时,mRNA会形成抗终止子,使转录得以进行,代谢产物得以合成。但当有代谢物结合时,mRNA 会形成终止子,终止转录的进行。

在翻译水平的调控中,目标代谢产物同核开关结合后,RNA 的折叠使 mRNA 的核糖体结合区域被保护,通过阻止核糖体的结合而阻止翻译的进行。例如细菌编码合成维生素 B_{12} 的酶的基因转录出的 mRNA 能折叠成特殊的形状,形成一个结合辅酶 B_{12} 的口袋。当辅酶 B_{12} 进入这个口袋时,它的形状就会 mRNA 被改变,掩盖附近的翻译的起始区域,核糖体不能与 mRNA 结合,翻译被抑制。

除此以外,还有的核开关本身就是潜在的核酶,如图 9-32 所示,如调节葡糖胺(葡糖胺是细菌细胞壁的主要组分)水平的核开关。这个核开关是一种核酶,核酶是一类剪刀状的分子,能切断 RNA 且对基因表达能够有效切断。当葡糖胺-6-磷酸(GlcN6P)在细胞内达到较高水平时,代谢物就与合成 GlcN6P 的谷氨酰胺果糖-6-磷酸转氨酶(glutamine:fructose-6-phosphateaminotransferase,由 glmS 基因编码)的 mRNA 结合,诱导其发生自我切割。尽管 mRNA 被剪切的部位并非蛋白编码区,但仍然能破坏基因表达,使葡糖胺不再继续合成。

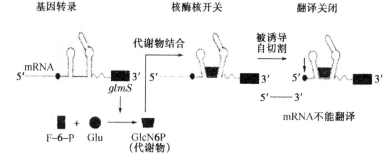

图 9-32 核酶核开关的调控机制

由位于 mRNA 非编码区的核开关控制的基因表达在细菌中存在的非常多。在枯草芽孢杆菌中大约有 2% 的基因是由这些结合代谢产物的 RNA 区域控制的。至今为止,所有已经发现的核开关对相应的目标分子的结合区域都是高度保守的,同代谢产物选择性结合后,会导致 mRNA5'-UTR 二级和三级结构的异构化,mRNA 异构化后通过一种或多种方式影响转录终止、翻译起始或 mRNA 的加工,改变基因的表达。

在细胞中存在的核开关意味着 RNA 分子有相当强的能力形成类似蛋白受体的复杂结构。并且,核开关不需要额外的蛋白因子来执行调控的功能,对感知代谢产物浓度并做出反应而言,是非常经济的调控开关。

第10章 真核生物基因表达的调控

10.1 概　述

　　基因表达是基因经过一系列步骤表现出其生物功能的整个过程,是受着严密精确调控的。生物体生存、发育、活动和繁殖所需要的全部遗传信息都包括在基因组中,但这些遗传信息并不同时表达出来。不同的组织细胞、细胞分化发育的不同时期,基因表达的种类和强度都会存在一定的差异,决定着细胞的形态和功能;生物体能适应环境变化,改变自身的基因表达以利于生存,因而基因表达调控也是生命本质之所在。环境因素对某些基因表达的影响不大,称为组成性表达(constitutive expression);其中某些基因表达产物是细胞或生物体整个生命过程中都持续需要而必不可少的,这类基因称为持家基因(housekeeping gene);另一类基因表达易随环境信号而变化,称为适应性表达(adaptive expression)。研究基因调控主要应回答以下几个问题:①什么是诱发基因转录的信号? ②基因调控主要是在哪一步(模板 DNA 的转录、mRNA 的成熟或蛋白质合成)实现的? ③不同水平基因调控的分子机制是什么?

　　在复制、扩增、基因激活、转录、转录后、翻译和翻译后等多级水平上都可以进行基因表达的调控,但 mRNA 转录起始是基因表达调控的基本控制点。转录起始调控的实质是 DNA-蛋白质/蛋白质-蛋白质间的相互作用对 RNA 聚合酶活性的影响。调控结果使基因表达水平提高的称为正调控(上调),使基因表达水平降低为负调控(下调)。在同一条核酸链上起调控基因表达作用的核酸序列称为顺式作用元件;能对不同核酸链上的基因表达起调控作用的蛋白质称为反式作用因子或转录因子。核酸链上的顺式作用元件与反式作用因子相互作用而调控基因表达。

　　真核基因组比原核大得多,相应的其结构也要更加的复杂,含有许多重复序列,基因组的大部分序列不是为蛋白质编码的,而为蛋白质编码的基因绝大多数是不连续的。真核生物基本上采取的是逐个基因调控表达的形式。真核基因表达调控的环节更多,转录前可以有基因的扩增或重排,并涉及染色结构的改变、基因激活过程。转录后调控的方式也很多,但仍以转录起始调控为主。正调控是真核基因调控的主导方面,RNA 聚合酶的转录活性是由基本转录因子来直接作用的,在转录前先形成转录复合体,其转录效率受许多蛋白质因子的影响,协调表达更为复杂。

　　和原核生物比较起来,真核生物基因表达的调控要复杂得多。这两类生物在基因表达调控上的巨大差别是由两者基本生活方式不同所决定的。原核生物一般为自由生活的单细胞,只要环境条件合适,养料供应充分,它们的生长、分裂是可以无限的进行的,因此,它们的调控系统就是要在一个特定的环境中为细胞创造高速生长的基础,或使细胞在受到损伤时尽快得到修复。它们主要是通过转录调控,使得某些基因的表达来适应环境条件(主要是营养水平的变化)得到开或关。环境因子往往是调控的诱导物,群体中每个细胞对环境变化的反应都是直接和基本一致的。多数真核生物不仅由多细胞构成,而且具有组织和器官的分化。细胞中由核膜将核和细胞质分隔开,转录和翻译并不偶联,而是分别在核和细胞质中进行。真核生物基因组不再是环状或线状近于裸露的 DNA,而是由多条染色体组成,染色体本身结构也是以核小体为单位形成的多级结构。真核生物的个体还存在着复杂的个体发育和分化,因此真核生物实现的是从 DNA 到染色体多层次的基因调控。真核生物基因表达的调控理论上包括以下七个层次:①DNA 及染色体水平;②转录水平;③转录后加工水平;④运输过程水平;⑤翻译水平;⑥翻译后修饰加工水平;⑦蛋白质活性水平,但转录依然是真核生物基因表达调控的主要环节,如图 10-1 所示,其次为转录后水平、DNA 及染色体水平、翻译及翻译后水平等。

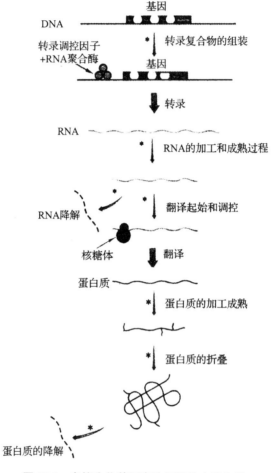

图 10-1 真核生物基因表达调控的主要步骤

10.2 DNA 及染色体水平的调控

具有染色体的结构是真核生物和原核生物的重要区别,因此在基因表达的调控上多了染色体调控这样的一个大幅度调控的层次。染色体调控常见的有丢失、扩增和重排等类型。

10.2.1 染色体丢失

染色体丢失(chromosome elimination)是指有的生物在个体发育的早期,在体细胞中要丢失部分染色体,而在生殖细胞中保持全部的基因组,被丢失的染色体所携带的遗传信息可能对体细胞来说作用不明显,但对生殖细胞的发育是不可缺少的。

例如,小麦瘿蚊(Mayetiole destructor)受精卵的细胞核分裂,而受精卵不分裂,形成合胞体(syncytium)。当核第 3 次分裂后,有两个核移向卵后端的一个特殊区域,称为极质(polar plasma)。存极质中的核保持了全套的染色体(2n＝40),将来分化为生殖细胞。而在一般的细胞质中,丢失了 32 条染色体,只保留 8 条,将来分化为体细胞。若在细胞核移向极质前,用细尼龙丝在极质处进行结扎,不让核移入极质;或者用紫外线照射极质,结果所有的核中都只保留了 8 条染色体。很多核糖体样的颗粒存在于极质中,可以保护染色体不被削减,当紫外线照射后破坏了其功能,导致染色体丢失,最终不能发育为生殖细胞。

10.2.2　基因扩增

基因扩增是指基因组内特定基因的拷贝数在某些情况下专一性地大量增加。发育分化或环境条件的改变,对某种基因产物的需要量可能剧增,单纯靠节基因的表达活性还是无法满足需要的,想要满足需要的话只有增加这种基因的拷贝数才可以。这是基因表达调节的一种有效方式。

用特定试剂就可以造成真核细胞特定基因的扩增。例如:氨甲喋呤(methotrexate,MTX)的结构类似于二氢叶酸,但是它与二氢叶酸还原酶(DH FR)的结合是不可逆的,具体如图 10-2 所示。氨甲喋呤的结合对于酶的正常功能会有一定的抑制作用,使酶不能把二氢叶酸还原成四氢叶酸。四氢叶酸是合成 dTMP 所必需的辅因子,dTMP 又是合成 DNA 的前体。抑制了四氢叶酸的合成也就抑制了 DNA 的合成。

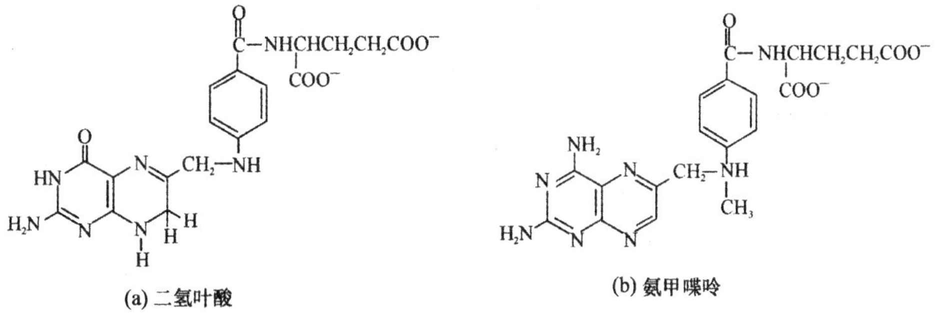

(a) 二氢叶酸　　　　　　　　　　(b) 氨甲喋呤

图 10-2　氨甲喋呤的结构类似于二氢叶酸

当缓慢提高氨甲喋呤的浓度时,一些哺乳类细胞会把含有二氢叶酸还原酶基因的 DNA 区段扩增 40～400 倍,使二氢叶酸还原酶的表达量增加的比较明显,使得对氨甲蝶呤的抗性得以明显提高。在绝大多数细胞死亡的背景下,只有产生大量二氢叶酸还原酶的极少数细胞能存活。这些幸存的抗性细胞中,二氢叶酸还原酶基因达上千个拷贝。扩增的频率要比自发突变频率高得多。但是,这些抗性细胞是不稳定的。在去除氨甲蝶呤的情况下,额外的二氢叶酸还原酶基因还会逐渐丧失。

镉、汞等重金属离子也可诱导体细胞中金属硫蛋白Ⅰ基因的扩增。这种药物处理技术称为基因组序列的选择性扩增。然而,某些疾病的发生可能是由不适当的基因扩增导致的,如某些原癌基因拷贝数异常增加,导致其表达产物增加,使细胞持续分裂而致癌变。目前已经发现 20 多种基因可以被药物处理发生选择的扩增。

这类基因扩增的现象只在癌细胞中观察到。目前多数人认为是基因反复复制的结果;也有人认为是姐妹染色单体不均等交换,从而使某种基因在一些细胞中增多,而在另一些细胞中减少。

10. 2. 3 基因重排

某些基因片段改变原来存在的顺序，通过调整有关基因片段的衔接顺序，再重排成为一个完整的转录单位，这一过程就是所谓的基因重排。基因的重排可以分成两种不同的类型：一种是发生在特殊的细胞类型中，是在特殊的刺激下产生的一种高度特异的有序的重排，该种情况下染色体 DNA 重排是获得某种特异性调节的一种手段，如免疫球蛋白的产生；另一种类型的染色体 DNA 重排是无序的，由重复元件之间的重组事件所产生的许多染色体 DNA 重排，如异常哺乳动物细胞基因组的无序重排。基因重排是调节基因表达的一种机制。

Porter 等对血清、IgG 抗体的研究证明，由四肽链组成了 Ig 分子的基本结构。即两条相同的分子质量较小的轻链（L 链）与两条分子质量较大的重链（H 链）组成的，轻链与重链是由二硫键连接形成一个四肽链的 Ig 分子单体，是构成免疫球蛋白分子的基本结构。Ig 的重链免疫球蛋白每一条肽链的 C 区和 V 区，分别由 C 基因和 V 基因编码。任何一个 B 细胞内部都存在三组 Ig 基因库，即两组轻链基因库和一组重链基因库构成 Ig 的基因。它们以独立的连锁基因群分别位于相应的染色体上。在每个基因库中，分别控制 Ig 多肽链 V 区和 C 区合成的基因包括很多，控制 V 区的基因有 2 种（在 L 链）或 3 种（在 H 链），这些基因统称为种系基因。在 B 细胞分化成熟过程中，这些种系基因被随机选择和 DNA 重排，成为具有单一特异性的不同类型的 B 细胞。

由可变区（V 区）、恒定区（C 区）、多变区（D 区）以及连接 V 区与 C 区的连接区（J 区）共同组成了免疫球蛋白重链（H 链）。在胚胎细胞中，V 基因、D 基因、J 基因和 C 基因相隔较远。当免疫球蛋白形成细胞（如 B 淋巴细胞）发育分化时，形成有功能的 H 链基因需要经过两次在 DNA 水平上的重排，第一次是 D 和 J 重排形成 D-J 连接，第二次是 V 与 D-J 的重排形成 V-D-J 连接。H 链基因的重排实质也是编码 Ig 分子 V 区基因重排。在重排过程中，D、J 和 V 基因各选其一任意组合，免疫球蛋白 H 链也就产生了，如图 10-3 所示。

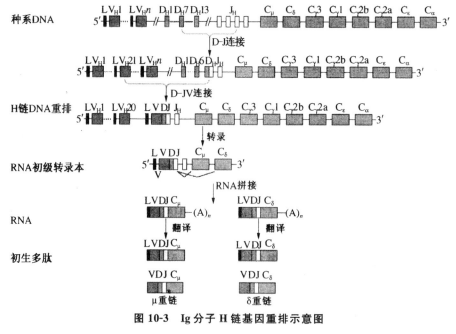

图 10-3 Ig 分子 H 链基因重排示意图

在 IgH 链基因重排后,L 链可变区基因片段随之进行重排,与 H 链不同的是只要在 DNA 水平上进行一次重排即可。在 L 链重排中,κ 链基因先发生重排,如果 κ 链基因重排无效,随即发生 λ 基因重排。V 与 J 基因片段首先连接形成 V-J,然后通过转录与拼接将 V-J 与 C 基因相连形成 L 链的 mRNA,免疫球蛋白轻链 L 链也就随即产生了,如图 10-4 所示。

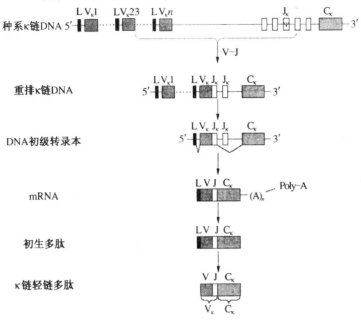

图 10-4　Ig 分子 L$_\kappa$ 链基因重排示意图

通过基因重排机制可以进行酵母接合型的转变。酿酒酵母有单倍体和二倍体两种形式,在单倍体和二倍体的情况下都能很好繁殖。单倍体孢子融合可产生二倍体,二倍体减数分裂可形成单倍体孢子。而进行这些转换的能力决定于酵母菌株的接合型。

单倍体酵母包括 a 和 α 两种接合型,相应的是由 Mat a 和 Mat α 两个基因所控制,Mat 基因在酵母细胞的第三染色体上。任何一个单倍体肯定是两种中的一种,两个单倍体相同的话则因为产生了相互抑制的物质而不能接合,只有两个不同接合型细胞才可以接合。相反接合型的细胞的识别是通过分泌的信息素(pheromone)而实现的。α 细胞分泌一种小分子称 α 因子,是一个 13 个氨基酸的肽。α 细胞分泌 a 因子,是由 12 个氨基酸构成的肽。这些肽先以前体的形式被合成,前体经剪切释放出成熟的肽链。一种接合型细胞携带的是相反类型信息素的表面受体。当一个 a 细胞和 α 细胞相遇时,它们的彼此作用接合是通过信息素来完成的。接合后的二倍体细胞含有 a/α 等位基因,此杂合二倍体可产生 a 和 α 两种孢子。但是 a 型也可以转变成 α 型,α 型也可以转变成 a 型。也就是说,无论起始的接合型是什么,在几代之后该群体即有大量的两种接合型的细胞,从而导致含有 a/α 等位基因的二倍体的形成并成为该群体的主体。这种二者可以相互转变的现象称为接合型互变。一些酵母菌株有显著地改变其接合型的能力,这些菌株携带一个与 Mat 基因不在同一染色体上的显性等位基因 HO,并且它能经常改变其接合型,其频率可达每一代改变一次。如果将 HO 基因突变为隐性基因 ho,则菌株具有一个稳定的接合型。

接合型互变说明一个单倍体细胞中 Mat a 和 Mat α 两种遗传信息是同时存在的,但特定时刻获得表达的只有一种类型。类型的转换需要另两个基因座的作用——HMR a 和 HML α。酵母转换形成 MAT α 型时需要 HML α,转换成 MAT a 型需要 HMR a。这两个基因位于 MAT

基因的两侧座位上。HML α 位于左侧 180kb 处,HMR a 位于右侧 150kb 处。现在有一种盒式模型来解释接合型转变。该模型认为 MAT 位置上存在活跃盒,而在 HMR α 和 HMR a 上是沉默盒,当它们转移到 MAT 活跃盒上时便表达,如 HML α 转移到 MAT 座位上后细胞便呈现了 α 型,HMR a 转移到 MAT 座位上后细胞便呈现出 a 型。但转换并不是相互的。在 HML 和 HMR 上的拷贝替代 MAT 上的等位基因时,MAT 上的等位基因永久丢失了,且与替换它的拷贝进行的互换是永远都不会发生的。但转换之后原来位置上的 HML α 和 HMR a 并不消失,仍然有保留一个拷贝的沉没盒。而且接合型的转换是有方向性的,因为受体为 MAT 一个,供体有 HML α 和 HMR a 两个,由此认为这种取代是属于位点专一性重组。

接合型的序列的确定可通过对两种沉默盒与两种活跃盒序列的比较来完成。HML α、MATα 和 MAT a 均由 W、X、Y、Z1、Z2 这 5 个部分组成,而 HMR a 仅由 X、Y、Z 这 3 部分组成。Y 区为中心区,是两个活跃盒的差异所在。MAT 基因的基本功能是控制信息素和受体基因的表达以及与接合相关的功能。MAT α 编码 a1α2 两种调节蛋白,MAT a 编码 a1 一种调节蛋白。同时在 Y 区的左端,4 种盒都有相同的启动子序列,但能够表达的只有两个活跃盒。这就意味着基因表达的调节不是直接依靠识别启动子位点来完成的。事实上接合型的确立和功能的实现涉及一系列的基因,不仅包括控制接合型的基因(MAT)、控制接合型转换的基因(HO)和抑制 HO 表达的基因(SIN1~5),还有阻遏沉默盒基因表达的阻遏蛋白 4 个亚基的基因 Rir1~4(silent information repressor,Rir)。由此可见酵母 MAT 序列的转换是一种具有多方面特性的重组过程。

哺乳动物基因组的许多重排事件都是同细胞的病理变化相关的,从正常细胞转化为肿瘤细胞的肿瘤发生过程中这种情况尤为明显。但是基因重排究竟是肿瘤发生的因还是果,确定起来还是有难度的,不过已经在多种不同类型的肿瘤细胞基因组中都观察到了相同的基因组重排现象。如在白血病恶性肿瘤细胞中,有一种叫做费城染色体(Philadelphia chromosome,Phi)的异常染色体,在大多数肿瘤细胞中都存在。9 号染色体的一个区段交换成 22 号染色体的一部分,形成的这条异常的染色体便是 Ph1 染色体。22 号染色体中的断裂点集中在 5.8kh 的断点簇区段内,而 9 号染色体的断点则是散布在 50kb 以上的范围内。Burkitt 淋巴瘤细胞的染色体易位,使 c-myc(细胞癌基因,编码转录因子)与 IG 重链基因的调控区为邻,由于免疫球蛋白重链基因表达十分活跃,其启动子为强启动子,且在 CH-VH 之间还有增强子区,从而使得 c-myc 过表达。再如在良性甲状旁腺肿瘤患者的染色体中,cyclinD1 基因倒位处于甲状旁腺素基因启动子下游而过度表达,从而使得细胞出现异常增殖的现象。许多转位作用都与免疫球蛋白基因相关,它也许是异常免疫球蛋白基因重排的一种功能。

10.3 染色质水平的调控

10.3.1 染色质结构

由 DNA 与组蛋白、非组蛋白和少量 RNA 及其他物质结合形成了真核生物的染色体,核小体为基本结构单位。核小体在核内组装形成致密度不同的染色质(chromatin)。在细胞间期中,结构松弛的染色质为常染色质(euchromatin),而结构高度致密处于凝聚状态的染色质则为异染色质(heterochromatin)。在常染色质中大约 20% 处于更为疏松的状态,叫做活性染色质。

庞大的 DNA 分子组装成染色质后,对 DNA 上遗传信息的传递会产生一定的影响。如果 DNA 上的核小体解离或者仅仅失去组蛋白 H1,染色质就会伸展开来,呈现活性状态,基因表达也就会发生。这种结构改变引起的功能改变就是染色质的活化。染色质是否处于活化状态是决定 RNA 聚合酶能否行使功能的关键。所以,染色质结构的变化产生了真核细胞基因转录前在染色质水平上独特的调控机制,从而在细胞生命进程中具有重要作用。

在体外试验中,用 DNA 与组蛋白 H2A、H2B、H3 和 H4 按一定的配比(每 200 bp 形成一个核小体)一起保温,就可以形成核小体的核心颗粒,从而使得转录活性下降约 4 倍。加入 H1 后,转录活性下降 25～100 倍。随着 H1 量的逐渐增加,DNA 逐渐失去转录模板的活性,直到不能检测到转录产物。

这些研究说明组蛋白 H1 比核心组蛋白对基因表达有更强的抑制作用。组蛋白 H1 的直接功能是紧密包装核小体,阻碍 DNA 序列进一步暴露,使得基因活性受到抑制。除去 H1 是染色质活化的重要事件。

染色质结构的改变使基因处于可以转录(transcriptable)的状态,使转录因子和 RNA 聚合酶能够结合在 DNA 上并起始转录。在转录起始区及某些特殊区域,染色体构象的变化更为明显:转录最活跃的染色质区域结构疏松,形成蓬松区(chromosome puff)。绝大多数细胞的在特定阶段只有不到 10% 的基因具有转录活性。染色质的活化过程涉及很多蛋白质和酶。一些调节蛋白持续地存在于看家基因的启动子位点上,使得核小体的抑制作用在一定程度上得以减弱。

在结构高度致密的异染色质中,由于结合了组蛋白,真核细胞的染色质从整体上被包装起来,这时基因处于阻遏状态。因为核小体在 DNA 上的组装妨碍了有关的蛋白因子和酶接近并结合 DNA,所以能够阻碍 DNA 的复制,也能够阻碍基因表达和细胞周期的进展。但是通过改变染色质结构,就可以消除这些阻碍基因表达的因素。

在很大范围上,异染色质化能够有效调节真核基因的表达,致使连锁在一起的大量基因同时丧失转录活性。例如:人和多数哺乳动物雌性体细胞中的两条 X 染色体在胚胎早期均呈常染色质状态,随后其中一条 X 染色质将随机出现异染色质化而失活,只允许另一条染色体上的基因活动。

10.3.2 真核基因的转录与染色质的结构变化

绝大多数情况下,真核基因组 DNA 都是在细胞核内与组蛋白等结合成染色质,染色质的结构、染色质中 DNA 和组蛋白的结构状态都影响转录。

1. 染色质结构对基因转录的影响

细胞分裂时染色体的大部分到间期时就松散地分布在核内,称为常染色质(euchronmatin),松散的染色质中的基因可以转录。染色体中的某些区段到分裂期后不像其他部分解旋松开,紧凑折叠的结构仍然会保持下去,在间期核中可以看到其浓集的斑块,称为异染色质(heterochromatin),其中基因转录表达是没有发生过的;原本在常染色质中表达的基因如移到异染色质内也会停止表达。哺乳类雌性体细胞两条 X 染色体,到间期一条变成异染色质,这条 X 染色体上的基因就全部失活。可见紧密的染色质结构阻止基因表达。

真核基因的活跃转录是在常染色质上进行的。转录发生之前,染色质常常会在特定的区域被解旋松弛,形成自由 DNA。核小体结构的消除或改变、DNA 本身局部结构的变化、从右旋型变为左旋型(Z-DNA)等都可能包括在这种变化中,结构基因暴露也可能是这些变化导致的,促进转录因子与启动区 DNA 的结合,诱发基因转录。这是现代分子生物学对上述现象的进一步解释,并得到多种实验结果的支持。如用 DNA 酶Ⅰ处理各种组织的染色质时,发现处于活跃状态的基因比非活跃状态的 DNA 更容易被降解。那么,为什么活跃状态的 DNA 更易于受核酸酶的攻击而降解呢? 研究发现,活跃表达基因所在染色质上一般含有一个或数个 DNA 酶超敏感位点(hypersensitive site),它们大多位于基因 5′端启动区,少数在其他位置。非活跃态基因的 5′端相应位点对 DNA 酶Ⅰ的超敏感性却很少表现出来。超敏感位点的产生可能是染色质结构规律性变化的结果。正是这种变化使 DNA 容易与 RNA 聚合酶和其他转录调控因子相结合,从而启动基因的表达,同时也更易于被核酸酶所降解。

2. 组蛋白、核小体结构对基因转录的影响

早期体外实验观察到组蛋白与 DNA 结合阻止 DNA 上基因的转录,去除组蛋白基因又能够转录的现象。组蛋白是碱性蛋白质,带正电荷,可与 DNA 链上带负电荷的磷酸基相结合,使得 DNA 分子得以遮蔽,转录受到一定的妨碍,可能扮演了非特异性阻遏蛋白的作用;染色质中的非组蛋白成分具有组织细胞特异性,可能消除组蛋白的阻遏,起到特异性的去阻遏促转录作用。

发现核小体后,核小体结构与基因转录的关系需要对其做进一步观察,发现基因转录活跃的染色质区段常有富含赖氨酸的组蛋白(H1 组蛋白)水平降低、H2A、H2B 组蛋白二聚体不稳定性增加、组蛋白乙酰化(acetylation)和泛素化(ubiquitination)及 H3 组蛋白疏基化等现象,这些都是核小体不稳定或解体的因素或指征。组蛋白乙酰化减弱了染色质对 DNA 的限制,使核小体的构象发生变化,转录因子接近核小体的机会增加,因而对基因的转录是有利的。当组蛋白的乙酰化去除后,伴随着转录的关闭,表明核小体结构影响基因转录。

对小鼠细胞非活化染色质的研究发现,核小体核心组蛋白 H3 第 110 位的疏基处于封闭状态。当该基因活跃表达时,核小体转变为伸展状态,H3 上可检测到疏基活性。研究原癌基因 c-fos 和 c-myc 的诱导表达时也发现,在基因活跃转录的数十分钟或数小时内,这些基因绝大部分都分布在伸展状态(活性)染色质中,而一旦转录终止,这些基因又重新分布到非活化的压缩状态中,充分体现了转录时核小体伸展或压缩状态的转换是可逆的。

3. DNA 碱基修饰对基因转录的影响

最早发现的修饰途径之一就是 DNA 甲基化,这一修饰途径可能存在于所有高等生物中并与基因表达调控密切相关。大量研究表明,某些基因的活性可通过 DNA 甲基化来关闭,去甲基化则诱导该基因的重新活化和表达。DNA 甲基化能引起染色质结构、DNA 构象、DAN 稳定性及 DNA 与蛋白质相互作用方式的改变,使得基因表达被控制。真核 DNA 中的胞嘧啶约 5‰被甲基化为 5-甲基胞嘧啶(5-methylcytidine,mC),而活跃转录的 DNA 片段中胞嘧啶甲基化程度常较低。这种甲基化最常发生在某些 5′侧区的 CpG 序列中。实验表明,这段序列甲基化可使其后的基因不能转录,甲基化可能阻碍转录因子与 DNA 特定部位的结合使得转录受到一定的影响。如果用基因打靶的方法除去主要的 DNA 甲基化酶,则小鼠的胚胎就不能正常发育而死亡,可见 DNA 的甲基化对基因表达调控是重要的。

真核生物细胞内存在两种甲基化酶:一种被称为日常型甲基转移酶;另一种是从头合成型甲基转移酶。前者主要在甲基化母链(模板链)的指导下,使处于半甲基化的 DNA 双链分子上与

甲基胞嘧啶相对应的胞嘧啶甲基化。该酶催化特异性极强,对半甲基化的 DNA 的亲和力非常高,使新生的半甲基化 DNA 迅速甲基化,从而保证了 DNA 复制及细胞分裂后甲基化模式的不变。后者催化未甲基化的 CpG 成为 mCpG,母链指导在此就不再需要了,但速度很慢。

研究表明,当组蛋白 H1 与含 CCGG 序列的甲基化或非甲基化 DNA 分别形成复合体时,DNA 的构型会发生从常规的 B-DNA 向 Z-DNA 的过渡。Z-DNA 结构收缩,螺旋加深,使许多蛋白质因子赖以结合的元件缩入大沟而对基因转录的起始有不利的影响。

4. DNA 拓扑结构对基因转录的影响

天然双链 DNA 的构象大多是负性超螺旋。当基因活跃转录时,RNA 聚合酶转录方向前方 DNA 的构象是正性超螺旋,其后面的 DNA 为负性超螺旋。核小体会被正性超螺旋拆散,有利于 RNA 聚合酶向前移动转录;负性超螺旋则有利于核小体的再形成。

10.3.3　异染色质化

异染色质化(heterochromatinization)就是常染色质转变成异染色质的过程。例如,由于易位(translocation)而产生的位置效应及 X 染色体的莱昂化。

(1)花斑型位置效应与端粒沉默

花斑型位置效应(variegated type position effect)或称为位置花斑效应(PEV)指常染色质区内的显性基因易位到异染色质区后表达受到抑制。导致某些细胞中显性和隐性性状出现镶嵌斑驳的遗传现象。果蝇眼睛的色斑是位置效应多样性的一个例子:果蝇眼睛的某些区域没有颜色,而另一些区域则呈红色。在此例中,white 基因被整合到异染色质附近,基因离异染色质越近,基因欠活的概率越大。这说明失活作用散播到了异染色质外的不同距离。异染色质区内的基因是失活的,失活结构沿染色质纤丝扩展,但每个细胞的失活区长度也会存在一定的差异,由此造成异染色质附近的基因出现花斑位置效应。

端粒沉默(telomeric silencing)指插入在端粒附近的基因会出现位置效应。即一个正常有活性的基因由于其插入到异染色质区而不能表达。这是一种可遗传的、可逆的遗传现象。被插入在端粒附近的基因呈表观性沉默,花斑表型也就会产生。在啤酒酵母的基因组中,常染色质约占90%,其余约 10% 为基因沉默区域,包括端粒区域、沉默盒(HML 和 HMR)和 rDNA 重复区域。酵母的端粒沉默效应类似于果蝇的花斑位置效应,基因易位到端粒附近后,该基因会表现出一种不同的活性阻遏,这是由于端粒引起的扩散效应所致。

需要注意的是,活性基因存在于常染色质中,但在特定的生长发育时期和特定的组织中,转录仅仅是发生在其中一小部分序列上。因此,位于常染色质中的大多数基因仅具有表达的必要条件,而非充分条件。

(2)X 染色体的莱昂化

雌性哺乳动物一条 X 染色体随机失活的过程称为莱昂化(lyonization)。这涉及 DNA 的甲基化和组蛋白的去乙酰化。

10.3.4　DNA 酶Ⅰ优先敏感性和 HMG 蛋白

基因表达与染色质结构的关系早已引起人们的重视。间期细胞核的染色特征首先透露出信息,着色浅的常染色质和着色深的异染色质可以得到有效的区分。常染色质包装程度较低,活跃基因一般全部位于常染色质中；异染色质压缩紧密，大多是细胞分裂阶段中染色体的着丝点，位于异染色质中的基因不表达。异染色质和常染色质之间的差异对于其原因的说明还不够充分，对于区分基因的活化状况，对 DNase I 敏感性的提高是活性基因区域内染色质结构变化的一个重要指标。

用 DNase I 处理染色质，再用特定基因的 cDNA 或 mRNA 作探针，某个基因被 DNase I 降解的状况可以被有效测定。能被 DNase I 降解的部分都在常染色体中，称为对 DNase I 的优先敏感性"部分。当整个 DNA 的 10％被降解时，活性基因通常已丢失 50％，活性基因优先被降解。如从鸡的红细胞提取的 β-球蛋白基因和卵清蛋白基因分别作上述处理，β-球蛋白基因很在短时间内即可被降解，卵清蛋白基因的降解程度则很小。反之，若从鸡输卵管细胞中提取这两种基因并作同样的处理，优先降解的是卵清蛋白基因而不是 β-球蛋白基因。由此可见，活性表达的基因对核酸酶有更大的敏感性，说明基因活化时其染色质发生了伸展和去组织化。当采用代表整个细胞各种类型 mRNA 群体的 cDNA 作探针进行上述试验时，无论是转录速率极高的 mRNA 基因还是转录速率较低的 mRNA 基因对 DNase I 的优先敏感性都可以得到良好的表现。一个基因在它所表达的部位变得对酶相当敏感，即使在特定细胞中只转录几次的基因也会对 DNase I 敏感；而且这种敏感性区域的跨度可以在从启动子到整个基因区的大范围内。这说明，是染色体的特定状态，而不是转录过程本身使得该区段表现出对 DNase I 的敏感性。

尽管如此，优先敏感性和基因的活跃表达还不是完全等同的。鸡的 β-珠蛋白基因在 DNA 链上区分为胚胎型和成体型，它们连锁排列。5 天龄鸡胚的红细胞只合成胚胎型珠蛋白，14 天鸡胚的红细胞前体细胞中只合成成体型珠蛋白。然而两种情况下的鸡胚中两种珠蛋白基因均呈不同程度的 DNase I 的优先敏感性。甚至在孵出的鸡的红血球中新的珠蛋白 mRNA 转录也不会发生，可珠蛋白基因仍处于对 DNase I 的优先"敏感性"状态中。可见，优先敏感性只是基因转录的必要条件，还不是充分条件。

染色质中的非组蛋白含量极少。非组蛋白中有一类相对分子质量不大（一般不超过 30 kDa）的蛋白质，因而在聚丙烯酰胺电泳中迁移速度很高，所以叫作高迁移率群（high mobility group，HMG 蛋白）蛋白质。HMG 的氨基酸组成很有特点，含有约 25％的碱性氨基酸以及 30％的酸性氨基酸。HMG 蛋白一般认为可以分为两组：①HMG1 和 HMG2，分子质量约为 25 kDa，可以结合双链 DNA 与单链 DNA 分子，与 H1 也有一定的亲和力；②HMG14 和 HMG17，分子质量为 10 kDa 左右，对核小体的亲和力比对 DNA 的亲和力大。

鸡 β-球蛋白基因在红细胞内对 DNase I 敏感。用低浓度的盐（如 0.35 mol/L NaCl）抽提红细胞染色质，HMG14 和 HMG17 可以从染色质上解离下来，在这个过程中核小体结构并没有改变，去除了 HMG14 和 HMG17 的鸡红细胞染色质也失去了对 DNase I 的优先敏感性。将抽提出的 HMG14 和 HMG17 或其中的任何一种再加回去，可以使鸡红细胞染色质失去的对 DNase I 的敏感性得以恢复。这说明 HMG14 和/或 HMG17 蛋白与染色质其他组分结合比较疏松，它们与染色质的结合在使染色体结构松弛方面非常有帮助，变得对 DNase I 敏感。但是，把这两种来自鸡红细胞的 HMG14 和 HMG17 蛋白加入盐抽提过的鸡脑染色质后，并不能使脑组织中的球蛋白基因恢复对 DNase I 的优先敏感性，说明这些 HMG 蛋白质又不是造成这种优先敏感性的唯一原因。红细胞和脑细胞中还存在其他因子的差异，这些因子决定了红细胞的球蛋白基因在 HMG14 和 HMG17 存在时对 DNase I 敏感。

大约一分子的 HMG 蛋白负责 10～20 个核小体染色质具有对 DNase I 的优先敏感性。

HMG 蛋白都有 C 端酸性区,可以与 4 个核心组蛋白的碱性区相互结合,在核小体上定位于 DNA 的入口和出口,在核小体上占有与 H1 相近的位置。由于 HMG 和组蛋白相互作用,可以竞争性地取代同一 DNA 区域内的 H1,失去 H1 的染色体和染色质将变成松散结构,从而为染色质的活化创造了必要条件。

10.3.5 DNA 酶Ⅰ超敏感点

当用浓度极低的 DNase Ⅰ处理染色质时,在少数特异性位点上就会发生切割,这些特异性切割位点就是活跃表达基因所在染色体上对 DNase Ⅰ敏感的超敏感位点(hypersensitive site)。超敏感位点的存在是活性染色质的特点,是由染色质的组织特异性结构产生的,若单独用游离 DNA 作底物则无超敏感位点。通过对大量基因进行试验发现,每个活跃表达的基因都有一个或几个超敏感位点。这种超敏感位点并不是某个特定的碱基,而是一段长 100~200 bp 的序列,一般在基因上游 1 kb 范围内。由超敏感位点所代表的染色质结构变化可能是超敏感序列首先与其他蛋白质结合(如 HMG 蛋白)而阻止核小体的装配。这样,组蛋白八聚体就无法保护该序列,形成了对 DNase Ⅰ的敏感性。大部分超敏感位点位于已经开始或即将开始转录的活性基因 5′端启动子区域,少部分位于其他部位(如转录单位的下游)。这是所有活性基因的共性。但在非活性基因的 5′端相应区域则无超敏感点的存在。例如对于鸡 β-球蛋白基因簇,胚胎阶段超敏感位点出现在胚胎型基因而不是成体型基因的 5′端。而在成体阶段情况则恰好相反,超敏感位点出现在成体型基因的 5′端而不是胚胎型 β-球蛋白基因的 5′端。这说明超敏感位点和基因的活性相互关联。

还可以通过果蝇唾液腺胶蛋白 sgs4 基因的例子来证明转录与上游超敏感点之间的关系。sgs4 基因在 5′端上游 −330bp 和 −450bp 处有两个主要的超敏感点,如果果蝇缺失了上游的这两个高敏感点,尽管保留其他区域,sgs4 基因仍不能被活化而失去合成胶蛋白的能力,说明超敏感点的出现与转录有着密切联系。活性基因的超敏感位点建立在启动子附近,并与启动子功能有关,很可能是 RNA 聚合酶、转录因子或其他蛋白调控因子提供结合位点。因此一般认为这种超敏感区是重要的转录调控区。转基因小鼠实验表明,当引入一个包含人 β-球蛋白基因和邻近的不含有 DNase Ⅰ超敏感位点的片段时,这时在转基因小鼠中仅表达非常低的人的转基因 β-球蛋白 mRNA 水平,但当引入 β-球蛋白基因和 5′与 3′超敏感位点在内的片段时,则转基因小鼠中人 β-球蛋白表达水平可与内源的小鼠成熟 β-球蛋白基因进行比较,这就说明了表达的提高。该实验表明在红细胞发育过程中,DNase Ⅰ超敏感位点是正常 β-球蛋白基因表达所需要的一个重要的转录调控区域。

现有证据表明 5′端超敏感位点的建立发生在转录起始之前,很可能是转录起始的必要条件而非充要条件。如果缺乏诱导所需要的条件,转录就会在短时间内得以停止。

10.3.6 染色体 DNA 的甲基化修饰

DNA 合成以后,供体上的甲基基团通过有关的酶转移给碱基,叫做 DNA 甲基化作用(DNA methylation),催化这个反应的酶叫做甲基转移酶或甲基化酶(methyltransferase or methylase)。DNA 的甲基化作用的功能非常重要,在原核生物中参与复制的调控和限制与修饰作用;参与复制错误的矫正。在真核生物中参与基因的表达调控。

DNA 上的 A 或 C 可接受一个甲基基团形成 N^6-甲基腺嘌呤(m^6A),N^4-甲基胞嘧啶(m^4C)

和 5-甲基胞嘧啶(m^5C)，如图 10-5 所示。这些甲基基团突出到 B-DNA 的大沟中，可与 DNA 结合蛋白相互作用。甲基供体是硫代腺苷甲硫氨酸（S-Adenosylmethionine，SAM）。

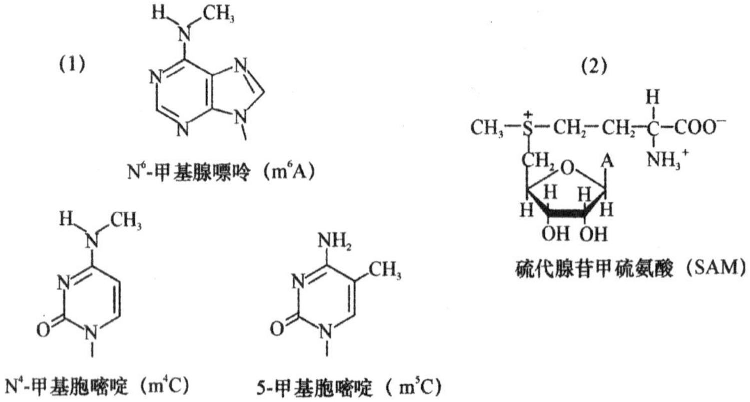

图 10-5　甲基化的碱基和甲基供体

(1)甲基化的碱基；(2)甲基供体

在细菌、植物和哺乳动物中 DNA 甲基化现象非常普遍，是 DNA 的一种天然的修饰方式。卫星 DNA 常常强烈地甲基化。真核生物中，唯一的甲基化碱基是 5-甲基胞嘧啶。在原核生物中，主要的甲基化碱基是 N^6-甲基腺嘌呤(m^6A)，N^4-甲基胞嘧啶(m^4C)比较少。

1. 甲基化位点

真核生物中，甲基化修饰发生在胞嘧啶第五位碳原子上，形成 5-甲基胞嘧啶(^mC)。动物细胞中的 ^mC 占全部胞嘧啶的 3%～5%，这个比例在植物细胞中可能达到 30%。几乎所有 ^mC 与其 $3'$ 的鸟嘌呤以 ^mCpG 的形式存在，称为甲基化的 CpG 位点(CpG islands)。

在一般 DNA 中，CG 碱基对形成 CpG 序列的密度约 1/100bp，但在某些区段，CpG 的密度大于 10/100bp，这种富含 CpG 的区段就是所谓的富 CpG 岛(CpG-rich islands)。CpG 岛一般长达 1～2kbp，其中 GC 碱基对含量大约为 60%。

Cp6 岛多位于基因上游的转录调控区及其附近，在启动子和第一外显子附近尤为明显，也存在于基因的 $3'$ 端。超过 60% 的人类基因启动子含 CpG 岛。这暗示 CpG 岛在基因表达调控中发挥着不可忽视的作用。大多数 CpG 岛是非甲基化的。与 CpG 岛结合的核小体中，组蛋白 H1 含量低。

如果双链 DNA 的相对位置上出现两个甲基化的胞嘧啶，这样的位点称为全甲基化位点(fully methylated)。这些位点在复制刚刚结束时，每个子代双螺旋分子中，来自亲代的链已经甲基化，而新合成的链的甲基化还未完成，就形成了半甲基化的位点(hemimethylated)。如果这些位点上 C 都没有甲基化修饰，就叫做非甲基化(nonmethylated)。

大多数情况下，DNA 的甲基化状态是恒定的，但少数位点的甲基化状态是可变的。

2. 甲基化酶

根据作用方式和参与反应的酶的不同，甲基化反应还可以进一步划分为维持甲基化(maintenance of methylation)和从头甲基化(denovo methylation)两种。

真核 DNA 复制后，细胞中有一种特异的甲基化酶(maintenance methylase)，可以使亲代链上甲基化的序列在子代链上保持甲基化,在亲代链上没有甲基化的位点在子代链上不会被甲基化,叫做维护甲基化作用(maintenance methylation)。参与哺乳动物中维持甲基化作用的甲基化酶是 DNMT1。但是,在胚胎细胞分化时这些位点的选择却存在一定的模糊性。

碱基位于 DNA 双螺旋的内部,DNA 甲基化酶如何接近碱基并加上甲基基团呢? Cheng 等(1994)研究溶血嗜血菌(Haemophilus haemolyticus)中的甲基化酶(M. Hha Ⅰ),测定了 M. HhaI-DNA 复合物的晶体结构,首次揭示了 DNA 甲基化酶的作用模式。

M. Hha Ⅰ 是 327 个残基的单体,是细菌限制-修饰系统的成分。M. Hha Ⅰ 识别 $5'$-GCGC-$3'$ 序列,反应后产生 $5'$-Gm^{5}CGC-$3'$ 序列。反应中的甲基供体是硫代腺苷甲硫氨酸(SAM)。DNA 结合在酶分子上的裂隙中,目标胞嘧啶从 DNA 的双螺旋中完全翻出(flip out),进入酶的活性位点。修饰作用完成后,胞嘧啶就会返回到原来的位置。这种机制就被叫做碱基翻开机制(base-flipping mechanism)。碱基翻开只在 DNA 结构上造成很小的变形,这说明了碱基翻开无需额外输入能量即可有效完成。现在知道,碱基"翻开"机制是很普遍的机制,许多 DNA 修复的酶,如光裂合酶和 DNA 糖苷酶,也使用这种机制,从而接近埋在双螺旋内部的碱基。

从头甲基化则是在完全去甲基化的位点上引入甲基,它不依赖 DNA 复制。从头甲基化酶识别非甲基化的 CpG 位点使之半甲基化,此过程涉及特异性 DNA 序列的识别,它对发育早期 DNA 甲基化位点的确定具有重要作用。参与哺乳动物中从头甲基化作用的 DNA 甲基化酶是 DNMT3a 和 DNMT3b。

3. DNA 甲基化的功能

在真核生物基因表达中,DNA 甲基化作用对染色质的结构可造成一定的影响,使得基因的表达受到一定的抑制;也可影响 DNA 与转录因子的结合,阻止转录复合物的形成,抑制基因转录过程。甲基化程度与基因表达活性呈明显的负相关性。DNA 甲基化程度高,基因表达水平降低;处于转录活化状态的基因 CpG 序列一般是低甲基化的。在所有组织发育过程都表达的基因,如看家基因调控区多呈低甲基化或非甲基化状态,在组织中不表达的基因多呈高甲基化状态。少数位点,特别是基因调控区,甲基化呈现组织特异性。

目前认为,甲基化影响基因表达的机制不外乎以下几种:

①直接作用:基因的甲基化直接改变 DNA 的特异序列,影响基因的构象,使这些序列不能与转录因子结合,使基因不能转录。研究表明,当 DNA 的甲基化达到一定程度时,可能导致 DNA 构象偏离 B 型,转变为其他构象形式,如 Z-DNA。Z-型 DNA 对于基因转录的起始会造成不良的影响。DNA 构象的这些变化,可以强烈地改变阻遏蛋白或激活蛋白的结合能力。改变核蛋白同 DNA 的相互作用,使得 DNA 形成不同的高级结构。

②间接作用:一个基因的调控序列甲基化后,可以与核内甲基化 CpG 序列结合蛋白结合,使得转录因子与基因形成转录复合物过程受到阻止。5-甲基胞嘧啶上的甲基还可能增强或减弱 DNA 与蛋白质(如阻遏蛋白、活化蛋白)之间的相互作用。

③DNA 去甲基化常与 DNase Ⅰ 高敏感区同时出现,后者为基因活性的标志。因为 DNA 去甲基化为基因的表达创造了一个较好的染色质环境。

10.3.7　组蛋白对基因表达的调节

由 DNA 与组蛋白(histone proteins)及非组蛋白(nonhistone proteins,NHP)构成的复合物

就是真核的染色体。激活染色体上的基因需要改变染色质的状态,使转录因子得以接近启动子。组蛋白的修饰与基因转录的关系非常密切,基因转录的某些活化因子可直接修饰组蛋白,如组蛋白的乙酰化;另一些转录的阻遏物的组蛋白的去乙酰化发挥作用可通过组蛋白来发挥。

1. 组蛋白对真核基因表达的作用

从进化的意义上说组蛋白是极端保守的,在各种真核生物中它们的氨基酸序列、结构和功能都十分相似。除此之外,在生物体细胞中 5 种不同类型的组蛋白都是以恒定的方式沿着 DNA 排列。显然组蛋白沿着 DNA 均匀分布所产生的系统不可能对成千上万个基因的表达进行特异调控。虽然如此,组蛋白仍可被修饰,如甲基化、乙酰化和磷酸化。若被组蛋白覆盖的基因将要表达,那么组蛋白必须要被修饰,使其和 DNA 的结合由紧密变松散,这样 DNA 链才能和 RNA 聚合酶或调节蛋白相互作用。因此组蛋白的作用本质上是真核基因调节的负调控因子,也就是说它们是基因的抑制物。非活性的染色质要变成为活性的染色质其结构可能要发生改变,现有占先模型(pre-eruptive model)和动态模型(dynamiC model)来解释 DNA 表达状态的改变。

(1)占先模型

如果在启动子上已形成了核小体,那么转录因子和 RNA 聚合酶与启动子结合是无法实现的;如果转录因子和 RNA 聚合酶在启动子上已建立了稳定的起始复合体,那么组蛋白将被排除在外。决定的因素是转录因子和组蛋白谁先占据调控位点。DNA 复制时,组蛋白八聚体解离,转录因子乘机结合到调控位点上,一直持续到下一个复制周期,抑制了组蛋白和 DNA 的结合。例如,当染色质上 5S rRNA 基因处有组蛋白结合时转录因子 $TF_{III}A$ 不能激活此基因。而 $TF_{III}A$ 可与游离的 5S rRNA 基因结合,再加入组蛋白,不能使此基因失活。含腺病毒启动子的质粒能被 $TF_{II}D$ 结合,再被 RNA 聚合酶 II 转录,如先加入组蛋白,则不起始转录。如先加入 $TF_{II}D$ 再形成的染色质,其模板仍然能够正常转录。

(2)动态模型

研究表明,从特异 DNA 序列置换核小体中的组蛋白时需输入能量。染色质的转录受那些通过水解 ATP 提供能量的蛋白质因子的影响非常大。一些转录因子结合 DNA 时可裂解核小体,或建立一个可产生核小体定位结合位点的边界。例如,果蝇 Hsp70 启动子上的核小体在体外实行重建,GAGA(果蝇细胞核结合蛋白)转录因子与启动子中 4 个富含$(CT)_n$位点结合,使得核小体被破坏,形成一超敏感位点,而且导致邻接的核小体重排,这样它们就优先插入到随机位点。核小体打开的过程是需要水解 ATP 的耗能过程。

2. 组蛋白修饰

组蛋白被修饰的位点集中在组蛋白的 N 端尾部,可能的修饰包括乙酰化、甲基化和磷酸化。赖氨酸的游离氨基基团可发生乙酰化和甲基化,精氨酸的氨基基团可发生甲基化,丝氨酸和苏氨酸的羟基基团可发生磷酸化。组蛋白 H3 和 H4 的主要修饰位点如图 10-6 所示。

这些修饰使得组蛋白的电荷得以改变,核小体的结构受到直接影响,或者可以产生非组蛋白的结合位点,从而改变染色质的属性。一般而言,乙酰化与活性染色质有关,而甲基化同失活染色质有关。

核小体组蛋白可以发生多种翻译后的共价修饰,如乙酰化、甲基化、磷酸化和泛素化等,这些共价修饰与真核基因的表达关系非常密切,是表观遗传学所涉及的重要内容之一。2000 年美国

图 10-6　组蛋白 H3 和 H4 的 N 端尾部的一些位点能被乙酰化、甲基化和磷酸化

的 C. D. Allis 等提出了组蛋白密码假说(histone code hypothesis)。所谓组蛋白密码是指一条或几条组蛋白尾巴的修饰及其组合。这些密码可以被含有特定结构域[如 bromo domain(BrD) 和 chromodomain(CD)]的蛋白质解读。这些蛋白质又招募其效应蛋白质,如通用转录因子、RNA 聚合酶等,使得下游生物学功能得以有效启动,如染色质凝集、DNA 修复、转录激活或抑制。现以组蛋白的乙酰化为例来说明组蛋白翻译后修饰的调节功能。

组蛋白的乙酰化和基因表达的状态相关。所有的核心组蛋白都是被乙酰化的。组蛋白的乙酰化好像是扩大了活性基因的功能区,乙酰化的染色质对 DNase T 是敏感的。去乙酰化和基因失活有关。组蛋白 H4 的去乙酰化是雌性哺乳动物一条 X 染色体失活的主要原因之一,这些充分表明了去乙酰化是染色质凝聚和失活的前提。

能使组蛋白乙酰化的酶是组蛋白乙酰化转移酶(histone acetytransferases,HAT),使组蛋白去乙酰化的酶是组蛋白去乙酰化酶(histone deacetylases,HDAC)。HAT 有两组,一组为 A 组,和转录有关;另一组是 B 组,和核小体装配的关系比较大。具有 HAT 活性的辅激活因子如非去阻抑通用调节蛋白 5(general control nonderepressive protein 5,GCNE)是酵母中的一种转录因子;p300/CBP 缔合因子(p300H/CBP-associated factor,PCAF)是真核细胞内一种重要的组蛋白乙酰转移酶,它主要通过催化组蛋门 H3 的乙酰化,使得特定基因的转录得以有效促进,参与细胞内多种生物学过程。其中 p300 蛋白是辅激活蛋白家族的成员,或和增强子结合蛋白或和参与基础转录机制的蛋白质相结合,从而激活基因的转录;碳水化合物结合蛋白(carbohydrate-binding protein,CBP)是糖类结合蛋门。

去乙酰化可阻遏基因的活性。在酵母中 SIN3 和 Rpd3 的突变将阻遏基因转变。SIN3 和 Rpd3 与 DNA-结合蛋白 Ume6 形成复合物,而此复合物阻遏由 Ume6 结合的 URS1(上游阻遏序列)元件的启动子转录。Rpd3 具有 HDAC 活性。阻遏复合体含有 DNA 结合亚基、辅阻遏物和组蛋白的去乙酰化酶这 3 个成分。

10.3.8　非组蛋白

除了组蛋白外,真核细胞染色质中还有大量与染色质松散结合或者在某些条件下才结合的非组蛋白(non-histon protein,NHP)。非组蛋白含量少,成分非常的复杂多样,种类多达数百种,性质与功能都不相同。非组蛋白具有组织和种属特异性,其种类、性质和数量随着组织细胞的生理状态、发育和分化的不同时期以及细胞周期会发生一定的变化。

大部分非组蛋白是酸性蛋白质,具有结构蛋白或酶的功能。非组蛋白多以磷酸化/去磷酸化方式调节细胞的代谢、生长、增殖和癌变等过程;并在核内接受外来信号,参与诸多反应,构成核内的信息传导系统,成为调节基因表达的重要途径。非组蛋白参与的反应包括基因表达的调控;

DNA 的复制;基因产物的转运;初始转录产物 RNA 的加工;RNP 颗粒的组装;核亚显微结构和细胞周期内核功能的变化等等。

代表性的非组蛋白包括高迁移性蛋白(high mobility group,HMG)、核被膜蛋白(lamina)、S100、核膜孔蛋白复合物以及各种 DNA 聚合酶和 RNA 聚合酶等。

高迁移性蛋白包括 HMG14 和 HMG17,在活化染色质中含量丰富,平均每十个核小体结合一个 HMG 分子。它们因在凝胶电泳中移动的非常迅速。HMG 的 C 端,含有可以与核心组蛋白的碱性区相互结合的酸性区。HMG 在核小体上位于 DNA 的出入口,占有与 H1 相近的位置。HMG 与组蛋白相互作用,可以在同一 DNA 区域竞争性地取代 H1,而失去 H1 的核小体和染色质将变成松散结构,从而为染色质的活化创造必要条件。

真核基因转录时,首先是转录激活因子与启动子序列结合,又有效结合了一些其他的蛋白质。这些蛋白质再把 RNA 聚合酶募集到启动子的序列上,开始转录。这些特殊的蛋白质包括 TF$_{II}$D 复合物和中介蛋白(mediator)。中介蛋白介导了转录激活因子与 RNA 聚合酶之间的相互作用。除此之外,中介蛋白还可以募集核小体的修饰蛋白,如乙酰化酶等,使得基因附近染色质的结构得以有效改变。

中介蛋白是很大的蛋白质复合物。有时中介蛋白复合物中可能缺少某个肽链,导致某种基因不能表达。所以,不同的转录激活因子与不同的中介蛋白复合物相互作用,就能够把 RNA 聚合酶带到不同的基因上进行转录。

10.4　转录水平的调控

真核生物细胞具有高度的分化性以及基因组结构的复杂性,因而在转录水平的调控上除了表现出与原核生物存在相似点外,也具有自身的特点。真核生物基因表达调控具有多层次性,但是转录水平的调控仍是关键阶段。研究表明,真核细胞基因表达得到调节,一方面受控于基因调控的顺式作用元件(cis-acting element),另一方面同时又受到一系列反式作用因子(transacting factor)的调控,即具有调控作用的蛋白质因子。通常情况下,真核生物基因的转录起始与表达是通过二者的相互作用进行调节的。

10.4.1　Britten-Davidson 模型

1. Britten-Davidson 模型

1969 年,K. J. Britten 和 E. H. Davidson 共同提出了真核生物单拷贝基因转录调控的模型,1973 年和 1979 年又先后进行了修改。该模型认为,在个体发育中许多基因可以被协同调控,而且重复序列在调控中具有不可忽视的重要作用。设想不连锁基因发生协调诱导是通过结构基因以外的 3 个遗传因子参与作用,这就是:①结构基因,在该模型中称为生产基因(produce gene),其 5′端存在一段序列称为受体位点(receptor site),可以被某种激活因子所激活;②整合基因(integrator gene),是产生激活物的基因;③感受位点(sensor site),负责接收生物体对基因表达的调控信号,如氨基酸饥饿、激素水平等条件影响下能诱导整合基因合成激活物,感受位点又能够影响激活物的合成。

因此,通过特定的激活因子可以同时控制不连锁但含有相应受体位点的许多结构基因协同表达。从调控的角度看,含有相同受体位点的基因犹如一组基因,类似原核生物的操纵子,很可能同属该组的结构基因编码在功能上相关的蛋白质,如同一个生化途径中不同的酶。在这里,整合基因类似大肠杆菌 lac 操纵子中的调节基因,所不同的是它的转录受感受位点的控制。受体位点和操纵基因比较相似,如果一个结构基因的邻近具有几个不同的受体位点,每个受体位点可以被一个特异性的激活因子识别,那么这个结构基因就能在不同的情况下表达,也就是说这一结构基因可以有几个不同的组,如图 10-7(a)所示。

如果一个感受位点可以控制几个整合基因,则可以同时产生几种激活因子,使不同组的基因也能被同时激活而进行协同表达。这种同处于一个感受位点控制之下的所有结构基因称为一套(battery)基因,一组的基因并不一定都是同一套的成员,因为如果同一个整合基因出现在不同的套中,这样同一组基因就可以分别存在于不同的套中,如图 10-7(b)所示。

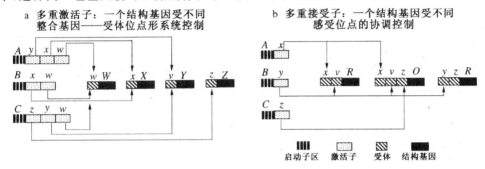

图 10-7　整合生物基因的表达的 Britten-Davidson 模型

2. 重复序列在协调调控中的作用

这一模型表明真核生物基因表达的协同调控是多级、比较经济的调控方式,不同的基因进行协同表达可通过一种信号来完成。为了实行这种经济的调控方式,必须有擎合者基因、受体位点的重复序列,即基因组中的重复序列是该模型的基础,而重复序列的存在是真核生物基因组的特点。根据 DNA 序列分析表明,某些不连锁的相关基因的上游确实存在短的重复序列,其保守性较强,称为一致序列(consensus sequence)。一旦这些序列缺失,基因也就无法正常表达,如酵母菌,his4 基因的 5′上游有 6 个核苷酸的一致序列 TGACTC。野生型酵母菌在饥饿时可以诱导his4 基因表达,缺失这一序列就不能被诱导表达。果蝇有 7 个分散在各处的热诱导蛋白基因,其5′端都具有抑制序列,其中含有一段同源性很高的核心部分 CTNGAATNTTCTAGA。如果将热激蛋白 HSP70 基因的 5′端这一序列连接到疱疹病毒的胸腺激酶基因上,该基因便可受热激诱导。但是如果接上去的 HSP70 基因组中缺少这一序列,诱导现象也就无法发生。

真核生物的重复序列有可能起调控作用,同时也可能正是通过这些保守的重复序列而存在类似于原核生物中操纵子或调节子的协调调节机制。但是要值得注意的是,Britten-Davidson 模型和真核生物体内所存在的错综复杂的调控系统相比并不能完全说明问题,更何况这一模型本身虽有一定的合理性,对其证实还有一个比较漫长的过程。

10.4.2　顺式作用元件

顺式作用元件(cis-acting element)是同一 DNA 分子中具有特殊功能的转录因子 DNA 结合位点和其他调控基序(motif),在基因转录起始调控中起关键作用,按功能特性分为通用调节元件(如启动子、增强子、沉默子)及专一性元件(如激素反应元件、cAMP 反应元件)。顺式作用元件的作用是参与基因表达的调控,本身不编码任何蛋白质,仅仅提供一个作用位点,要与反式作用因子相互作用才能够起一定的作用。

1. 启动子

启动子(promoter)是基因的一个组成部分,控制基因表达(转录)的起始时间和表达的程度。启动子就像"开关",基因的活动可由它来作用。但启动子本身并不控制基因活动,而要通过与转录因子结合而控制基因活动。转录因子就像一面"旗子",指挥着酶(RNA 聚合酶)的活动,这种酶指导着 RNA 的复制。基因的启动子部分发生改变(突变)从而使得基因表达会出现调节障碍的现象。

真核基因启动子是原核启动序列的同义语。真核基因启动子是指 RNA 聚合酶Ⅱ及转录起始点周围的一组转录控制组件。在每个启动子包括至少一个转录起始点及一个以上的功能组件,转录调节因子即通过这些机能组件对转录起始发挥作用。真核基因启动子位于基因转录起始位点(+1)及其 5′上游 100~200bp 以内,每个元件长度为 7~20bp,RNA 聚合酶Ⅱ转录起始点和转录频率就是由启动子来决定的,由核心启动子(core promoter)和上游启动子元件(upstream promoter element,UPE)两个部分组成。

保证 RNA 聚合酶Ⅱ转录正常起始所必需的、最少的 DNA 序列就是核心启动子,包括转录起始位点及转录起始位点上游−30~−25bp 处的 TATAAAAG,也称 TATA 框(TATA box)。TATA 框的主要作用是使转录精确地起始,是 RNA 聚合酶Ⅱ的结合部位。核心启动子单独起作用时,只能确定转录起始位点并产生基础水平的转录。TATA 框上游的保守序列称为上游启动子元件或上游激活序列(upstream activating sequence,UAS)。位于−70bp 附近的 CAAT 框(CCAAT)和 GC 框(GGGCGG)等组成了上游启动子元件。CAAT 框的主要作用是控制转录起始的频率,如在 TATA 框和相邻的 UPE 之间插入核苷酸会影响转录,使之减弱。

2. 增强子

增强子(enhancer)最早是在 SV40 病毒中发现的长约 200bp 的一段 DNA,可使旁侧的基因转录效率提高 100 倍,其后在多种真核生物,甚至在原核生物中都发现了增强子。

增强子是远离转录起始点,基因的时间、空间特异性表达即通过它来决定,增强启动子转录活性的 DNA 序列。增强子的长度通常为 100~200bp,和启动子一样由若干组件构成,基本核心组件常为 8~12bp,可以单拷贝或多拷贝串联的形式存在。

(1)增强子作用的特点

①增强子可提高同一条 DNA 链上基因的转录效率且与距离没有直接关系。通常距离 1~4kb,个别情况下离开所调控的基因 30kb 仍能发挥作用。而且,增强子在基因转录起始点的上游或下游都能起作用。

②增强子想要发挥作用需要有启动子,没有启动子的存在,增强子不能表现其活性;没有增强子的存在,启动子通常不能表现活性。但增强子对启动子没有严格的专一性,同一增强子对于不同类型启动子的转录都可以产生一定的影响。增强子和启动子有时分隔很远,有时连续或交错覆盖。

③增强子作用与其序列的正反方向无关,将增强子方向倒置仍然不影响其发挥作用。而将

启动子倒置就不能起作用,可见增强子与启动子是很不相同的。

④增强子必须与特定的蛋白质因子结合后才能发挥增强转录的作用。增强子一般具有组织或细胞特异性,许多增强子只在某些细胞或组织中表现活性,这是由这些细胞或组织中具有的特异性蛋白质因子所决定的。

⑤增强子大多为重复序列,一般长约 50bp,适合与某些蛋白质因子结合。其内部常含有一个核心序列,即(G)TGGA/TA/TA/T(G),这是产生增强效应时所必需的。

⑥增强子的增强效应比较显著,一般能使基因转录频率增加 10～200 倍。经人巨大细胞病毒增强子增强后的珠蛋白基因表达频率比该基因正常转录频率高 600～1000 倍。

⑦许多增强子受外部信号的调控,如金属硫蛋白的基因启动区上游所带的增强子就可以对环境中的锌、镉浓度做出反应。

⑧增强子的功能是可以累加的。SV40 增强子序列可以被分为两半,每一半序列本身作为增强子功能很弱,但合在一起,即使其中间插入一些别的序列,其增强子的作用仍然不会受到任何影响。因此,要使一个增强子失活必须在多个位点上造成突变。对 SV40 增强子而言,没有任何单个的突变可以使其活力降低到原来的 1/10。

(2)增强子的作用机制

关于增强子的作用机制,一种观点认为增强子为转录因子提供进入启动子区的位点;另一种观点认为增强子能改变染色质的构象。因为增强子区域容易发生从 B-DNA 到 Z-DNA 的构象变化。

增强子在转录起始点远端起作用不外乎以下三种方式:①增强子可以影响模板附近的 DNA 双螺旋结构,如导致 DNA 双螺旋弯折,或在反式因子的参与下,以蛋白质之间的相互作用为媒介形成增强子与启动子之间"成环"连接的模式活化转录;②将模板固定在细胞核内特定位置,如连接在核基质上,有利于 DNA 拓扑异构酶改变 DNA 双螺旋结构的张力,使得 RNA 聚合酶Ⅱ在 DNA 链上的结合和滑动得以有效促进;③增强子区可以作为反式作用因子或 RNA 聚合酶Ⅱ进入染色质结构的"入口"。

3. 应答元件

应答元件(response element)是位于基因上游能被转录因子识别和结合,从而调控基因专一性表达的 DNA 序列,如热激应答元件(heat shock response element,HSE)、金属应答元件(metal response element,MRE)、糖皮质激素应答元件(glucor-ticoid response element,GRE)和血清应答元件(serum response element,SRE)等。

短重复序列也包括在应答元件中,不同基因中应答元件的拷贝数相近但不相等。蛋白质因子结合在应答元件的保守序列下,通常位于转录起点上游 200bp 内。应答元件也可位于启动子或增强子内,如 HSE 位于启动子内,GRE 则在增强子内。各种应答元件的作用原理是相同的,即特定的蛋白质闲子识别应答元件并与其结合,从而调控基因的表达。

热激应答是多个基因受单一转录因子调控的应答,温度升高,在关闭一些基因转录的同时,打开热激基因(heat shock gene)的转录。无论是细菌还是高等真核生物,热激基因散布在不同染色体上或同一染色体的不同部位,即生物处在最适温度范围以上时,受到热的诱导,就会使许多热激基因转录,一系列热激蛋白就得以有效合成。热激蛋白是一种分子伴侣(molecular chaperon),可以使因温度升高而构型发生改变的蛋白质恢复其原有的三维构象,不致丧失功能而使机体得以存活。

金属硫蛋白(metallothionein)基因则是单一基因受多种不同的调控机制调控的应答。

10.4.3 反式作用因子

当启动子和增强子发挥其功能时,都不外乎是通过与它们特异性结合的蛋白质因子,以蛋白质与蛋白质间相互作用、蛋白质与 DNA 间相互作用的方式,调节真核生物基因转录。这些由不同染色体上基因编码的、直接或间接识别或结合各种顺式作用元件并参与调控基因转录效率的结合蛋白质,称为反式作用因子或转录因子(transcription factor)。转录因子按照功能特性可以进一步分为通用转录因子和与 DNA 调节序列结合的基因调节蛋白。目前已发现数百种转录因子,它们能识别并与特定的 DNA 序列结合,改变 DNA 的构象,影响基因的转录,以及通过这些转录因子之间或是与其他蛋白质之间的相互作用,构成了如此复杂的真核基因转录调控机制的基础。

1. 通用转录因子

通用转录因子是 RNA 聚合酶 II 结合启动子所必需的一组因子,为所有 mRNA 的转录起始所共有,故名。它包括 $TF_{II}A$、$TF_{II}B$、$TF_{II}D$、$TF_{II}E$、$TF_{II}F$ 和 $TF_{II}H$ 等,这些因子对于 TATA 盒的识别及转录起始是必需的,它们的功能特点如表 10-1 所示。多种通用转录因子在转录起始复合物的组装过程中是有序进行的。已知 $TF_{II}D$ 是由一个与 TATA 框结合的蛋白——TBP (TATA box-binding protein)和 8 个亚基以上的结合 TBP 的因子——TAF(TBP-associated factor)所组成的多聚体。实验表明 $TF_{II}D$ 首先通过其亚基 TBP 特异地与 TATA 框结合,然后 $TF_{II}A$ 与之结合并形成 $TF_{II}D$-$TF_{II}A$-启动子复合物,随后 $TF_{II}B$ 加入该复合物;由 $TF_{II}F$ 与 RNA 聚合酶 II 已形成的复合物与上述结合了通用转录因子的启动子复合物结合;再是 $TF_{II}E$、$TF_{II}J$ 和 $TF_{II}H$ 组装进入复合物。转录起始复合物具有 DNA 解旋酶活性,双螺旋 DNA 模板的解开是通过利用 ATP 释放的能量实现的;同时 $TF_{II}H$ 具有蛋白激酶活性,在 ATP 存在时磷酸化 RNA 聚合酶 II,使该酶释放起始转录,如图 10-8 所示。真核生物基因通用转录因子可能和原核基因 RNA 聚合酶的 d 因子一样,赋予 RNA 聚合酶识别特异 DNA 序列并与之结合的能力。

表 10-1 基本转录因子及其功能

蛋白因子	功能特点
$TF_{II}D$	转录结合蛋白(TBP)和 TBP-相关因子(TAFs)的复合物,与 TATA 区结合
$TF_{II}A$	与 TBP 接触,稳定它与 TATA 盒的相互作用
$TF_{II}B$	与 $TF_{II}D$ 结合,延伸 30 bp,帮助 RNA 聚合酶 II 与启动子区结合,决定转录起始
$TF_{II}H$	解旋酶及蛋白激酶活性,转录起始所必需。负责 DNA 损伤修复,突变可导致修复功能紊乱,如着色性干皮病
$TF_{II}E$	回收 $TF_{II}H$ 到起始复合物中,而且也调节 $TF_{II}H$ 的解旋酶和蛋白酶活性
$TF_{II}F$	回收 RNA 聚合酶 II 到前起始复合物(pre-initiation complex)中

2. 基因调节蛋白——SP1

SP1 是从人类细胞中分离到的一种转录因子,是 SV40 转录所必需的,能与 DNA 双链中一

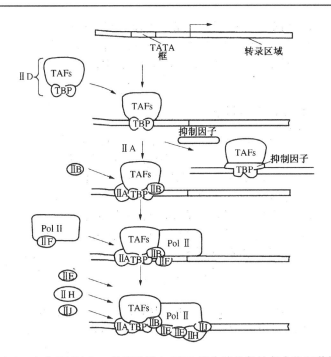

图 10-8　在含 TATA box 的启动子上 RNA 聚合酶Ⅱ起始复合物组装模型

条链上包括 GGGCGG 在内的约 20bp 的非对称序列特异结合,而且其作用是双向的。在 SV40 启动子区,从 −110～−70 的 6 个 GC 区全部与 SP1 结合,所以该区域的 DNA 不会被降解。在胸腺嘧啶激酶启动子区,SP1 既与上游的 CAAT 区结合蛋白 CTF 相互作用,与下游的 TF$_{II}$D 的关系也比较紧密。SP1 均结合与 GC 框的大沟中,而且各 SP1 均结合于 DNA 双螺旋的同一侧。SP1 不具备组织特异性,启动子的 GC 框上 SP1 的结合与否可使转录效率相差 10～25 倍。

10.5　转录后水平的调控

真核基因转录产生 hnRNA,想要成为成熟的 mRNA 需要通过 5′和 3′端修饰、剪接、编辑等一系列加工过程才可以,然后被运送到细胞质的特定区域才能翻译,这些过程对基因表达水平都会产生影响。

1. 转录延伸的弱化

转录起始之后,每个基因转录并不一定以相同的速度转录到终点,其中一些转录可由弱化控制中途停顿甚至提前终止而使转录流产,转录弱化在原核中资料较多,但在真核中同样存在,不过弱化机制会存在一定的差异,在真核中蛋白质(如 hsp 基因的转录)决定了转录的弱化程度(RNA 聚合酶是否能通过下游的特异弱化位点),这些蛋白质即包括在启动子上装配的蛋白质或结合在转录起始点下游的蛋白质。这些蛋白质在不同类型细胞中不同,细胞能控制不同基因的弱化程度。

2.RNA 的剪接加工和编辑使同一基因转录产生不同的蛋白

据估计,剪接过程中有半数以上的 RNA 被完全降解,有半数可产生不同形式的剪接产物,使基因可产生不同的蛋白质。剪接的改变可以是组成型的,这种情况下拼接改变是有限的,只有少数几种蛋白质被转录单位生成。但在许多情况下,改变剪接是受控制的而不是组成型的,在这种情况下,某一基因转录产物能否被正确剪接而最终产生有功能的蛋白质受到细胞类型的控制。例如果蝇中的一种催化 P 因子转座的转座酶,只在生殖细胞中产生有功能的蛋白,在果蝇的体细胞中均产生无功能的蛋白,原因是一个内含子序列只有在生殖细胞中被剪接去除。

剪接加工对基因表达也可有正控制和负控制之分,上述 P 因子转座酶在果蝇体细胞中的加工是负控制,在生殖细胞中的加工是正控制。另外,根据细胞的需要,剪接加工控制在不同类型细胞中产生的蛋白质也是有区别的,例如 Src 原癌基因编码的酪氨酸蛋白质激酶,在大多数类型细胞中产生 533 个氨基酸组成的蛋白,但在神经细胞中却产生 539 个氨基酸的蛋白质,这是因为一个小的内含子 A 在神经细胞的加工中保留,神经细胞中的这种酪氨酸激酶多了一个磷酸化位点,具有更高的特异活性。又如果蝇发育中有三个基因——sxl、tra、dsx 决定性别,控制是在RNA 的剪接加工水平,剪接方式不同,sxl 和 tra 在雄性发育中产生无功能的蛋白,在雌性发育中产生有功能的蛋白,dsx RNA 剪接不同产生 C 末端不同的 Dsx 蛋白,在雄性个体发育中的 Dsx 蛋白 C 末端 150 个氨基酸是雄性特异的,雌性的 Dsx 蛋白 C 末端 30 个氨基酸是雌性特异的。

剪接的形式是由剪接的正负控制来决定的,控制的机制是在负控制中,RNA 的剪接位点上有抑制蛋白结合,使本来可以发生的剪接不能进行,在正控制中,剪接机器本不能在某一位点剪接,但由于剪接的激活蛋白在这位点附近结合而使剪接得以在这点上进行,不同类型细胞根据自己对某一基因产物的需要产生剪接加工的激活蛋白或抑制蛋白。

在一些 RNA 的加工中产生两种以上的功能蛋白,例如 HCMV 的 IEⅡ86 和 IEⅡ55 都是由同一 hnRNA 产生,两种的比例相对稳定,如何控制不同形式加工的比例还需要做进一步探索研究,估计是由剪接加工的抑制或激活蛋白的量控制,也可能是由两者的比例决定。

RNA 编辑在 RNA 的多处增加 U,可造成读框改变,出现终止码,改变氨基酸等而产生不同蛋白。

3. RNA 的切割和加 poly A 也能改变基因编码的蛋白质

真核 mRNA 的 3′端不是由 RNA 多聚酶Ⅱ的合成终止决定的,而是在转录延伸过程中由另外的因子催化切割决定的。在一般情况下切割位置在 poly A 信号序列 AAUAAA 的下游约 30 个核苷酸左右,然后再在末端加上 poly A,但细胞有能力控制在 RNA 的不同点切开。研究得较清楚的例子是 B 淋巴细胞发育过程中合成膜结合抗体和分泌性抗体,B 淋巴细胞早期接触抗原后受刺激合成的抗体的 C 末端是结合在质膜上的,其余部分暴露在细胞表面作为抗原受体,当第二次接触这种抗原时,表面的受体与抗原形成复合物刺激 B 细胞分裂和合成分泌性抗体。膜结合型和分泌型抗体只是 C 末端的氨基酸序列存在一定的差异,前者含较长的亲脂性(疏水的)氨基酸序列,而后者 C 末端含短的亲水的氨基酸序列。

4. RNA 从核中运送到细胞质的过程也是受控制的

在合成的 RNA 总量中,约有 1/12 的 RNA 被运出核到细胞质中,其中在核内被完全降解的约 50%,另一些被留下的 RNA 可能含一些序列,这些序列使它们不会成为 mRNA,另有一些代表潜在的 mRNA,它在某些类型细胞中是有功能的而在另一些类型细胞中则不能被运出核。

截止到目前,尽管 RNA 运出核的控制机制对我们来说仍然是个谜,运出核的控制形式的证据也不是特别多,但至少有几点可以说明 RNA 运出核外是受控制的:①RNA 运出通过核膜孔的过程是一种激活过程;②对大多数 mRNA 需要有 5′帽子结构和 3′poly A 尾巴结构;③mRNA 必须与所有的剪接体成分完全脱离后才能被运出核。

一旦 mRNA 通过核膜孔从核中运出,它被送到细胞质中的位置也有特异性。例如,如果 mRNA 编码的蛋白质是分泌到胞外的,它被直接运到内质网,连同与之结合的核糖体和新生的肽链一起被运输,即运输与翻译同时进行,在内质网膜上继续完成肽链的合成。而另一些 mR-NA 则可能被运到细胞浆液中,由细胞浆中游离的核糖体进行翻译。在细胞质中的运送和定位,前一种情况是由新生肽链 N 端的信号序列(信号肽)决定的,这段序列刚被核糖体合成,就立即被细胞的一种"蛋白质截短成分"所识别,mRNA-核糖体-新生肽复合物运到内质网膜的过程可通过这种成分指导完成。在另一些情况下,运送和定位在翻译之前由 mRNA 本身的核苷酸序列决定,这段信号序列典型的是在翻译终止码和 poly A 开始之间的 3′不翻译区域。

10.6　翻译水平的调控

在蛋白质合成水平上的调控是基因表达调控的重要环节。同一细胞中出现的不同 mRNA,即使数目接近相等,产生的蛋白质的数量也可以有很大的差别。这是由 mRNA 的稳定性和翻译的速率来决定的。

10.6.1　mRNA 的稳定性

真核生物能否长实践地利用成熟的 mRNA 分子翻译出蛋白质以供生长、发育所需,在很大程度上是由 mRNA 的稳定性来决定的。不像原核细胞的 mRNA,边转录边翻译,甚至在它们的 3′还未完全合成之前而 5′却已经开始降解,大部分的真核细胞的 mRNA 的寿命都相对比较长。在高度分化的终端细胞中许多 mRNA 极其稳定,有的寿命长达几天或十几天,加上强启动子的转录,使一些终端细胞特有的蛋白质合成达到惊人的水平。如家蚕丝心蛋白的合成,其基因为单拷贝,带有强启动子,一旦开始转录,在短短几天内便可以合成 105 个丝心蛋白的 mRNA 分子,每个 mRNA 分子又可重复翻译产生 105 个丝心蛋白,可见 mRNA 的稳定性之强。mRNA 的稳定性既取决于其自身的二级结构,又跟转录后的修饰有关,如所加帽子的种类、多聚腺酯酸化和 poly A 的长短以及参与 mRNA 翻译的作用因子。

1.5′端的帽子结构与 3′端的 poly A 对 mRNA 的稳定性的影响

真核生物 mRNA5′端的帽子结构对 mRNA 的稳定性起着决定性的作用,可使之免遭核酸外切酶的降解。帽子结构中鸟苷酸的 N-7 总是甲基化的,是 mRNA 之所以不被核酸外切酶水解的这点是关键。如果用化学方法除去 m7G,兔珠蛋白 mRNA 的绝大部分模板活性也就随即消失。同时帽子结构在 mRNA 作为模板翻译成蛋白质的过程中具有促进核蛋白体与 mRNA 的结合,这样可以增强 mRNA 的稳定性,还可起到加速翻译起始速度的作用。

一般真核生物 mRNA3′端有一长为 30～200 个腺嘌呤核苷酸的 poly A,poly A 对于 mRNA 的稳定性是需要的。细胞可以对不同的 mRNA 的 poly A 选择性加长、快速截短或去除。那些被去除 poly A 的 mRNA 在短时间内即被降解,那些被加长 poly A 的保持稳定,寿命长,可多次翻译。poly A 并非裸露的核苷酸,而是与 poly A 结合蛋白结合的。每个 PABP 分子与大约 30 个核苷酸残基结合。PABP 被认为有双重作用:一方面保护 poly A 不受普通核酸酶降解;另一方面 PABP 似乎增加 poly A 对特异的 poly A 核糖核酸酶的敏感性。有报道称,酵母的翻译释放因子 eRF3 可以与 PABP 结合而影响 PABP 对 poly A 的保护。另外,在体外 PABP 可以被竞争性地挤掉,失去保护的 mRNA 虽然具有 poly A,但降解的发生仍然很容易。如某些编码淋巴因子或细胞生长因子的 mRNA 以及原癌蛋白的 mRNA 极不稳定,后来发现这些 mRNA 的 3′端非翻译区内含一个富含 AU 的序列,它可能通过与 PABP 直接竞争或改变 mRNA 的结构而干扰 PABP 与 poly A 之间的相互作用,影响 mRNA 的稳定性。

组蛋白 mRNA 的 3′末端没有 poly A,但组蛋白 mRNA3′端存在一段短的茎环结构可以像 poly A 一样保持其 mRNA 的稳定,这一末端是被 RNA 多聚酶在合成后通过特异性切割产生的。如果人为给组蛋白 mRNA 加 poly A,其半寿期可以提高 10 倍。可见,对于维持 mRNA 的稳定性的 poly A 至关重要。

2. 其他影响 mRNA 稳定性的因素

转运铁蛋白受体(TfR)和铁蛋白负责铁吸收和铁解毒。这两个 mRNA 上存在相似的顺式作用元件,称为铁应答元件(iron response element,IRE)。TfR mRNA 的稳定性受到其 3′端非翻译区的一段特异序列所调控。此段序列可形成茎环二级结构。IRE-结合蛋白(IREBP)结合在此茎环结构上时,使 TfR mRNA 稳定,不结合 IREBP 的 TfR mRNA 则稳定性要有所降低。当细胞内铁缺乏时,IREBP 结合在 TfR mRNA 上,使之稳定,从而合成出比较多的运铁蛋白受体,细胞因而摄入较多的铁。当细胞内铁丰足时,则 IREBP 不结合在 TfR mRNA 上,使 TfR mRNA 易于降解,合成的 TfR 便较少,细胞摄入的铁就少了。

哺乳动物乳腺细胞中酪蛋白 mRNA 的半衰期可因催乳素的存在而增长 17~25 倍,24h 内 mRNA 可达 25000 个拷贝,而 mRNA 合成只增加 2~3 倍。如果除去催乳素,酪蛋白的 mRNA 丧失 95%。

由于 mRNA 寿命的延长使得细胞内 mRNA 的浓度和所编码的蛋白质的量得以增加,因此将这种调控形式称为转译扩增(tanslational amplification)。不过,有些 mRNA 的蛋白质产物达到一定浓度后,反过来与 mRNA 结合抑制 mRNA 的进一步转译,这称为转译的阻遏(translational repression)。如免疫球蛋白,两重链两轻链,四聚体与重链 mRNA5′转译起始区结合,使得转译的起始受到抑制。

10.6.2 mRNA 的翻译起始的调控

暂时不翻译的 mRNA 在许多真核生物的卵细胞都存在着。这些不活跃的 mRNA 被称为隐蔽 mRNA(masked mRNA),受精几分钟后隐蔽 mRNA 开始翻译。在卵细胞内,核糖体、氨酰-tRNA,蛋白质合成所需的起始因子、延伸因子和终止因子数量都是足够的,所缺乏的可能是某些促进核糖体与 mRNA 的结合的因子。可能是由于受精激活了这些结合因子。因此,在蛋白质的生物合成过程中,特别是在起始反应中,mRNA 的"可翻译性"是起决定作用的。

1. 翻译起始因子对翻译起始的调控

肽链的起始、延伸和终止这 3 个阶段共同组成了蛋白质的生物合成过程。其中尤以起始阶段最为重要,是翻译水平调控的主要时期。真核生物翻译过程的各个阶段都有一些蛋白因子的参与,其中最重要且研究得较多的就是蛋白质合成的翻译起始因子 eIF(包括 eIF-1、eIF-2、eIF-2A、eIF-2B、eIF-3、eIF-4A、eIF-4B、eIF-4C、eIF-4D、eIF-4E、eIF-4F、eIF-5、eIF-6),它们可以通过磷酸化作用来调控翻译的起始。目前对起始因子磷酸化与翻译的关系了解较多的是 eIF-2和 eIF-4F。

　　抑制或选择性地加强蛋白质的合成可通过 eIF-2 磷酸化来实现。当真核细胞处于饥饿、热休克、去除某些生长因子和重金属处理等异常情况下时,大部分蛋白质的合成受到抑制,而少数蛋白质的合成反而加强,这时还可以检测到细胞内 eIF-2 的磷酸化作用。eIF-2 由 3 个亚单位组成,与 GTP 形成的复合物可以介导核糖体 40S 小亚基与甲硫氨酰 tRNA 结合,然后这种复合物进入 mRNA5′端起始翻译。只要复合物移动到 AUG,eIF-2-GTP 立即转变成无活性的eIF-2-GDP 并从复合物上释放出来,60S 核糖体亚基这时和 40S 小亚基装配,蛋白质进行合成。此后,GDP 从 eIF-2 中释放出来,GTP 重新与 eIF-2 结合,eIF-2 被重新利用。eIF-2B 可以促GDP 和 GTP 这个交换过程的发生。如果 eIF-2 磷酸化,就能抑制 eIF-2 重新被利用,因为磷酸化的 eIF-2-GDP 和 eIF-2B 的亲和力非常高,GDP 和 GTP 的交换被阻止。在细胞中通常 eIF-2的含量比 eIF-2B 高得多,即使一部分 eIF-2 磷酸化,也足以消耗掉几乎全部的 eIF-2B,使未磷酸化的 eIF-2 也难以被重新利用,这样就使蛋白质合成受到抑制。用兔网织红细胞粗抽提液研究蛋白质合成时发现,如果不向这一体系中添加氯高铁血红素,网织红细胞粗抽提液中的蛋白质合成抑制剂就被活化,蛋白质合成活性在短时间内就会快速下降,很快就彻底消失。实验证明,网织红细胞蛋白质合成的抑制剂 HCl 是受氯高铁血红素调节的 eIF-2 的激酶,可以使该因子的α-亚基磷酸化并由活性型转变为非活性型,如图 10-9 所示。

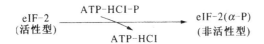

图 10-9　eIF-2、HCl 及氯高铁血红素的消化关系

　　不过当 eIF-2 磷酸化时,mRNA 的翻译的降低是在局部发生的。EIF-2 磷酸化只是选择性地降低一些 mRNA 的翻译,对另一些 mRNA 的翻译反而加强。酵母在缺乏氨基酸的培养基中,eIF-2 磷酸化可加强与合成氨基酸有关的蛋白质的合成而降低其他所有蛋白质的合成,使酵母适应无氨基酸的饥饿环境。调节 eIF-2 的水平对哺乳动物 G_0 期非常重要,G_0 期的蛋白质合成的速率只有增生细胞的 1/5。

　　eIF-4F 磷酸化对翻译起始的激活,识别和结合于 mRNA5′-m7G 帽子结构的起始因子就是eIF-4F,只有当它们结合后,40S-eIF-2-GTP-Met-tRNAi 才能与 mRNA 相连并起始翻译。eIF-4F 由 α、β、γ3 个亚单位组成,即 eIF-4E、eIF-4A 和 P220 蛋白聚合而成。分子质量最小的 α 亚单位(24kDa)能直接和 mRNA5′-m7G 帽子相结合;β 亚单位分子质量为 46kDa,是依赖于 RNA 的ATP 酶,为 mRNA 与 40S 亚基结合时所必需;至于分子质量 220kDa 的最大亚单位的确切作用则还有待进一步研究。eIF-4F 亚单位的可逆磷酸化对 mRNA 翻译起调控作用。当静止期细胞被胰岛素激活后,蛋白质生物合成的速度加快,此时发现 eIF-4F 的 α 和 γ 亚单位的磷酸化作用增加。对细胞进行热激处理,或者是细胞处于生长周期的有丝分裂期,蛋白质合成受到抑制,eIF-4F 的 α 亚单位出现去磷酸化作用。由此,eIF-4Fα 的调控作用通过蛋白质合成速率的降低与 eIF-4Fα 亚单位去磷酸化得到了充分的证明。

2. mRNA 非翻译区的结构对翻译起始的调控

除了起始因子外,mRNA 的帽子近端序列(cap-proximal sequence)对特殊 mRNA 的翻译起始调控有着重要作用。它一般位于 5′帽子结构后,其互补序列可形成稳定的茎环结构,又通过 RNA 结合蛋白的覆盖,完全抑制核糖体预起始复合物沿着 mRNA 的运动,干扰了起始复合物的扫描。铁蛋白 mRNA 在近帽子区域就有茎环结构,在铁离子缺乏时,与 IREBP 结合,使核糖体进程受阻,抵制其 mRNA 的翻译。而铁离子浓度较高时,IREBP 则释放 IRE,促进翻译。5′帽子近端的 IRE/IREBP 复合物在空间上形成"障碍",调节着翻译的起始。另有一些在翻译水平上进行反馈抑制的蛋白,当这种蛋白达到一定浓度时,其中部分蛋白质分子结合在编码它的 mR-NA5′端阻止翻译。

5′前导序列形成茎环结构降低翻译水平或抑制蛋白结合 5′端阻止 mRNA 的翻译,是阻止翻译的起始,即阻止核糖体小亚基向 AUG 移动而达到降低或封闭 mRNA 的翻译。另有一种战略从正确的 AUG 开始的翻译也一样会被降低,就是在功能蛋白的编码区上游另有一个 AUG,核糖体小亚基必须漏掉这个 AUG,从第二个 AUG 开始翻译才能获得有功能的蛋白,而核糖体常从第一个 AUG 开始翻译,产生 10~20 个氨基酸肽后即终止。这样,第一个 AUG 对 mRNA 的正确翻译起干扰或弱化作用。

10.6.3 5′-UTR 对翻译的调控

几乎所有的真核生物和真核生物的病毒 mRNA 的 5′-端都具有帽子结构(m⁷G-ppp-N),帽子结构发生程度不同的甲基化修饰是通过甲基转移酶实现的,从而产生不同类型的帽子。

5′-帽子结构可以保护 mRNA 免遭 5′外切酶的降解,为 mRNA 由细胞核向细胞质的输出提供转运信号,而且能提高翻译模板的稳定性和翻译效率。

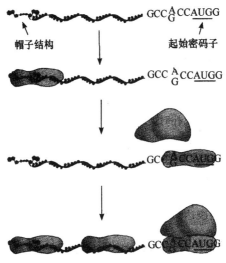

图 10-10 真核生物翻译起始的滑动搜索模型

大量实验证实,对于通过滑动搜索起始的翻译过程来说,5′-帽子结构具有增强翻译的作用,如图 10-10 所示。当 mRNA 同时具有 5′-帽子结构和 3′-poly(A)时,翻译效率协同增加。在翻译起始过程中,5′-端帽子对保证翻译准确的起始和保证翻译的效率起着重要的作用。

真核生物的核糖体从 mRNA 的 5′-帽子结构开始,向下游移动,直到起始密码子。如果 mRNA 的 5′-UTR 足够长,核糖体在 mRNA 上可以形成辫子样的结构

5′-UTR 通常不到 100 核苷酸,但除了它的 5′-帽子结构外,蛋白质翻译起始的精确性和翻译效率均会受到 5′-UTR 的长度及其特殊的二级结构的形成的影响。

当起始 AUG 距 5′端帽子的位置太近(少于 12 个核苷酸)时,不容易被核糖体 40S 亚基识别。即使核糖体结合到 mRNA 上,也会有一半以上的核糖体 40S 亚基会滑过起始 AUG。当起始 AUG 距 5′-端帽子之间的距离在 17～80 核苷酸之间时,翻译效率与其长度变成正比。但若此距离加长至 20 个核苷酸,就可防止核糖体滑过现象。

10.6.4　3′-UTR 对翻译的调控

在某些 mRNA3′-UTR 可以抑制翻译。调控的形式是某些基因 mRNA3′-UTR 内的负调控元件与阻遏物结合,翻译就会被抑制。例如,线虫(C. elegan)的 fem-3 mRNA 中的同向重复序列及果蝇 hunchback mRNA 中 32 bp 的 Nanos 应答元件(nanos response element,NRE)都可介导翻译沉默的现象。但也有一些真核生物 mRNA3′-UTR 具有激活翻译的正调控作用。例如,线粒体 ATP 合成酶 β 亚基的 mRNA3′-UTR 内含有 150bp 高度保守的富含 AU 的序列,这段保守序列类似于内部核糖进入位点(internal ribosome entry site,IRES)的作用方式,起到翻译增强活性(translation-enhancing activity,TEA)的作用。所谓的 IRES 就是 Kozak 序列(真核生物的 mRNA 没有 SD 序列),它可供核糖体识别,并与其邻接的起始密码子结合。研究表明,这段保守序列的 TEA 作用与其在 mRNA 中的位置无关,无论将它插在报告基因的 5′端或 3′端都可显著增加报告基因的表达量。

10.6.5　起始密码子和终止密码子对翻译的调控

(1)5′-AUG 对翻译的调控

通常情况下,真核生物的翻译开始于模板 mRNA 上最靠近其 5′端的第一个 AUG,此即第一 AUG 规律。90%以上的真核生物 mRNA 都符合这个规律。

但在某些 mRNA 的起始密码子 AUG 的上游的非编码区中会有一个或数个 AUG,均被称为 5′-AUG,(或上游 AUG)。从 5′-AUG 开始的翻译过程对于第一 AUG 规则并不遵循,往往很快就会遇到终止密码子而终止,其阅读框与从正常起始 AUG 开始的阅读框不一致。因此,从 5′-AUG 开始的翻译不仅会得到无活性的短肽,而且会降低正常 AUG 启动的翻译的效率并使之维持在较低的水平。

尽管 AUG 的位置对翻译起始调节至关重要的,但也是有条件的。对于大多数核糖体来说,只要第一个 AUG 的 -3 位为 A 残基即可满足核糖体从起始 AUG 起始肽链的合成的需要。当真核生物翻译起始位点上游第 3 个碱基一般为 A,下游第 4 个碱基一般为 G 时,这种序列特点对起始 AUG 被核糖体识别的促进作用非常显著。这种序列表示为 5′-ANNAUGG-3′,具有相当的保守性,有时也叫"-3A,+4G"序列。这是由 Marilyn Kozak 等在 1987 年发现的,所以也叫 Kozak 序列或 Kozak 规律,它普遍存在于动物、植物、酵母和原生动物中。

（2）终止密码子的选用对翻译的调控

相关研究结果表明，通用的 3 个终止密码子 UAA，UGA 和 UAG 实际上在不同的真核生物 mRNA 中的使用频率是不同的。脊椎动物的和单子叶植物使用频率最高的是 UGA，其他真核生物中主要是使用 UAA，而 UGA 使用的频率最低。终止密码子的选用可能与 mRNA 中 GC 含量有关。

对 165 个大肠杆菌基因，52 个芽孢杆菌基因，105 个酵母基因的终止密码进行统计分析，发现 UAA 的终止效率高，选用的频率也较高，UAG 易被漏读。因此多数基因多选用 2 或 3 个终止密码。

实验表明，以核糖核蛋白（ribonucleo protein，RNP）颗粒形式完成了在真核细胞中 mRNA 前体的加帽、接尾、剪接、由胞核输出到胞浆直至在胞内停留进行翻译、降解等相关过程。

第11章 分子生物学研究方法

11.1 概　述

分子生物学是一门实验性很强的自然学科,其理论研究的种种突破与技术的产生和发展关系密切。新技术的建立与应用已成为验证原有实验结论和发展新的理论的有力工具。在分子生物学研究中,使用了简单遗传单位——质粒、噬菌体、病毒等作为分子水平操作的主要对象。正是得益于这些背景清楚的遗传单位及其宿主的生物学的研究,复制、转录、翻译及其表达调控等方面的基本规律的得到了很好的展示。正是基于这些研究,分子生物学研究不仅更深入而详细地界定在了基因组学的研究领域内,同时迅速地开始了功能基因组学、蛋白质组学的研究。随着分子生物学及相应技术学科的发展,诸如聚合酶链式反应、分子杂交技术、基因打靶技术、基因芯片技术等一批新技术为分子生物学的研究提供多层次、多角度的研究平台。在分子生物学研究过程中所使用的技术与方法同样促进了其他相关学科如细胞生物学、生物化学、植物学、动物学、生理学等的发展。近年来,计算机、网络及生物软件方面的发展,使分子生物学方面的巨大信息内容有效地得到了组织和检索,分子生物学的实验设计及结果分析也变得更为有效和可靠。

11.1.1 分子生物学的研究特点

生物大分子核酸及与之相互作用的蛋白质是分子生物学的研究重点。分子生物学研究对象的特殊性决定了其具有下面的特点:

①研究方法是以核酸及蛋白的相互作用为基础的;

②操作的对象是生物体内复制的遗传单位——质粒、病毒及染色体等;

③研究所采用的技术主要建立在以分子杂交及检测的技术上;

④研究材料大多集中在一类繁殖速度快、便于控制的模式生物上;

⑤研究方案及研究结果更多地依赖于有关的生物学软件如 Pcgene、Primerpremier、Vector NTI 及基于图像处理的芯片软件;

⑥研究依赖的核酸序列更多地来源于国际核酸序列数据库。

11.1.2 分子生物学研究的模式生物

用模式生物研究分子生物学正是由简单到复杂、再由复杂到简单原理的应用。复杂高等生物的分子遗传机制研究,如果没有病毒和质粒作为操作层面上的分子、没有大肠菌和酵母等简单宿主,那么当今的分子生物学也就无从谈起。模式生物已经为分子生物学奠定了框架,框架的丰富和装饰需要在更复杂的生物中得到完善。

原核生物中的模式生物有大肠杆菌、枯草杆菌等。

真核生物中的模式生物有酵母、拟南芥、家蚕、果蝇、线虫、小鼠等。

11.2　核酸的分离提取和电泳检测

核酸是分子生物学中主要的研究对象,核酸的分离与提取是分子生物学研究中重要的基本技术。

11.2.1　核酸的分离提取

分离纯化核酸分子的各种方法都是依据不同提取组织的特点而设计的。基本的原理是先将细胞破碎,把与核酸结合的蛋白质、多糖、脂类等生物大分子除去,再去除其他不需要的核酸分子(如提取 RNA 则用 DNA 酶去除样品中的 DNA),沉淀核酸,去除盐类、有机溶剂等杂质,最后纯化核酸。

核酸一级结构完整性的保证是分离纯化核酸的首要要求。因为遗传信息全部储存在一级结构之内,故获得完整的一级结构的核酸分子是保证其结构和功能研究最基本的要求。核酸是较为稳定的化学物质,但它的物理性质是易碎的。高分子质量 DNA 长而弯曲,仅有极微弱的侧向稳定性,因而容易断裂。不同类型的 RNA 分子的结构特点也各不相同,在提取的过程中同样也容易断裂。另外要在提取核酸过程中尽可能排除其他大分子的污染,获得纯净的核酸分子。要去除的主要有各类蛋白质、糖类和其他一些生物大分子,尤其是一些酶蛋白,如提取 RNA 过程中一定要将内源性 RNA 酶去除干净,以免提取的 RNA 样品发生降解。还需注意不要在样品中残留一些提取过程中引入的化学试剂,以免影响后续的实验。

　　1. 真核细胞 DNA 的制备

真核生物中95％的 DNA 与组蛋白结合成核蛋白的形式存在于细胞核内,其他5％为细胞器 DNA,如线粒体、叶绿体中的 DNA。细胞破碎是真核细胞 DNA 提取的第一步。真核细胞的破碎有许多物理方式,如超声波法、匀浆法等,但这些物理操作容易导致 DNA 链的断裂。为了获得长片段的 DNA,动物组织一般采用蛋白酶 K 和去污剂温和处理的方法,植物多采用十六烷基三甲基溴化铵(cetyl trimethylammonium bromide,CTAB)法。

动物细胞用酚、氯仿抽提基因组 DNA 是通过蛋白酶 K 和十二烷基硫酸钠(sodium doclecyl sulfate,SDS)消化,破碎细胞,再用酚氯仿去除蛋白质。苯酚是很强的蛋白质变性剂,用饱和酚处理分解细胞中的核蛋白,变性的蛋白质与 DNA 分离可通过振荡实现,经冷冻离心,使 DNA 溶于上层水相,不溶性变性蛋白质残留物位于中间界面,变性的蛋白留在酚中。取上层水相,反复用苯酚、或氯仿‐异戊醇抽提除净蛋白质,最后在获得的水相中加入预冷的乙醇沉淀 DNA。

CTAB 是一种非离子去污剂,与核酸形成的复合物在高盐浓度($>0.7mmol/L$ NaCl)下可溶,并稳定存在,但在低盐浓度($0.1\sim0.5mmol/L$ NaCl)下 CTAD 核酸复合物沉淀,而大部分的蛋白质及多糖等仍溶解于溶液中。经离心弃上清后,CTAB‐核酸复合物再用75％乙醇浸泡可洗脱掉 CTAB。

样品的准备是不同的组织或细胞提取 DNA 工作的基础。①动物组织:最好用新鲜的组织样品,可以直接剪碎加入到裂解液中开始 DNA 提取,对于一些不易分解的组织可浸入液氮中使其结冻然后在研钵中碾至粉末状。②培养的细胞可以通过离心或胰酶消化后再离心等方法直接获得。③血液样品可以在采样时直接加入到抗凝剂中,再离心收获各种血细胞。④植物细胞根据所选的植物器官不同,采用不同方法进行细胞破碎,如叶片可以剪碎放入研钵中,在液氮中研磨成粉末。

处理好各种样品后就可以开始提取基因组 DNA 了,本小节以哺乳动物细胞为例,简要介绍常用酚、氯仿抽提基因组 DNA 法的基本流程,更为详尽的各类组织或细胞的 DNA 提取方法请参阅 Sambrook 等著的《分子克隆实验指南》。

2. DNA 提取步骤

①准备工作中将各种来源的组织细胞经适当处理后,悬浮于裂解液中,于 65℃下水浴 20～30min,加入 20mg/mL 的蛋白酶 K 至终浓度为 $100\mu g/mL$,边加边用玻璃棒轻轻搅拌使溶液至黏稠状。

②50℃保温 3h,裂解细胞,消化蛋白质。保温过程中应不时轻轻摇匀反应液。

③将反应液冷却至室温,将等容积的饱和 Tris 酚溶液加入到反应液中,温和地上下转动离心管混匀两相,重复该动作 10min,直至水相与酚相混匀成乳状液。饱和酚的 pH 应接近 8.0,这样可以减少离心后水酚双相的交界面(主要是蛋白质)上 DNA 的滞留,利于在下一步吸出水相时不带动界面中的蛋白质。

④室温 5000g 离心 10min,使用剪口的 1mL 枪头小心地吸出上层黏稠水相移至另一个离心管中,加等体积的酚/氯仿(1∶1),温和地混匀两相。

⑤室温 5000g 离心 10min,使用剪口的 1mL 枪头小心移上清液至另一个干净离心管中,加等体积的酚/氯仿(1∶1),温和地混匀两相。

⑥在饱和酚、酚氯仿抽提后,将上层水相移入一个新离心管中,加入 0.2 倍体积的 10mol/L 的乙酸铵和 2 倍体积的 95% 乙醇,室温下轻慢摇动混匀,乳白色丝状 DNA 沉淀即可在短时间内出现,用一个自制前端为钩状的玻璃棒捞出 DNA 纤维,立刻放入 75% 乙醇中漂洗 2 次,室温 5000g 离心 5min,弃上清,室温挥发过量乙醇,不要使 DNA 沉淀完全干燥,按每 5×10^6 个细胞 DNA 提取物加入 1mLTE(Tris 和 EDTA 缓冲液,pH=8.0)或超纯水溶解 DNA,4℃ 或 −20℃ 保存。

3. 真核生物总 RNA 的提取

约 75% 的 RNA 分子存在于细胞质中,另有 10% 在细胞核内,15% 在细胞器中。RNA 以 rRNA 的数量最多(80%～85%),tRNA 及核内小分子 RNA 占 10%～15%,而 mRNA 分子只占 1%～5%。mRNA 分子大小不一,序列各异。RNase 非常稳定,是导致 RNA 降解最主要的物质。它在环境中无处不在且不易失活,在一些极端的条件可以暂时失活,但限制因素去除后活性即可在短时间内再现。用常规的高温高压蒸汽灭菌方法和蛋白酶抑制剂都不能使 RNase 完全失活。它广泛存在于人的皮肤上,因此,进行与 RNA 制备有关的分子生物学实验时,成功提取 RNA 并排除 RNase 的干扰在技术要求和环境控制等方面要比 DNA 的提取更为繁杂,操作时必须戴手套。同时,为确保 RNA 提取过程中免受 RNase 的污染,提取 RNA 所使用的器皿要预先准备,这一准备过程对保证 RNA 的顺利提取十分重要。

总 RNA 的提取根据所用的实验材料不同有多种方法可供选择,酸性胍盐/苯酚/氯仿法是较为经典的 RNA 提取方法。异硫氰酸胍(guanidine thiocyanate)是强烈的蛋白变性剂,可用它来裂解细胞,并促使核蛋白体的解离,使 RNA 与蛋白质分离,并将 RNA 释放到溶液中。当加入氯仿时,它可抽提酸性的苯酚,而酸性苯酚对于 RNA 进入水相起到一定的促进作用,离心后可形成水相层和有机相层,这样 RNA 与仍留在有机相中的蛋白质和 DNA 分离开。无色的水相层主要为 RNA,黄色的有机层主要为 DNA 和蛋白质。依据酸性胍盐/苯酚/氯仿法提取 RNA 的原理,一些生物公司开发出了一步提取 RNA 的各种生物制剂,如 Life Technologies 公司的 Trizol 试剂,该试剂中的主要成分即为异硫氰酸胍和苯酚。一步法由于其实验步骤简单,应用范围非常广,这里以 Trizol 为例介绍一步法提取总 RNA 的实验流程。

4. 总 RNA 提取的基本流程

①使用物品的准备:将处理的塑料制品放入一个可以高温灭菌的容器中,注入 0.1% 的焦碳酸二乙酯(diethylpyrocarbonate,DEPC)水溶液,使塑料制品的所有部分都浸泡到溶液中,在通风柜中室温处理过夜。用铝箔封住经 DEPC 水处理过的塑料制品的烧杯,高温高压蒸汽灭菌至少 30min。烘箱用合适的温度烘烤至干燥。玻璃和金属物品 250℃ 烘烤 3h 以上。

②组织样品的处理:液氮研磨,组织块直接放入研钵中,加入少量液氮,迅速研磨,待组织变软,再加少量液氮,再研磨,此操作重复 3 次,每 50～100mg 组织中加入 1mL Trizol,转入离心管进行第③步操作。

③匀浆:组织样品按 50～100mg 加入 1mL Trizol。另外,Trizol 体积的 10% 是组织体积的最大限度,否则匀浆效果会不好,用电动匀浆器充分匀浆需 1～2min。培养贴壁的细胞不需要消化,可直接用 Trizol 进行消化、裂解,Trizol 体积按 $10cm^2/mL$ 比例加入。悬浮细胞可直接收集、裂解,每毫升 Trizol 可裂解 $5×10^6$ 个动物、植物、酵母细胞或 10^7 个细菌细胞。

④细胞或组织加入 Trizol 后室温放置 5min,使其充分裂解。12000g 离心 5min,弃沉淀。

⑤按每毫升 Trizol 加 $200\mu L$ 氯仿的比例加入氯仿,振荡混匀后室温放置 15min。4℃ 12000g 离心 15min。

⑥吸取上层水相,至另一离心管中。加入 Trizol 用量 1/2 体积的异丙醇混匀,室温放置 5～10min。4℃ 12000g 离心 10min,弃上清,RNA 沉于管底。

⑦加入与 Trizol 用量等体积的 75% 乙醇,温和振荡离心管,悬浮沉淀。4℃ 8000g 离心 5min,尽量弃上清。室温晾干或真空干燥 5～10min。

⑧可用 $50\mu L$ 纯水、TE 缓冲液或 0.5% SDS 于 55～60℃ 溶解 RNA 样品 5～10min。溶解的 RNA 样品可置于 -70℃ 低温冰箱保存。

在 RNA 提取过程中,下面几个问题需要重视:组织或细胞量过少,可酌情减少 Trizol 的用量;组织或细胞用量过多,会引起 DNA 对 RNA 的污染;高蛋白、脂肪或多糖类组织、肌肉组织或块状植物组织等在组织匀浆或液氮研磨后需 4℃ 12000g 离心 10min 去掉不溶物,再进行下面操作,若顶层有脂肪物,则也需去掉;热天提取 RNA,必须戴手套,手是 RNase 的主要来源;组织块用液氮研磨效果最好,若没有液氮或电动匀浆器,可用手动匀浆器代替。

DEPC 为剧毒物,活性很强,使用过程中药非常小心。RNA 样品不要过于十燥,否则很难溶解。

11.2.2 核酸电泳检测

核酸因含磷酸基而带负电荷,可以进行电泳分析。电泳技术操作简便、快速、灵敏,是分离、纯化和鉴定核酸的常规技术。

常见的有琼脂糖凝胶和聚丙烯酰胺凝胶作为核酸电泳的支持物。琼脂糖凝胶电泳条件简易,操作简便,多用于鉴定较大(0.1～60kb)的核酸片段,特别是分子量测定;聚丙烯酰胺凝胶电泳具有很高的分辨率,用于鉴定较小(5～500bp)的核酸片段,特别是 DNA 测序。

1. 琼脂糖凝胶电泳

琼脂糖是从红色海藻产物琼脂中提取的一种多糖,由 D-半乳糖和 3,6-脱水-L-半乳糖以 β-1,4-糖苷键和 α-1,3-糖苷键交替连接构成。核酸琼脂糖凝胶电泳区带整齐,容易染色和回收,分辨率高,重复性好,并且琼脂糖本身不吸收紫外线。下面三个因素是使用琼脂糖凝胶电泳分析核酸需要考虑的:

①凝胶浓度。一般为 0.7%～1.5%。不同大小的 DNA 片段要用不同浓度的琼脂糖凝胶,大的 DNA 片段要用低浓度的琼脂糖凝胶。

②DNA 构型。琼脂糖凝胶电泳不仅可以分离不同大小的 DNA,对于大小相同而构型不同的 DNA 也可以准确鉴别出来。例如:在提取质粒 DNA 时,由于受各种因素影响,质粒 DNA 存在三种构型:闭环 DNA(cccDNA),所含的两股 DNA 均成环,为闭环结构,称为 Ⅰ 型;开环 DNA(ocDNA),所含的两股 DNA 仅一股成环,另一股开链,为开环结构,称为 Ⅱ 型;线性 DNA(LDNA),所含的两股 DNA 均开链,为线性结构,称为 Ⅲ 型。几种构型 DNA 琼脂糖凝胶电泳的迁移率是不一样的,一般为 Ⅰ 型＞Ⅲ 型＞Ⅱ 型。不过,受电流强度、离子强度、凝胶浓度的影响,有时也会得到其他结果。

③DNA 大小。DNA 片段越大,其泳动速度越慢,迁移率与分子量的对数值呈线性关系。

琼脂糖凝胶电泳可以间接分析 DNA 样品的含量和分子量。电泳结束之后,通过溴化乙啶染色,在紫外灯下可以对于 DNA 区带可以直接观察。区带的荧光强度与 DNA 含量成正比,只要与已知含量和分子量的参照 DNA 平行电泳,就可以分析 DNA 样品的含量和分子量。

对于 DNA 样品纯度的分析也可以通过琼脂糖凝胶电泳实现,例如分析质粒 DNA 样品中是否含染色体 DNA、RNA 或蛋白质等杂质。其中蛋白质与 DNA 结合,在加样孔内形成荧光亮点;RNA 则在 DNA 区带前方形成云雾状亮带。

琼脂糖凝胶电泳还可以分析 RNA。RNA 为单链分子,容易形成各种二级结构,影响迁移率。因此,可以用变性琼脂糖凝胶电泳分析。控制变性条件是分析 RNA 的关键。在具体操作时,应先在 RNA 样品中加入适量甲醛和甲酰胺,于 60℃～65℃加热 5～10 分钟,破坏其二级结构;同时,在琼脂糖凝胶中加入适量甲醛,保证 RNA 在电泳过程中保持展开状态,不同大小的 RNA 就可以准确分离,分析其分子量。

为了确定 RNA 在进行变性凝胶电泳过程中是否发生降解,可以用 28S(约 4700nt)和 18S(约 1900nt)两种 rRNA 作为参照。经过变性凝胶电泳之后,未降解的高质量 rRNA 分出两条 rRNA 区带(有时在溴酚蓝区带前可见一条很淡的 5S 区带);经过溴化乙啶染色之后,两条区带的亮度比值应为 28S:18S=2:1。如果 RNA 发生降解,两条区带会变模糊,或亮度比值下降,而 5S 区带的亮度则明显增加。如果电泳显示 RNA 大量降解,说明在制备 RNA 的过程中存在 RNase 污染。

2. 聚丙烯酰胺凝胶电泳

聚丙烯酰胺凝胶是由丙烯酰胺和 N,N'-甲叉双丙烯酰胺在 N,N,N',N'-四甲基乙二胺

(TEMED)和过硫酸铵(AP)的催化下聚合形成的。聚丙烯酰胺凝胶制备时总浓度应控制在 4%～30%,可以根据样品分子大小及电泳性质来确定。聚丙烯酰胺凝胶浓度较大,孔径较小,对于小分子 DNA 片段的分离比较适用。和琼脂糖凝胶电泳相比,聚丙烯酰胺凝胶电泳(PAGE)因存在电泳、分子筛和浓缩三种效应而具有很高的分辨率,可以分离长度仅差一个核苷酸的核酸片段,只是操作过程繁琐。

有两种聚丙烯酰胺凝胶电泳可以分析核酸:一种是变性电泳,即在凝胶中加入尿素、甲酰胺或甲醛,使双链核酸解链,或破坏单链核酸的二级结构,可以分离和纯化单链 DNA 片段,常用于 DNA 测序。另一种是非变性电泳,对于小分子 DNA 片段可以进行分离和纯化,常用于制备高纯度双链 DNA 片段。

聚丙烯酰胺凝胶电泳还是研究蛋白质和肽的常规技术。例如:SDS-聚丙烯酰胺凝胶电泳(SDS-PAGE)属于变性电泳,可以分析蛋白质的亚基组成及其分子量;而非变性电泳可以在保持活性的条件下分析鉴定蛋白质。

11.2.3　DNA 测序

DNA 是遗传物质,遗传信息是由其碱基序列携带的。因此,要想解读遗传信息就要进行 DNA 测序。然而,在确定 DNA 是遗传物质之后的 20 多年中,DNA 测序一直进展缓慢,因为那时受技术条件限制,对于一个五碱基寡核苷酸序列的分析也是很麻烦的。直到 1977 年,第一个基因组——ΦX174 噬菌体长 5386nt 的环状单链 DNA 由 Sanger 等完成测序。

1975 年,Sanger 建立了 DNA 测序的双脱氧链终止法。1977 年,Maxam 和 Gilbert 建立了 DNA 测序的化学降解法。这两种方法使 DNA 测序有了划时代的突破,Gilbert 和 Sanger 也因此而于 1980 年获得诺贝尔化学奖。

Sanger 双脱氧链终止法和 Maxam-Gilbert 化学降解法都是用待测序 DNA 制备四组标记 DNA 片段,每组片段具有以下特征:①5′端序列相同,3′端序列不同;②3′端所对应的碱基相同,因而分析该组片段的长度可以确定这种碱基在待测序 DNA 链中的位置;③一种碱基在待测序 DNA 链中有多少个,相应片段组所含的 DNA 片段就有多少种,所以在待测序 DNA 链中的这种碱基全都可以定位。因此,接下来就是分析四组 DNA 片段的长度,要求分辨率达到一个碱基单位,而这用变性聚丙烯酰胺凝胶电泳就可以做到。

在两种测序方法中,Sanger 双脱氧链终止法更常用,并且已经自动化,下面先对其进行讨论。

1.Sanger 双脱氧链终止法

Sanger 双脱氧链终止法需要建立四个双脱氧链终止反应体系,DNA 聚合酶、引物和 dNTP 在每个体系里面都有,可以以待测序 DNA 为模板,由 DNA 聚合酶催化合成其互补链,然后进行电泳、显影和读序,具体如图 11-1 所示。

(1)获得标记片段组

是在每个反应体系中加入了一种 2′,3′-双脱氧三磷酸核苷(ddNTP)可以说是 Sanger 双脱氧链终止法的关键所在。以 ddATP 为例,它可以与 dATP 竞争,连接到 DNA 链的 3′端。但是,ddATP 没有 3′-羟基,所以不能与下一个 dNTP 形成 3′,5′-磷酸二酯键。结果,DNA 链的延伸终止于 ddATP,即最后合成的 DNA 片段的 5′端是引物序列,3′端是 A。

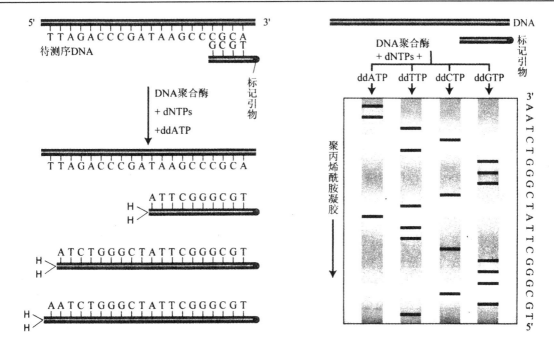

图 11-1　Sanger 双脱氧链终止法

由于 ddATP 的掺入是随机的,通过调整反应体系中 dATP 和 ddATP 的比例,ddATP 的掺入可以说在 DNA 聚合酶复制模板序列的任何一个 T 时都可能发生,其中,dATP 和 ddATP 的结构如图 11-2 所示。因此,在模板序列中有多少个 T,该反应体系最终就会合成多少种 DNA 片段,它们的 5′端都是引物序列,3′端都是 A。这样,只要分析该组片段的长度就可以确定在待测序 DNA 的哪些位置上是 T。

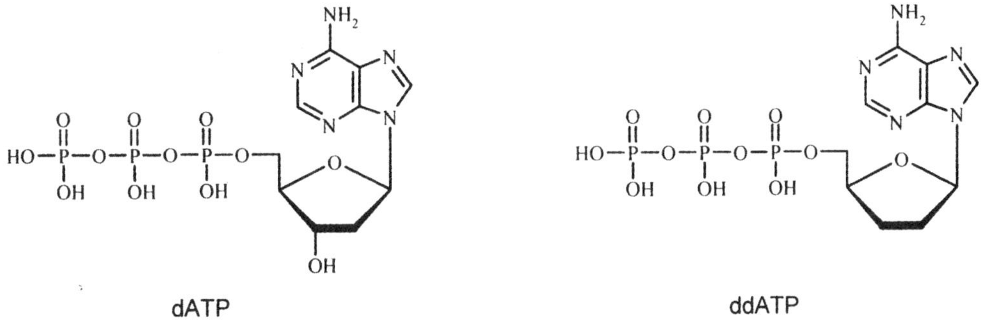

dATP

ddATP

图 11-2　dATP 和 ddATP 的结构

之所以需要对 Sanger 双脱氧链终止法合成的 DNA 片段进行标记,是为了方便下面的分析。例如:将引物用放射性同位素或荧光素进行标记。

(2)电泳

将四个反应体系合成的 DNA 片段在同一块聚丙烯酰胺凝胶上进行变性电泳,DNA 片段按照长度分离,可以形成阶梯状区带(ladder pattern)。

(3)显影

将凝胶电泳区带显影,获得 DNA 图谱。显影方法因标记而异,放射性同位素标记的 DNA 片段需要用放射自显影,荧光素标记的 DNA 片段可以直接用 CCD 扫描仪。

（4）读序

从 DNA 图谱上读出碱基序列。因为 DNA 的合成方向为 5′→3′，所以 DNA 链终止得越早，终止位点离 5′端越近。因此，按照从小到大顺序读出的是合成片段 5′→3′，方向的碱基序列，是待测序 DNA 的互补序列。

2. Maxam-GⅡberr 化学降解法

Maxam-Gilbert 化学降解法是通过对待测序 DNA 进行化学降解而测序的一种方法，制备标记片段、电泳、显影和读序几个步骤共同组成了测序过程，其中电泳、显影和读序与 Sanger 双脱氧链终止法基本相同。

（1）制备标记片段

Maxam-Gilbert 化学降解法的关键是建立 4 个化学降解反应体系，如表 11-1 所示，对 5′端标记的待测序 DNA 片段进行有限降解。

表 11-1　DNA 化学降解反应体系

反应体系	碱基修饰试剂	碱基修饰反应	脱碱基	主链断裂方式	断裂点
G>A	硫酸二甲酯	甲基化	中性条件加热	碱性条件加热	C 优先于 A
A>G	硫酸二甲酯	甲基化	稀酸温和处理	碱性条件加热	A 优先于 C
T+C	肼	嘧啶裂解、成脲	哌啶	哌啶	T 和 C
C	肼+NaCl	胞嘧啶裂解、成脲	哌啶	哌啶	C

①G>A 反应体系：用硫酸二甲酯将 G 和 A 甲基化成 m^7G 和 m^3A，在中性条件下加热 m^7G 和 m^3A 会脱去，然后在碱性条件下加热可以在该位点裂解 DNA 主链。因为 G 的甲基化速度 5 倍于 A，所以电泳并显影之后，深色区带对应 G，浅色区带对应 A。

②A>G 反应体系：m^3A 糖苷键比 m^7G 糖苷键对酸敏感，用稀酸温和处理可以优先脱去 m^3A，然后在碱性条件下加热可以在该位点裂解 DNA 主链，电泳并显影之后，深色区带对应 A，浅色区带和 G 保持对应。

③T+C 反应体系：用肼使 T 和 C 裂解，生成尿素核苷酸，并进一步与肼反应生成脲，然后用 0.5mol/L 哌啶脱脲并在该位点裂解 DNA 主链。

④C 反应体系：在 T+C 反应体系中加入 2mol/L NaCl，则只有 C 反应并在反应位点裂解 DNA 主链。

上述化学降解反应体系具有以下特征：每个体系都可以脱掉特定碱基，并在脱碱基位点裂解 DNA 主链；控制温度和时间等反应条件，可以使每一个待测序 DNA 片段都有一个位点脱碱基并裂解；经过化学降解之后，每个体系中标记 DNA 片段的 5′端序列都是一样的，3′端所对应的碱基都是确定的，片段种类也是确定的。例如：如果待测序 DNA 片段序列中有 5 个位置为 C，则 5 种标记片段的得出可用 C 化学降解反应体系降解来实现。

虽然 4 个化学降解反应体系的特异程度不同，但是并不影响分析。

（2）读序

将 4 个化学降解反应体系得到的 DNA 片段在同一块聚丙烯酰胺凝胶上进行变性电泳，按照长度分离，形成阶梯状区带，显影之后即可读序，具体如图 11-3 所示。

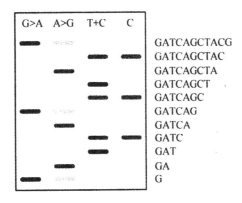

图 11-3　Maxam-Gilbert 化学讲解法

（3）特点

Maxam-Gilbert 化学降解法只需简单的化学试剂，对长度在 250nt 以内的 DNA 片段测序效果最佳，并且可以测定很短（2～3nt）的序列，最后读出的就是待测序 DNA 的碱基序列。Maxam-Gilbert 化学降解法的缺点是耗时长、有误读，并且需要消耗较多的待测序 DNA 样品，因此目前已经很少用于 DNA 测序，主要用于其他研究，例如 DNA 甲基化等修饰结构、DNA 的二级结构、DNA 与蛋白质的相互作用、基因表达调控序列的分析和鉴定等。

3. DNA 测序自动化

传统的 Sanger 双脱氧链终止法和 Maxam-Gilbert 化学降解法还不是特别完美，包括操作步骤繁琐、效率低、速度慢等，特别是在显影读序时耗费时间。

1987 年，以 Sanger 双脱氧链终止法为基础开发的 DNA 自动测序仪（DNA sequencer）问世。用荧光素标记替代放射性同位素标记可以说是 DNA 自动测序仪在技术上的一个飞跃，实现了凝胶电泳、数据采集和序列分析的自动化。在制备标记片段时，仍然建立四个传统的反应体系，但每个体系中的引物使用不同的荧光素标记，因此合成的四组 DNA 片段带有不同的荧光素标记，可以混合在一起，在同一个聚丙烯酰胺凝胶电泳通道进行分析，并通过位于凝胶底部的检测仪进行扫描，将扫描信号输入计算机，利用软件进行分析，自动读出 DNA 序列。

20 世纪 90 年代，DNA 测序自动化技术进一步得到发展：①将引物荧光素标记改为 ddNTP 荧光素标记，因而只需要建立一个反应体系具有不同 3′末端标记的四组 DNA 片段即可顺利合成；②用集束化的毛细管电泳取代传统的聚丙烯酰胺凝胶电泳，简化了繁琐的人工操作；③应用更高的电泳电压，进一步提高了分析速度，如图 11-4 所示。

此外，伴随人类基因组计算开展的基因芯片技术已经成为 DNA 测序的首选技术。

RNA 与 DNA 测序的基本原理是一致的，不再一一讨论。

11.3　聚合酶链式反应

通过无细胞化学反应体系选择性扩增核酸，使微量核酸样品在短时间内扩增几百万倍，这就是所谓的核酸的体外扩增。聚合酶链反应（PCR）是核酸体外扩增的核心技术，由 Mullis（1993年诺贝尔化学奖获得者）于 1983 年发明。如今 PCR 技术在生物学研究和医学临床实践中已经得到广泛应用，成为分子生物学研究的重要技术之一。

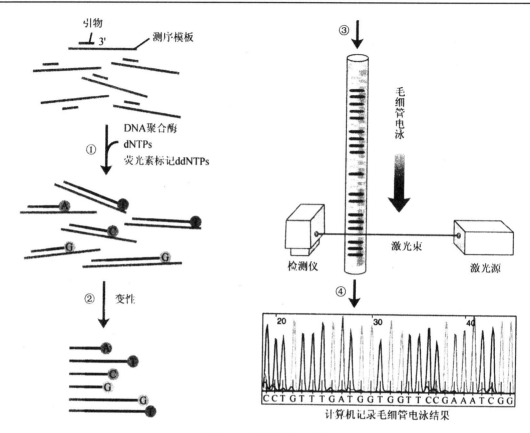

图 11-4 DNA 测序自动化

11.3.1 PCR 技术的基本原理

PCR 是一种通过无细胞化学反应体系选择性扩增 DNA 的技术,待扩增 DNA 及其扩增产物称为目的 DNA。PCR 与细胞内 DNA 半保留复制的化学本质一致,但更简便,只包括变性、退火、延伸三个基本步骤,如图 11-5 所示。

1. 变性

细胞内 DNA 半保留复制过程中的解链是由一组解旋酶类作用的结果,但是依据 DNA 高温变性的原理实现了 PCR 过程中的解链,将反应体系温度升 94℃～98℃,使双链目的 DNA 解离成单链,以便作为模板与引物结合。

2. 退火

如果适当降低温度,序列互补的单链 DNA 可以结合形成双链结构,PCR 技术中的这一步骤称为退火。在半保留复制过程中,由引物酶催化合成的 RNA 片段就是与 DNA 模板结合的引物;而在 PCR 过程中,与目的 DNA 模板结合的引物是人工合成的 DNA 片段。当反应体系温度降至 50℃～65℃时,引物与目的 DNA 模板的 3′端序列结合。因为引物本身短而不易缠绕,并且引物量远多于模板量,所以目的 DNA 模板与引物的退火(杂交)大大超过目的 DNA 模板之间的退火(复性)。因此,通过控制退火条件,引物可以与目的 DNA 模板准确结合,为下一步延伸做好准备。

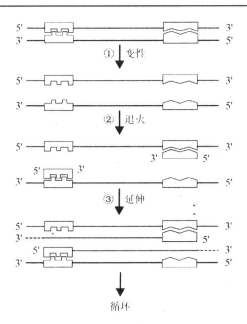

图 11-5　聚合酶链反应

3. 延伸

将反应体系温度升至 70℃～75℃,DNA 聚合酶遵循碱基配对原则在引物 3′ 端以 5′→3′ 方向催化合成目的 DNA 模板新的互补链。

以上变性、退火、延伸三个基本步骤构成 PCR 循环,每一循环的产物都是下一循环的模板,这样每循环一次目的 DNA 的拷贝数就增加 1 倍。整个 PCR 过程一般需要循环 30 次,理论上能将目的 DNA 扩增 2^{30}($\approx 10^9$)倍,但 PCR 的扩增效率平均约为 75%,循环 n 次之后的扩增倍数约为 $(1+75\%)^n$。PCR 循环一次需要 2～3 分钟,不到 2 小时将目的 DNA 扩增几百万倍的工作即可完成。

图 11-6 是 PCR 产物示意图,从图中可以看出:如果考虑一个初始 DNA 分子的 PCR 产物,在第一循环得到两条长链 DNA,其两股新生链的 5′ 端是确定的,3′ 端是不确定的;在第二循环得到四条长链 DNA,有两股新生短链 DNA 就是要扩增的目的 DNA 序列,另外两股新生链 3′ 端依然是不确定的;在第三循环得到八条 DNA,有两条短链 DNA 是最终要得到的目的 DNA 双链。

从理论上讲,随着循环次数的增加,长链 DNA 双链以 $2n$ 倍数扩增,而短链目的 DNA 双链以 (2^n-2n) 倍数扩增。因此,循环 30 次之后得到的几乎都是短链目的 DNA,而长链 DNA 只有 60 条,这样的结构用电泳法分析 PCR 产物时根本不会检出。

11.3.2　常用 PCR 技术

PCR 技术自建立以来在各个领域得到应用,PCR 技术本身也在不断发展和完善,目前已经衍生出一系列的特殊 PCR,广泛应用于生物学研究和医学临床检验。下面简要讨论几种常见的衍生技术。

1. 逆转录 PCR

逆转录 PCR(RT-PCR)是逆转录与 PCR 的联合,该技术的实现是先以 RNA 为模板,用逆转

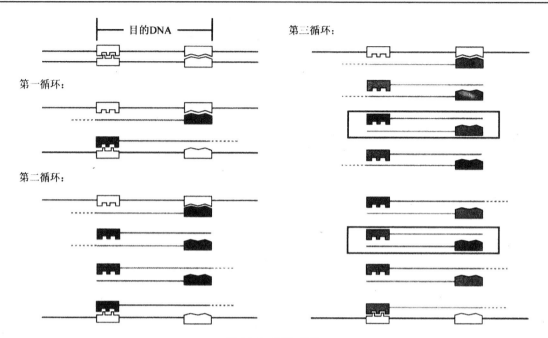

图 11-6 PCR 产物

录酶催化合成 cDNA,再对 cDNA 进行 PCR 扩增。逆转录 PCR 可以采用一步法:逆转录和 PCR 在同一个反应体系中进行。也可以采用两步法:逆转录和 PCR 在两个反应体系中分开进行。

引物可以说对逆转录 PCR 至关重要。根据所掌握目的 RNA 的信息量,可以选用:①oligo(dT)引物:针对 mRNA 的 poly(A)尾;②特异性引物:针对 mRNA 的特异序列;③随机引物:没有 RNA 序列信息。对于特异性引物,如果根据不同外显子的序列设计引物,可以鉴别 cDNA 和基因组 DNA 扩增产物。

逆转录 PCR 可以检测低拷贝 RNA,基因表达研究、cDNA 克隆、cDNA 探针制备、RNA 高效转录体系构建、遗传病诊断、RNA 病毒检测中使用的比较多。

逆转录 PCR 可以与 DNA 印迹法联合,分析扩增产物,从而分析样品中的 RNA 含量,研究基因表达。不过,逆转录 PCR 灵敏度较低,属于半定量分析。

2. 实时定量 PCR

实时定量 PGR(Q-PCR)是一种实时检测 PCR 进程的方法,即在 PCR 体系中加入一种荧光探针,随着 PCR 的进行产生荧光信号,信号强度与 PCR 产物水平成正比,所以可以利用对荧光信号的实时检测来跟踪 PCR 进程,最后通过标准曲线定量实现对起始模板水平的分析。

(1)实时定量 PCR 探针

在 PCR 反应体系中加入一种特异性荧光探针(50~150nt)可以说是实时定量 PCR 的关键,该探针的 5′ 端标记有一个荧光报告基团(fluorophore,R,例如 6-FAM,$\lambda_{ex} = 490nm$,$\lambda_{em} = 530nm$),3′端标记有一个荧光淬灭基团(quellcher,Q,例如 TAMRA)。探针完整时,报告基团发射的荧光信号被淬灭基团吸收。PCR 扩增时,DNA 聚合酶的 5′→3′ 外切酶潘性将探针降解,报告基团和淬灭基团分离,报告基团发射荧光,每扩增一条 DNA 链就释放一个发射荧光的报告基团,荧光信号累积与 PCR 产物合成的同步化也就得以实现,如图 11-7 所示。

在实时定量 PCR 中。荧光探针也可以用溴化乙啶(EB)或荧光染料 SG:①溴化乙啶不灵

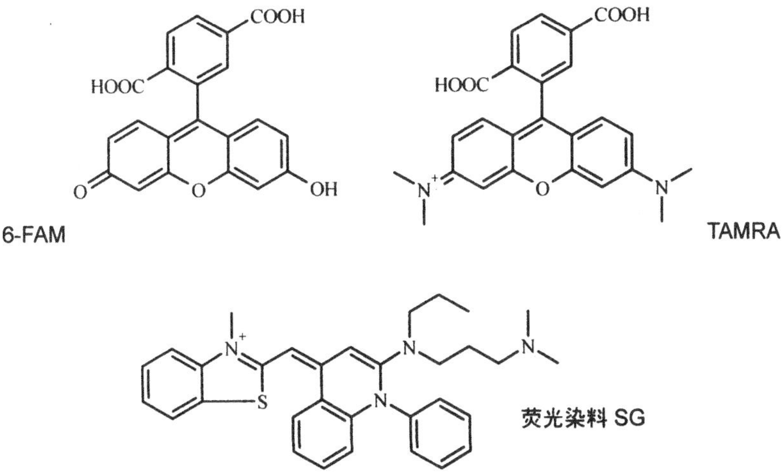

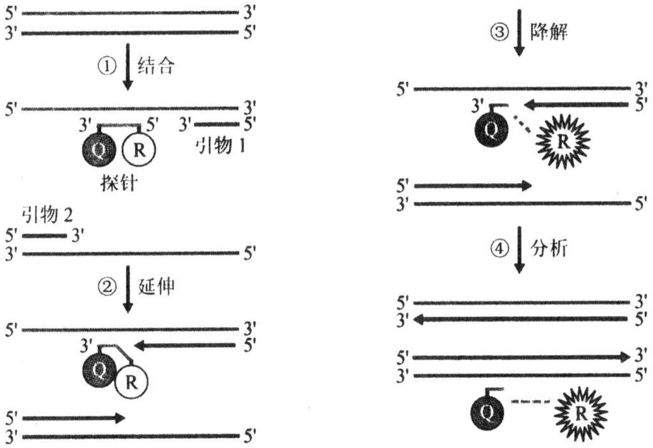

图 11-7　实时定量 PCR

敏,并且与单链 DNA 也有结合,仅用于半定量;②荧光染料 SG 灵敏,并且只与双链 DNA 结合,但没有特异性。

（2）实时定量 PCR 特点

充分利用 PCR 的高效性、核酸分子杂交的特异性、荧光技术的高灵敏度和可计量性、Taq DNA 聚合酶的外切酶活性。在封闭条件下,实时定量 PCR 能够有效检测扩增产物,没有污染,灵敏度高,特异性高,自动化程度高,能实现多重反应。

（3）实时定量 PCR 应用

与逆转录联合可以定量分析 mRNA 以研究基因表达,从而应用于基础研究（等位基因、细胞分化、药物作用、环境影响）与临床诊断（肿瘤、遗传病、病原体）。

3. 修饰引物 PCR

对特定 DNA 序列进行定向克隆、定点诱变、体外转录等研究时,需要其末端带有限制位点、突变序列、启动子等 DNA 元件,为此可以在 PCR 引物的 5′端加接这些元件进行扩增,这就是修饰引物 PGR。例如:在引物 5′端加接限制位点,扩增产物的切割可以用限制酶来实现,形成黏端,从而与有互补黏端的载体 DNA 重组,这就是克隆 PCR。克隆 PCR 克隆效率较高,并且如果给两个引物加接不同的限制位点,可以进行定向克隆,如图 11-8 所示。

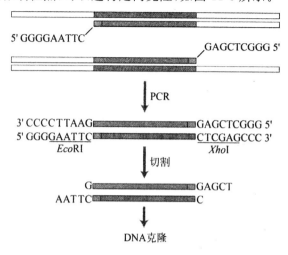

图 11-8 克隆 PCR

4. 等位基因特异性 PCR

等位基因特异性 PCR(AS-PCR)用于检测点突变。原理:同时设计一个正常引物对和一个突变引物对,两个引物对的下游引物完全一样,上游引物几乎完全一样,只是 3′末端的碱基存在一定的差异。针对目的 DNA 分别建立两个 PCR 体系,各加入一个引物对,进行扩增,通过控制扩增条件,使错配引物不能扩增,则只有一个体系得以扩增,这样一来,目的 DNA 是否存在点突变就得以确定,如图 11-9、表 11-2 所示。

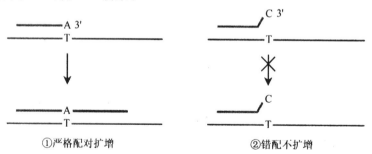

图 11-9 等位基因特异性 PCR

表 11-2 AS-PCR 结果分析

基因	正常引物对	突变引物对
野生型基因	+	—
点突变基因	—	+

等位基因特异性 PCR 用于鉴定单核苷酸多态性(SNP),要求目的 DNA 序列已知,单核苷酸多态性明确并且位于引物 3′末端。

5. PCR-RFLP

聚合酶链反应-限制性片段长度多态性分析技术(PCR-RFLP)是 PCR 技术与 RFLP 分析的联合,即先用 PCR 将包含待测多态性位点的 DNA 片段扩增出来,然后用识别该位点的限制酶切割,电泳分析其 RFLP,判断出突变是否存在。PCR-RFLP 可以在很大程度上提高 RFLP 分析的灵敏度和特异性,是检测突变的较为简便的方法。

6. PCR-SSCP

在中性条件下,单链 DNA 形成一定的构象,这种构象是由其碱基序列决定的。长度相同的单链 DNA 只要碱基序列不同,即使只有一个碱基的差异,也会形成不同的构象,这就是单链构象多态性(SSCP)。

单链 DNA 即使长度相同,只要构象不同,其电泳迁移率就会存在一定的差异,所以 SSCP 可以用非变性电泳进行分析。

将 PCR 与聚丙烯酰胺凝胶电泳联合,可以提高 SSCP 分析的灵敏度和效率:先将待测 DNA 通过 PCR 进行扩增,扩增产物经过变性解链,再进行非变性聚丙烯酰胺凝胶电泳,观察电泳区带的位置是否存在差异,可以分析 DNA 多态性,判断是否存在碱基缺失、插入或点突变等基因突变,这就是聚合酶链反应-单链构象多态性技术(PCR-SSCP)。

PCR-SSCP 适于分析 300nt 以下的 DNA 片段。

7. RAPD

如果把 DNA 视为各种寡核苷酸序列的有序连接,那就可以在 DNA 序列中找到许多重复序列。例如:2nt 序列共有 16 种(4^2),所以在一段 17nt 序列中两个重复的 2nt 序列是底线;同样,10nt 序列共有 1048576 种(4^{10}),所以在一段 1048577nt 序列中至少存在两个重复的 10nt 序列。如果考虑到其互补链上存在同样韵重复序列,显然它们在两股链上呈反向重复排列,并且相邻重复序列的平均距离约为 500kb($4^{10}/2=524288bp$)。

因此,我们可以设计这样一种 PCR:在一个 DNA 样品中加入长度为 10nt 的单一引物,通过控制扩增条件,可以得到一组 DNA 片段,它们的长度体现了相邻反向重复序列(与引物互补)的实际距离。通过聚丙烯酰胺凝胶电泳分析这组 DNA 片段,DNA 指纹图谱即可得出。

不同个体的同源 DNA 具有多态性,其所含各种寡核苷酸序列的分布也具有多态性,以某种核苷酸序列为引物扩增的 PCR 产物也具有多态性。因此,以不同的寡核苷酸序列为单一引物,对所研究的基因组 DNA 进行扩增,不同的多态性 PCR 产物就可以得到。实际上,以任意寡核苷酸序列为单一引物进行扩增,都可以得到相应的多态性 PCR 产物,这种产物称为随机扩增多态性 DNA(RAPD)。

如果合成 RAPD 所用单一引物的碱基序列就是某一限制酶的限制位点,从本质上来看,RAPD 就是 RFLP。因此,RAPD 是对 RFLP 的发展。RAPD 具有以下特点:①不必知道目的 DNA 的序列即可分析其 DNA 多态性,构建 RAPD 指纹图谱;②所用引物是人工合成的,可以用于分析多物种的 DNA 多态性,应用广泛;③样品用量少,实验周期短,灵敏度高。目前,RAPD 已经成功地用于遗传多样性的检测、品系鉴定,包括中药的鉴定和研究。

8. AFLP

扩增片段长度多态性(AFLP)是 Vos 和 Zabeau 于 1993 年在 RFLP 和 RAPD 的基础上开发的新一代标志技术。

(1)原理

①用(一种或几种)限制酶切割 DNA,限制性片段即可获得;②在限制性片段末端加接具有互补黏端的人工接头;③加引物变性、退火;④进行选择性扩增,如图 11-10 所示。用聚丙烯酰胺凝胶电泳分析扩增产物,可以得到 DNA 指纹图谱。

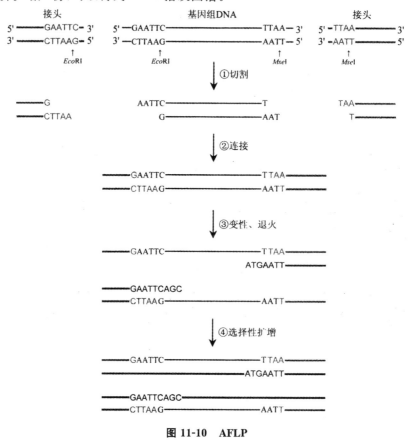

图 11-10　AFLP

(2)选择性引物

选择性引物的合理设置可以说是 AFLP 的关键,其 3′端有比限制位点序列长出 1～3nt(随机序列)的选择性核苷酸(选择位点),只有那些末端序列与选择性引物完全互补的限制性片段才会被扩增,这种片段只占全部限制性片段的 1/4～1/64,所以是选择性扩增。

(3)应用

AFLP 能够分析位于限制位点或选择位点的点突变、插入、缺失、重排所产生的多态性,可以用于分析遗传多样性,绘制遗传图谱,研究基因突变,鉴定种系指纹(例如构建中药 DNA 指纹图谱)。

AFLP 不需要知道目的 DNA 序列信息,具有重复性好、灵敏度高的优点;缺点是时间长,费用高,操作繁琐。

9. 长距离 PCR

常规 PCR 扩增大片段 DNA 存在以下问题：①因为长时间加热，Taq DNA 聚合酶活性无法保证；②Taq DNA 聚合酶较高的错误掺入率导致一些链的延伸提前终止，合成不完整；③模板发生脱嘌呤或断裂等损伤明显增加；④非特异性扩增明显增加。这些问题导致扩增效率显著下降，且扩增产物不完整。

针对常规 PCR 进行条件优化建立的改良技术就是长距离 PCR(LD-PCR)技术。

①使用有校对活性的 DNA 聚合酶，通常使用两种酶：主酶(高浓度，例如 0.5～2.5U/50μl 的 Tth DNA 聚合酶)没有校对活性，次酶(低浓度，例如 0.02～0.1U/50μl 的 Vent DNA 聚合酶)有校对活性，不同组合使用不同缓冲系统。

②保证模板完整，避免损伤。

③应用 21～34nt 的长引物。

④使用改良缓冲溶液，将 pH 提高至 8.7～9.0，避免高温导致 pH 下降，应用降低解链温度、提高酶稳定性的试剂，例如 5%～8% 甘油、1% 二甲基亚砜、1.1～1.3mmol/L 醋酸镁、0.01% 明胶(gelatin)。

⑤调整热循环参数，可以采用二温度点法，也就是说使得退火温度与延伸温度得到统一。一般采用 94℃变性 10 秒钟(第一循环用 10～15 秒钟)，68℃退火与延伸。退火/延伸时间可以参考以下公式计算结果：

$$n(秒)=60+(长度/100)\times2.5$$

11.3.3　PCR 技术的发展及应用

PCR 技术应用领域广泛，它发展的新技术和用途主要体现在以下几个方面：①合成特异的探针；②DNA 测序；③逆转录 PCR 用于克隆基因、构建 cDNA 文库等；④产生和分析基因突变；⑤基因绢序列比较，进行多态性分析；⑥原位杂交 PCR 检测基因表达。

DNA 序列测定技术(DNA sequencing)是在 20 世纪 70 年代中期由 Sanger 等提出并逐渐完善起来的。随着计算机软硬件技术、仪器制造和分子生物学研究相关技术的不断发展，DNA 自动测序技术取得了突破性进展。

双脱氧核苷酸末端终止(dideoxy chain termination)测序法已成为现今自动测序的最佳选择方案。在 DNA 聚合酶作用下进行引物延伸反应，这点体现了该技术的独特性；双脱氧核糖核苷三磷酸(ddNTP)作为链终止剂；采用聚丙烯酰胺区分长度仅差一个碱基的单链 DNA，在操作程序上只是把 DNA 片段或 ddNTP 以荧光标记而替代了手工测序的同位素标记。大肠杆菌 DNA 聚合酶、DNA 模板、引物和四种 2′-脱氧核糖核苷三磷酸(dNTP)是完成 DNA 复制所需要的。在这一反应过程中，引物在 DNA 聚合酶的作用下，依照碱基配对的原则，分别将四种 dNTP 底物加入到引物的 3′-羟基，与 DNA 链的 5′-磷酸基团形成磷酸二酯键。如果在这一反应体系中掺入标记有荧光素的 2′,3′-双脱氧核糖核苷酸底物(2′,3′-ddNTP)，由于这种 2′,3′-ddNTP 在脱氧核糖的 3′ 位置上缺少一个羟基，虽然可以在 DNA 聚合酶的作用下通过其 5′-磷酸基团掺入到正在延伸的 DNA 链中。但由于没有 3′-羟基，它们就无法同后续的 dNTP 形成磷酸二酯键，使得正在增长的 DNA 链就此终止。由于产生这样一种 ddNTP 与 dNTP 的竞争，所以反应产物是一系列长度不同的、以 ddA 为结尾的一组片段。同理，以 G、T 或 C 为结尾的片段也可以顺利得到。电泳之后,经激光扫描仪在扫描这些条带的同时激发各条带发出荧光,检测仪同时记录下各条带荧光的不同颜色,根据每个荧光峰代表一个条带就可以直接"读出"碱基顺序,具体如图11-11所示。

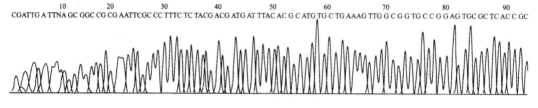

图 11-11　DNA 自动化测定结果

11.4　核酸的体外标记与分子杂交技术

分子生物学实验中需要检测的核酸通常都是极微量的,常在 ng 至 μg 水平,甚至在 pg 级,难以通过测定紫外光吸收或直接的显色反应来定量、半定量或定性。核酸杂交的原理就是将具有一定长度互补序列的两条核酸单链在适当条件下退火,按碱基互补配对的原则形成杂合双链分子,如杂合的 DNA/DNA、DNA/RNA 或 RNA/RNA,杂合分子中两条单链之一为:靶分子(或待测核酸),另一条为探针(通常序列已知)链。探针链上带有放射性或非放射性的标记,放射性标记可以通过放射自显影等方法检测,而非放射性的标记一般通过酶催化底物进行显色反应将信号放大。这样可以大大提高检测核酸的敏感性,仅 pg 级核酸就可以检测出来,在最适条件下可以检测出样品中少于 1000 个分子的核酸,成为分子生物学各领域中是不可缺少的检测手段之一。

11.4.1　核酸探针的种类

标记核酸最常用的放射性同位素是 ^{32}P 和 ^{35}S,这两种放射性原子在衰变中都释放 β 射线。^{32}P 半寿期为 14.3 天;^{35}S 半寿期为 87.4 天。用于标记反应的化合物一般是 α-^{32}P-dNTP 或 γ-^{32}P-dNTP。

同位素标记虽然非常灵敏,但对人体健康有一定危害,要求有防护条件且废物处理较麻烦,同时使用时间受半寿期的影响,应用受到一定限制。非放射性标记虽然杂交反应后的检测较为繁琐,但相对安全可靠,探针可以反复使用而且不受时间限制,灵敏度也接近放射性标记,因而很受欢迎。常用的标记物有半抗原类的生物素、地高辛等,半抗原标记可以通过抗原抗体反应,利用抗体偶联的碱性磷酸酶催化不同的底物进行显色反应或产生可发出荧光的物质。

以生物素为例,它是一种小分子水溶性维生素,核苷酸的生物素衍生物(如在尿嘧啶环的C-5位置上通过 11-16 碳臂共价,连接一个生物素分子就形成生物素-UTP 或生物素-dUTP)可以作为标记物前体掺入核苷酸,掺入方法与同位素标记反应相同,且掺入后不影响核酸合成及杂交时的碱基配对特性。杂交后,杂合分子中杂交链上的生物素可以用抗生物素蛋白即亲和素(avidin)或链亲和素(streptavidin)来检出。二者都有 4 个分别独立的生物素结合位点,具有极高的结合能力,比一般的抗原-抗体间亲和力大 10^6 倍。抗生物素蛋白与可催化颜色反应的碱性磷酸酶偶联,在杂交完成后,就可以通过磷酸酶催化的显色反应直接看到实验结果或者经酶促发光底物降解,产生荧光,再经 X 光片曝光观察结果。如图 11-12 所示。使用发光底物,检测的灵敏度与放射性同位素接近,所需要的时间比放射性自显影更短,同时操作安全,稳定性和重复性好,杂交后产生的背景比同位素低,已越来越被众多实验室采纳和应用。

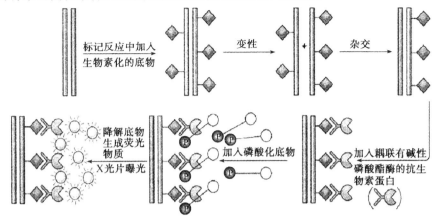

图 11-12 生物素标记探针检测核酸过程示意图

11.4.2 探针标记的方法

1. 随机寡核苷酸引物标记(Random Primer Labeling)

在该方法中,引物是由随机合成的六聚寡核苷酸作为的,与变性的单链 DNA 复性,DNA 聚合酶 I 的大片段 Klenow 催化单链模板上的引物起始合成和延伸 DNA,掺入 $\alpha\text{-}^{32}\text{P-dNTP}$。使互补产物链被标记。合成探针的标记率可以达到 $70\%\sim80\%$,高于切口平移法。除用于标记双链 DNA 外,这种方法也可用于单链 DNA 和 RNA(用逆转录酶)的标记。加入随机引物的数量越多,合成起点就越多,探针也越短。一般标记的探针长度为 $100\sim500$ 碱基。

2. 切口半移法(Nick-translation)

各种双链 DNA 或 cDNA 可以考虑该方法,标记的探针长度为 $300\sim800$ 个碱基。标记反应首先通过 DNA 酶 I 切割 DNA 双链产生随机的切口,再利用大肠杆菌 DNA pl I 的 $5'$-外切核酸酶的活性。使切口扩大形成缺口。有 dNTP 存在时,DNA pl I 的聚合酶活性催化合成新的 DNA 链,置换原有的 DNA 链,这个过程可以使 $\alpha\text{-}^{32}\text{P-dNTP}$ 掺入新合成的 DNA 链。DNA 酶 I 和 DNA pl I 的共同作用导致切口平移。而在这一过程中合成的新链,有放射性同位素掺入。

3. 末端标记

通过 DNA pol 催化的 DNA 模板复制反应住新合成的核酸链中掺入标记底物是上述两种方法的关键点。然而对于类似于寡核苷酸这样的小片断核酸,这两种标记方法是行不通的。

T4 噬菌体的多核苷酸激酶可以催化 ATP 分子上的 γ-磷酸基团转移到 RNA 或 DNA 链的 $5'$-末端羟基上,使羟基磷酸化。如果以 $\gamma\text{-}^{32}\text{P-dNTP}$ 作为反应物,$5'\text{-}^{32}\text{P}$ 标记的 DNA 或 RNA 就可以得到,此反应与底物分子长短无关。适用于单链 RNA 或 DNA。特别是寡核苷酸探针标记。

另外,末端转移酶可以把 $\alpha\text{-}^{32}\text{P-dNTP}$ 逐个转移到各种双链 DNA($3'$-端凸出,$5'$-端凸出或平头)的 $3'$-羟基末端上,得到从末端延伸而增加不同核苷酸长度的标记 DNA。此反应小需模板,可用于单链 DNA 或各种双链 DNA$3'$-端的标记,在 $3'$-端形成同聚物尾巴,并带上标记。

11.4.3　常用的标记方法

生物素(维生素 H)和地高辛(一种来源于毛地黄植物的类固醇)被广泛用于 DNA 标记。这两种分子通过一个碳链臂共价连接到 dUTP 分子中嘧啶碱基的第五位 C 原子上。被生物素或者地高辛标记的 dUTP 在 DNA 合成反应中可以取代 dTTP 整合到 DNA 分子中,且其双螺旋结构仍然可以保证完好如初。

生物素可以用酶偶联的抗生物素蛋白(avidin)或者链霉抗生物素蛋白(streptavidin)进行检测。抗生物素蛋白是从卵清中提取的一种碱性四聚体糖蛋白;链霉抗生物素蛋白由链霉菌产生,为抗生物素蛋白的同源蛋白,由四个相同的亚基构成。这两种抗生物素蛋白能够以非常高的亲和力与四个生物素分子非共价结合。地高辛是一种半抗原,检测可以通过酶偶联的抗地高辛抗体实现。通常在抗生物素蛋白和抗地高辛抗体上偶联的是碱性磷酸酶,这种酶可以将很多分子中的磷酸基团切掉。在碱性磷酸酶介导的检测反应中可以使用生色底物进行发色检测,化学发光底物也可以实现发光检测。

X-phos(5-溴代-4-氯代-3-吲哚磷酸酯)是一种人工合成的显色底物,由一个染料前体和一个磷酸基团组成。碱性磷酸酶把 X-phos 的磷酸基团切除后,染料前体在空气中被氧化成蓝色化合物。Lumi-pho 是碱性磷酸酶的化学发光底物,由一个化学发光基团和一个磷酸基团连接而成。碱性磷酸酶将磷酸基团去除后,不稳定的发光基团发出荧光。如果被标记的 DNA 被固定在滤膜上或存在于凝胶中,就可以使用胶片检测和记录被生物素或者地高辛标记的 DNA 所在的位置。

11.4.4　核酸分子杂交技术

杂交技术是分子生物学中最常用并且是应用范围最广的基本技术方法之一。分子杂交(molecular hybridization)主要分为核酸分子杂交、抗原抗体杂交和蛋白质与核酸互作杂交。核酸分子杂交的基本原理是:具有一定同源性的两条核酸单链分子在适宜的温度及离子强度等条件下可按碱基互补原则退火形成杂交核酸双链分子。此杂交过程是高度特异性的。

核酸分子杂交的高度特异性及检测方法的高度灵敏性使得核酸分子杂交技术在分子生物学领域中被广泛应用于基因克隆的筛选和酶切图谱制作、基因组中特定基因序列的定量和定性检测、基因突变分析及疾病的诊断等方面。分子生物学的迅猛发展也得益于核酸分子杂交技术的不断应用。分子生物学得以发展到今天这种水平,核酸分子杂交技术起着重要的作用。

核酸分子杂交有多种类型,核酸分子杂交的双方是探针和待测核酸序列。探针(probe)是用于检测的已知核酸片段。为了便于示踪,探针必须用一定的手段加以标记,以利于随后的检测。常用的标记物是放射性核素,近年来也发展了一些非放射性标记物。检测这些标记物的方法都是极其灵敏的。待测核酸序列可以是克隆的基因片段,也可以是未克隆化的基因组 DNA 和细胞总 RNA。将核酸从细胞中分离纯化后可以在体外与探针进行膜上印迹杂交,也可盲接在绢织切片上进行荧光原位杂交,分子信标也是比较常见的杂交技术。

1. Southern 和 Northern 印迹杂交

1975 年,Edward Southern 提出了建立并使用了 Southern 印迹杂交。利用 Southern 印迹杂交可以检测靶 DNA 分子中是否存在与探针序列相同或相似的序列。进行 Southern 印迹杂交时,首先利用限制性内切酶将靶 DNA 切割成较小的片段,再将酶切后的 DNA 片段通过琼脂糖凝胶电泳按大小分离。用 NaOH 溶液浸泡凝胶使 DNA 片段在原位变性后,通过电流或者毛细管作用将单链 DNA 转移到一张尼龙膜上,并通过烘烤或紫外线照射将单链 DNA 牢固地结合在膜上。然后将此膜放入含有放射线同位素标记的探针分子的溶液中。随着溶液在滤膜表面来回晃动,探针分子与结合在膜上的同源序列互补配对形成杂交体。漂洗除去多余的探针分子,经放射自显影,与探针的核苷酸序列同源的待测 DNA 片段便可被成功鉴定出,如图 11-13 所示。

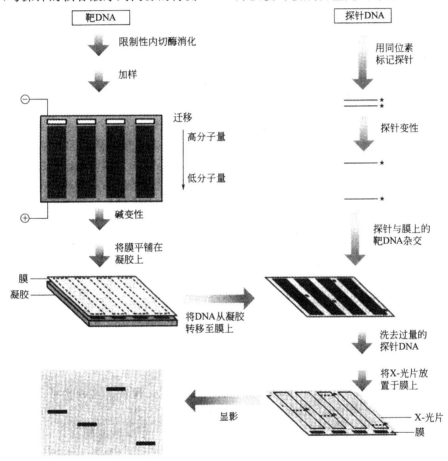

图 11-13　Southern 印迹杂交

DNA 探针与固定在膜上的 DNA 的杂交是 Southern 印迹杂交的核心。相应地,将来自于特定细胞或组织中的 RNA 样品进行凝胶电泳分离后,从电泳凝胶转移到支持物上进行核酸杂交的方法称为 Northern 印迹杂交。

2. 荧光原位杂交

荧光原位杂交(fluorescent in situ hybridization,FISH)是以荧光标记的 DNA 分子为探针,

与完整染色体杂交的一种方法,染色体上的杂交信号直接给出了探针序列在染色体上的位置。进行原位杂交时,需要打开染色体 DNA 的双螺旋结构使其成为单链分子,只有这样染色体 DNA 才能与探针互补配对,如图 11-14 所示。使染色体 DNA 变性而又不破坏其形态特征的标准方法是将染色体干燥在玻璃片上,再用甲酰胺处理。FISH 最初用于中期染色体。中期染色体高度凝缩,每条染色体都具有可识别的形态特征,因此对于探针在染色体上的大概位置非常容易确定。使用中期染色体的缺点是,由于它的高度凝缩的性质,只能进行低分辨率作图,两个标记至少相距 1Mb 以上才能形成独立的杂交信号而被分辨出来。

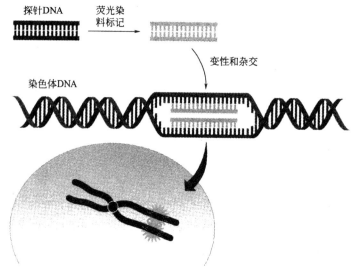

图 11-14　荧光原位杂交的原理

最新发展起来的纤维荧光原位杂交(fiber fluorescent in situ hybridization,Fiber-FISH)将探针直接与拉直的 DNA 纤维杂交。Fiber-FISH 技术需要用碱或者其他的化学手段破坏染色体结构,使 DNA 分子与蛋白质分离,再将游离的 DNA 纤维拉直并固定在载玻片上用作 FISH 的模板。与使用染色体作为模板进行荧光原位杂交的普通 FISH 技术相比,Fiber-FISH 的优势非常明显,主要体现在以下几点:第一,分辨率大大提高,为 1~2kb;第二,线性 DNA 分子在 FISH 中展示的长度(μm)可直接转换为序列的长度(kb),为高精度物理图谱的构建提供了一种新的手段;第三,可以直接确定探针在不同 DNA 序列之间的排列关系,并且具有快速、直接、准确的优点,为利用 FISH 技术开展比较基因组研究提供了便利。

3. 分子信标

分子信标(molecular beacon,MB)是一种特殊的荧光探针,想要发出荧光的话这种探针只有与靶 DNA 结合后才可以做到。分子信标包括三个部分:①环状区为一15~30nt 的序列,可特异结合靶序列;②茎干区环状区两侧的互补序列形成的 5~8bp 的双螺旋区;③荧光基团和猝灭基团常连接于 MB 的 3′-端,而荧光基团连接于 5′-端。自由状态时,分子信标为一茎环结构,荧光基团与猝灭基团相互靠近,荧光几乎完全猝灭。加入靶序列后分子信标可与完全互补的靶序列形成更加稳定的异源双链杂交体,使得荧光基团与猝灭基团之间的空间距离增大,荧光恢复,具体如图 11-15 所示。分子信标操作简单,敏感性和特异性高,甚至可用于单个碱基突变的检测。

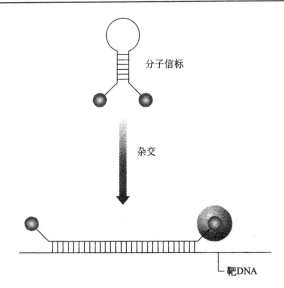

图 11-15　分子信标与靶 DNA 杂交后，茎环被破坏，探针发出荧光

11.5　生物芯片技术

生物芯片指高密度固定在固相支持介质上的生物信息分子（如寡核苷酸、基因片段、cDNA片段或多肽、蛋白质）的微阵列，阵列中每个分子的序列及位置都是已知的，并且是预先设定好的序列点阵。生物芯片技术是基于核酸分子杂交发展起来的。生物芯片具有高通量、大规模、高效、高度自动化等优点，极大地节省了人力资源。

11.5.1　生物芯片的种类

①基因芯片（gene chip）又称 DNA 芯片（DNA chip）或 DNA 微阵列（DNA microarray），是将 DNA 片段或寡核苷酸按微阵列方式固定在微型载体上制成。

②蛋白质芯片是将蛋白质或抗原等按微阵列方式固定在微型载体上获得。

③细胞芯片是将细胞按照特定的方式固定在载体上，细胞间的相互影响或相互作用可通过它进行有效检测。

④组织芯片是将组织切片等按照特定的方式固定在载体上，用来进行免疫组织化学等组织内成分差异的研究。

⑤芯片实验室（lab on chip）是用于生命物质的分离、检测的微型化芯片。现在，已经有不少的研究人员试图将整个生化检测分析过程缩微到芯片上，形成"芯片实验室"。它将样品的制备、生化反应到检测分析的整个过程集约化形成微型分析系统。由加热器、微泵、微阀、微流量控制器、微电极、电子化学和电子发光探测器等组成的芯片实验室已经问世，并出现了将生化反应、样品制备、检测和分析等部分集成的芯片。如样品制备、试剂输送、生化反应、结果检测、信息处理和传递等一系列复杂的工作都可以在"芯片实验室"中完成。

11.5.2　生物芯片的基本过程

1. 基因芯片技术的流程

基因芯片技术的实验流程包括 4 个步骤:探针的设计、合成与芯片的制作;靶基因样品的制备;杂交;杂交信号的检测与结果的分析。

(1)探针的设计、合成和芯片的制作

①cDNA 微阵列。其原理是通过 PCR 扩增 cDNA 文库以获得基因片段,将基因片段点样、固定于芯片上,再与用不同荧光标记的对照样品 mRNA 反转录的 cDNA 片段同时杂交,对比不同标记杂交信号的变化,实现对基因表达水平的变化的有效检测。PCR 扩增基因片段的选取主要针对 cDNA 序列的 3′端,应避免长片段重复序列的出现,长度一般在 1kb 左右。

载体的表面一般需经过聚赖氨酸或氨基硅烷的包裹,经一定剂量的紫外线照射形成化学键的铰链,用以降低背景的荧光值,使得疏水性 cDNA 探针的附着力得以增强,并能有效地限制 DNA 链的空间伸展,防止探针之间的空间干扰。

②寡核苷酸微阵列。表达型芯片检测原理是针对基因的保守区段设计多对完全匹配的寡聚核苷酸探针(PM)和与之相应的中心单碱基错配的寡核苷酸探针(MM),固定于芯片的相邻的位置上,与样品来源制备的标记靶序列杂交。正常情况下(阳性),PM 的杂交的信号明显强于 MM 的杂交信号,而错配时(假阳性),二者的杂交的信号区别不明显(PM/MM)信号的比值可作为衡量阳性的指标。针对某一基因的三条以上探针呈阳性时可定性判定基因的表达,而其多条的阳性探针信号的大小可作为定量衡量基因表达的指标,通过比较正常与异常样品杂交信号的差异,不同样品中基因表达水平的变化可以准确检测出来,如图 11-16 所示。

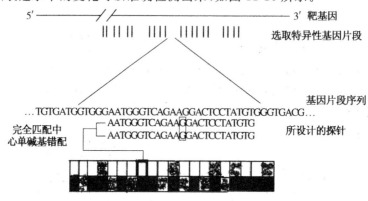

图 11-16　表达型芯片的检测原理

探针序列应为特异性强和灵敏度高的寡核苷酸,一般为 16～25bp。探针碱基组成中(G＋C)％应在 40％～60％以内。探针内部应无互补序列区域存在,否则内部"发夹"结构就会形成。探针应避免同一碱基连续出现,如－GGGG－。探针与其他已知的各种基因序列进行同源性比较,若探针与非靶基因序列有 70％以上的同源性或连续 8 个以上碱基序列相同,则最好重新设计。

设计好的寡核苷酸探针,其末端连接 10～15bp 的 poly T 作为连接分子臂,然后经 5′末端氨基修饰后,分子臂末端连上氨基,便可与经处理的玻片表面上的功能集团发生连接反应而固定在玻片表面上。依靠精密控制的机械手将设计好的不同探针点样于经处理的玻片表面,发生化学反应而固定在相应的位置上,其探针序列与其在芯片上的位置可被自动记录。

突变型检测芯片检测原理是根据基因突变热点所有可能的突变情况设计多条寡核苷酸探针,合成、固定在芯片上的特定位置,与 PCR 扩增、标记的靶基因相应区段杂交,根据特定位置上杂交信号的有无和与之相应的探针序列来判定基因突变的类型。载体的处理、探针的修饰与固定与前述表达型检测基因芯片的技术的出入不大。

(2)靶基因样品的制备

运用常规手段从细胞和组织中提取模板分子,进行模板的扩增和标记。对细胞内 mRNA 表达水平的定量检测,其靶基因的制备一般采取 RT-PCR 方法。以寡聚 dT 作引物,加入标记的 dNTP 或在引物末端标记,进行扩增。用于芯片杂交的探针,其制备需微克级 RNA 来源(少于 $25\mu g$ 总 RNA 或 $4\mu g$ mRNA),对于相对丰度较高的样品(细胞、组织)基本上没有任何问题,但限制了在临床样品如活组织切片等研究的应用。

为保证芯片检测的灵敏度,须特别注意样品 RNA 的提取、反转录、标记等环节,其质量和效率,因为这些直接体现了芯片检测的实际灵敏度。

常用的标记方法有放射性标记(如^{32}P)和可激发产生不同颜色荧光的荧光素(如 Cy3 和 Cy5 等)。荧光标记的优点是:①分辨率高,可达 $10\mu m$,放射性标记的分辨率为 $100\mu m$,可增加芯片上固定探针的点密度,杂交体积也可减少,从而提高灵敏度;②安全性好、即可时应用。

新发展的双色荧光标记系统,用红、绿双色荧光标记来源不同的正常、异常样品,与芯片同时进行杂交,通过对杂交位点及杂交位点双色荧光的杂交信号强弱的分析,定量、定性分析的目的即可达到。

(3)杂交

杂交过程与常规的分子杂交过程出入不大,先封闭、预杂交,再在含靶基因的杂交液中杂交 $3\sim24h$ 或以上,洗脱、干燥,进行信号检测。芯片的杂交属于固相-液相杂交,类似于常规的膜杂交。标记的靶基因序列与固定在芯片上的探针,在经过实验确定的严谨的实验条件下,进行分子杂交,形成互补双链而被检出。但芯片上的杂交条件与 Northern 印迹杂交、Southern 印迹杂交的区别比较明显,其特点是微量核酸的杂交,探针的量显著多于靶基因片段。杂交动力学呈线形关系,探针与靶基因序列杂交信号的强弱与样品来源的靶序列的量成正相关性,从而可用于基因转录水平的检测。同时,也保证整个芯片以相近的反应速度进行杂交。影响芯片杂交的因素包括杂交的温度、探针的序列组成、探针的浓度、靶基因序列的浓度及杂交液、洗脱液的组成等。

(4)杂交信号的检测与结果的分析

芯片上杂交信号的检测方法很多,常用的是荧光显影法,其中激光共聚焦荧光检测系统是近年来广泛应用的芯片杂交检测手段。其原理如图 11-17 所示。

2. 蛋白质芯片的流程及分析

(1)载体的选择及抗体或抗原的固化

用于连接、吸附或包埋的各种生物分子,使其以水不溶状态行使功能的同相材料统称为载体。以下几个要求是制作蛋白芯片的载体材料必须满足的:①载体表面必须有可以进行化学反应的活性基团,以便于蛋白分子进行偶联;②载体应当是惰性的并且有足够的稳定性,包括物理、化学和机械的稳定性;③使单位载体上结合的蛋白分子达到最佳容量;④载体具有良好的生物兼容性。目前适合于做蛋白芯片载体的材料包括玻璃片、硅片、金片、聚丙烯酰胺凝胶膜、尼龙膜

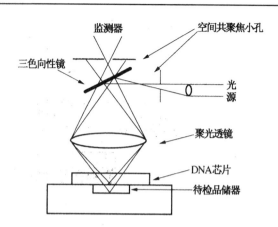

图 11-17　激光共聚焦荧光检测系统工作原理

等。理想的载体表面是渗透滤膜(如硝酸纤维素膜)或包被了不同试剂(如多聚赖氨酸)的载玻片。载体上的生物分子固定化方法主要有 2 种:化学性、生物性。化学性配基包括疏水基Ⅲ、阴离子、阳离子、金属离子、混合离子等;生物性配基包括受体、配体、酶、抗体、抗原等。配体、受体、底物、抗原、抗体结合蛋白是它们的检测对象。载体外形可制成各种不同的形状。待固定的生化分子(配基)可通过化学键直接固定(例如通过戊二醛固定在已活化的玻片表面),也可不直接通过化学键固定于载体上,而是先将能与之特异结合又不干扰其活性的分子偶联在载体上,再通过专一性、高亲和力作用间接固定配基。如第 2 抗体-第 1 抗体系统、蛋白 A-抗体系统、生物素亲和素系统等。

下面将根据不同的载体讨论蛋白固定化方法。①玻璃片。玻璃片受到许多研究者的重视,载玻片来源方便、玻片廉价、处理简便而且具有足够的稳定性和惰性是它被重视的原因。因为尽管裁玻片有吸附非特异性蛋白的性质,但通过几种预处理和使用阻断剂可以减少背景信号。因此在准备蛋白阵列的时候,表面化学是很关键的。载玻片表面羟基可以用 N,N-二乙氧基氨丙基三乙氧基硅烷作表面处理,然后能够偶联核酸、酶、抗体(抗原)、受体、多肽等各种生物分子。用巯基标记的生物分子可直接固定在玻璃表面。另一方面多数生物芯片需要采用发光的检测方法,而玻片适应这一要求。②聚丙烯酰胺凝胶膜。利用聚丙烯酰胺凝胶能够吸附容纳 4000ku 大小的蛋白质分子,而且其吸附的蛋白能够保持原来的活性,通过光致聚合作用制备聚丙烯酰胺凝胶膜,然后用戊二醛等进行膜的活化。活化膜上的醛基和蛋白质中的氨基反应形成酰胺键,蛋白质的固定也就得以完成。但有反应速率较低和芯片准备步骤复杂等缺点。③金膜。通过金表面分子自组装技术固定抗体。洁净的金膜用 N-乙酰半胱氨酸溶液进行自组装,形成自组膜后冲洗。然后用碳二亚胺盐酸盐(EDC)及 N-羟基磺基琥珀酰亚胺(NHS)活化自组膜上的羧基形成活泼酯。活泼酯与蛋白质反应形成酰胺键从而固定蛋白质。

(2)抗原或抗体的标记

①酶标记。常用的标记酶有辣根过氧化物酶(HRP)、碱性磷酸酶(AP)、葡萄糖-6-磷酸脱氢酶(G6PD)、β-D-半乳糖苷酶(β-Gal)等。其中 HRP 由于比活性高、价廉易得,因而是酶标记中最常用的酶。酶标记抗原(抗体)的可通过直接法和交联法两种方法实现。直接法是用过碘酸钠使酶分子表面的多糖羟基氧化成醛基,醛基可以和抗体(抗原)中的游离氨基反应形成 Schiff 碱,然后用硼酸化钠终止反应,从而实现酶与抗原(抗体)的结合。这种方法仅适用于含糖基酶的标记物的制备。交联法是通过双功能交联剂将酶与抗原(抗体)连接在一起。根据交联剂上反应基团

是否相同,可将交联剂分为两种:一类是同源双功能交联剂如戊二醛、苯二马来酰胺,另一类是异源双功能交联剂如羟琥珀酰亚胺酯。②荧光物标记。荧光免疫分析中常用的荧光物质有异硫氰酸荧光素、丹磺酰氯、若丹明 β-异硫氰酯等。由于普通的荧光标记的缺点比较多,如荧光团的荧光寿命短,本底荧光干扰大,检测时不能将发射光中散射的激发光有效地去掉,而时间分辨荧光免疫分析(TRFIA)技术以镧系元素为标记物,利用波长和时间两种分辨方法,普通荧光标记的不足得以有效克服,使得分析的灵敏度得以提高。目前在蛋白质芯片的检测中常用的荧光标记物是 Cy3 及 Cy5 两种物质。③化学发光物质标记。常用的化学发光物有吡啶酯,吡啶酯可共价结合于抗原(抗体)上,标记好的抗原(抗体)与对应物结合后,起动发光试剂(NaOH＋H₂O₂)与吡啶酯作用从而产生可检测的光信号。

（3）封闭

含小牛血清白蛋白(BSA)的缓冲液通常被选为封闭液,其目的不仅是封闭芯片上未结合配基的醛基,同时也在芯片表面形成一层 BSA 的分子层,减少了以后步骤中其他蛋白的非特异性结合。

（4）探针蛋白的制备

对以阵列为基础的蛋白芯片来说,所应用的抗体或蛋白的收集是很关键的。蛋白芯片的探针,可根据研究目的不同,选用某些特定的抗原、抗体、酶和受体等。由于具有高度的特异性和亲和性,单克隆抗体是一种非常理想的探针蛋白。用其构筑的芯片可用于检测蛋白质的表达丰度及确定新的蛋白质。低密度蛋向质芯片的探针包括特定的抗原、抗体、酶、亲水或疏水蛋白、结合某些阳离子或阴离子的化学基团、受体和免疫复合物等具有生物活性的蛋白质。制备时常常采用直接点样法,这样一来蛋白质的空间结构改变就得到有效避免。保持它和样品的特异性结合能力。高密度蛋白质芯片一般为基于表达产物,如一个 cDNA 文库所产生的几乎所有蛋白质均排列在一个载体表而,其芯池数目高达 1600 个/cm²,呈微矩阵排列,点样时需用机械手进行,可同时检测数千个样品。

（5）抗原抗体的反应

蛋白芯片上的抗原抗体分子之间的反应是芯片检测的关键一步。通过优化合适的反应条件使生物分子间反应处于最佳状况中,可以减少生物分子之间的错配比率。

（6）蛋白质芯片的检测与分析

截止到目前,对于吸附到蛋白质芯片表面的靶蛋白的检测主要有直接检测法和间接检测法。前者是以质谱技术为基础的,直接检测模式是将待测蛋白用荧光素或同位素标记,结合到芯片的蛋白质就会发出特定的信号,检测时用特殊的芯片扫描仪扫描和相应的计算机软件进行数据分析,或将芯片放射显影后再选用相应的软件进行数据分析。如使用表面增强激光解析离子化-飞行时间质谱技术,可以使吸附在芯片表面的靶蛋白离子化,在电场力的作用下飞行,通过检测离子的飞行时间计算出质量电荷比,用以分析蛋白质的分子量和相对含量。类似于 ELISA 方法就属于间接检测法,标记第二抗体分子,即蛋白质标记法,样品中的蛋白质预先用荧光物质或同位素等标记,结合到芯片上的蛋白质就会发出特定的信号,用 CCD 照相技术及激光扫描系统等对信号进行检测。以上两种检测模式均为基于阵列的芯片检测技术。该法操作简单、成本低廉,在单一测量时间即可内完成多次重复性测量。还有原子力显微(AFM)技术、表面等离子共振(SRP)技术、多光子检测(MPD)技术、MALDI-TOF-MS 技术等用于信号检测。常用的芯片信号检测是将芯片置入芯片扫描仪中,通过采集各反应点的荧光位置、荧光强弱,再经相关软件分析图像,即可以获得有关生物信息。

3. 生物芯片技术的特点

生物芯片技术的特点在于它跟单分子操作的传统生物技术的区别比较明显。其优点是:①多个分子的同时操作,使得检测高效而且平行性好,从而克服了传统的单分子生物检测的缺陷;②检测过程和结果的自动化,避免了人为因素的干扰,同时提高了效率,使得高通量检测和分析成为可能;③重复利用的芯片,节约了成本。

缺点是:由于待检测分子的标记不同,只是同一实验内具有相对比较意义,而横向进行的实验几乎不具有任何可比性。

11.5.3 基因芯片与蛋白芯片的技术对比

以下内容是蛋白质芯片与基因芯片技术的对比。

①载体的活化。载体的活化宗旨相同,形成不同的化学键键合不同的配基。蛋白质芯片通过活化羟基为醛基,再键合蛋白的氨基。基因芯片可通过活化羟基为氨基,键合核苷酸的磷酸,也可将核苷酸经过修饰加上氨基或其他基团,再与活化载体基团键合。②配基不同、固定条件不同。蛋白芯片的配基来源于纯化蛋白,或直接提取的组织液、血液、尿液等,也可以是原位合成的肽链,但固定后其活性及二级结构需要保证是不变的,技术要求较高。基因芯片的配基主要为从cDNA文库中筛选的相关基因片段,可合成后再固定于芯片,也可在固相载体上逐个原位合成,操作较蛋白芯片复杂。目前蛋白芯片的密度小于DNA芯片,固定5个氨基酸长度的合成肽链,密度大约可达到 $250000/cm^2$;而基因芯片最大可达到每个点阵 $10^9 \sim 10^{14}$ 个基因片段或寡核苷酸链。③封闭液不同。蛋白芯片用BSA或特殊氨基酸封闭未结合的活化基团,基因芯片则用事先设计的预杂交液封闭,预杂交液的设计选择是关键。④结合反应的原理不同。蛋白芯片利用蛋白质分子相互作用的原理两两配对结合;基因芯片则利用核苷酸碱基互补的原则结合。⑤样品的处理不同。蛋白芯片的样品可以是未经提纯的含待测蛋白的组织液等,基因芯片的样品却必须是提取的DNA经PCR扩增的产物。⑥检测方法。检测方法基本相同。⑦应用方向不同。通过基因芯片,可以逐个筛选农作物基因,找出最优良的品种,从而提高农作物单产、品质及抗旱、抗病虫害的能力,市场出售的肉、菜、瓜、果是否残留农药及细菌超标等也可以有效检测出来。在育种工作中,利用基因芯片筛选出携带优良基因的个体,使育种工作变得高效、简单。蛋白芯片肩负着研究蛋白质功能、蛋白质相互作用及相关分子机理的重任;基因芯片则解决基因功能、基因调控及表达等相关问题。目前,基因芯片技术已比较成熟,而蛋白芯片技术可发展的空间仍然比较大,但前途无量。

11.5.4 微操作器

微操作器又可称为微流路芯片,其共同特点是采用半导体微加工技术和(或)微电子工艺在芯片上构建微流路系统(由储液池、微反应室、微通道、微电极、微电路中的一种或几种组成),加载生物样品和反应液后,微流路会在压力泵或电场的作用下形成,于芯片上进行一种或连续多种的反应,达到对样品的高通量快速分析的目的。此类芯片的发展极大地拓宽了生物芯片的内涵。

1. 流过式芯片

常规 DNA 微点阵(阵列)芯片上 DNA 探针与靶核酸是被动作用的,受分子扩散的限制。流过式芯片的基本原理是将特定 DNA 探针结合于芯片微通道内的特定部位,荧光标记靶核酸由压力泵或电场驱动流过微通道,被互补探针捕获进行反应,达到对靶核酸的检测分析的目的,探针和靶分子的作用是主动式的,使得敏感性得以增强,提高了反应速率。在玻片上蚀刻了 8 条微通道,上方再覆盖一层玻片形成封闭通道。靶 DNA 分子通过亲和素-生物素系统连接于磁珠上,靶 DNA 磁珠复合物被置于微通道中央,相应位置芯片上方置以磁铁使磁珠成为固定支持物,荧光探针加于微通道入口处,与芯片相连的气泵装置驱动探针进入微通道,探针分子与互补靶 DNA。该芯片每次可进行 8 个靶 DNA 样品的检测分析,且热变性作用后洗去原来的探针分子,靶 DNA 磁珠复合物可以重复多次与不同探针样品进行杂交分析。

2. PCR 芯片

1996 年,首次开发制作了 PCR 芯片,在 17×15 mm。大小的硅片上分别蚀刻了可容纳 $5 \mu L$ 和 $10 \mu L$ 样品溶液的反应池,将芯片置于一个由计算机控制的热循环仪中控制 PCR 反应的进行。以玻片覆盖反应池形成反应室,由于反应室内具有较高的比表面积,对于 PCR 反应的进行非常有帮助;反应室内天然表面对 PCR 反应有抑制作用,SiN_4 表面也有一定的阻碍作用,SiO_2 表面则可达到和 Eppendorf 管中同样的 PCR 反应效率。连续流式 PCR 芯片,是在一张玻片上蚀刻了多次折回的梳齿状微通道系统,微通道内表面硅烷化,覆盖一层玻片形成封闭的反应系统,玻下方置有 3 块恒温铜块作为热源,将微通道系统分成 3 个温度区,当 PCR 反应混合物流经不同的温度区时,自动变温,在流动中进行变性、退火、链延伸等反应步骤。

3. 微电子芯片

微电子芯片又称生物电子芯片,进一步划分的话,可分基于介电电泳原理和基于核酸主动杂交原理两类。

基于核酸主动杂交原理的微电子芯片表面构建有许多微电极,微电极间由微电路相连,通过对微电极的电位控制,在微电极上方的检测位点完成 DNA 探针的选择性固着、靶核酸定向转移集中并与探针主动杂交和错配杂交序列的选择性去除等过程,应用于核酸分子的杂交检测分析。芯片表面的微电极阵列通常有 5×5、10×10、20×20、100×100 排列四种;前两者为一类,芯片四周边缘还排列有一圈外突的连接电极,直径为 $160 \mu m$,芯片中央区域为检测电极阵列区,检测电极直径为 $80 \mu m$,检测电极分别由微电路与连接电极相连,微电路表面由电介质(SiO_2 或 SiN_4)绝缘化,连接电极通过卡套装置与电子控制系统相连,后者对各个微电极进行电位(极性、电流、电压)控制;后两者为另一类,芯片上没有连接电极,检测电极大小分别为 $50 \mu m$ 和 $30 \mu m$,芯片上同时具有保存计算机基本启动信息的 CMOS,CMOS 通过卡套与电子控制系统相连后,CMOS 的半导体元件对各个检测电极进行电位控制。

细胞或粒子的分离是基于介电电泳原理的微电子芯片应用的产所,有两维结构和三维结构之分。两维结构芯片的构造与基于核酸主动杂交原理的微电子芯片相类同,通过对微电极的电位控制,在芯片上形成介电电泳场,细胞或粒子混合样品中的不同成分转移集中于芯片上的不同区域从而得以分离。三维结芯片的特点是芯片上蚀刻有微通道系统,微通道内构建有许多漏斗形、梳齿形、笼形、开关形三维电极元件，通过对电极的电位控制形成介电电泳场，同时利用三维电极的物理构造达到对细胞或粒子混合样品中各个成分的转移、聚集、捕获和分离。

4. 毛细管电泳心芯片

常规毛细管电泳是指在内径 $25\sim100\,\mu m$ 的石英毛细管中进行的电泳，毛细管中填充了缓冲液或凝胶。毛细管电泳芯片技术是指在芯片上蚀刻毛细管通道，在电渗流（electrosmotic flow，EOP）的作用下样品液在毛细管通道中泳动，对样品的分离和检测分析工作即可完成；如果在芯片上构建毛细管阵列，可在数分钟内完成对数百种样品的分离和高通量平行分析。近年来发表了大量有关毛细管电泳芯片的研究报道，并已有多篇文献综述。按样品分离模式，芯片上毛细管电泳有毛细管区带电泳、毛细管筛分电泳、毛细管等电聚焦、毛细管微团电动色谱等，囊括了毛细管电泳的全部种类。在核酸研究领域，毛细管芯片在核酸序列长度测定、基因分型、DNA 测序、集成核酸样品制备与分析应用的比较多；在蛋白质研究领域，主要应用于蛋白质分子量测定，蛋白质样品分离、免疫分析、酶分析；毛细管电泳芯片还应用于氨基酸、维生素、糖类、药物、除草剂等分子的研究。

5. 毛细管层析芯片

早在 1979 年人们就在一块硅片上完成了样品的气相色谱分析，但之后没有大的进展。随后又有一些液相色谱芯片（图 11-18）的研究报道，但相比较于芯片上毛细管电泳技术，芯片上毛细管层析技术明显落后。在芯片上毛细管通道两端构建电极，加以电压，以电渗流（EOP）驱动样品液泳动，即实现了芯片上的毛细管电泳。而常规液相色谱是通过压力泵形成流体力驱动样品液，这在芯片上毛细管通道中实现起来很困难。当然，这可以同样采用电渗流驱动来解决，但又带来了新的问题，即毛细管通道中层析基质不仅要提供与样品分子相互作用的位点，而且还要带有电荷以维持电渗流，非常明显。后一功能是常规液相色谱中的层析基质所欠缺的。

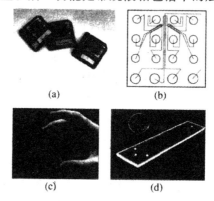

(a)   (b)

(c)   (d)

图 11-18 几种商品微流路芯片

6. 生物创芯片

生物传感芯片也是属于微操作器中的一种类型。

（1）光纤 DNA 生物传感器微阵列

光纤 DNA 生物传感器微阵列将生物传感器与微阵列的优势结合了起来。它是将合成的氰尿酰氯活化的寡核苷酸探针,固定在直径 $200\mu m$ 的光导纤维的末端上(传感器敏感膜),然后若干固定有不同探针的光导纤维合成一束,一个微阵列的传感装置就形成了,其探针末端可以伸入样品溶液中,杂交的荧光信号由另一端偶联的 CCD 相机接受。整个操作分析可以在 5min 内完成。而且传感器敏感膜还可以经过洗涤后再生利用。这种将传感器与微阵列结合起来的方法在操作杂交分析不方便的环境和不具备激光共聚焦显微镜这样昂贵检测设备的地方尤其适用,如临床检测诊断时使用,对于普及并行的多基因分析有重要的意义。该芯片的出现,显示了生物芯片技术正朝着多样性方向发展。

(2)白光干涉谱传感芯片

1998 年,利用多孔硅表面反射干涉光谱进行生物分子的检测。多孔硅表面呈排列紧密的杆状凸起,方便了生物大分子探针附于其上,当它与靶分子结合后引起芯片表面折射特性的改变,这可通过反射干涉光谱分析探测。这种生物传感芯片具有超高灵敏度,可检测到飞克(10^{-15} g)级的靶分子。该芯片还可用于检测各种生物大分子如抗原-抗体、酶-底物等的相互作用。这些用作生物传感器的芯片不仅为微量检测提供了新工具,也给生物芯片的发展指引了新方向。微操作器还包括多功能集成芯片和蛋白质分析微流路芯片,后者又分为蛋白质样品分离芯片、酶分析芯片和免疫分析芯片等。

11.5.5　生物芯片的应用

疾病诊断和治疗、药物基因组图谱、药物筛选、中药物种鉴定、农作物的优育优选、司法鉴定、食品卫生监督、环境检测、国防等许多领域都可有生物芯片技术的身影。

(1)分析基因组及发现新基因

斯坦福大学的 Davis 等从外周血淋巴细胞 cDNA 文库中用 PCR 方法扩增插入基因,得到了1046 种未知序列的扩增产物。将其连同作为研究对照的植物拟南芥的 10 种 cDNA,总共 1056种靶 DNA 高速自动点样到经包被的玻片上,制成 DNA 芯片。芯片杂交后,17 个差异表达的基因是经过扫描分析获得的,其中 11 个是被热诱导的,其余 6 个是被热处理所抑制的。经序列分析证明其中 3 个为未报道的新基因。

(2)基因表达水平的检测

美国 Affymetrix 公司已推出用于检测基因表达水平的商业 DNA 芯片。几万种人工合成的寡核苷酸探针都包含在 DNA 芯片中,可检测转录产物从几个数量级到每个细胞几个拷贝,均能被定量研究,可以用于外界因素诱导的基因表达研究,被检测的目的基因可多达 2 万～3 万个。

(3)基因诊断

从正常人的基因组中分离出 DNA,标准图谱可通过与 DNA 芯片杂交获得。从患者的基因组中分离出 DNA 与 DNA 芯片杂交就可以得出病变图谱。通过比较、分析这两种图谱,就可以得出病变的 DNA 信息。这种基因芯片诊断技术以其快速、高效、敏感、经济、平行化、自动化等特点将成为一项现代化诊断新技术。例如,Affymetrix 公司把加 3 基因全长序列和已知突变的探针集成在芯片上,制成 p53 基因芯片,将在癌症早期诊断中发挥作用。预计包括许多临床常见病病原体诊断在内的 DNA 芯片诊断技术不久便会在疾病的分子诊断方面得到广泛应用,成为一项常规检验和诊断技术。

(4)药物筛选

用药前后机体的不同组织、器官基因表达的差异可通过利用基因芯片来对其进行分析。如果用 cDNA 表达文库得到的肽库制作肽芯片,则可以从众多的药物成分中筛选到起作用的部分物质。将核酸库中的 RNA 或单链 DNA 固定在芯片上,然后与靶蛋白孵育,形成蛋白质-RNA 或蛋白质-DNA 复合物,可以筛选特异的药物蛋白质或核酸,因此芯片技术和 RNA 库的结合在药物筛选中将得到广泛应用。

(5)生物信息学研究

随着分子生物学技术的广泛应用,获得的生物信息量与日俱增,尤其是人类基因组计划的完成,其信息之大之丰富,是从前所没有过的。传统方法已无法对这些信息进行正确分析。而生物芯片技术的建立使得对个体生物信息进行高速、并行采集和分析成为可能,必将成为未来生物信息学研究中的一个重要信息采集和处理平台,成为基因组信息学研究的主要技术支撑。

基因芯片技术的应用前景是乐观的,但基因芯片技术的广泛使用的难度系数还比较高,因为基因芯片的制备比较复杂,需要一整套昂贵的专用设备。除了使用已经商品化的少数几种基因芯片外,要制备适合于自己科研课题的基因芯片仍很困难。但随着经济的快速发展,基因芯片一定也会降低成本、升级换代,在医药及生物科学研究中得到广泛应用。

第 12 章　分子生物学的应用研究

12.1　基因治疗

12.1.1　基因治疗策略

以生活细胞中遗传材料的修饰为基础的医疗行为就是所谓的基因治疗(gene therapy)。最直接的途径是将正常基因的拷贝导入该基因发生突变的患病个体,表达产生正常的蛋白,从而消除患病症状。尽管基因治疗的概念提出的较早,但是很多技术仍然处在实验室研究阶段,真正应用于临床仍需假以时日。绝大多数基因治疗技术都是针对单基因突变引起的隐性遗传病症。基因治疗分为种系(germ-line)基因治疗和体细胞(somatic)基因治疗两种,前者不仅可以治疗患者本人,还可以阻止其后代发病,但是因为涉及人遗传性状的改变,后果难以估计,所以目前还是处于理论研究阶段;后者只能针对患者本人进行治疗,又分为体内(in vivo)和体外(ez vivo)治疗两种,体内治疗是将目标基因直接导入患者,而体外治疗是从患者体内分离出细胞,经体外培养和遗传改造后再放回患者体内。体外治疗是一种更为安全,更容易控制的经典方法,但是需要的步骤多,技术复杂,难度大,因此推广起来比较有难度;体内治疗虽然疗效持续时间短,可能遇到免疫排斥和载体安全性等问题,但是操作更简便,更容易应用于临床和实现商业化。

对人类基因组结构和功能以及致病分子机制研究的深入决定了基因治疗的成败。基因治疗的策略随疾病的类型而异,主要包括基因置换(displacement)、基因纠正(correction)、基因修正(modification)、基因抑制(suppression)和基因阻断(blockage)5 种。基因置换是用正常的外源基因拷贝永久取代致病的对应内源不正常基因拷贝,这是最为理想的基因治疗途径。在很多单基因突变引起的疾病中,单个碱基的点突变即可造成基因功能的丧失,其他区域的核苷酸序列仍然是正常的,因此可通过基因纠正策略使突变的碱基恢复正常,从而达到治疗的目的,而没有必要置换整个突变基因。有时将目标基因引入病态细胞后,目标基因的表达产物可以互补突变致病基因的功能,而致病基因本身并没有什么改变,上述策略称为基因修正。基因抑制是指通过导入外源基因干扰或抑制内源致病基因的表达。基因阻断则是利用高效和特异性的 RNAi 技术,改变目标基因 RNA 的剪接模式,阻断目标基因的翻译,降解异常的 RNA,上述过程发生在转录后水平。

病毒(viral)载体和非病毒(non-viral)载体都可以作为用于治疗基因转移的载体。病毒载体包括反转录病毒(retrovirus,RV)、腺病毒(adenovirus,AV)、腺相关病毒(adeno-associated virus,AAV)、疱疹病毒(herpes virus,HSV)、痘病毒(pox virus,PoV)、牛痘病毒(vaccinia virus,VV)、细小病毒(parvovirus)和慢病毒(lentivirus)等多种。各种病毒载体都有自身的特性,对其的选择需要根据不同的需要来进行。非病毒载体包括各种将外源 DNA 导入动物细胞的物理和化学方法,其中脂质体介导的基因转移技术在基因治疗中最为常用。非病毒载体转移法理论上要比病毒载体转移法安全,因为后者可能会受到野生型病毒的污染,还可能引发免疫排斥反应。

12.1.2 基因治疗的基本程序

1. 目的基因的选择和制备

进行基因治疗的第一步就是目的基因的选择,只要已经确定某种遗传病是单基因病,其相应正常基因就可以考虑用于该遗传病的基因治疗。例如:LDL 受体缺乏症所致的高脂蛋白血症可以用 LDL 受体基因 LDLR 治疗,腺苷脱氨酶缺乏症可以用腺苷脱氨酶基因 ADA 治疗。

以下几个条件是进行基因治疗的目的基因需要满足的基本条件:①基因序列和功能已经阐明,并且其基因序列能够制备;②基因在体内只要有少量表达对于症状的改善就非常有帮助,并且过量表达也不会对机体造成危害;③在抗病原体治疗中,目的基因应该是特异的,并且作用于病原体生命周期的关键环节;④分泌蛋白的信号肽序列必须完整,以确保可以分泌到细胞外;⑤目的基因必须置于合适调控元件的控制之下;⑥为了了解和检测靶细胞在体内的位置、功能、寿命,目的基因要与标记基因联合使用。

目的基因既可以是 eDNA,也可以是基因组 DNA 片段,还可以是反义核酸。目的基因可以用传统的方法制备。

2. 靶细胞的选择

生殖细胞和体细胞均适合于作为基因治疗的靶细胞,并且在当前技术条件下,就某些遗传病而言,生殖细胞显然更适合。但是,为了防止给人类造成永久性危害,生殖细胞作为基因治疗的靶细胞这是在国际上明令禁止的,所以只能使用体细胞。体细胞既可以选用病变细胞,也可以选用正常细胞。

选择靶细胞的原则:①特异性高,有效表达;②培养方便,转化高效;③取材方便,生命期长;④耐受处理,适合移植。

根据疾病的性质和基因治疗的策略,目前,皮肤成纤维细胞、血管内皮细胞、神经胶质细胞、造血干细胞、淋巴细胞、肌肉细胞、肝细胞、神经元和肿瘤细胞等以上这些都可以作为靶细胞。

3. 目的基因的导入

将目的基因导入靶细胞是基因治疗的关键,因为目的基因必须进入细胞才能表达并发挥作用。

(1)导入方法

需要借助载体才能完成基因导入。基因治疗载体需要具备以下基本条件:①易于转染靶细胞;②能使目的基因在靶细胞内持续有效地表达;③能使目的基因随靶细胞 DNA 一起复制;④对人体安全有效并带有能被识别、便于鉴定的标志;⑤易于大量生产。

导入方法分为病毒载体法和非病毒载体法。

①病毒载体法:导入效率较高,是目前在基础研究和临床治疗中应用的主要导入方法。逆转录病毒载体、腺病毒载体、腺相关病毒载体、慢病毒载体、单纯疱疹病毒载体、痘苗病毒载体和杆状病毒载体等这些都是已经开发出的病毒载体。

②非病毒载体法:是用化学介质或物理方法将目的基因导入靶细胞,包括磷酸钙共沉淀法、脂质体介导法、受体介导法、直接注射法、显微注射法、电穿孔法和基因枪法等。非病毒载体法导

入的基因很难整合到靶细胞基因组中,反而会被靶细胞降解清除,因此转化效率较低,但操作相对简便和安全。

（2）导入途径

①ex vivo 途径：即从患者体内取出适当的靶细胞进行体外培养,然后将具有治疗功能的基因导入进去,筛选阳性转染细胞回输到患者体内。这种方法易于操作,安全性好（但不易形成规模,且必须有固定的临床基地）,是目前应用较多的方法；②in vivo 途径：即将基因直接导入体内使其表达之后发挥作用,是最简便的导入方法。已经在腹腔、静脉、动脉、肝脏和肌肉等多种组织器官获得成功。这种方法易于规模操作,但安全条件苛刻,技术要求更高,导入效率低和表达效率低等问题是无法从根本上对其进行解决的。

（3）RNA 药物导入

翻译 RNA、小干扰 RNA、核酶等 RNA 药物是利用基因干预策略进行基因治疗,其导入方法具有的特殊性体现在以下两点：①可以和其他基因一样,将相应基因与表达载体重组,导入靶细胞内甚至整合到靶细胞基因组中,通过转录合成 RNA 药物,但存在如何有效控制其表达水平的问题；②也可以先在体外合成,通过脂质体介导法等导入靶细胞,导入效率较高,但存在如何提高导入特异性和抗 RNase 降解问题。不过,这一问题有望通过受体介导法等解决。

受体介导法——以去唾液酸糖蛋白受体（ASGR）为例。制备去唾液酸糖蛋白（ASGP）,与带大量正电荷的多聚赖氨酸共价偶联成复合物,从而可以与带负电荷的反义 RNA（也可以是其他 RNA/DNA）以离子键结合,通过与肝脏细胞膜表面的去唾液酸糖蛋白受体特异结合,与所携带反义 RNA 一起被细胞内吞,之后逐步释放,一边发挥作用,一边被降解。该方法在细胞水平（Hep G2 细胞系）可以特异性阻遏乙型肝炎病毒基因表达,其优势可通过以下两点来体现：①受体介导法既特异又高效；②导入的反义 RNA 受到多聚赖氨酸保护,因而抗 RNase 降解。因此,受体介导法可以满足 RNA 药物用于基因治疗的特异性和抗降解要求。

此外,用硫代核苷酸替代常规核苷酸合成 RNA 药物,也可以使其抗降解。

4. 转染细胞筛选和目的基因鉴定

通常情况下,基因导入的效率都不是特别高,即使用病毒作载体 30% 仍然是其上限。所以在导入之后一般需要对转染细胞进行筛选。由于转染细胞与非转染细胞在形态上难以区分,因此可以利用标志基因、基因缺陷型受体细胞的选择性、基因共转染技术（将目的基因和标记基因一同转染宿主细胞）进行筛选。而利用标志基因进行筛选是最常用的筛选法,可以判断目的基因是否成功导入。多数哺乳动物表达载体中都有标志基因 neo^R,可以用 neo^R-G418 系统筛选。

在转染细胞筛出之后,目的基因的表达状况还需要对其进行鉴定。常用方法有 PCR-RFLP、Q-PCR、印迹杂交、基因芯片、蛋白质芯片、免疫组化染色和免疫沉淀等。另外,大多数还要进行动物实验,弄清转染细胞和目的蛋白的整体效应。

12.1.3　基因治疗中的 RNA 修饰技术

RNA 修饰技术是指降低 mRNA 表达水平,或对 mRNA 的功能进行修正、添加的技术,反义技术、RNAi、反式剪接（trans-splicing）和核酶（ribozyme）技术这些技术都属于 RNA 修饰技术。基因治疗中常用的反义技术是反义寡核苷酸（antisense oligonucleotide,ASO）策略,该策略设计与靶 mRNA 同源的 18~30nt 的反义 ssDNA,与靶 mRNA 结合形成 RNA-DNA 复合物,RNA

酶识别该复合物并切开靶 mRNA,释放的反义 DNA 又可与新的靶 mRNA 结合,重复该降解过程,具体如图 12-1 所示。ASO 策略可用于降低细胞中突变蛋白的含量,但目前还没有应用于临床的报道。

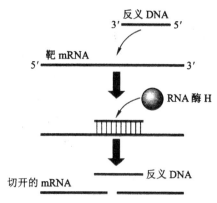

图 12-1　反义寡核苷酸技术的原理

解决运送问题是 RNAi 技术应用于基因治疗的关键所在,即需要有足够多的 RNAi 分子进入细胞质。另一个潜在问题是 dsRNA 可能会诱发干扰素基因的表达,这与 dsRNA 的浓度和序列特征有关,因此实际操作中可以通过对 RNAi 分子的改造来避免干扰素基因的表达。RNAi 分子不易透过人细胞膜,在血液中降解的速度也很快,但是如果向人体中大量导入 RNAi 分子,又会存在难于迅速稀释的问题。目前的技术是利用一些脂质或传送蛋白帮助 RNAi 穿过细胞膜,还可以利用病毒载体实现 RNAi 分子在细胞中持续和稳定的表达。利用 RNAi 进行基因治疗已经在两个小鼠模型中获得了成功。

反式剪接技术可在前体 mRNA(pre-mRNA)水平对突变基因进行纠正。由于目标基因的外显子 C 发生突变,于是导入含有正常外显子 C,与外显子 B 和 C 之间的区域配对的杂交区,以及剪接受体(acceptor)位点的前体 mRNA,通过与外显子 B 下游的剪接供体(donor)位点的作用以及杂交区的配对,发生反式剪接,正常的 mRNA 也就可以拼合而成,如图 12-2(a)所示。反式剪接技术已在治疗 A 型血友病的动物模型中获得成功,其主要缺陷是需要有足够起始浓度的前体 mRNA 参与杂交。片段反式剪接(segmental trans-splicing)技术可用于在细胞中表达超过病毒载体容量的大分子 mRNA,其原理是分别表达基因 5′ 和 3′ 端的外显子片段,再通过杂交和反式剪接拼合成完整的 mRNA,如图 12-2(b)所示。

核酶是具有酶活性的 RNA 分子,它可以识别特异性的 RNA 序列并在特定位点切开磷酸二酯键。核酶由中央的核酸降解域(nucleolytic motif)和侧翼的互补杂交区组成,在基因治疗中,可用于置换突变序列(图 12-3)或降低突变 mRNA 的水平。锤头(hammerhead)型核酶在基因治疗中应用最多。事先合成好的核酶能够直接导入细胞,但是细胞吸收效率很低,核酶在细胞中降解的速度也很快。通过对核酶进行结构修饰能够提高其稳定性,但同时会严重抑制其催化活性。另一种途径则是在细胞内表达生成核酶。

12.1.4　基因治疗的临床应用

基因治疗基础研究开展较早,但其临床应用直到 1990 年才开始。基因治疗对某些疾病疗效显著,并且发展很快,国际上已经有 400 多个基因治疗方案开始临床应用。基因治疗目前多应用

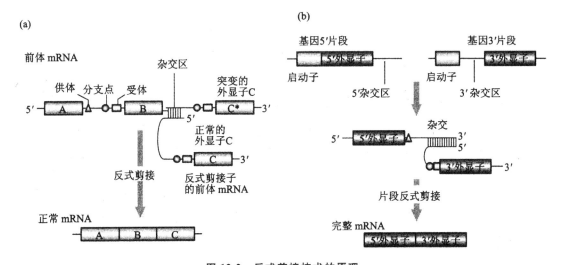

图 12-2　反式剪接技术的原理

（a）反式剪接；（b）片段反式剪接

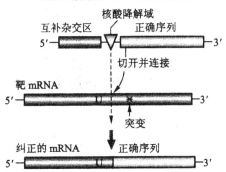

图 12-3　利用核酶技术置换突变序列的原理

于隐性遗传缺陷型单基因病,大多数是采用基因增补策略,即导入正常基因,表达活性产物,弥补基因缺陷。

腺苷脱氨酶缺乏症（ADA deficiency）是一种单基因隐性遗传疾病,是世界上第一种实施体细胞基因治疗的遗传病。

腺苷脱氨酶（ADA）可以催化腺苷脱氨基。

腺苷脱氨酶缺乏会引起腺苷积累,进而引起脱氧腺苷和 S-腺苷同型半胱氨酸积累。它们具有细胞毒性,因为淋巴细胞无法将其排出体外,所以对淋巴细胞毒性最强,可以杀死 T 细胞和 B 细胞,导致免疫缺陷。85%的腺苷脱氨酶缺陷患者伴有致死性的重症联合免疫缺陷（SCID）。

腺苷脱氨酶缺乏症之所以适合于接受基因治疗是因为其具有以下特点:①该疾病是由单基因缺陷导致的,基因治疗成功的可能性高;②腺苷脱氨酶合成无需精确调控,量少能受益,量多也能忍受;③腺苷脱氨酶基因 ADA 表达调控简单,总是处于开放状态。

1990 年 9 月 14 日,美国一名患重症联合免疫缺陷的 4 岁女孩 DeSilva 成为世界上第一例接受基因治疗的患者。治疗策略是用逆转录病毒载体携带腺苷脱氨酶基因 ADA 转染 DeSilva 的增殖 T 细胞,然后回输其体内。结果 DeSilva 免疫功能增强,临床症状改善,感染次数已经降到正常人水平。1991 年 1 月 30 日,患重症联合免疫缺陷的 9 岁女孩 Cutshall 成功接受了同样的基因治疗。不过这一基因增补治疗策略有其局限性:由于 T 细胞寿命有限,这种治疗需定期进行。针对这种情况,干细胞疗法被提出:干细胞携带的目的基因可以在患者体内终生表达,不仅比 T 细胞疗法疗效好,而且可以提供更广泛的免疫保护,因而有可能一次治疗即达到治愈目的。1993 年,Cutshall 和另外三名新生儿成功接受了干细胞治疗。

目前,腺苷脱氨酶缺乏症、嘌呤核苷磷酸化酶缺乏症(PNP deficiency)、鸟氨酸氨甲酰基转移酶缺乏症(OTC deficiency)、精氨酸代琥珀酸合成酶缺乏症(ASS deficiency)、β 地中海贫血(βthalassemias)、镰状细胞贫血(sickle cell anemia)、血友病(haemophilia)等单基因疾病均可应用基因治疗。此外,肿瘤、高血压、糖尿病、躁狂抑郁症、支气管哮喘、先天性巨结肠、类风湿性关节炎及先天性心脏病等多基因病的基因治疗也已成为各国生命科学工作者的研究目标。

12.1.5　基因治疗的问题与展望

由于基因治疗针对的是疾病的根源而不是表现,因而比其他治疗手段更直接有效。现在,恶性肿瘤方面是基因治疗的热点,并且覆盖了大多数恶性肿瘤,有些肿瘤基因治疗的临床试验已经取得了一定疗效。不过,目前基因治疗总体还处在研究和探索阶段,虽然有些已经试用于临床,但仍存在不少理论、技术、安全、伦理问题。

1999 年,美国一名 18 岁的鸟氨酸氨甲酰基转移酶缺乏症患者死于基因治疗;2003 年,法国两名男孩因接受逆转录病毒介导的基因治疗而患上了白血病。为此。美国 FDA 中止了某些基因治疗试验,人们也更加关注基因治疗的安全性。此外,关于基因治疗可能带来的社会问题和伦理问题一直是人们争论的热点。如果盲目应用基因治疗,给社会带来的远期效应难以预料。

基因治疗还存在许多技术问题需要解决,主要表现在以下四个方面:

(1)目的基因

目前可以应用的目的基因为数不多。除了部分单基因疾病之外,许多疾病的致病基因还需要对其进行确认,并且大部分多基因病涉及的致病基因较多,要找到适合于基因治疗的关键基因并非易事。

(2)基因导入效率

现有导入技术的效率不高,不能把目的基因导入每一个靶细胞,体内转染率通常只有 10% 左右。

(3)目的基因表达的可控性

很多疾病在进行基因治疗时,对于目的基因的表达需要进行严格调控,最好是将目的基因与调控序列一起导入。目前一些基因治疗研究就采用了这种方法。

(4)基因治疗的特异性

现有基因导入技术的靶向性不够,使得无法收到预期的基因治疗的效果。理想的方法是将目的基因直接导入特定的组织细胞。

随着人类基因组计划的完成和对人类遗传病的深入研究,特别是致病基因的克隆,基因治疗将逐步走向成熟。国际上批准实施的基因治疗方案已有 400 多个,临床实验方案已有 1500 多个,专业的基因治疗公司有 100 多家。在我国,已有多个基因治疗方案获得国家食品药品监督管理局批准,进入临床试验。不过,基因治疗要想作为一种常规治疗方案,还有待完善和提高。基因治疗前景美好,任重道远。

12.2　转基因动物与植物

12.2.1　转基因动物技术

转基因动物技术比较多,下面重点介绍显微注射法、受体介导的基因转移、脂质体介导法以及基因打靶法。

1. 显微注射法

1980 年,首次利用原核注射的方法开展动物转基因研究。1982 年,将大鼠的生长激素基因注射到小鼠的原核中获得了体型明显大于正常小鼠的"超级鼠"。之后,原核注射作为最主要的一种转基因手段,在生物医学的各个领域发挥着不可忽视的重要作用。其基本原理是:通过显微操作仪将外源基因直接用注射器注入受精卵,利用受精卵卵裂中 DNA 的复制过程,将外源基因整合到 DNA 中,发育成转基因动物。采用此方法,上海转基因动物中心获得了 EPO 转基因山羊。该方法整合率高,可对基因进行操作,常能得到纯系动物。缺点是成本高、对受精卵损伤较大,效率低。用目的基因与核定位蛋白基因共注射的方法,利用核定位蛋白的定向迁移功能将目的基因构件带入原核,提高了整合率。尽管用这种方法获得了极大的成功,但其高昂的劳力资源、复杂的显微操作、昂贵的设备、胚胎高死亡率及大型农场动物受精卵中原核的定位困难等问题,均促使人们去设计新的获得转基因动物的实验方法。

2. 受体介导的基因转移

在早期胚胎(着床前胚胎)中有胰岛素及胰岛素样生长因子(IGF I 和 IGF II)的表达,外源性胰岛素可促进细胞增殖及胚胎形态发生;而且早期胚胎细胞内存在胰岛素受体,使受体介导的基因转移成为可能。1999 年,一个同时携有胰岛素—多聚赖氨酸及 DNA 的构建体(construct)构建成功了,其构建方法是应用交联剂(cross-link reagent)N-琥珀酸 3-(2-吡哆二巯基)丙酸将胰岛素和多聚赖氨酸连成聚合体,以 Sephacryl S-300 纯化后与 DNA 连接。将鼠及兔具完整透明带的胚胎与该构建体共培养 3 小时。显微镜下证实:该构建体穿过了透明带在卵裂球核旁区聚集,原核和 2-细胞胚与构建体共培养后胚泡形成率为 70%,印迹杂交显示 12 及 15 天鼠胚和 1 个新生鼠基因组内均有外源 DNA 的整合,想要促进外源基因在早期胚胎内的保留和表达可在构建体中加上腺病毒即可。该实验证实了受体介导外源基因进入早期哺乳动物胚胎的可行性。早期胚胎转化中最严重的一个问题是实验中所用成分对胚胎的损伤和(或)毒性。本实验中采用胰岛素作为介入体,因胰岛素是一种调节胚胎发育的天然因子,故对胚胎早期发育无恶性影响。该法的优点也是不需显微操作,而且使用的运载工具对胚胎无明显毒害作用,因此可为将来的基因治疗提供一条新途径。

3. 脂质体介导法

脂质体易于制备并具有高效运载 DNA 片段的能力,其最大特点是可与受体细胞类型发生特异性结合,受体细胞会将含外源基因的脂质体吞噬进来,从而实现基因转移。阳离子脂质分子含有正电荷的极性头、能改变长度的隔离区、连接键和疏水的锚着区 4 种结构域形式。除一种脂质含胨基外,其余阳离子脂质的极性头都包含胺类基团,从简单的氨基到被甲基或羟乙基团取代的季铵盐阳离子。脂质的极性头起着脂质体与 DNA、脂质体-DNA 复合物与细胞膜或细胞内其他组分的相互结合的作用。在阳离子胆固醇衍生物中,带有叔胺基因的阳离子胆固醇化合物比季铵盐化合物有更佳的转染活力,并且毒性小得多。带有多价极性头基团的阳离子脂质形成脂质体时,比那些单价阳离子脂质排列得更紧密,这可能是由转染能力较高决定的。间隔垫充区的链长和键长也影响转染活力,带有长间隔垫充区的阳离子脂质体能显著增强与黏膜表面的相互作用。阳离子脂质体起三种作用:①通过电荷的相互作用,与 DNA 分子结合。②导致 DNA 或者是整个复合物进入细胞核。③与细胞膜相互作用导致 DNA 复合物的被吸收,进入胞浆。

4. 基因打靶

(1)基因打靶的载体

以上介绍的 3 种方法在很大程度上提高了外源基因的整合率,但是未能解决外源基因定点整合的问题。小鼠胚胎干细胞(ES)基因打靶技术可以获得对某一位点上基因进行改造的同合子个体。该技术首先把含有更改好的基因或基因的一部分插入到载体,并引入到来自小鼠的 ES 细胞系。ES 细胞是能进行组织培养,并能产生任何组织的细胞。细胞增殖一段时间后,筛选出发生同源重组的少数细胞克隆并进行扩增。然后用显微毛细管将细胞注入小鼠早期胚胎中去产生嵌合体,若该嵌合体在生殖细胞中携带外源基因,则其后代中 1/2 为转基因个体,它们相互交配,后代中 1/4 为携带外源基因的同合子,即为可用于研究的转基因个体。然而 ES 细胞决定了该技术的应用,而目前 ES 细胞只在小鼠上以较高比例获得,故该技术只能局限在小鼠上开展。如何在大型动物上做到外源基因的定点整合是研究人员一直努力的方向,如能做到,则一方面可以更直接地对大型动物进行某些基因的功能研究,另一方面将表达人类蛋白的基因插入到宿主细胞染色体上具有相应功能的基因处,从而取代宿主基因的功能,避免了随机的低效率基因整合,且降低后期纯化外源蛋白的难度,具有广泛的商业价值。1999 年,英国 PPL 医疗公司宣布他们用一种新的技术获得了两只定点整合的转基因羊 Cupid 和 Diana,已经将这一技术用于一些人类蛋白的开发,PPL 公司已经申请了该技术的专利。同源重组(homologous recombination)是绝大多数的基因打靶策略依赖的机制。同源重组是细胞在减数分裂期同源染色体间遗传物质的交换,普遍存在于噬菌体、细菌和真核生物中。打靶载体通常都包含有两段与打靶目标位点两端同源的区域,中间一段不同源且为目的序列,并带有某种药物筛选标记。应用于基因打靶的载体的构建策略通常有两种,如表 12-1 所示,区别在于载体与靶基因组同源序列双链断裂位点位置的不同。由于以上两种载体的构建策略都有可能将打靶载体上阳性选择基因和外源DNA 片段同时导入染色体,20 世纪 90 年代又推出了两种新的打靶策略,以减少外源标记基因的残留。

表 12-1 打靶载体的基本构建策略

载体类型	简要描述
插入型载体	断裂位点位于同源序列内,选择基因紧邻同源目的序列,载体 DNA 同源序列与染色体靶位点发生一次同源重组。整个载体整合到染色体靶位点上
置换型载体	断裂位点位于同源序列的外侧或两侧,选择基因位于同源目的序列内部或外侧,载体 DNA 同源目的序列与染色体靶位点发生两次同源重组。载体的同源序列取代染色体靶位序列

(2)基因打靶技术的主要筛选方法

PCR 筛选方法。基因打靶操作中的阳性克隆可通过 PCR 方法来实现对其的筛选。通过往日的突变基因序列中引入特定的 PCR 引物序列,利用 PCR 方法直接检测转化细胞的 DNA 结构。以特定扩增 DNA 片段的有无,鉴别同源重组细胞克隆。此方法由 Kim 和 Smiths 首先应用于小鼠 ES 细胞检查 hprt(hypoxanthine guanine phosphoryblsyl transferase)基因突变。

启动子缺失筛选是在基因敲除载体的目的片段中插入启动子缺失的正向选择基因 Neo(neomycin),目的基因片段也不包含该基因的启动序列。如果打靶载体和细胞基因组发生同源重组,则正向选择基因能在靶位点的基因启动子的驱动之下,表达功能性产物,使阳性细胞具有 G418 抗性,从而可以在药物选择培养基得到同源重组阳性克隆。考虑到 Neo 基因在转化细胞中的有效表达,一般有两种插入方式。一种是以一致的可读框插入目的基因片段中,另一种方法是将终止序列引入到 Neo 基因翻译起始密码子 5′上游。前一种方式将在基因组靶位基因启动子的作用下表达 Neo 基因融合蛋白,使转化细胞具有 G418 抗性;后一种办法通过核糖体重新肩动或翻译起始表达独立的 Neo 基因产物,转化细胞同样获得 G418 抗性。启动子缺失方法可能是使用频率最高且最为可靠的一种方法。事实上,此设计在人体细胞中实现的基因打靶成功报道被采用的比较多。选择标记仅在整合到正常的编码区序列下游才会具有功能。即使这种打靶策略的表达量很低,但仍然不能排除在供体细胞中已无转录活性的打靶基因被诱导表达的情况。另一种变通的方式,就是根据要打靶的基因来选择合适的供体细胞系。例如,乳腺上皮细胞表达乳蛋白基因,肌肉细胞表达肌动蛋白和肌球蛋白基因。最近还有在 Neo 基因前加入内部核糖体启动序列(IRES)的载体构建策略,采用这种策略的载体一旦和目的区域发生同源重组,即可在重组子中表达 Neo,从而获得 G418 抗性。

转录终止信号缺失筛选。当打靶基因不能被诱导表达时,可以考虑用转录终止信号缺失打靶策略。转录终止信号缺失筛选的载体设计与启动子缺失的设计类似。转录终止信号缺失的正向选择基因 Neo 位于载体的目的片段中,Neo 基因因缺失转录终止信号,表达在转录水平上受到抑制。在同源重组的细胞中,Neo 基因利用基因组靶位基因的转录终止信号,得到有效表达,阳性细胞即可获得 G418 抗性;非同源重组的细胞中,因存在 Neo 的障碍,不能产生 G418 抗性,从而实现同源重组转化细胞的富集。

正负筛选策略(positive and negative selection,PNS)是 Capecchi 等人首先采用的基因打靶筛选策略。选择标记基因和非选择标记基因的打靶操作在该系统中可以同时应用。正负筛选系统不受靶位基因功能和表达情况的影响。克服了正向筛选方法在这方面的局限。基因打靶载体采用置换型载体,正向选择基因 Neo 插入载体的目的片段中,负选择基因 HSV-tk(humansemian vins-thymidine kinase)置于目的片段的外侧。Neo 基因有双重作用,一方面形成靶位基因的插入突变,同时作为正向筛选的标记;HSV-tk 走基因是负选择基因,含有 HSV-tk(ganciclovir,GANC 敏感)的重组细胞在 GANC 培养基中不能存活。类似的基因还有 gpt(对 6-巯基尿嘧啶敏感)中 dia(diptheria 毒素,直接毒性)。这样的话,如果发生随机重组,这些基因将被整合到基因组中(产生功能),导致细胞死亡。已应用这种方法在小鼠 ES 细胞完成了 hper、inr-2、hox1.2、hox 1.3 等基因打靶的成功例子。采用这种方法,有富集效率超过 2000 倍的报道,也有富集只提高 3 倍的报道。筛选过程中的药物也可能会降低克隆的效率这一点也是需要考虑的。

(3)组织特异性基因敲除

上述几种打靶策略均为整体的完全基因敲除,无论是置换还是插入策略,所导入的外源筛选基因片段都可能对基因组造成不可恢复的干扰,使得基因组 DNA 功能的变化受到一定的影响。许多在成体器官发育中有重要功能的基因,由于在胚胎早期就被敲除,导致胚胎早期死亡,无法对该基因进行深入研究,为此 Cre-loxP 和 FLP-frt 等条件性敲除系统应运而生,使得组织特异性基因敲除变为可行,并最终实现时空可调节的打靶。Cre-loxP 系统是由 Hua Gu 和 JD Mart h 等人在 1993 年首先提出的,如图 12-4 所示。它包括 Cre 重组酶和 loxP 位点两部分。前者为来自 E.coli 噬菌体 P1 的 cre 基因编码,loxP 由两个 13bp 的反向重复顺序和 8bp 的间隔区域构成。Cre 重组酶可介导识别上述 34bp 的重复单元,切除同向重复的两 loxP 位点间的 DNA 片段和一个 loxP 位点,保留一个 loxP 位点。有两种操作方法应用 Cre/loxP 系统:在构建打靶载体时,将标记基因放在靶基因内部,标记基因的两侧放上相同方向排列的 loxP 序列,而后就可以在细胞水平上用 Cre 重组酶表达质粒转染中靶细胞,抗性标记基因切除可通过 loxP 位点的识别来实现;或者在个体水平上将打靶杂合子小鼠与 Cre 转基因小鼠杂交,筛选子代小鼠就可得到删除外源标记基因的条件性敲除小鼠。已发表研究报告和正在研究的 Cre 转基因小鼠已有近百种,它是将 Cre 基因与各种组织(位点、时间、发育阶段)特异性的启动子连接构建载体,用传统的转基因技术或基因敲除技术获得相应的转基因小鼠。当 Cre 重组酶基因与可诱导的启动子连接时,即可通过诱导表达 Cre 重组酶而将 loxP 位点间的基因切除,从而实现特定基因在特定时间的失活。然而,现阶段可利用的组织特异性表达 Cre 重组酶的转基因小鼠的能力还比较有限,Cre/loxP 系统的应用还将依赖于更多组织特异性标志基因的发现以及人工调控基因表达系统的进一步完善。

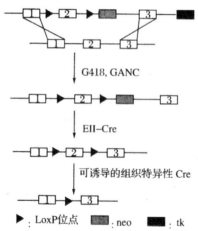

图 12-4 Cre/loxp 重组系统进行条件性基因剔除程序

12.2.2 转基因动物技术的应用

目前,生物学基础、生物工程学、畜牧学、医学等研究领域都可以发现动物转基因技术的身影。

1. 生物学基础研究

转基因动物是研究基因功能、基因表达及表达调控的有效工具。

①培育带有目的基因的转基因动物,通过分析表型改变,可以研究基因型与表型的关系,阐明目的基因的功能。

②培育带有目的基因的转基因动物,通过检测其在生长发育过程中的表达,其表达的时间特异性、空间特异性和条件特异性都可以详细阐明。

③利用动物转基因技术可以将分子水平、细胞水平和整体水平的研究统一起来,将时间上的动态研究和空间上的整体研究有机地统一起来,其结果更具有理论意义和应用意义。

④培育带有调控元件-报告基因重组体的转基因动物,通过检测报告基因的表达,可以阐明调控元件在基因表达调控中的作用。

2. 医药研究

转基因动物在医药研究中的应用前景令人振奋。

(1)器官移植供体

器官移植已经成为器官功能衰竭等疾病首选的治疗方法,但传统的器官移植会受到以下两个问题的制约:①供移植人体器官的来源不足;②植入的器官常常发生免疫排斥反应。异种器官移植虽然可以解决来源不足问题,但免疫排斥反应更复杂、更难以克服,种间差异也更难以逾越。有望通过培育转基因动物、改造器官基因状态来解决这些问题。转基因猪器官在灵长类动物体内进行的移植试验已经取得进展。猪的器官大小、解剖特点与人相似,组织相容性抗原具有较高的同源性,容易饲养,成本低廉,是人体器官移植的理想供体。

这类研究目前主要集中在以下几方面:①降低或消除补体反应:通过转基因技术将人体的补体调节因子基因转入器官移植供体动物,使移植器官获得抵抗补体反应的能力,补体反应得以降低或消除;③使供体器官表达人体的免疫抑制因子;②通过基因敲除减少或改变供体器官的表面抗原。

(2)人类疾病模型

用转基因技术培育的转基因动物模型具有与人类疾病相似的表型,可以模拟人体生命过程,用于从整体、器官、组织、细胞和分子水平研究疾病的病因、病机和治疗方法等,研究结果具有较高的适用性。例如:转有癌基因的转基因动物模型对化学致癌物更敏感,可以用于研究化学致癌物的致癌机制,特别是致癌物与癌基因、抑癌基因的相互作用。

(3)生物反应器

生物反应器(bioreactor)本意是指可以实现某一特定生物过程(bioprocess)的设备,例如发酵罐(fermenter)、酶反应器(enzyme reactor)。饲养简便、生产高效、取材方便、易规模化等是动物转基因技术生产药用蛋白所具备的优点,已经成为生物制药产业大规模生产药用蛋白的新工艺。转基因动物的乳腺因为具有以下优点而成为特殊的生物反应器:①乳腺是一个外分泌器官,乳汁不进入人体循环,其所含的转基因蛋白不会影响转基因动物本身的生理过程;②乳汁产量特别高,乳汁中蛋白质含量也高(1 只绵羊 1 年可以生产 20～40kg 蛋白质),从乳汁中提取蛋白质也比较容易;③乳汁中的蛋白质已经过充分的翻译后修饰,具有稳定的生物活性,和天然产品比较接近;④乳汁生产成本低,用转基因奶牛生产人乳铁蛋白(lactoferrin)的成本仅为用真核细胞培养生产的1/1000。

转基因动物作为生物反应器可以生产营养蛋白、单克隆抗体、疫苗、激素、细胞因子、生长因子。

(4)新药开发

新开发的药物在用于人体之前必须进行动物试验,开发新药的得力助手可通过理想的动物模型来充当。传统的动物模型虽然具有与人类某种疾病相似的症状,但有病因、病机不尽相同的缺点。用转基因动物模型筛选药物,筛选工艺经济、简捷、高效,筛选结果准确。目前,转基因动物被应用于筛选抗艾滋病病毒药物、抗肝炎病毒药物、抗肿瘤药物、肾脏疾病药物,已经取得突破性进展。不过,由于人类多数疾病的遗传因素尚未阐明,难以培育相应的转基因动物模型,所以还不能广泛采用。

3. 动物品种改良和培育

动物转基因技术的发展使改良动物基因成为可能,可以使养殖动物肉、蛋、奶的品质和产量提高,饲料利用率提高,抗病能力增强,生长速度加快。动物转基因技术联合体细胞克隆技术能使优良种畜快速繁殖,使得新品种培育周期得以缩短。转基因动物对于动物遗传资源保护的意义重大,有望应用于挽救濒危物种。

Jost 等用乳腺 α 乳清蛋白基因的启动子与小鼠肠乳糖酶基因的 cDNA 重组,培育转基因鼠。肠乳糖酶基因在转基因鼠乳腺泡状细胞的顶端得到表达,合成的活性乳糖酶分泌入乳汁,使小鼠乳汁的乳糖含量减少了 $50\%\sim85\%$,而蛋白质和脂肪含量没有明显变化。吃这种低乳糖乳汁的小鼠发育正常。

12. 2. 3　转基因植物技术

植物细胞培养、组织培养及转基因的有利条件是基于植物细胞的全能型的。在植物组织培养基础上发展起来的植物转基因技术的基本工艺包括:①获取转基因,例如植物抗旱基因、动物抗体基因、乙型肝炎病毒表面抗原基因;②培养受体细胞,例如愈伤组织、悬浮细胞、无菌苗;③以转基因转化受体细胞;④培养和筛选阳性转化细胞;⑤培育和鉴定转基因植物。

转基因的转化是植物转基因技术的核心,目前已经有多种成熟的转化工艺,包括农杆菌介导转化法、花粉管通道法、基因枪法、显微注射法、电穿孔法、原生质体转化法、脂质体介导法、超声波转化法、激光微束法等,它们各有优缺点及适用范围,下面重点介绍前三种。

1. 农杆菌介导转化法

农杆菌(A. tumefaciens)是一种革兰阴性植物病原菌,大多数双子叶植物的伤口感染在自然条件下即可进行。农杆菌带有一种 200kb 的闭环 Ti 质粒,其序列中有一段 23kb 的 T-DNA,它能从 Ti 质粒转移并整合到植物基因组 DNA 中,影响细胞生长,结果在植物伤口附近形成冠瘿瘤(crown-gall nodule)。因此,Ti 质粒是一种天然的植物转基因载体,农杆菌是一种天然的植物转化体系,如图 12-5 所示。以转基因置换 T-DNA(仅保留其两侧的 25bp 重复序列),构建重组Ti 质粒,再以该质粒转化农杆菌,以该农杆菌感染植物,则转基因可以随 25bp 重复序列整合到植物细胞的基因组中,转基因植物即可通过进一步培养获得。

2. 花粉管通道法

花粉管通道法是在植物授粉时将转基因溶液涂在柱头上,利用植物在开花、受精过程中形成的花粉管通道,将转基因导入胚囊,并进一步整合到受体细胞的基因组中,使受精卵发育成为转基因植物。该方法于 20 世纪 80 年代初由周光宇提出,主要用于棉花转基因研究。我国目前推广面积最大的具有 Bt 基因(B. thuringiensis,苏云金杆菌,Bt 基因也称为 cry 基因,编码一种 δ

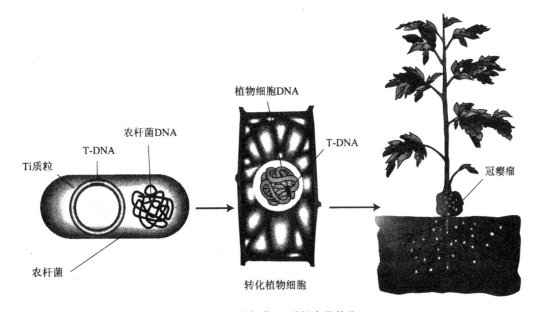

图 12-5　农杆菌 Ti 质粒介导转化

内毒素,可以杀死有害昆虫)和豇豆胰蛋白酶抑制剂基因的双转基因抗虫棉就是用花粉管通道法培育出来的。花粉管通道法的优点是不依赖组织培养人工再生植株,技术设备简单,易于掌握,在育种研究中具有不错的前景。目前利用花粉管通道法已经将转基因成功导入小麦、水稻、玉米、甘蓝、黄瓜、西葫芦等。

3. 基因枪法

基因枪法的基本原理是将转基因黏附在微小的金粒或钨粒表面,利用基因枪形成的高压气体加速,直接被射入植物细胞,转基因整合到植物染色体 DNA 上,然后培养并筛选阳性转基因植物。将转基因射入到叶绿体和线粒体等细胞器中也可通过基因枪来实现。基因枪法可以用于培育转基因棉花、玉米、大豆、水稻、小麦及高粱等很多农作物。基因枪法的不足之处是转化效率低(0.1%～1%,使选择难度加大)而转化成本高(需要昂贵的仪器)。

12.2.4　转基因植物技术的应用

1. 医药应用

随着现代生物技术的发展,在医药领域植物转基因技术已经得到很好的应用。转基因植物可以作为生物反应器,用于生产疫苗、抗体、药用蛋白等,已经成为植物基因工程领域的热点。

(1)转基因植物疫苗

用抗原基因转化植物,利用植物基因表达系统表达,生产相应的抗原蛋白,即转基因植物疫苗(transgenic plant vaccine),适合于作为口服疫苗。1992 年,Mason 等首次用乙型肝炎病毒表面抗原基因转化烟草,使其成功表达乙肝疫苗。我国科学工作者也已经用乙型肝炎病毒表面抗原基因培育转基因番茄、胡萝卜和花生。

目前有稳定表达系统和瞬时表达系统两种转基因植物疫苗系统。稳定表达系统是将抗原基因整合入植物基因组,获得稳定表达的转基因植株。瞬时表达系统是将抗原基因整合入植物病毒基因组,然后将重组病毒接种到植物叶片上,任其蔓延,抗原基因随着病毒的复制而高效表达。严格地说该方法并没有培育出转基因植物。

(2)转基因植物抗体

转基因植物抗体是用抗体或抗体片段的编码基因培育转基因植物表达的具有免疫活性的抗体或抗体片段。人类既可以用植物作为生物反应器生产具有药用价值的抗体,特别是单克隆抗体,又可以直接利用抗体在植物体内进行免疫调节,来研究植物的代谢机制,使得植物的抗病虫害能力得以增强。

(3)其他药用转基因植物蛋白

1986年,人生长激素第一个在转基因烟草中得到表达。此后,从血液成分到细胞因子等许多生物活性蛋白在不同植物中相继得到表达,例如人白蛋白(马铃薯)、人促红细胞生成素(番茄)、白细胞介素2(烟草)、粒细胞巨噬细胞集落刺激因子(水稻)、蛋白酶抑制剂(水稻)、亲和素(玉米)、牛胰蛋白酶(玉米)。这些都高需求量的药用蛋白的新资源。此外,一些用于保健的蛋白质也在植物中得到了良好的表达,例如能增进婴幼儿健康的人乳铁蛋白和β酪蛋白(马铃薯)。

2. 其他应用

1986年,世界上第一例转基因植物——抗烟草花叶病毒(TMV)烟草在美国成功培植,开创了抗病毒育种的新途径。1994年,第一种转基因食物——延熟番茄(商标名称 FLAVR SAVR)获准上市。截止到2004年,全球转基因植物种植面积已经达到8100万公顷,其中大豆占61%,玉米占23%,棉花占11%,油菜占5%。

相比较于传统农作物,转基因农作物具有抗病、抗虫、抗逆、抗药、优质、高产、保存期长等优良性状。

(1)抗除草剂植物

目前各国普遍应用除草剂除草以提高农作物产量,但杂草与农作物的完全区分目前大多数除草剂还无法做到。在除草的同时也伤害农作物,因而限制了除草剂的应用。为此可以将除草剂作用的酶或蛋白质的编码基因转入农作物,增加拷贝数,使这些酶或蛋白质的表达量明显增加,从而提高对除草剂的抗性。目前已经培育的抗除草剂农作物有棉花、大豆、水稻、小麦、玉米、甜菜、油菜、向日葵、烟草等,可以抗草丁膦(glufosinate,抑制谷氨酰胺合成,欧洲议会禁用)、草甘膦(glyphosate,抑制芳香族氨基酸合成)、磺酰脲类(sulfonylureas,抑制支链氨基酸合成)、咪唑啉酮类(imidazolinones,抑制支链氨基酸合成)、溴苯腈(bromoxynil,抑制光合作用)、阿特拉津(atrazine,抑制电子传递,欧盟禁用)等除草剂。

(2)抗病植物

农作物的产量和品质会受到植物病毒的影响而所有降低,用植物病毒衣壳蛋白基因、植物病毒复制酶基因、植物病毒复制抑制因子基因、核糖体失活蛋白基因、干扰素基因等转化农作物,可以培育抗病毒转基因农作物。目前被应用的抗病基因有抗烟草花叶病毒基因,抗白叶枯病基因,抗棉花枯萎病基因,抗黄瓜花叶病毒基因,抗小麦赤霉病、纹枯病和根腐病基因等,已经培育的抗病农作物有棉花、水稻、小麦、大麦、番茄、马铃薯、燕麦草、烟草等。我国培育的抗黄瓜花叶病毒甜椒和番茄已经开始推广种植。

(3)抗虫植物

目前防治农作物病虫害主要依赖于喷施农药,但农药不仅造成环境污染,还使病虫产生耐受性,影响生态系统,更给人类健康带来威胁。培育并推广抗病虫转基因农作物可以减少农药使用量,使得农作物产量得以有效增加。1987 年,Vaeck 等用 Bt 基因转化培育出能抗烟草天蛾幼虫的转基因烟草,至今已经用 Bt 基因转化培育出 50 多种转基因农作物,统称 Bt 作物(Bt crop)。目前应用的抗虫基因还有蛋白酶抑制剂基因和外源凝集素基因等,已经培育的抗虫农作物和其他经济作物有大豆、水稻、玉米、豇豆、慈菇、番茄、马铃薯、甘薯、甘蔗、胡桃、油菜、向日葵、苹果、葡萄、棉花、烟草、杨树、落叶松等。

(4)改良品质植物

随着生活水平的不断提高,食物的口味、营养价值等进一步受到重视。通过转基因技术农作物的代谢活动得以改变,从而改变食物营养组成,包括蛋白质的含量、氨基酸的组成、淀粉和其他糖类化合物以及脂类化合物的组成等,已经成为可能。已经培育有富含蛋氨酸烟草,低淀粉水稻,富含月桂酸油菜,延熟番茄,改变花色玫瑰,富含铁、锌和胡萝卜素的"金水稻"。

(5)抗逆植物

为了提高农作物对干旱、低温、盐碱等逆境的抗性,近年来各国都在进行以转基因技术提高农作物抗逆能力的研究。目前已经分离的抗逆基因包括与耐寒有关的脯氨酸合成酶基因、鱼抗冻蛋白基因、拟南芥叶绿体 3-磷酸甘油酰基转移酶基因,与抗旱有关的肌醇甲基转移酶基因、海藻糖合酶基因等。

(6)环保植物

转基因植物可以用于生物除污(例如清除水体和土壤中的有机物和重金属污染等),改善环境。

北京大学生命科学院培育的转基因烟草和转基因蓝藻可以分别用于吸附并排除土壤、污水中的重金属镉、汞、铅、镍污染。其中每千克转基因蓝藻可以吸附 10g 以上的汞。种植转基因烟草的土地重金属含量明显下降,可以种植出优质农作物。

英国科学家用能降解 TNT 细菌的相关基因转化烟草,培育出能在被 TNT 污染的地区茁壮成长、大量吸收并降解 TNT 的转基因烟草。

美国科学家用转基因技术改良白杨树,使其能够更多地吸收地下水中的毒素。实验结果显示:转基因白杨树可以将实验所用液体中的三氯乙烯毒素吸收 91%,而普通植物只能吸收 3%。

12.3　DNA 指纹图谱

多年来指纹图谱在人类案件鉴证中起到了重要的作用。事实上,指纹常常提供了将嫌犯送入监狱的关键证据。在法庭受理的案件中使用指纹作为证据是基于没有两个个体会具有完全一致的指纹这样的前提。类似的,除了同卵双胞胎外,没有两个个体会拥有核苷酸序列相同的基因组。人类基因组包含 $3×10^9$ 个碱基对;DNA 中的每一个位点都被四种碱基对中的一对所占据。许多碱基对的置换是沉默的;它们位于非必要的非编码序列,或者在基因中位于密码子第三个碱基的位置,由于密码子的简并性对基因产物的氨基酸序列不会产生任何影响。因此,在进化的过程中这样的碱基对置换在基因组中累积了下来。加之,DNA 序列的重复和缺失还有其他基因组的重组导致了基因组在进化上趋异。事实上最近有证据证实人类基因组包括了很多不同类型的 DNA 多样性大家族,多样性可以为未决的案件提供有价值的证据。这些多样性可以用来生成 DNA 指纹图谱——基因组 DNA 用特异的限制酶酶切后与相应的 DNA 探针杂交在 Southern blot 中出现的特异性条带模式。

　　DNA 指纹图谱在个体识别案件中的效用对任何熟悉分子遗传学和用于生成 DNA 印迹的技术的人来说都是不可忽视的。在法庭诉讼案件中有关使用 DNA 指纹图谱的争执主要与涉及的研究室的资质、产生印记的人为错误的可能性以及计算两个个体具有相同指纹图谱可能性的技术有关，为了得到所辨识印记相似性的准确评估，研究者拥有关于所讨论的多态性在人群中出现频率的可信信息是前提条件。比如，如果在群体中近亲婚配（在有亲缘关系的个体中的婚配）是普遍情况的话，出现一致指纹图谱的可能性就会增加。因此，要对两个个体间含有相匹配的指纹图谱的可能性进行准确评估需要相关人群中多态性频率的可信信息。从一定人群中获得的数据不能外推到另一人群中，因为不同人群会出现不同的多态性频率。

　　如果使用得当，DNA 指纹图谱能够提供有力的法庭取证工具。DNA 印迹可以从有限的血样、精液、发囊或其他细胞中获得。DNA 从这些细胞中提取出来，通过 PCR 扩增，然后用经过仔细选择的 DNA 探针通过 Southern blot 方法进行分析。事实上，指纹图谱有时候可以通过从死亡已久的个体身上保存的组织中提取的 DNA 来完成。正如之前所提到的，大量短 DNA 序列包含于人类基因组，以不同长度的串列重复出现在好几条染色体上。这些可变数目的串列重复，或称 VNTRs，是 DNA 指纹图谱的重要成分，如图 12-6 所示。尽管 DNA 印迹在所有有争议的案件中可以使用，它们被证明在血缘和法庭诉讼案件中尤为有用。

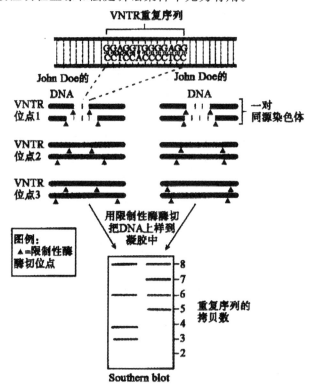

图 12-6　使用数目多样化的串列重复制备 DNA 指纹图谱的简化图解

12.3.1　鉴定测试

过去，不确定的血缘案件经常通过比对孩子、母亲和可能的父亲的血型来决定。血型数据可以用来证明拥有特定血型的男子不可能是孩子的父亲。不幸的是,这些血型比对的结果对于父亲的阳性鉴别结果是无法准确提供的。相对的,DNA 指纹图谱不仅能够排除错认的父亲,还能进一步提供对于生父的阳性鉴别。DNA 样本从孩子、母亲和可能的父亲的细胞中获得,并按图 12-6 所描述的那样制备 DNA 指纹图谱。但指纹图谱被比对时,孩子 DNA 印迹中所有的条带都应该出现在双亲 DNA 混合印迹中。由于孩子会分别从父母每一个人那里获得一对同源染色体中的一条。因此,孩子 DNA 印迹中约一半的条带由遗传自母亲的 DNA 序列所产生,另一半则来自于遗传自父亲的 DNA 序列。

在一个孩子、母亲、还有两名被怀疑是孩子父亲的男子的案例中,DNA 印迹显示第二名父亲可能是孩子的生父。在鉴别孩子与双亲血缘关系的 DNA 指纹图谱的准确性可以由增加分析中所使用的杂交探针来增强。使用更多的探针,可以分析出更多的多态性,孩子和双亲基因组的很多属性可以被比较,鉴别结果就更为可信了。

12.3.2　法庭诉讼应用

在 1988 年,DNA 指纹图谱首次被作为犯罪事件的证据使用。1987 年,一项佛罗里达的法官否决了控方针对一名强奸罪疑犯 DNA 证据进行统计学解释的请求。在无效审判之后,这名疑犯被释放了。三个月后,他再次被传唤到法庭,被指控犯下了另一起强奸罪。这次法官允许控方出示基于相应人群调查对数据进行的统计学分析。分析显示从受害者身上提取到的精液样本所制备的 DNA 指纹图谱只有 10 万分之一的可能性仅仅出于偶然而与疑犯的 DNA 指纹图谱相匹配。这次疑犯被宣告有罪。通过这个案例可以知道,当良好的组织或细胞样本从犯罪现场被采集后,DNA 印迹在这类法庭诉讼中的价值是毫无疑问的。如果由有经验的科学家仔细地操作并且严格利用有效的基于人口的多态性分布数据进行分析,DNA 指纹图谱可以在与犯罪的持续斗争过程中提供一个相当有力且急需的鉴别工具。

在法庭诉讼案件中使用的一类 DNA 指纹图谱,被称为 VNTR 印迹。通过将 VNTR 指纹图谱和用其他类型的 DNA 探针植被的印迹混合使用,因为偶然性而使来自两名个体的 DNA 指纹图谱相匹配的可能性大大减少。能够使用 DNA 指纹图谱去鉴别个体的根本原因是因为每一个人的 DNA 具有独特的核酸序列。不管人类群体如何扩增,人类基因中 3×10^6 个碱基对具有远多于地球上人类数目的四种碱基的组合方式。因此,除非是同卵双胞胎,没有两个人会具有完全一致的基因组。DNA 指纹图谱提供了能够发现和记录这些差异的工具,就如同指纹图谱多年来所记录的那样。

12.4　生物技术制药

生物技术制药是指以现代生物技术为主要手段研发药物。加工生物材料,制成含有某些天然成分的复合制剂,或者是从生物材料中提取具有针对性治疗作用的单一成分,以上是传统的生物技术制药,因为存在生物材料的来源、成本以及免疫原性等问题而受到限制。

生物技术制药的发展不仅源于分子生物学对疾病分子机制的深入研究,快速发展的分子生物学技术的应用也对生物技术制药的发展有非常大的帮助作用。在生物技术制药中采用的分子生物学技术有基因工程技术、蛋白质工程技术、酶工程技术、核酸药物技术,制备的药物包括蛋白质/多肽药物和核酸药物等。

下面重点介绍基因工程技术制药、蛋白质工程技术制药和新型生物技术制药。

12.4.1 基因工程技术制药

基因工程技术是现代生物技术的核心,目前临床应用的重组蛋白质等生物技术药物都是用基因工程技术生产的。

1. 基因工程药物种类

利用基因工程技术生产的细胞因子、生长因子、激素、酶、疫苗、单克隆抗体等就是基因工程药物(biotech drug),如表 12-2 所示。我国已经上市的基因工程药物有促红细胞生成素(EPO)、干扰素(IFN)、粒细胞集落刺激因子(G-CSF)、链激酶(SK)、表皮生长因子(EGF)、神经生长因子(NGF)、血小板源性生长因子(PDGF)等 10 余种。

表 12-2 基因工程药物分类

基因工程药物	生物活性成分	产品示例(商标名称,适应证)
细胞因子	干扰素、白细胞介素、其他细胞因子	干扰素 α2a(Roferon-A,肿瘤、病毒)
生长因子	促红细胞生成素、集落刺激因子	促红细胞生成素 α(Epogen,贫血)
激素	胰岛素、生殖激素、促甲状腺激素、声场激素	胰岛素(Humulin,1 型糖尿病)
酶	替代酶、纤溶酶原激活剂、脱氧核糖核苷酸、凝血因子	葡糖脑苷脂酶(Cerezyme,Gaucher 病),组织型纤溶酶原激活剂(Alteplase,溶栓),脱氧核糖核酸酶(Pulmozyme,囊性纤维化),凝血因子 VⅡ(NovoSeven,血友病)
疫苗	病毒疫苗、细菌疫苗、联合疫苗	乙肝疫苗(Engerix-B,乙型乙肝)联合疫苗(Tritanrix-HB,白喉-破伤风-百日咳-乙型肝炎)
基因工程抗体	鼠源抗体、人源化抗体、人源抗体	CD3-单克隆抗体(OKT3,逆转急性肾移植排斥反应)
其他	受体-Fe 融合蛋白	肿瘤坏死因子抑制剂(Enbrel,自身免疫病)

2. t-PA 的基因工程

针对生产基因工程药物的具体方法的介绍以组织型纤溶酶原激活剂(t-PA)为例。

组织型纤溶酶原激活剂是一种丝氨酸蛋白酶,特异性水解纤溶酶原生成纤溶酶(plasmin),纤溶系统就会被激活。正常的纤溶系统能够清除血液中的不溶性纤维蛋白,维持血液循环通畅。药用组织型纤溶酶原激活剂能够高效地预防和治疗急性心肌梗死等血栓性疾病。

(1)获取目的基因 PLAT

检索组织型纤溶酶原激活剂的 mRNA 序列信息,选择合适材料(例如 Bowes 黑色素瘤细胞)提取细胞总 RNA,逆转录合成 cDNA,通过 PCR 方法来实现组织型纤溶酶原激活剂基因(PLAT)的获取,在其两端引入限制酶 AvrⅡ限制位点(C·CTAGG)和 NotⅠ限制位点(GC·GGCCGC)。

（2）t-PA 基因的体外重组与测序

用限制酶 AvrⅡ和 NotⅠ切割组织型纤溶酶原激活剂基因和克隆载体 pT7Blue-2，在 T4 DNA 连接酶的作用下，将两者重组，构建组织型纤溶酶原激活剂克隆质粒，转化大肠杆菌 JM109，应用蓝白筛选法筛选阳性克隆。需要对其 DNA 序列进行测定，之所以这么做是为了保证所获基因的准确性。

（3）t-PA 表达质粒的构建与转化

用限制酶 AvrⅡ和 NotⅠ切割阳性克隆的组织型纤溶酶原激活剂重组质粒和表达载体 pPIC9K，在 T4 DNA 连接酶的作用下，将两者重组，构建组织型纤溶酶原激活剂表达质粒，转化大肠杆菌 JF1125，克隆，再用限制酶 AvrⅡ和 NotⅠ进行酶切鉴定，筛选阳性克隆。

（4）t-PA 表达质粒转化酵母用限制酶 SalⅠ(G·TCGAC)将构建成功的阳性表达质粒线性化，电穿孔转化甲醇酵母之 P. pastoris 酵母 GS115，阳性表达质粒通过同源重组与酵母染色体整合，筛选多拷贝转化子，PCR 检验整合状态。

（5）t-PA 基因在酵母中表达

挑取数个多拷贝转化子，并以转入空载体的 GS115 转化子作对照，接种于含甲醇的培养基中培养，每 2 小时取样一次，组织型纤溶酶原激活剂表达水平可通过电泳分析获得，培养时间 3～5 天。

（6）t-PA 纯化

经过浓缩脱盐、凝胶过滤、离子交换，可以得到纯度＞95％的组织型纤溶酶原激活剂。

（7）活性鉴定

将组织型纤溶酶原激活剂标准品和样品按照等倍梯度稀释，加到酪蛋白-纤溶酶原-琼脂糖平板各孔中，37℃温度，直到出现溶圈。测定各溶圈面积。组织型纤溶酶原激活剂活性可通过参考标准曲线来获得，称为酪蛋白-纤溶酶原-琼脂糖平板溶圈法。

20 世纪 80 年代，组织型纤溶酶原激活剂在转基因鼠的乳腺中成功表达，已经上市（商标名称 Alteplase）。

3. 基因工程技术制药优点与问题

基因工程技术制药具有以下优点：解决来源问题：适合于生产低水平表达产物（例如许多细胞因子）、珍稀濒危生物表达产物；解决安全问题：适合于生产危险生物（例如毒蛇）和病原体（例如细菌、病毒）表达产物，避免动物来源的药物蛋白存在病原体感染的危险。

基因工程技术制药必须考虑以下问题：药物特性：哪种来源的药物是最优化的；来源实用性：易于培养；安全：不能有副作用；产量：成本核算；管理控制：能够批准上市；专利：可以申请专利而不侵权；公众观念：能被患者接受。

12.4.2　蛋白质工程技术制药

非天然蛋白质的制备可通过蛋白质工程（protein engineering）技术来实现，即根据蛋白质的结构和活性的关系，通过蛋白质化学、蛋白质晶体学和蛋白质动力学的研究获取关于蛋白质的物理、化学等方面的信息，在此基础上对蛋白质的编码基因进行设计改造，并通过基因工程等手段进行表达和分离纯化，最终投入应用。

1. 蛋白质工程内容

蛋白质工程是在基因工程技术和生物化学、分子生物学、分子遗传学等学科的基础上，立足于蛋白质晶体学、蛋白质动力学、蛋白质化学和计算机辅助设计等多学科的融合而发展起来的。其内容主要包括以下两方面：①根据需要，应用重组 DNA 表达具有特定氨基酸序列和空间结构的蛋白质。②确定蛋白质的一级结构、空间结构与生理功能的关系。在此基础上，可以根据氨基酸序列预测蛋白质的空间结构和生理功能，设计并合成具有特定生理功能的工程蛋白。

2. 蛋白质工程策略

蛋白质工程有两个策略：①合理设计（rational design）：即根据蛋白质结构和功能的理论进行设计。优点是经济简便，现有理论不完备是该技术的缺点，还不能指导设计出最佳结构。②定向进化（directed evolution）：即模拟自然进化过程，先随机诱变，再条件筛选，重复进行。优点是不需要预先设计，所以不受理论制约。缺点是需要高通量、高成本、复杂设备。

合理设计分为三类：①小范围的改造，即通过定点诱变对已知结构的蛋白质进行少数氨基酸的置换，蛋白质的性质和功能使得得到研究和改善；②较大程度的改造，即通过基因融合，对来源于不同蛋白质的结构域进行拼接装配，期望转移相应的功能；③蛋白质的从头设计，即给定一个目标三维结构，找出与已知序列无明显同源性、能折叠成目标结构的氨基酸序列。

3. t-PA 的蛋白质工程

一般情况下，药用组织型纤溶酶原激活剂不会引起全身性纤溶状态，因为游离的组织型纤溶酶原激活剂几乎不激活纤溶酶原，其活性依赖纤维蛋白：组织型纤溶酶原激活剂接触到血栓之后立刻形成纤维蛋白-组织型纤溶酶原激活剂-纤溶酶原复合物，组织型纤溶酶原激活剂水解纤溶酶原生成纤溶酶，后者水解纤维蛋白，从而溶解血栓。

（1）t-PA 的局限性

组织型纤溶酶原激活剂用于溶栓治疗的局限性体现在以下方面：①组织型纤溶酶原激活剂进入血浆之后大部分与纤溶酶原激活剂抑制物（PAI-1）形成复合体而失活。②肝细胞能够通过细胞膜受体识别、结合、吸收组织型纤溶酶原激活剂，使其血浆半衰期仅为 4～6 分钟。因此，组织型纤溶酶原激活剂溶栓治疗急性心肌梗死需要较大剂量，为 50～100mg。③纤溶酶本身的特异性不高，除了能水解纤维蛋白之外，对于纤维蛋白原、凝血因子 V 及 Ⅷ 也可以有效水解。当接受治疗的患者血浆中的组织型纤溶酶原激活剂浓度达到生理水平的 1000 倍时，可以使血浆纤维蛋白原浓度下降 30%～50%，持续用药会出现内出血倾向。因此，改造组织型纤溶酶原激活剂的分子结构，解决上述问题，是组织型纤溶酶原激活剂蛋白质工程的主要内容。

（2）t-PA 的结构和功能

组织型纤溶酶原激活剂是一种糖蛋白，其前体含 562 个氨基酸，分子量为 63kDa，在翻译后修饰及分泌后激活时：

①N 端被切除 1～35 号氨基酸（其中 1～22 号是信号肽），成为含 527 个氨基酸的肽链。

②由纤溶酶催化水解 Arg310-Ile311（均为前体编号）肽键，裂解成 A 链（36～310 号氨基酸）和 B 链（311～562 号氨基酸），并通过一个二硫键（Cys299～Cy430）相连。

③A 链含以下结构：Ⅰ型纤连蛋白结构域（fibronectin type-I），包括 39～81 号氨基酸，与组

织型纤溶酶原激活剂-纤维蛋白作用有关;生长因子结构域,包括 82~120 号氨基酸,与人表皮生长因子的同源性很高;K1 结构域(kngle),包括 127~208 号氨基酸;配结构,包括 215~296 号氨基酸,是组织型纤溶酶原激活剂-纤维蛋白结合部位,比纤连蛋白结构域更重要,组织型纤溶酶原激活剂对纤维蛋白的特异性是由它决定的。

④B 链与胰蛋白酶等丝氨酸蛋白酶有很高的同源性,含组织型纤溶酶原激活剂活性中心如图 12-7、表 12-3 所示。

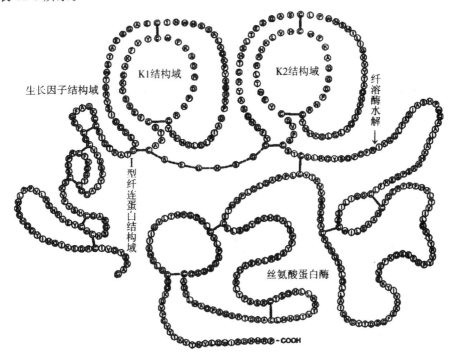

图 12-7　t-PA 一级结构

表 12-3　组织型纤溶酶原激活剂结构特征

结构特征	序列	描述
信号肽	1~22	
Ⅰ型纤连蛋白结构域	39~81	与组织型纤溶酶原激活剂-纤维蛋白作用有关
生长因子结构域	82~120	与人表皮生长因子同源
K1 结构域	127~208	
K2 结构域	215~296	组织型纤溶酶原激活剂-纤维蛋白结合部位
丝氨酸蛋白酶结构域	311~561	丝氨酸蛋白酶活性中心

(3)t-PA 的蛋白质工程产品

应用蛋白质工程改造组织型纤溶酶原激活剂,更高的纤维蛋白亲和力可以通过它来实现,抵抗纤溶酶原激活剂抑制物(PAI)的抑制,抵抗肝细胞摄取,从而增加溶栓效能,延长血浆半衰期,减少药用剂量,降低副作用。

①r-PA(商标名称 Retavase、Rapilysin):为用大肠杆菌表达的组织型纤溶酶原激活剂缺失

突变体。Ⅰ型纤连蛋白结构域、生长因子结构域和 K1 结构域等的编码在缺失突变体的 cDNA 基因的情况下是无法进行的,只编码 A 链的 K2 结构域和 B 链的活性中心。r-PA 为单链非糖化分子,由 327 个氨基酸构成,分子量为 39kDa,与肝脏细胞膜受体的亲和力显著降低,血浆半衰期延长至 13～16 分钟。

②TNK-t-PA(商标名称 Metalyse):为用中国仓鼠卵巢细胞(CHO)表达的组织型纤溶酶原激活剂多重突变产物。Thr103Asn,一个新的糖基化位点也就形成了;Asn117Gln,从而除去一个原有的糖基化位点。此处原有的糖链能够促进组织型纤溶酶原激活剂从血浆中清除,因此突变之后能降低血浆清除速度,血浆的半衰期得以延长;PAI-1 结合位点的 Lys296-His297-Arg298-Arg299 被 4 个丙氨酸置换,有效地抵抗 PAI-1 的抑制作用。

TNK-t-PA 溶栓速度快,纤维蛋白特异性强,对 PAI-1 抗性增强,用药剂量小,血浆清除速度慢,半衰期 17 分钟。

③nPA:为用中国仓鼠卵巢细胞表达的组织型纤溶酶原激活剂点突变/缺失突变体,Ⅰ型纤连蛋白结构域、生长因子结构域得以去除,K1 结构域的糖基化位点得以修饰。nPA 的溶栓效率高,冠脉再通率高,出血发生率低,半衰期 37 分钟。nPA 尚未上市。

④t-PA 和 u-PA 基因的重组表达:尿激酶(u-PA)前体由 431 个氨基酸构成,包括信号肽(1～20)、A 链(21～177)、B 链(178～431)三部分,激活之后也有特异性激活血栓局部纤溶酶原的特性,是较理想的溶栓剂。合并应用组织型纤溶酶原激活剂和尿激酶治疗心肌梗死有协同增强作用,因此组织型纤溶酶原激活剂 A 链与尿激酶 B 链形成的杂交体结合了这两类分子对纤维蛋白的特异性,可能是更好的溶血栓药物。

4. 胰岛素的蛋白质工程

胰岛素是治疗 1 型糖尿病的特效药。1982 年,重组人胰岛素作为第一个基因工程药物即上市。目前临床上已经有多种利用蛋白质工程生产的性能优良的重组胰岛素。

(1)长效胰岛素

将人胰岛素 A21 位的天冬酰胺置换成甘氨酸、B27 位的苏氨酸置换成精氨酸、B30 位的苏氨酸酰胺化,结果等电点由 5.4 提高到 6.8,延迟吸收,而且血浆半衰期延长到 35.3 小时。即使每天只注射一次,仍然能够收到预期的临床效果。

(2)2-快速吸收胰岛素

生理条件下进餐 1 小时内胰岛素分泌达到高峰,以使餐后高血糖迅速恢复到正常水平。天然胰岛素皮下注射吸收缓慢,2 小时不能达到高峰,会导致高血糖;5 小时之后可能还在吸收,又会导致低血糖。研究发现胰岛素的吸收速度受其聚集状态影响:胰岛素的活性状态为单体,注射用胰岛素为与锌结合的六聚体,吸收慢。把 B9 位的丝氨酸置换成天冬氨酸、B27 位的苏氨酸置换成谷氨酸,使单体表面负电荷增加,六聚体的形成得以有效减少。

12.4.3 新型生物技术制药

新型生物技术这里是指转基因技术、基因打靶技术、反义核酸技术、RNA 干扰技术等。它们都属于基因工程技术,并具有以下共同特点:①产品称为核酸药物,其应用属于基因治疗策略;②起步较晚,绝大多数还处在开发阶段。

核酸药物(nucleic acid drug)的化学本质是核酸及其人工合成类似物,主要包括基因药物、反义药物、核酶、小干扰 RNA、核酸疫苗、核酸适体。

下面重点介绍基因药物、反义药物以及小干扰 RNA。

1. 基因药物

基因药物(gene medicine)是携带治疗基因的载体,应用时将其导入患者体内,表达目的蛋白,从而达到防治疾病的目的。

细胞因子和生长因子类基因药物是目前尝试最多的基因药物。例如:血管内皮生长因子(VEGF)、碱性成纤维细胞生长因子(bFGF)和血管生成素 1(Ang-1)类基因药物用于治疗梗死性心血管疾病;心脏局部多点注射 VEGF-121 表达质粒促进心脏内血管生成和侧支循环的建立,增加心肌血流灌注,减少梗死面积;肿瘤坏死因子 α(TNF-α)和白细胞介素 1(IL-1)的可溶性受体基因药物用于治疗类风湿性关节炎和牛皮癣;β 干扰素(IFN-β)的可溶性受体基因药物用于治疗实验性糖尿病。

酶类基因药物也有开发。例如:激肽释放酶(KLK)基因药物用于治疗高血压;一氧化氮合酶(NOS)基因药物用于治疗高血压、动脉粥样硬化和再狭窄;IL-1G 转换酶(ICE)基因药物用于治疗肿瘤。

2. 反义药物

反义药物(antisense drug)是一类寡核苷酸或其类似物,导入细胞之后可以在转录、转录后加工、翻译等环节阻遏特定基因的表达,基因表达紊乱或病原体感染等相关疾病得以有效治疗。

根据化学本质、作用靶点和作用机制,反义药物可以分为反义 RNA、反义 DNA 和肽核酸等。

(1)反义 RNA

反义 RNA(antisense RNA)应用于肿瘤、病毒性疾病、遗传病等疑难疾病的基因治疗,动植物品种的改良以及生物研究方法的改进等,已经取得了令人瞩目的成就。由于许多组织的特异性受体已被发现,随着受体介导法的不断发展,受体介导反义 RNA 基因治疗将成为一个非常重要的手段,传统药物或其他基因治疗手段的不足可通过以下优点来有效弥补:

①特异性强:反义 RNA 具有很强的特异性,不同的反义 RNA 作用于不同的靶 RNA(主要是 mRNA),发挥不同的阻遏活性。

②安全性高:只作用于特定 RNA,基因结构不会发生任何改变;最终被细胞降解,不残留;即使出现副作用,也可以通过停药消除。

③直接作用:能直接抑制 RNA 病毒繁殖,适合于治疗 RNA 病毒感染性疾病。在细胞培养实验中,对艾滋病病毒 HIV.1 表达的抑制率达 50% 以上。

④剂量可控:反义 RNA 基因治疗具有剂量调节效应,量大则效应强。

⑤容易开发:容易设计,因为属于小分子 RNA,阅读框的要求不存在;制备简单,可以构建表达载体通过体外转录制备。

⑥多功能化:例如设计具有核酶活性的核酶反义 RNA,不仅可以阻遏 mRNA 翻译,还可以降解 mRNA,增强疗效。

(2)反义 DNA

反义 DNA(antisense DNA)也称为反基因(antigene),是一种人工合成的 DNA 片段,能够识别靶细胞基因组 DNA 的某一序列并与之形成三链 DNA 结构,基因表达得以有效遏制。如果用反义 DNA 与肿瘤细胞 DNA 或病毒 DNA 的关键序列结合,可以特异性抑制其增殖,因此,反义 DNA 可以开发成治疗肿瘤和传染病的新型药物。

①反义 DNA 药物用于基因治疗时有以下优点:所需的剂量小,因为是作用于转录水平;具有较强的特异性,因为即使只有 1~2 个碱基错配三链 DNA 稳定性也会大大降低。

②反义 DNA 技术的关键在于设计与合成:特异性:通常针对调控序列,阻止其与转录因子结合。稳定性:容易被酶解,通常要进行修饰,包括末端修饰(抗外切酶),甲基化和应用硫代磷酸(抗内切酶),合成肽核酸。

③反义 DNA 在以下研究中显示效果:与原癌基因 her2(ERBB2)的启动子结合,阻遏转录因子的结合,有可能用于治疗乳腺癌;与多药耐药基因 mdr-1(ABCB1,编码一种细胞膜糖蛋白 P-gp,可将药物泵出细胞,从而赋予细胞抗药性)的转录区结合,使人类抗药细胞系 CEM-VLBl00 的 mdr-1mRNA 水平明显降低;与 c-myc 的-115 区结合,Hela 细胞内的 c-myc 转录得以阻遏。

(3)肽核酸

肽核酸(PNA)是一种人工合成的 DNA/RNA 类似物,其主链不是磷酸-戊糖交替结构,而是聚 N-(2-氨乙基)-甘氨酸多肽链。

①特性:肽核酸可以与 DNA、RNA 杂交:因为主链没有磷酸,负电荷的静电斥力得以有效消除,肽核酸与核酸的结合力强于核酸之间的结合力;肽核酸能与双链 DNA 结合,但不是形成三链结构,而是通过置换与双链 DNA 中的一股发生局部结合,形成 D 环。肽核酸既不是蛋白质,又不是核酸,所以既抗蛋白酶水解,又抗核酸酶水解。

②活性:可以调节基因表达。在转录环节,针对不同的结合位点,肽核酸既可以启动转录,起正调控作用,又可以阻遏转录,起负调控作用。在翻译环节,肽核酸可以与 mRNA 结合,继而阻遏翻译。

③应用:肽核酸目前主要应用于基因研究、临床诊断、反义治疗。

3. 小干扰 RNA 与微 RNA

小干扰 RNA(siRNA)与微 RNA(miRNA)无论是结构上还是功能上都非常相似的 RNA 片段:①是双链 RNA 片段,长度为 20~25bp;②其一股 RNA 称为指导股(guide strand),可以与真核细胞内含有其互补序列的 mRNA 结合;③具有 3′黏端,有两个未配对碱基;④指导股结合的结果是阻遏基因表达,使基因沉默。但它们也有不同之处,如表 12-4 所示。

表 12-4 小干扰 RNA 与微 RNA 的区别

不同之处	小干扰 RNA	微 RNA
来源	外源导入	内源表达
与 mRNA 结合	严格互补	植物严格互补,动物有错配
mRNA 特异性	结合一种	结合一类
沉默机制	促进降解	严格互补促进降解,错配阻遏翻译

小干扰 RNA 与微 RNA 介导基因沉默的过程称为 RNA 干扰(RNAi)。RNA 干扰现象在生物界比较常见,是一种在进化上十分保守的防御机制。Fire 和 Mello 因为发现 RNA 干扰而获得 2006 年诺贝尔生理学或医学奖。

(1)微 RNA 与 RNAi

病毒感染等因素可以使高等真核生物表达一类小的 RNA 片段,它们与含有同源序列的病毒 mRNA 结合,阻遏其翻译或促进其降解,产生基因沉默效应,这类 RNA 片段称为微 RNA(microRNA,miRNA)。有些微 RNA 只在发育过程中短暂出现,它们也称为小时序 RNA(stRNA)。微 RNA 介导 RNA 干扰的机制如下,如图 12-8①所示。

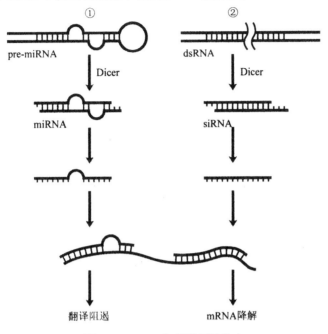

图 12-8　RNAi 与基因沉默效应

①微 RNA 生成:真核生物细胞核内有一种酶系,由核酸内切酶 Drosha(属于 RNase Ⅲ 家族)和双链 RNA 结合蛋白 Pasha 构成。微 RNA 基因(miDNA)转录的 pri-miRNA 被它切割成约 70nt 的 pre-miRNA。pre-miRNA 因含互补序列而形成发夹结构,转运到细胞浆之后,由核酸内切酶 Dicer 切割成 20~25bp 的 RNA 片段,即微 RNA(miRNA)。

②活性 RISC 生成:微 RNA 与含核酸内切酶 Argonaute 的 RNase 复合体结合,形成 RNA 诱导沉默复合体(RISC);RISC 将微 RNA 解链,由核酸内切酶 Argonaute 降解其信使股,其指导股得以保留从而形成活性 RISC。

③基因沉默:活性 RISC 通过微 RNA 识别并结合具有同源序列的 mRNA,如果严格互补则由核酸内切酶 Argonaute 将 mRNA 降解,如果有错配则阻遏其翻译,结果下调内源基因表达,产生转录后基因沉默效应(PTGS)。

微 RNA 介导的 RNA 干扰是一种基因表达调控方式,它的存在具有以下意义:调控生长发育;调控基因转座;防御外源基因侵入,保护生物体免受病毒或其他病原体损害。到 2010 年 9 月,已经在 142 种生物体内发现 17341 种成熟 miRNA。

(2)小干扰 RNA 与 RNAi

把根据目的基因序列设计合成的双链 RNA 导入真核细胞,它会被切割成小的 RNA 片段,与目的基因 mRNA 结合,促进其降解,产生基因沉默效应,这类 RNA 片段称为小干扰 RNA(siRNA)。小干扰 RNA 介导 RNA 干扰的机制详见图 12-8②所示。

①小干扰 RNA 生成:双链 RNA 导入细胞,被核酸内切酶 Dicer 切割成小干扰 RNA。

②活性 RISC 生成:小干扰 RNA 与 RNase 复合体结合,形成 RISC;RISC 将小干扰 RNA 解链,降解其信使股,其指导股得以有效保留,成为活性 RISC。

③基因沉默:活性 RISC 通过小干扰 RNA 识别并结合目的基因 mRNA,RISC 中的核酸内切酶 Argonaute 将 mRNA 降解,从而阻遏内源基因表达,产生 PTGS 效应。

小干扰 RNA 介导的 RNA 干扰有以下实际意义:研究基因功能,产生类似基因敲除的效应,但优于基因敲除,诱导基因突变也就显得不必要;治疗肿瘤和病毒性疾病,有望成为基因治疗的重要策略。

(3)RNAi 技术特点

与反义 RNA、显微注射、基因敲除、基因突变和转基因等基因技术相比,RNA 干扰技术具有以下特点:

①效率极高:大量 mRNA 的反应的引发通过少量小干扰 RNA 即可实现。

②特异性强:小干扰 RNA 与靶 mRNA 错配一个碱基就可以极大降低 RNA 干扰效应。在哺乳动物中,只有长约 21bp 并且 3′端对称突出两个胸腺嘧啶核苷酸的小干扰 RNA,其 RNA 干扰作用才是特异的并且效应较强。

③不能遗传:小干扰 RNA 阻遏基因表达是短暂的,无法实现稳定的遗传。如果要长期进行 RNA 干扰,就要通过小干扰 RNA 表达载体去实现。

④目标保守:RNA 干扰可能是一种古老的机体抗病毒方式,因为保守基因容易产生 RNA 干扰效应。

(4)小干扰 RNA 药物

目前小干扰 RNA 研究涉及抗肿瘤、抗感染等基因治疗领域。

①进展:已经有治疗黄斑变性(macular degeneration)、人呼吸道合胞病毒(respira-tory syncytial virus)的小干扰 RNA 进入临床试验。治疗诱发性肝功能衰竭(induced liver failure)的小干扰 RNA 已经在动物体内实验成功。抗艾滋病病毒(HIV)和脊髓灰质炎病毒(poliovims)感染的小干扰 RNA 已经在培养的人体细胞内实验成功。致癌病毒、2 型单纯疱疹病毒(HSV-2)、甲型肝炎病毒(HAV)、乙型肝炎病毒(HBV)、流感病毒、麻疹病毒、神经退行性疾病、多聚谷氨酰胺疾病(polyglutamine disease,例如亨廷顿病)也是该技术的研究范围。

②合成:体外合成,即用化学法或酶促法合成,特别是酶促法(例如用 T7 RNA 聚合酶转录);体内合成,即用小干扰 RNA 表达载体进行体内转录。目前多采用酶促法合成小干扰 RNA。

③问题:大的小干扰 RNA(>30bp dsRNA)可以诱发非特异性抑制效应(例如激活 PKR),造成广泛的转录后基因沉默效应;大的双链 RNA 在哺乳动物细胞内会诱导表达干扰素,产生副作用;存在脱靶问题(off-target effect),即沉默其他同源基因,脱靶率约为 10%;目前主要应用病毒载体系统给药,存在安全问题,需要开发安全的给药途径。

参考文献

[1]杨岐生.分子生物学.杭州:浙江大学出版社,2004.

[2]杨荣武.分子生物学.南京:南京大学出版社,2007.

[3]袁冬梅,徐启红.普通生物学.北京:化学工业出版社,2007.

[4]余多慰,龚祝南,刘平.分子生物学.南京:南京师范大学出版社,2007.

[5]蒋继志,王金胜.分子生物学.北京:科学出版社,2011.

[6]王曼莹.分子生物学.北京:科学出版社,2006.

[7]郜金荣,叶林柏.分子生物学(修订版).武汉:武汉大学出版社,2007.

[8]刘庆昌.遗传学(第二版).北京:科学出版社,2009.

[9]徐晋麟.分子遗传学.北京:高等教育出版社,2011.

[10]唐炳华.分子生物学.北京:中国中医药出版社,2011.

[11]乔中东.分子生物学.北京:军事医学科学出版社,2011.

[12]路铁刚,丁毅.分子遗传学.北京:高等教育出版社,2008.

[13]袁红雨.分子生物学.北京:化学工业出版社,2012.

[14]赵武玲.分子生物学.北京:中国农业大学出版社,2010.

[15]孙树汉.医学分子遗传学.北京:科学出版社,2009.

[16]药力波.医学分子生物学实验技术(第二版).北京:人民卫生出版社,2011.

[17]陈金中,汪旭,薛京伦.医学分子遗传学(第四版).北京:科学出版社,2002.

[18]陶杰,田锦.分子生物学基础及应用技术.北京:化学工业出版社,2013.

[19]臧晋,蔡庄红.分子生物学基础(第二版).北京:化学工业出版社,2012.

[20]汪世华.分子生物学.北京:高等教育出版社,2011.

[21]卢向阳.分子生物学(第二版).北京:中国农业出版社,2011.